工业和信息化部"十二五"规划教材

随机过程基础及其应用

SUIJI GUOCHENG JICHU JI QI YINGYONG

编著　赵希人　彭秀艳

哈尔滨工程大学出版社
Harbin Engineering University Press

内容简介

本书共8章，系统地介绍了随机过程涉及的概率论基础，随机过程的概念及工程中的一些随机过程，平稳随机过程及其应用，马尔可夫过程，时间序列分析与建模，重点阐述了应用随机过程理论对线性系统进行分析的方法及实例，维纳最优滤波和预测，以及离散线性系统的最优估计。每章后均配有适量习题。

本书可作为工科院校研究生教材，也可供相关专业的科研人员、工程技术人员参考。

图书在版编目(CIP)数据

随机过程基础及其应用/赵希人，彭秀艳编著. —哈尔滨:哈尔滨工程大学出版社，2020.5(2021.12 重印)

ISBN 978-7-5661-1178-4

Ⅰ.①随… Ⅱ.①赵… ②彭… Ⅲ.①随机过程—研究生—教材 Ⅳ.①O211.6

中国版本图书馆 CIP 数据核字(2015)第 317037 号

选题策划 夏飞洋
责任编辑 丁 伟
封面设计 博鑫设计

出版发行 哈尔滨工程大学出版社
社　　址 哈尔滨市南岗区南通大街 145 号
邮政编码 150001
发行电话 0451-82519328
传　　真 0451-82519699
经　　销 新华书店
印　　刷 北京中石油彩色印刷有限责任公司
开　　本 787 mm×1 092 mm 1/16
印　　张 23
字　　数 604 千字
版　　次 2020 年 5 月第 1 版
印　　次 2021 年 12 月第 2 次印刷
定　　价 59.80 元
http://www.hrbeupress.com
E-mail:heupress@hrbeu.edu.cn

前　言

经过笔者多年的教学和科研总结，本书内容既全面涵盖了工程中需要的基础知识，又兼顾了哈尔滨工程大学三海一核特色优势学科需要，特别介绍了随机过程在海浪扰动建模、仿真及船舶运动建模预报、控制方面的应用。

书中主要结论均以定理和推论的形式给出，这不仅是强调重点的一种有效形式，也便于查询。为了使工科院校学生在现有的数学基础上，更好地掌握随机过程的基础理论及方法，书中在介绍定义、定理及定理推导时，大多采用了学生熟悉的数学方法，使学生学习起来感觉不那么艰涩和困难。这是本书不同于以往此类教材最重要的地方，也是本书的特色。

为了强调学以致用，书中非常注意理论对实际工程应用的指导作用，书中在介绍定义、定理时，在给出严谨的数学表达基础上，通过例题给出物理解释和物理意义，例如在介绍随机过程谱分解概念时，分析了谱的物理意义，并给出相应的例题。这将使学生更好地理解理论和方法，同时通过解决问题的实例，更加深刻领会随机过程理论，使得理论进一步丰富和完善。

全书共 8 章：

第 1 章概率论基础。笔者在教学过程中发现学生由于前期概率论基础薄弱，认为随机过程这门课程难学，故增添了概率论基础部分，为学生学习随机过程打好基础。

第 2 章随机过程的概念及工程中的一些随机过程。考虑到随机控制理论及实际应用中经常涉及随机过程导数与积分，重点阐述了随机过程的连续性、可微性和可积性，并介绍了工程中常见的一些随机过程。

第 3 章平稳随机过程。平稳随机过程是工程应用最广泛的随机过程，本章介绍了平稳随机过程的性质、谱分解，均值函数与相关函数的估计方法，平稳随机过程的应用实例，不规则海浪模型及海浪仿真。

第 4 章马尔可夫过程。本章介绍了马尔可夫过程的概念，马尔可夫链及其描述，齐次马尔可夫链，纯不连续马尔可夫过程及扩散过程。

第 5 章时间序列分析与建模。本章介绍了时间序列分析和建模的方法，以及大型舰船运动建模及预报这一应用实例。

第 6 章线性系统在随机输入作用下的分析。本章介绍了应用随机过程理论对线性系统进行分析的方法及实例。

第 7 章维纳滤波理论及应用与第 8 章离散线性系统的最优估计，介绍了随机过程理论在工程中的应用，维纳最优滤波和预测方法，离散线性系统的最优估计方法即卡尔曼滤波方法，卡尔曼滤波的鲁棒性分析，特别介绍了卡尔曼滤波在船用惯性导航系统中的应用。

本书在编写过程中参考了一些专家学者的文献著述，在此一并表示感谢！

编著者

2019 年 12 月

目　　录

第 1 章　概率论基础

1.1　概 率 空 间

1.1.1　样本空间与事件

1. 样本空间

定义 1.1.1　随机试验　设 E 为某一试验,如果事先不能准确地预言它的结果,而且在相同条件下可以重复进行,就称 E 为随机试验.

定义 1.1.2　样本空间　设 E 为随机试验,以 ω 表示它的一个可能结果,则称 ω 为基本事件或样本点,称所有基本事件的集合 $\Omega=\{\omega\}$ 为基本事件空间或样本空间.

例 1.1.1　掷硬币试验,ω_1 代表正面,ω_2 代表反面,则 $\Omega=\{\omega_1,\omega_2\}$,显然基本事件有 2 个且是离散的.

例 1.1.2　掷骰子,$\omega_1=1,\omega_2=2,\cdots,\omega_6=6$,则 $\Omega=\{\omega_i,i=1,2,\cdots,6\}$,显然基本事件有 6 个且是离散的.

例 1.1.3　观察某路口在上午 7 点至 8 点汽车通过的辆数,ω_i 代表通过 i 个汽车,则 $\Omega=\{\omega_0,\omega_1,\omega_2,\cdots\}$,若简记 ω_i 为 i,则 $\Omega=\{0,1,2,\cdots\}$,显然这个样本空间包含可数无穷多个基本事件,而且还是离散的.

例 1.1.4　测试某电子仪器输出噪声,令 ω_V 代表噪声电压为 V,则 $\Omega=\{\omega_V,-12\ \text{V}\leqslant V\leqslant +12\ \text{V}\}$,其中 ± 12 V 为电源电压,有时可记为 $\Omega=\{\omega_V,-\infty<V<+\infty\}$,显然基本事件是连续且为不可数无穷多的.

2. 事件

定义 1.1.3　事件　称样本空间中的某些基本事件的集合为事件,通常用大写英文字母 $A,B,C,D,\cdots$表示.

例 1.1.5　掷骰子,$\Omega=\{1,2,\cdots,6\}$,若用 A 表示不大于 3 的事件,则 $A=\{1,2,3\}$,显见它是由 3 个基本事件所组成的.

事件 A 发生$\Leftrightarrow A$ 中某个基本事件发生,称 Ω 为必然事件,称空集$\varnothing$为不可能事件.

3. 事件的运算

(1)若 $\omega\in A$,则必有 $\omega\in B$,则称事件 B 包含事件 A,记 $A\subset B$,显然 $A\subset\Omega$.

(2)若 $A\subset B$ 且 $B\subset A$,则称 A 与 B 相等,记为 $A=B$.

(3)由所有不包含在 A 中的基本事件所组成的事件称为 A 的逆事件,记为 $\overline{A}$,显然 $\overline{A}=\Omega-A$,如图 1.1.1(a)所示.

(4)用 $A\cap B$ 或 AB 表示同时属于 A 和 B 的基本事件集合,称之为 A 与 B 的交事件,如图 1.1.1(b)所示.

(5)用 $A\cup B$ 表示至少属于 A 或 B 中一个的基本事件集合,称之为 A 与 B 的并事件,如

图 1.1.1(c)所示.

(6)若 $AB=\varnothing$,则称 A 与 B 互不相容,若 A 与 B 互不相容,称并事件为和事件,即 $A\cup B=A+B$,如图 1.1.1(d)所示.

(7)用 $A-B$ 表示属于 A 但不属于 B 的基本事件的集合,显然 $A-B=A\bar{B}=A-AB$,如图 1.1.1(e)所示.

(8)对于 n 个事件 $A_1,A_2,\cdots,A_n$,用 $\bigcup\limits_{i=1}^{n}A_i$ 代表 $A_1,A_2,\cdots,A_n$ 中至少有一个发生的事件,用 $\bigcap\limits_{i=1}^{n}A_i$ 代表 $A_1,A_2,\cdots,A_n$ 同时发生的事件.

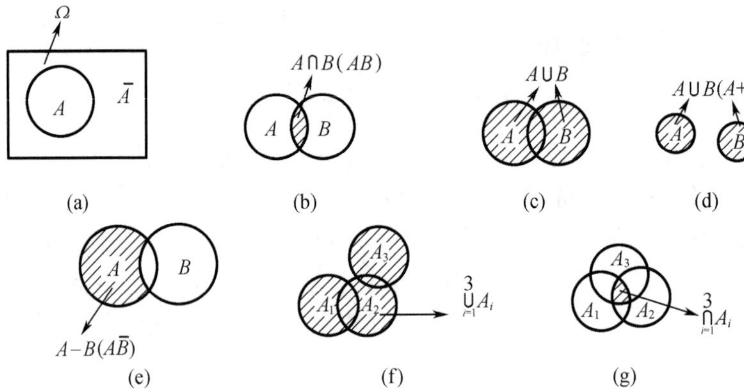

图 1.1.1　事件之间关系示意图

对于可列无穷多事件 $A_1,A_2,\cdots$,定义 $\bigcup\limits_{i=1}^{\infty}A_i=\lim\limits_{n\to\infty}\bigcup\limits_{i=1}^{n}A_i$ 为可列并事件,$\bigcap\limits_{i=1}^{\infty}A_i=\lim\limits_{n\to\infty}\bigcap\limits_{i=1}^{n}A_i$ 为可列交事件.

事件的运算应满足如下规律.

(1)交换律:$A\cup B=B\cup A,AB=BA$.

(2)结合律:$(A\cup B)\cup C=A\cup(B\cup C),(AB)C=A(BC)$.

(3)分配律:$(A\cap B)\cup C=(A\cup C)\cap(B\cup C)$.

(4)德·摩根(De Morgan)定理:可列并事件的逆事件为逆事件的可列交事件,可列交事件的逆事件为逆事件的可列并事件,即

$$\overline{\bigcup_{i=1}^{\infty}A_i}=\bigcap_{i=1}^{\infty}\bar{A}_i \tag{1.1.1}$$

$$\overline{\bigcap_{i=1}^{\infty}A_i}=\bigcup_{i=1}^{\infty}\bar{A}_i \tag{1.1.2}$$

4. 古典概率

定义 1.1.4　古典概率　设 E 为随机试验,A 为某一事件,在同样条件下把 E 独立地重复 N 次,其中事件 A 出现了 $N(A)$ 次. 如果 $\lim\limits_{N\to\infty}\dfrac{N(A)}{N}$ 存在,则定义

$$P(A)=\lim_{N\to\infty}\frac{N(A)}{N} \tag{1.1.3}$$

为事件 A 出现的概率(古典概率).

由定义 1.1.4 不难看出,事件 A 的概率 $P(A)$ 表示了事件 A 出现的可能性的大小.

定理 1.1.1 对任意随机试验 E, $P(A)$有如下性质:

(1)对任意事件 A,有 $0\leqslant P(A)\leqslant 1$;

(2) $P(\Omega)=1$, $P(\varnothing)=0$;

(3)对互不相容事件 $A_1,A_2,\cdots$,即 $A_iA_j=\varnothing$, $i\neq j$,有

$$P\left(\bigcup_{i=1}^{\infty}A_i\right)=\sum_{i=1}^{\infty}P(A_i)$$

证明 (1)由古典概率定义知 $0\leqslant N(A)\leqslant N$,故有 $0\leqslant\frac{N(A)}{N}\leqslant 1$;

(2)因为 Ω 为必然事件, $N(\Omega)=N$,故 $P(\Omega)=\frac{N(\Omega)}{N}=1$, $\varnothing$为不可能事件,故$N(\varnothing)=0$,即 $P(\varnothing)=0$;

(3)因为 $A_1,A_2,\cdots$互不相容,则

$$N\left(\bigcup_{i=1}^{\infty}A_i\right)=\sum_{i=1}^{\infty}N(A_i)$$

所以
$$P\left(\bigcup_{i=1}^{\infty}A_i\right)=\frac{N\left(\bigcup_{i=1}^{\infty}A_i\right)}{N}=\frac{\sum_{i=1}^{\infty}N(A_i)}{N}=\sum_{i=1}^{\infty}P(A_i)$$

定理证毕.

1.1.2 概率与事件域

古典型随机试验远不能包括所有的随机试验,为了深入研究随机事件,应对事件及其概率有严格的定义,这就是俄罗斯数学家柯尔莫哥洛夫(A. H. Колмогоров)最先提出的概率论公理化结构. 这样一来,概率论才成为严谨的数学分支.

定义 1.1.5 σ-代数 设 Ω 是抽象点 ω 的集合, $\Omega=\{\omega\}$, $\mathcal{F}$是由 Ω 中的一些(不一定是全部)子集 A 所组成的集合(集类),如果$\mathcal{F}$满足以下三个条件:

(1) $\Omega\in\mathcal{F}$;

(2)若 $A\in\mathcal{F}$,则 $\overline{A}\in\mathcal{F}$ ($\overline{A}=\Omega-A$);

(3)若可列个 $A_i\in\mathcal{F}$ ($i=1,2,\cdots$),则 $\bigcup_{i=1}^{\infty}A_i\in\mathcal{F}$.

则称集类$\mathcal{F}$为 Ω 中的一个 σ-代数.

定义 1.1.6 事件集 设样本空间 Ω 是基本事件 ω 的集合, $\Omega=\{\omega\}$,而$\mathcal{F}$是由 Ω 中的一些子集(事件)来满足定义 1.1.5 所构成的集合(集类)的,则称$\mathcal{F}$是一个事件域或称为事件集.

解释 (1)事件集$\mathcal{F}$满足定义 1.1.5,因此是一个 σ-代数;

(2)由定义 1.1.6 可知$\mathcal{F}$中的元素为事件,而样本点 ω 不一定是事件,全体事件≠一切子集;

(3)因 $\Omega\in\mathcal{F}$,则 Ω 也是事件,称为必然事件;

(4)因$\varnothing=\overline{\Omega}\in\mathcal{F}$,故$\varnothing$也是事件,称为不可能事件;

(5)因 $\overline{\bigcup_{i=1}^{\infty}\overline{A}_i}\in\mathcal{F}$,则 $\overline{\bigcup_{i=1}^{\infty}\overline{A}_i}=\bigcap_{i=1}^{\infty}A_i\in\mathcal{F}$,这就是说,事件集对于可列并和可列交运算是封闭的.

例 1.1.6 $\mathcal{F}=\{\varnothing,A,\bar{A},\Omega\}$，可以验证$\mathcal{F}$是一个 σ－代数，$\varnothing,A,\bar{A},\Omega$ 为事件，但基本事件不一定是事件.

例 1.1.7 有限样本空间 $\Omega=\{\omega_1,\omega_2,\cdots,\omega_n\}$，$\mathcal{F}$由 Ω 中的一切子集构成，显然$\mathcal{F}$是一个有限的集合，共有 2^n 个事件，可以验证$\mathcal{F}$是一个 σ－代数，每个基本事件点 $\omega_i(i=1,2,\cdots,n)$ 都是$\mathcal{F}$中的元素，因此它也是事件.

例 1.1.8 离散样本空间 $\Omega=\{\omega_1,\omega_2,\cdots\}$，$\mathcal{F}$由 Ω 中的一切子集构成，则$\mathcal{F}$是可列无限集，可以验证$\mathcal{F}$是 σ－代数. $\mathcal{F}$中的元素称为事件.

例 1.1.9 一维波雷尔(Borel)点集

设 $\mathbf{R}^1$ 是全体实数所组成的集合，有时称 $\mathbf{R}^1$ 为一维实数空间，a,b 为任意两个实数，且 $a\leqslant b$，由一切左闭右开区间 $[a,b)=\{x:a\leqslant x<b\}$ 并满足定义 1.1.5 的三点要求所产生的 σ－代数称为一维波雷尔 σ－代数，记为$\mathcal{B}_1$(或称为一维波雷尔体). $\mathcal{B}_1$中的元素就是一维波雷尔点集.

若注意到

$$\{a\}=\bigcap_{n=1}^{\infty}\left[a,a+\frac{1}{n}\right)$$

$$(a,b)=[a,b)-\{a\}$$

$$[a,b]=[a,b)+\{b\}$$

$$(a,b]=[a,b)+\{b\}-\{a\}$$

因此，$\mathcal{B}_1$包含一切双开区间、双闭区间、半开半闭区间、单个实数、可列个实数，并满足定义 1.1.5 得出的集合.

对于连续样本空间有如下对应：

(1) $\Omega\Leftrightarrow\mathbf{R}^1$(一维实数空间)；

(2) $\mathcal{F}\Leftrightarrow\mathcal{B}_1\mathcal{B}_1$(一维波雷尔体)；

(3) $A\Leftrightarrow$一维波雷尔点集 $B\in\mathcal{B}_1$.

例 1.1.10 n 维波雷尔点集(n 为任意正整数)与一维波雷尔点集类似. 以 $\mathbf{R}^n$ 表示 n 维实数空间，由一切左闭右开 n 维矩形

$$\{(x_1,x_2,\cdots,x_n)\mid a_i\leqslant x_i<b_i,i=1,2,\cdots,n;a_i,b_i\text{ 为任意实数}\}$$

并满足定义 1.1.5 的三点要求所产生的 σ－代数，称为 n 维波雷尔 σ－代数，记作$\mathcal{B}_n$(或称为 n 维波雷尔体).

定义 1.1.7 现代概率 设 Ω 为样本空间，$\Omega=\{\omega\}$，$\mathcal{F}$为事件集(σ－代数)，$\mathcal{F}=\{A\}$，A 为事件，$P(\cdot)$ 为定义在$\mathcal{F}$上的集合函数. 如果 $P(\cdot)$ 满足：

(1) $P(A)\geqslant 0,\forall A\in F$；

(2) $P(\Omega)=1$；

(3) 若 $A_i\in F,i=1,2,\cdots$，且 $A_i\cap A_j=\varnothing,i\neq j,i,j=1,2,\cdots$，有

$$P\Big(\bigcup_{i=1}^{\infty}A_i\Big)=\sum_{i=1}^{\infty}P(A_i)$$

则称 $P(\cdot)$ 为概率(现代概率).

现代概率有如下性质:

(1) $P(\varnothing)=0$,即不可能事件的概率为零;

(2)具有有限可加性,即若

$$A_iA_j=\varnothing(i\neq j,i,j=1,2,\cdots,n)$$

则
$$P(\bigcup_{i=1}^{n}A_i)=\sum_{i=1}^{n}P(A_i)$$

(3) $P(\bar{A})=1-P(A)$;

(4)若 $A\supset B$,则 $P(A-B)=P(A)-P(B)\geqslant 0$,由此可得 $P(A)\geqslant P(B)$;

(5)由 $P(A\cup B)=P(A)+P(B)-P(AB)$,可知 $P(A\cup B)\leqslant P(A)+P(B)$对任意 n,有

$$P(A_1\cup A_2\cup\cdots\cup A_n)\leqslant P(A_1)+P(A_2)+\cdots+P(A_n)$$

上面讨论了什么是样本空间 Ω,如何构造事件集$\mathcal{F}$(σ-代数),最后讨论了如何在$\mathcal{F}$上选定概率. 在现代概率论中,称三元总体$(\Omega,\mathcal{F},P)$为概率空间. 对于我们的工作只考察以下四种概率空间就足够了.

(1)有限概率空间$(\Omega,\mathcal{F},P)$

$$\Omega=\{\omega_1,\omega_2,\cdots,\omega_n\}$$
$$\mathcal{F}=\{\Omega\text{ 中的一切子集}\}$$

$P(\cdot)$选定为 $P(\omega_i)\geqslant 0,i=1,2,\cdots,n$,且 $P(\omega_1)+P(\omega_2)+\cdots+P(\omega_n)=1$.

(2)离散概率空间$(\Omega,\mathcal{F},P)$

$$\Omega=\{\omega_1,\omega_2,\cdots\}$$
$$\mathcal{F}=\{\Omega\text{ 中的一切子集}\}$$

$P(\cdot)$选定为 $P(\omega_i)\geqslant 0,i=1,2,\cdots$,且 $\sum_{i=1}^{\infty}P(\omega_i)=1$.

(3)一维连续概率空间$(\Omega,\mathcal{F},P)$

$$\Omega=\mathbf{R}^1\text{(一维实数空间)}$$
$$\mathcal{F}=\mathcal{B}_1\text{(一维波雷尔体)}=\{\text{一维波雷尔点集}\}$$

$P(\cdot)$选定为 $\forall A\in\mathcal{F}$,有 $P(A)\geqslant 0$,且 $P(\mathbf{R}^1)=1$.

如果 Ω 不是 $\mathbf{R}^1$,而是 $\mathbf{R}^1$ 中的一部分,仍可做类似的处理.

(4) n 维连续概率空间$(\Omega,\mathcal{F},P)$

$$\Omega=\mathbf{R}^n\text{(}n\text{ 维实数空间)}$$
$$\mathcal{F}=\mathcal{B}_n\text{(}n\text{ 维波雷尔体)}=\{n\text{ 维波雷尔点集}\}$$

P 选定为 $\forall A\in\mathcal{F}$,有 $P(A)\geqslant 0$,且 $P(\mathbf{R}^n)=1$.

1.1.3 条件概率与统计独立性

1. 条件概率

定义 1.1.8 条件概率 设$(\Omega,\mathcal{F},P)$是一个概率空间,$A,B\in\mathcal{F}$,$P(B)>0$,在事件 B 已出现的条件下,事件 A 出现的条件概率 $P(A/B)$定义为

$$P(A/B)=\frac{P(AB)}{P(B)} \tag{1.1.4}$$

定理 1.1.2 定义 1.1.8 是合理的,即 $P(A/B)$满足概率的三个性质:

(1)对任意 $A\in\mathcal{F}$,有 $0\leqslant P(A/B)\leqslant 1$; (1.1.5)

(2) $P(\Omega/B)=1$; (1.1.6)

(3) 对于 $A_i\in\mathcal{F},i=1,2,\cdots,A_iA_j=\varnothing,i\neq j$,有

$$P\left(\bigcup_{i=1}^{\infty}A_i/B\right)=\sum_{i=1}^{\infty}P(A_i/B) \tag{1.1.7}$$

证明 (1) 由于 $0\leqslant P(AB)\leqslant P(B)$,且 $P(B)>0$,所以 $0\leqslant\frac{P(AB)}{P(B)}\leqslant 1$,即 $0\leqslant P(A/B)\leqslant 1$;

(2) $P(\Omega/B)=\frac{P(\Omega B)}{P(B)}=\frac{P(B)}{P(B)}=1$;

(3) $P\left(\bigcup_{i=1}^{\infty}A_i/B\right)=\frac{P\left(\bigcup_{i=1}^{\infty}A_iB\right)}{P(B)}=\frac{\sum_{i=1}^{\infty}P(A_iB)}{P(B)}=\sum_{i=1}^{\infty}P(A_i/B)$.

定理证毕.

在利用条件概率进行计算时,经常用到以下三个定理(定理 1.1.3 至定理 1.1.5).

定理 1.1.3 设 $A_1,A_2,\cdots,A_n$ 为 n 个事件,$n\geqslant 2$,且 $P(A_1A_2\cdots A_{n-1})>0$,则

$$P(A_1A_2\cdots A_n)=P(A_1)P(A_2/A_1)P(A_3/A_1A_2)\cdots P(A_n/A_1A_2\cdots A_{n-1}) \tag{1.1.8}$$

称式(1.1.8)为乘法公式.

证明 由于 $P(A_1)\geqslant P(A_1A_2)\geqslant\cdots\geqslant P(A_1A_2\cdots A_{n-1})>0$,故式(1.1.8)右边每一项均有意义,于是

$$\begin{aligned}&P(A_1)P(A_2/A_1)P(A_3/A_1A_2)\cdots P(A_n/A_1A_2\cdots A_{n-1})\\&=P(A_1)\frac{P(A_1A_2)}{P(A_1)}\frac{P(A_1A_2A_3)}{P(A_1A_2)}\cdots\frac{P(A_1A_2\cdots A_n)}{P(A_1A_2\cdots A_{n-1})}=P(A_1A_2\cdots A_n)\end{aligned}$$

定理证毕.

定理 1.1.4 设 $A_i\in\mathcal{F}(i=1,2,\cdots)$ 为两两互不相容事件,$\bigcup_{i=1}^{\infty}A_i=\Omega$,且 $P(A_i)>0$,则对任意事件 $B\in\mathcal{F}$,有

$$P(B)=\sum_{i=1}^{\infty}P(A_i)P(B/A_i) \tag{1.1.9}$$

称式(1.1.9)为全概率公式.

证明

$$\begin{aligned}P(B)&=P(\Omega B)\\&=P\left(\bigcup_{i=1}^{\infty}A_iB\right)\\&=\sum_{i=1}^{\infty}P(A_iB)\\&=\sum_{i=1}^{\infty}P(A_i)P(B/A_i)\end{aligned}$$

定理证毕.

定理 1.1.5 设 $A_i\in\mathcal{F},i=1,2,\cdots$ 为两两互不相容事件,$\bigcup_{i=1}^{\infty}A_i=\Omega$,且 $P(A_i)>0$,则对任意事件 $B\in\mathcal{F},P(B)>0$,有

$$P(A_i/B)=\frac{P(A_i)P(B/A_i)}{\sum_{i=1}^{\infty}P(A_i)P(B/A_i)} \tag{1.1.10}$$

称式(1.1.10)为贝叶斯公式.

证明 $$P(A_i/B)=\frac{P(A_iB)}{P(B)}=\frac{P(A_i)P(B/A_i)}{P(B)}$$

再由全概率公式(1.1.9)可得

$$P(A_i/B)=\frac{P(A_i)P(B/A_i)}{\sum_{i=1}^{\infty}P(A_i)P(B/A_i)}$$

定理证毕.

2. 统计独立性

定义 1.1.9 统计独立 对事件 A,B,若 $P(AB)=P(A)P(B)$,则称事件 A 与 B 为统计独立,简称独立.

定理 1.1.6 若事件 A,B 独立,且 $P(B)>0$,则 $P(A/B)=P(A)$.

证明 $$P(A/B)=\frac{P(AB)}{P(B)}=\frac{P(A)P(B)}{P(B)}=P(A)$$

定理证毕.

解释 若 A 与 B 独立,则 A 关于 B 的条件概率与无条件概率相等.

定理 1.1.7 若 A 与 B 独立,则 $\bar{A}$ 与 B,A 与 $\bar{B}$,$\bar{A}$ 与 $\bar{B}$ 也相互独立.

证明 如图 1.1.2 所示,由于

$$\begin{aligned}P(\bar{A}B)&=P(B-AB)\\&=P(B)-P(AB)\\&=P(B)-P(A)P(B)\\&=P(B)[1-P(A)]\\&=P(B)P(\bar{A})\end{aligned}$$

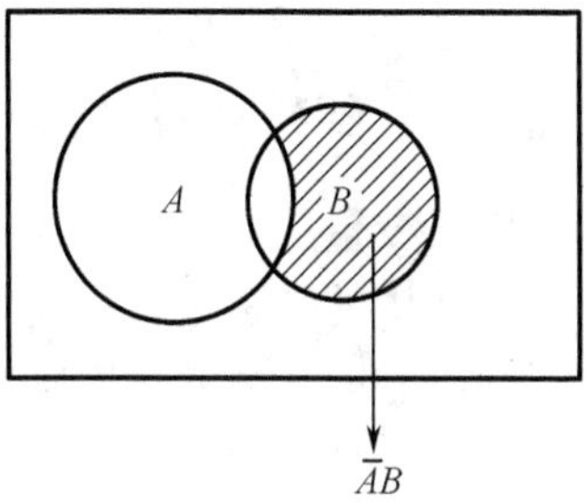

图 1.1.2 $\bar{A}$ 与 B 的交集

所以 $\bar{A}$ 与 B 独立,同理又可证明 A 与 $\bar{B}$ 独立.

又因 $$\begin{aligned}P(\bar{A}\bar{B})=P((\Omega-A)\bar{B})&=P(\bar{B}-A\bar{B})\\&=P(\bar{B})-P(A\bar{B})\\&=P(\bar{B})-P(A)P(\bar{B})\\&=P(\bar{B})[1-P(A)]\\&=P(\bar{B})P(\bar{A})\end{aligned}$$

故 $\bar{A}$ 与 $\bar{B}$ 独立,定理证毕.

对于三个或三个以上事件的独立性,有如下定义:

定义 1.1.10 对于三个事件 A,B,C,若下列四个等式同时成立,则称它们相互独立.

$$P(AB)=P(A)P(B)$$
$$P(BC)=P(B)P(C)$$
$$P(AC)=P(A)P(C)$$
$$P(ABC)=P(A)P(B)P(C)$$

定理 1.1.8 若事件 A,B,C 相互独立,则 A,B,C 两两独立,反之不真.

证明 由定义 1.1.10 可得必要性. 对于充分性不真,只举一反例即可. 有一四面体,第一面为红,第二面为白,第三面为黑,第四面为红、白、黑. 记 A,B,C 分别为投一次四面体呈现红、白、黑的事件. 显然 $P(A)=P(B)=P(C)=\frac{1}{2}$(有两面,共有四面),$P(AB)=P(BC)=$

$P(CA)=\frac{1}{4}$（只有一面具有三种颜色），所以 $P(AB)=P(A)P(B)$，$P(BC)=P(B)P(C)$，$P(CA)=P(C)P(A)\Rightarrow P(A),P(B),P(C)$ 两两独立，但 $P(ABC)=\frac{1}{4}\neq P(A)P(B)P(C)=\frac{1}{8}$.

定理证毕.

对于 n 个事件的独立性，有定义 1.1.11.

定义 1.1.11 对 n 个事件 $A_1,A_2,\cdots,A_n$，若对于所有可能的组合，$1\leqslant i<j<k<\cdots<n$ 成立，即

$$P(A_iA_j)=P(A_i)P(A_j)$$
$$P(A_iA_jA_k)=P(A_i)P(A_j)P(A_k)$$
$$\vdots$$
$$P(A_1A_2\cdots A_n)=P(A_1)P(A_2)\cdots P(A_n)$$

则称 $A_1,A_2,\cdots,A_n$ 相互独立. 这意味着要有 $C_n^2+C_n^3+C_n^n=2^n-n-1$ 个等式成立.

1.2 随机变量及其分布

1.2.1 随机变量及其分布

1. 随机变量定义

自然界中的随机现象是大量存在的，而且不同的随机试验所呈现的物理特点又是不同的，但尽管如此，从概率角度来看，这些不同的随机现象都有共同的本质性的规律. 为了研究并利用这一规律，我们把随机试验中的基本事件同数联系起来，也就是用实数 $\xi(\omega)$ 代替基本事件 ω，而把基本事件空间 Ω 用某一实数集 A 表示. 这样一来，通过对实数 $\xi(\omega)$ 的研究就代替了对基本事件 ω 的研究. 通常把 $\xi(\omega)$ 称为随机变量.

例如，掷硬币 $\Omega=\{\omega\}=\{$正面，反面$\}$，令 $\xi(\omega)=\begin{cases}1,\omega=\text{正面}\\0,\omega=\text{反面}\end{cases}$，这样一来随机变量集为 $\{\xi(\omega)\}=\{1,0\}$. 一般地，设 E 为任意随机试验，其基本事件空间为 $\Omega=\{\omega\}$，如果对每一个 $\omega\in\Omega$，有一个实数 $\xi(\omega)$ 与之对应，这样就得到了定义在 Ω 上的单值实函数 $\xi(\omega)$. 而基本事件空间就对应于实数集 $\mathbf{R}^1$ 中的某一点集 A，如图 1.2.1 所示.

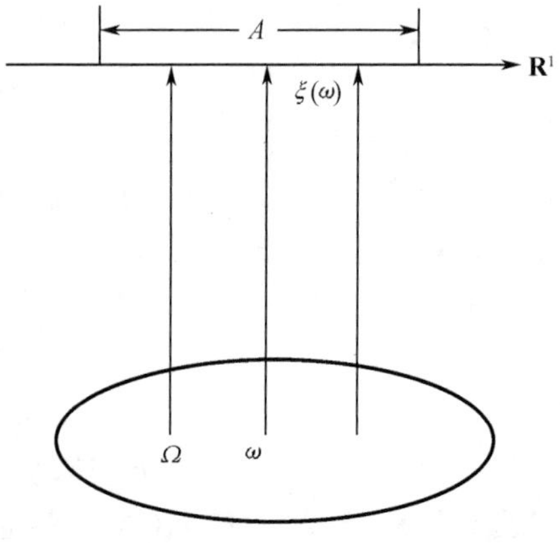

图 1.2.1 $\xi(\omega)$ 示意图

由于 ω 是随机的，所以 $\xi(\omega)$ 也是随机的，通常我们要研究事件 $\{\omega\}=\{\omega:\xi(\omega)<x\}$ 的概率，即 $P(\omega:\xi(\omega)<x)\triangleq P(\xi(\omega)<x)$，其中 $x\in\mathbf{R}^1$.

为了计算概率，其先决条件必须是 $P(\xi(\omega)<x)$ 有意义，即 $\{\omega:\xi(\omega)<x\}$ 必须是事件. 因为我们只对 Ω 中的某 σ－代数 $\mathcal{F}$ 中的 ω 集（事件）定义了概率，也就是说 $P(\xi(\omega)<x)$ 有

意义的先决条件是$\{\omega:\xi(\omega)<x\}\in\mathcal{F}$,所以在定义随机变量$\xi(\omega)$时,应引进这一条件才是合理的.

定义 1.2.1 随机变量 设$(\Omega,\mathcal{F},P)$为一概率空间,$\xi(\omega)$是定义在$\Omega=\{\omega\}$上的单值实函数,如果对任一实数$x\in\mathbf{R}^1$,ω集$\{\omega:\xi(\omega)<x\}$是一事件,即

$$\{\omega:\xi(\omega)<x\}\in\mathcal{F} \tag{1.2.1}$$

则称$\xi(\omega)$为随机变量.

注意 ω与$\xi(\omega)$不一定是一对一的,只要满足定义即$\xi(\omega)$为ω的单值实函数即可.

定义 1.2.2 随机变量 设$(\Omega,\mathcal{F},P)$为一概率空间,$\xi(\omega)$是定义在$\Omega=\{\omega\}$上的单值实函数,如果对任一波雷尔点集$B_1\in\mathbf{R}^1$,ω集$\{\omega:\xi(\omega)\in B_1\}$是一事件,即

$$\{\omega:\xi(\omega)\in B_1\}\in\mathcal{F} \tag{1.2.2}$$

则称$\xi(\omega)$为随机变量.

定理 1.2.1 定义 1.2.1 和定义 1.2.2 是等价的,证明从略.

2. 随机变量的分布函数及其性质

定义 1.2.3 分布函数 称$F(x)=P(\xi(\omega)<x)$,$x\in\mathbf{R}^1$为$\xi(\omega)$的分布函数. 若$a,b\in\mathbf{R}^1$,$a<b$,显然有

$$\begin{aligned}P(a\leqslant\xi(\omega)<b)&=P(\xi(\omega)<b)-P(\xi(\omega)<a)\\&=F(b)-F(a)\end{aligned}$$

定理 1.2.2 分布函数$F(x)$有以下性质:

(1)单调不减性,即若$a<b$,则$F(a)\leqslant F(b)$;

(2)$\lim\limits_{x\to-\infty}F(x)=0$,$\lim\limits_{x\to+\infty}F(x)=1$;

(3)左连续性$F(x-0)=F(x)$.

证明 (1)对任意$a<b$,有$F(b)-F(a)=P(a\leqslant\xi<b)\geqslant0$.

(2)因为$P(-\infty<\xi<\infty)=1$,而

$$\begin{aligned}P(-\infty<\xi<\infty)&=\sum_{n=-\infty}^{+\infty}P(n\leqslant\xi<n+1)\\&=\sum_{n=-\infty}^{+\infty}[F(n+1)-F(n)]\\&=\lim_{n\to+\infty}F(n)-\lim_{n\to-\infty}F(n)\\&=\lim_{x\to+\infty}F(x)-\lim_{x\to-\infty}F(x)\\&=1\end{aligned}$$

又因为$F(x)=P(\xi<x)$且$0\leqslant P(\xi<x)\leqslant1$,所以$0\leqslant F(x)\leqslant1$. 再由$F(x)$的单调不减性,知$\lim\limits_{x\to+\infty}F(x)=1$,$\lim\limits_{x\to-\infty}F(x)=0$.

(3)取$x_0<x_1<x_2<\cdots<x_n<\cdots<x$,因为

$$\begin{aligned}F(x)-F(x_0)&=P(x_0\leqslant\xi<x)\\&=P(x_0\leqslant\xi<x_1)+P(x_1\leqslant\xi<x_2)+\cdots+P(x_{n-1}\leqslant\xi<x_n)+\cdots\\&=[F(x_1)-F(x_0)]+[F(x_2)-F(x_1)]+\cdots+[F(x_n)-F(x_{n-1})]+\cdots\\&=\lim_{n\to+\infty}F(x_n)-F(x_0)\end{aligned}$$

所以$F(x)=\lim\limits_{n\to+\infty}F(x_n)=F(x-0)$,即$F(x)$左连续.

定理证毕.

3. 离散型随机变量

设随机变量 ξ 所有可能的取值为 $\{x_i, i=1,2,\cdots\}$，ξ 取 x_i 的概率为 $p(x_i)$，$i=1,2,\cdots$，则 $\{p(x_i), i=1,2,\cdots\}$ 就是离散型随机变量 ξ 的概率分布. 显然应有

$$p(x_i)\geqslant 0, i=1,2,\cdots$$

$$\sum_{i=1}^{\infty} p(x_i) = 1$$

对 ξ 的概率分布通常表示为

$$\begin{pmatrix} x_1 & x_2 & \cdots & x_n & \cdots \\ p(x_1) & p(x_2) & \cdots & p(x_n) & \cdots \end{pmatrix}$$

离散型随机变量 ξ 的分布函数为 $F_{\xi}(x) = p(\xi < x) = \sum\limits_{x_k < x} p(x_k)$，如图 1.2.2 所示.

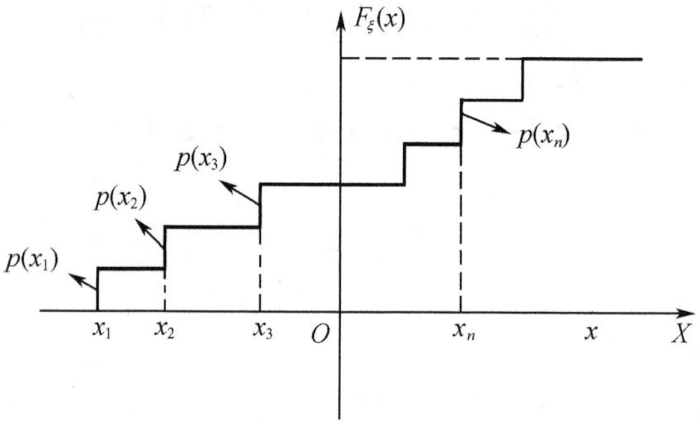

图 1.2.2　离散型随机变量分布函数的图形表示

离散型随机变量 ξ 的密度函数 $p(x)$ 为

$$p(x) = \frac{\mathrm{d}F(x)}{\mathrm{d}x} = \sum_{i=1}^{\infty} p(x_i)\delta(x - x_i) \tag{1.2.3}$$

其中，$\delta(\cdot)$ 为狄拉克 $-\delta$ 函数（Dirac $-\delta$）.

4. 连续型随机变量

如果随机变量 ξ 取某个区间 $[a,b]$ 或 $(-\infty, +\infty)$ 上的一切值，且分布函数 $F(x)$ 是绝对连续函数，即存在可积函数 $p(x)$，使

$$F(x) = \int_{-\infty}^{x} p(y)\,\mathrm{d}y \tag{1.2.4}$$

则称 ξ 为具有连续型分布函数的随机变量，其中 $p(x)$ 为 ξ 的分布密度函数.

由 $F(x)$ 的单调非减性可知 $p(x)\geqslant 0$，由 $\lim\limits_{x\to+\infty} F(x) = 1$ 可知 $\int_{-\infty}^{+\infty} p(x)\,\mathrm{d}x = 1$，利用密度函数 $p(x)$ 可以求出 $P(a\leqslant\xi<b)$ 的概率，即

$$\begin{aligned} P(a\leqslant\xi<b) &= F(b) - F(a) \\ &= \int_{-\infty}^{b} p(x)\,\mathrm{d}x - \int_{-\infty}^{a} p(x)\,\mathrm{d}x \\ &= \int_{a}^{b} p(x)\,\mathrm{d}x \end{aligned} \tag{1.2.5}$$

1.2.2 随机向量及其分布

1. 随机向量及其分布定义

定义 1.2.4 随机向量 设$\xi_1(\omega),\xi_2(\omega),\cdots,\xi_n(\omega)$是定义在同一概率空间$(\Omega,\mathcal{F},P)$上的$n$个随机变量,则称$\boldsymbol{\xi}(\omega)=(\xi_1(\omega),\xi_2(\omega),\cdots,\xi_n(\omega))^{\mathrm{T}}$为$n$维随机向量,通常简记$\boldsymbol{\xi}=(\xi_1,\xi_2,\cdots,\xi_n)^{\mathrm{T}}$.

由定义可知,对任意n个实数$x_1,x_2,\cdots,x_n$,有

$$\{\xi_1(\omega)<x_1,\xi_2(\omega)<x_2,\cdots,\xi_n(\omega)<x_n\}=\bigcap_{i=1}^{n}\{\xi_i(\omega)<x_i\}\in\mathcal{F}$$

称

$$F(x_1,x_2,\cdots,x_n)\triangleq P(\xi_1<x_1,\xi_2<x_2,\cdots,\xi_n<x_n) \tag{1.2.6}$$

为n维随机向量$\boldsymbol{\xi}=(\xi_1,\xi_2,\cdots,\xi_n)^{\mathrm{T}}$的分布函数.

可以证明,n维分布函数$F(x_1,x_2,\cdots,x_n)$有如下性质:

(1)关于每个变量非递减;

(2)关于每个变量左连续;

(3)$F(x_1,x_2,\cdots,-\infty,\cdots,x_n)=0,F(+\infty,+\infty,\cdots,+\infty)=1$.

n维分布函数$F(x_1,x_2,\cdots,x_n)$也有离散型和连续型.离散型分布集中在n维空间$\mathbf{R}^n$有限或可列点上.连续型分布存在非负可积函数$p(x_1,x_2,\cdots,x_n)$,有

$$F(x_1,x_2,\cdots,x_n)=\int_{-\infty}^{x_1}\int_{-\infty}^{x_2}\cdots\int_{-\infty}^{x_n}p(y_1,y_2,\cdots,y_n)\mathrm{d}y_1\mathrm{d}y_2\cdots\mathrm{d}y_n \tag{1.2.7}$$

其中,$p(x_1,x_2,\cdots,x_n)$称为n维密度函数,且满足

$$p(x_1,x_2,\cdots,x_n)\geqslant 0,\int_{-\infty}^{+\infty}\int_{-\infty}^{+\infty}\cdots\int_{-\infty}^{+\infty}p(x_1,x_2,\cdots,x_n)\mathrm{d}x_1\mathrm{d}x_2\cdots\mathrm{d}x_n=1$$

例 1.2.1 n维正态分布

称

$$p(\boldsymbol{x})=\frac{1}{(2\pi)^{\frac{n}{2}}|\boldsymbol{B}|^{\frac{1}{2}}}\exp\left\{-\frac{1}{2}(\boldsymbol{x}-\boldsymbol{a})^{\mathrm{T}}\boldsymbol{B}^{-1}(\boldsymbol{x}-\boldsymbol{a})\right\} \tag{1.2.8}$$

为n维正态分布的密度函数,记为$N(\boldsymbol{a},\boldsymbol{B})$。其中,$\boldsymbol{B}=(b_{ij})_{n\times n}>0(i,j=1,2,\cdots,n)$为正定对称阵;$|\boldsymbol{B}|$为$\boldsymbol{B}$的行列式;$\boldsymbol{a}=(a_1,a_2,\cdots,a_n)^{\mathrm{T}}$;$\boldsymbol{x}=(x_1,x_2,\cdots,x_n)^{\mathrm{T}}$.

可以证明,式(1.2.8)满足密度函数的条件,即$p(\boldsymbol{x})>0$,且$\int_{-\infty}^{+\infty}\int_{-\infty}^{+\infty}\cdots\int_{-\infty}^{+\infty}p(\boldsymbol{x})\mathrm{d}x_1\mathrm{d}x_2\cdots\mathrm{d}x_n=1$.

2. 边沿分布

设$\boldsymbol{\xi}=(\xi_1,\xi_2,\cdots,\xi_n)^{\mathrm{T}}$为$n$维随机向量,则称

$$\begin{aligned}F_1(x_1)&=P(\xi_1<x_1)=P(\xi_1<x_1,\xi_2<+\infty,\cdots,\xi_n<+\infty)\\&=F(x_1,+\infty,\cdots,+\infty)\\&=\int_{-\infty}^{x_1}\int_{-\infty}^{+\infty}\cdots\int_{-\infty}^{+\infty}p(y_1,y_2,\cdots,y_n)\mathrm{d}y_1\mathrm{d}y_2\cdots\mathrm{d}y_n\\&\triangleq\int_{-\infty}^{x_1}p_1(y_1)\mathrm{d}y_1\end{aligned}$$

为$F(x_1,x_2,\cdots,x_n)$的一维(ξ_1)边沿分布函数,其中称$p_1(y_1)=\int_{-\infty}^{+\infty}\int_{-\infty}^{+\infty}\cdots\int_{-\infty}^{+\infty}p(y_1,y_2,\cdots,y_n)\mathrm{d}y_1\mathrm{d}y_2\cdots\mathrm{d}y_n$为$p(x_1,x_2,\cdots,x_n)$的一维($\xi_1$)边沿密度函数.

同理,ξ_2的边沿分布函数为$F_2(x_2)=F(+\infty,x_2,+\infty,\cdots,+\infty)$.依此类推,可有

$F(x_1,x_2,\cdots,x_n)$的$k(k<n)$维边沿分布函数和边沿密度函数.

3. 条件分布

(1)离散型

有两个离散型随机变量ξ和η,其分布分别为

$$\xi=\begin{pmatrix} x_1 & x_2 & \cdots & x_n \\ p_1 & p_2 & \cdots & p_n \end{pmatrix},\eta=\begin{pmatrix} y_1 & y_2 & \cdots & y_n \\ q_1 & q_2 & \cdots & q_n \end{pmatrix}$$

又知$P(\xi=x_i,\eta=y_j)=p_{ij}$,则定义

$$P(\eta=y_j/\xi=x_i)=\frac{P(\xi=x_i,\eta=y_j)}{P(\xi=x_i)}=\frac{p_{ij}}{p_i} \tag{1.2.9}$$

为$\xi=x_i$的条件下,$\eta=y_j$的条件概率. 不难看出,把边沿分布的计算应用到离散型场合,有

$$p_i=\sum_{j=1}^{n}p_{ij},q_j=\sum_{i=1}^{n}p_{ij}$$

(2)连续型

设ξ和η为连续型随机变量,以$p(x,y)$表示(ξ,η)的密度函数,则定义$p(y/x)=\dfrac{p(x,y)}{p(x)}$为已知$\xi=x$的条件下,$\eta$的条件密度函数. 由此可知,条件分布函数为

$$\begin{aligned} P(\eta<y/\xi=x)&=\int_{-\infty}^{y}p(y/x)\mathrm{d}y \\ &=\int_{-\infty}^{y}\frac{p(x,y)}{p(x)}\mathrm{d}y \\ &=\frac{1}{p(x)}\int_{-\infty}^{y}p(x,y)\mathrm{d}y \end{aligned} \tag{1.2.10}$$

4. 随机变量的独立性

定义 1.2.5 设$\xi_1,\xi_2,\cdots,\xi_n$是定义在$(\Omega,\mathcal{F},P)$上的n个随机变量,若对任意实数$x_1,x_2,\cdots,x_n$,有

$$P(\xi_1<x_1,\xi_2<x_2,\cdots,\xi_n<x_n)=P(\xi_1<x_1)P(\xi_2<x_2)\cdots P(\xi_n<x_n) \tag{1.2.11}$$

则称$\xi_1,\xi_2,\cdots,\xi_n$相互独立. 由分布函数的定义式(1.2.11),显然有

$$F(x_1,x_2,\cdots,x_n)=F_1(x_1)F_2(x_2)\cdots F_n(x_n) \tag{1.2.12}$$

对于两个随机变量ξ,η,如果它们相互独立,则

$$P(\eta<y/\xi=x)=\frac{P(\eta<y,\xi=x)}{P(\xi=x)}=\frac{P(\eta<y)P(\xi=x)}{P(\xi=x)}=P(\eta<y)$$

此时条件分布函数等于无条件分布函数. 对于离散型情况,$\xi_1,\xi_2,\cdots,\xi_n$相互独立的充要条件是

$$P(\xi_1=x_1,\xi_2=x_2,\cdots,\xi_n=x_n)=P(\xi_1=x_1)P(\xi_2=x_2)\cdots P(\xi_n=x_n)$$

对于连续型情况,$\xi_1,\xi_2,\cdots,\xi_n$相互独立的充要条件是

$$p(x_1,x_2,\cdots,x_n)=p_1(x_1)p_2(x_2)\cdots p_n(x_n)$$

其中,$p(\cdot)$为密度函数.

1.2.3 随机变量的函数及其分布若干定义

1. 定义

定义 1.2.6 一元波雷尔可测函数 设 $y=g(x)$ 是 $\mathbf{R}^1\to\mathbf{R}^1$ 上的一个函数(映照),若对 $\mathbf{R}^1$ 中的任意波雷尔点集 B_1,均有 $\{x:g(x)\in B_1\}\in\mathcal{B}_1$,其中 $\mathcal{B}_1$ 为 $\mathbf{R}^1$ 上的波雷尔 σ-代数,则称 $g(x)$ 是一元波雷尔可测函数.

所有连续函数都是波雷尔可测函数,所有具有有限或可列间断点的连续函数也是波雷尔可测函数.

定理 1.2.3 设 $\xi\in(\Omega,\mathcal{F},P)$ 且 $g(x)$ 为一维波雷尔可测函数,则 $g(\xi)\in(\Omega,\mathcal{F},P)$,即 $g(\xi)$ 也是概率空间 $(\Omega,\mathcal{F},P)$ 上的随机变量.

证明 对于任意 $B_1\in\mathcal{B}_n$,由定义知 $g^{-1}(B_1)\triangleq\{x:g(x)\in B_1\}$ 为波雷尔点集,因此 ω 集 $\{\omega:\xi(\omega)\in g^{-1}(B_1)\}\in\mathcal{F}$,即为事件. 然而又有 $\{\omega:g(\xi(\omega))\in B_1\}=\{\omega:\xi(\omega)\in g^{-1}(B_1)\}$,所以 $\{\omega:g(\xi(\omega))\in B_1\}\in\mathcal{F}$,即 $g(\xi(\omega))$ 为随机变量.

定理证毕.

定义 1.2.7 *n* 维波雷尔可测函数 设 $\boldsymbol{y}=\boldsymbol{g}(\boldsymbol{x}_1,\boldsymbol{x}_2,\cdots,\boldsymbol{x}_n)$ 是 $\mathbf{R}^n$ 到 $\mathbf{R}^1$ 上的一个函数,若对 $\mathbf{R}^1$ 中的一切波雷尔点集 B_1,均有

$$\{(x_1,x_2,\cdots,x_n):g(x_1,x_2,\cdots,x_n)\in B_1\}\in\mathcal{B}_n,\ \forall B_1\in\mathcal{F}$$

其中,$\mathcal{B}_n$ 为 $\mathbf{R}^n$ 上的波雷尔 σ-代数,则称 $g(x_1,x_2,\cdots,x_n)$ 为 n 维波雷尔可测函数.

所有 n 维连续函数均为 n 维波雷尔可测函数. 具有有限或可列间断点的 n 维连续函数也是 n 维波雷尔可测函数.

可以证明,若 $g(x_1,x_2,\cdots,x_n)$ 为 n 维波雷尔可测函数,则 $g(\xi_1,\xi_2,\cdots,\xi_n)$ 也是概率空间 $(\Omega,\mathcal{F},P)$ 上的随机变量.

2. 随机变量函数的密度函数及分布函数

(1)单值函数

设 X 为连续型随机变量,其密度函数为 $p_X(x)$,有可测函数 $f(x)=y$ 且处处可导,而且是单值一对一函数,如图 1.2.3 所示,其反函数为 $x=f^{-1}(y)$. 试求 $Y=f(X)$ 的密度函数 $p_Y(y)$.

由概率论可知

$$P(y\leqslant Y<y+\mathrm{d}y)=P(x\leqslant X<x+\mathrm{d}x)$$

则

$$p_Y(y)\,|\mathrm{d}y|=p_X(x)\,|\mathrm{d}x|$$

于是有

$$p_Y(y)=p_X(x)\left|\frac{\mathrm{d}x}{\mathrm{d}y}\right|$$

称 $J\triangleq\dfrac{\mathrm{d}x}{\mathrm{d}y}=\dfrac{\mathrm{d}f^{-1}(y)}{\mathrm{d}y}$ 为雅可比因子,则

$$p_Y(y)=p_X(x)\,|J|=p_X[f^{-1}(y)]\,|J|$$

进一步

$$F_Y(y)=P(Y<y)=\int_{-\infty}^{y}p_Y(y)\mathrm{d}y=\int_{-\infty}^{y}p_X[f^{-1}(y)]\,|J|\mathrm{d}y\tag{1.2.13}$$

(2)推广到多维(图 1.2.4)

设 $X_1,X_2,\cdots,X_n$ 为 n 维连续型随机变量,密度 $p_X(x_1,x_2,\cdots,x_n)$ 为已知,有可测函数

$y_1=f_1(x_1,x_2,\cdots,x_n),y_2=f_2(x_1,x_2,\cdots,x_n),\cdots,y_n=f_n(x_1,x_2,\cdots,x_n)$为一对一的单值函数且处处可导. 试求 $p_Y(y_1,y_2,\cdots,y_n)$.

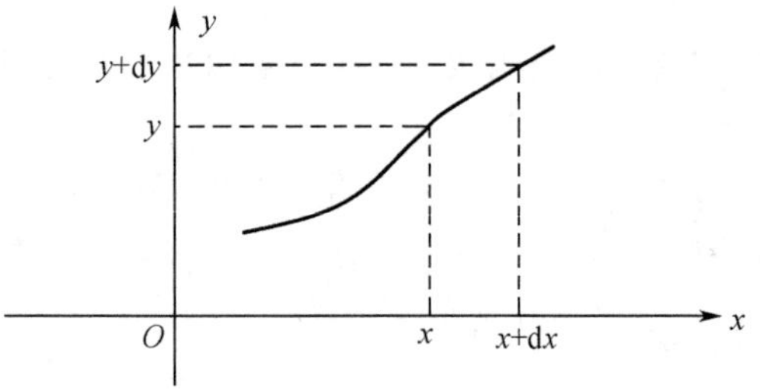

图 1.2.3　单值函数 $y=f(x)$ 的图形表示

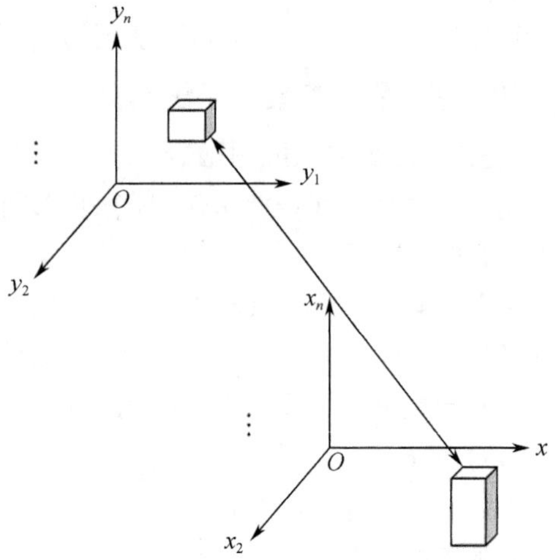

图 1.2.4　多维函数空间对应表示

由概率论知

$$P(y_1\leqslant Y_1<y_1+\mathrm{d}y_1,y_2\leqslant Y_2<y_2+\mathrm{d}y_2,\cdots,y_n\leqslant Y_n<y_n+\mathrm{d}y_n)$$
$$=P(x_1\leqslant X_1<x_1+\mathrm{d}x_1,x_2\leqslant X_2<x_2+\mathrm{d}x_2,\cdots,x_n\leqslant X_n<x_n+\mathrm{d}x_n)$$

即

$$p_Y(y_1,y_2,\cdots,y_n)\,|\mathrm{d}y_1\,\mathrm{d}y_2\cdots\,\mathrm{d}y_n|$$
$$=p_X(x_1,x_2,\cdots,x_n)\,|\mathrm{d}y_1\,\mathrm{d}y_2\cdots\,\mathrm{d}y_n|$$

于是有

$$p_Y(y_1,y_2,\cdots,y_n)=p_X(x_1,x_2,\cdots,x_n)\left|\frac{\mathrm{d}x_1\,\mathrm{d}x_2\cdots\,\mathrm{d}x_n}{\mathrm{d}y_1\,\mathrm{d}y_2\cdots\,\mathrm{d}y_n}\right| \tag{1.2.14}$$

定义

$$J\triangleq\frac{\mathrm{d}x_1\,\mathrm{d}x_2\cdots\,\mathrm{d}x_n}{\mathrm{d}y_1\,\mathrm{d}y_2\cdots\,\mathrm{d}y_n}\triangleq\begin{vmatrix}\dfrac{\partial x_1}{\partial y_1} & \dfrac{\partial x_1}{\partial y_2} & \cdots & \dfrac{\partial x_1}{\partial y_n}\\ \dfrac{\partial x_2}{\partial y_1} & \dfrac{\partial x_2}{\partial y_2} & \cdots & \dfrac{\partial x_2}{\partial y_n}\\ \vdots & & & \vdots\\ \dfrac{\partial x_n}{\partial y_1} & \dfrac{\partial x_n}{\partial y_2} & \cdots & \dfrac{\partial x_n}{\partial y_n}\end{vmatrix} \tag{1.2.15}$$

为雅可比因子,再把反函数 $x_1=f_1^{-1}(y_1,y_2,\cdots,y_n),x_2=f_2^{-1}(y_1,y_2,\cdots,y_n),\cdots,x_n=f_n^{-1}(y_1,y_2,\cdots,y_n)$代入式(1.2.14),则

$$p_Y(y_1,y_2,\cdots,y_n)=p_X(x_1,x_2,\cdots,x_n)\,|J|$$
$$=p_X[f_1^{-1}(y_1,y_2,\cdots,y_n),f_2^{-1}(y_1,y_2,\cdots,y_n),\cdots,f_n^{-1}(y_1,y_2,\cdots,y_n)]\,|J| \tag{1.2.16}$$

进一步,分布函数为

$$F_Y(y_1,y_2,\cdots,y_n)=P(Y_1<y_1,Y_2<y_2,\cdots,Y_n<y_n)$$
$$=\int_{-\infty}^{y_1}\int_{-\infty}^{y_2}\cdots\int_{-\infty}^{y_n}p_Y(y_1,y_2,\cdots,y_n)\,\mathrm{d}y_1\mathrm{d}y_2\cdots\mathrm{d}y_n$$

$$= \int_{-\infty}^{y_1}\int_{-\infty}^{y_2}\cdots\int_{-\infty}^{y_n} p_X[f_1^{-1}(y_1,y_2,\cdots,y_n),f_2^{-1}(y_1,y_2,\cdots,y_n),\cdots,$$
$$f_n^{-1}(y_1,y_2,\cdots,y_n)]\,|J|\,\mathrm{d}y_1\mathrm{d}y_2\cdots\mathrm{d}y_n \tag{1.2.17}$$

(3)多值情况

设 X 是连续型随机变量,密度函数 $p_X(x)$ 已知,$y=f(x)$ 为多值函数且处处可导,如图 1.2.5 所示. 试求密度函数 $P_Y(y)$.

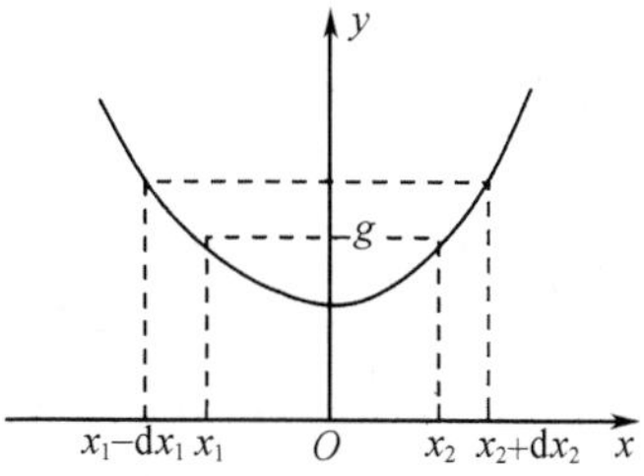

图 1.2.5 多值函数表示

由图形 1.2.5 可知

$$P(y\leqslant Y<y+\mathrm{d}y)=P(x_1-\mathrm{d}x_1\leqslant X<x_1)+P(x_2\leqslant X<x_2+\mathrm{d}x_2)$$

故 $$p_Y(y)\,|\mathrm{d}y|=p_X(x_1)\,|\mathrm{d}x_1|+p_X(x_2)\,|\mathrm{d}x_2|$$

所以密度函数为

$$p_Y(y)=p_X(x_1)\left|\frac{\mathrm{d}x}{\mathrm{d}y}\right|_{x_1}+p_X(x_2)\left|\frac{\mathrm{d}x}{\mathrm{d}y}\right|_{x_2}=p_X(x_1)\,|J_1|+p_X(x_2)\,|J_2| \tag{1.2.18}$$

其中,$J_1=\left.\frac{\mathrm{d}x}{\mathrm{d}y}\right|_{x=x_1}$ 为 $x=x_1$ 处的雅可比因子;$J_2=\left.\frac{\mathrm{d}x}{\mathrm{d}y}\right|_{x=x_2}$ 为 $x=x_2$ 处的雅可比因子.

分布函数为

$$F_Y(y)=P(Y<y)=\int_{-\infty}^{y}p_Y(y)\mathrm{d}y=\int_{-\infty}^{y}p_X(f_1^{-1}(y))\,|J_1|\,\mathrm{d}y+\int_{-\infty}^{y}p_X(f_2^{-1}(y))\,|J_2|\,\mathrm{d}y \tag{1.2.19}$$

其中,$x_1=f_1^{-1}(y)$,$x_2=f_2^{-1}(y)$ 为多值反函数.

定理 1.2.4 设 $\xi_1,\xi_2,\cdots,\xi_n$ 是相互独立的随机变量,且 $f_i(\cdot)\ (i=1,2,\cdots,n)$ 是一维波雷尔可测函数,则 $f_1(\xi_1),f_2(\xi_2),\cdots,f_n(\xi_n)$ 是相互独立的随机变量.

证明 对任意一维波雷尔点集 $B_1,B_2,\cdots,B_n$,因为

$$\begin{aligned}&P(f_1(\xi_1)\in B_1,f_2(\xi_2)\in B_2,\cdots,f_n(\xi_n)\in B_n)\\&=P(\xi_1\in f_1^{-1}(B_1),\xi_2\in f_2^{-1}(B_2),\cdots,\xi_n\in f_n^{-1}(B_n))\\&=P(\xi_1\in f_1^{-1}(B_1)),P(\xi_2\in f_2^{-1}(B_2)),\cdots,P(\xi_n\in f_n^{-1}(B_n))\\&=P(f_1(\xi_1)\in B_1),P(f_2(\xi_2)\in B_2),\cdots,P(f_n(\xi_n)\in B_n)\end{aligned}$$

所以 $f_1(\xi_1),f_2(\xi_2),\cdots,f_n(\xi_n)$ 相互独立.

定理证毕.

例 1.2.2 设 ξ_1,ξ_2 的联合密度函数 $p_{\xi_1\xi_2}(x_1,x_2)$ 为已知,试求 $\eta_2=\xi_1+\xi_2$ 的密度函数 $p_{\eta_2}(y_2)$ 及分布函数 $F_{\eta_2}(y_2)$.

解 令
$$\begin{cases}\eta_1=\xi_1\\ \eta_2=\xi_1+\xi_2\end{cases}$$

则
$$\begin{cases}y_1=x_1\\ y_2=x_1+x_2\end{cases},\quad\begin{cases}x_1=y_1\\ x_2=y_2-y_1\end{cases}$$

该变换的雅可比因子为

$$J=\begin{vmatrix}\dfrac{\partial x_1}{\partial y_1} & \dfrac{\partial x_1}{\partial y_2}\\ \dfrac{\partial x_2}{\partial y_1} & \dfrac{\partial x_2}{\partial y_2}\end{vmatrix}=\begin{vmatrix}1 & 0\\ -1 & 1\end{vmatrix}=1$$

于是由式(1.2.16)可得

$$p_{\eta_1\eta_2}(y_1,y_2)=p_{\xi_1\xi_2}(x_1,x_2)\,|J|=p_{\xi_1\xi_2}(y_1,y_2-y_1)$$

由上式可求出 η_2 的密度函数为

$$p_{\eta_2}(y_2)=\int_{-\infty}^{+\infty}p_{\xi_1\xi_2}(y_1,y_2-y_1)\mathrm{d}y_1 \tag{1.2.20}$$

如果 ξ_1 与 ξ_2 相互独立,则有

$$p_{\eta_2}(y_2)=\int_{-\infty}^{+\infty}p_{\xi_1}(y_1)p_{\xi_2}(y_2-y_1)\mathrm{d}y_1=\int_{-\infty}^{+\infty}p_{\xi_1}(y_2-y_1)p_{\xi_2}(y_1)\mathrm{d}y_1 \tag{1.2.21}$$

η_2 的分布函数 $F_{\eta_2}(y_2)$ 为

$$F_{\eta_2}(y_2)=\int_{-\infty}^{y_2}p_{\eta_2}(u)\mathrm{d}u=\int_{-\infty}^{y_2}\int_{-\infty}^{+\infty}p_{\xi_1\xi_2}(y_1,u-y_1)\mathrm{d}y_1\mathrm{d}u \tag{1.2.22}$$

例 1.2.3 设 ξ_1,ξ_2 的联合密度函数 $p_{\xi_1\xi_2}(x_1,x_2)$ 为已知,试求 $\eta_2=\dfrac{\xi_1}{\xi_2}$ 的密度函数 $p_{\eta_2}(y_2)$ 及分布函数 $F_{\eta_2}(y_2)$.

解 令

$$\begin{cases}\eta_1=\xi_1\\ \eta_2=\dfrac{\xi_1}{\xi_2}\end{cases}$$

则

$$\begin{cases}y_1=x_1\\ y_2=\dfrac{x_1}{x_2}\end{cases},\quad\begin{cases}x_1=y_1\\ x_2=\dfrac{y_1}{y_2}\end{cases}$$

该变换的雅可比因子为

$$J=\begin{vmatrix}\dfrac{\partial x_1}{\partial y_1} & \dfrac{\partial x_1}{\partial y_2}\\ \dfrac{\partial x_2}{\partial y_1} & \dfrac{\partial x_2}{\partial y_2}\end{vmatrix}=\begin{vmatrix}1 & 0\\ \dfrac{1}{y_2} & -\dfrac{y_1}{y_2^2}\end{vmatrix}=-\frac{y_1}{y_2^2}$$

于是由式(1.2.16)得

$$p_{\eta_1\eta_2}(y_1,y_2)=f_{\xi_1\xi_2}(x_1,x_2)\,|J|=f_{\xi_1\xi_2}\left(y_1,\frac{y_1}{y_2}\right)\left|\frac{y_1}{y_2^2}\right|$$

η_2 的密度函数 $p_{\eta_2}(y_2)$ 为

$$p_{\eta_2}(y_2)=\int_{-\infty}^{+\infty}p_{\eta_1\eta_2}(y_1,y_2)\mathrm{d}y_1=\int_{-\infty}^{+\infty}p_{\xi_1\xi_2}\left(y_1,\frac{y_1}{y_2}\right)\left|\frac{y_1}{y_2^2}\right|\mathrm{d}y_1 \tag{1.2.23}$$

令 $\dfrac{y_1}{y_2}=z$,则 $y_1=zy_2,\mathrm{d}y_1=y_2\mathrm{d}z$,并代入式(1.2.23)有

$$p_{\eta_2}(y_2)=\int_{-\infty}^{+\infty}p_{\xi_1\xi_2}(zy_2,z)\,|z|\,\mathrm{d}z \tag{1.2.24}$$

由式(1.2.24)可得 η_2 的分布函数 $F_{\eta_2}(y_2)$ 为

$$F_{\eta_2}(y_2) = \int_{-\infty}^{y_2}\int_{-\infty}^{+\infty} p_{\xi_1\xi_2}(zu, z)\,|z|\,\mathrm{d}z\mathrm{d}u \tag{1.2.25}$$

例 1.2.4 设 ξ_1, ξ_2 的联合密度函数 $p_{\xi_1\xi_2}(x_1, x_2)$ 为已知，试求 $\eta_2 = \xi_1\xi_2$ 的密度函数 $p_{\eta_2}(y_2)$ 及分布函数 $F_{\eta_2}(y_2)$.

解 令

$$\begin{cases} \eta_1 = \xi_1 \\ \eta_2 = \xi_1\xi_2 \end{cases}$$

则

$$\begin{cases} y_1 = x_1 \\ y_2 = x_1x_2 \end{cases}, \begin{cases} x_1 = y_1 \\ x_2 = \dfrac{y_2}{y_1} \end{cases}$$

该变换的雅可比因子为

$$J = \begin{vmatrix} \dfrac{\partial x_1}{\partial y_1} & \dfrac{\partial x_1}{\partial y_2} \\ \dfrac{\partial x_2}{\partial y_1} & \dfrac{\partial x_2}{\partial y_2} \end{vmatrix} = \begin{vmatrix} 1 & 0 \\ -\dfrac{y_2}{y_1^2} & \dfrac{1}{y_1} \end{vmatrix} = \frac{1}{y_1}$$

于是由式(1.2.16)得

$$p_{\eta_1\eta_2}(y_1, y_2) = p_{\xi_1\xi_2}(x_1, x_2)\,|J| = p_{\xi_1\xi_2}\left(y_1, \frac{y_2}{y_1}\right)\left|\frac{1}{y_1}\right|$$

η_2 的密度函数为

$$p_{\eta_2}(y_2) = \int_{-\infty}^{+\infty} p_{\eta_1\eta_2}(y_1, y_2)\,\mathrm{d}y_1 = \int_{-\infty}^{+\infty} p_{\xi_1\xi_2}\left(y_1, \frac{y_2}{y_1}\right)\left|\frac{1}{y_1}\right|\mathrm{d}y_1 \tag{1.2.26}$$

η_2 的分布函数为

$$F_{\eta_2}(y_2) = \int_{-\infty}^{y_2} p_{\eta_2}(u)\,\mathrm{d}u = \int_{-\infty}^{y_2}\int_{-\infty}^{+\infty} p_{\xi_1\xi_2}\left(y_1, \frac{u}{y_1}\right)\left|\frac{1}{y_1}\right|\mathrm{d}y_1\mathrm{d}u \tag{1.2.27}$$

如果 ξ_1 与 ξ_2 独立，则

$$p_{\eta_2}(y_2) = \int_{-\infty}^{+\infty} p_{\xi_1}(y_1)\,p_{\xi_2}\left(\frac{y_2}{y_1}\right)\left|\frac{1}{y_1}\right|\mathrm{d}y_1 \tag{1.2.28}$$

例 1.2.5 设 $X \sim N(\mu, \sigma^2)$，试求 $Y = X^2$ 的分布密度函数.

解 由 $y = x^2$，得 $\begin{cases} x_1 = \sqrt{y} \\ x_2 = -\sqrt{y} \end{cases}$，则

$$\begin{cases} \dfrac{\mathrm{d}x_1}{\mathrm{d}y} = \dfrac{1}{2}y^{-\frac{1}{2}}, x_1 > 0 \\ \dfrac{\mathrm{d}x_2}{\mathrm{d}y} = -\dfrac{1}{2}y^{-\frac{1}{2}}, x_2 < 0 \end{cases} \tag{1.2.29}$$

y 和 x 的图形表示如图 1.2.6 所示. 这是一个非线性双值变换，故由式(1.2.18)有

$$p_Y(y) = p_X(x_1)\,|J_1| + p_X(x_2)\,|J_2| \tag{1.2.30}$$

将雅可比因子式(1.2.29)代入式(1.2.30)有

$$
\begin{aligned}
p_Y(y) &= p_X(x_1)\left|\frac{\mathrm{d}x_1}{\mathrm{d}y}\right|, x_1>0 + p_X(x_2)\left|\frac{\mathrm{d}x_2}{\mathrm{d}y}\right|, x_2<0 \\
&= p_X(\sqrt{y})\left|\frac{1}{2\sqrt{y}}\right|, \sqrt{y}>0 + p_X(-\sqrt{y})\left|\frac{1}{2\sqrt{y}}\right|, \sqrt{y}>0 \\
&= p_X(\sqrt{y})\left|\frac{1}{2\sqrt{y}}\right|, \sqrt{y}>0 + p_X(\sqrt{y})\left|\frac{1}{2\sqrt{y}}\right|, \sqrt{y}<0 \\
&= p_X(\sqrt{y})\left|\frac{1}{2\sqrt{y}}\right|, -\infty<\sqrt{y}<+\infty \qquad (1.2.31)
\end{aligned}
$$

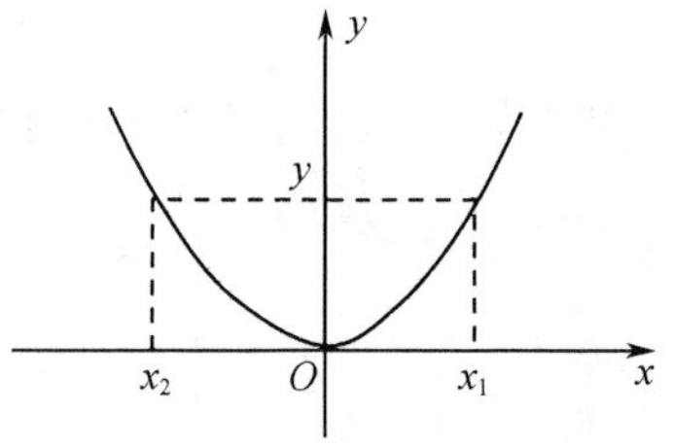

图 1.2.6　y 和 x 的图形表示

考虑到随机变量 X 服从正态分布 $N(\mu,\sigma^2)$，于是由式(1.2.31)知 $Y=X^2$ 的分布密度函数为

$$p_Y(y)=\frac{1}{2\sigma\sqrt{2\pi}}\exp\left\{-\frac{1}{2}\left(\frac{\sqrt{y}-\mu}{\sigma}\right)^2\right\}\frac{1}{|\sqrt{y}|}, -\infty<\sqrt{y}<+\infty \qquad (1.2.32)$$

1.3　随机变量数字特征

1.3.1　数学期望

定义 1.3.1　随机变量的数学期望(离散型)　设 ξ 为离散型随机变量，取值为 x_1，x_2，…，概率为 p_1，p_2，…，则称

$$\sum_{i=1}^{\infty} x_i p_i \triangleq E\xi \qquad (1.3.1)$$

为离散型随机变量 ξ 的数学期望.

解释　①它表明平均地出现那个数值的概率，或者大于或小于该值的可能性各占一半；

②$E\xi$ 存在的条件是 $\mathop{E}\limits_{i=1}^{\infty}|x_i|p_i<+\infty$，即绝对收敛.

定义 1.3.2　随机变量的数学期望(连续型)　设 ξ 为具有密度函数 $p(x)$ 的连续型随机变量，如果 $\int_{-\infty}^{+\infty}|x|p(x)\mathrm{d}x<+\infty$，则称

$$E\xi \triangleq \int_{-\infty}^{+\infty} xp(x)\mathrm{d}x \qquad (1.3.2)$$

为连续型随机变量 ξ 的数学期望.

例 1.3.1　求正态分布 $N(a,\sigma^2)$ 的数学期望. 已知正态分布为

$$p(x)=\frac{1}{\sqrt{2\pi}\sigma}\exp\left\{\frac{-(x-a)^2}{2\sigma^2}\right\}$$

设

$$\frac{x-a}{\sigma}=z, x=\sigma z+a$$

则
$$\int_{-\infty}^{+\infty} xp(x)\,\mathrm{d}x = \int_{-\infty}^{+\infty} x\frac{1}{\sqrt{2\pi}\sigma}\mathrm{e}^{\frac{-(x-a)^2}{2\sigma^2}}\mathrm{d}x$$
$$= \frac{1}{\sqrt{2\pi}}\int_{-\infty}^{+\infty}\frac{\sigma z+a}{\sigma}\sigma\mathrm{e}^{\frac{-z^2}{2}}\mathrm{d}z$$
$$= \frac{1}{\sqrt{2\pi}}\left(\sigma\int_{-\infty}^{+\infty} z\mathrm{e}^{\frac{-z^2}{2}}\mathrm{d}z + a\int_{-\infty}^{+\infty}\mathrm{e}^{\frac{-z^2}{2}}\mathrm{d}z\right)$$
$$= \frac{1}{\sqrt{2\pi}}\left(a\int_{-\infty}^{+\infty}\mathrm{e}^{\frac{-z^2}{2}}\mathrm{d}z\right)$$
$$= a$$

下面讨论随机变量函数 $g(\xi)$ 的数学期望.

定义 1.3.3 设 $g(\xi)$ 是随机变量 ξ 的可测函数,如果
$$\int_{-\infty}^{+\infty}|g(x)|p_\xi(x)\,\mathrm{d}x < \infty$$
则称
$$Eg(\xi) \triangleq \int_{-\infty}^{+\infty} g(x)p_\xi(x)\,\mathrm{d}x \tag{1.3.3}$$
为 $g(\xi)$ 的数学期望,其中 $p_\xi(x)$ 为随机变量 ξ 的密度函数.

可以把定义 1.3.3 推广到 n 维随机向量.

定义 1.3.4 设 $\boldsymbol{\xi}=\begin{pmatrix}\xi_1\\ \xi_2\\ \vdots\\ \xi_n\end{pmatrix}$ 为 n 维随机向量,其分布函数为 $F_\xi(\boldsymbol{x})$,密度函数为 $p_\xi(\boldsymbol{x})$,而 $g(\boldsymbol{\xi})$ 为 n 维可测函数,则 $g(\boldsymbol{\xi})$ 的数学期望为
$$Eg(\boldsymbol{\xi}) = \int_{-\infty}^{+\infty}\int_{-\infty}^{+\infty}\cdots\int_{-\infty}^{+\infty} g(\boldsymbol{x})p_\xi(\boldsymbol{x})\,\mathrm{d}\boldsymbol{x} \tag{1.3.4}$$
其中,$\boldsymbol{x}^{\mathrm{T}}=(x_1,x_2,\cdots,x_n)$.

数学期望有如下性质:

(1) 若 $a\leqslant\xi\leqslant b$,则 $a\leqslant E\xi\leqslant b$,其中 a,b 为常数;

(2) 若 C 为常数,则有 $EC=C$;

(3) 对任意常数 $C_i(i=1,2,\cdots,n)$ 及 b,有
$$E\left(\sum_{i=1}^{n} C_i\xi_i + b\right) = \sum_{i=1}^{n} C_iE\xi_i + b$$

(4) 如果 $\xi_1,\xi_2,\cdots,\xi_n$ 相互独立,则 $E(\xi_1\xi_2\cdots\xi_n) = \prod_{i=1}^{n} E\xi_i$;

(5) 设 $\hat{\xi}$ 是 ξ 的估计,则当且仅当 $\hat{\xi}=E\xi$ 时,估计误差 $\tilde{\xi}=\xi-\hat{\xi}$ 的方差最小.

此处只证(5).

由方差 $D\tilde{\xi} = E(\xi-\hat{\xi})^2 = \int_{-\infty}^{+\infty}(x-\hat{\xi})^2p_\xi(x)\,\mathrm{d}x$,有
$$\frac{\mathrm{d}D\tilde{\xi}}{\mathrm{d}\hat{\xi}} = 0 \Leftrightarrow -2\int_{-\infty}^{+\infty}(x-\hat{\xi})p_\xi(x)\,\mathrm{d}x = 0$$
$$\Leftrightarrow \int_{-\infty}^{+\infty} xp_\xi(x)\,\mathrm{d}x = \hat{\xi}\int_{-\infty}^{+\infty} p_\xi(x)\,\mathrm{d}x$$

$$\Leftrightarrow E\xi=\hat{\xi}$$

又因
$$\frac{\mathrm{d}^2 D\tilde{\hat{\xi}}}{\mathrm{d}\hat{\xi}^2}=2>0$$

所以
$$D\tilde{\hat{\xi}}=\min\Leftrightarrow\hat{\xi}=E\xi$$

1.3.2 方差及其矩

定义 1.3.5 方差 设 ξ 为随机变量, $E\xi$ 为其数学期望, 则称 $E(\xi-E\xi)^2$ 为 ξ 的方差, 记为 $D\xi\triangleq E(\xi-E\xi)^2$, 称 $\sqrt{D\xi}$ 为 ξ 的标准差.

方差表示随机变量 ξ 相对于数学期望 $E\xi$ 的离散程度. 由定义 1.3.5 可以推出

$$D\xi=E(\xi-E\xi)^2=E(\xi^2)-(E\xi)^2 \tag{1.3.5}$$

方差有如下性质:

(1) 设 C 为常数, 则 $P(\xi=C)=1\Leftrightarrow D\xi=0$;

(2) 设 C 为常数, 则 $D(C\xi)=C^2 D\xi$.

证明 (1) ①必要性

$$\begin{aligned}D\xi&=\int_{-\infty}^{+\infty}(\xi-E\xi)^2\mathrm{d}F_\xi(x)\\&=\int_{-\infty}^{+\infty}(C-C)^2\mathrm{d}F_\xi(x)=0\end{aligned}$$

②充分性

利用切比雪夫不等式, 有

$$\forall\varepsilon>0, P(|\xi-E\xi|\geqslant\varepsilon)\leqslant\frac{D\xi}{\varepsilon^2}=0$$

因为
$$D\xi=0$$

又因为
$$P(|\xi-E\xi|\neq0)=\lim_{n\to\infty}P\left(|\xi-E\xi|\geqslant\frac{1}{n}\right)=0$$

所以
$$P(|\xi-E\xi|=0)=1-P(|\xi-E\xi|\neq0)=1$$

故有
$$P(\xi=E\xi)=P(\xi=C)=1$$

(2)
$$\begin{aligned}DC\xi&=\int_{-\infty}^{+\infty}[C\xi-E(C\xi)]^2\mathrm{d}F_\xi(x)\\&=E(C\xi)^2-[E(C\xi)]^2\\&=C^2[E(\xi)^2-(E\xi)^2]\\&=C^2D\xi\end{aligned}$$

为以后讨论方便, 现引进标准化随机变量 ξ^* 为

$$\xi^*\triangleq\frac{\xi-E\xi}{\sqrt{D\xi}}$$

显然
$$E\xi^*=0, D\xi^*=1$$

定义 1.3.6 称 $m_k\triangleq E\xi^k$ 为随机变量 ξ 的 k 阶原点矩, 其中 k 为正整数, 显然数学期望是一阶原点矩.

定义 1.3.7 称 $C_k=E(\xi-E\xi)^k$ 为随机变量 ξ 的 k 阶中心矩, 其中 k 为正整数, 显然方差是二阶中心矩. 又因为

$$\begin{aligned}C_k &= E(\xi - E\xi)^k \\ &= E\left[\sum_{i=0}^{k} \mathrm{C}_k^i \xi^i (-E\xi)^{k-i}\right] \\ &= \sum_{i=0}^{k} \mathrm{C}_k^i E[(\xi^i)(-E\xi)^{k-i}] \\ &= \sum_{i=0}^{k} \mathrm{C}_k^i (-m_1)^{k-i} m_i\end{aligned}$$

所以由原点矩可求出中心矩. 反之还有

$$\begin{aligned}m_k &= E\xi^k \\ &= E[(\xi - m_1) + m_1]^k \\ &= E\left[\sum_{i=0}^{k} \mathrm{C}_k^i (\xi - m_1)^i m_1^{k-i}\right] \\ &= \sum_{i=0}^{k} \mathrm{C}_k^i C_i m_1^{k-i}\end{aligned}$$

即由中心矩和一阶原点矩可以求出其他高阶原点矩.

例 1.3.2 设 ξ 为正态随机变量,其密度函数为

$$f(x) = \frac{1}{\sqrt{2\pi}\sigma} \exp\left\{-\frac{x^2}{2\sigma^2}\right\}$$

因为 $E\xi = 0$,所以

$$m_k = C_k = \int_{-\infty}^{+\infty} x^k f(x)\,\mathrm{d}x = \begin{cases} 0, k \text{ 为奇数} \\ \sigma^k (k-1)(k-3)\cdots 1, k \text{ 为偶数} \end{cases}$$

1.3.3 相关系数和协方差阵

对任意两个随机变量 ξ_1 和 ξ_2,前文已讲述了 $E\xi_1, D\xi_1$ 和 $E\xi_2, D\xi_2$,这只表明了各自的均值及相对于均值的离散程度. 现在进一步来研究这两个随机变量 ξ_1 和 ξ_2 之间的联系,为此先介绍协方差的概念.

定义 1.3.8 协方差 称 $E[(\xi_1 - E\xi_1)(\xi_2 - E\xi_2)] \triangleq \mathrm{Cov}(\xi_1, \xi_2)$ 为随机变量 ξ_1 和 ξ_2 的协方差.

定义 1.3.9 称

$$r_{12} = \frac{\mathrm{Cov}(\xi_1, \xi_2)}{\sqrt{D\xi_1}\sqrt{D\xi_2}} \tag{1.3.6}$$

为随机变量 ξ_1 和 ξ_2 的相关系数.

显然

$$r_{12} = E\left(\frac{\xi_1 - E\xi_1}{\sqrt{D\xi_1}} \cdot \frac{\xi_2 - E\xi_2}{\sqrt{D\xi_2}}\right)$$

这表明相关系数 r_{12} 为标准随机变量 $\frac{\xi_1 - E\xi_1}{\sqrt{D\xi_1}}$ 与 $\frac{\xi_2 - E\xi_2}{\sqrt{D\xi_2}}$ 的协方差.

下面介绍一个很重要的不等式(柯西不等式).

定理 1.3.1 对任意随机变量 ξ 与 η,有

$$|E(\xi\eta)|^2 \leqslant E\xi^2 \cdot E\eta^2 \tag{1.3.7}$$

等号成立的充要条件是存在 $t_0 \in \mathbf{R}^1$ 和常数 $C \in \mathbf{R}^1$,使得 $\eta = t_0\xi + C, (a,s)$.

证明 对任意实数 $t \in \mathbf{R}^1$,显然有

$$f(t) \triangleq E(t\xi-\eta)^2 = t^2 E\xi^2 - 2tE(\xi\eta) + E\eta^2 \geqslant 0$$

于是,由代数可知

$$[E(\xi\eta)]^2 - E\xi^2 \cdot E\eta^2 \leqslant 0$$

进一步讨论

$$E(t_0\xi-\eta)^2 = 0, t_0 \in \mathbf{R}^1 \Leftrightarrow [E(\xi\eta)]^2 = E\xi^2 \cdot E\eta^2$$

的情况.

由 $E(t_0\xi-\eta)^2 = D(t_0\xi-\eta) + [E(t_0\xi-\eta)]^2 = 0$ 可知 $D(t_0\xi-\eta)=0$. 因此,等价地有 $t_0\xi-\eta = C,(a,s)$,其中 C 为常数,即 $\eta = t_0\xi + C,(a,s)$.

定理证毕.

现引进 n 维随机向量 $\boldsymbol{\xi} = (\xi_1, \xi_2, \cdots, \xi_n)$ 的协方差阵定义如下:

定义 1.3.10 称

$$E[(\boldsymbol{\xi}-E\boldsymbol{\xi})(\boldsymbol{\xi}-E\boldsymbol{\xi})^{\mathrm{T}}] = E\left[\begin{pmatrix} \xi_1 - E\xi_1 \\ \xi_2 - E\xi_2 \\ \vdots \\ \xi_n - E\xi_n \end{pmatrix}(\xi_1 - E\xi_1, \xi_2 - E\xi_2, \cdots, \xi_n - E\xi_n)\right]$$

$$= \begin{pmatrix} b_{11} & b_{12} & \cdots & b_{1n} \\ b_{21} & b_{22} & \cdots & b_{2n} \\ \vdots & \vdots & & \vdots \\ b_{n1} & b_{n2} & \cdots & b_{nn} \end{pmatrix} \triangleq \boldsymbol{B} \tag{1.3.8}$$

为随机向量 $\boldsymbol{\xi}$ 的协方差阵. 其中,$b_{ij} = \mathrm{Cov}(\xi_i, \xi_j)$, $i,j = 1,2,\cdots,n$.

定理 1.3.2 对于协方差阵 $\boldsymbol{B}$,有

$$\boldsymbol{B} \geqslant 0 (\text{即 } \boldsymbol{B} \text{ 为非负定}) \tag{1.3.9}$$

证明 对任意实数 $t_j (j=1,2,\cdots,n)$,有

$$(t_1, t_2, \cdots, t_n)\boldsymbol{B}\begin{pmatrix} t_1 \\ t_2 \\ \vdots \\ t_n \end{pmatrix} = \left(\sum_{j=1}^n t_j b_{1j}, \sum_{j=1}^n t_j b_{2j}, \cdots, \sum_{j=1}^n t_j b_{nj}\right)\begin{pmatrix} t_1 \\ t_1 \\ \vdots \\ t_n \end{pmatrix}$$

$$= \sum_{i=1}^n t_i \sum_{j=1}^n t_j b_{ij}$$

$$= \sum_{i,j=1}^n E[(\xi_i - E\xi_i)(\xi_j - E\xi_j)t_i t_j]$$

$$= E[\sum_{i,j=1}^n (\xi_i - E\xi_i)(\xi_j - E\xi_j)t_i t_j]$$

$$= E[\sum_{i=1}^n (\xi_i - E\xi_i)t_i]^2 \geqslant 0$$

定理证毕.

相关系数有如下性质:

性质 1

$$-1 \leqslant r_{12} \leqslant +1 \tag{1.3.10}$$

证明 由柯西不等式有

$$|r_{12}| = \left| E\left[\frac{(\xi_1 - E\xi_1)(\xi_2 - E\xi_2)}{\sqrt{D\xi_1} \quad \sqrt{D\xi_2}} \right] \right| \leqslant \sqrt{E\frac{(\xi_1 - E\xi_1)^2}{D\xi_1}} \cdot \sqrt{E\frac{(\xi_2 - E\xi_2)^2}{D\xi_2}} = 1$$

又由定理 1.3.1 可知，$r_{12} = \pm 1$ 的充要条件是

$$\frac{\xi_1 - E\xi_1}{\sqrt{D\xi_1}} = \pm \frac{\xi_2 - E\xi_2}{\sqrt{D\xi_2}}, (a,s)$$

这说明当 $r_{12} = \pm 1$ 时，两个随机变量 ξ_1 和 ξ_2 有线性关系；另外当 $r_{12} = 0$ 时，随机变量 ξ_1 与 ξ_2 不相关.

定义 1.3.11 对于随机变量 ξ_1 和 ξ_2，如果相关系数 $r_{12} = 0$，则称 ξ_1 与 ξ_2 不相关.

性质 2 对于随机变量 ξ_1 与 ξ_2，下面的事实等价：

(1) $\mathrm{Cov}(\xi_1, \xi_2) = 0$；

(2) ξ_1 与 ξ_2 不相关；

(3) $E(\xi_1\xi_2) = E\xi_1 E\xi_2$；

(4) $D(\xi_1 + \xi_2) = D\xi_1 + D\xi_2$.

证明 由 $\mathrm{Cov}(\xi_1, \xi_2)$ 和相关系数 r_{12} 及不相关的定义，显然(1)与(2)是等价的；又因为

$$\begin{aligned} \mathrm{Cov}(\xi_1, \xi_2) &= E[(\xi_1 - E\xi_1)(\xi_2 - E\xi_2)] \\ &= E(\xi_1\xi_2 - \xi_2 E\xi_1 - \xi_1 E\xi_2 + E\xi_1 E\xi_2) \\ &= E(\xi_1\xi_2) - E\xi_1 E\xi_2 \end{aligned}$$

所以(1)与(3)等价；最后由

$$\begin{aligned} D(\xi_1 + \xi_2) &= E(\xi_1 - E\xi_1 + \xi_2 - E\xi_2)^2 \\ &= E[(\xi_1 - E\xi_1)^2 + 2(\xi_1 - E\xi_1)(\xi_2 - E\xi_2) + (\xi_2 - E\xi_2)^2] \\ &= D\xi_1 + 2r_{12}\sqrt{D\xi_1}\sqrt{D\xi_2} + D\xi_2 \end{aligned}$$

又知(1)与(4)是等价的，因此(1)$\Leftrightarrow$(2)$\Leftrightarrow$(3)$\Leftrightarrow$(4).

性质 2 证毕.

性质 3 若 ξ_1 与 ξ_2 独立，则 ξ_1 与 ξ_2 不相关；反之不真.

证明 因为 ξ_1 与 ξ_2 独立，则密度函数满足 $P_{\xi_1\xi_2}(x_1, x_2) = P_{\xi_1}(x_1) P_{\xi_2}(x_2)$，于是

$$\begin{aligned} \mathrm{Cov}(\xi_1, \xi_2) &= E[(\xi_1 - E\xi_1)(\xi_2 - E\xi_2)] \\ &= \int_{-\infty}^{+\infty}\int_{-\infty}^{+\infty} (x_1 - E\xi_1)(x_2 - E\xi_2) P_{\xi_1\xi_2}(x_1, x_2)\,\mathrm{d}x_1\mathrm{d}x_2 \\ &= \int_{-\infty}^{+\infty}\int_{-\infty}^{+\infty} (x_1 - E\xi_1)(x_2 - E\xi_2) P_{\xi_1}(x_1) P_{\xi_2}(x_2)\,\mathrm{d}x_1\mathrm{d}x_2 \\ &= \int_{-\infty}^{+\infty} (x_1 - E\xi_1)\,\mathrm{d}F_1(x_1) \int_{-\infty}^{+\infty} (x_2 - E\xi_2)\,\mathrm{d}F_2(x_2) \\ &= 0 \end{aligned}$$

性质 3 证毕.

现举一反例来说明性质 3 的逆不成立.

例 1.3.3 设 θ 服从$[0, 2\pi]$上的均匀分布，$\xi_1 = \cos\theta$，$\xi_2 = \sin\theta$，由于 $\xi_1^2 + \xi_2^2 = 1$，可知 ξ_1 与 ξ_2 不独立；但另一方面

$$E\xi_1 = \int_{-\infty}^{+\infty} \xi_1(x)\,\mathrm{d}F_\theta(x) = \frac{1}{2\pi}\int_0^{2\pi}\cos x\mathrm{d}x = 0$$

$$E\xi_2 = \int_{-\infty}^{+\infty} \xi_2(x)\,\mathrm{d}F_\theta(x) = \frac{1}{2\pi}\int_0^{2\pi}\sin x\mathrm{d}x = 0$$

$$E(\xi_1\xi_2) = \frac{1}{2\pi}\int_0^{2\pi}\sin x\cos x\mathrm{d}x = \frac{1}{4\pi}\int_0^{2\pi}\sin 2x\mathrm{d}x = 0$$

于是有 $E(\xi_1\xi_2)=E\xi_1E\xi_2$,又知 ξ_1 与 ξ_2 不相关,即性质 3 的逆不成立.

性质 4 对于二元正态分布,不相关与独立是等价的.

证明 只需证明由不相关可推出独立即可. 事实上,因为 ξ_1,ξ_2 是二元正态分布,所以其密度函数为

$$P(x,y) = \frac{1}{2\pi\sigma_1\sigma_2\sqrt{1-r^2}}\exp\left\{-\frac{1}{2(1-r^2)}\left[\frac{(x-a)^2}{\sigma_1^2} - 2r\frac{(x-a)(y-b)}{\sigma_1\sigma_2} + \frac{(y-b)^2}{\sigma_2^2}\right]\right\}$$

其中,$E\xi_1=a,E\xi_2=b,D\xi_1=\sigma_1^2,D\xi_2=\sigma_2^2$,相关系数为 $|r|<1$. 由此可知,若 ξ_1 与 ξ_2 不相关,即 $r=0$ 时,则有 $f(x,y)=f(x)f(y)$,于是得出 ξ_1 和 ξ_2 独立. 性质 4 对于 n 元正态分布也成立.

1.3.4 条件期望及全条件期望

设有两个事件 $\{B\}$ 和 $\{\xi<x\}$,则由贝叶斯公式有

$$P(\xi<x,B) = P(B)\cdot P(\xi<x/B)$$

记 $F(x/B)\triangleq P(\xi<x/B)$ 为事件 B 出现的条件下,ξ 的条件分布函数.

定义 1.3.12 对于随机变量 ξ 及随机事件 B,则称

$$E(\xi/B) \triangleq \int_{-\infty}^{+\infty} x\mathrm{d}F(x/B) = \int_{-\infty}^{+\infty} xp(x/B)\mathrm{d}x \tag{1.3.11}$$

为事件 B 出现条件下,ξ 的条件期望.

如果事件 $B_1,B_2,\cdots,B_n$ 互不相容,$P(B_i)>0,i=1,2,\cdots,n$,而且 $\bigcup_{i=1}^{n}B_i=\Omega$,则由全概率公式,可知

$$\begin{aligned} F(x) &= P(\xi<x) = P(\xi<x,\Omega) = P(\xi<x,\bigcup_{i=1}^{n}B_i) = P(\bigcup_{i=1}^{n}(\xi<x,B_i)) \\ &= \sum_{i=1}^{n}P(\xi<x,B_i) = \sum_{i=1}^{n}P(\xi<x/B_i)\cdot P(B_i) \\ &= \sum_{i=1}^{n}F(x/B_i)\cdot P(B_i) \end{aligned} \tag{1.3.12}$$

由此可得

$$\begin{aligned} E\xi &= \int_{-\infty}^{+\infty} x\mathrm{d}F(x) = \int_{-\infty}^{+\infty} x\sum_{i=1}^{n}\mathrm{d}F(x/B_i)P(B_i) \\ &= \sum_{i=1}^{n}\int_{-\infty}^{+\infty} x\mathrm{d}F(x/B_i)P(B_i) \\ &= \sum_{i=1}^{n}E(\xi/B_i)P(B_i) \end{aligned} \tag{1.3.13}$$

式(1.3.13)称为全条件期望.

现在考虑两个随机变量 ξ 和 η,令 B 代表事件($\eta=y$),在 $\eta=y$ 的条件下 ξ 的条件分布函数及条件密度函数为

$$F(x/y)=P(\xi<x/\eta=y),p(x/y)=\frac{\mathrm{d}}{\mathrm{d}x}F(x/y)$$

则在 $\eta=y$ 的条件下,ξ 的条件期望为

$$E(\xi/y)=\int_{-\infty}^{+\infty}x\mathrm{d}F(x/y)$$

或者

$$E(\xi/y)=\int_{-\infty}^{+\infty}xp(x/y)\mathrm{d}x \tag{1.3.14}$$

现在把条件期望定义进行推广,有以下定义:

定义 1.3.13 设 $\xi(x)$ 为一维波雷尔可测函数,如果 $\int_{-\infty}^{+\infty}|g(x)|\mathrm{d}F(x/y)<+\infty$,则称

$$\int_{-\infty}^{+\infty}g(x)\mathrm{d}F(x/y)\triangleq E[g(\xi)/y] \tag{1.3.15}$$

为 $\eta=y$ 的条件下随机变量 ξ 函数 $g(\xi)$ 的条件期望.

关于条件期望,有一个十分重要的性质,这就是定理 1.3.3.

定理 1.3.3 设 ξ,η 为随机变量,$g(x)$ 为一维波雷尔可测函数,则

$$E_\eta\{E_\xi[g(\xi)/\eta]\}=E_\xi[g(\xi)] \tag{1.3.16}$$

定理 1.3.3 的含义是,条件期望的平均值等于无条件期望.

证明

$$\begin{aligned}E_\eta\{E_\xi[g(\xi)/\eta]\}&=\int_{-\infty}^{+\infty}E_\xi[g(\xi)/\eta]p_\eta(y)\mathrm{d}y\\&=\int_{-\infty}^{+\infty}\int_{-\infty}^{+\infty}g(x)p(x/y)p_\eta(y)\mathrm{d}x\mathrm{d}y\\&=\int_{-\infty}^{+\infty}\int_{-\infty}^{+\infty}g(x)p_{\xi\eta}(x,y)\mathrm{d}x\mathrm{d}y\\&=\int_{-\infty}^{+\infty}g(x)p_\xi(x)\mathrm{d}x=E_\xi[g(\xi)]\end{aligned}$$

推论 设 ξ 和 η 为随机变量,则 $E_\eta[E_\xi(\xi/\eta)]=E_\xi\xi$,有时简写成 $E[E(\xi/\eta)]=E\xi$.

1.3.5 应用

条件期望在最优估计及预报理论中有着十分重要的应用.问题的提法是这样的,设 ξ 和 η 是彼此有联系的随机变量,而且两者的联合密度函数 $p(x,y)$ 及条件密度函数 $p(y/x)$ 均为已知,在 ξ 取值($\xi=x$)为已知的条件下,如何对 η 做出估计 $\hat{\eta}(\xi)$ 及估计误差方差为最小,即

$$E[\eta-\hat{\eta}(\xi)]^2=\min \tag{1.3.17}$$

因为

$$\begin{aligned}E[\eta-\hat{\eta}(\xi)]^2&=\int_{-\infty}^{+\infty}\int_{-\infty}^{+\infty}[y-\hat{\eta}(x)]^2p(x,y)\mathrm{d}x\mathrm{d}y\\&=\int_{-\infty}^{+\infty}p(x)\left\{\int_{-\infty}^{+\infty}[y-\hat{\eta}(x)]^2p(y/x)\mathrm{d}y\right\}\mathrm{d}x\end{aligned}$$

由此可知,式(1.3.17)取极小就等价于

$$J=\int_{-\infty}^{+\infty}[y-\hat{\eta}(x)]^2p(y/x)\mathrm{d}y=\min \tag{1.3.18}$$

令 $\frac{\mathrm{d}J}{\mathrm{d}\hat{\eta}(x)}=0$，可得最小方差估计 $\hat{\eta}(\xi)$ 为

$$\int_{-\infty}^{+\infty}-2[y-\hat{\eta}(x)]p(y|x)\mathrm{d}y=0\Rightarrow$$

$$\hat{\eta}(x)=\int_{-\infty}^{+\infty}yp(y/x)\mathrm{d}y=E(\eta/\xi=x)\triangleq E(\eta/x) \tag{1.3.19}$$

此时估计误差方差为

$$E(\eta-\hat{\eta}\xi)^2=\int_{-\infty}^{+\infty}p(x)J\mathrm{d}x$$

例 1.3.4 设 ξ,η 服从二元正态分布，即

$$p(x,y)=\frac{1}{2\pi\sigma_1\sigma_2\sqrt{1-r^2}}\exp\left\{-\frac{1}{2(1-r^2)}\left[\frac{(x-a)^2}{\sigma_1^2}-2r\frac{(x-a)(y-b)}{\sigma_1\sigma_2}+\frac{(y-b)^2}{\sigma_2^2}\right]\right\}$$

$$p(x)=\frac{1}{\sqrt{2\pi}\sigma_1}\exp\left\{\frac{-(x-a)^2}{2\sigma_1^2}\right\}$$

则
$$\begin{aligned}p(y/x)&=\frac{p(xy)}{p_1(x)}\\&=\frac{1}{\sqrt{2\pi}\sigma_2\sqrt{1-r^2}}\exp\left\{-\frac{1}{2\sigma_2^2(1-r^2)}\left\{y-\left[b+r\frac{\sigma_2}{\sigma_1}(x-a)\right]\right\}^2\right\}\end{aligned}$$

由此可知，条件密度函数仍为正态密度函数，即为

$$p(y/x)\triangleq N\left[b+r\frac{\sigma_2}{\sigma_1}(x-a),\sigma_2^2(1-r^2)\right]$$

且有
$$E(\eta/x)=\left[b+r\frac{\sigma_2}{\sigma_1}(x-a)\right]$$

同理
$$p(x/y)\triangleq N\left[a+r\frac{\sigma_1}{\sigma_2}(y-b),\sigma_1^2(1-r^2)\right]$$

且有
$$E(\xi/y)=\left[a+r\frac{\sigma_1}{\sigma_2}(y-b)\right]$$

由式(1.3.19)可知，在 $\xi=x$ 的条件下，η 的最小方差估计应为

$$\hat{\eta}(x)=E(\eta/x)=b+r\frac{\sigma_2}{\sigma_1}(x-a) \tag{1.3.20}$$

此时，估计误差方差 σ_η^2 为

$$\begin{aligned}E[\eta-\hat{\eta}(x)]^2&=\int_{-\infty}^{+\infty}p_1(x)J\mathrm{d}x\\&=\int_{-\infty}^{+\infty}p_1(x)\sigma_2^2(1-r^2)\mathrm{d}x\\&=\sigma_2^2(1-r^2)\end{aligned} \tag{1.3.21}$$

在通常情况下，随机变量 ξ 和 η 的联合密度函数 $p(x,y)$ 是不知道的，只知道 ξ 和 η 的一、二阶矩，即

$$E\xi=a,D\xi=\sigma_1^2$$

$$E\eta=b,D\eta=\sigma_2^2$$

以及 ξ 和 η 的相关系数 r,通过实验及数据处理可以得到这些参数. 在这种情况下,可以利用线性最小方差估计准则. 其方法是:取 $\hat{\eta}(\xi)=c+d\xi$,通过选取 c,d,使 $E[\eta-\hat{\eta}(\xi)]^2=\min$,由

$$\frac{\partial E[\eta-\hat{\eta}(\xi)]^2}{\partial c}=0$$

可得

$$2E[\eta-(c+d\xi)]=0 \tag{1.3.22}$$

由

$$\frac{\partial E[\eta-\hat{\eta}(\xi)]^2}{\partial d}=0$$

可得

$$2E[\eta-(c+d\xi)]\xi=0 \tag{1.3.23}$$

解式(1.3.22),有

$$2E[\eta-(c+d\xi)]=0 \Rightarrow E\eta=c+dE\xi \Rightarrow b=c+da$$

解式(1.3.23),有

$$E(\eta\xi)=E(c\xi+d\xi^2) \Rightarrow \mathrm{Cov}(\xi,\eta)+ab=ca+d(\sigma_1^2+a^2)$$

于是可得

$$\begin{cases} b=c+da \Rightarrow c=b-da \\ ca+d(\sigma_1^2+a^2)=\mathrm{Cov}(\xi,\eta)+ab \end{cases} \tag{1.3.24}$$

联立可得

$$d=\frac{\mathrm{Cov}(\xi,\eta)}{\sigma_1^2} \tag{1.3.25}$$

所以线性最小方差估计为

$$\begin{aligned} \hat{\eta}(\xi=x) &= c+dx \\ &= b-\frac{\mathrm{Cov}(\xi,\eta)}{\sigma_1^2}a+\frac{\mathrm{Cov}(\xi,\eta)}{\sigma_1^2}x \\ &= b+\frac{\mathrm{Cov}(\xi,\eta)}{\sigma_1^2}(x-a) \\ &= b+r\frac{\sigma_2}{\sigma_1}(x-a) \end{aligned} \tag{1.3.26}$$

对 η 的估计误差方差为

$$\begin{aligned} E[\eta-\hat{\eta}(\xi)]^2 &= E\left[\eta-b-r\frac{\sigma_2}{\sigma_1}(\xi-a)\right]^2 \\ &= E[(\eta-b)]^2-2r\frac{\sigma_2}{\sigma_1}E[(\eta-b)(\xi-a)]+r^2\frac{\sigma_2^2}{\sigma_1^2}E(\xi-a)^2 \\ &= \sigma_2^2-2r\frac{\sigma_2}{\sigma_1}\mathrm{Cov}(\xi,\eta)+r^2\frac{\sigma_2^2}{\sigma_1^2}\sigma_1^2 \\ &= \sigma_2^2-2\sigma_2^2r^2+r^2\sigma_2^2 \\ &= \sigma_2^2(1-r^2) \end{aligned} \tag{1.3.27}$$

比较式(1.3.20)和式(1.3.26)及式(1.3.21)和式(1.3.27),可以看出,在正态条件下,最小方差估计与线性最小方差估计是一致的.

1.4 特征函数

1.4.1 特征函数的定义及性质

1. 特征函数的定义

定义 1.4.1 特征函数 设随机变量 ξ 的分布函数为 $F_\xi(x)$，密度函数为 $p_\xi(x)$，则称

$$f_\xi(t) \triangleq E\mathrm{e}^{\mathrm{i}t\xi} = \int_{-\infty}^{+\infty} \mathrm{e}^{\mathrm{i}tx}\mathrm{d}F_\xi(x) = \int_{-\infty}^{+\infty} \mathrm{e}^{\mathrm{i}tx}p_\xi(x)\mathrm{d}x \tag{1.4.1}$$

为 ξ 的特征函数，如果 ξ 为离散型随机变量，且分布为

$$\begin{pmatrix} x_1 & x_2 & \cdots & x_n & \cdots \\ p_1 & p_2 & \cdots & p_n & \cdots \end{pmatrix}$$

则

$$\begin{aligned} f_\xi(t) &= \int_{-\infty}^{+\infty} \mathrm{e}^{\mathrm{i}tx}\mathrm{d}F_\xi(x) \\ &= \int_{-\infty}^{+\infty} \mathrm{e}^{\mathrm{i}tx}p_\xi(x)\mathrm{d}x \\ &= \int_{-\infty}^{+\infty} \mathrm{e}^{\mathrm{i}tx}\sum_{i=1}^{\infty} p_i\delta(x-x_i)\mathrm{d}x \\ &= \sum_{i=1}^{\infty} p_i\int_{-\infty}^{+\infty} \mathrm{e}^{\mathrm{i}tx}\delta(x-x_i)\mathrm{d}x \\ &= \sum_{i=1}^{\infty} p_i\mathrm{e}^{\mathrm{i}tx_i} \end{aligned}$$

由式(1.4.1)可知，$f_\xi(t)$是密度函数$p_\xi(x)$的傅里叶变换，然而由傅里叶变换理论又知，$f_\xi(t)$经傅里叶反变换可得到$p_\xi(x)$，即有

$$p_\xi(x) = \frac{1}{2\pi}\int_{-\infty}^{+\infty} f_\xi(t)\mathrm{e}^{-\mathrm{i}tx}\mathrm{d}t \tag{1.4.2}$$

2. 特征函数的性质

性质 1 $f(0)=1$，$|f(t)|\leqslant f(0)$，$f(-t)=\overline{f(t)}$.

证明 由

$$f(t) = \int_{-\infty}^{+\infty} \mathrm{e}^{\mathrm{i}tx}\mathrm{d}F(x)$$

可知

$$f(0) = \int_{-\infty}^{+\infty} \mathrm{d}F(x) = 1$$

$$|f(t)| \leqslant \int_{-\infty}^{+\infty} |\mathrm{e}^{\mathrm{i}tx}|\mathrm{d}F(x) = 1 = f(0)$$

$$f(-t) = \int_{-\infty}^{+\infty} \mathrm{e}^{\mathrm{i}(-t)x}\mathrm{d}F(x) = \int_{-\infty}^{+\infty} \mathrm{e}^{-\mathrm{i}tx}\mathrm{d}F(x) = \overline{\int_{-\infty}^{+\infty} \mathrm{e}^{\mathrm{i}tx}\mathrm{d}F(x)} = \overline{f(t)}$$

性质 1 证毕.

性质 2 $f(t)$在$(-\infty, +\infty)$上一致连续.

证明
$$|f(t+h)-f(t)| = \left|\int_{-\infty}^{+\infty}[e^{i(t+h)x}-e^{itx}]dF(x)\right|$$
$$\leqslant \int_{-\infty}^{+\infty}|e^{i(t+h)x}-e^{itx}|dF(x)$$
$$\leqslant \int_{-\infty}^{+\infty}|e^{itx}||e^{ihx}-1|dF(x) = \int_{-\infty}^{+\infty}|e^{ihx}-1|dF(x)$$
$$= \int_{|x|\geqslant A}|e^{ihx}-1|dF(x) + \int_{-A}^{A}|e^{ihx}-1|dF(x) \quad (1.4.3)$$

因为
$$|e^{ihx}-1|\leqslant 2 \quad (1.4.4)$$

且
$$|e^{ihx}-1| = \left|\frac{e^{i\frac{hx}{2}}-e^{-i\frac{hx}{2}}}{e^{-i\frac{hx}{2}}}\right| \leqslant |e^{i\frac{hx}{2}}-e^{-i\frac{hx}{2}}| = \left|2j\sin\frac{hx}{2}\right| = \left|2\sin\frac{hx}{2}\right| \quad (1.4.5)$$

将式(1.4.4)及式(1.4.5)代入式(1.4.3),得
$$|f(t+h)-f(t)|\leqslant 2\int_{|x|\geqslant A}dF(x) + 2\int_{-A}^{A}\left|\sin\frac{hx}{2}\right|dF(x) \quad (1.4.6)$$

显然式(1.4.6)右边第一项与 t,h 无关,且当 A 足够大时,可使 $\int_{|x|\geqslant A}dF(x)$ 任意小. 又选 h 足够小可使 $\int_{-A}^{A}\left|\sin\frac{hx}{2}\right|dF(x)$ 任意小,即 $\forall\varepsilon>0$, $\exists A$,可使 $2\int_{|x|\geqslant A}dF(x) < \frac{\varepsilon}{2}$,$A$ 确定后,$\exists\delta$,当 $h<\delta$ 时,有 $2\int_{-A}^{A}\left|\sin\frac{hx}{2}\right|dF(x) < \frac{\varepsilon}{2}$,于是归纳为 $\forall\varepsilon>0$, $\exists\delta$, 当 $h<\delta$ 时,由式(1.4.6)有 $|f(t+h)-f(t)|<\varepsilon$.

性质 2 证毕.

性质 3 $f(t)$ 为非负定,即对任意正整数 n,任意实数 $t_1,t_2,\cdots,t_n$ 及复数 $\lambda_1,\lambda_2,\cdots,\lambda_n$,有
$$\sum_{k=1}^{n}\sum_{j=1}^{n}f(t_k-t_j)\lambda_k\bar{\lambda}_j\geqslant 0 \quad (1.4.7)$$

证明
$$\sum_{k=1}^{n}\sum_{j=1}^{n}f(t_k-t_j)\lambda_k\bar{\lambda}_j = \sum_{k=1}^{n}\sum_{j=1}^{n}\left[\int_{-\infty}^{+\infty}e^{i(t_k-t_j)x}dF(x)\right]\lambda_k\bar{\lambda}_j$$
$$= \int_{-\infty}^{+\infty}\left[\sum_{k=1}^{n}\sum_{j=1}^{n}e^{i(t_k-t_j)x}\lambda_k\bar{\lambda}_j\right]dF(x)$$
$$= \int_{-\infty}^{+\infty}\left(\sum_{k=1}^{n}e^{it_k}\lambda_k\right)\left(\sum_{j=1}^{n}e^{-it_j}\bar{\lambda}_j\right)dF(x)$$
$$= \int_{-\infty}^{+\infty}\left(\sum_{k=1}^{n}e^{it_k}\lambda_k\right)\overline{\left(\sum_{j=1}^{n}e^{it_j}\lambda_j\right)}dF(x)$$
$$= \int_{-\infty}^{+\infty}\left|\sum_{k=1}^{n}e^{it_k}\lambda_k\right|^2dF(x)\geqslant 0$$

性质 3 证毕.

性质 4 设 ξ_1 与 ξ_2 相互独立,且 $\eta=\xi_1+\xi_2$,则
$$Ee^{it\eta}=Ee^{it\xi_1}\cdot Ee^{it\xi_2} \quad (1.4.8)$$

证明

$$Ee^{it(\xi_1+\xi_2)} = \int_{-\infty}^{+\infty}\int_{-\infty}^{+\infty} e^{it(x_1+x_2)} d^2F(x_1,x_2)$$
$$= \int e^{itx_1} dF_1(x_1)\int_{-\infty}^{+\infty} e^{itx_2} dF_2(x_2)$$
$$= Ee^{it\xi_1} \cdot Ee^{it\xi_2}$$

性质 4 证毕.

上述性质也可推广到 n 个独立随机变量.

性质 5 设随机变量 ξ 有 n 阶矩,则它的特征函数可微分 n 次,且当 $k \leqslant n$ 时,有

$$f^{(k)}(0) = i^k E\xi^k \tag{1.4.9}$$

证明 由

$$f(t) = \int_{-\infty}^{+\infty} e^{itx} dF(x)$$

可得

$$f^{(k)}(t) = \int_{-\infty}^{+\infty} \frac{d^k}{dt^k} e^{itx} dF(x)$$

而

$$\left| \frac{d^k}{dt^k} e^{itx} \right| = |(ix)^k e^{itx}| \leqslant |x|^k$$

又由假设可知

$$\int_{-\infty}^{+\infty} |x|^k dF(x) < +\infty$$

故上述微分存在,即

$$f^{(k)}(0) = f^{(k)}(t)\big|_{t=0} = \int_{-\infty}^{+\infty} \frac{d^k}{dt^k} e^{itx} dF(x)\bigg|_{t=0}$$
$$= i^k \int_{-\infty}^{+\infty} x^k e^{itx} dF(x)\bigg|_{t=0}$$
$$= i^k \int_{-\infty}^{+\infty} x^k dF(x) = i^k E\xi^k$$

性质 5 证毕.

性质 6 设 $\eta = a\xi + b$, a, b 为常数,则

$$f_\eta(t) = e^{ibt} f_\xi(at) \tag{1.4.10}$$

证明

$$f_\eta(t) = Ee^{it\eta} = Ee^{it(a\xi+b)} = e^{itb} Ee^{ita\xi} = e^{itb} f_\xi(at)$$

性质 6 证毕.

1.4.2 多元特征函数

定义 1.4.2 多元特征函数 设随机向量 $\boldsymbol{\xi} = (\xi_1, \xi_2, \cdots, \xi_n)^{\mathrm{T}}$ 的分布函数为 $F_{\boldsymbol{\xi}}(x_1, x_2, \cdots, x_n)$,密度函数为 $p_{\boldsymbol{\xi}}(x_1, x_2, \cdots, x_n)$,则称

$$f(t_1, t_2, \cdots, t_n) = Ee^{i\boldsymbol{t}^{\mathrm{T}}\boldsymbol{x}}$$
$$= \int_{-\infty}^{\infty} \cdots \int_{-\infty}^{\infty} e^{i(t_1x_1+t_2x_2+\cdots+t_nx_n)} dF_{\boldsymbol{\xi}}(x_1, x_2, \cdots, x_n)$$
$$= \int_{-\infty}^{\infty} \cdots \int_{-\infty}^{\infty} e^{i(t_1x_1+t_2x_2+\cdots+t_nx_n)} p_{\boldsymbol{\xi}}(x_1, x_2, \cdots, x_n) dx_1 dx_2 \cdots dx_n \tag{1.4.11}$$

为随机向量 $\boldsymbol{\xi} = (\xi_1, \xi_2, \cdots, \xi_n)^{\mathrm{T}}$ 的 n 元特征函数. 其中, $\boldsymbol{t} = (t_1, t_2, \cdots, t_n)^{\mathrm{T}}$; $\boldsymbol{x} = (x_1, x_2, \cdots, x_n)^{\mathrm{T}}$.

由定义 1.4.2 可以证明 n 元特征函数性质如下:

性质1 $f(t_1,t_2,\cdots,t_n)$在$\mathbf{R}^n$上一致连续,且$|f(t_1,t_2,\cdots,t_n)|\leqslant f(0,0,\cdots,0)=1$,$f(-t_1,-t_2,\cdots,-t_n)=\overline{f(t_1,t_2,\cdots,t_n)}$.

性质2 若$f(t_1,t_2,\cdots,t_n)$是随机向量$\boldsymbol{\xi}=(\xi_1,\xi_2,\cdots,\xi_n)^{\mathrm{T}}$的特征函数,则随机变量$\eta=a_1\xi_1+a_2\xi_2+\cdots+a_n\xi_n$的特征函数为

$$f_\eta(t)=f(a_1t_1+a_2t_2+\cdots+a_nt_n)$$

性质3 若$f(t_1,t_2,\cdots,t_n)$是随机向量$\boldsymbol{\xi}=(\xi_1,\xi_2,\cdots,\xi_n)^{\mathrm{T}}$的特征函数,则$k(0<k<n)$维子随机向量$\boldsymbol{\zeta}=(\xi_{i1},\xi_{i2},\cdots,\xi_{ik})^{\mathrm{T}}$的特征函数为

$$f_\zeta(t_{i1},t_{i2},\cdots,t_{ik})=f(t_{i1},t_{i2},\cdots,t_{ik},,0,\cdots,0)$$

性质4 若$f(t_1,t_2,\cdots,t_n)$是随机向量$\boldsymbol{\xi}=(\xi_1,\xi_2,\cdots,\xi_n)^{\mathrm{T}}$的特征函数,随机变量$\xi_i$的特征函数是$f_{\xi_i}(t)$,$i=1,2,\cdots,n$,则随机变量$\xi_1,\xi_2,\cdots,\xi_n$相互独立的充要条件是$f(t_1,t_2,\cdots,t_n)=f_{\xi_1}(t)f_{\xi_2}(t)\cdots f_{\xi_n}(t)$.

性质5 如果$E(\xi_1^{k_1}\xi_2^{k_2}\cdots\xi_n^{k_n})$存在,则$E(\xi_1^{k_1}\xi_2^{k_2}\cdots\xi_n^{k_n})=i^{-\sum\limits_{j=1}^{n}k_j}\left[\dfrac{\partial^{k_1+k_2+\cdots+k_n}f(t_1,t_2,\cdots,t_n)}{\partial t_1^{k_1}\partial t_2^{k_2}\cdots\partial t_n^{k_n}}\right]_{t_1=t_2=\cdots=t_n=0}$.

1.5 多元正态分布

定义1.5.1 称

$$p_\xi(\boldsymbol{x})=\frac{1}{(2\pi)^{\frac{n}{2}}|\boldsymbol{B}|^{\frac{1}{2}}}\exp\left\{-\frac{1}{2}(\boldsymbol{x}-\boldsymbol{a})^{\mathrm{T}}\boldsymbol{B}^{-1}(\boldsymbol{x}-\boldsymbol{a})\right\}\triangleq N(\boldsymbol{a},\boldsymbol{B}) \tag{1.5.1}$$

为n维正态随机向量$\boldsymbol{\xi}=(\xi_1,\xi_2,\cdots,\xi_n)$的密度函数.其中

$$\boldsymbol{B}=\begin{pmatrix} b_{11} & b_{12} & \cdots & b_{1n} \\ b_{21} & b_{22} & \cdots & b_{2n} \\ \vdots & \vdots & & \vdots \\ b_{n1} & b_{n2} & \cdots & b_{nn} \end{pmatrix}=E[(\boldsymbol{\xi}-E\boldsymbol{\xi})(\boldsymbol{\xi}-E\boldsymbol{\xi})^{\mathrm{T}}]$$

为协方差阵,且为正定对称矩阵,而

$$b_{ij}=\mathrm{Cov}(\xi_i,\xi_j)=E[(\xi_i-E\xi_i)(\xi_j-E\xi_j)],i,j=1,2,\cdots,n \tag{1.5.2}$$

为ξ_i与ξ_j的协方差.$\boldsymbol{a}=E\boldsymbol{\xi}$为$\boldsymbol{\xi}$的均值向量.

定理1.5.1 n元正态分布$N(\boldsymbol{a},\boldsymbol{B})$的特征函数为

$$f(\boldsymbol{t})=\exp\left\{\mathrm{i}\boldsymbol{t}^{\mathrm{T}}\boldsymbol{a}-\frac{1}{2}\boldsymbol{t}^{\mathrm{T}}\boldsymbol{B}\boldsymbol{t}\right\} \tag{1.5.3}$$

其中,$\boldsymbol{t}\in\mathbf{R}^n$为实向量.

证明 取正交变换$\boldsymbol{\eta}=\boldsymbol{A}^{\mathrm{T}}(\boldsymbol{\xi}-\boldsymbol{a})$,其中$\boldsymbol{A}$为正交矩阵,于是有

$$\boldsymbol{\xi}=\boldsymbol{A}\boldsymbol{\eta}+\boldsymbol{a},\boldsymbol{x}-\boldsymbol{a}=\boldsymbol{A}\boldsymbol{y} \tag{1.5.4}$$

$$\boldsymbol{A}^{\mathrm{T}}\boldsymbol{B}\boldsymbol{A}=\boldsymbol{D}=\mathrm{diag}(d_1,d_2,\cdots,d_n) \tag{1.5.5}$$

按特征函数定义有

$$\begin{aligned} f_\xi(\boldsymbol{t}) &= E\mathrm{e}^{\mathrm{i}\boldsymbol{t}^{\mathrm{T}}\boldsymbol{\xi}} \\ &= \int_{-\infty}^{\infty}\mathrm{e}^{\mathrm{i}\boldsymbol{t}^{\mathrm{T}}\boldsymbol{x}}p_\xi(\boldsymbol{x})\mathrm{d}\boldsymbol{x} \end{aligned}$$

$$= \frac{1}{(2\pi)^{\frac{n}{2}}\boldsymbol{B}^{\frac{1}{2}}}\int_{-\infty}^{\infty} e^{i\boldsymbol{t}^{T}\boldsymbol{x}}\exp\left\{-\frac{1}{2}(\boldsymbol{x}-\boldsymbol{a})^{T}\boldsymbol{B}^{-1}(\boldsymbol{x}-\boldsymbol{a})\right\}d\boldsymbol{x}$$

$$= \frac{1}{(2\pi)^{\frac{n}{2}}|\boldsymbol{B}|^{\frac{1}{2}}}\int_{-\infty}^{\infty}\exp\left\{i\boldsymbol{t}^{T}\boldsymbol{x}-\frac{1}{2}(\boldsymbol{x}-\boldsymbol{a})^{T}\boldsymbol{B}^{-1}(\boldsymbol{x}-\boldsymbol{a})\right\}d\boldsymbol{x} \tag{1.5.6}$$

利用式(1.5.4)及式(1.5.5),则

$$\begin{aligned}
i\boldsymbol{t}^{T}\boldsymbol{x}-\frac{1}{2}(\boldsymbol{x}-\boldsymbol{a})^{T}\boldsymbol{B}^{-1}(\boldsymbol{x}-\boldsymbol{a}) &= i\boldsymbol{t}^{T}(\boldsymbol{A}\boldsymbol{y}+\boldsymbol{a})-\frac{1}{2}\boldsymbol{y}^{T}\boldsymbol{A}^{T}(\boldsymbol{A}\boldsymbol{D}\boldsymbol{A}^{-1})-\boldsymbol{A}\boldsymbol{y}\\
&= i\boldsymbol{t}^{T}\boldsymbol{a}+i\boldsymbol{t}^{T}\boldsymbol{A}\boldsymbol{y}-\frac{1}{2}\boldsymbol{y}^{T}\boldsymbol{D}^{-1}\boldsymbol{y}\\
&= i\boldsymbol{t}^{T}\boldsymbol{a}+i\boldsymbol{S}^{T}\boldsymbol{y}-\frac{1}{2}\sum_{i=1}^{n}d_i^{-1}y_i^2(\text{设 }\boldsymbol{t}^{T}\boldsymbol{A}=\boldsymbol{S}^{T})\\
&= i\boldsymbol{t}^{T}\boldsymbol{a}-\frac{1}{2}\sum_{i=1}^{n}(d_i^{-1}y_i^2-2iS_iy_i)\\
&= i\boldsymbol{t}^{T}\boldsymbol{a}-\frac{1}{2}\sum_{i=1}^{n}[d_i^{-1}(y_i-iS_id_i)^2+S_i^2d_i]\\
&= i\boldsymbol{t}^{T}\boldsymbol{a}-\frac{1}{2}\sum_{i=1}^{n}d_i^{-1}(y_i-iS_id_i)^2-\frac{1}{2}\sum_{i=1}^{n}S_i^2d_i\\
&= i\boldsymbol{t}^{T}\boldsymbol{a}-\frac{1}{2}\boldsymbol{S}^{T}\boldsymbol{B}\boldsymbol{S}-\frac{1}{2}\sum_{i=1}^{n}\frac{(y_i-iS_id_i)^2}{d_i}\\
&= i\boldsymbol{t}^{T}\boldsymbol{a}-\frac{1}{2}\boldsymbol{t}^{T}\boldsymbol{B}\boldsymbol{t}-\frac{1}{2}\sum_{i=1}^{n}\frac{(y_i-iS_id_i)^2}{d_i}
\end{aligned} \tag{1.5.7}$$

将式(1.5.7)代入式(1.5.6),则有

$$\begin{aligned}
f_{\boldsymbol{\xi}}(\boldsymbol{t}) &= e^{i\boldsymbol{t}^{T}\boldsymbol{a}-\frac{1}{2}\boldsymbol{t}^{T}\boldsymbol{B}\boldsymbol{t}}\frac{1}{(2\pi)^{\frac{n}{2}}\sqrt{d_1d_2\cdots d_n}}\int_{-\infty}^{+\infty}\int_{-\infty}^{+\infty}\cdots\int_{-\infty}^{+\infty}\exp\left\{-\sum_{i=1}^{n}\frac{(y_i-iS_id_i)^2}{2d_i}\right\}dy_1dy_2\cdots dy_n\\
&= e^{i\boldsymbol{t}^{T}\boldsymbol{a}-\frac{1}{2}\boldsymbol{t}^{T}\boldsymbol{B}\boldsymbol{t}}\prod_{i=1}^{n}\int_{-\infty}^{+\infty}\frac{1}{\sqrt{2\pi d_i}}\exp\left\{-\frac{(y_i-iS_id_i)^2}{2d_i}\right\}dy_i\\
&= e^{i\boldsymbol{t}^{T}\boldsymbol{a}-\frac{1}{2}\boldsymbol{t}^{T}\boldsymbol{B}\boldsymbol{t}}
\end{aligned}$$

定理证毕.

因为特征函数与密度函数是一一对应的,所以又可以用特征函数来定义 n 维正态分布.

定义 1.5.2 对于 n 维随机向量 $\boldsymbol{\xi}=(\xi_1,\xi_2,\cdots,\xi_n)^{T}$,如果其特征函数为

$$f_{\boldsymbol{\xi}}(\boldsymbol{t}) = \exp\left\{i\boldsymbol{t}^{T}\boldsymbol{a}-\frac{1}{2}\boldsymbol{t}^{T}\boldsymbol{B}\boldsymbol{t}\right\} \tag{1.5.8}$$

其中,$\boldsymbol{B}\geqslant 0$(非负定对称阵),$\boldsymbol{t}\in\mathbf{R}^n$ 为实向量,$\boldsymbol{a}\in\mathbf{R}^n$ 为实向量,则称 $\boldsymbol{\xi}$ 具有 n 维正态分布.

注意 这里与定义 1.5.1 不同,要求可放松 $\boldsymbol{B}\geqslant 0$,即允许 $|\boldsymbol{B}|=0$.

定理 1.5.2 设 n 维随机向量 $\boldsymbol{\xi}$ 的特征函数为 $f_{\boldsymbol{\xi}}(\boldsymbol{t})=\exp\left\{i\boldsymbol{t}^{T}\boldsymbol{a}-\frac{1}{2}\boldsymbol{t}^{T}\boldsymbol{B}\boldsymbol{t}\right\}$,且 $\boldsymbol{B}$ 的秩为 $r(r<n)$,则 $\boldsymbol{\xi}$ 的概率分布为正态分布,且集中在一个 r 维子空间上.

证明 由特征函数定义可知 $\boldsymbol{\xi}$ 的概率分布为正态分布是显然的. 由于 $\boldsymbol{B}$ 为非负定矩,可适当变换 ξ_i 的次序,必有正交变换 $\boldsymbol{T}$,即

$$T^{\mathrm{T}}BT=D=\begin{pmatrix} d_1 & & & & \\ & \ddots & & & \\ & & d_r & & \\ & & & \ddots & \\ & & & & 0 \end{pmatrix}$$

且 $d_i>0(i=1,2,\cdots,r)$，则

$$B=TDT^{\mathrm{T}},\ -\frac{1}{2}t^{\mathrm{T}}Bt=-\frac{1}{2}t^{\mathrm{T}}TDT^{\mathrm{T}}t=-\frac{1}{2}t^{*\mathrm{T}}Dt^{*}$$

令

$$t^{*}=T^{\mathrm{T}}t,t^{*\mathrm{T}}=t^{\mathrm{T}}Tt^{\mathrm{T}}=t^{*\mathrm{T}}T^{\mathrm{T}}$$

于是

$$\begin{aligned} f_{\xi}(t) &=\exp\left\{\mathrm{i}t^{\mathrm{T}}a-\frac{1}{2}t^{\mathrm{T}}Bt\right\} \\ &=\exp\left\{\mathrm{i}t^{*\mathrm{T}}T^{\mathrm{T}}a-\frac{1}{2}t^{*\mathrm{T}}Dt^{*}\right\} \\ &=\exp\left\{\mathrm{i}t^{*\mathrm{T}}a^{*}-\frac{1}{2}t^{*\mathrm{T}}Dt^{*}\right\}(a^{*}=T^{\mathrm{T}}a) \\ &=\exp\left\{\mathrm{i}\sum_{i=1}^{r}t_i^{*}a_i^{*}-\frac{1}{2}\sum_{i=1}^{r}t_i^{*2}d_i+\mathrm{i}\sum_{i=r+1}^{n}t_i^{*}a_i^{*}\right\} \\ &=f_{(\xi_1^{*},\xi_2^{*},\cdots,\xi_r^{*})}(t_1^{*},t_2^{*},\cdots,t_r^{*})\cdot\prod_{j=r+1}^{n}\exp\{\mathrm{i}t_j^{*}a_j^{*}\} \end{aligned} \tag{1.5.9}$$

由于 $f_{(\xi_1^{*},\xi_2^{*},\cdots,\xi_r^{*})}(t_1^{*},t_2^{*},\cdots,t_r^{*})$ 为 r 维正态分布，$\exp\{\mathrm{i}t_j^{*}a_j^{*}\}(j=r+1,r+2,\cdots,n)$ 为单点分布，所以 ξ 的分布以概率 1 集中在 r 维子空间上.

定理 1.5.3 设 ξ 为正态分布 $N(a,B)$，则 ξ 的任一子向量 $(\xi_{k1},\xi_{k2},\cdots,\xi_{km})^{\mathrm{T}}(m<n)$ 也服从正态分布 $N(\tilde{a},\tilde{B})$，其中 $\tilde{a}=(a_{k1},a_{k2},\cdots,a_{km})^{\mathrm{T}}$，$\tilde{B}$ 为保留 B 的第 $k_1,k_2,\cdots,k_m$ 行及列所得到的矩阵.

定理 1.5.4 设 $\xi_1,\xi_2,\cdots,\xi_n$ 为联合正态分布，则相互独立，即两两不相关.

定理 1.5.5 设 n 维随机向量 ξ 服从正态分布 $N(a,B)$，而 $\xi=\begin{pmatrix}\xi_1\\ \xi_2\end{pmatrix}$，其中 ξ_1,ξ_2 为 ξ 的子向量，且 $B=\begin{pmatrix}B_{11} & B_{12}\\ B_{21} & B_{22}\end{pmatrix}$.

$$B_{11}=\mathrm{Var}(\xi_1,\xi_1)=E[(\xi_1-E\xi_1)(\xi_1-E\xi_1)^{\mathrm{T}}]$$

$$B_{12}=\mathrm{Cov}(\xi_1,\xi_2)=E[(\xi_1-E\xi_1)(\xi_2-E\xi_2)^{\mathrm{T}}]$$

$$B_{21}=B_{12}^{\mathrm{T}},B_{22}=\mathrm{Var}(\xi_2,\xi_2)$$

则 ξ_1 与 ξ_2 独立，即 ξ_1 与 ξ_2 不相关.

定理 1.5.6 $\xi=(\xi_1,\xi_2,\cdots,\xi_n)^{\mathrm{T}}$ 服从 n 元正态分布 $N(a,B)$ 的充要条件是它的任意线性组合 $\zeta=\sum_{j=1}^{n}l_j\xi_j=l^{\mathrm{T}}\xi$ 服从一元正态分布 $N(l^{\mathrm{T}}a,l^{\mathrm{T}}Bl)$.

证明 因 $\xi\sim N(a,B)$，则特征函数为

$$\begin{aligned} f_{\xi}(t) &=\exp\left\{\mathrm{i}t^{\mathrm{T}}a-\frac{1}{2}t^{\mathrm{T}}Bt\right\}=\exp\left\{\mathrm{i}ul^{\mathrm{T}}a-\frac{1}{2}ul^{\mathrm{T}}Blu\right\}(\text{令 } t=lu,u\in\mathbf{R}^1) \\ &=f_{\zeta}(u). \end{aligned}$$

即 $\boldsymbol{\zeta}=\boldsymbol{l}^{\mathrm{T}}\boldsymbol{\xi}\sim N(\boldsymbol{l}^{\mathrm{T}}\boldsymbol{a},\boldsymbol{l}^{\mathrm{T}}\boldsymbol{B}\boldsymbol{l})$，必要性得证. 反之，若 $\boldsymbol{\zeta}=\boldsymbol{l}^{\mathrm{T}}\boldsymbol{\xi}$ 对任意 $\boldsymbol{l}$ 均服从正态分布，则

$$f_{\zeta}(u)=\exp\left\{\mathrm{i}uE\boldsymbol{\zeta}-\frac{1}{2}u\mathrm{Var}(\boldsymbol{\zeta},\boldsymbol{\zeta})u\right\}=\exp\left\{\mathrm{i}u\boldsymbol{l}^{\mathrm{T}}\boldsymbol{a}-\frac{1}{2}u\boldsymbol{l}^{\mathrm{T}}\boldsymbol{B}\boldsymbol{l}u\right\} \tag{1.5.10}$$

令 $u=1$，则

$$\begin{aligned}f_{\zeta}(1)&=E\exp\{\mathrm{i}u\boldsymbol{\zeta}\}\\&=E\exp\{\mathrm{i}\boldsymbol{\zeta}\}\\&=E\exp\{\mathrm{i}\boldsymbol{l}^{\mathrm{T}}\boldsymbol{\xi}\}\\&=\exp\left\{\mathrm{i}\boldsymbol{l}^{\mathrm{T}}\boldsymbol{a}-\frac{1}{2}\boldsymbol{l}^{\mathrm{T}}\boldsymbol{B}\boldsymbol{l}\right\}(\text{由式}(1.5.10))\\&=f_{\xi}(\boldsymbol{l})\end{aligned}$$

所以 $\boldsymbol{\xi}\sim N(\boldsymbol{a},\boldsymbol{B})$，充分性得征.

定理证毕.

定理 1.5.7 设 $\boldsymbol{\xi}=(\xi_1,\xi_2,\cdots,\xi_n)^{\mathrm{T}}$ 服从 n 元正态分布 $N(\boldsymbol{a},\boldsymbol{B})$，$\boldsymbol{\eta}=\boldsymbol{A}\boldsymbol{\xi}+\boldsymbol{b}$，其中 $\boldsymbol{A}$ 为任意 $m\times n$ 阵，$\boldsymbol{b}$ 为 m 维常向量，则 $\boldsymbol{\eta}$ 服从 m 元正态分布 $N(\boldsymbol{A}\boldsymbol{a}+\boldsymbol{b},\boldsymbol{A}\boldsymbol{B}\boldsymbol{A}^{\mathrm{T}})$.

证明 因

$$\begin{aligned}f_{\eta}(\boldsymbol{t})&=E\exp\{\mathrm{i}\boldsymbol{t}^{\mathrm{T}}\boldsymbol{\eta}\}\\&=E\exp\{\mathrm{i}\boldsymbol{t}^{\mathrm{T}}(\boldsymbol{A}\boldsymbol{\xi}+\boldsymbol{b})\}\\&=E\exp\{\mathrm{i}(\boldsymbol{A}^{\mathrm{T}}\boldsymbol{t})^{\mathrm{T}}\boldsymbol{\xi}\}\cdot\exp\{\mathrm{i}\boldsymbol{t}^{\mathrm{T}}\boldsymbol{b}\}\\&=\exp\{\mathrm{i}\boldsymbol{t}^{\mathrm{T}}\boldsymbol{b}\}\cdot\exp\left\{\mathrm{i}(\boldsymbol{A}^{\mathrm{T}}\boldsymbol{t})^{\mathrm{T}}\boldsymbol{a}-\frac{1}{2}(\boldsymbol{A}^{\mathrm{T}}\boldsymbol{t})^{\mathrm{T}}\boldsymbol{B}(\boldsymbol{A}^{\mathrm{T}}\boldsymbol{t})\right\}\\&=\exp\left\{\mathrm{i}\boldsymbol{t}^{\mathrm{T}}(\boldsymbol{A}\boldsymbol{a}+\boldsymbol{b})-\frac{1}{2}\boldsymbol{t}^{\mathrm{T}}(\boldsymbol{A}\boldsymbol{B}\boldsymbol{A}^{\mathrm{T}})\boldsymbol{t}\right\}\end{aligned}$$

所以 $\boldsymbol{\eta}\sim N(\boldsymbol{A}\boldsymbol{a}+\boldsymbol{b},\boldsymbol{A}\boldsymbol{B}\boldsymbol{A}^{\mathrm{T}})$.

定理证毕.

最后研究条件分布.

设 $\boldsymbol{\xi}=\begin{pmatrix}\boldsymbol{\xi}_1\\\boldsymbol{\xi}_2\end{pmatrix}$ 为 n 元正态分布 $N(\boldsymbol{a},\boldsymbol{B})$，$\boldsymbol{\xi}_1$ 和 $\boldsymbol{\xi}_2$ 为子向量，$\boldsymbol{a}=\begin{pmatrix}\boldsymbol{a}_1\\\boldsymbol{a}_2\end{pmatrix}$，$\boldsymbol{B}=\begin{pmatrix}\boldsymbol{B}_{11}&\boldsymbol{B}_{12}\\\boldsymbol{B}_{21}&\boldsymbol{B}_{22}\end{pmatrix}$，并假设 $|\boldsymbol{B}|\neq0$. 首先，构造一个变换

$$\begin{aligned}\boldsymbol{\eta}_1&=\boldsymbol{\xi}_1\\\boldsymbol{\eta}_2&=\boldsymbol{T}\boldsymbol{\xi}_1+\boldsymbol{\xi}_2\end{aligned}$$

求取 $\boldsymbol{T}$ 以使 $\boldsymbol{\eta}_1,\boldsymbol{\eta}_2$ 相互独立. 由 $\begin{pmatrix}\boldsymbol{\eta}_1\\\boldsymbol{\eta}_2\end{pmatrix}=\begin{pmatrix}\boldsymbol{I}&0\\\boldsymbol{T}&\boldsymbol{I}\end{pmatrix}\begin{pmatrix}\boldsymbol{\xi}_1\\\boldsymbol{\xi}_2\end{pmatrix}$ 可知 $\begin{pmatrix}\boldsymbol{\eta}_1\\\boldsymbol{\eta}_2\end{pmatrix}$ 也为正态分布. 为使 $\boldsymbol{\eta}_1$ 与 $\boldsymbol{\eta}_2$ 相互独立，应有

$$\begin{aligned}0&=\mathrm{Cov}(\boldsymbol{\eta}_1,\boldsymbol{\eta}_2)=\mathrm{Cov}(\boldsymbol{\xi}_1,\boldsymbol{T}\boldsymbol{\xi}_1+\boldsymbol{\xi}_2)=\mathrm{Cov}(\boldsymbol{\xi}_1,\boldsymbol{T}\boldsymbol{\xi}_1)+\mathrm{Cov}(\boldsymbol{\xi}_1,\boldsymbol{\xi}_2)\\&=\mathrm{Cov}(\boldsymbol{\xi}_1,\boldsymbol{\xi}_1)\boldsymbol{T}^{\mathrm{T}}+\mathrm{Cov}(\boldsymbol{\xi}_1,\boldsymbol{\xi}_2)=\boldsymbol{B}_{11}\boldsymbol{T}^{\mathrm{T}}+\boldsymbol{B}_{12}=0\end{aligned}$$

所以
$$\boldsymbol{T}^{\mathrm{T}}=-\boldsymbol{B}_{11}^{-1}\boldsymbol{B}_{12},\boldsymbol{T}=-\boldsymbol{B}_{21}\boldsymbol{B}_{11}^{-1}$$

于是
$$\begin{pmatrix}\boldsymbol{\eta}_1\\\boldsymbol{\eta}_2\end{pmatrix}=\begin{pmatrix}\boldsymbol{I}&0\\-\boldsymbol{B}_{21}\boldsymbol{B}_{11}^{-1}&\boldsymbol{I}\end{pmatrix}\begin{pmatrix}\boldsymbol{\xi}_1\\\boldsymbol{\xi}_2\end{pmatrix} \tag{1.5.11}$$

其次，计算 $\boldsymbol{\eta}_1,\boldsymbol{\eta}_2$ 的一、二阶矩为

$$E\boldsymbol{\eta}_1=E\boldsymbol{\xi}_1=\boldsymbol{a}_1,E\boldsymbol{\eta}_2=E(\boldsymbol{T}\boldsymbol{\xi}_1+\boldsymbol{\xi}_2)=\boldsymbol{T}\boldsymbol{a}_1+\boldsymbol{a}_2=-\boldsymbol{B}_{21}\boldsymbol{B}_{11}^{-1}\boldsymbol{a}_1+\boldsymbol{a}_2$$

$$\mathrm{Cov}(\boldsymbol{\eta}_1\boldsymbol{\eta}_1)=\mathrm{Var}\boldsymbol{\eta}_1=\mathrm{Var}\boldsymbol{\xi}_1=\boldsymbol{B}_{11}$$

$$
\begin{aligned}
\mathrm{Var}\boldsymbol{\eta}_2 &= \mathrm{Cov}(\boldsymbol{\eta}_2\boldsymbol{\eta}_2) = \mathrm{Cov}(\boldsymbol{T\xi}_1+\boldsymbol{\xi}_2,\boldsymbol{T\xi}_1+\boldsymbol{\xi}_2)\\
&= \mathrm{Cov}(\boldsymbol{T\xi}_1+\boldsymbol{\xi}_2,\boldsymbol{T\xi}_1)+\mathrm{Cov}(\boldsymbol{T\xi}_1+\boldsymbol{\xi}_2,\boldsymbol{\xi}_2)\\
&= \mathrm{Cov}(\boldsymbol{T\xi}_1,\boldsymbol{T\xi}_1)+\mathrm{Cov}(\boldsymbol{\xi}_2,\boldsymbol{T\xi}_1)+\mathrm{Cov}(\boldsymbol{T\xi}_1,\boldsymbol{\xi}_2)+\mathrm{Cov}(\boldsymbol{\xi}_2,\boldsymbol{\xi}_2)\\
&= \boldsymbol{T}\mathrm{Cov}(\boldsymbol{\xi}_1,\boldsymbol{\xi}_1)\boldsymbol{T}^{\mathrm{T}}+\mathrm{Cov}(\boldsymbol{\xi}_2,\boldsymbol{\xi}_1)\boldsymbol{T}^{\mathrm{T}}+\boldsymbol{T}\mathrm{Cov}(\boldsymbol{\xi}_1,\boldsymbol{\xi}_2)+\mathrm{Cov}(\boldsymbol{\xi}_2,\boldsymbol{\xi}_2)\\
&= \boldsymbol{TB}_{11}\boldsymbol{T}^{\mathrm{T}}+\boldsymbol{B}_{21}\boldsymbol{T}^{\mathrm{T}}+\boldsymbol{TB}_{12}+\boldsymbol{B}_{22}\\
&= \boldsymbol{B}_{21}\boldsymbol{B}_{11}^{-1}\boldsymbol{B}_{11}\boldsymbol{B}_{11}^{-1}\boldsymbol{B}_{12}-\boldsymbol{B}_{21}\boldsymbol{B}_{11}^{-1}\boldsymbol{B}_{12}-\boldsymbol{B}_{21}\boldsymbol{B}_{11}^{-1}\boldsymbol{B}_{12}+\boldsymbol{B}_{22}\\
&= \boldsymbol{B}_{22}-\boldsymbol{B}_{21}\boldsymbol{B}_{11}^{-1}\boldsymbol{B}_{12}
\end{aligned}
$$

进一步求 $\boldsymbol{\eta}_1$ 和 $\boldsymbol{\eta}_2$ 的密度函数,由式(1.5.11)可知

$$p_{\boldsymbol{\eta}}(\boldsymbol{y}_1\boldsymbol{y}_2)=p_{\boldsymbol{\xi}}(\boldsymbol{x}_1\boldsymbol{x}_2)J$$

其中,J 为雅可比行列式. 由式(1.5.11)又知

$$\begin{pmatrix}\boldsymbol{y}_1\\ \boldsymbol{y}_2\end{pmatrix}=\begin{pmatrix}\boldsymbol{I} & 0\\ -\boldsymbol{B}_{21}\boldsymbol{B}_{11}^{-1} & \boldsymbol{I}\end{pmatrix}\begin{pmatrix}\boldsymbol{x}_1\\ \boldsymbol{x}_2\end{pmatrix}\Rightarrow\begin{pmatrix}\boldsymbol{x}_1\\ \boldsymbol{x}_2\end{pmatrix}=\begin{pmatrix}\boldsymbol{I} & 0\\ \boldsymbol{B}_{21}\boldsymbol{B}_{11}^{-1} & \boldsymbol{I}\end{pmatrix}\begin{pmatrix}\boldsymbol{y}_1\\ \boldsymbol{y}_2\end{pmatrix}$$

所以
$$J=\left|\frac{\partial\boldsymbol{x}^{\mathrm{T}}}{\partial\boldsymbol{y}}\right|=\left|\frac{\partial\boldsymbol{y}^{\mathrm{T}}}{\partial\boldsymbol{y}}\cdot\begin{pmatrix}\boldsymbol{IB}_{21} & \boldsymbol{B}_{11}^{-1}\\ 0 & \boldsymbol{I}\end{pmatrix}\right|=1$$

故有
$$p_{\boldsymbol{\xi}}(\boldsymbol{x}_1\boldsymbol{x}_2)=p_{\boldsymbol{\eta}}(\boldsymbol{y}_1\boldsymbol{y}_2)=p_{\boldsymbol{\eta}_1}(\boldsymbol{y}_1)p_{\boldsymbol{\eta}_2}(\boldsymbol{y}_2)$$

最后求条件密度函数

$$
\begin{aligned}
p(\boldsymbol{x}_2/\boldsymbol{\xi}_1=\boldsymbol{x}_1) &= \frac{p_{\boldsymbol{\xi}}(\boldsymbol{x}_1,\boldsymbol{x}_2)}{p_{\boldsymbol{\xi}_1}(\boldsymbol{x}_1)}\\
&= \frac{p_{\boldsymbol{\eta}}(\boldsymbol{y}_1,\boldsymbol{y}_2)}{p_{\boldsymbol{\xi}_1}(\boldsymbol{x}_1)}\\
&= \frac{p_{\boldsymbol{\eta}_1}(\boldsymbol{y}_1)p_{\boldsymbol{\eta}_2}(\boldsymbol{y}_2)}{p_{\boldsymbol{\eta}_1}(\boldsymbol{y}_1)}\\
&= p_{\boldsymbol{\eta}_2}(\boldsymbol{y}_2)\\
&= p_{\boldsymbol{\eta}_2}(\boldsymbol{x}_2-\boldsymbol{B}_{21}\boldsymbol{B}_{11}^{-1}\boldsymbol{x}_1)
\end{aligned}
\tag{1.5.12}
$$

然而
$$p_{\boldsymbol{\eta}_2}(\boldsymbol{y}_2)=\frac{1}{(2\pi)^{\frac{n_2}{2}}\mathrm{Var}\boldsymbol{\eta}_2{}^{\frac{1}{2}}}\exp\left\{-\frac{1}{2}(\boldsymbol{y}_2-E\boldsymbol{\eta}_2)^{\mathrm{T}}(\mathrm{Var}\boldsymbol{\eta}_2\boldsymbol{B})^{-1}(\boldsymbol{y}_2-E\boldsymbol{\eta}_2)\right\}$$

于是由式(1.5.12)有

$$
\begin{aligned}
&p(\boldsymbol{x}_2/\boldsymbol{\xi}_1=\boldsymbol{x}_1)\\
&=p_{\boldsymbol{\eta}_2}(\boldsymbol{x}_2-\boldsymbol{B}_{21}\boldsymbol{B}_{11}^{-1}\boldsymbol{x}_1)\\
&=\frac{1}{(2\pi)^{\frac{n_2}{2}}|\mathrm{Var}\boldsymbol{\eta}_2|^{\frac{1}{2}}}\cdot\exp\left\{-\frac{1}{2}(\boldsymbol{x}_2-\boldsymbol{B}_{21}\boldsymbol{B}_{11}^{-1}\boldsymbol{x}_1-\boldsymbol{a}_2+\boldsymbol{B}_{21}\boldsymbol{B}_{11}^{-1}\boldsymbol{a}_1)^{\mathrm{T}}(\mathrm{Var}\boldsymbol{\eta}_2)^{-1}(\boldsymbol{x}_2-\boldsymbol{B}_{21}\boldsymbol{B}_{11}^{-1}\boldsymbol{x}_1-\boldsymbol{a}_2+\boldsymbol{B}_{21}\boldsymbol{B}_{11}^{-1}\boldsymbol{a}_1)\right\}\\
&=\frac{1}{(2\pi)^{\frac{n_2}{2}}\mathrm{Var}\boldsymbol{\eta}_2{}^{\frac{1}{2}}}\cdot\exp\left\{-\frac{1}{2}\boldsymbol{x}_2-\boldsymbol{a}_2+\boldsymbol{B}_{21}\boldsymbol{B}_{11}^{-1}(\boldsymbol{x}_1-\boldsymbol{a}_1)^{\mathrm{T}}(\mathrm{Var}\boldsymbol{\eta}_2)^{-1}\{\boldsymbol{x}_2-[\boldsymbol{a}_2+\boldsymbol{B}_{21}\boldsymbol{B}_{11}^{-1}(\boldsymbol{x}_1-\boldsymbol{a}_1)]\}\right\}\\
&\triangleq N(\boldsymbol{a}_2+\boldsymbol{B}_{21}\boldsymbol{B}_{11}^{-1}(\boldsymbol{x}_1-\boldsymbol{a}_1),\mathrm{Var}\boldsymbol{\eta}_2)\\
&=N(\boldsymbol{a}_2+\boldsymbol{B}_{21}\boldsymbol{B}_{11}^{-1}(\boldsymbol{x}_1-\boldsymbol{a}_1),\boldsymbol{B}_{22}-\boldsymbol{B}_{21}\boldsymbol{B}_{11}^{-1}\boldsymbol{B}_{12})
\end{aligned}
$$

归纳以上结果,可得定理1.5.8.

定理 1.5.8 设 $\boldsymbol{\xi}=\begin{pmatrix}\boldsymbol{\xi}_1\\ \boldsymbol{\xi}_2\end{pmatrix}$ 为 n 元正态分布,$\boldsymbol{\xi}_1$ 与 $\boldsymbol{\xi}_2$ 分别为 n_1 元和 n_2 元正态分布,$n_1+n_2=n$,其均值向量和方差阵分别为

$$\boldsymbol{a}=\begin{pmatrix}\boldsymbol{a}_1\\ \boldsymbol{a}_2\end{pmatrix},\boldsymbol{B}=\begin{pmatrix}\boldsymbol{B}_{11} & \boldsymbol{B}_{12}\\ \boldsymbol{B}_{21} & \boldsymbol{B}_{22}\end{pmatrix}$$

则在给定 $\boldsymbol{\xi}_1=\boldsymbol{x}_1$ 的条件下,$\boldsymbol{\xi}_2$ 的条件分布仍为正态分布,且条件均值向量为

$$E(\boldsymbol{\xi}_2/\boldsymbol{\xi}_1=\boldsymbol{x}_1)=\boldsymbol{a}_2+\boldsymbol{B}_{21}\boldsymbol{B}_{11}^{-1}(\boldsymbol{x}_1-\boldsymbol{a}_1) \tag{1.5.13}$$

而条件方差阵为

$$\mathrm{Var}(\boldsymbol{\xi}_2/\boldsymbol{\xi}_1=x_1)=\boldsymbol{B}_{22}-\boldsymbol{B}_{21}\boldsymbol{B}_{11}^{-1}\boldsymbol{B}_{12} \tag{1.5.14}$$

条件密度函数为

$$p(\boldsymbol{x}_2/\boldsymbol{\xi}_1=\boldsymbol{x}_1)=N(\boldsymbol{a}_2+\boldsymbol{B}_{21}\boldsymbol{B}_{11}^{-1}(\boldsymbol{x}_1-\boldsymbol{a}_1),\boldsymbol{B}_{22}-\boldsymbol{B}_{21}\boldsymbol{B}_{11}^{-1}\boldsymbol{B}_{12}) \tag{1.5.15}$$

1.6 随机变量序列的极限定理

1.6.1 随机变量序列的收敛性

引理 1.6.1 马尔可夫(Markov)不等式

设随机变量 ξ 有 r 阶绝对矩,即 $E|\xi|^r<\infty$,$r>0$,则对任意 $\varepsilon>0$,有

$$P(|\xi|\geqslant\varepsilon)\leqslant\frac{E|\xi|^r}{\varepsilon^r} \tag{1.6.1}$$

证明 设 ξ 的分布函数为 $F(x)$,则

$$\begin{aligned}P(|\xi|\geqslant\varepsilon)&=\int_{|x|\geqslant\varepsilon}\mathrm{d}F(x)\leqslant\int_{|x|\geqslant\varepsilon}\frac{|x|^r}{\varepsilon^r}\mathrm{d}F(x)\\&=\frac{1}{\varepsilon^r}\int_{|x|}\geqslant\varepsilon|x|^r\mathrm{d}F(x)\leqslant\frac{1}{\varepsilon^r}\int_{-\infty}^{+\infty}|x|^r\mathrm{d}F(x)\\&=\frac{1}{\varepsilon^r}E|\xi|^r\end{aligned}$$

引理证毕.

引理 1.6.2 切比雪夫(чебышев)不等式

设随机变量 ξ 的二阶中心矩存在,即 $E|\xi-E\xi|^2=D\xi<\infty$,则对任意 $\varepsilon>0$,有

$$P(|\xi-E\xi|\geqslant\varepsilon)\leqslant\frac{D\xi}{\varepsilon^2} \tag{1.6.2}$$

证明 利用马尔可夫不等式,令 $r=2$,且用 $\xi-E\xi$ 代替 ξ,则有式(1.6.2).

引理 1.6.3 对于随机变量 ξ,则

$$\xi=c(a,s)\Leftrightarrow D\xi=0(c\text{ 为常数}) \tag{1.6.3}$$

证明 先证充分性

$$\begin{aligned}D\xi&=E(|\xi-E\xi|)^2=E\xi^2-(E\xi)^2\\&=Ec^2-c^2,(a,s)=c^2-c^2=0\end{aligned}$$

再证必要性,利用切比雪夫不等式,有

$$P(|\xi-E\xi|\geqslant\varepsilon)\leqslant\frac{D\xi}{\varepsilon^2}=0,\ \forall\varepsilon>0$$

由于
$$\lim_{n\to\infty}\left(|\xi-E\xi|\geqslant\frac{1}{n}\right)=(|\xi-E\xi|\neq0)$$

故有
$$P(|\xi-E\xi|\neq0)=\lim_{n\to\infty}P\left(|\xi-E\xi|\geqslant\frac{1}{n}\right)\leqslant\lim_{n\to\infty}\frac{D\xi}{\left(\frac{1}{n}\right)^2}=0$$

所以
$$P(\xi=E\xi)=P(|\xi-E\xi|=0)=1-P(|\xi-E\xi|\neq0)=1$$

取 $E\xi=c$，则 $P(\xi=c)=1$，即 $\xi=c,(a,s)$.

引理证毕.

定义 1.6.1 称随机变量序列 $\{\xi_n(\omega)\}$ 几乎必然(或以概率1)收敛于 $\xi(\omega)$，如果

$$P(\lim_{n\to\infty}\xi_n(\omega)=\xi(\omega))=1\tag{1.6.4}$$

记为 $\lim\limits_{n\to\infty}\xi_n=\xi,(a,s)$，或记为 $\xi_n\xrightarrow{(a,s)}\xi$.

定义 1.6.2 对任意 $\varepsilon>0$，如果

$$\lim_{n\to\infty}P(|\xi_n(\omega)-\xi(\omega)|\geqslant\varepsilon)=0\tag{1.6.5}$$

则称 $\{\xi_n(\omega)\}$ 依概率收敛于 $\xi(\omega)$，记为 $\lim\limits_{n\to\infty}\xi_n=\xi(P)$，或记为 $\xi_n\xrightarrow{P}\xi$

定义 1.6.1 与定义 1.6.2 有严格区别.

定理 1.6.1 $\xi_n(\omega)\to\xi(\omega),(a,s)\Rightarrow\xi_n(\omega)\to\xi(\omega),(P)$，其逆不真.

可以举一反例(见习题 1.14)说明其逆不真.

定义 1.6.3 设随机变量 $\xi_n(\omega),\xi(\omega)$ 的分布函数分别为 $F_n(x)$ 和 $F(x)$，如果在 $F(x)$ 的每个连续点 x 上，有

$$\lim_{n\to\infty}F_n(x)=F(x)\tag{1.6.6}$$

则称 $\{\xi_n(\omega)\}$ 依分布收敛于 $\xi(\omega)$，记为 $\xi_n(\xi)\xrightarrow{L}\xi(\omega)$，或记为 $\xi_n\xrightarrow{P}\xi$.

定理 1.6.2 $\xi_n\xrightarrow{P}\xi\Rightarrow\xi_n\xrightarrow{L}\xi$，其逆不真.

证明 对任意 $x'<x$ 有

$$\begin{aligned}\{\xi<x'\}&=\{\xi_n<+\infty,\xi<x'\}\\&=\{\xi_n<x,\xi<x'\}+\{\xi_n\geqslant x,\xi<x'\}\\&\subset\{\xi_n<x\}+\{\xi_n\geqslant x,\xi<x'\}\end{aligned}$$

于是可得

$$P(\xi<x')\leqslant P(\xi_n<x)+P(\xi_n\geqslant x,\xi<x')$$

即
$$F(x')\leqslant F_n(x)+P(\xi_n\geqslant x,\xi<x')$$

如图 1.6.1 所示，$\{\xi_n\geqslant x,\xi<x'\}\subset\{|\xi_n-\xi|\geqslant x-x'\}$，再由 $\xi_n\xrightarrow{P}\xi$，立得

$$P(\xi_n\geqslant x,\xi<x')\leqslant P(|\xi_n-\xi|\geqslant x-x')\xrightarrow{P}0,x'\to x$$

所以
$$F(x')\leqslant\lim_{n\to\infty}F_n(x)\tag{1.6.7}$$

同理，如图 1.6.2 所示，对任意 $x''>x$，有

$$\begin{aligned}\{\xi_n<x\}&=\{\xi_n<x,\xi<\infty\}\\&=\{\xi_n<x,\xi<x''\}+\{\xi_n<x,\xi\geqslant x''\}\end{aligned}$$

$$\subset \{\xi < x''\} + \{\xi_n < x, \xi \geqslant x''\}$$

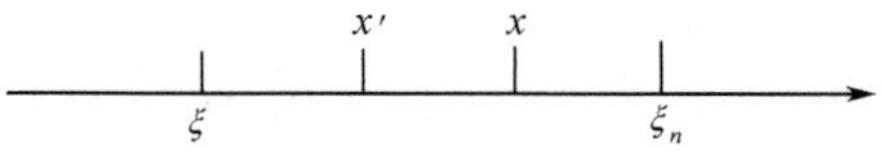

图 1.6.1

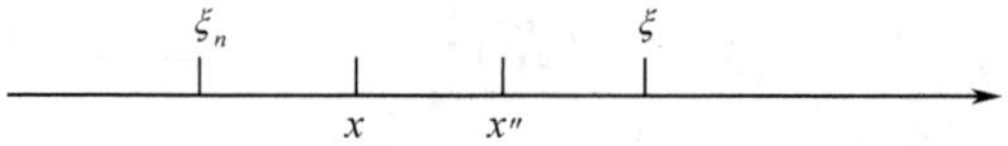

图 1.6.2

所以
$$F_n(x) \leqslant F(x'') + P(\xi_n < x, \xi \geqslant x'')$$
又因
$$\{\xi_n < x, \xi \geqslant x''\} \subset \{|\xi_n - \xi| \geqslant x'' - x\}$$
故
$$P(\xi_n < x, \xi \geqslant x'') \leqslant P(|\xi_n - \xi| \geqslant x'' - x) \xrightarrow{P} 0, x'' \to x$$
所以
$$\overline{\lim_{n\to\infty}} F_n(x) \leqslant F(x'') \tag{1.6.8}$$
将式(1.6.7)与式(1.6.8)联合,有
$$F(x') \leqslant \underline{\lim_{n\to\infty}} F_n(x) \leqslant \overline{\lim_{n\to\infty}} F_n(x) \leqslant F(x'')$$
如果 x 是 $F(x)$ 的连续点,令 $x', x'' \to x$,则
$$F(x') = F(x'') = F(x)$$
于是有
$$\underline{\lim_{n\to\infty}} F_n(x) = \overline{\lim_{n\to\infty}} F_n(x) = \lim_{n\to\infty} F_n(x) = F(x)$$

定理证毕.

定理 1.6.2 中的其逆不真,可用一反例说明(见习题 1.28).

定理 1.6.3 设 C 是常数,则
$$\xi_n \xrightarrow{P} C \Leftrightarrow \xi_n \xrightarrow{L} C \tag{1.6.9}$$

证明 只需证明充分性,对于任意 $\varepsilon > 0$,有
$$\begin{aligned} P(|\xi_n - C| \geqslant \varepsilon) &= P(\xi_n \geqslant C + \varepsilon) + P(\xi_n \leqslant C - \varepsilon) \\ &= 1 - P(\xi_n < C + \varepsilon) + P(\xi_n \leqslant C - \varepsilon) \end{aligned}$$
再由 $\xi_n \xrightarrow{L} C$,可知
$$P(\xi_n < C + \varepsilon) = 1 (n \to \infty)$$
$$P(\xi_n \leqslant C - \varepsilon) = 0 (n \to \infty)$$
所以 $\lim\limits_{n\to\infty} P(|\xi_n - C| \geqslant \varepsilon) = 1 - 1 + 0 = 0$,即 $\xi_n \xrightarrow{P} C$.

定理证毕.

定义 1.6.4 ***r* 阶收敛** 对于随机变量序列 ξ_n 及 ξ,假设 $E|\xi_n|^r < \infty$, $E|\xi|^r < \infty$,且 $r > 0$ 为常数. 如果
$$\lim_{n\to\infty} E|\xi_n - \xi|^r = 0 \tag{1.6.10}$$
则称 $\{\xi_n\}$ r 阶收敛于 ξ,记作 $\lim\limits_{n\to\infty} \xi_n \longrightarrow \xi, (r)$,或记为 $\xi_n \xrightarrow{r} \xi$,特别当 $r = 2$ 时,称为均方收敛.

定理 1.6.4 $\xi_n \xrightarrow{r} \xi \Rightarrow \xi_n \xrightarrow{P} \xi$,其逆不真.

证明 由马尔可夫不等式,对任意 $\varepsilon > 0$ 及 $r > 0$,有

$$P(|\xi_n - \xi| \geqslant \varepsilon) \leqslant \frac{E|\xi_n - \xi|^r}{\varepsilon^r} \to 0 (n \to \infty)$$

定理证毕.

定理 1.6.4 中的其逆不真,可用一反例说明(见习题 1.29).

四种收敛性的关系可以归结为

$$\left.\begin{array}{l} \xi_n \xrightarrow{r} \xi \Rightarrow \\ \xi_n \xrightarrow{a,s} \xi \Rightarrow \end{array}\right\} \xi_n \xrightarrow{P} \xi \Rightarrow \xi_n \xrightarrow{L} \xi$$

1.6.2 大数定理和强大数定理

定理 1.6.5 马尔可夫大数定理 设 $\{\xi_n\}$ 为随机变量序列,对任意正整数 k,有 $D(\sum_{n=1}^{k} \xi_n) < \infty$,如果

$$\lim_{k \to \infty} \frac{1}{k^2} D(\sum_{n=1}^{k} \xi_n) = 0 \tag{1.6.11}$$

则 $\{\xi_k\}$ 服从大数定理,即对任意 $\varepsilon > 0$,有

$$\lim_{k \to \infty} P\left(\left| \frac{1}{k} \sum_{n=1}^{k} (\xi_n - E\xi_n) \right| \geqslant \varepsilon \right) = 0 \tag{1.6.12}$$

或者写成

$$\frac{1}{k} \sum_{n=1}^{k} \xi_n \xrightarrow{P} \frac{1}{k} \sum_{n=1}^{k} E\xi_n, k \to \infty$$

证明 利用切比雪夫不等式,对任意 $\varepsilon > 0$,有

$$P(|\xi - E\xi| \geqslant \varepsilon) \leqslant \frac{D\xi}{\varepsilon^2}$$

令其中的 $\xi = \frac{1}{k} \sum_{n=1}^{k} (\xi_n - E\xi_n)$,因而 $E\xi = 0$,于是

$$P\left(\left| \frac{1}{k} \sum_{n=1}^{k} (\xi_n - E\xi_n) \right| \geqslant \varepsilon \right) = P\left(\left| \sum_{n=1}^{k} (\xi_n - E\xi_n) \right| \geqslant k\varepsilon \right) \leqslant \frac{1}{k^2 \varepsilon^2} D(\sum_{n=1}^{k} \xi_n) \to 0, k \to \infty$$

定理证毕.

定理 1.6.6 切比雪夫大数定理 设 $\{\xi_n\}$ 为独立随机变量序列,如果有常数 $c > 0$,使得

$$D\xi_n \leqslant c, n = 1, 2, \cdots \tag{1.6.13}$$

则 $\{\xi_n\}$ 服从大数定理,即 $\frac{1}{k} \sum_{n=1}^{k} \xi_n \xrightarrow{P} \frac{1}{k} \sum_{n=1}^{k} E\xi_n$.

证明 取 $\xi = \frac{1}{k} \sum_{n=1}^{k} (\xi_n - E\xi_n)$,因而 $E\xi = 0$,再利用切比雪夫不等式,有

$$P\left(\left| \frac{1}{k} \sum_{n=1}^{k} (\xi_n - E\xi_n) \right| \geqslant \varepsilon \right) = P\left(\left| \sum_{n=1}^{k} (\xi_n - E\xi_n) \right| \geqslant k\varepsilon \right)$$

$$\leqslant \frac{1}{k^2 \varepsilon^2} D(\sum_{n=1}^{k} \xi_n) = \frac{1}{k^2 \varepsilon^2} \sum_{n=1}^{k} D\xi_n \leqslant \frac{kc}{k^2 \varepsilon^2} \to 0, k \to \infty$$

定理证毕.

定理 1.6.7　普阿松大数定理　如果在一个独立试验序列中,事件 A 在第 k 次试验出现的概率等于 p_k,以 μ_n 表示 n 次试验中事件 A 出现的次数,则对任意 $\varepsilon>0$,有

$$\lim_{n\to\infty}P\left(\left|\frac{\mu_n}{n}-\frac{1}{n}\sum_{k=1}^{n}p_k\right|\geqslant\varepsilon\right)=0 \tag{1.6.14}$$

证明　只要注意到试验的独立性,并定义第 k 次试验的随机变量 ξ_k 为

$$\xi_k=\begin{cases}1, A\text{ 发生}\\0, A\text{ 不发生}\end{cases}$$

于是有
$$E\xi_k=p_k, D\xi_k=p_k(1-p_k)\leqslant\frac{1}{4}$$

再由切比雪夫大数定理得

$$\frac{1}{n}\sum_{k=1}^{n}\xi_k\xrightarrow{P}\frac{1}{n}\sum_{k=1}^{n}E\xi_k$$

即
$$\lim_{n\to\infty}P\left(\left|\frac{\mu_n}{n}-\frac{1}{n}\sum_{k=1}^{n}p_k\right|\geqslant\varepsilon\right)=0$$

定理证毕.

定理 1.6.8　辛钦大数定理　设 $\{\xi_k\}$ 为相互独立且具有相同分布的随机变量序列,且数学期望存在,即

$$E\xi_k=a<\infty$$

则
$$\lim_{n\to\infty}P\left(\left|\frac{1}{n}\sum_{k=1}^{n}\xi_k-a\right|\geqslant\varepsilon\right)=0$$

即
$$\frac{1}{n}\sum_{k=1}^{n}\xi_k\xrightarrow{P}a \tag{1.6.15}$$

证明　利用切比雪夫大数定理,可直接推出式(1.6.15).

定理 1.6.9　柯尔莫哥洛夫强大数定理　设 $\{\xi_i\}$ 是独立随机变量序列,如果

$$\sum_{n=1}^{\infty}\frac{D\xi_n}{n^2}<\infty \tag{1.6.16}$$

则
$$P\left(\lim_{n\to\infty}\frac{1}{n}\sum_{i=1}^{n}(\xi_i-E\xi_i)=0\right)=1$$

或者写成

$$\lim_{n\to\infty}\frac{1}{n}\sum_{i=1}^{n}\xi_i\xrightarrow{a\cdot s}\lim_{n\to\infty}\frac{1}{n}\sum_{i=1}^{n}E\xi_i$$

证明从略.

推论 1.6.1　设 $\{\xi_i\}$ 是独立随机变量序列,如果存在常数 $C>0$,使得

$$D\xi_i\leqslant C, i=1,2,\cdots \tag{1.6.17}$$

则 $\{\xi_i\}$ 服从强大数定理,即

$$\lim_{n\to\infty}\frac{1}{n}\sum_{i=1}^{n}\xi_i\xrightarrow{a,s}\lim_{n\to\infty}\frac{1}{n}\sum_{i=1}^{n}E\xi_i$$

证明　因为
$$\sum_{n=1}^{\infty}\frac{D\xi_n}{n^2}\leqslant C\sum_{n=1}^{\infty}\frac{1}{n^2}<\infty$$

所以由定理 1.6.9 可知 $\{\xi_i\}$ 服从强大数定理.

推论 1.6.2 设伯努利试验中，事件 A 每次出现的概率为 p，$0<p<1$，以 μ_n 表示 n 次试验中 A 出现的次数，则

$$\lim_{n\to\infty}\frac{\mu_n}{n}=p,(a,s) \tag{1.6.18}$$

证明 令 $\xi=1$，代表 A 出现；$\xi=0$，代表 A 不出现，则

$$E\xi=p,D\xi=E\,(\xi-E\xi)^2=(1-p)^2p+p^2E=pq\leqslant\frac{1}{4},p+q=1$$

所以
$$\lim_{n\to\infty}\sum_{n=1}^{\infty}\frac{D\xi_n}{n^2}\leqslant\lim_{n\to\infty}\frac{1}{4}\sum_{n=1}^{\infty}\frac{1}{n^2}<\infty$$

故有
$$\lim_{n\to\infty}\frac{1}{n}\sum_{i=1}^{n}\xi_i\xrightarrow{a,s}\lim_{n\to\infty}\frac{1}{n}\sum_{i=1}^{n}E\xi_i=p$$

即
$$\lim_{n\to\infty}\frac{\mu_n}{n}=p,(a,s)$$

推论证毕.

定理 1.6.10 设 $\{\xi_i\}$ 是独立同分布的随机变量序列，则

$$\lim_{n\to\infty}\frac{1}{n}\sum_{i=1}^{n}\xi_i\xrightarrow{a,s}a\Leftrightarrow E\xi_i=a<\infty \tag{1.6.19}$$

证明从略.

1.6.3 中心极限定理

定理 1.6.11 设 $\xi_1,\xi_2,\cdots,\xi_n,\cdots$ 是相互独立的随机变量序列，均具有有限期望和方差，即

$$E\xi_k=a_k<\infty,D\xi_k=b_k^2<\infty,k=1,2,\cdots$$

记
$$B_n^2=\sum_{k=1}^{n}b_k^2$$

如果对任意 $\tau>0$，有

$$\lim_{n\to\infty}\frac{1}{B_n^2}\sum_{k=1}^{n}\int_{|x-a_k|>\tau B_n}(x-a_k)^2\mathrm{d}F_k(x)=0 \tag{1.6.20}$$

则
$$\lim_{n\to\infty}P(\zeta_n<x)=\frac{1}{\sqrt{2\pi}}\int_{-\infty}^{x}\mathrm{e}^{-\frac{t^2}{2}}\mathrm{d}t \tag{1.6.21}$$

即
$$\zeta_n\triangleq\frac{1}{B_n}\sum_{k=1}^{n}(\xi_k-a_k)\sim N(0,1),n\to\infty \tag{1.6.22}$$

证明从略.

称式(1.6.20)为林德伯格条件. 定理 1.6.11 的含义是，在式(1.6.20)成立的条件下，ζ_n 渐近服从正态 $N(0,1)$ 分布.

考察独立同分布情形.

例 1.6.1 若 $\{\xi_i,i=1,2,\cdots\}$ 为独立同分布随机变量序列，$E\xi_k=a$，$D\xi_k=\sigma^2>0$，且 $\sigma^2<\infty$，于是 $B_n^2=\sum_{k=1}^{n}D\xi_k=n\sigma^2$，$B_n=\sqrt{n}\sigma$. 这时 $\forall\tau>0$，$\frac{1}{B_n^2}\sum_{k=1}^{n}\int_{|x-a_k|>\tau B_n}(x-a_k)^2\mathrm{d}F_k(x)=\frac{n}{n\sigma^2}\int_{|x-a_k|>\tau\sqrt{n}\sigma}(x-a)^2\mathrm{d}F(x)\to0,n\to\infty$，所以

$$\zeta_n = \frac{\sum_{k=1}^{n}(\xi_k - a)}{B_n} \sim N(0,1), n \to \infty$$

定理 1.6.12 设$\{\xi_i, i=1,2,\cdots\}$是独立随机变量序列,存在常数K_n,使$\max\limits_{1\leqslant j\leqslant n}|\xi_j|\leqslant K_n$ $(n=1,2,\cdots)$且$\lim\limits_{n\to\infty}\frac{K_n}{B_n}=0$,则

$$P\left(\sum_{k=1}^{n}\frac{\xi_k - a_k}{B_n} < x\right) = \frac{1}{\sqrt{2\pi}}\int_{-\infty}^{x} e^{-\frac{t^2}{2}}dt, n \to \infty \tag{1.6.23}$$

证明 对任意$\varepsilon>0$,只要n足够大,就有$K_n\leqslant\varepsilon B_n$,于是

$$\{\omega: |\xi_j|\leqslant\varepsilon B_n\} = \Omega \quad (1\leqslant j\leqslant n)$$

或者

$$\{\omega: |\xi_j| > \varepsilon B_n\} = \varnothing \quad (1\leqslant j\leqslant n)$$

故

$$\lim_{n\to\infty}\frac{1}{B_n^2}\sum_{j=1}^{n}\int_{|x_j|>\varepsilon B_n}(x-a_j)^2 dF_j(x) = 0$$

因此,式(1.6.23)成立.

定理 1.6.13 设$\{\xi_i, i=1,2,\cdots\}$为独立随机变量序列. 若存在$\delta>0$,使得$n\to\infty$时,有

$$\frac{1}{B_n^{2+\delta}}\sum_{k=1}^{n}E|\xi_k - a_k|^{2+\delta} \to 0, n \to \infty \tag{1.6.24}$$

则$\frac{1}{B^n}\sum\limits_{k=1}^{n}(\xi_k - a_k)$服从中心极限定理.

证明 只要证明林德伯格条件成立即可. 事实上,对任意$\tau>0$,有

$$\begin{aligned}
\frac{1}{B_n^2}\sum_{k=1}^{n}\int_{|x-a_k|>\tau B_n}|x-a_k|^2 dF_k(x) &\leqslant \frac{1}{B_n^2}\sum_{k=1}^{n}\int_{|x-a_k|>\tau B_n}|x-a_k|^2\frac{|x-a_k|^\delta}{(\tau B_n)^\delta}dF_k(x) \\
&\leqslant \frac{1}{\tau^\delta}\sum_{k=1}^{n}\int_{|x-a_k|>\tau B_n}\frac{|x-a_k|^{2+\delta}}{B_n^{\ 2+\delta}}dF_k(x) \\
&\leqslant \frac{1}{\tau^\delta B_n^{2+\delta}}\sum_{k=1}^{n}\int_{-\infty}^{+\infty}|x-a_k|^{2+\delta}dF_k(x) \\
&= \frac{1}{\tau^\delta}\frac{1}{B_n^{2+\delta}}\sum_{k=1}^{n}E\,|\xi_k - a_k|^{2+\delta} \to 0, n \to \infty
\end{aligned}$$

定理证毕.

习 题

1.1 设随机变量(ξ,η,ζ)的联合密度函数为

$$p_{\xi\eta\zeta}(x,y,z)=\begin{cases}\frac{1}{8\pi^3}(1-\sin x\sin y\sin z),0\leqslant x,y,z\leqslant 2\pi\\ 0,\text{其他情况}\end{cases}$$

试证:ξ,η,ζ两两独立,但不相互独立.

1.2 设ξ服从泊松分布,参数为λ. 试求:(1)$\eta=a\xi+b$的分布;(2)$\eta=\xi^2$的分布.

1.3 设ξ,η为相互独立且均服从正态$N(0,1)$分布的随机变量. 试求$\zeta=\xi/\eta$的分布密度函数.

1.4 设ξ,η为相互独立且均服从正态$N(0,1)$分布的随机变量. 试证:$U=\xi^2+\eta^2$与$V=\xi/\eta$相互独立.

1.5 设随机变量X的分布函数为

$$F_X(x)=\begin{cases}0,x\leqslant a\\ p,a<x\leqslant b\\ 1,b<x\end{cases}$$

试求特征函数$f_X(t)$.

1.6 如果随机变量X的密度函数为$p_X(x)=\frac{a}{2}\mathrm{e}^{-\alpha|x|},a>0,\alpha>0$. 试求特征函数$f_X(t)$.

1.7 设有如下特征函数

$$f_1(t)=\frac{1}{1+t^2}$$

$$f_2(t)=\frac{\mathrm{e}^{\mathrm{i}t}(1-\mathrm{e}^{\mathrm{i}nt})}{n(1-\mathrm{e}^{\mathrm{i}t})}$$

$$f_3(t)=\frac{1}{1-\mathrm{i}t}$$

试求分布密度函数$p_1(x),p_2(x),p_3(x)$.

1.8 设随机变量ξ,η均服从柯西分布,其密度函数$p(x)$为$p(x)=\frac{1}{\pi}\frac{\lambda}{\lambda^2+(x+\mu)^2}$, $\lambda>0,-\infty<x<+\infty$,且$\mu=0,\lambda=1,\xi=\eta$. 试证:对特征函数有$f_{\xi+\eta}(t)=f_\xi(t)\cdot f_\eta(t)$,但$\xi,\eta$并不独立.

1.9 设$f(x)$是$(0,\infty)$上的连续、单调上升函数,且$f(0)=0,\sup\limits_{x\geqslant 0}f(x)<\infty$. 试证:$\xi_n\to 0$, (P)的充要条件是$\lim\limits_{n\to\infty}E[f(|\xi_n|)]=0$,其中$\xi_n,n=1,2,\cdots$为随机变量序列.

1.10 设$\{\xi_n,n=1,2,\cdots\}$为独立随机变量序列,密度函数为

$$p_n(x)=\frac{1}{\sqrt[4]{n}\sqrt{\pi}}\exp\left\{-\frac{(x-\theta^n)^2}{\sqrt{n}}\right\},0<\theta<1$$

试问:$\{\xi_n,n=1,2,\cdots\}$是否服从强大数定理?

1.11 设$\{\xi_n,n=1,2,\cdots\}$为独立随机变量序列且$D\xi_n=\frac{n+1}{\log(n+1)}$. 试证:$\{\xi_n,n=1,2,\cdots\}$

服从大数定理但不服从强大数定理.

1.12 设$\{\xi_n,n=1,2,\cdots\}$为随机变量序列且方差有界,即$D\xi_n\leqslant C$,如果相关系数满足$r_{ij}\to 0$,$|i-j|\to\infty$. 试证:$\{\xi_n\}$服从大数定理.

1.13 设$\{F_n(x),n=1,2,\cdots\}$为正态分布函数列,并且收敛于分布函数$F(x)$. 试证:$F(x)$是正态分布函数.

1.14 取$\Omega=(0,1]$,F为$(0,1]$中所有波雷尔点集所构成的σ-代数,P为勒贝格测度,则(Ω,F,P)为一概率空间,令

$$\eta_{11}(\omega)=1,\omega\in(0,1]$$

$$\eta_{21}(\omega)=\begin{cases}1,\omega\in(0,1/2]\\0,\omega\in(1/2,1]\end{cases}$$

$$\eta_{22}(\omega)=\begin{cases}0,\omega\in(0,1/2]\\1,\omega\in(1/2,1]\end{cases}$$

一般地,把$(0,1]$分成k个等长区间,令

$$\eta_{ki}(\omega)=\begin{cases}1,\omega\in\left[\dfrac{i-1}{k},\dfrac{i}{k}\right]\\0,\omega\,\overline{\in}\left[\dfrac{i-1}{k},\dfrac{i}{k}\right]\end{cases},k=1,2,\cdots;i=1,2,\cdots$$

现定义$\xi_1(\omega)=\eta_{11}(\omega)$,$\xi_2(\omega)=\eta_{21}(\omega)$,$\xi_3(\omega)=\eta_{22}(\omega)$,$\xi_4(\omega)=\eta_{31}(\omega)$,$\cdots$,则$\{\xi_n(\omega),n=1,2,\cdots\}$为随机变量序列. 试证:$\{\xi_n(\omega),n=1,2,\cdots\}$依概率收敛于零,但不处处收敛于零.

1.15 对于习题1.14中所叙述的随机变量序列$\{\xi_n(\omega),n=1,2,\cdots\}$. 试证:虽然$\xi_n(\omega)\to 0,(a,s)$不成立,但却有$\xi_n(\omega)\to 0,(r)$.

1.16 设ξ_1与ξ_2是独立随机变量,均服从泊松分布,参数为λ_1与λ_2. 试证:

(1)$\xi_1+\xi_2$为泊松分布,参数为$\lambda_1+\lambda_2$;

(2)$\xi_1+\xi_2=n$条件下,ξ_1的条件分布为

$$P(\xi_1=k/\xi_1+\xi_2=n)=\binom{n}{k}\left(\frac{\lambda_1}{\lambda_1+\lambda_2}\right)^k\left(\frac{\lambda_2}{\lambda_1+\lambda_2}\right)^{n-k}$$

1.17 设ξ,η为相互独立且均服从$[0,1]$上均匀分布的随机变量. 试求$\zeta=\xi+\eta$的分布密度函数$f_\zeta(y)$.

1.18 设ξ与η为相互独立且均服从正态$N(0,1)$分布的随机变量. 试求$U=\xi+\eta$与$V=\xi-\eta$的联合密度函数.

1.19 设ξ与η为相互独立的随机变量,其分布密度函数为

$$(1)p_\xi(x)=p_\eta(x)=\begin{cases}\alpha e^{-\alpha x},x>0,\alpha>0\\0,x\leqslant 0\end{cases}$$

$$(2)p_\xi(x)=p_\eta(x)=\begin{cases}\dfrac{1}{a},0<x\leqslant a\\0,x\leqslant 0,x>a\end{cases}$$

试求$\zeta=\xi/\eta$的分布密度函数.

1.20 设随机变量 X 的分布函数为

$$F_X(x)=\begin{cases}0, x\leqslant -a\\ \dfrac{x+a}{2a}, -a<x\leqslant a\\ 1, x>a\end{cases}$$

试求特征函数 $f_X(t)$.

1.21 设 ξ 为离散型随机变量,分布为 $p(\xi=k)=q^kp, 0<p<1, p+q=1, k=0,1,2,\cdots$. 试求 ξ 的特征函数 $f_\xi(t)$ 及 $E\xi, D\xi$.

1.22 设随机变量 ξ 服从柯西分布,其密度函数 $f_\xi(x)$ 为

$$p_\xi(x)=\frac{\lambda}{\pi[\lambda^2+(x-\mu)^2]}, \lambda>0$$

试证:ξ 的特征函数为 $e^{j\mu t-\lambda|t|}$.

1.23 试证:对任意实值特征函数 $f(t)$,有以下不等式

$$1-f(2t)\leqslant 4[1-f(t)]$$
$$1+f(2t)\geqslant 2[f(t)]^2$$

1.24 (格涅坚科定理)试证:随机变量序列 $\{\xi_n, n=1,2,\cdots\}$ 服从大数定理的充要条件是

$$\lim_{n\to\infty}E\left\{\frac{[\sum_{k=1}^{n}(\xi_k-E\xi_k)]^2}{n^2+[\sum_{k=1}^{n}(\xi_k-E\xi_k)]^2}\right\}=0$$

1.25 设 $\{\xi_n, n=1,2,\cdots\}$ 为独立随机变量序列,且分布为

$$\xi_1=\begin{pmatrix}1 & -1\\ \dfrac{1}{2} & \dfrac{1}{2}\end{pmatrix}, \xi_n=\begin{pmatrix}-\sqrt{n} & 0 & \sqrt{n}\\ \dfrac{1}{n} & 1-\dfrac{2}{n} & \dfrac{1}{n}\end{pmatrix}$$

试证:$\{\xi_n, n=1,2,\cdots\}$ 服从强大数定理.

1.26 设 $f(x)(0\leqslant x<\infty)$ 是单调非降函数且 $f(x)>0$,对于随机变量 ξ,如果 $Ef(|\xi|)<\infty$. 试证:对任意 $x>0$,有

$$P(|\xi|\geqslant x)\leqslant\frac{1}{f(x)}E[f(|\xi|)]$$

1.27 设 $\{\xi_n, n=1,2,\cdots\}$ 为正态随机变量序列,如果该序列依概率收敛. 试证:其数学期望及方差必收敛.

1.28 设 ξ 是离散型随机变量,其概率分布为

$$\begin{pmatrix}-1 & 1\\ \dfrac{1}{2} & \dfrac{1}{2}\end{pmatrix}$$

令随机变量序列 ξ_n 为 $\xi_n=-\xi, n=1,2,\cdots$. 试证:$\{\xi_n, n=1,2,\cdots\}$ 依分布收敛但不依概率收敛.

1.29 设随机变量序列 $\{\xi_n, n=1,2,\cdots\}$ 的分布为

$$\begin{pmatrix}0 & n\\ 1-\dfrac{1}{n} & \dfrac{1}{n}\end{pmatrix}$$

试证：$\{\xi_n, n=1,2,\cdots\}$依概率收敛但不 $r(r\geqslant 0)$阶收敛.

1.30 设 $\Omega=[0,1]$，F 为$[0,1]$中波雷尔点集所构成集合，P 为勒贝格测度. 对每个 $n(n=1,2,\cdots)$，$r>0$，令

$$\xi_n(\omega)=\begin{cases} n, \omega\in\left[0,\dfrac{1}{n^r}\right) \\ 0, \omega\in\left[\dfrac{1}{n^r},1\right] \end{cases}$$

试证：$\{\xi_n(\omega), n=1,2,\cdots\}$以概率 1 收敛于零但不 r 阶收敛于零.

1.31 设$\{\xi_n, n=1,2,\cdots\}$为随机变量序列且 ξ_n 的分布为

$$P\left(\xi_n=\frac{1}{n}\right)=\frac{1}{2}, P\left(\xi_n=\frac{-1}{n}\right)=\frac{1}{2}$$

试证：$\{\xi_n, n=1,2,\cdots\}$以概率 1 收敛于零且 r 阶收敛于零.

1.32 设 Y_1 和 Y_2 是相互独立且均服从正态 $N(0,1)$分布的随机变量，现定义二维随机变量为

$$(X_1,X_2)=\begin{cases} (Y_1, |Y_2|), Y_1\geqslant 0 \\ (Y_1, -|Y_2|), Y_1<0 \end{cases}$$

试证：(1) X_1 和 X_2 都是正态分布；

(2) (X_1,X_2)不是二维联合正态分布.

第 2 章　随机过程的概念及工程中的一些随机过程

2.1　随机过程的定义及描述

2.1.1　随机过程的定义及有限维分布函数族

在概率论中,我们学习过有关一个或几个随机变量的知识.基于实际需要,我们将研究依赖于时间 t 的一族无穷多个相互有关的随机变量,记作 $\{X(t),t\in T\}$,其中 T 是时间 t 的集合,通常有以下几种:

$$\left.\begin{aligned}&(1)\quad T_1=\{t_n,n=0,1,2,\cdots\}\\&(2)\quad T_2=\{t_n,n=\cdots,-2,-1,0,1,2,\cdots\}\end{aligned}\right\}\tag{2.1.1}$$

$$\left.\begin{aligned}&(3)\quad T_3=\{t,t\in[a,b]\},a<b\text{ 为任意实数}\\&(4)\quad T_4=\{t,t\in(-\infty,+\infty)\}\end{aligned}\right\}\tag{2.1.2}$$

其中式(2.1.1)所表示的时间集合称为离散时间集合,式(2.1.2)所表示的时间集合称为连续时间集合.当 T 为(1)和(2)两种情形时,称 $\{X(t),t\in T\}$ 为随机序列;当 T 为(3)和(4)两种情形时,称 $\{X(t),t\in T\}$ 为随机过程.为进一步了解上述概念,先看几个简单的例子.

例 2.1.1　考察电网电压波动问题.由于发电机组在发电过程中的随机波动及各用户在使用过程中的不同,电网电压会出现随机波动.用 $X(t)$ 表示 t 时刻的电网电压值,当 t 固定时,$X(t)$ 就是一个随机变量,随着时间 t 的不断变化,就得到一族随机变量 $\{X(t),t\in T\}$.

例 2.1.2　考察电话站收到的用户呼叫次数.由于各用户向电话总机的呼叫是随机的,因此电话站收到的用户呼叫次数也是随机的.用 $X(t)$ 表示在时刻 t 以前电话站接到的电话呼叫次数,当时间 t 固定时,$X(t)$ 就是一个随机变量,随着时间 t 的变化就得到一族随机变量 $\{X(t),t\in T\}$.

从以上直观的例子可引出随机过程的含义。

设 E 为一个随机试验,其全部试验结果 ω 构成了样本空间 Ω,即 $\{\omega\}=\Omega$,进一步由 Ω 中的某些被称为事件的子集 A 构成了波雷尔体 $\mathcal{B}_1$,即 $\{A\}=\mathcal{B}_1$,并对每个事件 A 赋以概率 P,通常称三元总体 (Ω,F,P) 为概率空间.又假设 T 是由式(2.1.1)或式(2.1.2)所表示的时间的集合.对每一 $t\in T$,有定义在概率空间 (Ω,F,P) 上的随机变量 $X(t,\omega)$,$\omega\in\Omega$,于是称 $X(t,\omega)$ 为随机过程,用符号 $\{X(t,\omega),t\in T\}$ 表示,如不产生混乱,可简写为 $\{X(t),t\in T\}$.

随机过程 $\{X(t,\omega),t\in T\}$ 随 t 和 ω 的不同取值,具有以下五种含义:

(1)当 t 和 ω 都是变量时,$\{X(t,\omega),t\in T\}$ 表示一族无穷多个依赖于时间 $t\in T$ 的随机变量;

(2)当 t 和 ω 都是变量时,$\{X(t,\omega),t\in T\}$ 也可表示一族无穷多个依赖于基本事件 ω 的时间函数族;

(3)当 ω 固定而 t 是变量时,$\{X(t,\omega),t\in T\}$ 表示一个时间函数,通常称为样本函数;

(4)当 t 固定而 ω 是变量时,$\{X(t,\omega),t\in T\}$ 表示一个随机变量;

(5)当 t 和 ω 都固定时,$\{X(t,\omega),t\in T\}$ 代表随机变量取某一个数字.

根据第一种含义,可给出关于随机过程的比较简单的定义,即定义 2.1.1.

定义 2.1.1 称一族无穷多个依赖于时间 $t\in T$ 且在概率空间(Ω,F,P)上定义的随机变量$\{X(t),t\in T\}$为随机函数,其中 T 为时间 t 的集合,如果 T 为式(2.1.1)所表示的离散时间 t 的集合,则称$\{X(t),t\in T\}$为随机序列,如果 T 为式(2.1.2)所表示的连续时间的集合,则称$\{X(t),t\in T\}$为随机过程.

由定义 2.1.1 可以看出,随机序列实际上只是随机过程当时间参数 t 取离散值时的情形,所以也可以把随机序列看作随机过程的特殊情形.

还可以从另一种含义来定义随机过程. 现在对某随机过程做一次测试,假定在测试过程中没有误差,对于某 $t=t_1\in T$ 时刻,其测量值就取某一确定值 $x_1(t_1)$,随着时间 t 的推移,就可得到一个定义于 T 上的函数 $x_1(t)$,如图 2.1.1 所示,称 $x_1(t)$ 为随机过程$\{X(t),t\in T\}$的一个实现或样本函数.

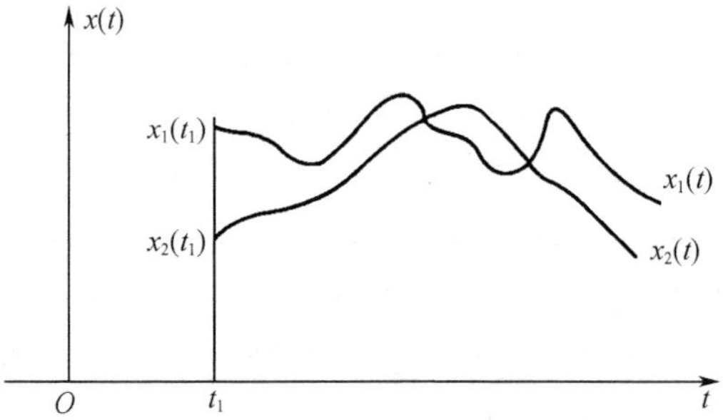

图 2.1.1 随机过程的样本函数表示

如果在相同条件下再重复一次测试,就会得到随机过程$\{X(t),t\in T\}$的另一个实现 $x_2(t)$;如果在相同条件下进行无穷多次测试,就会得到随机过程$\{X(t),t\in T\}$的一族实现或称样本函数族. 由此可知,随机过程$\{X(t),t\in T\}$既可看成一族无穷多个随机变量的集合,也可看成所有实现或所有样本函数的集合. 于是得到随机过程的另一个定义,即定义2.1.2.

定义 2.1.2 称所有可能的实现(样本函数)$x(t),t\in T$ 的集合$\{X(t),t\in T\}$为随机函数,其中当 t 固定时,集合$\{X(t),t\in T\}$表示定义在概率空间(Ω,F,P)上的随机变量 $X(t)$,$t\in T$ 的所有可能取值,T 为时间 t 的集合。如果 T 为式(2.1.1)所表示的离散时间 t 的集合,则称$\{X(t),t\in T\}$为随机序列;如果 T 为式(2.1.2)所表示的连续时间 t 的集合,则称$\{X(t),t\in T\}$为随机过程.

现在考察随机过程$\{X(t),t\in T\}$,为了描述它的统计特性,当然要知道每个时刻 $t\in T$ 的随机变量 $X(t)$ 的分布函数,即

$$F(t;x)\triangleq P(X(t)<x),t\in T \tag{2.1.3}$$

称 $F(t;x)$ 为随机过程$\{X(t),t\in T\}$的一维分布函数. 如果

$$f(t;x) \triangleq \frac{\partial F(t;x)}{\partial x}, t \in T \tag{2.1.4}$$

存在,则称$f(t;x)$为随机过程$\{X(t), t \in T\}$的一维密度函数.

至此,我们仅仅描述了随机过程$\{X(t), t \in T\}$在每个时刻$t \in T$上的统计特性. 为了描述随机过程$\{X(t), t \in T\}$在任意两个时刻$t_1, t_2 \in T$上的相互关系,显然用上面的描述方法是不能解决问题的,为此应引入二维分布函数. 称

$$F(t_1, t_2; x_1, x_2) \triangleq P(X(t_1) < x_1, X(t_2) < x_2), t_1, t_2 \in T \tag{2.1.5}$$

为随机过程$\{X(t), t \in T\}$的二维分布函数. 如果

$$f(t_1, t_2; x_1, x_2) \triangleq \frac{\partial^2}{\partial x_1 \partial x_2} F(t_1, t_2; x_1, x_2) \tag{2.1.6}$$

存在,则称$f(t_1, t_2; x_1, x_2)$为随机过程$\{X(t), t \in T\}$的二维密度函数. 一般地,对任意有限个$t_1, t_2, \cdots, t_n \in T$,称

$$F(t_1, t_2, \cdots, t_n; x_1, x_2, \cdots, x_n) \triangleq P(X(t_1) < x_1, X(t_2) < x_2, \cdots, X(t_n) < x_n) \tag{2.1.7}$$

为随机过程$\{X(t), t \in T\}$的n维分布函数. 如果

$$f(t_1, t_2, \cdots, t_n; x_1, x_2, \cdots, x_n) \triangleq \frac{\partial^n}{\partial x_1 \partial x_2 \cdots \partial x_n} F(t_1, t_2, \cdots, t_n; x_1, x_2, \cdots, x_n) \tag{2.1.8}$$

存在,则称$f(t_1, t_2, \cdots, t_n; x_1, x_2, \cdots, x_n)$为随机过程$\{X(t), t \in T\}$的$n$维密度函数. 把随机过程$\{X(t), t \in T\}$的一维分布,二维分布,$\cdots$,$n$维分布的全体

$$\{F(t_1, t_2, \cdots, t_n; x_1, x_2, \cdots, x_n), t_i \in T, i = 1, 2, \cdots, n, n \geqslant 1\} \tag{2.1.9}$$

称为该随机过程的有限维分布函数族.

由上述可知,对于随机过程$\{X(t), t \in T\}$,如果能知道它的有限维分布函数族,那么对任意n个时刻$t_1, t_2, \cdots, t_n$,这n个随机变量$X(t_1), X(t_2), \cdots, X(t_n)$的统计特性就完全被确定了. 也就是说,只有知道有限维分布函数族式(2.1.9),随机过程$\{X(t), t \in T\}$才能统计地完全被确定.

由概率论中多维分布的性质可知,有限维分布函数族式(2.1.9)有以下两个性质:

(1)对称性:对$(1, 2, \cdots, n)$的任一排列$(i_1, i_2, \cdots, i_n)$,有

$$F(t_1, t_2, \cdots, t_n; x_1, x_2, \cdots, x_n) = F(t_{i1}, t_{i2}, \cdots, t_{in}; x_{i1}, x_{i2}, \cdots, x_{in}) \tag{2.1.10}$$

(2)相容性:对任意$m < n$,有

$$F(t_1, t_2, \cdots t_m, t_{m+1}, \cdots, t_n; x_1, x_2, \cdots, x_m, \infty, \cdots, \infty) = F(t_1, t_2, \cdots, t_m; x_1, x_2, \cdots, x_m) \tag{2.1.11}$$

下面举例说明有限维分布函数族的求法.

例 2.1.3 设$X(t) = U + Vt$, $|t| < \infty$,其中(U, V)为二维随机变量,且密度函数$f(u, v)$为已知.

利用以上已知条件可以求出有限维分布函数族. 例如,一维分布函数为

$$F(t_1, x) = P(X(t_1) < x_1) = P(U + Vt_1 < x_1) = \iint_{D_1} f(u, v) \mathrm{d}u\mathrm{d}v \tag{2.1.12}$$

其中积分域D_1如图 2.1.2 所示.

二维分布函数为

$$
\begin{aligned}
F(t_1,t_2;x_1,x_2) &= P(X(t_1)<x_1,X(t_2)<x_2) \\
&= P(U+Vt_1<x_1,U+Vt_2<x_2) \\
&= \iint_{D_2} f(u,v)\,\mathrm{d}u\mathrm{d}v
\end{aligned}
$$

其中积分域 D_2 如图 2. 1. 3 所示.

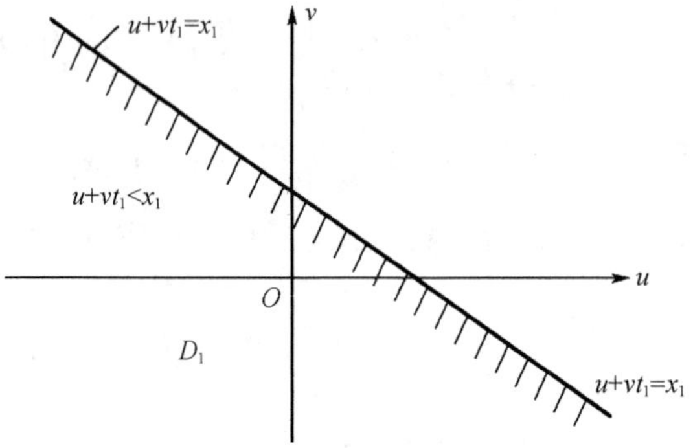

图 2.1.2　例 2.1.3 的一维分布函数的积分域

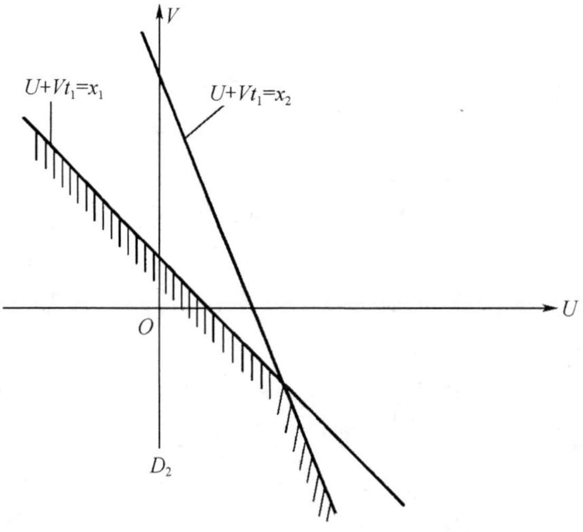

图 2.1.3　例 2.1.3 的二维分布函数的积分域

一般地, n 维分布函数 $F(t_1,t_2,\cdots,t_n;x_1,x_2,\cdots,x_n)$ 为

$$
\begin{aligned}
F(t_1,t_2,\cdots,t_n;x_1,x_2,\cdots,x_n) &= P(X(t_1)<x_1,X(t_2)<x_2,\cdots,X(t_n)<x_n) \\
&= P(U+Vt_1<x_1,U+Vt_2<x_2,\cdots,U+Vt_n<x_n) \\
&= \iint_{D_n} f(u,v)\,\mathrm{d}u\mathrm{d}v
\end{aligned}
$$

其中积分域 D_n 为由 $U+Vt_i<x_i(i=1,2,\cdots,n)$ 所界的区域. 于是可求出随机过程 $X(t)$ 的有限维分布函数族

$$
\{F(t_1,t_2,\cdots,t_n;x_1,\cdots,x_n),|t_i|<\infty,i=1,2,\cdots,n,n\geqslant 1\}
$$

例 2. 1. 4　设样本空间 $\Omega=\{\omega\}$ 为实数轴上的线段 $[0,1]$, 其概率分布是均匀的, 时间

指标 t 的集合 T 也是区间 $[0,1]$，现考察随机过程 $\{X(t),t\in T\}$ 和 $\{Y(t),t\in T\}$，其定义为

$$X(t,\omega)=0\text{，对所有 } t \text{ 及 } \omega \tag{2.1.13}$$

$$Y(t,\omega)=\begin{cases}1, t=\omega \\ 0, t\neq\omega\end{cases} \tag{2.1.14}$$

利用上述条件，可以求出随机过程 $\{X(t),t\in T\}$ 及 $\{Y(t),t\in T\}$ 的有限维分布函数族. 事实上，对任意正整数 n，由式(2.1.13)可知有

$$\begin{aligned}F_X(t_1,t_2,\cdots,t_n;x_1,x_2,\cdots,x_n)&=P(X(t_1)<x_1,X(t_2)<x_2,\cdots,X(t_n)<x_n)\\&=\begin{cases}0, x_i\leqslant 0, i=1,2,\cdots,n\\ 1,\text{其他}\end{cases}\end{aligned} \tag{2.1.15}$$

由式(2.1.14)还有

$$\begin{aligned}F_Y(t_1,t_2,\cdots,t_n;y_1,y_2,\cdots,y_n)&=P(Y(t_1)<y_1,Y(t_2)<y_2,\cdots,Y(t_n)<y_n)\\&=\begin{cases}0, y_i\leqslant 0; i=1,2,\cdots,n\\ 1-\sum\limits_{i\in\{k,y_k\leqslant 1,k=1,2,\cdots,n\}}P(\omega=t_i)\quad,\text{其他}\end{cases}\end{aligned} \tag{2.1.16}$$

然而，由概率的基本性质又知

$$\sum_{i\in\{k,y_k\leqslant 1,k=1,2,\cdots,n\}}P(\omega=t_i)\quad=0$$

所以式(2.1.16)可写为

$$F_Y(t_1,t_2,\cdots,t_n;y_1,y_2,\cdots,y_n)=\begin{cases}0, y_i\leqslant 0, i=1,2,\cdots,n\\ 1,\text{其他}\end{cases} \tag{2.1.17}$$

比较式(2.1.17)和式(2.1.15)可知，随机过程 $\{X(t),t\in T\}$ 和 $\{Y(t),t\in T\}$ 的有限维分布函数族是相同的.

本书主要讨论实值随机过程. 但在某些章节需要讨论复值随机过程时，我们会给以特别的申明并做适当的提示，目的是使读者更容易接受和理解.

2.1.2 随机过程的示性函数

在 2.1.1 中已经指出，为了描述一个随机过程 $\{X(t),t\in T\}$，必须知道它的有限维分布函数族. 然而在计算较高维数的分布函数时，往往在计算上有很大的困难. 因此，在实际应用中，通常是利用随机过程的几个主要特征来描述. 在概率论中，随机变量通常用均值、方差和相关系数等示性数来描述. 对于随机过程，均值、方差及相关系数只不过是时间 t 的函数而已. 因此，我们通常称之为均值函数、方差函数及相关函数，有时把这些函数叫作随机过程的示性函数.

定义 2.1.3 设 $\{X(t),t\in T\}$ 为随机过程，如果积分

$$m_X(t)\triangleq E[X(t)]=\int_{-\infty}^{+\infty}x\mathrm{d}F(t,x)=\int_{-\infty}^{+\infty}xf(t,x)\mathrm{d}x \tag{2.1.18}$$

存在，则称 $m_X(t)$ 为该随机过程的均值函数，有时简记为 $m(t)$. 其中，$F(t,x)$ 和 $f(t,x)$ 分别为该随机过程的一维分布函数和一维密度函数.

定义 2.1.4 设 $\{X(t),t\in T\}$ 为随机过程，如果积分

$$D_X(t)\triangleq E\{[X(t)-m(t)]^2\}=\int_{-\infty}^{+\infty}[x-m(t)]^2\mathrm{d}F(t,x) \tag{2.1.19}$$

存在，则称 $D_X(t)$ 为该随机过程的方差函数，有时简记为 $D(t)$. 特别地，称

$$\sigma_X(t) \triangleq \sqrt{D_X(t)} \tag{2.1.20}$$

为随机过程$\{X(t),t\in T\}$的标准偏差函数.

定义 2.1.5 设$\{X(t),t\in T\}$为随机过程,如果积分

$$\Gamma_X(t_1,t_2) \triangleq E[X(t_1)X(t_2)] = \int_{-\infty}^{+\infty}\int_{-\infty}^{+\infty} x_1x_2\mathrm{d}^2F(t_1,t_2;x_1,x_2) \tag{2.1.21}$$

存在,则称$\Gamma_X(t_1,t_2)$为该随机过程的原点自相关函数. 特别地,称$\Gamma_X(t,t)=E[X(t)^2]$为二阶原点矩函数. 完全类似,称

$$\Gamma_{XY}(t_1,t_2)=E[X(t_1)Y(t_2)] \tag{2.1.22}$$

为随机过程$\{X(t),t\in T\}$和$\{Y(t),t\in T\}$的原点互相关函数. 称积分

$$\begin{aligned}B_X(t_1,t_2) &\triangleq E\{[X(t_1)-m_X(t_1)][X(t_2)-m_X(t_2)]\}\\ &= \int_{-\infty}^{+\infty}\int_{-\infty}^{+\infty}[x_1-m_X(t_1)][x_2-m_X(t_2)]\mathrm{d}^2F(t_1,t_2;x_1,x_2)\\ &= \int_{-\infty}^{+\infty}\int_{-\infty}^{+\infty}[x_1-m_X(t_1)][x_2-m_X(t_2)]f(t_1,t_2;x_1,x_2)\mathrm{d}x_1\mathrm{d}x_2\end{aligned} \tag{2.1.23}$$

为随机过程$\{X(t),t\in T\}$的中心自相关函数. 完全类似,称

$$B_{XY}(t_1,t_2)=E\{[X(t_1)-m_X(t_1)][Y(t_2)-m_Y(t_2)]\} \tag{2.1.24}$$

为随机过程$\{X(t),t\in T\}$和$\{Y(t),t\in T\}$的中心互相关函数.

由式(2.1.21)及式(2.1.23)可知

$$B_X(t_1,t_2)=\Gamma_X(t_1,t_2)-m_X(t_1)m_X(t_2) \tag{2.1.25}$$

比较式(2.1.19)和式(2.1.23),还有

$$D_X(t)=B_X(t,t)=\Gamma_X(t,t)-m_X^2(t) \tag{2.1.26}$$

下面举几个例子来说明如何求随机过程的示性函数.

例 2.1.5 设$X(t)=X_0+Vt,a\leqslant t\leqslant b$,其中$X_0$和$V$是相互独立的服从正态$N(0,1)$分布的随机变量.

因为X_0和V是正态分布,所以对任意$t,a\leqslant t\leqslant b,X(t)$也为正态分布,而且由概率论可知,$X(t_1),X(t_2),\cdots,X(t_n)$为$n$维正态分布. 由式(2.1.18)、式(2.1.21)及式(2.1.26)可分别求出均值函数为

$$m_X(t)=E[X(t)]=E(X_0+Vt)=E(X_0)+E(V)t=0$$

原点自相关函数为

$$\begin{aligned}\Gamma_X(t_1,t_2)&=E[X(t_1)X(t_2)]\\ &=E[(X_0+Vt_1)(X_0+Vt_2)]\\ &=E(X_0^2)+E(X_0V)t_1+E(X_0V)t_2+E(V^2)t_1t_2\\ &=1+t_1t_2\end{aligned}$$

方差函数$D_X(t)$为

$$D_X(t)=\Gamma_X(t,t)-m_X^2(t)=1+t^2$$

例 2.1.6 设$X(t)=A\sin\omega t+B\cos\omega t,-\infty<t<+\infty,\omega>0$为实常数,而$A,B$为相互独立的服从正态$N(0,\sigma^2)$分布的随机变量.

由于A,B为正态分布且$X(t)$为A,B的线性组合,所以$X(t)$为正态分布且$X(t_1)$,$X(t_2),\cdots,X(t_n)$为n维正态分布. 由式(2.1.18)、式(2.1.21)及式(2.1.26)可以求出该随机过程的示性函数.

均值函数为

$$m_X(t)=E[X(t)]=E(A\sin\omega t+B\cos\omega t)=E(A)\sin\omega t+E(B)\cos\omega t=0$$

原点自相关函数为

$$\begin{aligned}\Gamma_X(t_1,t_2)&=E[X(t_1)X(t_2)]\\&=E[(A\sin\omega t_1+B\cos\omega t_1)(A\sin\omega t_2+B\cos\omega t_2)]\\&=E(A^2)\sin\omega t_1\sin\omega t_2+E(BA)\cos\omega t_1\sin\omega t_2+\\&\quad E(AB)\sin\omega t_1\cos\omega t_2+E(B^2)\cos\omega t_1\cos\omega t_2\\&=\sigma^2(\cos\omega t_1\cos\omega t_2+\sin\omega t_1\sin\omega t_2)\\&=\sigma^2\cos\omega(t_1-t_2)\end{aligned}$$

方差函数为

$$D_X(t)=\Gamma_X(t,t)=\sigma^2$$

例 2.1.7 设 $X(t)=\sum\limits_{k=1}^{N}(A_k\sin\omega_k t+B_k\cos\omega_k t)$，$-\infty<t<\infty$，$\omega_k>0(k=1,2,\cdots,N)$ 为实常数，而 $A_k,B_k(k=1,2,\cdots,N)$ 为相互独立的服从正态 $N(0,\sigma_k^2)$ 分布的随机变量.

在本例的条件下，$X(t)$ 仍为正态分布，且 $X(t_1),X(t_2),\cdots,X(t_n)$ 为 n 维正态分布，利用和前面两例相同的方法，可以求出均值函数为

$$\begin{aligned}m_X(t)&=E[X(t)]\\&=E\Big[\sum_{k=1}^{N}(A_k\sin\omega_k t+B_k\cos\omega_k t)\Big]\\&=\sum_{k=1}^{N}[E(A_k)\sin\omega_k t+E(B_k)\cos\omega_k t]\\&=0\end{aligned}$$

原点自相关函数为

$$\begin{aligned}\Gamma_X(t_1,t_2)&=E[X(t_1)X(t_2)]\\&=E\Big[\Big(\sum_{k=1}^{N}A_k\sin\omega_k t_1+B_k\cos\omega_k t_1\Big)\Big(\sum_{l=1}^{N}A_l\sin\omega_l t_2+B_l\cos\omega_l t_2\Big)\Big]\\&=\sum_{k=1}^{N}\sum_{l=1}^{N}E(A_kA_l)\sin\omega_k t_1\sin\omega_l t_2+\sum_{k=1}^{N}\sum_{l=1}^{N}E(B_kA_l)\cos\omega_k t_1\sin\omega_l t_2+\\&\quad\sum_{k=1}^{N}\sum_{l=1}^{N}E(A_kB_l)\sin\omega_k t_1\cos\omega_l t_2+\sum_{k=1}^{N}\sum_{l=1}^{N}E(B_kB_l)\cos\omega_k t_1\cos\omega_l t_2\end{aligned}\tag{2.1.27}$$

由于 $k\neq l$ 时，A_k,A_l,B_k,B_l 相互独立，所以有

$$E(A_kA_l)=E(B_kA_l)=E(A_kB_l)=E(B_kB_l)=0$$

而当 $k=l$ 时，有 $E(A_k^2)=\sigma_k^2$，$E(B_k^2)=\sigma_k^2$，$E(B_kA_k)=E(A_kB_k)=0$，所以式(2.1.27)可以写成

$$\Gamma_X(t_1,t_2)=\sum_{k=1}^{N}\sigma_k^2\sin\omega_k t_1\sin\omega_k t_2+\sum_{k=1}^{N}\sigma_k^2\cos\omega_k t_1\cos\omega_k t_2=\sum_{k=1}^{N}\sigma_k^2\cos\omega_k(t_1-t_2)$$

方差函数 $D_X(t)$ 为

$$D_X(t)=\Gamma_X(t,t)=\sum_{k=1}^{N}\sigma_k^2$$

例 2.1.8 考察一阶滑动合序列 $\{X(k),k=\cdots,-2,-1,0,1,2,\cdots\}$，其定义为

$$X(k)=\xi(k)+C\xi(k-1) \tag{2.1.28}$$

其中，$\{\xi(k), k=\cdots,-2,-1,0,1,2,\cdots\}$ 为相互独立的服从正态 $N(0,1)$ 分布的随机变量，C 为常数，因为 $X(k)$ 为 $\{\xi(k), k=\cdots,-2,-1,0,1,2,\cdots\}$ 的线性组合，所以 $X(k)$ 也为正态分布的随机变量，且有

$$m_X(k)=E\xi(k)+CE\xi(k-1)=0$$

$$\begin{aligned}\Gamma_X(k,s)&=E[X(k)X(s)]\\&=E\{[\xi(k)+C\xi(k-1)][\xi(s)+C\xi(s-1)]\}\\&=E[\xi(k)\xi(s)]+CE[\xi(k-1)\xi(s)]+CE[\xi(k)\xi(s-1)]+\\&\quad C^2E[\xi(k-1)\xi(s-1)]\\&=\delta(k-s)+C\delta(k-1-s)+C\delta(k-s+1)+C^2\delta(k-s)\\&=\begin{cases}1+C^2, k-s=0\\C, |k-s|=1\\0, |k-s|>1\end{cases}\end{aligned} \tag{2.1.29}$$

其中，$\delta(\cdot)$ 为克罗尼克(Kronecker) $-\delta$ 函数，定义为

$$\delta(n)=\begin{cases}1, n=0\\0, n\neq 0\end{cases} \tag{2.1.30}$$

例 2.1.9　考察一阶自回归序列 $\{X(k), k=1,2,\cdots\}$，其定义为

$$X(k)+aX(k-1)=\xi(k) \tag{2.1.31}$$

其中，$|a|<1$ 且为常数，$\{\xi(k), k=1,2,\cdots\}$ 为相互独立的服从正态 $N(0,1)$ 分布的随机变量序列，初始值 $X(0)$ 为已知常数. 试确定 $\{X(k), k=1,2,\cdots\}$ 的均值函数 $m_X(k)$ 及原点自相关函数 $\Gamma_X(k,s)$.

由定义式(2.1.31)可以写出

$$\begin{aligned}X(1)&=-aX(0)+\xi(1)\\X(2)&=(-a)^2X(0)+(-a)\xi(1)+\xi(2)\\&\vdots\\X(k)&=(-a)^kX(0)+\sum_{i=1}^{k}(-a)^{k-i}\xi(i)\end{aligned}$$

于是，均值函数 $m_X(k)$ 为

$$m_X(k)=EX(k)=(-a)^kEX(0)=(-a)^kX(0)$$

自相关函数 $\Gamma_X(k,s)$ 为

$$\begin{aligned}\Gamma_X(k,s)&=E[X(k)X(s)]\\&=\{[(-a)^kX(0)+\sum_{l=1}^{k}(-a)^{k-i}\xi(i)][(-a)^sX(0)+\sum_{j=1}^{s}(-a)^{s-j}\xi(j)]\}\\&=(-a)^{k+s}X^2(0)+(-a)^sX(0)\sum_{i=1}^{k}(-a)^{k-i}E\xi(i)+\\&\quad(-a)^kX(0)\sum_{j=1}^{s}(-a)^{s-j}E\xi(j)+\sum_{i=1}^{k}\sum_{j=1}^{s}(-a)^{k+s-i-j}E\xi(i)\xi(j)\end{aligned} \tag{2.1.32}$$

由于 $\xi(i)$ 服从正态 $N(0,1)$ 分布，所以 $E\xi(i)=E\xi(j)=0$，这样一来，式(2.1.32)中间两项皆取值为零，又因 $E\xi(i)\xi(j)=\delta(i-j)$，则第四项取值如下.

当 $k>s$ 时，有

$$\sum_{i=1}^{k}\sum_{j=1}^{s}(-a)^{k+s-i-j}\delta(i-j)=\sum_{i=1}^{s}(-a)^{k+s-2i}=\frac{(-a)^{k-s}-(-a)^{k+s}}{1-a^2}$$

当 $k<s$ 时,有

$$\sum_{i=1}^{k}\sum_{j=1}^{s}(-a)^{k+s-i-j}\delta(i-j)=\frac{(-a)^{s-k}-(-a)^{s+k}}{1-a^2}$$

当 $k=s$ 时,有

$$(-a)^{k+s-i-j}\delta(i-j)=\frac{1-(-a)^{2k}}{1-a^2}$$

归纳以上三式可得,对任意 k,s 有

$$\sum_{i=1}^{k}\sum_{j=1}^{s}(-a)^{k+s-i-j}\delta(i-j)=\frac{(-a)^{|k-s|}-(-a)^{|k+s|}}{1-a^2},k,s\geqslant 1\tag{2.1.33}$$

将式(2.1.33)代入式(2.1.32),得到一阶自回归序列 $\{X(k),k=1,2,\cdots\}$ 的原点自相关函数 $\Gamma_X(k,s)$ 为

$$\Gamma_X(k,s)=(-a)^{k+s}X^2(0)+\frac{(-a)^{|k-s|}-(-a)^{k+s}}{1-a^2},k,s\geqslant 1$$

当 $k\to\infty$,$s\to\infty$ 时,由于 $|a|<1$,所以得

$$\Gamma_X(k,s)=\frac{(-a)^{|k-s|}}{1-a^2},k,s\to\infty$$

定理2.1.1给出了相关函数的重要性质.

定理2.1.1 如果随机过程 $\{X(t),t\in T\}$ 的相关函数 $\Gamma(t_1,t_2)$ 存在,则

(1)
$$\Gamma(t,t)\geqslant 0\tag{2.1.34}$$

(2)
$$\Gamma(t_1,t_2)=\Gamma(t_2,t_1)\tag{2.1.35}$$

(3) $\Gamma(t_1,t_2)$ 是非负定的,即对任意有限个 $t_1,t_2,\cdots,t_n\in T$ 和任意普通函数 $\theta(t)$,$t\in T$,有

$$\sum_{k=1}^{n}\sum_{j=1}^{n}\Gamma(t_k,t_j)\theta(t_k)\theta(t_j)\geqslant 0\tag{2.1.36}$$

(4)
$$\Gamma^2(t_1,t_2)\leqslant\Gamma(t_1,t_1)\Gamma(t_2,t_2)\tag{2.1.37}$$

证明 (1)由式(2.1.26)可知 $\Gamma(t,t)=D(t)+m^2(t)$,再由式(2.1.19),显见 $D(t)\geqslant 0$,于是有 $\Gamma(t,t)\geqslant 0$;

(2)由式(2.1.21)可知

$$\Gamma(t_1,t_2)=E[X(t_1)X(t_2)]=E[X(t_2)X(t_1)]=\Gamma(t_2,t_1)$$

(3)由相关函数定义式(2.1.21)有

$$\begin{aligned}\sum_{k=1}^{n}\sum_{j=1}^{n}\Gamma(t_k,t_j)\theta(t_k)\theta(t_j)&=\sum_{k=1}^{n}\sum_{j=1}^{n}E[X(t_k)X(t_j)]\theta(t_k)\theta(t_j)\\&=E[\sum_{k=1}^{n}X(t_k)\theta(t_k)]^2\geqslant 0\end{aligned}$$

(4)因为对任意实常数 a 有

$$E[X(t_1)+aX(t_2)]^2=\Gamma(t_1,t_1)+2a\Gamma(t_1,t_2)+a^2\Gamma(t_2,t_2)\geqslant 0$$

所以,其判别式必非正,即

$$\Gamma^2(t_1,t_2)\leqslant\Gamma(t_1,t_1)\Gamma(t_2,t_2)$$

定理证毕.

由定理 2.1.1 不难证明由相关函数 $\Gamma(t_1,t_2)$ 所构造的矩阵

$$\begin{pmatrix} \Gamma(t_1,t_1) & \Gamma(t_1,t_2) & \cdots \\ \Gamma(t_2,t_1) & \Gamma(t_2,t_2) & \cdots \\ \vdots & \vdots & \\ \Gamma(t_n,t_1) & \Gamma(t_n,t_2) & \cdots \end{pmatrix}$$

为非负定的对称阵.

下面介绍二维随机过程.

设 $\{X(t),Y(t),t\in T\}$ 为二维随机过程,如果对任意 n 个时刻 $t_1,t_2,\cdots,t_n\in T$,其中 n 为任意正整数,$2n$ 维随机变量

$$\{X(t_1),X(t_2),\cdots,X(t_n);Y(t_1),Y(t_2),\cdots,Y(t_n)\}$$

的分布函数

$$F(t_1,t_2,\cdots,t_n;x_1,x_2,\cdots,x_n;y_1,y_2,\cdots,y_n)\triangleq$$
$$P(X(t_1)<x_1,X(t_2)<x_2,\cdots,X(t_n)<x_n,Y(t_1)<y_1,Y(t_2)<y_2,\cdots,Y(t_n)<y_n) \tag{2.1.38}$$

都是已知的,并且均满足对称性及相容性的要求,那么二维随机过程 $\{X(t),Y(t),t\in T\}$ 就是完全被确定的.

又如果存在 $2n$ 阶偏导数

$$\frac{\partial^{2n}F(t_1,t_2,\cdots,t_n;x_1,x_2,\cdots,x_n;y_1,y_2,\cdots,y_n)}{\partial x_1\partial x_2\cdots\partial x_n\partial y_1\partial y_2\cdots\partial y_n}\triangleq$$
$$f(t_1,t_2,\cdots,t_n;x_1,x_2,\cdots,x_n;y_1,y_2,\cdots,y_n) \tag{2.1.39}$$

则称 $f(t_1,t_2,\cdots,t_n;x_1,x_2,\cdots,x_n;y_1,y_2,\cdots,y_n)$ 为二维随机过程 $\{X(t),Y(t),t\in T\}$ 的密度函数.

称 $\{m_X(t),m_Y(t)\}$ 为二维随机过程 $\{X(t),Y(t),t\in T\}$ 的均值函数,其中 $m_X(t)=E[X(t)]$,$m_Y(t)=E[Y(t)]$.

称 2×2 维矩阵

$$\begin{pmatrix} \Gamma_{XX}(t_1,t_2) & \Gamma_{XY}(t_1,t_2) \\ \Gamma_{YX}(t_1,t_2) & \Gamma_{YY}(t_1,t_2) \end{pmatrix}\triangleq E\left[\begin{pmatrix} X(t_1) \\ Y(t_1) \end{pmatrix}\begin{pmatrix} X(t_2) \\ Y(t_2) \end{pmatrix}^{\mathrm{T}}\right] \tag{2.1.40}$$

为二维随机过程 $\{X(t),Y(t),t\in T\}$ 的原点相关矩阵,其中

$$\left.\begin{aligned} \Gamma_{XX}(t_1,t_2)&=E[X(t_1)X(t_2)] \\ \Gamma_{YY}(t_1,t_2)&=E[Y(t_1)Y(t_2)] \end{aligned}\right\} \tag{2.1.41}$$

分别为一维随机过程 $\{X(t),t\in T\}$ 和 $\{Y(t),t\in T\}$ 的原点自相关函数,而

$$\left.\begin{aligned} \Gamma_{XY}(t_1,t_2)&=E[X(t_1)Y(t_2)] \\ \Gamma_{YX}(t_1,t_2)&=E[Y(t_1)X(t_2)] \end{aligned}\right\} \tag{2.1.42}$$

为随机过程 $\{X(t),t\in T\}$ 和 $\{Y(t),t\in T\}$ 的原点互相关函数.

称 2×2 维矩阵

$$\begin{pmatrix} B_{XX}(t_1,t_2) & B_{XY}(t_1,t_2) \\ B_{YX}(t_1,t_2) & B_{YY}(t_1,t_2) \end{pmatrix}\triangleq E\left[\begin{pmatrix} X(t_1)-m_X(t_1) \\ Y(t_1)-m_Y(t_1) \end{pmatrix}\begin{pmatrix} X(t_2)-m_X(t_2) \\ Y(t_2)-m_Y(t_2) \end{pmatrix}^{\mathrm{T}}\right]$$
$$=\begin{pmatrix} E\{[X(t_1)-m_X(t_1)][X(t_2)-m_X(t_2)]\} & E\{[X(t_1)-m_X(t_1)][Y(t_2)-m_Y(t_2)]\} \\ E\{[Y(t_1)-m_Y(t_1)][X(t_2)-m_X(t_2)]\} & E\{[Y(t_1)-m_Y(t_1)][(Y(t_2)-m_Y(t_2)]\} \end{pmatrix}$$

为二维随机过程$\{X(t),Y(t),t\in T\}$的中心相关函数矩阵.

2.2 随机过程的极限

在随机控制理论及实际应用中,经常涉及随机过程的导数与积分的概念,然而导数与积分的概念是建立在极限概念基础之上的,因此了解随机变量序列的极限概念是十分必要的. 为此我们先介绍两个重要不等式.

引理 2.2.1 设X,Y为随机变量,且$EX^2<\infty$和$EY^2<\infty$,则

$$[E(XY)]^2\leqslant EX^2EY^2 \tag{2.2.1}$$

$$\sqrt{E[(X+Y)^2]}\leqslant\sqrt{EX^2}+\sqrt{EY^2} \tag{2.2.2}$$

式(2.2.1)与式(2.2.2)这两个不等式分别称为许瓦兹不等式和闵可夫斯基不等式.

证明 对任意实数,恒有

$$E(aX+Y)^2=a^2EX^2+2aE(XY)+EY^2\geqslant0$$

所以

$$4[E(XY)]^2-4EX^2EY^2\leqslant0$$

由上述不等式,必有

$$EX^2EY^2-[E(XY)]^2\geqslant0$$

即$[E(XY)]^2\leqslant EX^2EY^2$,故式(2.2.1)得证,又即$[E(XY)]^2\leqslant EX^2EY^2$,故式(2.2.1)得证.

又由式(2.2.1)有

$$\begin{aligned}E(X+Y)^2&=E(X^2+2XY+Y^2)=EX^2+2E(XY)+EY^2\\&\leqslant EX^2+2\sqrt{EX^2}\sqrt{EY^2}+EY^2\\&=\sqrt{EX^2}+\sqrt{EY^2}^{\,2}\end{aligned}$$

上式两边开平方得

$$\sqrt{E(X+Y)^2}\leqslant\sqrt{EX^2}+\sqrt{EY^2}$$

式(2.2.2)得证.

利用引理2.2.1可以证明定理2.2.1.

定理 2.2.1 设$\{X(t),t\in T\}$为随机过程,则相关函数$\Gamma(t_1,t_2),t_1,t_2\in T$有界的充要条件是方差函数$E[X^2(t)],t\in T$有界.

证明 (1)充分性

由式(2.2.1),显然有

$$\Gamma(t_1,t_2)=E[X(t_1)X(t_2)]\leqslant\sqrt{E[X(t_1)^2]}\sqrt{E[X(t_2)^2]}<\infty$$

(2)必要性

若$\Gamma(t_1,t_2),t_1,t_2\in T$有界,则取$t_1=t_2=t$时,有

$$\Gamma(t,t)=E[X^2(t)]<\infty$$

定理证毕.

下面介绍随机变量序列$\{X_n,n=1,2,\cdots\}$的极限概念.

定义 2.2.1 设$\{X_n,n=1,2,\cdots\}$为随机变量序列,如果对任意$\varepsilon>0$,恒有

$$\lim_{n\to\infty}P(|X_n-X|\geqslant\varepsilon)=0 \tag{2.2.3}$$

则称该随机变量序列依概率收敛于随机变量 X,记作

$$\lim_{n\to\infty} X_n \overset{P}{=} X$$

定义 2.2.1 的含义:对任意给定的 $\eta>0$ 及 $\varepsilon>0$,存在 $N=N(\varepsilon,\eta)$,使得对一切 $n>N$ 恒有

$$P(|X_n - X| \geqslant \varepsilon) < \eta$$

如果 η 和 ε 取值非常小,当 $n>N$ 时,X_n 与 X 之差的绝对值比 ε 大的事件几乎不可能发生,这就说明 X 为 X_n 的极限.

定义 2.2.2 设 $\{X_n, n=1,2,\cdots\}$ 为随机变量序列,X 为随机变量,且 $EX_n^2<\infty$,$EX^2<\infty$,如果

$$\lim_{n\to\infty} E(X_n - X)^2 = 0 \tag{2.2.4}$$

则称随机变量序列 $\{X_n, n=1,2,\cdots\}$ 均方收敛于 X,记作

$$\underset{n\to\infty}{\mathrm{l\cdot i\cdot m}}\, X_n = X \tag{2.2.5}$$

关于定义 2.2.1 与定义 2.2.2 两种收敛可得出定理 2.2.2.

定理 2.2.2 若 $\underset{n\to\infty}{\mathrm{l\cdot i\cdot m}}\, X_n = X$,则必有 $\lim\limits_{n\to\infty} X_n \overset{P}{=} X$,但反之不真.

证明 由概率论中的切比雪夫不等式

$$P(|X_n - X| \geqslant \varepsilon) \leqslant \frac{E|X_n - X|^2}{\varepsilon^2}$$

显然可以看出,对任意给定 $\varepsilon>0$,因为 $\lim\limits_{n\to\infty} E|X_n - X|^2 = 0$,所以有 $\lim\limits_{n\to\infty} P(|X_n - X| \geqslant \varepsilon) = 0$,这说明若随机变量序列 $\{X_n, n=1,2,\cdots\}$ 均方收敛于 X,则必依概率收敛于随机变量 X. 但逆定理不成立,现举一反例来说明.

设随机变量序列 $\{X_n, n=1,2,\cdots\}$ 中的随机变量 X_n 取值只有 0 或 n,且

$$P(X_n = n) = \frac{1}{n^2}$$

$$P(X_n = 0) = 1 - \frac{1}{n^2}$$

显然,对任意给定的 $\varepsilon>0$,恒有

$$\lim_{n\to\infty} P(|X_n| \geqslant \varepsilon) = 1 - \lim_{n\to\infty} P(|X_n| < \varepsilon) = 1 - \lim_{n\to\infty}\left(1 - \frac{1}{n^2}\right) = 0$$

这说明随机变量序列 $\{X_n, n=1,2,\cdots\}$ 依概率收敛于零,即

$$\lim_{n\to\infty} X_n \overset{P}{=} 0$$

但是,我们又看到

$$\lim_{n\to\infty} E(X_n - 0)^2 = \lim_{n\to\infty}\left[n^2 \frac{1}{n^2} + 0^2\left(1 - \frac{1}{n^2}\right)\right] = 1$$

显然 $\{X_n, n=1,2,\cdots\}$ 不均方收敛于零,所以逆定理不成立.

均方收敛有如下性质.

定理 2.2.3 均方收敛准则 1 设 $\{X_n, n=1,2,\cdots\}$ 为随机变量序列,X 为随机变量,且 $EX_n^2<\infty$,$n=1,2,\cdots$,$EX^2<\infty$,则

$$\underset{n\to\infty}{\mathrm{l\cdot i\cdot m}}\, X_n = X$$

成立的充要条件是

$$\lim_{n,m\to\infty} E(X_n - X_m)^2 = 0 \tag{2.2.6}$$

称这样的随机变量序列$\{X_n, n=1,2,\cdots\}$为均方收敛的基本序列或柯西(Cauchy)列.

证明 由式(2.2.2)有

$$E(X_n - X_m)^2 = E(X_n - X + X - X_m)^2 \leqslant [\sqrt{E(X_n - X)^2} + \sqrt{E(X - X_m)^2}]^2 \to 0, n, m\to\infty$$

反之,若式(2.2.6)成立,仿实函数分析中的方法仍可证明有$\lim\limits_{n\to\infty} X_n = X$.

定理证毕.

定理 2.2.4 设$\{X_n, n=1,2,\cdots\}$和$\{Y_n, n=1,2,\cdots\}$为两个随机变量序列,且$EX_n^2 < \infty$,$EY_n^2 < \infty$,$n=1,2,\cdots$,如果$\lim\limits_{n\to\infty} X_n = X$,$\lim\limits_{n\to\infty} Y_n = Y$,则

$$\lim_{n\to\infty} EX_n = EX = E(\underset{n\to\infty}{\mathrm{l\cdot i\cdot m}}\, X_n) \tag{2.2.7}$$

$$\lim_{n\to\infty} EX_n^2 = EX^2 = E\,(\underset{n\to\infty}{\mathrm{l\cdot i\cdot m}}\, X_n)^2 \tag{2.2.8}$$

$$\lim_{n,m\to\infty} E(X_m Y_n) = E(XY) = E(\underset{m\to\infty}{\mathrm{l\cdot i\cdot m}}\, X_m \underset{n\to\infty}{\mathrm{l\cdot i\cdot m}}\, Y_n) \tag{2.2.9}$$

证明 由式(2.2.1),令Y为1,X为$X_n - X$,则有

$$E(X_n - X) \leqslant \sqrt{E(X_n - X)^2}$$

两边取极限可得

$$\lim_{n\to\infty} E(X_n - X) \leqslant \lim_{n\to\infty} \sqrt{E(X_n - X)^2} = 0$$

于是

$$\lim_{n\to\infty} EX_n = EX \triangleq E(\underset{n\to\infty}{\mathrm{l\cdot i\cdot m}}\, X_n)$$

故式(2.2.7)得证. 另外,由于

$$\begin{aligned} E(X_m Y_n) - E(XY) &= E(X_m Y_n - X_m Y + X_m Y - XY) \\ &= E[X_m (Y_n - Y)] + E[Y(X_m - X)] \\ &\leqslant \sqrt{EX_m^2}\sqrt{E(Y_n - Y)^2} + \sqrt{EY^2}\sqrt{E(X_m - X)^2} \to 0, m, n\to\infty \end{aligned}$$

式(2.2.9)得证.

再令式(2.2.9)中的$Y_n = X_m$,$Y = X$,则立得式(2.2.8).

定理证毕.

由上述定理可知,在定理指出的条件下,均值的运算和极限的运算可以交换次序. 不过要特别注意,式(2.2.7)、式(2.2.8)及式(2.2.9)左端的极限是一般意义下的极限,而右端的极限则是随机变量序列在均方收敛意义下的极限,两者是不同的.

定理 2.2.5 均方收敛准则 2 设$\{X_n, n=1,2,\cdots\}$为随机变量序列,X为随机变量,且$EX_n^2 < \infty$,$n=1,2,\cdots$,$EX^2 < \infty$,则

$$\underset{n\to\infty}{\mathrm{l\cdot i\cdot m}}\, X_n = X$$

成立的充要条件是

$$\lim_{m,n\to\infty} E(X_m X_n) = E(X^2) = C \tag{2.2.10}$$

其中,C为实常数.

证明 (1)必要性

由式(2.2.9),有

$$\lim_{n,m\to\infty} E(X_m X_n) = E(\underset{n\to\infty}{\mathrm{l\cdot i\cdot m}}\, X_m \underset{n\to\infty}{\mathrm{l\cdot i\cdot m}}\, X_n) = EX^2 \triangleq C$$

(2)充分性

$$\lim_{m,n\to\infty} E(X_m - X_n)^2 = \lim_{n,m\to\infty}[EX_m^2 - 2E(X_mX_n) + EX_n^2]$$
$$= EX^2 - 2EX^2 + EX^2 = 0$$

所以$\{X_n, n=1,2,\cdots\}$为均方收敛的基本序列,再由定理2.2.3可知,必存在随机变量X,使得$\lim\limits_{n\to\infty} X_n = X$.

定理得证.

均方收敛准则1和2是著名的柯西收敛准则在随机情况下的推广.利用均方收敛定义来判断随机变量序列的收敛性时,必须事先知道它的极限或者估计出它的极限,然而利用柯西收敛准则来判断随机变量序列的收敛性时,就可以不必事先知道它的极限,这正是柯西收敛准则的优点.

定理2.2.6 均方极限具有唯一性,即设$\{X_n, n=1,2,\cdots\}$为随机变量序列,X,Y为随机变量,且$EX_n^2<\infty, n=1,2,\cdots, EX^2<\infty, FY^2<\infty$,如果$\mathop{l\cdot i\cdot m}\limits_{n\to\infty} X_n = X$, $\mathop{l\cdot i\cdot m}\limits_{n\to\infty} X_n = Y$,则$X=Y$.

证明 由定理已知条件,有

$$\lim_{n\to\infty} E(X_n - Y)^2 = 0$$

另一方面,由定理2.2.3又有

$$\lim_{n\to\infty} E(X_n - Y)^2 = E[\mathop{l\cdot i\cdot m}_{n\to\infty}(X_n - Y)]^2 = E(\mathop{l\cdot i\cdot m}_{n\to\infty} X_n - Y)^2 = E(X-Y)^2$$

故得$E(X-Y)^2=0$,再由概率论可知,$X=Y$.

定理证毕.

定理2.2.7 均方极限具有线性性质 设$\{X_n, n=1,2,\cdots\}$和$\{Y_n, n=1,2,\cdots\}$为随机变量序列,X和Y为随机变量,且$EX_n^2<\infty, EY_n^2<\infty, n=1,2,\cdots, EX^2<\infty, EY^2<\infty$,如果

$$\mathop{l\cdot i\cdot m}_{n\to\infty} X_n = X, \mathop{l\cdot i\cdot m}_{n\to\infty} Y_n = Y$$

则对任意实常数a,b,有

$$\mathop{l\cdot i\cdot m}_{n\to\infty}(aX_n + bY_n) = aX + bY \tag{2.2.11}$$

证明 由式(2.2.2)有

$$E[(aX_n+bY_n)-(aX+bY)]^2 = E[a(X_n-X)+b(Y_n-Y)]^2$$
$$\leqslant \{\sqrt{E[a^2(X_n-X)^2]} + \sqrt{E[b^2(Y_n-Y)^2]}\}^2$$
$$= \{a\sqrt{E(X_n-X)^2} + b\sqrt{E(Y_n-Y)^2}\}^2 \to 0, n\to\infty$$

定理得证.

定理2.2.8 随机变量函数序列的均方极限 设$\{X_n, n=1,2,\cdots\}$为随机变量序列,X为随机变量,$f(u)$为普通实函数,且$EX_n^2<\infty, EX^2<\infty, Ef^2(X_n)<\infty, Ef^2(X)<\infty$.如果:

(1)$f(u)$满足李甫西兹(Lipschitz)条件,即

$$|f(u)-f(v)| \leqslant M|u-v|$$

其中,M为某实常数.

(2)$\mathop{l\cdot i\cdot m}\limits_{n\to\infty} X_n = X$,则

$$\mathop{l\cdot i\cdot m}_{n\to\infty} f(X_n) = f(X)$$

证明 由条件(1)可知

$$[f(X_n)-f(X)]^2 \leqslant M^2(X_n-X)^2$$

于是

$$E[f(X_n)-f(X)]^2 \leqslant M^2E(X_n-X)^2 \to 0, n\to\infty$$

定理证毕.

随机变量序列$\{X_n\}$的极限定义及其若干性质很容易推广到随机过程中,这与数学分析中把数列极限的概念推广到连续变量函数的情形是一样的.

定义 2.2.3 设$\{X(t),t\in T\}$为随机过程,如果对任意$\varepsilon>0$,恒有

$$\lim_{t\to t_0}P(|X(t)-X|\geqslant\varepsilon)=0 \tag{2.2.12}$$

其中,X为某随机变量,则称该随机过程$\{X(t),t\in T\}$在$t=t_0$时刻依概率收敛于随机变量X,记作

$$\lim_{t\to t_0}X(t)\overset{P}{=\!=}X \tag{2.2.13}$$

定义 2.2.4 设$\{X(t),t\in T\}$为随机过程,X为随机变量且$EX^2(t)<\infty,t\in T,EX^2<\infty$,如果

$$\lim_{t\to t_0}E[X(t)-X]^2=0 \tag{2.2.14}$$

则称该随机过程$\{X(t),t\in T\}$在$t=t_0$时刻均方收敛于X,记作

$$\underset{t\to t_0}{\mathrm{l\cdot i\cdot m}}\,X(t)=X \tag{2.2.15}$$

前面论述的关于随机变量序列极限的若干性质,对于二阶原点矩有界的随机过程仍然适用,这里就不再一一赘述了.

例 2.2.1 考察随机序列$\{X_n,n\geqslant1\}$,其概率分布为

X_n:	n	0	$-n$
$P(X_n)$:	$\dfrac{1}{n^k}$	$1-\dfrac{2}{n^k}$	$\dfrac{1}{n^k}$

其中,$k>0$为任一正数,试分析该序列的收敛性.

因为 $\lim\limits_{n\to\infty}P(|X_n-0|\geqslant\varepsilon)=\lim\limits_{n\to\infty}P(X_n=n)+\lim\limits_{n\to\infty}P(X_n=-n)=\lim\limits_{n\to\infty}\dfrac{2}{n^k}\to0,k>0$

所以由定义 2.2.1 可知,对任意$k>0$,$\{X_n,n\geqslant1\}$依概率收敛于零.

另一方面,有

$$\lim_{n\to\infty}E(X_n-0)^2=\lim_{n\to\infty}\left[n^2\frac{1}{n^k}+0\left(1-\frac{2}{n^k}\right)+n^2\frac{1}{n^k}\right]=\lim_{n\to\infty}\frac{2}{n^{k-2}}=\begin{cases}0, & k>2\\2, & k=2\\\infty, & 0<k<2\end{cases}$$

于是由定义 2.2.2 可知,对任意$k>2$,随机序列$\{X_n,n\geqslant1\}$均方收敛于零,而对任意$0<k\leqslant2$,该序列不均方收敛于零.

例 2.2.2 考察均值为零的随机序列$\{X_n,n\geqslant1\}$,$EX_n^2<\infty$,称

$$M_n=\frac{1}{n}\sum_{i=1}^{n}X_i \tag{2.2.16}$$

为样本平均序列,现引进

$$C(n)=E(X_nM_n)=\frac{1}{n}\sum_{i=1}^{n}E(X_nX_i) \tag{2.2.17}$$

我们来证明下面的等价关系

$$\lim_{n\to\infty} EM_n^2 = 0 \Leftrightarrow C \lim_{n\to\infty} C(n) = 0 \tag{2.2.18}$$

为此,先推导一个有用的关系式

$$\begin{aligned} 2\sum_{i=1}^{n} iC(i) - \sum_{i=1}^{n} EX_i^2 &= \sum_{i=1}^{n}\sum_{j=1}^{i} E(2X_iX_j) - \sum_{i=1}^{n} EX_i^2 \\ &= E\left(\sum_{i=1}^{n}\sum_{j=1}^{i} 2X_iX_j - \sum_{i=1}^{n} X_i^2\right) \end{aligned} \tag{2.2.19}$$

利用归纳法可以证明

$$\sum_{i=1}^{n}\sum_{j=1}^{i} 2X_iX_j - \sum_{i=1}^{n} X_i^2 = \left(\sum_{i=1}^{n} X_i\right)^2 \tag{2.2.20}$$

将式(2.2.20)代入式(2.2.19),于是有

$$2\sum_{i=1}^{n} iC(i) - \sum_{i=1}^{n} EX_i^2 = n^2 EM_n^2 \tag{2.2.21}$$

下面先证$\lim\limits_{n\to\infty} C(n) = 0 \Rightarrow \lim\limits_{n\to\infty} EM_n^2 = 0$. 由$\lim\limits_{n\to\infty} C(n) = 0$ 可知必有 $\lim\limits_{n\to\infty} \frac{1}{n}\sum\limits_{i=1}^{n} C(i) = 0$,即

$$\lim_{n\to\infty} \frac{1}{n^2}\sum_{i=1}^{n} iC(i) = 0 \tag{2.2.22}$$

然而由式(2.2.21)可知

$$EM_n^2 = \frac{2}{n^2}\sum_{i=1}^{n} iC(i) - \frac{1}{n^2}\sum_{i=1}^{n} EX_i^2$$

由式(2.2.22)并考虑到 $EX_i^2 < \infty$ 可得

$$\lim_{n\to\infty} EM_n^2 = 0$$

再证$\lim\limits_{n\to\infty} EM_n^2 = 0 \Rightarrow \lim\limits_{n\to\infty} C(n) = 0$,由式(2.2.17)及许瓦兹不等式(2.2.1),并考虑到 $EX_i^2 < \infty$,有

$$C(n) = \sqrt{(EX_nM_n)^2} \leqslant \sqrt{(EX_n^2)(EM_n^2)} \to 0, n\to\infty$$

这样一来,等价关系式(2.2.18)成立.

应当指出,如果$\lim\limits_{n\to\infty} EM_n^2 = 0$,则称该序列的样本平均序列$\{M_n, n\geqslant 1\}$关于均值是均方遍历的. 由此结果可得如下结论:零均值随机序列$\{X_n, n\geqslant 1, EX_n^2 < \infty\}$的样本平均序列$\left\{M_n = \frac{1}{n}\sum\limits_{i=1}^{n} X_i, n\geqslant 1\right\}$关于均值为均方遍历的充要条件是

$$\lim_{n\to\infty} C(n) = \lim_{n\to\infty} \frac{1}{n}\sum_{i=1}^{n} E(X_nX_i) = 0$$

例 2.2.3 作为定理 2.2.8 的推广,我们考察多元随机变量函数序列的均方极限.

设$\{X_n^{(1)}, X_n^{(2)}, \cdots, X_n^{(m)}, n\geqslant 1\}$为多元随机变量序列,$\{X^{(1)}, X^{(2)}, \cdots, X^{(m)}\}$为多元随机变量,且 $E(X^{(k)})^2 < \infty$, $E(X_n^{(k)})^2 < \infty$, $k = 1, 2, \cdots, m$, $n = 1, 2, \cdots$,而$f(u_1, u_2, \cdots, u_m)$为多元连续函数. 如果

$$\underset{n\to\infty}{\mathrm{l\cdot i\cdot m}}\, X_n^{(k)} = X^{(k)}, k = 1, 2, \cdots, m \tag{2.2.23}$$

则

$$\underset{n\to\infty}{\mathrm{l\cdot i\cdot m}}\, f(X_n^{(1)}, X_n^{(2)}, \cdots, X_n^{(m)}) = f(X^{(1)}, X^{(2)}, \cdots, X^{(m)}) \tag{2.2.24}$$

证明 因为$f(u_1, u_2, \cdots, u_m)$为多元连续函数,所以对任意 $u_1, u_2, \cdots, u_m$和 $\nu_1, \nu_2, \cdots, \nu_m$必存在 $M_1 > 0, M_2 > 0, \cdots, M_m > 0$,使得

$$|f(u_1,u_2,\cdots,u_m)-f(\nu_1,\nu_2,\cdots,\nu_m)|\leqslant M_1|u_1-\nu_1|+M_2|u_2-\nu_2|+\cdots+M_m|u_m-\nu_m|$$

于是

$$[f(u_1,u_2,\cdots,u_m)-f(\nu_1,\nu_2,\cdots,\nu_m)]^2\leqslant(M_1|u_1-\nu_1|+M_2|u_2-\nu_2|+\cdots+M_m|u_m-\nu_m|)^2 \tag{2.2.25}$$

令 $u_i=X_n^{(i)},\nu_i=X^{(i)},i=1,2,\cdots,m$,并对式(2.2.25)两边求期望,注意到式(2.2.23),则有

$$\begin{aligned}
&E[f(X_n^{(1)},X_n^{(2)},\cdots,X_n^{(n)})-f(X^{(1)},X^{(2)},\cdots,X^{(m)})]^2\\
&\leqslant E[M_1|X_n^{(1)}-X^{(1)}|+M_2|X_n^{(2)}-X^{(2)}|+\cdots+M_m|X_n^{(m)}-X^{(m)}|]^2\\
&\leqslant\{\sqrt{EM_1^2[X_n^{(1)}-X^{(1)}]^2}+\sqrt{EM_2^2[X_n^{(2)}-X^{(2)}]^2}+\cdots+\sqrt{EM_m^2[X_n^{(m)}-X^{(m)}]^2}\}^2\\
&=\{M_1\sqrt{E[X_n^{(1)}-X^{(1)}]^2}+M_2\sqrt{E[X_n^{(2)}-X^{(2)}]^2}+\cdots+M_m\sqrt{E[(X_n^{(m)}-X^{(m)})]^2}\}^2\to0,n\to\infty
\end{aligned}$$

式(2.2.24)得证.

2.3 随机过程的连续性、可微性和可积性

2.3.1 均方连续性

定义 2.3.1 设$\{X(t),t\in T\}$为随机过程,且 $EX^2(t)<\infty$,如果

$$\underset{t\to t_0}{\mathrm{l\cdot i\cdot m}}X(t)=X(t_0) \tag{2.3.1}$$

即

$$\lim_{t\to t_0}E[X(t)-X(t_0)]^2=0 \tag{2.3.2}$$

则称$\{X(t),t\in T\}$在 t_0 处均方连续. 如果对 T 中一切 t 均方连续,则称$\{X(t),t\in T\}$在 T 上均方连续.

由定义 2.3.1 可知,若随机过程$\{X(t),t\in T\}$在 T 上均方连续,则必在 T 上依概率收敛,即

$$\lim_{h\to0}X(t+h)\overset{P}{=\!=}X(t),t\in T$$

但其逆不真.

为了判断随机过程$\{X(t),t\in T\}$的均方连续性,有定理 2.3.1.

定理 2.3.1 均方连续准则 设$\{X(t),t\in T\}$为随机过程,且 $EX^2(t)<\infty,t\in T$,则它在 t_0 处均方连续的充要条件是相关函数 $\Gamma(t_1,t_2)$在 $t_1=t_2=t_0$ 处连续,即

$$\lim_{t_1,t_2\to t_0}\Gamma(t_1,t_2)=\Gamma(t_0,t_0)$$

证明 (1)必要性

因为

$$\begin{aligned}
\lim_{t_1,t_2\to t_0}\Gamma(t_1,t_2)&=\lim_{t_1,t_2\to t_0}E[X(t_1)X(t_2)]\\
&=E[\underset{t_1\to t_0}{\mathrm{l\cdot i\cdot m}}X(t_1)\cdot\underset{t_2\to t_0}{\mathrm{l\cdot i\cdot m}}X(t_2)]\\
&=EX^2(t_0)=\Gamma(t_0,t_0)
\end{aligned}$$

故必要性得证.

(2)充分性

因为 $\lim\limits_{t\to t_0}E[X(t)-X(t_0)]^2=\lim\limits_{t_1,t_2\to t_0}E\{[X(t_1)-X(t_0)][X(t_2)-X(t_0)]\}$

$$= \lim_{t_1,t_2\to t_0}\Gamma(t_1,t_2)-\lim_{t_2\to t_0}\Gamma(t_0,t_2)-\lim_{t_1\to t_0}\Gamma(t_1,t_0)+\Gamma(t_0,t_0)$$
$$=0$$

定理证毕.

2.3.2 均方可微性

定义 2.3.2 设$\{X(t),t\in T\}$为随机过程,且$EX^2(t)<\infty$,$t\in T$,如果均方极限

$$\underset{h\to 0}{\mathrm{l.i.m}}\frac{X(t+h)-X(t)}{h} \tag{2.3.3}$$

存在,则称该极限为随机过程$\{X(t),t\in T\}$在t处的均方导数,记作$X'(t)$,亦即

$$X'(t)\triangleq\underset{h\to 0}{\mathrm{l.i.m}}\frac{X(t+h)-X(t)}{h} \tag{2.3.4}$$

此时,称随机过程$\{X(t),t\in T\}$在t处均方可微.

如果随机过程$\{X(t),t\in T\}$在T上每一点都均方可微,则称随机过程$\{X(t),t\in T\}$在T上均方可微,这时称随机过程$\{X'(t),t\in T\}$为随机过程$\{X(t),t\in T\}$的导数随机过程.

导数随机过程的均值函数为

$$\begin{aligned}m^{(1)}(t)\triangleq E[X'(t)]&=E\left[\underset{h\to 0}{\mathrm{l.i.m}}\frac{X(t+h)-X(t)}{h}\right]\\&=\lim_{h\to 0}E\left[\frac{X(t+h)-X(t)}{h}\right]\\&=\frac{\mathrm{d}m(t)}{\mathrm{d}t}\\&=m'(t)\end{aligned} \tag{2.3.5}$$

即导数随机过程$\{X'(t),t\in T\}$的均值函数为随机过程$\{X(t),t\in T\}$均值函数的导数.

导数随机过程的相关函数为

$$\begin{aligned}&\Gamma^{(1)}(t_1,t_2)\triangleq E[X'(t_1)X'(t_2)]\\&=E\left[\underset{h\to 0}{\mathrm{l.i.m}}\frac{X(t_1+h)-X(t_1)}{h}\underset{h'\to 0}{\mathrm{l.i.m}}\frac{X(t_2+h')-X(t_2)}{h'}\right]\\&=\lim_{\substack{h\to 0\\h'\to 0}}\frac{1}{hh'}E[X(t_1+h)X(t_2+h')-X(t_1)X(t_2+h')-X(t_1+h)X(t_2)+X(t_1)X(t_2)]\\&=\lim_{\substack{h\to 0\\h'\to 0}}\frac{1}{hh'}[\Gamma(t_1+h,t_2+h')-\Gamma(t_1,t_2+h')-\Gamma(t_1+h,t_2)+\Gamma(t_1,t_2)]\\&=\frac{\partial^2\Gamma(t_1,t_2)}{\partial t_1\partial t_2}\end{aligned} \tag{2.3.6}$$

即导数随机过程$\{X'(t),t\in T\}$的相关函数为随机过程$\{X(t),t\in T\}$的相关函数$\Gamma(t_1,t_2)$的二阶混合偏导数.

关于随机过程$\{X(t),t\in T\}$的均方可微性,有定理 2.3.2.

定理 2.3.2 均方可微准则 设$\{X(t),t\in T\}$为随机过程,且$EX^2(t)<\infty$,$t\in T$,则它在t处均方可微的充要条件是$\Gamma(t_1,t_2)$在$t_1=t_2=t$处具有二阶混合偏导数.

证明 由定理 2.2.5(均方收敛准则 2)可知$\underset{h\to 0}{\mathrm{l.i.m}}\frac{X(t+h)-X(t)}{h}$的存在等价于

$\lim\limits_{\substack{h\to 0\\h'\to 0}}E\left\{\frac{X(t+h)-X(t)}{h}\frac{X(t+h')-X(t)}{h'}\right\}$的存在,再由式(2.3.6)的推导过程可知,前式就是$\left.\frac{\partial^2\Gamma(t_1,t_2)}{\partial t_1\partial t_2}\right|_{t_1=t_2=t}$.

定理证毕.

均方导数有如下性质.

定理 2.3.3 如果随机过程$\{X(t),t\in T\}$在t处均方可微,则它在t处均方连续.

证明 由于

$$\underset{h\to 0}{\mathrm{l\cdot i\cdot m}}\frac{X(t+h)-X(t)}{h}<\infty$$

则必有

$$\lim_{h\to 0}[X(t+h)-X(t)]=0$$

定理证毕.

定理 2.3.4 均方导数是唯一的,即如果$X'(t)=X,X'(t)=Y$,则$X=Y$.

证明 由定理 2.2.6 可得此定理.

定理 2.3.5 均方导数的线性性质 若随机过程$\{X(t),t\in T\}$和$\{Y(t),t\in T\}$均方可微,a,b为实常数,则随机过程$\{aX(t)+bY(t),t\in T\}$也均方可微,且

$$[aX(t)+bY(t)]'=aX'(t)+bY'(t)$$

证明 由定理 2.2.7 可得此定理.

定理 2.3.6 设随机过程$\{X(t),t\in T\}$均方可微,$f(t)$是普通的可微实函数,则$f(t)X(t)$均方可微且

$$[f(t)X(t)]'=f'(t)X(t)+f(t)X'(t)$$

证明 因为

$$\begin{aligned}[f(x)X(t)]'&=\underset{h\to 0}{\mathrm{l\cdot i\cdot m}}\frac{f(t+h)X(t+h)-f(t)X(t)}{h}\\&=\underset{h\to 0}{\mathrm{l\cdot i\cdot m}}\frac{f(t+h)X(t+h)-f(t)X(t+h)+f(t)X(t+h)-f(t)X(t)}{h}\\&=\underset{h\to 0}{\mathrm{l\cdot i\cdot m}}\left[\frac{f(t+h)-f(t)}{h}X(t+h)\right]+f(t)\underset{h\to 0}{\mathrm{l\cdot i\cdot m}}\frac{X(t+h)-X(t)}{h}\\&=f'(t)X(t)+f(t)X'(t)\end{aligned}$$

2.3.3 均方可积性

定义 2.3.3 设$\{X(t),t\in T\}$为随机过程,且$EX^2(t)<\infty,t\in T,f(t),t\in T$为普通的实函数,考虑$T=[a,b]$中的任一组分点

$$a=t_0<t_1<t_2<\cdots<t_n=b$$

$$\Delta_n=\max_{1\leqslant k\leqslant n}(t_k-t_{k-1})$$

如果当$\Delta_n\to 0$时,和式

$$Y_n=\sum_{k=1}^{n}f(u_k)X(u_k)(t_k-t_{k-1})\tag{2.3.7}$$

均方收敛于某随机变量,其中$t_{k-1}\leqslant u_k\leqslant t_k,1\leqslant k\leqslant n$,则称该随机变量为$\{f(t)X(t),t\in T\}$在$T=[a,b]$上的黎曼均方积分,记作

$$\int_a^b f(t)X(t)\,\mathrm{d}t \triangleq \lim_{\Delta_n\to 0} Y_n = \mathop{\mathrm{l\cdot i\cdot m}}_{\Delta_n\to 0} \sum_{k=1}^{n} f(u_k)X(u_k)(t_k - t_{k-1})$$

进一步,若 $\mathop{\mathrm{l\cdot i\cdot m}}\limits_{\substack{b\to+\infty\\ a\to-\infty}}\int_a^b f(t)X(t)\,\mathrm{d}t$ 存在,则记为

$$\int_{-\infty}^{+\infty} f(t)X(t)\,\mathrm{d}t \triangleq \mathop{\mathrm{l\cdot i\cdot m}}_{\substack{b\to+\infty\\ a\to-\infty}}\int_a^b f(t)X(t)\,\mathrm{d}t \tag{2.3.8}$$

均方积分既然是一个随机变量,就可以求出它的均值和二阶矩分别为

$$\begin{aligned} E\int_a^b f(t)X(t)\,\mathrm{d}t &= E\Big[\mathop{\mathrm{l\cdot i\cdot m}}_{\Delta_n\to 0} \sum_{k=1}^{n} f(u_k)X(u_k)(t_k - t_{k-1})\Big] \\ &= \lim_{\Delta_n\to 0}\sum_{k=1}^{n} f(u_k)E[X(u_k)](t_k - t_{k-1}) \\ &= \int_a^b f(t)m_X(t)\,\mathrm{d}t \end{aligned} \tag{2.3.9}$$

和

$$\begin{aligned} E\Big[\int_a^b f(t)X(t)\,\mathrm{d}t\Big]^2 &= E\Big[\int_a^b f(t_1)X(t_1)\,\mathrm{d}t_1\int_a^b f(t_2)X(t_2)\,\mathrm{d}t_2\Big] \\ &= \lim_{\substack{\Delta_n\to 0\\ \Delta_m\to 0}}\Big\{E\Big[\sum_{k=1}^{n} f(u_k)X(u_k)(t_k - t_{k-1})\sum_{l=1}^{m} f(u_l)X(u_l)(t_l - t_{l-1})\Big]\Big\} \\ &= \int_a^b\int_a^b f(t_1)f(t_2)\Gamma(t_1,t_2)\,\mathrm{d}t_1\mathrm{d}t_2 \end{aligned} \tag{2.3.10}$$

关于随机过程$\{X(t),t\in T\}$的均方可积性,有定理 2.3.7.

定理 2.3.7 均方可积准则 设$\{X(t),t\in T\}$为随机过程且 $EX^2(t)<\infty$,$t\in T$,$f(t)$,$t\in T$为普通实函数,则$f(t)X(t)$在$[a,b]$上均方可积的充要条件是二重积分

$$\int_a^b\int_a^b f(t_1)f(t_2)\Gamma(t_1,t_2)\,\mathrm{d}t_1\mathrm{d}t_2$$

存在.

证明 随着 $\Delta_n\to 0$,则 $\Big\{\sum\limits_{n}^{k=1} f(u_k)X(u_k)(t_k - t_{k-1})\Big\}$ 就是随机变量序列,由式(2.2.2)可知,它还是二阶矩有界的随机变量序列,于是由定理 2.2.5(均方收敛准则 2)可知

$$\mathop{\mathrm{l\cdot i\cdot m}}_{\Delta_n\to 0}\Big[\sum_{k=1}^{n} f(u_k)X(u_k)(t_k - t_{k-1})\Big]$$

的收敛等价于

$$\begin{aligned} &\lim_{\substack{\Delta_n\to 0\\ \Delta_m\to 0}} E\Big[\sum_{k=1}^{n} f(u_k)X(u_k)(t_k - t_{k-1})\sum_{l=1}^{m} f(u_l)X(u_l)(t_l - t_{l-1})\Big] \\ &= \lim_{\substack{\Delta_n\to 0\\ \Delta_m\to 0}}\sum_{k=1}^{n}\sum_{l=1}^{m} f(u_k)f(u_l)E[X(u_k)X(u_l)](t_k - t_{k-1})(t_l - t_{l-1}) \\ &= \int_a^b\int_a^b f(t_1)f(t_2)\Gamma(t_1,t_2)\,\mathrm{d}t_1\mathrm{d}t_2 \end{aligned}$$

的存在.

定理证毕.

为了进一步研究随机过程积分的性质,现引进如下引理.

引理 2.3.1 对任意实数 $a_1,a_2,\cdots,a_n$ 及任意正整数 n,有

$$\left(\sum_{k=1}^{n} a_i\right)^2 \leqslant n \sum_{k=1}^{n} a_i^2 \tag{2.3.11}$$

证明 用归纳法即可证明.

引理 2.3.2 设$f(t), t\in[a,b]$为连续实函数,则对任意$t\in[a,b]$,有

$$\left[\int_a^t f(s)\mathrm{d}s\right]^2 \leqslant (t-a)\int_a^t f^2(s)\mathrm{d}s \tag{2.3.12}$$

证明 考虑$[a,t]$中的一组等间隔分点$a=t_0<t_1<t_2<\cdots<t_n=t, t_i-t_{i-1}=\Delta t, i=1,2,\cdots,n, n\Delta t=t-a$,令引理 2.3.1 中的$a_i$为$a_i=f(t_i), i=1,2,\cdots,n$,则由式(2.3.11)有

$$\left[\sum_{i=1}^{n} f(t_i)\right]^2 \leqslant n \sum_{i=1}^{n} f^2(t_i) \tag{2.3.13}$$

不等式(2.3.13)两边同乘$(\Delta t)^2$,并令$\Delta t\to 0$取极限,因为连续函数必存在积分,故有

$$\begin{aligned}\left[\int_a^t f(s)\mathrm{d}s\right]^2 &= \lim_{\Delta t\to 0}\left[\sum_{i=1}^{n} f(t_i)\Delta t\right]^2 \leqslant \lim_{\Delta t\to 0} n\Delta t \sum_{i=1}^{n} f^2(t_i)\Delta t \\ &= (t-a)\int_a^t f^2(s)\mathrm{d}s\end{aligned}$$

引理证毕.

利用引理 2.3.2 可证如下定理 2.3.8.

定理 2.3.8 设$\{X(t), t\in T=[a,b]\}$为均方连续的随机过程,则对一切$t\in T$,有

$$E\left[\int_a^t X(s)\mathrm{d}s\right]^2 \leqslant \left[\int_a^t \sqrt{EX^2(s)}\,\mathrm{d}s\right]^2 \leqslant (t-a)\int_a^t EX^2(s)\mathrm{d}s \leqslant (b-a)\int_a^t EX^2(s)\mathrm{d}s$$

证明 第三个不等式是显然的,只需证第一个和第二个不等式. 由式(2.3.10)并考虑到式(2.2.1)有

$$\begin{aligned}E\left[\int_a^t X(s)\mathrm{d}s\right]^2 &= \int_a^t\int_a^t E[X(t_1)X(t_2)]\mathrm{d}t_1\mathrm{d}t_2 \leqslant \int_a^t\int_a^t \sqrt{EX^2(t_1)}\ \sqrt{EX^2(t_2)}\,\mathrm{d}t_1\mathrm{d}t_2 \\ &= \int_a^t \sqrt{EX^2(t_1)}\,\mathrm{d}t_1 \cdot \int_a^t \sqrt{EX^2(t_2)}\,\mathrm{d}t_2 \\ &= \left[\int_a^t \sqrt{EX^2(s)}\,\mathrm{d}s\right]^2\end{aligned}$$

故第一个不等式得证.

由定理假设条件及定理 2.3.1 可知$EX^2(t)$连续,再由引理 2.3.2 立得

$$\left[\int_a^t \sqrt{EX^2(s)}\,\mathrm{d}s\right]^2 \leqslant (t-a)\int_a^t EX^2(s)\mathrm{d}s$$

定理证毕.

定理 2.3.9 均方积分的唯一性 设$\{X(t), t\in T\}$为随机过程且$EX^2(t)<\infty$, $f(t), t\in T$为普通实函数,若均方积分$\int_a^b X(t)f(t)\mathrm{d}t$收敛,则必收敛于唯一的随机变量.

证明 考察$T=[a,b]$中的任一组分点

$$a=t_0<t_1<t_2<\cdots<t_n=b$$

$$\Delta_n = \max_{1\leqslant k\leqslant n}(t_k-t_{k-1})$$

显然,和式

$$Y_n = \sum_{k=1}^{n} f(u_k)X(u_k)(t_k-t_{k-1})$$

为某随机变量，其中 $t_{k-1}\leqslant t_k,k=1,2,\cdots,n$. 随着 $\Delta_n\to 0$，$\{Y_n\}$ 为随机变量序列，由定理的假设条件及定理2.2.6可知，若 $\{Y_n\}$ 收敛，则必有唯一性. 然而又知

$$\underset{\Delta_n\to 0}{\mathrm{l\cdot i\cdot m}}\{Y_n\} = \int_a^b X(t)f(t)\,\mathrm{d}t$$

定理证毕.

定理 2.3.10　均方积分的线性性　设 $\{X(t),t\in T=[a,b]\}$ 和 $\{Y(t),t\in T=[a,b]\}$ 为两个随机过程，且在 T 上均方可积，α 和 β 为常数，则有

$$\int_a^b[\alpha X(t)+\beta Y(t)]\,\mathrm{d}t = \alpha\int_a^b X(t)\,\mathrm{d}t+\beta\int_a^b Y(t)\,\mathrm{d}t \tag{2.3.14}$$

$$\int_a^b X(t)\,\mathrm{d}t = \int_a^c X(t)\,\mathrm{d}t+\int_c^b X(t)\,\mathrm{d}t,a\leqslant c\leqslant b \tag{2.3.15}$$

证明　由定理2.2.7可直接推出式(2.3.14)和式(2.3.15).

定理 2.3.11　设 $\{X(t),t\in T=[a,b]\}$ 为均方连续的随机过程，且 $EX^2(t)<\infty$ 和 $f(t)$，$t\in[a,b]$ 为普通连续实函数，则 $\{f(t)X(t),t\in T\}$ 在 $[a,b]$ 上均方可积，即

$$Y(t) = \int_a^t f(s)X(s)\,\mathrm{d}s,a\leqslant t\leqslant b \tag{2.3.16}$$

且在 $[a,b]$ 上均方连续，均方可微，且有

$$Y'(t)=f(t)X(t)$$

证明　由于

$$\begin{aligned}\lim_{h\to 0}E[Y(t+h)-Y(t)]^2 &= \lim_{h\to 0}E\left[\int_a^{t+h}f(s)X(s)\,\mathrm{d}s-\int_a^t f(s)X(s)\,\mathrm{d}s\right]^2\\ &=\lim_{h\to 0}E[f(t)X(t)h]^2\\ &=\lim_{h\to 0}h^2\cdot EX^2(t)\cdot f^2(t)\\ &=0\end{aligned}$$

故均方连续性得证.

现在开始证均方可微性，因为

$$\begin{aligned}&\lim_{h\to 0}E\left[\frac{Y(t+h)-Y(t)}{h}-X(t)f(t)\right]^2\\ &=\lim_{h\to 0}E\left\{\frac{1}{h}\left[\int_a^{t+h}f(s)X(s)\,\mathrm{d}s-\int_a^t f(s)X(s)\,\mathrm{d}s\right]-X(t)f(t)\right\}^2\\ &=\lim_{s\to t}E[X(s)f(s)-X(t)f(t)]^2\\ &\leqslant\left\{\lim_{s\to t}[f(s)-f(t)]\sqrt{EX^2(s)}+f(t)\sqrt{\lim_{s\to t}E[X(s)-X(t)]^2}\right\}^2\\ &=0\end{aligned}$$

所以 $Y(t)$ 均方可微，且有 $Y'(t)=X(t)f(t)$，故均方可微性证毕.

定理 2.3.12　设 $\{X(t),t\in T=[a,b]\}$ 为随机过程，且 $EX^2(t)<\infty$，$f(t),t\in T=[a,b]$ 为连续实函数. 如果 $\{X(t),t\in T\}$ 在 $[a,b]$ 上均方可积，则 $\{f(t)X(t),t\in T\}$ 在 $[a,b]$ 上仍均方可积.

证明　由定理2.3.7可知，$X(t)$ 在 $[a,b]$ 上均方可积等价于

$$\int_a^b\int_a^b\Gamma(t_1,t_2)\,\mathrm{d}t_1\mathrm{d}t_2<\infty$$

成立. 又因 $f(t),t\in[a,b]$ 为连续实函数，故有

$$\int_a^b\int_a^b f(t_1)f(t_2)\Gamma(t_1,t_2)\,\mathrm{d}t_1\mathrm{d}t_2<\infty$$

所以随机过程$\{f(t)X(t),t\in[a,b]\}$在$[a,b]$上均方可积.

现在考察图2.3.1所示的线性定常系统，其中系统的传递函数$W(s)$为

$$W(s)=\frac{b_ms^m+b_{m-1}s^{m-1}+\cdots+b_0}{a_ns^n+a_{n-1}s^{n-1}+\cdots+a_0},n>m \tag{2.3.17}$$

式中，$a_n,a_{n-1},\cdots,a_0$和$b_m,b_{m-1},\cdots,b_0$均为系统参数且为常数，而且初始条件为零.系统的输入为均方连续的随机过程$\{X(t),t\in[a,b]\}$且$EX^2(t)<\infty$.

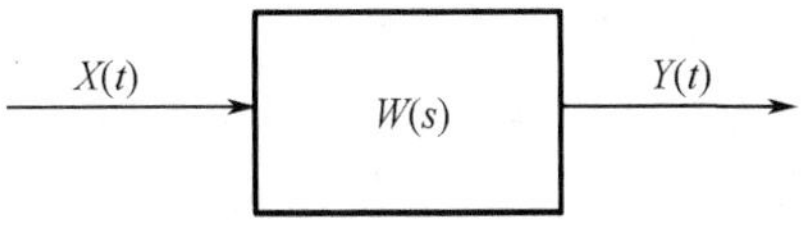

图2.3.1　线性定常系统方块图

由自动控制理论可知，系统输出$Y(t),t\in[a,b]$为

$$Y(t)=\int_a^t k(t-\tau)X(\tau)\mathrm{d}\tau \tag{2.3.18}$$

其中，$k(t)$为$W(s)$的拉普拉斯反变换，记作

$$k(t)=L^{-1}\{W(s)\} \tag{2.3.19}$$

并称$k(t)$为该系统的脉冲响应函数.

因为$W(s)$为有理真分式，故由拉普拉斯变换理论可知$k(t-\tau),\tau\in[a,t]$为连续实函数，再由定理2.3.12可知$\{k(t-\tau)X(\tau),\tau\in[a,b]\}$是均方可积的，而且由定理2.3.11又知系统输出过程$\{Y(t),t\in[a,b]\}$为均方连续、均方可微的随机过程且有$EY^2(t)<\infty$.

另外，系统输出的均值函数为

$$m_Y(t)=E[Y(t)]=E\left[\int_a^t k(t-\tau)X(\tau)\mathrm{d}\tau\right]=\int_a^t k(t-\tau)m_X(\tau)\mathrm{d}\tau \tag{2.3.20}$$

系统输出的相关函数为

$$\begin{aligned}F_{YY}(t_1,t_2)&=E[Y(t_1)Y(t_2)]\\&=E\left[\int_a^{t_1}k(t_1-\tau)X(\tau)\mathrm{d}\tau\int_a^{t_2}k(t_2-l)X(l)\mathrm{d}l\right]\\&=\int_a^{t_1}\int_a^{t_2}k(t_1-\tau)k(t_2-l)\Gamma_{XX}(\tau,l)\mathrm{d}\tau\mathrm{d}l\end{aligned} \tag{2.3.21}$$

例2.3.1　设随机过程$\{X(t),t\in T\}$定义为$X(t)=At+B$，其中A,B为随机变量且存在一、二阶矩，试分析其均方连续性、均方可微性及均方可积性.

由定义2.3.1可知

$$\lim_{h\to 0}E[X(t+h)-X(t)]^2=\lim_{h\to 0}h^2EA^2=0$$

所以$\{X(t),t\in T\}$均方连续，因而必均方可积.

由定义2.3.2可知

$$\underset{h\to 0}{\mathrm{l\cdot i\cdot m}}\frac{X(t+h)-X(t)}{h}=\lim_{h\to 0}\frac{Ah}{h}=A$$

所以$\{X(t),t\in T\}$均方可微.

现在讨论该过程的积分过程和导数过程的均值函数及相关函数.

设 $Y(t) \triangleq \frac{1}{t}\int_0^t X(t)\,\mathrm{d}t$，显然 $Y(t)$ 的均值函数为

$$m_Y(t) = E\frac{1}{t}\int_0^t X(t)\,\mathrm{d}t = \frac{t}{2}EA + EB$$

$Y(t)$ 的相关函数为

$$\Gamma_Y(t_1,t_2) = E[Y(t_1)Y(t_2)] = E\left[\frac{1}{t_1}\int_0^{t_1}(At+B)\,\mathrm{d}t\,\frac{1}{t_2}\int_0^{t_2}(A\tau+B)\,\mathrm{d}\tau\right]$$

$$= \frac{1}{4}t_1t_2EA^2 + \frac{1}{2}t_2E(BA) + \frac{1}{2}t_1E(BA) + EB^2$$

若令导数过程为 $Z(t)\triangleq X'(t)$，则不难计算有

$$m_Z(t) = EA,\ \Gamma_Z(t_1,t_2) = EA^2$$

例 2.3.2 已知随机过程 $\{X(t),t\in T\}$ 的均值为零，相关函数为 $\Gamma(t_1,t_2) = \mathrm{e}^{-a|t_1-t_2|}$，$t_1,t_2\in T, a>0$ 为常数. 试分析其均方连续性、均方可微性及均方可积性.

因为 $$\lim_{h,h'\to 0}\Gamma(t+h,t+h') = \lim_{h,h'\to 0}\mathrm{e}^{-a|t+h-t-h'|} = 1 = \Gamma(t,t)$$

这说明 $\Gamma(t_1,t_2)$ 在 $t_1=t_2=t\in T$ 处连续，所以由定理 2.3.1 可知，过程 $\{X(t),t\in T\}$ 是均方连续且均方可积的.

下面考察均方可微性，对任意 $h'>0,h>0$，因为

$$\left.\frac{\partial\Gamma(t_1,t_2)}{\partial t_1\partial t_2}\right|_{t_1=t_2=t} = \lim_{h,h'\to 0}\frac{1}{hh'}[\Gamma(t+h,t+h') - \Gamma(t,t+h') - \Gamma(t+h,t) + \Gamma(t,t)]$$

$$= \lim_{h,h'\to 0}\frac{1}{hh'}(\mathrm{e}^{a|h-h'|} - \mathrm{e}^{-ah'} - \mathrm{e}^{-ah} + 1)$$

将上式台劳展开并整理可得

$$\left.\frac{\partial\Gamma(t_1,t_2)}{\partial t_1\partial t_2}\right|_{t_1=t_2=t} = \lim_{h_1,h'\to 0}\frac{1}{hh'}[ah + ah' - a|h-h'| - a^2hh' + o(h^2,h'^2)]$$

$$= \left.\begin{matrix}\lim\limits_{h_1,h'\to 0}\dfrac{1}{h'h}[2ah' - a^2hh' + o(h^2,h'^2)],h>h' \\ \lim\limits_{h_1,h'\to 0}\dfrac{1}{h'h}[2ah - a^2hh' + o(h^2,h'^2)],h'>h\end{matrix}\right\} = \infty$$

这个结果说明 $\left.\frac{\partial\Gamma(t_1,t_2)}{\partial t_1\partial t_2}\right|_{t_1=t_2=t}$ 不存在，故由定理 2.3.2 可知，该过程 $\{X(t),t\in T\}$ 不均方可微.

最后考察 $\{X(t),t\in T\}$ 的积分过程，令

$$Y(t) = \int_0^t X(\tau)\,\mathrm{d}\tau$$

经过计算，可求出积分过程 $Y(t)$ 的均值函数 $m_Y(t)$ 和相关函数 $\Gamma_Y(t_1,t_2)$ 为

$$m_Y(t) = 0$$

$$\Gamma_Y(t_1,t_2) = \begin{cases}\dfrac{2\,t_2}{a} + \dfrac{1}{a^2}[\mathrm{e}^{-at_2} + \mathrm{e}^{-at_1} - 1 - \mathrm{e}^{-a(t_1-t_2)}],t_1>t_2 \\ \dfrac{2\,t_1}{a} + \dfrac{1}{a^2}[\mathrm{e}^{-at_1} + \mathrm{e}^{-at_2} - 1 - \mathrm{e}^{-a(t_2-t_1)}],t_2>t_1\end{cases}$$

2.4　工程中的一些随机过程

就一般的随机过程,它的范围是相当广泛的,也是相当复杂和难以研究的. 因此,从实际应用的观点,本节着重介绍在通信与自动控制中经常遇到的一些随机过程.

2.4.1　二阶矩过程

定义 2.4.1　二阶矩过程　设$\{X(t),t\in T\}$为随机过程,如果对任意$t\in T$,有

$$EX^2(t)<\infty$$

则称该随机过程$\{X(t),t\in T\}$为二阶矩过程.

由定义 2.4.1 可知二阶矩过程的均值函数$m_X(t)=EX(t)$总是存在的. 如从$X(t)$中减去$m_X(t)$,即代替$\{X(t),t\in T\}$而考虑$\widetilde{X}(t)=X(t)-m_X(t)$,则其均值函数为

$$E\widetilde{X}(t)=0$$

因此,一般假定二阶矩过程$\{X(t),t\in T\}$的均值为零,协方差函数简化为

$$B_X(t_1,t_2)=E[X(t_1)X(t_2)],t_1,t_2\in T$$

应用许瓦兹不等式可以证明二阶矩过程的协方差函数总是存在的,事实上,由许瓦兹不等式有

$$E[X(t_1)X(t_2)]\leqslant EX^2(t_1)EX^2(t_2)\leqslant\infty$$

二阶矩过程作为一类随机过程,它有三个重要的子类,即正态过程、正交增量过程和宽平稳过程. 应当注意,前面所做的分析都是针对二阶矩过程的.

2.4.2　正态过程

定义 2.4.2　设$\{X(t),t\in T\}$为随机过程,如果对任意正整数n及任意$t_i\in T,i=1,2,\cdots,n$,随机向量

$$\boldsymbol{X}^{\mathrm{T}}=(X(t_1),X(t_2),\cdots,X(t_n))$$

的分布是正态的,即有如下概率密度函数

$$f(X)=\frac{1}{(2\pi)^{\frac{n}{2}}|\boldsymbol{B}|^{\frac{1}{2}}}\mathrm{e}^{-\frac{1}{2}(\boldsymbol{x}-\boldsymbol{m})^{\mathrm{T}}\boldsymbol{B}^{-1}(\boldsymbol{x}-\boldsymbol{m})}\tag{2.4.1}$$

其中

$$\boldsymbol{x}=(x_1,x_2,\cdots,x_n)^{\mathrm{T}}$$

$$\boldsymbol{m}=E\boldsymbol{X}=\begin{pmatrix}EX(t_1)\\EX(t_2)\\\vdots\\EX(t_n)\end{pmatrix}\triangleq\begin{pmatrix}m_1\\m_2\\\vdots\\m_n\end{pmatrix}$$

为均值向量,而

$$\boldsymbol{B}=E(\boldsymbol{X}-\boldsymbol{m})(\boldsymbol{X}-\boldsymbol{m})^{\mathrm{T}}\triangleq\begin{pmatrix}b_{11}&b_{12}&\cdots&b_{1n}\\b_{21}&b_{22}&\cdots&b_{2n}\\\vdots&\vdots&&\vdots\\b_{n1}&b_{n2}&\cdots&b_{nn}\end{pmatrix}$$

$b_{ij}=E\{[X(t_i)-m_i][X(t_j)-m_j]\}, i,j=1,2,\cdots,n$ 为相关函数阵,并假定 $\boldsymbol{B}$ 为正定矩阵. 则称该随机过程为正态过程或 Gauss 过程.

例 2.4.1 已知 $\boldsymbol{A},\boldsymbol{B}$ 相互独立且服从 $N(0,\sigma^2)$ 分布,a 为一实常数,试证明 $\{X(t)=\boldsymbol{A}\cos at+\boldsymbol{B}\sin at, t\geqslant 0\}$ 是正态过程,并写出其一维概率密度族、一维特征函数族、n 维概率密度族和 n 维特征函数族.

解 对任意的 n 及任意的 $t_1,t_2,\cdots,t_n\geqslant 0$,有

$$\begin{pmatrix} X(t_1)\\ X(t_2)\\ \vdots\\ X(t_n)\end{pmatrix}=\begin{pmatrix}\cos at_1 & \sin at_1\\ \cos at_2 & \sin at_2\\ \vdots & \vdots\\ \cos at_n & \sin at_n\end{pmatrix}\begin{pmatrix}\boldsymbol{A}\\ \\ \\ \boldsymbol{B}\end{pmatrix}=\boldsymbol{C}\begin{pmatrix}\boldsymbol{A}\\ \\ \\ \boldsymbol{B}\end{pmatrix}$$

由于 $\boldsymbol{A}$ 和 $\boldsymbol{B}$ 是相互独立的正态随机变量,故 $(\boldsymbol{A},\boldsymbol{B})$ 服从 $N(0,\sigma^2\boldsymbol{I}_2)$ 分布,其中 $\boldsymbol{I}_2$ 是 2×2 单位矩阵,而 $(X(t_1),X(t_2),\cdots,X(t_n))^{\mathrm{T}}$ 是二维正态随机向量 $(\boldsymbol{A},\boldsymbol{B})$ 的线性组合,故服从 n 维正态分布 $N(0,\boldsymbol{B})$,其中

$$\boldsymbol{B}=\boldsymbol{C}\,\sigma^2\,\boldsymbol{I}_2\,\boldsymbol{C}^{\mathrm{T}}=\sigma^2\begin{pmatrix}\cos at_1 & \sin at_1\\ \cos at_2 & \sin a_2\\ \vdots & \vdots\\ \cos at_n & \sin at_n\end{pmatrix}\begin{pmatrix}\cos at_1 & \cos at_2 & \cdots & \cos at_n\\ \\ \\ \sin at_1 & \sin at_2 & \cdots & \sin a\,t_n\end{pmatrix}$$

$$=\sigma^2\begin{pmatrix}1 & \cos a(t_1-t_2) & \cdots & \cos a(t_1-t_n)\\ \cos a(t_2-t_1) & 1 & \cdots & \cos a(t_2-t_n)\\ \vdots & \vdots & & \vdots\\ \cos a(t_1-t_n) & \cos a(t_2-t_n) & \cdots & 1\end{pmatrix}$$

所以 $\{X(t)=\boldsymbol{A}\cos at+\boldsymbol{B}\sin at, t\geqslant 0\}$ 是正态过程.

$$m_X(t)=EX(t)=0, t\geqslant 0$$

$$B_X(s,t)=\sigma^2\cos a(t-s), s,t\geqslant 0$$

一维概率密度和一维特征函数分别为

$$p(x)=\frac{1}{\sqrt{2\pi}\sigma}\exp\left\{\frac{x^2}{2\sigma^2}\right\}$$

$$f(t)=\exp\left\{-\frac{1}{2\sigma^2 t^2}\right\}$$

n 维概率密度族和 n 维特征函数族分别为

$$p(x_1,x_2,\cdots,x_n)=\frac{1}{(2\pi)^{\frac{1}{2}}|\boldsymbol{B}|^{\frac{1}{2}}}\exp\left\{-\frac{1}{2}\boldsymbol{x}^{\mathrm{T}}\boldsymbol{B}^{-1}\boldsymbol{x}\right\},\text{其中 }\boldsymbol{x}=(x_1,x_2,\cdots,x_n)^{\mathrm{T}}$$

$$f(t_1,t_2,\cdots,t_n)=\exp\left\{-\frac{1}{2}\boldsymbol{t}^{\mathrm{T}}\boldsymbol{B}\boldsymbol{t}\right\},\text{其中 }\boldsymbol{t}=(t_1,t_2,\cdots,t_n)^{\mathrm{T}}$$

应注意,判断一个随机过程是否为正态过程,除了根据它的有限维概率密度族和有限维特征函数来判断外,更多的是利用正态随机变量的线性变换性质. 显然,正态过程是二阶矩过程的一个子类.

2.4.3 严平稳过程

定义 2.4.3 严平稳过程 设$\{X(t),t\in T\}$为随机过程,如果对任意正整数 n 及任意 $t_i\in T,i=1,2,\cdots,n$,以及所有实数 τ 和 $t_i+\tau\in T,i=1,2,\cdots,n$,有

$$\begin{aligned}F(t_1,t_2,\cdots,t_n;x_1,x_2,\cdots,x_n)&=P(X(t_1)<x_1,X(t_2)<x_2,\cdots,X(t_n)<x_n)\\&=P(X(t_1+\tau)<x_1,X(t_2+\tau)<x_2,\cdots,X(t_n+\tau)<x_n)\\&=F(t_1+\tau,t_2+\tau,\cdots,t_n+\tau;x_1,x_2,\cdots,x_n)\end{aligned}\tag{2.4.2}$$

则称该随机过程$\{X(t),t\in T\}$为严平稳过程.

显见,严平稳过程的有限维分布函数随时间推移不变. 如果密度函数存在,则仍有上述性质,即

$$f(t_1,t_2,\cdots,t_n;x_1,x_2,\cdots,x_n)=f(t_1+\tau,t_2+\tau,\cdots,t_n+\tau;x_1,x_2,\cdots,x_n)\tag{2.4.3}$$

值得注意的是,由于严平稳过程对二阶矩没有要求,所以它并非二阶矩过程.

在实际问题中,严格用定义来判断某个随机过程的严平稳性是很困难的. 但是,对于一个被研究的过程,如果前后的环境和主要条件都不随时间的推移而改变,则此过程可以认为是严平稳过程. 例如,一个工作在平稳状态下的接收机,其输出噪声可以认为是严平稳过程;又如,照明用的电网电压及各种噪声和干扰的变化过程,在工程上都被认为是严平稳过程. 此外,有些非平稳过程,在一定时间范围内,也可以看作严平稳过程. 例如,飞机在高度为 h 的水平面上飞行时,在大气湍流影响下,实际飞行高度 $H(t)$应在高为 h 的水平面上下随机波动,$\{H(t),t\in T\}$可看作严平稳过程. 若考虑起降全部飞行过程,$H(t)$是非平稳过程.

严平稳过程的任意有限维分布不随时间的推移而改变,反映在它的一、二阶矩函数上有其独特的性质,即严平稳过程的均值函数和方差函数如果存在,它们都是与 t 无关的常数,其自相关函数均仅与时间差 $s-t$ 有关,而与时间 s,t 无关. 这是因为严平稳过程的一维概率分布与时间无关,而它的二维概率分布只与时间差 $s-t$ 有关,而与 s,t 无关.

2.4.4 宽平稳过程

如前文所述,要确定一个随机过程的有限维分布族,进而判断随机过程的严平稳性是十分困难的. 因此,在实际中,通常只在二阶矩范围内考虑平稳过程问题. 虽然随机过程的一、二阶矩不能像有限维分布族那样完整地描述随机过程的统计特性,但它们在一定程度上能够有效地描述随机过程的某些重要特性. 因此,引入宽平稳过程更具有实际意义.

定义 2.4.4 宽平稳过程 设$\{X(t),t\in T\}$为二阶矩过程,如果对任意 $t_1,t_2,t_1+\tau,t_2+\tau\in T$,其中 τ 为任意实数,分布函数 $F(\cdot)$满足

$$F(t_1;x_1)=F(t_1+\tau;x_1)\tag{2.4.4}$$

$$F(t_1,t_2;x_1,x_2)=F(t_1+\tau,t_2+\tau;x_1,x_2)\tag{2.4.5}$$

则称该随机过程$\{X(t),t\in T\}$为宽平稳过程.

宽平稳过程有如下性质.

定理 2.4.1 设$\{X(t),t\in T\}$为宽平稳过程,则它的均值函数为常数,相关函数 $\Gamma(t_1,t_2)$只与时间差 t_1-t_2 有关,即

$$EX(t)=m(t)=m=\text{常数}\tag{2.4.6}$$

$$\Gamma(t_1,t_2)=\Gamma(t_1-t_2)\tag{2.4.7}$$

证明 对任意 $t\in T$,取 $\tau=-t$,则由式(2.4.4)有 $F(t,x_1)=F(0,x_1)$,于是

$$EX(t) = \int x_1 \mathrm{d}F(t,x_1) = \int x_1 \mathrm{d}F(0,x_1) = EX(0) \triangleq m = 常数$$

另一方面，取 $\tau = -t_2$，还有

$$\begin{aligned}\Gamma(t_1,t_2) &= EX(t_1)X(t_2)\\ &= \int x_1x_2 \mathrm{d}F(t_1,t_2;x_1,x_2)\\ &= \int x_1x_2 \mathrm{d}F(t_1+\tau,t_2+\tau;x_1,x_2)\\ &= \int x_1x_2 \mathrm{d}F(t_1-t_2,0;x_1,x_2) \triangleq \Gamma(t_1-t_2)\end{aligned}$$

可以看出，严平稳过程不一定是宽平稳过程，因为严平稳过程不一定具有二阶矩. 宽平稳过程更未必是严平稳过程，因为由式(2.4.4)和式(2.4.5)一般不能推出式(2.4.2). 如果严平稳过程是二阶矩过程，由定义 2.4.4 可知，它一定又是宽平稳过程，反之不真. 但对于正态过程来说，却有如下结论.

定理 2.4.2 设 $\{X(t),t\in T\}$ 为正态随机过程，则它为严平稳过程的充要条件是它为宽平稳过程.

证明 必要性是显然的，只需证充分性. 对于任意整数 n 及任意 $t_1,t_2,\cdots,t_n\in T$，由于过程是正态的，所以由定义 2.4.2 可知密度函数为

$$f(x) = \frac{1}{(2\pi)^{\frac{n}{2}}|\boldsymbol{B}|^{\frac{1}{2}}}\mathrm{e}^{-\frac{1}{2}(\boldsymbol{x}-\boldsymbol{m})^{\mathrm{T}}\boldsymbol{B}^{-1}(\boldsymbol{x}-\boldsymbol{m})}$$

其中，$\boldsymbol{m}$ 为均值向量；$n\times n$ 正定对称阵 $\boldsymbol{B}=(b_{ij})_{n\times n}$ 为相关函数阵且

$$b_{ij} = E\{[X(t_i)-m_i][X(t_j)-m_j]\},i,j=1,2,\cdots,n$$

又因为过程是宽平稳的，所以由定理 2.4.1 可知

$$m_1 = m_2 = \cdots = m_n = 常数$$

$$b_{ij} = E[X(t_i)X(t_j)] - m^2 = \Gamma(t_i-t_j) - m^2,i,j=1,2,\cdots,n$$

另一方面，对任意 τ 及 $t_i+\tau\in T,i=1,2,\cdots,n$，由于过程的正态性，其密度函数为

$$f^*(x) = \frac{1}{(2\pi)^{\frac{n}{2}}|\boldsymbol{B}^*|^{\frac{1}{2}}}\mathrm{e}^{-\frac{1}{2}(\boldsymbol{x}-\boldsymbol{m}^*)^{\mathrm{T}}\boldsymbol{B}^{*-1}(\boldsymbol{x}-\boldsymbol{m}^*)}$$

因为过程是宽平稳的，所以

$$m_i^* = E[X(t_i+\tau)] = E[X(t_i)] = m_i,i=1,2,\cdots,n$$

$$b_{ij}^* = E[X(t_i+\tau)X(t_j+\tau)] - m_2 = \Gamma(t_i-t_j) - m^2 = b_{ij},i,j=1,2,\cdots,n$$

这样一来，可得 $\boldsymbol{m}^*=\boldsymbol{m},\boldsymbol{B}^*=\boldsymbol{B}$，于是 $f(x)=f^*(x)$. 再由定义 2.4.3 可知该过程是严平稳的.

定理证毕.

为以后叙述方便起见，除特别声明以外，我们把宽平稳过程叫作平稳过程. 在以后的各章中将对平稳过程做更详细的分析.

2.4.5 正交增量过程

正交增量过程对研究宽平稳过程的谱分解起着十分重要的作用. 这里对正交增量过程进行介绍.

定义 2.4.5 正交增量过程 设 $\{X(t),t\in T\}$ 为二阶矩过程，如果对任意 $t_1<t_2\leqslant t_3<$

$t_4 \in T$,有

$$E\{[X(t_2)-X(t_1)][X(t_4)-X(t_3)]\}=0 \tag{2.4.8}$$

则称该随机过程$\{X(t),t\in T\}$为正交增量过程.

若取$t_2=t_3$,且规定$X(t_1)=0$,显然对任意$t_4>t_3$,有

$$E\{[X(t_3)][X(t_4)-X(t_3)]\}=0 \tag{2.4.9}$$

关于正交增量过程的相关函数有如下性质.

定理 2.4.3 设$\{X(t),t\in T\}$为正交增量过程,则相关函数$\Gamma(t_1,t_2)$为

$$\Gamma(t_1,t_2)=\begin{cases}\Gamma(t_1,t_1),t_1\leqslant t_2\\ \Gamma(t_2,t_2),t_2\leqslant t_1\end{cases} \tag{2.4.10}$$

证明 不妨设$t_1\leqslant t_2\in T$,则由式(2.4.9)可以推出

$$\begin{aligned}\Gamma(t_1,t_2)&=E[X(t_1)X(t_2)]\\&=E\{X(t_1)[X(t_2)-X(t_1)+X(t_1)]\}\\&=E\{X(t_1)[X(t_2)-X(t_1)]\}+E[X(t_1)X(t_1)]\\&=\Gamma(t_1,t_1)\end{aligned} \tag{2.4.11}$$

若$t_2\leqslant t_1\in T$,用同样方法可证得

$$\Gamma(t_1,t_2)=\Gamma(t_2,t_2) \tag{2.4.12}$$

归纳式(2.4.11)及式(2.4.12)可得式(2.4.10).

定理证毕.

2.4.6 马尔可夫过程

定义 2.4.6 马尔可夫过程 设$\{X(t),t\in T\}$为随机过程,对任意n个时间点$t_1<t_2<\cdots<t_n<t\in T$及任意实数$x_1,x_2,\cdots,x_n,x$,其中$n$为任意正整数,如果

$$P(X(t)<x/X(t_1)=x_1,\cdots,X(t_{n-1})=x_{n-1},X(t_n)=x_n)=P(X(t)<x/X(t_n)=x_n) \tag{2.4.13}$$

则称该随机过程$\{X(t),t\in T\}$为马尔可夫过程.

式(2.4.13)表明,在$X(t_i)=x_i,i=1,2,\cdots,n$为已知的条件下,事件$(X(t)<x)$发生的概率只与最近时刻$t_n$的情形有关,而与$t_{n-1},t_{n-2},\cdots,t_1$时刻的情形无关,把这种性质称为无后效性.

如果把t_n理解为“现在”,那么$t>t_n$就是“未来”,而$t_1<t_2<\cdots<t_{n-1}$就是“过去”,马尔可夫过程的“无后效性”告诉我们,过程$\{X(t),t\in T\}$在“将来”的情形只与“现在”有关,而与“过去”无关.

为了描述马尔可夫过程,有定理2.4.4.

定理 2.4.4 设$\{X(t),t\in T\}$为马尔可夫过程,则对任意正整数n及$t_1<t_2<\cdots<t_n\in T$,其有限维密度函数$f(t_1,t_2,\cdots,t_n;x_1,x_2,\cdots,x_n)$可由二维密度函数$f(s,\tau;\xi,\zeta)$决定,其中$s<\tau\in T$,$\xi$和$\zeta$为任意实数.

证明 由贝叶斯(Bayes)公式可知

$$f(t_1,t_2,\cdots,t_n;x_1,x_2,\cdots,x_n)=f(t_1,t_2,\cdots,t_{n-1};x_1,x_2\cdots,x_{n-1})f(t_n;x_n/t_1,t_2,\cdots,t_{n-1};x_1,x_2\cdots,x_{n-1}) \tag{2.4.14}$$

再由马尔可夫过程的性质还有

$$f(t_n;x_n/t_1,t_2,\cdots,t_{n-1};x_1,x_2,\cdots,x_{n-1})=f(t_n;x_n/t_{n-1};x_{n-1}) \tag{2.4.15}$$

将式(2.4.15)代入式(2.4.14)可得

$$f(t_1,t_2,\cdots,t_n;x_1,x_2,\cdots,x_n)=f(t_1,t_2,\cdots,t_{n-1};x_1,x_2\cdots,x_{n-1})f(t_n;x_n/t_{n-1};x_{n-1}) \tag{2.4.16}$$

反复运用上面的方法,就得到

$$\begin{aligned} f(t_1,t_2,\cdots,t_n;x_1,x_2,\cdots,x_n) &= f(t_1;x_1)f(t_2;x_2/t_1;x_1)\cdots f(t_n;x_n/t_{n-1};x_{n-1}) \\ &= f(t_1;x_1)\prod_{i=2}^{n} f(t_i;x_i/t_{i-1};x_{i-1}) \end{aligned}$$

若令 $f(s,\tau;\xi,\zeta)$ 中的参量为

$$s=t_{i-1},\tau=t_i,\xi=x_{i-1},\zeta=x_i,i=2,3,\cdots,n$$

则

$$f(t_i;x_i/t_{i-1};x_{i-1}) = \frac{f(t_{i-1},t_i;x_{i-1},x_i)}{\int_{-\infty}^{+\infty} f(t_{i-1},t_i;x_{i-1},x_i)\,\mathrm{d}x_i} \tag{2.4.17}$$

而

$$f(t_1;x_1) = \int_{-\infty}^{+\infty} f(t_1,\tau;x_1,\zeta)\,\mathrm{d}\zeta \tag{2.4.18}$$

由式(2.4.17)及式(2.4.18)可知式(2.4.16)中的多维密度函数 $f(t_1,t_2,\cdots,t_n;x_1,x_2,\cdots,x_n)$ 仅由二维密度函数 $f(s,\tau;\xi,\zeta)$ 所决定,于是定理得证.

例 2.4.2 设线性定常系统的结构如图 2.4.1 所示,其中系统输入为 $X(t)=0$,初始条件 $Y(0)$ 为正态随机变量,且 $EY(0)=0,EY^2(0)=\sigma^2$,试分析系统输出过程 $\{Y(t),t\geqslant 0\}$.

在初始条件 $Y(0)$ 作用下,系统输出 $Y(t)$ 显然为

$$Y(t)=Y(0)\mathrm{e}^{-t},t\geqslant 0$$

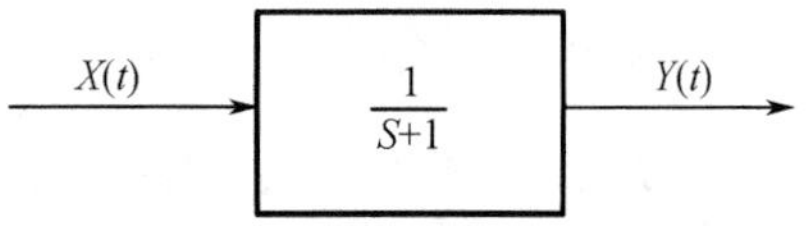

图 2.4.1 某线性定常系统结构图

由于 $Y(0)$ 为正态分布的随机变量且 e^{-t} 为有界连续函数,故 $\{Y(t),t\geqslant 0\}$ 为正态随机过程. 另外,对任意正整数 n 及任意 $0<t_1<t_2<\cdots<t_n$,因为 $Y(t_{n-1})=Y(0)\mathrm{e}^{-t_{n-1}}$ 且

$$Y(t_n)=Y(0)\mathrm{e}^{-t_n}=Y(0)\mathrm{e}^{-t_{n-1}}\mathrm{e}^{t_{n-1}}\mathrm{e}^{-t_n}=Y(t_{n-1})\mathrm{e}^{-(t_n-t_{n-1})} \tag{2.4.19}$$

所以在 $Y(t_1),Y(t_2),\cdots,Y(t_{n-1})$ 为已知的条件下,$Y(t_n)$ 仅与 $Y(t_{n-1})$ 有关,故系统输出过程 $\{Y(t),t\geqslant 0\}$ 又是马尔可夫过程. 这样一来,可以把 $\{Y(t),t\geqslant 0\}$ 称为正态马尔可夫过程.

例 2.4.3 设 $\{X(t),t\geqslant 0\}$ 为由 $\ddot{X}(t)=0$ 所定义的随机过程,其中初始状态 $X(0)$ 和 $\dot{X}(0)$ 具有联合正态分布,试分析随机过程 $\{X(t),t\geqslant 0\}$.

首先解微分方程 $\ddot{X}(t)=0$ 可得

$$X(t)=X(0)+\dot{X}(0)t \tag{2.4.20}$$

现考察三个时间点,$t_3>t_2>t_1\geqslant 0$,由式(2.4.20)显然有

$$X(t_3)=X(0)+\dot{X}(0)t_3 \tag{2.4.21}$$

$$X(t_2)=X(0)+\dot{X}(0)t_2 \tag{2.4.22}$$

$$X(t_1)=X(0)+\dot{X}(0)t_1 \tag{2.4.23}$$

由式(2.4.21)减去式(2.4.22)可得

$$X(t_3)-X(t_2)=(t_3-t_2)\dot{X}(0) \tag{2.4.24}$$

由式(2.4.22)减去式(2.4.23)可得

$$X(t_2)-X(t_1)=(t_2-t_1)\dot{X}(0)$$

或

$$\dot{X}(0)=\frac{X(t_2)-X(t_1)}{t_2-t_1} \tag{2.4.25}$$

将式(2.4.25)代入式(2.4.24),最后得

$$X(t_3)=X(t_2)+\frac{t_3-t_2}{t_2-t_1}[X(t_2)-X(t_1)] \tag{2.4.26}$$

由式(2.4.26)可见,只有 $X(t_2)$ 和 $X(t_1)$ 同时给定,$X(t_3)$ 才唯一确定.

现在可以对随机过程 $\{X(t),t\geqslant 0\}$ 这样来描述:

对于任意正整数 n 及 $0<t_1<t_2<\cdots<t_n<t_{n+1}$,当 $X(t_1)=x_1,X(t_2)=x_2,\cdots,X(t_n)=x_n$ 为已知条件下,由式(2.4.26)可知 $X(t_{n+1})$ 的条件分布函数为

$$\begin{aligned}&P(X(t_{n+1})<x_{n+1}/X(t_1)=x_1,X(t_2)=x_2,\cdots,X(t_n)=x_n)\\&=P(X(t_{n+1})<x_{n+1}/X(t_{n-1})=x_{n-1},X(t_n)=x_n)\end{aligned}$$

由此可见,这种过程的特点是,过程现在(t_{n+1})的性质只与过去最近的两个时刻(t_n,t_{n-1})的性质有关,而与其他时刻$(t_{n-2},t_{n-3},\cdots,t_1)$无关,这种过程称为二阶马尔可夫过程.

现引入定义 2.4.7.

定义 2.4.7　二阶马尔可夫过程　设 $\{X(t),t\geqslant 0\}$ 为随机过程,对任意 n 个时间点 $t_1<t_2<\cdots<t_n<t$ 及任意实数 $x_1,x_2,\cdots,x_n,x$,其中 $n\geqslant 2$ 为任意正整数. 如果

$$\begin{aligned}&P(X(t)<x/X(t_1)=x_1,X(t_2)=x_2,\cdots,X(t_n)=x_n)\\&=P(X(t)<x/X(t_{n-1})=x_{n-1},X(t_n)=x_n)\end{aligned} \tag{2.4.27}$$

则称该随机过程 $\{X(t),t\geqslant 0\}$ 为二阶马尔可夫过程.

与定理 2.4.4 相类似,有定理 2.4.5.

定理 2.4.5　设 $\{X(t),t\in T\}$ 为二阶马尔可夫过程,则对任意正整数 $n\geqslant 2$ 及任意 n 个时间点 $t_1<t_2<\cdots<t_n\in T$,其有限维密度函数 $f(t_1,t_2,\cdots,t_n;x_1,x_2,\cdots,x_n)$ 可由三维密度函数 $f(s_1,s_2,\tau;\xi_1,\xi_2,\zeta)$ 决定,其中 $s_1<s_2<\tau\in T,\xi_1,\xi_2,\zeta$ 为任意实数.

定理 2.4.5 的证明过程与定理 2.4.4 的证明过程类似.

仿定义 2.4.7,完全可以定义更高阶的马尔可夫过程.

2.4.7　独立增量过程

定义 2.4.8　独立增量过程　设 $\{X(t),t\in T\}$ 为随机过程,如果对任意 $t_1<t_2<\cdots<t_n$,其中 n 为任意整数,增量 $X(t_2)-X(t_1),X(t_3)-X(t_2),\cdots,X(t_n)-X(t_{n-1})$ 是相互独立的随机变量,则称该随机过程 $\{X(t),t\in T\}$ 为独立增量过程.

进一步,设 $\{X(t),t\in T\}$ 为独立增量过程,如果对任意 $s\in T,\tau>0$,增量 $X(s+\tau)-X(s)$ 的分布函数只与 τ 有关,而与 s 无关,则称该随机过程为齐次独立增量过程或平稳独立增量过程. 不难证明独立增量过程是一阶马尔可夫过程.

如果独立增量过程是均值函数为常数的二阶矩过程,那它一定是正交增量过程,事实上对任意 $t_1<t_2\leqslant t_3<t_4$,有

$$E\{[X(t_2)-X(t_1)][X(t_4)-X(t_3)]\}$$

$$=E[X(t_2)-X(t_1)]E[X(t_4)-X(t_3)]=0$$

例 2.4.4 设$\{X(t),t\in T\}$，$T=\{t_1,t_2,\cdots\}$为独立随机变量序列，则可以证明$\left\{Y(t),t\in T,Y(t_n)=\sum_{i=1}^{n}X(t_i)\right\}$是独立增量过程.

事实上，考察 T 中任意的$t_{j_1}<t_{j_2}<\cdots<t_{j_m}$，由于

$$Y(t_{j_{k+1}})-Y(t_{j_k})=\sum_{i=1}^{j_{k+1}}X(t_i)-\sum_{i=1}^{j_k}X(t_i)=\sum_{i=j_k+1}^{j_k+1}X(t_i),k=1,2,\cdots,m$$

是相互独立的随机变量，所以$\left\{Y(t),t\in T,Y(t_n)=\sum_{i=1}^{n}X(t_i)\right\}$为独立增量过程，进一步，若$X(t_i),i=1,2,\cdots$具有相同的分布，则$\{Y(t),t\in T\}$又是齐次的. 反之，如果$\{Y(t),t\in T,T=(t_1,t_2,\cdots),Y(t_0)=0\}$是独立增量过程，则$\{X(t),t\in T,T=(t_1,t_2,\cdots),X(t_i)=Y(t_i)-Y(t_{i-1})\}$也是独立随机变量序列，而且当$\{Y(t),t\in T\}$为齐次时，$\{X(t),t\in T\}$具有相同分布.

2.4.8 维纳(Wiener)过程

在随机过程理论及应用中，维纳过程起着重要作用，在理论上，它是建立随机微分方程的基石；在应用上，它是布朗运动和电路中“热噪声”的随机模型，因此有时也称维纳过程为布朗运动.

定义 2.4.9 维纳过程 设$\{X(t),t\in T\}$为独立增量过程，$X(0)=0$，如果对任意$s<t\in T$，增量$X(t)-X(s)$具有正态$N(0,\sigma^2(t-s))$分布，其中$\sigma^2>0$为常数，则称该过程$\{X(t),t\in T\}$为维纳过程.

由定义 2.4.9 可知，维纳过程的均值函数为

$$EX(t)=m(t)=0$$

相关函数：

当$t_2>t_1$时，$\Gamma(t_1,t_2)=EX(t_1)X(t_2)=E\{X(t_1)[X(t_2)-X(t_1)+X(t_1)]\}=E[X(t_1)-X(0)]^2=\sigma^2t_1$；

当$t_1>t_2$时，同样可推出$\Gamma(t_1,t_2)=\sigma^2t_2$，综上所述可得

$$\Gamma(t_1,t_2)=\sigma^2\min(t_1,t_2) \tag{2.4.28}$$

参数σ反映了各种不同的维纳过程的特征.

定理 2.4.6 维纳过程是正态过程.

证明 设$\{\boldsymbol{X}(t),t\in T\}$为维纳过程，对任意的$n$，任取$0<t_1<t_2<\cdots<t_n$，

$$\begin{pmatrix}\boldsymbol{X}(t_1)\\ \boldsymbol{X}(t_2)\\ \vdots\\ \boldsymbol{X}(t_n)\end{pmatrix}=\begin{pmatrix}1&0&\cdots&0\\1&1&\cdots&0\\ \vdots&\vdots&&\vdots\\1&1&\cdots&1\end{pmatrix}\begin{pmatrix}\boldsymbol{X}(t_1)\\ \boldsymbol{X}(t_2)-\boldsymbol{X}(t_1)\\ \vdots\\ \boldsymbol{X}(t_n)-\boldsymbol{X}(t_{n-1})\end{pmatrix}$$

$(\boldsymbol{X}(t_1),\boldsymbol{X}(t_2),\cdots,\boldsymbol{X}(t_n))$是$n$维正态随机向量的线性组合，是$n$维正态随机变量，$\{\boldsymbol{X}(t),t\in T\}$是正态过程.

例 2.4.5 铺轨问题 铁路工程队每天铺一段长l_i的路轨，假设由于生产钢轨的误差，每段钢轨与标定的长度l_0之差$\Delta l_i=l_i-l_0,i=1,2,\cdots$，均具有正态$N(0,\sigma_0^2)$分布，且彼此相

互独立. 现考察第 $n(n=1,2,\cdots)$ 天时，铺轨的总长度 $L(n)$ 与标定总长度 $L_0(n)$ 之差 $\Delta L(n)$ 的统计性质.

由于 $$E\Delta L(n) = E[L(n)-nl_0] = E(\sum_{i=1}^{n} l_i - n\,l_0) = E(\sum_{i=1}^{n}\Delta l_i) = 0$$

以及 $$E[\Delta L(n)]^2 = E(\sum_{i=1}^{n}\Delta l_i)^2 = \sum_{i=1}^{n}E(\Delta l_i)^2 = n\,\sigma_0^2$$

故由问题的假设可知，$\Delta L(n)$ 具有正态分布，即具有正态 $N(0,n\,\sigma_0^2)$ 分布. 由定义 2.4.9 可知，$\{\Delta L(n),n=1,2,\cdots\}$ 是维纳过程.

例 2.4.6 设 $\{X(t),t\in T\}$ 为维纳过程，试分析其均方连续性、均方可积性及均方可微性.

若定义 $$Y(t) = \frac{1}{t}\int_0^t X(t)\,\mathrm{d}t$$

进一步计算 $\{Y(t),t\in T\}$ 的均值函数及相关函数. 由式(2.4.28)有

$$\lim_{h,h'\to 0}\Gamma(t+h,t+h') = \lim_{h,h'\to 0}\{\sigma^2\min(t+h,t+h')\} = \sigma^2 t = \Gamma(t,t)$$

故由定理 2.3.1 可知维纳过程均方连续、均方可积.

现分析均方可微性，因为对 $h>0,h'>0$，有

$$\begin{aligned}\left.\frac{\partial\Gamma(t_1,t_2)}{\partial t_1\partial t_2}\right|_{t_1=t_2=t} &= \lim_{h,h'\to 0}\frac{1}{h'h}[\Gamma(t+h,t+h') - \Gamma(t,t+h') - \Gamma(t+h,t) + \Gamma(t,t)] \\ &= \lim_{h,h'\to 0}\frac{1}{h'h}[\sigma^2\min(t+h,t+h') - \sigma^2 t - \sigma^2 t + \sigma^2 t] \\ &= \infty\end{aligned}$$

故由定理 2.3.2 可知，维纳过程不是均方可微的. 进一步，对 $Y(t)$ 而言，其均值函数为 $m_Y(t)=0$，相关函数可计算为

$$\Gamma_Y(t_1,t_2) = \begin{cases}\dfrac{\sigma^2\,t_2}{t_1}\left(\dfrac{3\,t_1-t_2}{6}\right), t_1>t_2 \\ \dfrac{\sigma^2\,t_1}{t_2}\left(\dfrac{3\,t_2-t_1}{6}\right), t_2>t_1\end{cases}$$

2.4.9 泊松(Poisson)过程

定义 2.4.10 泊松过程 设 $\{X(t),t\in T\}$ 为独立增量过程，$X(0)=0$，如果对任意 $0\leqslant s<t$，增量 $X(t)-X(s)$ 的分布为泊松分布，即

$$P(X(t)-X(s)=k) = \mathrm{e}^{-\lambda(t-s)}\frac{[\lambda(t-s)]^k}{k!}, k=0,1,2,\cdots \tag{2.4.29}$$

其中，$\lambda>0$ 为常数，则称该随机过程 $\{X(t),t\geqslant 0\}$ 为泊松过程.

不难求出泊松过程对任意 $t,s,t>s$，其增量的均值与方差为

$$E[X(t)-X(s)] = \lambda(t-s) \tag{2.4.30}$$

$$D[X(t)-X(s)] = \lambda(t-s) \tag{2.4.31}$$

而泊松过程的均值函数为

$$m(t) = E[X(t)] = E[X(t)-X(0)] = \lambda t \tag{2.4.32}$$

泊松过程的中心自相关函数如下：

(1)当 $t_2>t_1$ 时,有

$$\begin{aligned}B(t_1,t_2)&=E\{[X(t_1)-\lambda t_1][X(t_2)-\lambda t_2]\}\\&=E\{[X(t_1)-\lambda t_1][X(t_1)-\lambda t_1+X(t_2)-\lambda t_2-X(t_1)+\lambda t_1]\}\\&=E\{[X(t_1)-\lambda t_1]^2\}+E\{[X(t_1)-\lambda t_1][(X(t_2)-\lambda t_2)-(X(t_1)-\lambda t_1)]\}\end{aligned}\tag{2.4.33}$$

因为泊松过程是独立增量过程,所以方程式(2.4.33)等号右侧第二项为零,于是有

$$B(t_1,t_2)=E[X(t_1)-\lambda t_1]^2=\lambda t_1$$

(2)当 $t_1>t_2$ 时,同样可以推出其中心自相关函数为

$$B(t_1,t_2)=\lambda t_2$$

因此,泊松过程的中心自相关函数为

$$B(t_1,t_2)=\lambda\min(t_1,t_2)\tag{2.4.34}$$

由此可见,泊松过程是齐次的但非平稳.由式(2.4.32)可得出

$$\lambda=\frac{m(t)}{t},t>0$$

因此泊松过程的强度 λ 代表单位时间内质点出现的平均个数,常常称 λ 为泊松过程的速率(平均到达率)、平均率或强度.

定理 2.4.7 泊松过程是均方连续、均方可积,但不是均方可微的随机过程.

该定理的证明比较简单,故留给读者作为练习.

例 2.4.7 考察这样一类随机过程:过程处于某一状态不变,直至某一瞬间过程发生跳跃而达到一个新的状态,以后一直停留在这个状态直到发生新的跳跃为止,每次跳跃都是相互独立的.例如,电话总机收到的呼叫电话的次数,花粉在水中由于受到水分子的碰撞所做的布朗运动,用电户拉闸或合闸的次数等随时间变化的过程就是这种过程.下面以电话呼叫次数为例建立泊松过程的数学模型.

解 设 $X(t)$ 为 $[0,t]$ 时间内到达的呼叫次数(跳跃次数),现规定当 $t=0$ 时 $X(0)=0$,让我们来分析在 $[0,t]$ 区间内,状态发生跳跃为 $k(k=0,1,2,\cdots)$ 次的概率.

首先把区间 $[0,t]$ 等分成 N 段,每段为 Δt 且 $N\Delta t=t$,假设在 $\tau\in[0,t]$ 时刻有 $X(\tau)=x$,而在 $[\tau,\tau+\Delta t)$ 中过程 $X(t)$ 以概率 $1-q\Delta t+o(\Delta t)$ 停留在此状态中,以概率 $q\Delta t+o(\Delta t)$ 发生跳跃,其中 $o(\Delta t)$ 表示关于 Δt 的高阶无穷小量,即

$$\lim_{\Delta t\to 0}\frac{o(\Delta t)}{\Delta t}=0$$

q 为该过程的跳跃率,它是与时间、状态均无关的常数.这表明在 $[0,t]$ 区间内,跳跃的发生是均匀的,有时把这种性质称为齐次性.

当 $N\to\infty$,$\Delta t\to 0$,但 $N\Delta t=t$ 时,上述含义可以叙述为:在 $[\tau,\tau+\Delta t]$ 区间内状态不发生跳跃的概率为 $1-q\Delta t$,发生跳跃的概率为 $q\Delta t$,对于 N 个小区间中的任意 k 个小区间,在该 k 个小区间发生跳跃而在 $N-k$ 个小区间不发生跳跃的概率 P_1 由跳跃的独立性就可表示为

$$P_1=(1-q\Delta t)^{N-k}(q\Delta t)^k$$

因为在 N 中任取 $k\leqslant N$ 的组合为 C_N^k,所以在 $[0,t]$ 内发生 k 次跳跃的概率 $P(X(t)=k)$ 为

$$\begin{aligned}P(X(t)=k)&=\lim_{N\to\infty}\mathrm{C}_N^kP_1\\&=\lim_{N\to\infty}(1-q\Delta t)^{N-k}(q\Delta t)^k\mathrm{C}_N^k\end{aligned}$$

$$= \lim_{N\to\infty} (1 - q\Delta t)^{N-k} (q\Delta t)^k \frac{N!}{k!\ (N-k)!} = e^{-qt\frac{(qt)^k}{k!}}$$

显然这是泊松分布,由定义 2.4.10 可知这类过程就是泊松过程.

例 2.4.8 进一步考察例 2.1.9 所分析的一阶自回归序列 $\{X(k), k=1,2,\cdots\}$, $X(k)$ 可表示为

$$X(k) + aX(k-1) = \xi(k)$$

其中,$|a|<1$ 为常数;$\{\xi(k), k=1,2,\cdots\}$ 为相互独立的服从正态 $N(0,1)$ 分布的随机变量序列,初始状态 $X(0)$ 为服从正态 $N(0,\sigma^2)$ 分布的随机变量,且与 $\{\xi(k), k=1,2,\cdots\}$ 相互独立.

解 由例 2.1.9 的分析结果可知对任意 $k\geqslant 1$,有

$$X(k) = (-a)^k X(0) + \sum_{i=1}^{k} (-a)^{k-i}\xi(i) \tag{2.4.35}$$

可见 $X(k)$ 是正态独立随机变量 $X(0), \xi(1), \xi(2), \cdots, \xi(k)$ 的线性组合,故 $\{X(k), k\geqslant 1\}$ 为正态随机序列. 进一步由例 2.1.9 的结果可知该序列的相关函数 $\Gamma_X(k,s)$ 为

$$\Gamma_X(k,s) = (-a)^{k+s}\sigma^2 + \frac{(-a)^{|k-s|} - (-a)^{k+s}}{1-a^2}, k,s\geqslant 1 \tag{2.4.36}$$

故当 k,s 为有限时,该序列是非平稳的;而当 $k\to\infty$, $s\to\infty$ 时,该序列 $\{X(k), k\geqslant 1\}$ 为平稳序列,此时有

$$\Gamma_X(k,s) = \frac{(-a)^{|k-s|}}{1-a^2} \triangleq \Gamma_X(k-s), k,s\to\infty$$

由序列 $\{X(k), k\geqslant 1\}$ 的定义式(2.1.31)及式(2.4.35)可知

$$X(k) = -aX(k-1) + \xi(k)$$

和
$$X(k-j) = (-a)^{k-j}X(0) + \sum_{i=1}^{k-j} (-a)^{k-j-i}\xi(i), j = 2,3,\cdots,k-1$$

因为 $\xi(k)$ 与 $\xi(i)$, $i=1,2,\cdots,k-j$, $j=2,3,\cdots,k-1$ 相互独立,故有

$$\begin{aligned}
&P(X(k)<x/X(k-1)=x(k-1), X(k-2)=x(k-2),\cdots,X(0)=x(0))\\
&=P(\xi(k)<x+ax(k-1)/X(k-1)=x(k-1), X(k-2)=x(k-2),\cdots,X(0)=x(0))\\
&=P(\xi(k)<x+ax(k-1)/X(k-1)=x(k-1))\\
&=P(X(k)<x/X(k-1)=x(k-1))
\end{aligned}$$

这说明上述序列为马尔可夫序列.

习　题

2.1 设$\{X(t),t\geqslant 0\}$为泊松过程,$X(0)=0$. 试求有限维分布函数族.

2.2 设$\{X(t),t\geqslant 0\}$为随机过程,$X(t)=A$,其中A为随机变量且分布函数$F_A(x)=P(A<x)$为已知. 试求有限维分布函数族.

2.3 设$\{X(t),-\infty<t<+\infty\}$为二阶矩过程. 试证:自相关函数$\Gamma_X(t_1,t_2)$在任意$t_1=t_2=t\in\mathbf{R}^1$处连续等价于在任意$t_1\in\mathbf{R}^1,t_2\in\mathbf{R}^1$处连续.

2.4 设二阶矩过程$\{X(t),-\infty<t<+\infty\}$的均值函数为零,相关函数为$\Gamma_X(t_1,t_2)=\dfrac{1}{a^2+(t_1-t_2)^2}$,$a>0$为常数. 试分析均方意义下的连续性、可积性和可微性.

2.5 设$\{X(t),-\infty<t<+\infty\}$为正态随机过程且$EX(t)=0$. 试证:对任意$t_1,t_2,t_3,t_4\in(-\infty,+\infty)$,有$E[X(t_1)X(t_2)X(t_3)X(t_4)]=E[X(t_1)X(t_2)]E[X(t_3)X(t_4)]+E[X(t_2)X(t_3)]E[X(t_1)X(t_4)]+E[X(t_1)X(t_3)]E[X(t_2)X(t_4)]$.

2.6 随机过程的切比雪夫不等式. 设$\{X(t),a\leqslant t\leqslant b\}$为实值均方可微随机过程,记$D(t)\triangleq\sqrt{E[|X(t)|^2]}$,$D_1(t)=\sqrt{E[|X'(t)|^2]}$.

试证:(1)$P(\sup\limits_{a\leqslant t\leqslant b}|X(t)|>\varepsilon)\leqslant\dfrac{1}{\varepsilon^2}E[\sup\limits_{a\leqslant t\leqslant b}X^2(t)]$;

(2) $X^2(t)=X^2(a)+2\int_a^t X'(\tau)X(\tau)\mathrm{d}\tau=X^2(b)-2\int_t^b X'(\tau)X(\tau)\mathrm{d}\tau$;

(3) $2X^2(t)\leqslant X^2(a)+X^2(b)+2\int_a^b|X'(\tau)X(\tau)|\mathrm{d}\tau$;

(4)$E[\sup\limits_{a\leqslant t\leqslant b}X^2(t)]\leqslant\dfrac{1}{2}[EX^2(a)+EX^2(b)]+\int_a^b\sqrt{E[X'(\tau)]^2EX^2(\tau)}\,\mathrm{d}\tau$;

(5)随机过程的切比雪夫不等式为

$$P(\sup_{a\leqslant t\leqslant b}|X(t)|>\varepsilon)\leqslant\frac{1}{\varepsilon^2}\left\{\frac{1}{2}[D^2(b)+D^2(a)]+\int_a^b D(\tau)\,D_1(\tau)\mathrm{d}\tau\right\}.$$

2.7 试证:泊松过程均方连续,均方可积,但不均方可微.

2.8 设$\{X(k),k=0,1,2,\cdots\}$为一阶滑动合序列,$X(k)=\xi(k)+C\xi(k-1)$,其中$\{\xi(k),k=\cdots,-2,-1,0,1,2,\cdots\}$是相互独立且服从正态$N(0,1)$分布的随机变量序列,$C>0$为常数. 试问:该过程是否为正态过程、平稳过程、马尔可夫过程或独立增量过程?

2.9 设$\Gamma_X(t_1,t_2)$为随机过程$\{X(t),t\geqslant 0\}$的自相关函数. 试证:$\Gamma_X(t_1,t_2)a^2$也是自相关函数,其中$a\neq 0$为任意实数.

2.10 设$\{Z_n,n=0,1,2,\cdots\}$为正态随机变量序列,它均方收敛于随机变量Z. 试证:Z是正态随机变量.

2.11 设$\{X(t),t\geqslant 0\}$为正态随机过程,且$X'(t)$及$Y(t)=\int_0^t X(\tau)\mathrm{d}\tau$存在. 试证:$X'(t)$及$X(t)$也是正态过程.

2.12 设$\{X(t),-\infty<t<+\infty\}$为平稳随机过程,且自相关函数$\Gamma_X(t_1,t_2)=\Gamma_X(t_1-t_2)=\Gamma_X(\tau)$及二维密度函数$f(\tau;x_1,x_2)$均为已知.

(1)试证：$P(|X(t+\tau)-X(t)|\geqslant a)\leqslant 2[\Gamma(0)-\Gamma(\tau)]/a^2$.

(2)试求：$P(|X(t+\tau)-X(t)|\geqslant a)$.

2.13 设$\{X(t),-\infty<t<+\infty\}$为随机过程，对任意$t\in(-\infty,+\infty)$，其一维分布密度函数为正态$N(0,1)$分布，现规定$Y(t)=g[X(t)]$. 试求函数$g(\cdot)$，使得$Y(t)$在$[a,b]$上具有均匀分布.

2.14 设A是具有密度$f_A(a)$的随机变量，现构成微分方程$X'(t)+AX(t)=0,X(0)=1$. 试求其解过程$\{X(t),t\geqslant 0\}$的均值函数$m_X(t)$，相关函数$\Gamma_X(t_1,t_2)$及$X(t)$的一维密度函数$f_X(t,x)$.

2.15 设$\{X(n),n=0,1,2,\cdots\}$是独立同分布随机变量序列且$EX(n)=0,EX^2(n)=\sigma^2<\infty$，又设$\{a_n,n=0,1,2,\cdots\}$为实数列，且$\sum\limits_{n=1}^{\infty}a_n^2<\infty$. 试证：$\sum\limits_{n=1}^{\infty}a_nX(n)$必均方收敛.

2.16 设随机过程$\{X(t),t\geqslant 0\}$定义为$X(t)=A\cos\omega t+B\sin\omega t$，其中$\omega>0$为已知常数，$A$与$B$为独立的正态随机变量且$EA=EB=0,DA=DB=\sigma^2$. 试求$P\left(\int_0^{\frac{2\pi}{\omega}}X^2(t)\mathrm{d}t>c\right)$.

2.17 设$\{X(t),t\geqslant 0\}$为维纳过程，$X(0)=0$. 试求有限维分布函数族.

2.18 设$\{X(t),t\geqslant 0\}$为随机过程，$X(t)=\xi+\eta t$，其中ξ,η为随机变量，$E\xi=E\eta=0$，$E\xi^2=\sigma_1^2,E\eta^2=\sigma_2^2,E\xi\eta=r$. 试求$X(t)$的均值函数和自相关函数.

2.19 设随机过程$\{X(t),-\infty<t<+\infty\}$和$\{Y(t),-\infty<t<+\infty\}$的均值函数为$m_X(t)$和$m_Y(t)$，原点自相关函数为$\Gamma_X(t_1,t_2)$和$\Gamma_Y(t_1,t_2)$，又$f(t),g(t),\phi(t)$为普通实函数. 试求随机过程$\{Z(t)=f(t)X(t)+g(t)Y(t)+\phi(t),-\infty<t<+\infty\}$的均值函数$m_Z(t)$及自相关函数$\Gamma_Z(t_1,t_2)$.

2.20 设$\{X(n),n=1,2,\cdots\}$为随机变量序列，其分布为

$X(n)$	n^2	0	$-n^2$
$P[X(n)]$	$\frac{1}{n^3}$	$1-\frac{2}{n^3}$	$\frac{1}{n^3}$

试证：$\{X(n),n=1,2,\cdots\}$依概率收敛于零，但不均方收敛于零.

2.21 随机过程$\{X(t),-\infty<t<+\infty\}$定义为$X(t)=At+B$，其中$A,B$为随机变量且一、二阶矩存在. 试求$Y(t)\triangleq\frac{1}{t}\int_0^tX(\tau)\mathrm{d}\tau$及$Z(t)\triangleq\frac{\mathrm{d}X(t)}{\mathrm{d}t}$的均值函数及自相关函数.

2.22 设$\{X(t),-\infty<t<+\infty\}$与$\{Y(t),-\infty<t<+\infty\}$为相互独立的零均值正态过程. 试证：

(1)$\alpha X(t)+\beta Y(t)$也是正态过程，其中α,β为常数；

(2)$\{X^2(t),-\infty<t<+\infty\}$为二阶矩过程，求均值函数及自相关函数.

2.23 试证：独立增量过程是马尔可夫过程.

2.24 设$\{X(t),t\geqslant 0\}$为泊松过程，$X(0)=0$，定义$Y(t)\triangleq\int_0^tX(\tau)\mathrm{d}\tau$. 试求$Y(t)$的均值函数及自相关函数.

2.25 设$\{X(t),t\geqslant 0\}$为泊松过程，参数为λ，令$Y(t)\triangleq X(t+b)-X(t)$，其中$b>0$为常数. 试求$Y(t)$的均值函数及自相关函数.

2.26 设$\{X(t),a\leqslant t\leqslant b,a<b\}$为二阶矩过程，且在$T=[a,b]$上均方连续. 试证：$X(t)$在$T$上必均方可积.

2.27 设随机过程$\{X(t),t\geqslant 0\}$的自相关函数$\Gamma_X(t_1,t_2)$为已知. 试求$\{\eta(t)=X(t+1)-X(t),t\geqslant 0\}$的自相关函数.

2.28 设$\Gamma_1(t_1,t_2)$与$\Gamma_2(t_1,t_2)$为自相关函数. 试证:$\Gamma_1+\Gamma_2$也是自相关函数.

2.29 设$\{X(t),t\geqslant 0\}$为维纳过程. 试求下列过程的自相关函数,其中,l为实常数:

(1)$X(t+l)-X(l)$;

(2)$X(t+l)-X(t)$;

(3)$\int_0^t X(\tau)\mathrm{d}\tau$;

(4)$X^2(t)$.

2.30 设$\{X(t),t\geqslant 0\}$为维纳过程. 试求下列过程的均值函数及自相关函数:

(1)$X(t)+At$,A为常数;

(2)$X(t)+\xi t$,ξ为与$X(t)$相互独立的随机变量且服从正态$N(0,1)$分布.

2.31 设E为独立抛掷硬币实验,随机过程$\{X(t),t>0\}$定义为

$$X(t)=\begin{cases}\sin \pi t, E\text{ 为正面}\\ 2t, E\text{ 为反面}\end{cases}$$

试求$X(t)$在$t=\frac{1}{4}$时的分布函数$F(t,x)$.

2.32 设平面上一个动点M的坐标$X(t)$,$Y(t)$是两个独立的随机走动过程,在每个坐标上的走动步伐均为S,而且向前或向后走动的概率各为$\frac{1}{2}$,规定每隔T秒走动一步. 令$Z(t)=\sqrt{X^2(t)+Y^2(t)}$表示动点$M$距原点的距离. 试证:当$t\gg T$时,$Z(t)$的概率密度函数为

$$f_Z(z)=\frac{Tz}{ts^2}\mathrm{e}^{-\frac{Tz2}{2ts2}},z\geqslant 0$$

2.33 设$\{X(t),-\infty<t<+\infty\}$为复平稳过程,自相关函数$B_X(\tau)$为已知,令$S=\int_a^b X(t)\mathrm{d}t$. 试证:

$$E(|S|^2)=\int_{-T}^{t}(T-|\tau|)B(\tau)\mathrm{d}\tau\text{ ,其中 }T=b-a$$

2.34 设$\{X(t),t\geqslant 0\}$为维纳过程,规定

$$Y(t)=\begin{cases}tX\left(\frac{1}{t}\right),t>0\\ 0,t\leqslant 0\end{cases}$$

试证:$\{Y(t),t>0\}$也是维纳过程.

2.35 设$\{X(n),n=0,1,2,\cdots\}$为平稳随机序列,且$EX(n)=0$,$EX(n)X(m)=B_X(n-m)$,又设$\{a_n,n=0,1,2,\cdots\}$为实数列,如果$\sum\limits_{i=0}^{\infty}\sum\limits_{j=1}^{\infty}|a_ia_jB(i-j)|<\infty$. 试证:$\sum\limits_{n=0}^{\infty}a_nX(n)$必均方收敛.

第 3 章　平稳随机过程

3.1　平稳随机过程及其相关函数

3.1.1　平稳随机过程

我们虽然在 2.4.3 和 2.4.4 中对严平稳过程和宽平稳过程分别做了严格的定义，但从实际需要来看，深入地研究宽平稳过程是十分必要的. 这不仅仅是因为要计算严平稳过程的有限维分布函数族在数学上十分困难，而且实践也表明，从宽平稳的角度出发也能很简单地解决实际运用中所遇到的有关问题。因此，如不再申明，以后我们所讨论的平稳过程均指宽平稳过程.

在自然科学和工程技术中，经常遇到两大类随机过程：一类是马尔可夫过程，笼统地说，就是无后效性的随机过程. 维纳过程、泊松过程及独立增量过程等就属于这一类随机过程. 另一类是平稳过程，它是与马尔可夫过程不一样的随机过程，从过程的变化及相互联系来看，它的现在情况和它的过去情况都对未来有着不可忽视的影响.

一般地说，如果产生随机过程的基本原因保持不变，那么就可以把这个过程看成平稳过程. 平稳过程有两个特点：一个是过程的均值函数是常数；另一个是对任意两个时刻 t_1，t_2，只要时间差不变，即 $t_2-t_1=\tau$ 不变，则该时刻的随机变量 $X(t_1)$，$X(t_2)$ 的相关情况保持不变.

由平稳过程的上述特点，可以给出平稳过程的另一个定义.

定义 3.1.1　设 $\{X(t),t\in T\}$ 为二阶矩过程，如果对任意 $t,t_1,t_2\in T$，有

$$EX(t)=m_X=\text{const} \tag{3.1.1}$$

$$E[X(t_1)X(t_2)]=\Gamma_X(t_1-t_2)\triangleq\Gamma_X(\tau) \tag{3.1.2}$$

则称 $\{X(t),t\in T\}$ 为平稳随机过程，特别地，若时间集合为 $T=\{\cdots,-2,-1,0,1,2,\cdots\}$ 时，则称 $\{X(t),t\in T\}$ 为平稳随机序列.

通常称式(3.1.2)中的 $\Gamma_X(t_1-t_2)$ 为原点自相关函数；称

$$\begin{aligned}B_X(\tau)\triangleq B_X(t_1-t_2)&=E\{[X(t_1)-m_X][X(t_2)-m_X]\}\\&=\Gamma_X(t_1-t_2)-m_X^2\\&=\Gamma_X(\tau)-m_X^2\end{aligned} \tag{3.1.3}$$

为中心自相关函数；称

$$R_X(\tau)\triangleq\frac{B_X(\tau)}{B_X(0)}=\frac{B_X(\tau)}{\sigma^2} \tag{3.1.4}$$

为标准中心自相关函数. 其中，$\sigma^2=B(0)$ 为平稳随机过程的方差.

3.1.2 白噪声序列与白噪声过程

例 3.1.1 白噪声序列 设$\{X(k),k=\cdots,-2,-1,0,1,2,\cdots\}$为相互独立的随机变量序列且$EX(k)=0,DX(k)=\sigma^2$. 试分析该随机变量序列的平稳性.

因为$EX(k)=0$及

$$E[X(k)X(l)]=\sigma^2\delta(k-l)\triangleq B(k-l)$$

其中,称$\delta(k-l)$为克罗尼克$-\delta$函数。它定义为

$$\delta(k-l)=\begin{cases}1,k=l\\0,k\neq l\end{cases} \tag{3.1.5}$$

显见它满足定义 3.1.1,所以这种随机序列具有平稳性. 在工程技术中常把这种随机序列叫作白噪声序列.

现在分析白噪声序列通过线性定常离散系统. 系统模型如图 3.1.1 所示,其中$W(z)$为线性定常离散系统的传递函数.

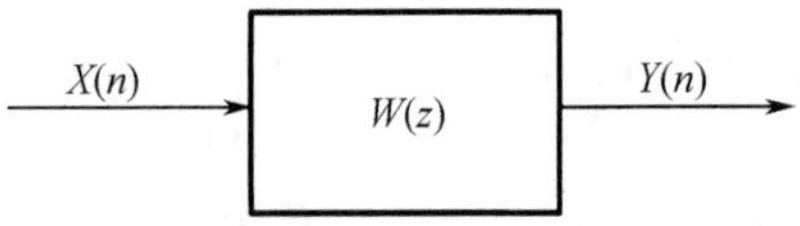

图 3.1.1 白噪声序列通过线性定常离散系统方块图

假设该系统是稳定的,即传递函数$W(z)$的所有极点均在单位圆内. 系统输入序列$\{X(n),n=\cdots,-2,-1,0,1,2,\cdots\}$为白噪声序列. 在工程控制中,通常称

$$k(i)=Z^{-1}\{W(z)\} \tag{3.1.6}$$

为该系统的脉冲响应函数,其中符号Z^{-1}表示求Z反变换. 由于系统是稳定的,所以必有

$$\sum_{i=-\infty}^{+\infty}k^2(i)<\infty \tag{3.1.7}$$

由控制理论可知,在白噪声序列$\{X(n),n=\cdots,-2,-1,0,1,2,\cdots\}$作用下,系统输出序列$\{Y(n),n=\cdots,-2,-1,0,1,2,\cdots\}$可表示为

$$Y(n)=\sum_{i=-\infty}^{+\infty}k(i)X(n-i) \tag{3.1.8}$$

首先证明$Y(n)$有确定意义,即对每个n,式(3.1.8)均方收敛,记

$$Y^{(N)}(n)=\sum_{i=-N}^{N}k(i)X(n-i)$$

随着N的增加,显然$\{Y^{(N)}(n),N=1,2,\cdots\}$是随机变量序列. 当$N>M$时,有

$$\begin{aligned}E[Y^{(N)}(n)-Y^{(M)}(n)]^2&=E[\sum_{i=-N}^{N}k(i)X(n-i)-\sum_{i=-M}^{M}k(i)X(n-i)]^2\\&=E[\sum_{M<|i|\leqslant N}k(i)X(n-i)]^2\\&=\sigma^2\sum_{M<|i|\leqslant N}k^2(i)\to 0(N,M\to\infty)\end{aligned}$$

因此,由定理 2.2.3 可知$\{Y^{(N)}(n),N=1,2,\cdots\}$是柯西基本序列. 故必存在随机变量$Y(n)$,使$Y_{(n)}^{(N)}$均方收敛于$Y(n)$,即

$$Y(n) = \lim_{N\to\infty} Y^{(N)}(n) \triangleq \sum_{i=-\infty}^{+\infty} k(n-i)X(i) \tag{3.1.9}$$

进一步,由定理 2.2.4 及式(3.1.9)又知

$$EY(n) = E\sum_{i=-\infty}^{+\infty} k(n-i)X(i) = \sum_{i=-\infty}^{+\infty} k(n-j)EX(i)$$

又因$\{X(n), n=\cdots,-2,-1,0,1,2,\cdots\}$为白噪声序列,所以 $EX(i)=0$,因此系统输出序列的均值为

$$EY(n)=0, n=\cdots,-2,-1,0,1,2,\cdots \tag{3.1.10}$$

还可以求出系统输出序列$\{Y(n), n=\cdots,-2,-1,0,1,2,\cdots\}$的相关函数为

$$\begin{aligned} E[Y(l)Y(m)] &= E[\sum_{i=-\infty}^{+\infty} k(i)X(l-i)\sum_{j=-\infty}^{+\infty} k(j)X(m-j)] \\ &= \sum_{i=-\infty}^{+\infty}\sum_{j=-\infty}^{+\infty} k(i)k(j)E[X(l-i)X(m-j)] \\ &= \sum_{i=-\infty}^{+\infty}\sum_{j=-\infty}^{+\infty} k(i)k(j)\sigma^2\delta(l-i-m+j) \end{aligned}$$

由于

$$\delta(l-i-m+j)=\begin{cases}1, j=m+i-l \\ 0, j\neq m+i-l\end{cases}$$

所以经计算可得输出序列的相关函数为

$$\begin{aligned} E[Y(l)Y(m)] &= \sum_{i=-\infty}^{+\infty} k(i)k(i+m-l)\sigma^2 \\ &= \sigma^2[\sum_{i=-\infty}^{+\infty} k(i)k(i+m-l)] \triangleq B_Y(m-l) \end{aligned} \tag{3.1.11}$$

又在式(3.1.11)中令 $i+m-l=u$,则把 $i=u+l-m$ 代入原式可得

$$E[Y(l)Y(m)] = \sigma^2[\sum_{i=-\infty}^{+\infty} k(u)k(u+l-m)] = B_Y(l-m) \tag{3.1.12}$$

比较式(3.1.12)及式(3.1.13)可知,输出序列的相关函数具有偶函数特点,即

$$B_Y(m-l)=B_Y(l-m)$$

由式(3.1.10)、式(3.1.13)及定义 3.1.1 可知系统输出序列$\{Y(n), n=\cdots,-2,-1,0,1,2,\cdots\}$是平稳随机序列,于是可以得出定理 3.1.1.

定理 3.1.1 白噪声序列作用于稳定的线性定常离散系统时,其输出序列仍为平稳随机序列,其均值函数与相关函数分别由式(3.1.10)及式(3.1.11)表示.

在工程技术中,为了分析方便起见,常常利用白噪声过程作为系统干扰的一种模型. 为了深入研究这种噪声模型,首先应给出它的定义,即定义 3.1.2.

定义 3.1.2 白噪声过程 设$\{X(t), t\in T\}$为随机过程,如果对任意 $t_1,t_2,\cdots,t_n\in T$,随机变量 $X(t_1),X(t_2),\cdots,X(t_n)$相互独立,$EX(t)=0$,且自相关函数 $\Gamma(t_i,t_j)$为

$$\Gamma(t_i,t_j)=E[X(t_i)X(t_i)]=\sigma^2\delta(t_i-t_j)\triangleq\sigma^2\delta(\tau) \tag{3.1.13}$$

其中,σ^2 为常数;$\delta(\tau)$为狄拉克 $-\delta$ 函数,它定义为

$$\left.\begin{aligned} &\delta(\tau)=\begin{cases}\infty, \tau=0 \\ 0, \tau\neq 0\end{cases} \\ &且\int_{-\infty}^{+\infty}\delta(\tau)\mathrm{d}\tau = 1 \end{aligned}\right\} \tag{3.1.14}$$

则称该随机过程为白噪声过程.

由定义 3.1.2 可知白噪声过程有以下特点：

(1)任意两个不同时刻 t_1, t_2 所对应的随机变量 $X(t_1), X(t_2)$ 是相互独立的；

(2)白噪声过程满足平稳随机过程的式(3.1.1)及式(3.1.2)；

(3)白噪声过程不存在二阶矩,故它不是二阶矩过程.

白噪声过程与独立增量过程有如下关系,即定理 3.1.2.

定理 3.1.2 设 $\{X(t), -\infty < t < +\infty\}$ 为零均值独立增量过程且

$$E[X(t_2) - X(t_1)]^2 = \sigma^2(t_2 - t_1), t_2 > t_1 \tag{3.1.15}$$

则该过程的导数过程 $\{X'(t), -\infty < t < +\infty\}$ 就是白噪声过程,或者说白噪声过程的积分过程就是零均值独立增量过程,且有

$$E[X(t_2) - X(t_1)]^2 = \sigma^2(t_2 - t_1), t_2 > t_1$$

证明 先考察随机过程 $\{X^*(t), -\infty < t < +\infty\}$,其中

$$X^*(t) \triangleq \frac{X(t+h) - X(t)}{h}, h > 0 \tag{3.1.16}$$

由定理 2.4.3 及式(3.1.15)可知对任意 t_1,该过程的相关函数 $\Gamma^*(t_1, t_1+\tau)$ 为

$$\begin{aligned}
\Gamma^*(t_1, t_1+\tau) &= [X^*(t_1)X^*(t_1+\tau)] \\
&= E\left[\frac{X(t_1+h) - X(t_1)}{h} \frac{X(t_1+h+\tau) - X(t_1+\tau)}{h}\right] \\
&= \frac{1}{h^2}\{\Gamma(t_1+h) - \Gamma(t_1) - \Gamma[\min(t_1+h, t_1+\tau)] + \Gamma(t_1)\} \\
&= \begin{cases} \dfrac{\sigma^2}{h^2}(h-\tau), 0 \leqslant \tau \leqslant h \\ 0, \tau > h \end{cases}
\end{aligned} \tag{3.1.17}$$

同理当 $\tau < 0$ 时,可计算得

$$\Gamma^*(t_1, t_1+\tau) = \begin{cases} \dfrac{\sigma^2}{h^2}(h+\tau), -h \leqslant \tau \leqslant 0 \\ 0, \tau < -h \end{cases} \tag{3.1.18}$$

归纳式(3.1.17)及式(3.1.18),便有

$$\Gamma^*(t_1, t_1+\tau) = \begin{cases} \sigma^2 \dfrac{h - |\tau|}{h^2}, |\tau| \leqslant h \\ 0, |\tau| > h \end{cases} \tag{3.1.19}$$

由式(3.1.19)可以看出,由式(3.1.16)定义的随机过程 $\{X^*(t), -\infty < t < +\infty\}$ 具有平稳性,而且对任意 t_1,当 $|\tau| > h$ 时,$X^*(t_1)$ 与 $X^*(t_1+\tau)$ 是相互独立的.

进一步,如果记

$$\delta^*(\tau) = \begin{cases} \dfrac{h - |\tau|}{h^2}, |\tau| \leqslant h \\ 0, |\tau| > h \end{cases} \tag{3.1.20}$$

$$\int_{-\infty}^{+\infty} \delta^*(\tau) d\tau = 1$$

现在考察当 $h \to 0$ 时的情况,显然有

$$\lim_{h\to 0} X^*(t) = X'(t)$$

$$\lim_{h\to 0} \delta^*(\tau) = \delta(\tau)$$

其中,$X'(t)$为$X(t)$的导数;$\delta(\tau)$为狄拉克-δ函数.此时,一方面有

$$\begin{aligned}\lim_{h\to 0}\Gamma^*(t_1,t_1+\tau) &= \lim_{h\to 0}E[X^*(t_1)X^*(t_1+\tau)]\\ &= E[\lim_{h\to 0}X^*(t_1)\lim_{h\to 0}X^*(t_1+\tau)]\\ &= E[X'(t_1)X'(t_1+\tau)]\\ &= \Gamma^{(1)}(t_1,t_1+\tau)\end{aligned} \tag{3.1.21}$$

另一方面,由式(3.1.19)及式(3.1.20),还有

$$\lim_{h\to 0}\Gamma^*(t_1,t_1+\tau) = \lim_{h\to 0}\sigma^2\delta^*(\tau) = \sigma^2\delta(\tau) \tag{3.1.22}$$

比较式(3.1.21)及式(3.1.22)可得

$$\Gamma^{(1)}(t_1,t_1+\tau) = E[X'(t_1)X'(t+\tau)] = \sigma^2\delta(\tau) \tag{3.1.23}$$

于是由定义3.1.2可知,导数过程$\{X'(t),-\infty<t<\infty\}$为白噪声过程.

定理证毕.

现在,我们分析白噪声过程作用于稳定的线性定常系统.系统如图3.1.2所示,其中系统输入$\{X'(t),-\infty<t<+\infty\}$为白噪声过程,而$\{X(t),-\infty<t<+\infty\}$为独立增量过程且$EX^2(t)=\sigma^2 t$,$W(s)$为线性定常系统传递函数,假定它的所有特征根均在$s$左半平面内.试分析系统输出过程$\{Y(t),-\infty<t<+\infty\}$的平稳性.

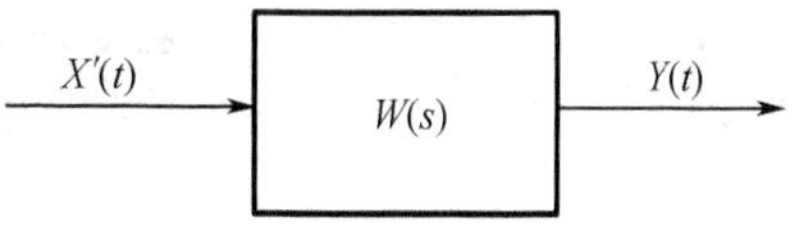

图3.1.2 白噪声过程作用于稳定的线性定常系统方块图

由控制理论可知,该系统的单位脉冲响应函数$k(t)$为

$$k(t) = L^{-1}\{W(s)\} \tag{3.1.24}$$

其中,符号L^{-1}表示对$W(s)$求拉氏反变换.由于系统是稳定的,所以必有

$$\int_{-\infty}^{+\infty} k^2(t)\,\mathrm{d}t < \infty \tag{3.1.25}$$

当白噪声过程$\{X'(t),-\infty<t<+\infty\}$作用于线性系统时,系统的输出过程$\{Y(t),-\infty<t<+\infty\}$为

$$Y(t) = \int_{-\infty}^{+\infty} k(\tau)X'(t-\tau)\,\mathrm{d}\tau \tag{3.1.26}$$

为了讨论积分$Y(t)$的收敛性,首先将式(3.1.25)及式(3.1.26)化为和式,为此取$(-\infty,+\infty)$中的任一组分点:$-\infty<t_{-n}<t_{-n+1}<\cdots<t_0<t_1<\cdots<t_n<\infty$,记

$$\Delta_n = \max_{-n<i\leqslant n}\Delta t_i,\ \Delta t_i = t_i - t_{i-1}$$

由式(3.1.25)可知

$$\int_{-\infty}^{+\infty} k^2(t)\,\mathrm{d}t = \lim_{\Delta_n\to 0}\sum_{i=-n}^{n} k^2(t_i)\Delta t_i < \infty \tag{3.1.27}$$

若在式(3.1.27)中,令$k(i)$代表$k(t_i)\sqrt{\Delta t_i}$,且注意到当$\Delta_n\to 0$时有$n\to\infty$,于是可把式(3.1.27)写成

$$\sum_{i=-\infty}^{+\infty} k^2(i) < \infty \tag{3.1.28}$$

现在把积分式(3.1.26)化为和式,对任意t_i取$(-\infty,+\infty)$中的任一组分点:$-\infty<$

$t_i-\tau_{-m}<t_i-\tau_{-m+1}<\cdots<t_i-\tau_0<\cdots<t_i-\tau_m<\infty$，记

$$\Delta_m \triangleq \max_{-m<j\leqslant m}\left[(t_i-\tau_j)-(t_i-\tau_{j-1})\right]=\max_{-m<j\leqslant m}(\tau_{j-1}-\tau_j)$$

再记 $\Delta\tau_j=\tau_{j-1}-\tau_j$，于是由式(3.1.26)有

$$Y(t_i)=\int_{-\infty}^{+\infty}k(\tau)X'(t-\tau)\mathrm{d}\tau=\lim_{\Delta_m\to 0}\sum_{j=-m}^{m}k(\tau_j)\left[X(t_i-\tau_j)-X(t_i-\tau_{j-1})\right]$$

若令 $\Delta X_{ij}\triangleq X(t_i-\tau_j)-X(t_i-\tau_{j-1})$，则上式可写成

$$Y(t_i)=\lim_{\Delta_m\to 0}\sum_{j=-m}^{m}k(\tau_j)\Delta X_{ij}=\lim_{\Delta_m\to 0}\sum_{j=-m}^{m}k(\tau_j)\sqrt{\Delta\tau_j}\frac{\Delta X_{ij}}{\sqrt{\Delta\tau_j}}=\sum_{j=-\infty}^{+\infty}k(j)\frac{\Delta X_{ij}}{\sqrt{\Delta\tau_j}} \tag{3.1.29}$$

其中 $k(j)$ 代替 $k(\tau_j)\sqrt{\Delta\tau_j}$，由定理3.1.1可知

$$\left\{\frac{\Delta X_{ij}}{\sqrt{\Delta\tau_j}}=\frac{X(t_i-\tau_j)-X(t_i-\tau_{j-1})}{\sqrt{\tau_{j-1}-\tau_j}},j=\cdots,-2,-1,0,1,2,\cdots\right\} \tag{3.1.30}$$

为相互独立的随机变量序列，且

$$E\left(\frac{\Delta X_{ij}}{\sqrt{\Delta\tau_j}}\right)=0 \tag{3.1.31}$$

$$E\left(\frac{\Delta X_{ij}}{\sqrt{\Delta\tau_j}}\right)^2=\frac{1}{\Delta\tau_j}E(\Delta X_{ij})^2=\frac{1}{\tau_{j-1}-\tau_j}E\left[X(t_i-\tau_j)-X(t_i-\tau_{j-1})\right]^2=\sigma^2 \tag{3.1.32}$$

由式(3.1.31)及式(3.1.32)显见，由式(3.1.30)所表示的随机序列还是白噪声序列. 这样一来，把式(3.1.28)及式(3.1.29)同式(3.1.7)及式(3.1.8)相比较，立得 $Y(t_i)$ 是均方收敛的.

利用与例3.1.1完全相同的方法可求出对任意 $t_i\in(-\infty,+\infty)$，有

$$EY(t_i)=E\sum_{j=-\infty}^{+\infty}k(j)\frac{\Delta X_{ij}}{\sqrt{\Delta\tau_j}}=0 \tag{3.1.33}$$

和

$$\begin{aligned}\Gamma_Y(t_1,t_2)&=E[Y(t_1)Y(t_2)]\\&=E\left[\sum_{j=-\infty}^{+\infty}k(\tau_i)\Delta X_{1j}\sum_{l=-\infty}^{+\infty}k(\tau_l)\Delta X_{2l}\right]\\&=\sum_{j=-\infty}^{+\infty}\sum_{l=-\infty}^{+\infty}k(\tau_j)k(\tau_l)\min(\Delta\tau_j,\Delta\tau_l)\sigma^2\delta(t_1-\tau_j-t_2+\tau_1)\end{aligned}$$

其中，$\delta(t_1-\tau_j-t_2+\tau_1)$ 为克罗尼克－δ 函数，由于 $\Delta\tau_j$ 和 $\Delta\tau_l$ 是任取的高阶小量，所以不妨设 $\Delta\tau_j>\Delta\tau_l$，于是可计算上式得出

$$\begin{aligned}\Gamma_Y(t_1,t_2)&=\sum_{j=-\infty}^{+\infty}\sum_{l=-\infty}^{+\infty}k(\tau_j)k(\tau_l)\Delta\tau_l\sigma^2\delta(t_1-\tau_j-t_2+\tau_l)\\&=\sum_{l=-\infty}^{+\infty}k(t_1-t_2+\tau_l)k(\tau_l)\Delta\tau_l\sigma^2\\&=\sigma^2\int_{-\infty}^{+\infty}k(t_1-t_2+\tau)k(\tau)\mathrm{d}\tau,t_1,t_2\in(-\infty,+\infty)\end{aligned} \tag{3.1.34}$$

由式(3.1.33)、式(3.1.34)及定义3.1.1可知系统输出过程 $\{Y(t),-\infty<t<+\infty\}$ 为平稳随机过程. 于是可得如下结论，即定理3.1.3.

定理3.1.3 白噪声过程作用于稳定的线性定常系统时，其输出过程为平稳随机过程，

其均值函数及相关函数分别由式(3.1.33)及式(3.1.34)表示.

在第1章所讨论的例子中,可以看出,例1.2.1所述的随机过程是非平稳过程,而例1.2.2、例1.2.3及例1.2.4所述的随机过程均为平稳随机过程.

例3.1.2　设$\{X(t),-\infty<t<+\infty\}$为零均值正交增量过程且

$$E[X(t_2)-X(t_1)]^2=t_2-t_1,t_2>t_1$$

令

$$Y(t)=X(t)-X(t-1)$$

试证明$\{Y(t),-\infty<t<+\infty\}$为平稳过程,并求它的相关函数.

因为$Y(t)$的均值函数为$m_Y(t)=EY(t)=EX(t)-EX(t-1)=0$,相关函数$\Gamma_Y(t_1,t_2)$为

$$\begin{aligned}\Gamma_Y(t_1,t_2)&=EY(t_1)Y(t_2)\\&=E[X(t_1)-X(t_1-1)][X(t_2)-X(t_2-1)]\\&=\begin{cases}1-|t_2-t_1|,|t_2-t_1|<1\\0,|t_2-t_1|\geqslant 1\end{cases}\triangleq\Gamma_Y(t_1,t_2)\end{aligned}$$

所以$\{Y(t),|t|<\infty\}$是平稳随机过程.

若令$t_1=t+\tau,t_2=t$,则$\{Y(t),-\infty<t<+\infty\}$的相关函数$\Gamma_Y(\tau)$为

$$\Gamma_Y(\tau)=\Gamma_Y(t+\tau-t)=\Gamma_Y(t+\tau,t)=\begin{cases}1-|\tau|,|\tau|<1\\0,|\tau|\geqslant 1\end{cases}$$

例3.1.3　平稳正态过程的极性量化过程.在通信和随机控制技术中,经常遇到把平稳正态噪声进行极性量化来处理.这样做的优点是,可以节省A/D变换器从而使系统更为简单可靠.这一问题的提法如下:

设$\{X(t),-\infty<t<+\infty\}$为平稳正态过程且$EX(t)=0$,相关函数$B(\tau)=EX(t+\tau)X(t)$为已知,当该过程通过极性量化器(图3.1.3)后,其输出$Y(t)$为

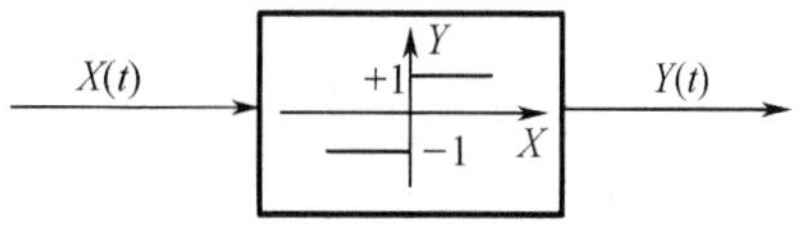

图3.1.3　极性量化器原理图

$$Y(t)=\operatorname{sgn}[X(t)]=\begin{cases}+1,X(t)\geqslant 0\\-1,X(t)<0\end{cases}$$

现在分析输出过程$\{Y(t),-\infty<t<+\infty\}$的平稳性.首先,均值函数为

$$EY(t)=(+1)P(X(t)\geqslant 0)+(-1)P(X(t)<0)=0$$

其次,相关函数为

$$\begin{aligned}E[Y(t+\tau)Y(t)]&=E[\operatorname{sgn}X(t+\tau)\operatorname{sgn}X(t)]\\&=E[\operatorname{sgn}X(t+\tau)X(t)]\\&=1P(X(t+\tau)X(t)\geqslant 0)+(-1)P(X(t+\tau)X(t)<0)\\&=2P(X(t+\tau)X(t)\geqslant 0)-1\\&=4P(X(t+\tau)\geqslant 0,X(t)\geqslant 0)-1\\&=4\int_0^\infty\int_0^\infty\frac{1}{\sqrt{1-\gamma^2}2\pi\sigma^2}\exp\left\{\frac{-(x_1^2-2\gamma x_1x_2+x_2^2)}{2\sigma^2(1-\gamma^2)}\right\}dx_1dx_2-1\end{aligned}\tag{3.1.35}$$

其中,$\sigma^2=B_X(0)$;$\gamma=\dfrac{B_X(\tau)}{B_X(o)}$,通常称$\gamma$为标准相关函数;$x_1\triangleq X(t+\tau)$;$x_2\triangleq X(t)$.

现做变量置换,设 $x_1=\rho\cos\theta, x_2=\rho\sin\theta, 0\leqslant\theta\leqslant\frac{\pi}{2}$,于是有

$$dx_1dx_2=\rho d\rho d\theta \tag{3.1.36}$$

将式(3.1.36)代入式(3.1.35),经整理可得

$$\begin{aligned}E\{Y(t+\tau)Y(t)\}&=\frac{2}{\pi\sigma^2\sqrt{1-\gamma^2}}\int_0^{\frac{\pi}{2}}d\theta\int_0^{\infty}\exp\frac{-\rho^2(1-2\gamma\cos\theta\sin\theta)}{2(1-\gamma^2)\sigma^2}\rho d\rho-1\\&=\frac{2}{\pi}\arcsin\gamma\\&=\frac{2}{\pi}\arcsin\frac{B_X(\tau)}{B_X(0)}\end{aligned}\tag{3.1.37}$$

由此可知,$\{Y(t),-\infty<t<+\infty\}$仍为平稳过程. 值得注意的是,输出过程 $Y(t)$ 的方差为 1,即$\sigma_Y^2=1$,它与输入过程方差大小无关.

例 3.1.4　随机开关信号　设$\{X(t),-\infty<t<+\infty\}$为随机开关信号,它的特点:(1)对任意 $t\in(-\infty,+\infty)$,$X(t)$以等概率取 a 或 $-a$;(2)信号发生变号的时刻也是随机的,但在$(t,t+h)$区间内出现 k 次变号的概率服从泊松分布,即

$$P(k)=\frac{(\mu h)^k}{k!}e^{-\mu h}, \mu>0, k=0,1,2,\cdots \tag{3.1.38}$$

随机开关信号的一个样本函数如图 3.1.4 所示,试分析该过程平稳性.

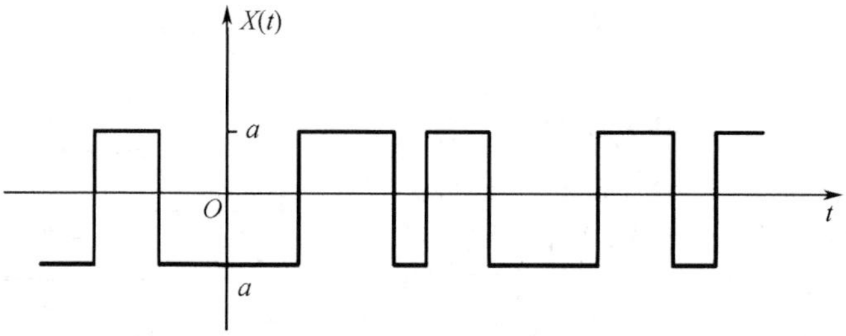

图 3.1.4　随机开关信号的一个样本函数表示

随机开关信号的均值函数为

$$EX(t)=aP(X(t)=a)+(-a)P(X(t)=-a)=0 \tag{3.1.39}$$

设 A 代表在区间$(t,t+h)$内信号发生变号次数为偶数这一事件,则$\bar{A}$代表在区间$(t,t+h)$内信号发生变号次数为奇数这一事件,于是随机开关信号的相关函数为

$$\begin{aligned}\Gamma(t_1,t_1+h)&=EX(t_1)X(t_1+h)\\&=P(A)E[X(t_1)X(t_1+h)/A]+P(\bar{A})E[X(t_1)X(t_1+h)/\bar{A}]\end{aligned}\tag{3.1.40}$$

然而,在事件 A 发生的条件下,$X(t_1)X(t_1+h)$的取值为 $a\times a$ 或者$(-a)\times(-a)$,而且取这两个值的可能性是相等的,于是有

$$E[X(t_1)X(t_1+h)/A]=a^2 \tag{3.1.41}$$

而且

$$P(A)=\sum_{i=0}^{\infty}P(k=2i)=\sum_{i=0}^{\infty}\frac{(\mu h)^{2i}}{(2i)!}e^{-\mu h} \tag{3.1.42}$$

同样,在事件$\bar{A}$发生的条件下,$X(t_1)X(t_1+h)$的取值为$(-a)\times a$ 或者 $a\times(-a)$,而且取这

两个值的可能性也是相等的，于是

$$E[X(t_1)X(t_1+h)/\overline{A}] = -a^2 \tag{3.1.43}$$

且

$$P(\overline{A}) = \sum_{i=0}^{\infty} P(k=2i+1) = \sum_{i=0}^{\infty} \frac{(\mu h)^{2i+1}}{(2i+1)!}\mathrm{e}^{-\mu h} \tag{3.1.44}$$

将式(3.1.41)至式(3.1.44)代入式(3.1.40)，则得随机开关信号的相关函数为

$$\begin{aligned}\Gamma(t_1,t_1+h) &= E[X(t_1)X(t_1+h)]\\ &= a^2\left[\sum_{i=0}^{\infty}\frac{(\mu h)^{2i}}{(2i)!}\mathrm{e}^{-\mu h} - \sum_{i=0}^{\infty}\frac{(\mu h)^{2i+1}}{(2i+1)!}\mathrm{e}^{-\mu h}\right]\\ &= a^2\mathrm{e}^{-2\mu h}, h>0\end{aligned} \tag{3.1.45}$$

由式(3.1.39)、式(3.1.45)式及定义3.1.1可知随机开关信号$\{X(t), -\infty<t<+\infty\}$为平稳随机过程.

3.1.3 平稳随机过程的性质

由于平稳随机过程是二阶矩过程的一个子类，所以关于二阶矩过程所得到的结论对于平稳随机过程仍然适用. 不仅如此，平稳随机过程还有更强的性质.

性质1 设$\Gamma(\tau)$和$B(\tau)$为平稳随机过程$\{X(t), t\in T\}$的原点相关函数和中心相关函数，则

$$\infty > \Gamma(0) \geqslant 0, \infty > B(0) \geqslant 0 \tag{3.1.46}$$

$$\Gamma(\tau) = \Gamma(-\tau), B(\tau) = B(-\tau) \tag{3.1.47}$$

$$|\Gamma(\tau)| \leqslant \Gamma(0), |B(\tau)| \leqslant B(0) \tag{3.1.48}$$

证明 首先$\Gamma(0)=EX^2(t)\geqslant 0$且$B(0)=E[X(t)-m]^2\geqslant 0$，而且还有$\Gamma(\tau)=EX(t+\tau)X(t)=EX(t')X(t'-\tau)=EX(t'-\tau)X(t')=\Gamma(-\tau)$，其中$t'=t+\tau$，同理可证$B(\tau)=B(-\tau)$. 又因为$E[X(t+\tau)\pm X(t)]^2\geqslant 0$，所以经展开可得

$$E[X^2(t+\tau)\pm 2X(t+\tau)X(t)+X^2(t)]\geqslant 0$$

即

$$\Gamma(0)\pm 2\Gamma(\tau)+\Gamma(0)\geqslant 0$$

经整理可得$\Gamma(0)\geqslant|\Gamma(\tau)|$，同理可证$B(0)\geqslant|B(\tau)|$.

性质2 设$\Gamma(\tau)$和$B(\tau)$为平稳随机过程$\{X(t), t\in T\}$的原点相关函数及中心相关函数，则对T中的任意n个时间点$t_1,t_2,\cdots,t_n$及任意实数$a_1,a_2,\cdots,a_n$，其中n为任意整数，有

$$\sum_{i,j=1}^{n}\Gamma(t_i-t_j)a_ia_j \geqslant 0 \tag{3.1.49}$$

$$\sum_{i,j=1}^{n}B(t_i-t_j)a_ia_j \geqslant 0 \tag{3.1.50}$$

证明 因为$E[\sum_{i=1}^{n}X(t_i)a_i]^2\geqslant 0$，所以经展开有

$$E[\sum_{i=1}^{n}\sum_{j=1}^{n}X(t_i)X(t_j)a_ia_j] = \sum_{i,j=1}^{n}\Gamma(t_i-t_j)a_ia_j\geqslant 0$$

同理可证$\sum_{i,j=1}^{n}B(t_i-t_j)a_ia_j\geqslant 0$.

性质3 平稳随机过程$\{X(t), t\in T\}$为均方连续的充要条件是它的相关函数$\Gamma(\tau)$在$\tau=0$处连续. 此时$\Gamma(\tau)$处处连续.

证明 由等式 $E[X(t+\tau)-X(t)]^2=2[\Gamma(0)-\Gamma(\tau)]$ 可知，若 $\lim\limits_{\tau\to 0}[\Gamma(0)-\Gamma(\tau)]=0$，则 $\lim\limits_{\tau\to 0}E[X(t+\tau)-X(t)]^2=0$，即若相关函数在 $\tau=0$ 处连续，则平稳随机过程在 $t\in T$ 处均方连续，故充分性得证. 另一方面，利用许互兹不等式，由式(3.1.47)有

$$\begin{aligned}[\Gamma(t+\tau)-\Gamma(t)]^2 &= [EX(t+\tau)X(0)-EX(t)X(0)]^2\leqslant E[X(t+\tau)-X(t)]^2EX^2(0)\\ &=\Gamma(0)E[X(t+\tau)-X(t)]^2\to 0,\tau\to 0\end{aligned}$$

所以必要性得证，而且 $\Gamma(t)$ 处处连续.

性质 4 平稳随机过程 $\{X(t),t\in T\}$ 均方可微的充要条件是其相关函数在 $\tau=0$ 处二次可微.

证明 由二阶矩过程均方可微准则（定理 2.3.2）并考虑到过程的平稳性可知 $\lim\limits_{h\to 0}\dfrac{X(t+h)-X(t)}{h}$ 的存在等价于

$$\left.\frac{\partial^2\Gamma(t_1,t_2)}{\partial t_1\partial t_2}\right|_{t_1=t_2=t}=\left.\frac{\partial^2\Gamma(t_1-t_2)}{\partial t_1\partial t_2}\right|_{t_1=t_2=t}=-\left.\frac{\mathrm{d}^2\Gamma(\tau)}{\mathrm{d}\tau^2}\right|_{\tau=0} \tag{3.1.51}$$

的存在.

故性质 4 得证.

进一步可知，平稳随机过程 $\{X(t),t\in T\}$ p 次均方可微的充要条件是相关函数 $\Gamma(\tau)$ 在 $\tau=0$ 处 $2p$ 次可微.

性质 5 如果平稳随机过程 $\{X(t),t\in T\}$ 均方可微，则其导数过程 $\{X'(t),t\in T\}$ 仍为平稳随机过程.

证明 由导数随机过程的一般结论式(3.2.5)及式(3.2.6)，并考虑到过程的平稳性，则有

$$E[X'(t)]=\frac{\mathrm{d}m(t)}{\mathrm{d}t}=0 \tag{3.1.52}$$

以及

$$\Gamma^{(1)}(t_1,t_2)=E[X'(t_1)X'(t_2)]=\frac{\partial^2\Gamma(t_1,t_2)}{\partial t_1\partial t_2}=-\frac{\mathrm{d}^2\Gamma(t_1-t_2)}{\mathrm{d}(t_1-t_2)^2}\triangleq-\Gamma''(t_1-t_2) \tag{3.1.53}$$

因此，由定义 3.1.1 可知 $\{X'(t),t\in T\}$ 为平稳随机过程.

进一步还有，如果平稳随机过程 $\{X(t),t\in T\}$ p 次均方可微，则 p 阶导数过程 $\{X^{(p)}(t),t\in T\}$ 仍为平稳随机过程，且

$$\left.\begin{aligned}&E[X^{(p)}(t)]=0\\ &E[X^{(p)}(t_1)X^{(p)}(t_2)]=(-1)^p\Gamma^{2p}(t_1-t_2)\end{aligned}\right\} \tag{3.1.54}$$

在自动控制理论中，经常还要遇到平稳随机过程 $\{X(t),-\infty<t<+\infty\}$ 的如下积分，即

$$Y(t)=\int_{-\infty}^{+\infty}f(u)X(t-u)\mathrm{d}u \tag{3.1.55}$$

其中，$f(u)$ 为分段连续函数且

$$\int_{-\infty}^{+\infty}|f(u)|\mathrm{d}u<\infty \tag{3.1.56}$$

现在考察由式(3.1.55)表示的积分的收敛性.

性质 6 设 $\{X(t),-\infty<t<+\infty\}$ 为平稳随机过程，$f(u)$ 为普通的分段连续函数且 $\int_{-\infty}^{+\infty}|f(u)|\mathrm{d}u<\infty$，则 $X(t)$ 关于权函数 $f(u)$ 均方可积，即积分 $Y(t)=\int_{-\infty}^{+\infty}f(u)X(t-u)\mathrm{d}u$

均方收敛.

证明 考察$(-\infty,+\infty)$中的任一组分点

$$-\infty<u_{-n}<u_{-n+1}<\cdots<u_0<u_1<\cdots<u_n<\infty$$

$$\Delta i \triangleq \max_{-n<i\leqslant n}|u_i-u_{i-1}|$$

记

$$Y^{(N)}(t)\triangleq\sum_{i=-N}^{N}f(u_i)X(t-u_i)\Delta u_i$$

随着N的增加,$\{Y^{(N)}(t),N=1,2,\cdots\}$为随机变量序列. 当$N>M$时,由于平稳随机过程的相关函数有界,则

$$\begin{aligned}E[Y^{(N)}(t)-Y^{(M)}(t)]^2&=E[\sum_{M<|i|\leqslant N}f(u_i)X(t-u_i)\Delta u_i]^2\\&=\sum_{M<|i,j|\leqslant N}\Gamma(u_i-u_j)f(u_i)f(u_j)\Delta u_i\Delta u_j\\&\leqslant\Gamma(0)\sum_{M<|i,j|\leqslant N}f(u_i)f(u_j)\Delta u_i\Delta u_j\\&\leqslant\Gamma(0)[\sum_{M<|i|\leqslant N}|f(u_i)|\Delta u_i]^2\to0(\Delta i\to0)\end{aligned}$$

因此,$\{Y^{(N)}(t),N=0,1,2,\cdots\}$为柯西基本序列,即由式(3.1.55)所表示的积分均方收敛,性质6得证.

性质7 设$\{X(t),-\infty<t<+\infty\}$为平稳随机过程,$f(t)$为满足式(3.1.56)的分段连续函数,则积分式(3.1.55)存在的充要条件是

$$\int_{-\infty}^{+\infty}\int_{-\infty}^{+\infty}f(u)f(v)\Gamma(u-v)\mathrm{d}u\mathrm{d}v<\infty$$

其中,$\Gamma(\tau)$为平稳随机过程$\{X(t),-\infty<t<+\infty\}$的相关函数.

证明 由二阶矩过程的均方可积准则(定理2.3.7)并考虑到过程的平稳性可知

$$Y(t)=\int_{-\infty}^{+\infty}f(u)X(t-u)\mathrm{d}u$$

的存在等价于

$$\int_{-\infty}^{+\infty}\int_{-\infty}^{+\infty}f(u)f(v)\Gamma(t-u,t-v)\mathrm{d}u\mathrm{d}v=\int_{-\infty}^{+\infty}\int_{-\infty}^{+\infty}f(u)f(v)\Gamma(u-v)\mathrm{d}u\mathrm{d}v$$

的存在,故性质7得证.

性质8 如果平稳随机过程$\{X(t),-\infty<t<+\infty\}$关于权函数$f(t)$均方可积,其中$f(t)$为满足式(3.1.56)的分段连续函数,则积分过程

$$Y(t)=\int_{-\infty}^{+\infty}f(u)X(t-u)\mathrm{d}u$$

仍为平稳随机过程.

证明 因为

$$EY(t)=E\int_{-\infty}^{+\infty}f(u)X(t-u)\mathrm{d}u=m\int_{-\infty}^{+\infty}f(u)\mathrm{d}u=M(\text{常数})$$

并且

$$\begin{aligned}E[Y(t_1)Y(t_2)]&=E\int_{-\infty}^{+\infty}f(u)X(t_1-u)\mathrm{d}u\int_{-\infty}^{+\infty}f(v)X(t_2-v)\mathrm{d}v\\&=\int_{-\infty}^{+\infty}\int_{-\infty}^{+\infty}f(u)f(v)\Gamma(t_1-t_2-u+v)\mathrm{d}u\mathrm{d}v\triangleq\Gamma_Y(t_1-t_2)\end{aligned}$$

所以$\{Y(t),-\infty<t<+\infty\}$为平稳随机过程.

性质 9　设$\{X(t),-\infty<t<+\infty\}$为均方可微的平稳随机过程,则该过程与其导数过程的相关函数$\Gamma'_{XX}(\tau)$满足

$$\Gamma_{XX'}(\tau)=-\Gamma'_X(\tau) \tag{3.1.57}$$

$$\Gamma_{X'X}(\tau)=\Gamma'_X(\tau) \tag{3.1.58}$$

$$\Gamma_{XX'}(0)=0 \tag{3.1.59}$$

证明　由均方可微定义 2.3.2 可知

$$\begin{aligned}\Gamma_{XX'}(\tau)&=EX(t+\tau)X'(t)\\&=EX(t+\tau)\underset{\varepsilon\to 0}{\mathrm{l\cdot i\cdot m}}\frac{X(t+\varepsilon)-X(t)}{\varepsilon}\\&=\lim_{\varepsilon\to 0}\frac{EX(t+\tau)X(t+\varepsilon)-EX(t+\tau)X(t)}{\varepsilon}\\&=\lim_{\varepsilon\to 0}\frac{\Gamma_X(\tau-\varepsilon)-\Gamma_X(\tau)}{\varepsilon}\\&=-\Gamma'_X(\tau)\end{aligned}$$

同理可证式(3.1.58)成立. 再由式(3.1.57)及式(3.1.58)可推出式(3.1.59)成立,于是性质 9 得证.

例 3.1.5　设$W(s)$为稳定的线性定常系统传递函数,$k(t)$为该系统的单位脉冲响应函数且

$$k(t)=L^{-1}\{W(s)\}$$

其中,符号L^{-1}表示求拉氏反变换. 因为系统是稳定的,所以必有

$$\int_{-\infty}^{+\infty}|k(t)|\mathrm{d}t<\infty$$

当均方连续的平稳随机过程$\{X(t),-\infty<t<+\infty\}$作用于该线性系统时,其系统输出$Y(t)$为

$$Y(t)=\int_0^{\infty}k(u)X(t-u)\mathrm{d}u$$

则由性质 8 可知系统输出过程$\{Y(t),-\infty<t<+\infty\}$仍为平稳随机过程.

3.1.4　联合平稳随机过程

在实际应用中,有时需要研究两个或两个以上随机过程的统计特征. 例如,接收机输入端输入信号和噪声,二者均可能是随机过程. 为了从含噪声信号中检测出有用的信号,除了必须考虑它们各自的统计特性外,还要研究信号和噪声两个过程的联合统计特性. 例如,$\{X(t),t\in T\}$为原发信号,$\{Y(t),t\in T\}$为干扰噪声,它们都是平稳过程且相互独立,要研究$\{Z(t)=X(t)+Y(t),t\in T\}$的平稳性,这在线性系统理论或信号检测理论中是一个重要问题. 在实际应用中,会经常遇到两个或两个以上平稳随机过程,我们除了对每个随机过程做详细分析以外,还应当研究它们之间的相互关系.

定义 3.1.3　设$\{X(t),-\infty<t<+\infty\}$和$\{Y(t),-\infty<t<+\infty\}$为两个平稳随机过程,如果对任意$t_1,t_2\in(-\infty,+\infty)$,有

$$E[X(t_1)Y(t_2)]=\Gamma_{XY}(t_1-t_2) \tag{3.1.60}$$

则称这两个随机过程为平稳相依的随机过程,或者称上述两个随机过程为联合平稳随机过

程(或称平稳相关).

通常称

$$E[X(t+\tau)Y(t)]=\Gamma_{XY}(\tau) \tag{3.1.61}$$

为平稳随机过程$\{X(t),-\infty<t<+\infty\}$和$\{Y(t),-\infty<t<+\infty\}$的原点互相关函数. 称

$$E\{[X(t+\tau)-m_X][Y(t)-m_Y]\}=B_{XY}(\tau) \tag{3.1.62}$$

为平稳随机过程$\{X(t),-\infty<t<+\infty\}$和$\{Y(t),-\infty<t<+\infty\}$的中心互相关函数.

平稳随机过程的互相关函数有以下性质:

(1) $$B_{XY}(\tau)=B_{YX}(-\tau) \tag{3.1.63}$$

(2) $$|B_{XY}(\tau)|\leqslant\sqrt{B_X(0)B_Y(0)} \tag{3.1.64}$$

(3) $$2|B_{XY}(\tau)|\leqslant B_X(0)+B_Y(0) \tag{3.1.65}$$

把上述三个性质的证明留给读者作为练习.

例3.1.6 在电子工程中,经常遇到平稳正态过程通过平方律检波器的情况. 设$\{X(t),-\infty<t<+\infty\}$为平稳正态随机过程,$EX(t)=0$,而且相关函数$B_X(\tau)$为已知,当把它作用于平方律检波器时,其输出过程$\{Y(t),-\infty<t<+\infty\}$可表示为

$$Y(t)=X^2(t)$$

现在分析输出过程的统计性质.

输出过程的均值函数为

$$m_Y(t)=EY(t)=EX^2(t)=B_X(0) \tag{3.1.66}$$

而相关函数为

$$\begin{aligned}B_Y(t+\tau,t)&=E[Y(t+\tau)-m_Y(t+\tau)][Y(t)-m_Y(t)]\\&=E[X^2(t+\tau)-B_X(0)][X^2(t)-B_X(0)]\\&=2B_X^2(\tau)\end{aligned} \tag{3.1.67}$$

由式(3.1.66)及式(3.1.67)可知输出过程$\{Y(t),-\infty<t<+\infty\}$仍为平稳随机过程.

例3.1.7 设随机过程$\{X(t),-\infty<t<+\infty\}$可表示为

$$X(t)=\cos(\eta t+\theta) \tag{3.1.68}$$

其中,η与θ为相互独立的随机变量,θ服从$[0,2\pi]$上的均匀分布,η的分布密度函数为$\frac{1}{\pi}\frac{1}{1+x^2}$,$x\in(-\infty,+\infty)$. 试证:$\{X(t),-\infty<t<+\infty\}$为平稳随机过程.

解 由式(3.1.68)有

$$X(t)=\cos\eta t\cos\theta-\sin\eta t\sin\theta$$

因此,均值函数$m_X(t)$为

$$m_X(t)=EX(t)=E\cos\eta tE\cos\theta-E\sin\eta tE\sin\theta$$

然而 $$E\cos\theta=\frac{1}{2\pi}\int_0^{2\pi}\cos\theta\mathrm{d}\theta=0 \text{ 及 } E\sin\theta=\frac{1}{2\pi}\int_0^{2\pi}\sin\theta\mathrm{d}\theta=0$$

于是将以上两个表达式代入均值函数表达式中可得

$$m_X(t)=EX(t)=0 \tag{3.1.69}$$

另一方面,相关函数为

$$\begin{aligned}E[X(t+\tau)X(t)]&=E[\cos(\eta t+\eta\tau+\theta)\cos(\eta t+\theta)]\\&=\frac{1}{2}E\cos(2\eta t+\eta\tau+2\theta)+\frac{1}{2}E\cos\eta\tau\end{aligned}$$

显然 $E\cos(2\eta t+\eta\tau+2\theta)=0$,再利用复变函数中的留数定理可求出

$$\frac{1}{2}E\cos\eta\tau=\frac{1}{2\pi}\int_{-\infty}^{+\infty}\frac{\cos x\tau}{1+x^2}\mathrm{d}x=\frac{1}{2}\mathrm{e}^{-|\tau|}$$

于是有
$$E[X(t+\tau)X(t)]=\frac{1}{2}\mathrm{e}^{-|\tau|} \tag{3.1.70}$$

所以 $\{X(t),-\infty<t<+\infty\}$ 为平稳随机过程.

例 3.1.8 在随机控制中,经常遇到平稳随机序列的最优预测问题.

设 $\{X(t),-\infty<t<+\infty\}$ 为平稳随机过程且 $EX(t)=0$,相关函数 $B_X(\tau)$ 为已知,现讨论如何按 $X[nT_0]$ 的值预测 $X[(n+1)T_0]$,其中 T_0 为取样周期.

(1)一阶预测:令 $\hat{X}[(n+1)T_0]$ 为 $X[(n+1)T_0]$ 的一阶预测值,取

$$\hat{X}[(n+1)T_0]=aX(nT_0) \tag{3.1.71}$$

目标函数为

$$J_1=E\{X[(n+1)T_0]-\hat{X}[(n+1)T_0]\}^2$$

我们的目的是求 a 值以使 $J_1=\min$,为此只需令 J_1 关于 a 的偏导数为零即可求得,即

$$\frac{\partial J_1}{\partial a}=\frac{\partial}{\partial a}E\{X[(n+1)T_0]-aX(nT_0)\}^2=-2B_X(T_0)+2aB_X(0)=0$$

于是有
$$a=B_X(T_0)/B_X(0) \tag{3.1.72}$$

此时最小预测均方误差为

$$J_{1\min}=\frac{B_X^2(0)-B_X^2(T_0)}{B_X(0)} \tag{3.1.73}$$

(2)二阶预测:取二阶预测为

$$\hat{X}[(n+1)T_0]=aX[nT_0]+bX[(n-1)T_0] \tag{3.1.74}$$

于是目标函数为

$$\begin{aligned}J_2&=E\{X[(n+1)T_0]-\hat{X}[(n+1)T_0]\}^2\\&=E\{X[(n+1)T_0]-aX[nT_0]-bX[(n-1)T_0]\}^2\end{aligned}$$

令
$$\frac{\partial J_2}{\partial a}=2aB_X(0)-2B_X(T_0)+2bB_X(T_0)=0$$

$$\frac{\partial J_2}{\partial b}=2bB_X(0)-2B_X(2T_0)+2aB_X(T_0)=0$$

解上述二元联立方程可求得 a 与 b 值分别为

$$a=\frac{B_X(T_0)B_X(0)-B_X(T_0)B_X(2T_0)}{B_X^2(0)-B_X^2(T_0)} \tag{3.1.75}$$

$$b=\frac{B_X(2T_0)B_X(0)-B_X^2(T_0)}{B_X^2(0)-B_X^2(T_0)} \tag{3.1.76}$$

例 3.1.9 设随机过程 $\{X(t),-\infty<t<\infty\}$ 和 $\{Y(t),-\infty<t<\infty\}$,$X(t)=A\cos\omega t+B\sin g\omega t$,$Y(t)=-A\sin\omega t+B\cos\omega t$,其中 A,B 为零均值,方差为 σ^2 的互不相关的实随机变量,ω 为任意实数. 试证:$X(t),Y(t)$ 为联合平稳随机过程.

证明
$$EX(t)=EY(t)=0$$

$$\Gamma_X(t+\tau,t)=E[X(t+\tau)X(t)]$$

$$=E\{[A\cos\omega(t+\tau)+B\sin\omega(t+\tau)](A\cos\omega t+B\sin\omega t)\}$$
$$=\sigma^2\cos\omega\tau$$
$$\Gamma_Y(t+\tau,t)=E[Y(t+\tau)Y(t)]$$
$$=E\{[-A\sin\omega(t+\tau)+B\cos\omega(t+\tau)](-A\sin\omega t+B\cos\omega t)\}$$
$$=\sigma^2\cos\omega\tau$$

$X(t),Y(t)$都是平稳过程,又

$$\Gamma_{XY}(t+\tau,t)=E[X(t+\tau)Y(t)]$$
$$=E\{[A\cos\omega(t+\tau)+B\sin\omega(t+\tau)](-A\sin\omega t+B\cos\omega t)\}$$
$$=\sigma^2[-\cos\omega(t+\tau)\sin\omega t+\sin\omega(t+\tau)\cos\omega t]$$
$$=\sigma^2\sin\omega\tau$$

所以 $X(t),Y(t)$ 为联合平稳随机过程.

3.2　平稳随机过程的谱分解

3.2.1　平稳随机过程及其相关函数分解

在控制理论中,为了考察线性系统在确定函数作用下的性能,我们不仅可以在时间域中进行分析,也可以在频率域中进行分析. 这是因为在傅里叶分析中已经论证了这样的事实,任一分段连续的时间函数都可以看作无数个简谐振动的叠加,也就是说,它可以做傅里叶分解,通常称之为傅里叶变换或谱分解. 然而,对于随机变化着的平稳随机过程来说,是否也有类似的结论呢? 本节就来讨论这一问题.

在本节的分析和推导中,要遇到复值随机序列和复值随机过程. 因此,首先介绍一下关于复值随机过程的定义及其相关函数等概念.

定义 3.2.1　复值随机过程　对每一 $t\in T$,有定义在概率空间(Ω,F,P)上的一个复值随机变量 $X(t,\omega),\omega\in\Omega$,即

$$X(t,\omega)=\xi(t,\omega)+\mathrm{j}\eta(t,\omega)$$

其中,$\xi(t,\omega)$和 $\eta(t,\omega)$是 $X(t,\omega)$的实部与虚部,且为实值随机变量,则称$\{X(t,\omega),t\in T\}$为一复值随机过程. 通常简记为$\{X(t),t\in T\}$.

关于复值随机过程的相关函数,有如下定义,即定义 3.2.2.

定义 3.2.2　设$\{X(t),t\in T\}$为复值随机过程(或复值随机序列),如果

$$\Gamma(t_1,t_2)=E[X(t_1)X^*(t_2)]$$

存在,则称 $\Gamma(t_1,t_2)$为该复值随机过程的原点自相关函数,其中 $X^*(t_2)$表示 $X(t_2)$的共轭.

定义 3.2.3　复值平稳随机过程　设$\{X(t),t\in T\}$为复值随机过程,且 $E|X(t)|^2<\infty$,$t\in T$,如果对任意 $t_1,t_2\in T$,有

$$EX(t)=m=\text{常数}\tag{3.2.1}$$

及

$$E[X(t_1)X^*(t_2)]=\Gamma(t_1-t_2)\tag{3.2.2}$$

其中,$X^*(t_2)$表示 $X(t_2)$的共轭,则称$\{X(t),t\in T\}$为复值平稳随机过程.

在本节的推导中还会遇到复数矩阵 $\boldsymbol{A}=(a_{ij})$,其中 a_{ij}为复数. 我们规定复数矩阵 $\boldsymbol{A}$ 的转置为 $\boldsymbol{A}^{\mathrm{T}}=(a_{ij}^*)^{\mathrm{T}}$,其中$a_{ij}^*$ 为 a_{ij}的共轭复数.

复值平稳随机过程的性质本质上同实值平稳随机过程的性质是一样的，只是在某些表示上稍有变化，因此这里就不详细叙述了.

下面讨论平稳随机过程的谱分解，有定理 3.2.1.

定理 3.2.1 设 $\{X(t), -\infty<t<+\infty\}$ 是以 T_1 为周期的均方连续的实值平稳随机过程，且 $EX(t)=m=0$（如若不然，可考察 $Y(t)=X(t)-m$），则 $X(t)$ 可做如下均方收敛的正交调和分解，即

$$X(t) = a_0 + \sum_{m=1}^{\infty}(a_m\cos m\omega_0 t + b_m \sin m\omega_0 t) \tag{3.2.3}$$

其中

$$\left.\begin{aligned}
\omega_0 &= \frac{2\pi}{T_1} \\
a_0 &= \frac{1}{T_1}\int_{-\frac{T_1}{2}}^{\frac{T_1}{2}} X(t)\,\mathrm{d}t \\
a_m &= \frac{2}{T_1}\int_{-\frac{T_1}{2}}^{\frac{T_1}{2}} X(t)\cos m\omega_0 t\,\mathrm{d}t \\
b_m &= \frac{2}{T_1}\int_{-\frac{T_1}{2}}^{\frac{T_1}{2}} X(t)\sin m\omega_0 t\,\mathrm{d}t
\end{aligned}\right\} \tag{3.2.4}$$

而 $\{a_m, b_m, m=1,2,\cdots\}$ 为互不相关的随机变量序列，即

$$\left.\begin{aligned}
&E(a_m a_n) = \frac{2}{T_1}A_m\delta(m-n) \\
&E(b_m b_n) = \frac{2}{T_1}A_m\delta(m-n) \\
&E(a_m b_n) = 0 \\
&m,n=1,2,\cdots
\end{aligned}\right\} \tag{3.2.5}$$

$\delta(m-n)$ 为克罗尼克 $-\delta$ 函数，而且 $Ea_0=Ea_m=Eb_m=0$. 与此同时，该过程 $\{X(t), -\infty<t<+\infty\}$ 的相关函数 $B(\tau)$ 也可做傅里叶级数展开

$$B(\tau) = \frac{1}{T_1}A_0 + \frac{2}{T_1}\sum_{k=1}^{\infty}(A_k\cos k\omega_0\tau + B_k\sin k\omega_0\tau) \tag{3.2.6}$$

其中

$$\left.\begin{aligned}
A_0 &= \int_{-\frac{T_1}{2}}^{\frac{T_1}{2}} B(\tau)\,\mathrm{d}\tau \\
A_k &= \int_{-\frac{T_1}{2}}^{\frac{T_1}{2}} B(\tau)\cos k\omega_0\tau\,\mathrm{d}\tau \\
B_k &= \int_{-\frac{T_1}{2}}^{\frac{T_1}{2}} B(\tau)\sin k\omega_0\tau\,\mathrm{d}\tau = 0
\end{aligned}\right\} \tag{3.2.7}$$

$$k=1,2,\cdots$$

证明 因为 $\{X(t), -\infty<t<+\infty\}$ 是以 T_1 为周期的平稳随机过程，所以该过程的相关函数 $B(\tau)$ 也以 T_1 为周期且为偶函数. 事实上，有

$$\begin{aligned}
B(\tau) &= E[X(t+\tau)X(t)] \\
&= E[X(t+\tau+T_1)X(t)] \\
&= B(T_1+\tau)
\end{aligned}$$

因此,由熟知的傅里叶分析理论可以得到式(3.2.6)及式(3.2.7).我们规定 $a_0, a_m, b_m, m=1,2,\cdots$.取式(3.2.4),下面只需证明式(3.2.5)成立及式(3.2.3)在均方意义下相等,即式(3.2.3)等号右方均方收敛于 $X(t)$.

首先应注意 $\{\cos m\omega_0 t, \sin m\omega_0 t, m=1,2,\cdots\}$ 是正交函数组,即

$$\left.\begin{aligned}\int_{-\frac{T_1}{2}}^{\frac{T_1}{2}}\cos m\omega_0 t\cos n\omega_0 t\,\mathrm{d}t &= \frac{T_1}{2}\delta(m-n)\\ \int_{-\frac{T_1}{2}}^{\frac{T_1}{2}}\sin m\omega_0 t\sin n\omega_0 t\,\mathrm{d}t &= \frac{T_1}{2}\delta(m-n)\\ \int_{-\frac{T_1}{2}}^{\frac{T_1}{2}}\cos m\omega_0 t\sin n\omega_0 t\,\mathrm{d}t &= 0\end{aligned}\right\} \tag{3.2.8}$$

$$m,n=1,2,\cdots$$

于是有

$$\begin{aligned}E(a_m a_n) &= E\left[\frac{2}{T_1}\int_{-\frac{T_1}{2}}^{\frac{T_1}{2}}X(t_1)\cos m\omega_0 t_1\mathrm{d}t_1\ \frac{2}{T_1}\int_{-\frac{T_1}{2}}^{\frac{T_1}{2}}X(t_2)\cos n\omega_0 t_2\mathrm{d}t_2\right]\\ &= \frac{4}{T_1^2}\int_{-\frac{T_1}{2}}^{\frac{T_1}{2}}\int_{-\frac{T_1}{2}}^{\frac{T_1}{2}}B(t_1-t_2)\cos m\omega_0 t_1\cos n\omega_0 t_2\mathrm{d}t_1\mathrm{d}t_2\end{aligned}$$

令式(3.2.6)中的 $\tau=t_1-t_2$ 并代入上式,则得

$$\begin{aligned}E(a_m a_n) &= \frac{4}{T_1^2}\int_{-\frac{T_1}{2}}^{\frac{T_1}{2}}\int_{-\frac{T_1}{2}}^{\frac{T_1}{2}}\left[\frac{A_0}{T_1}+\frac{2}{T_1}\sum_{k=1}^{\infty}A_k\cos k\omega_0(t_1-t_2)\right]\cos m\omega_0 t_1\cos n\omega_0 t_2\mathrm{d}t_1\mathrm{d}t_2\\ &= \frac{4}{T_1^3}A_0\int_{-\frac{T_1}{2}}^{\frac{T_1}{2}}\int_{-\frac{T_1}{2}}^{\frac{T_1}{2}}\cos m\omega_0 t_1\cos n\omega_0 t_2\mathrm{d}t_1\mathrm{d}t_2+\\ &\quad \sum_{k=1}^{\infty}\frac{8A_k}{T_1^3}\int_{-\frac{T_1}{2}}^{\frac{T_1}{2}}\int_{-\frac{T_1}{2}}^{\frac{T_1}{2}}\cos k\omega_0(t_1-t_2)\cos m\omega_0 t_1\cos n\omega_0 t_2\mathrm{d}t_1\mathrm{d}t_2\end{aligned}$$

不难计算出等号右边第一个积分为零,故有

$$\begin{aligned}E(a_m a_n) &= \sum_{k=1}^{\infty}\frac{8A_k}{T_1^3}\int_{-\frac{T_1}{2}}^{\frac{T_1}{2}}\int_{-\frac{T_1}{2}}^{\frac{T_1}{2}}\cos m\omega_0 t_1\cos n\omega_0 t_2\cdot\\ &\quad(\cos k\omega_0 t_1\cos k\omega_0 t_2+\sin k\omega_0 t_1\sin k\omega_0 t_2)\mathrm{d}t_1\mathrm{d}t_2\\ &= \frac{8}{T_1^3}\sum_{k=1}^{\infty}A_k\Big(\int_{-\frac{T_1}{2}}^{\frac{T_1}{2}}\cos m\omega_0 t_1\cos k\omega_0 t_1\mathrm{d}t_1\int_{-\frac{T_1}{2}}^{\frac{T_1}{2}}\cos n\omega_0 t_2\cos k\omega_0 t_2\mathrm{d}t_2+\\ &\quad\int_{-\frac{T_1}{2}}^{\frac{T_1}{2}}\cos m\omega_0 t_1\sin k\omega_0 t_1\mathrm{d}t_1\int_{-\frac{T_1}{2}}^{\frac{T_1}{2}}\cos n\omega_0 t_2\sin k\omega_0 t_2\mathrm{d}t_2\Big)\end{aligned}$$

考虑到式(3.2.8),则上式可简化为

$$E(a_m a_n) = \frac{8}{T_1^3}\sum_{k=1}^{\infty}A_k\left[\frac{T_1}{2}\delta(m-k)\ \frac{T_1}{2}\delta(n-k)\right] = \frac{2}{T_1}A_m\delta(m-n)$$

其中,$\delta(m-n)$ 为克罗尼克 $-\delta$ 函数,同理还可证明

$$E(b_m b_n)=\frac{2}{T_1}A_m\delta(m-n)$$

又因过程是实值过程,所以有

$$E(a_m b_n)=0, m,n=1,2,\cdots$$

及

$$B_k=0, k=1,2,\cdots$$

于是式(3.2.5)得证.

最后,证明式(3.2.3)的均方收敛性.

因为

$$E\left[X(t)-\sum_{m=1}^{\infty}(a_m\cos m\omega_0 t+b_m\sin m\omega_0 t)-a_0\right]^2$$
$$=B_X(0)+E\,a_0^2+E\left[\sum_{m=1}^{\infty}(a_m\cos m\omega_0 t+b_m\sin m\omega_0 t)\right]^2+$$
$$2E\left[a_0\sum_{m=1}^{\infty}(a_m\cos m\omega_0 t+b_m\sin m\omega_0 t)\right]-2E[X(t)a_0]-$$
$$2E\left[X(t)\sum_{m=1}^{\infty}(a_m\cos m\omega_0 t+b_m\sin m\omega_0 t)\right] \tag{3.2.9}$$

现在分别计算式(3.2.9)等号右端各项.

利用式(3.2.6)的结果可得

$$Ea_0^2=\frac{1}{T_1^2}\int_{-\frac{T_1}{2}}^{\frac{T_1}{2}}\int_{-\frac{T_1}{2}}^{\frac{T_1}{2}}EX(t)X(l)\,\mathrm{d}t\mathrm{d}l=\frac{1}{T_1^2}\int_{-\frac{T_1}{2}}^{\frac{T_1}{2}}\int_{-\frac{T_1}{2}}^{\frac{T_1}{2}}B(t-l)\,\mathrm{d}t\mathrm{d}l=\frac{A_0}{T_1} \tag{3.2.10}$$

利用式(3.2.5)的结果可得

$$E\left[\sum_{m=1}^{\infty}(a_m\cos m\omega_0 t+b_m\sin m\omega_0 t)\right]^2=\sum_{m=1}^{\infty}\frac{2}{T_1}A_m \tag{3.2.11}$$

利用式(3.2.4)及式(3.2.6),可得

$$E\left[X(t)\sum_{m=1}^{\infty}(a_m\cos m\omega_0 t+b_m\sin m\omega_0 t)\right]$$
$$=\sum_{m=1}^{\infty}\left[\frac{2}{T_1}\int_{-\frac{T_1}{2}}^{\frac{T_1}{2}}B(t-l)\cos m\omega_0 l\mathrm{d}l\right]\cos m\omega_0 t+$$
$$\sum_{m=1}^{\infty}\left[\frac{2}{T_1}\int_{-\frac{T_1}{2}}^{\frac{T_1}{2}}B(t-l)\sin m\omega_0 l\mathrm{d}l\right]\sin m\omega_0 t \tag{3.2.12}$$

然而,不难计算出

$$\int_{-\frac{T_1}{2}}^{\frac{T_1}{2}}B(t-l)\cos m\omega_0 l\mathrm{d}l=A_m\cos m\omega_0 t$$

及

$$\int_{-\frac{T_1}{2}}^{\frac{T_1}{2}}B(t-l)\sin m\omega_0 l\mathrm{d}l=A_m\sin m\omega_0 t$$

将以上两式代入式(3.2.12)中,有

$$E\left[X(t)\sum_{m=1}^{\infty}(a_m\cos m\omega_0 t+b_m\sin m\omega_0 t)\right]=\sum_{m=1}^{\infty}\frac{2}{T_1}A_m \tag{3.2.13}$$

进一步还有

$$E[X(t)a_0]=\frac{1}{T_1}\int_{-\frac{T_1}{2}}^{\frac{T_1}{2}}B(t-l)\,\mathrm{d}l=\frac{1}{T_1}A_0 \tag{3.2.14}$$

及

$$E\left[a_0\sum_{m=1}^{\infty}(a_m\cos m\omega_0 t+b_m\sin m\omega_0 t)\right]=0 \tag{3.2.15}$$

将式(3.2.10),式(3.2.11),式(3.2.13)至式(3.2.15)的结果代入式(3.2.9),则得到

$$
\begin{aligned}
&E\left[X(t)-\sum_{m=1}^{\infty}(a_m\cos m\omega_0 t+b_m\sin m\omega_0 t)-a_0\right]^2\\
&=B_X(0)+\frac{A_0}{T_1}+\sum_{m=1}^{\infty}\frac{2}{T_1}A_m-2\left(\sum_{m=1}^{\infty}\frac{2}{T_1}A_m+\frac{A_0}{T_1}\right)\\
&=B_X(0)+B_X(0)-2[B_X(0)]\\
&=0
\end{aligned}
$$

于是式(3.2.3)得证.

定理证毕.

现在指出,如果$\{X(t),-\infty<t<+\infty\}$是以$T_1$为周期的复值平稳过程,定理3.2.1的结论仍然成立.不同的只是在式(3.2.5)中应有

$$
\left.\begin{aligned}
E(a_m b_n^*)&=-\frac{2}{T_1}B_m\delta(m-n)\\
E(b_m a_n^*)&=\frac{2}{T_1}B_m\delta(m-n)
\end{aligned}\right\}\tag{3.2.16}
$$

在式(3.2.7)中应有

$$B_k=\int_{-\frac{T_1}{2}}^{\frac{T_1}{2}}B(\tau)\sin k\omega_0\tau\mathrm{d}\tau\neq 0$$

而且式(3.2.3)在均方意义下仍然成立,于是有定理3.2.2.

定理3.2.2 设$\{X(t),-\infty<t<+\infty\}$是以$T_1$为周期的均方连续的复值平稳随机过程且$EX(t)=0$,则$X(t)$可做如下均方收敛的正交调和分解:

$$X(t)=a_0+\sum_{m=1}^{\infty}a_m\cos m\omega_0 t+b_m\sin m\omega_0 t\tag{3.2.17}$$

其中

$$\omega_0=\frac{2\pi}{T_1}$$

$$a_0=\frac{1}{T_1}\int_{-\frac{T_1}{2}}^{\frac{T_1}{2}}X(t)\mathrm{d}t$$

$$a_m=\frac{2}{T_1}\int_{-\frac{T_1}{2}}^{\frac{T_1}{2}}X(t)\cos m\omega_0 t\mathrm{d}t,m=1,2,\cdots\tag{3.2.18}$$

$$b_m=\frac{2}{T_1}\int_{-\frac{T_1}{2}}^{\frac{T_1}{2}}X(t)\sin m\omega_0 t\mathrm{d}t,m=1,2,\cdots\tag{3.2.19}$$

而且

$$
\left.\begin{aligned}
E(a_m a_n^*)&=\frac{2}{T_1}A_m\delta(m-n)\\
E(b_m b_n^*)&=\frac{2}{T_1}A_m\delta(m-n)\\
E(a_m b_n^*)&=-\frac{-2}{T_1}B_m\delta(m-n)\\
E(b_m a_n^*)&=\frac{2}{T_1}B_m\delta(m-n)
\end{aligned}\right\}\tag{3.2.20}
$$

与此同时,该复值平稳随机过程的相关函数$B(\tau)$也做如下傅里叶级数展开:

$$B(\tau)=\frac{1}{T_1}A_0+\frac{2}{T_1}\sum_{k=1}^{\infty}A_k\cos k\omega_0\tau+B_k\sin k\omega_0\tau\tag{3.2.21}$$

其中
$$\left.\begin{aligned}A_0&=\int_{-\frac{T_1}{2}}^{\frac{T_1}{2}}B(\tau)\mathrm{d}\tau\\A_k&=\int_{-\frac{T_1}{2}}^{\frac{T_1}{2}}B(\tau)\cos k\omega_0\tau\mathrm{d}\tau\\B_k&=\int_{-\frac{T_1}{2}}^{\frac{T_1}{2}}B(\tau)\sin k\omega_0\tau\mathrm{d}\tau\end{aligned}\right\}\tag{3.2.22}$$

这个定理的证明同定理3.2.1一样,留给读者作为练习.

由上述定理可进一步推出如下结论,即定理3.2.3.

定理3.2.3 设$\{X(t),-\infty<t<+\infty\}$是以$T_1$为周期的均方连续的复值平稳随机过程且$EX(t)=0$,则$X(t)$可做如下复数形式的均方收敛的正交调和分解:

$$\left.\begin{aligned}X(t)&=\sum_{m=-\infty}^{+\infty}C_m\,\mathrm{e}^{\mathrm{j}m\omega_0t}\\C_m&=\frac{1}{T_1}\int_{-\frac{T_1}{2}}^{\frac{T_1}{2}}X(t)\,\mathrm{e}^{-\mathrm{j}m\omega_0t}\mathrm{d}t\end{aligned}\right\}\tag{3.2.23}$$

其中,$\{C_m,m=\cdots,-2,-1,0,1,2,\cdots\}$为互不相关的复值随机变量序列,即

$$E(C_mC_n^{\ *})=\frac{1}{T_1}S(m\omega_0)\delta(m-n)\tag{3.2.24}$$

其中,C_n^*表示C_n的共轭,$\delta(m-n)$为克罗尼克$-\delta$函数. 与此同时,该过程的相关函数$B(\tau)$也可做如下傅里叶级数分解:

$$\left.\begin{aligned}B(\tau)&=\frac{1}{T_1}\sum_{m=-\infty}^{+\infty}S(m\,\omega_0)\,\mathrm{e}^{\mathrm{j}m\omega_0\tau}\\S(m\,\omega_0)&=\int_{-\frac{T_1}{2}}^{\frac{T_1}{2}}B(\tau)\,\mathrm{e}^{-\mathrm{j}m\omega_0\tau}\mathrm{d}\tau\end{aligned}\right\}\tag{3.2.25}$$

应指出,式(3.2.23)中第一个等式是指均方意义下相等.

通常称$\{C_m,m=\cdots,-2,-1,0,1,2,\cdots\}$为该随机过程的谱分解,称$\{S(m\omega_0),m=\cdots,-2,-1,0,1,2,\cdots\}$为该随机过程相关函数的谱分解.

证明 因为定理3.2.2中的式(3.2.17)是均方意义下相等,故利用复数的指数表示形式有

$$\begin{aligned}X(t)&=a_0+\sum_{m=1}^{\infty}(a_m\cos m\omega_0t+b_m\sin m\omega_0t)\\&=a_0+\sum_{m=1}^{\infty}\left[\frac{1}{2}(a_m+\mathrm{j}b_m)\,\mathrm{e}^{-\mathrm{j}m\omega_0t}+\frac{1}{2}(a_m-\mathrm{j}b_m)\,\mathrm{e}^{\mathrm{j}m\omega_0t}\right]\end{aligned}\tag{3.2.26}$$

若令
$$C_m=\frac{1}{2}(a_m-\mathrm{j}b_m),m=1,2,\cdots\tag{3.2.27}$$

则
$$\left.\begin{aligned}&C_0=a_0\\&C_{-m}=\frac{1}{2}(a_m+\mathrm{j}b_m),m=1,2,\cdots\end{aligned}\right\}\tag{3.2.28}$$

将C_0,C_m,C_{-m}代入式(3.2.26),可得

$$X(t)=C_0+\sum_{m=1}^{\infty}(C_{-m}\mathrm{e}^{-\mathrm{j}m\omega_0 t}+C_m\mathrm{e}^{\mathrm{j}m\omega_0 t})=\sum_{m=-\infty}^{+\infty}C_m\mathrm{e}^{\mathrm{j}m\omega_0 t}$$

再由式(3.2.27),有

$$\begin{aligned}C_m&=\frac{1}{2}(a_m-\mathrm{j}b_m)\\&=\frac{1}{2}\frac{2}{T_1}\left[\int_{-\frac{T_1}{2}}^{\frac{T_1}{2}}X(t)\cos m\omega_0 t\mathrm{d}t-\mathrm{j}\int_{-\frac{T_1}{2}}^{\frac{T_1}{2}}X(t)\sin m\omega_0 t\mathrm{d}t\right]\\&=\frac{1}{T_1}\int_{-\frac{T_1}{2}}^{\frac{T_1}{2}}X(t)\mathrm{e}^{-\mathrm{j}m\omega_0 t}\mathrm{d}t\end{aligned}$$

故式(3.2.23)得证.

另一方面,由式(3.2.21)及式(3.2.22),用完全相同的方法可得

$$\begin{aligned}B(\tau)&=\frac{1}{T_1}A_0+\frac{2}{T_1}\sum_{m=1}^{\infty}(A_m\cos m\omega_0\tau+B_m\sin m\omega_0\tau)\\&=\frac{1}{T_1}A_0+\frac{1}{T_1}\sum_{m=1}^{\infty}[(A_m+\mathrm{j}B_m)\mathrm{e}^{-\mathrm{j}m\omega_0\tau}+(A_m-\mathrm{j}B_m)\mathrm{e}^{\mathrm{j}m\omega_0\tau}]\end{aligned}\tag{3.2.29}$$

若令

$$S(m\omega_0)\triangleq A_m-\mathrm{j}B_m\tag{3.2.30}$$

则

$$\left.\begin{aligned}&A_0=S(0)\\&A_m+\mathrm{j}B_m=S(-m\omega_0)\end{aligned}\right\}\tag{3.2.31}$$

将式(3.2.30)及式(3.2.31)代入式(3.2.29)得到

$$B(\tau)=\frac{1}{T_1}\left\{A_0+\sum_{m=1}^{\infty}[S(-m\omega_0)\mathrm{e}^{-\mathrm{j}m\omega_0\tau}+S(m\omega_0)\mathrm{e}^{\mathrm{j}m\omega_0\tau}]\right\}=\frac{1}{T_1}\sum_{m=-\infty}^{+\infty}S(m\omega_0)\mathrm{e}^{\mathrm{j}m\omega_0\tau}$$

而

$$\begin{aligned}S(m\omega_0)&=A_m-\mathrm{j}B_m\\&=\int_{-\frac{T_1}{2}}^{\frac{T_1}{2}}B(\tau)\cos m\omega_0\tau\mathrm{d}\tau-\mathrm{j}\int_{-\frac{T_1}{2}}^{\frac{T_1}{2}}B(\tau)\sin m\omega_0\tau\mathrm{d}\tau\\&=\int_{-\frac{T_1}{2}}^{\frac{T_1}{2}}B(\tau)\mathrm{e}^{\mathrm{j}m\omega_0\tau}\mathrm{d}\tau\end{aligned}$$

于是定理中的式(3.2.25)得证.

最后,由式(3.2.27)、式(3.2.28)及式(3.2.20),还有

$$\begin{aligned}E(C_mC_n^*)&=E\left[\frac{1}{2}(a_m-\mathrm{j}b_m)\frac{1}{2}(a_n^*+\mathrm{j}b_n^*)\right]\\&=\frac{1}{4}[E(a_ma_n^*)+E(b_mb_n^*)]+\mathrm{j}\frac{1}{4}[E(a_mb_n^*)-E(b_ma_n^*)]\\&=\frac{1}{4}\left[\frac{2}{T_1}A_m\delta(m-n)+\frac{2}{T_1}A_m\delta(m-n)\right]+\mathrm{j}\frac{1}{4}\left[-\frac{2}{T_1}B_m\delta(m-n)-\frac{2}{T_1}B_m\delta(m-n)\right]\\&=\frac{1}{T_1}(A_m-\mathrm{j}B_m)\delta(m-n)\\&=\frac{1}{T_1}S(m\omega_0)\delta(m-n)\end{aligned}\tag{3.2.32}$$

故式(3.2.24)得证.

定理证毕.

上述定理告诉我们,如果平稳过程$\{X(t),-\infty<t<+\infty\}$是以$T_1$为周期的,则该过程

存在正交调和分解，即有式(3.2.32)及式(3.2.24)．它的含义是，以 T_1 为周期的平稳过程不仅可分解为正交函数组$\{e^{jm\omega_0\tau}, m=\cdots,-2,-1,0,1,2,\cdots\}$的线性组合，而且其相应的系数$\{C_m, m=\cdots,-2,-1,0,1,2,\cdots\}$也是彼此互不相关的随机变量(见式(3.2.24))，通常称这种分解为正交调和分解．

如果平稳过程$\{X(t),-\infty<t<+\infty\}$是非周期的，那么对任意 T_1，在区间$\left[-\frac{T_1}{2},\frac{T_1}{2}\right]$上仍可做式(3.2.23)的分解，但此时各系数$\{C_m, m=\cdots,-2,-1,0,1,2,\cdots\}$却不是互不相关的，因此，在$\left[-\frac{T_1}{2},\frac{T_1}{2}\right]$上不存在正交调和分解．应指出，即使不存在正交调和分解，但对任意 $t\in\left[-\frac{T_1}{2},\frac{T_1}{2}\right]$，式(3.2.23)仍在均方意义下成立．

下面我们讨论在什么条件下，式(3.2.23)中的系数$\{C_m, m=\cdots-2,-1,0,1,2\cdots\}$才能互不相关．为此有引理 3.2.1.

引理 3.2.1　设$\{X(t),-\infty<t<+\infty\}$为非周期均方连续的实值平稳随机过程且 $EX(t)=0$，则仅当 $T_1\to\infty$ 时，由式(3.2.4)表示的各系数互不相关，即

$$\lim_{T_1\to\infty}E(a_m a_n)=\frac{2}{T_1}A_m\delta(m-n) \tag{3.2.33}$$

$$\lim_{T_1\to\infty}E(b_m b_n)=\frac{2}{T_1}A_m\delta(m-n) \tag{3.2.34}$$

$$\lim_{T_1\to\infty}E(a_m b_n)=0 \tag{3.2.35}$$

此时称系数$\{a_m, b_m, m=1,2,\cdots\}$为渐近互不相关，并且式(3.2.3)为渐近均方相等，即

$$E\left\{X(t)-\lim_{T_1\to\infty}\left[a_0+\sum_{m=1}^{\infty}(a_m\cos m\omega_0 t+b_m\sin m\omega_0 t)\right]\right\}^2=0 \tag{3.2.36}$$

证明　由式(3.2.4)可知，对任意 $t\in(-\infty,+\infty)$，有

$$Ea_m a_n=\frac{4}{T_1^2}\int_{-\frac{T_1}{2}}^{\frac{T_1}{2}}\int_{-\frac{T_1}{2}}^{\frac{T_1}{2}}B(t_1-t_2)\cos m\omega_0 t_1\cos n\omega_0 t_2\,\mathrm{d}t_1\mathrm{d}t_2$$

设 $t_1-t_2=\tau$，把 $t_1=\tau+t_2$ 代入上式，则有

$$Ea_m a_n=\frac{4}{T_1^2}\int_{-\frac{T_1}{2}}^{\frac{T_1}{2}}\cos n\omega_0 t_2\,\mathrm{d}t_2\int_{-\frac{T_1}{2}-t_2}^{\frac{T_1}{2}-t_2}B(t_1-t_2)\cos m\omega_0(\tau+t_2)\,\mathrm{d}\tau$$

再设 $v=\frac{t_2}{T_1}$，并考虑到 $\omega_0=\frac{2\pi}{T_1}$，可得

$$\begin{aligned}E(a_m a_n)&=\frac{4}{T_1^2}\int_{-\frac{1}{2}}^{\frac{1}{2}}\cos 2\pi nv\,\mathrm{d}v\,T_1\int_{-T_1\left(\frac{1}{2}+v\right)}^{T_1\left(\frac{1}{2}-v\right)}B(\tau)\cos 2\pi m\left(v+\frac{\tau}{T_1}\right)\mathrm{d}\tau\\&=\frac{4}{T_1}\int_{-\frac{1}{2}}^{\frac{1}{2}}\cos 2\pi nv\,\mathrm{d}v\left[\cos 2\pi mv\int_{-T_1\left(\frac{1}{2}+v\right)}^{T_1\left(\frac{1}{2}-v\right)}B(\tau)\cos 2\pi m\frac{\tau}{T_1}\,\mathrm{d}\tau\right]\\&\quad\left[\sin 2\pi mv\int_{-T_1\left(\frac{1}{2}+v\right)}^{T_1\left(\frac{1}{2}-v\right)}B(\tau)\sin 2\pi m\frac{\tau}{T_1}\,\mathrm{d}\tau\right]\end{aligned} \tag{3.2.37}$$

当 $T_1\to\infty$ 时，显然对任意 $t_2<\infty$ 有 $v=t_2/T_1\to 0$，于是有

$$\lim_{T_1\to\infty}\int_{-T_1\left(\frac{1}{2}+v\right)}^{T_1\left(\frac{1}{2}-v\right)}B(\tau)\sin 2\pi m\frac{\tau}{T_1}\mathrm{d}\tau=\int_{-\infty}^{+\infty}B(\tau)\sin m\omega_0\tau\,\mathrm{d}\tau=0$$

及
$$\lim_{T_1\to\infty}\int_{-T_1\left(\frac{1}{2}+v\right)}^{T_1\left(\frac{1}{2}-v\right)} B(\tau)\cos 2\pi m\frac{\tau}{T_1}\mathrm{d}\tau = \int_{-\infty}^{+\infty} B(\tau)\cos m\omega_0\tau\mathrm{d}\tau = A_m$$

将以上结果代入式(3.2.37)，则得

$$\begin{aligned}\lim_{T_1\to\infty} Ea_m a_n &= \frac{4}{T_1}A_m\int_{-\frac{1}{2}}^{\frac{1}{2}}\cos 2\pi nv\cos 2\pi mv\mathrm{d}v \\ &= \frac{2}{T_1}A_m\delta(m-n)\end{aligned}\tag{3.2.38}$$

同理还可证明有

$$\lim_{T_1\to\infty} E(b_m b_n) = \frac{2}{T_1}A_m\delta(m-n)\tag{3.2.39}$$

$$\lim_{T_1\to\infty} E(a_m b_n) = 0\tag{3.2.40}$$

利用上面的结果，仿定理3.2.1中证明式(3.2.3)均方意义下成立的方法，不难证明式(3.2.36)成立，于是引理得证.

把上述引理的结论推广到非周期复值平稳过程，于是有引理3.2.2.

引理3.2.2　设$\{X(t),-\infty<t<+\infty\}$为非周期均方连续的复值平稳随机过程且$EX(t)=0$，则仅当取$T_1\to\infty$时，定理3.2.2中式(3.2.18)及式(3.2.19)所表示的各系数$\{a_m, b_m, m=0,1,2,\cdots\}$为渐近互不相关，即

$$\left.\begin{aligned}\lim_{T_1\to\infty} E(a_m a_n^*) &= \frac{2}{T_1}A_m\delta(m-n)\\ \lim_{T_1\to\infty} E(b_m b_n^*) &= \frac{2}{T_1}A_m\delta(m-n)\\ \lim_{T_1\to\infty} E(a_m b_n^*) &= \frac{-2}{T_1}B_m\delta(m-n)\\ \lim_{T_1\to\infty} E(b_m a_n^*) &= \frac{2}{T_1}B_m\delta(m-n)\end{aligned}\right\}\tag{3.2.41}$$

而且式(3.2.17)对任意$t\in(-\infty,+\infty)$为渐近均方相等. 与此同时，定理3.2.3中由式(3.2.23)所表示的各系数$\{C_m, m=\cdots,-2,-1,0,1,2,\cdots\}$也为渐近互不相关，即

$$\lim_{T_1\to\infty} E(C_m C_n^*) = \frac{1}{T_1}S(m\omega_0)\delta(m-n)\tag{3.2.42}$$

而且式(3.2.22)对任意$t\in(-\infty,+\infty)$为渐近均方相等，即

$$E\left[X(t) - \lim_{T_1\to\infty}\sum_{m=-\infty}^{+\infty} C_m\mathrm{e}^{\mathrm{j}m\omega_0 t}\right]^2 = 0\tag{3.2.43}$$

这个引理的证明同引理3.2.1基本相同，留给读者作为练习.

利用上述引理可以推得非周期复值平稳随机过程的谱分解定理.

定理3.2.4　设$\{X(t),-\infty<t<+\infty\}$为均方连续的复值平稳随机过程且$EX(t)=0$，则$X(t)$有如下渐近正交调和分解：

$$\left.\begin{aligned}X(t) &= \int_{-\infty}^{+\infty}\mathrm{e}^{\mathrm{j}\omega t}\mathrm{d}\zeta(\mathrm{j}\omega)\\ \mathrm{d}\zeta(\mathrm{j}\omega) &\triangleq \lim_{T_1\to\infty}\frac{1}{T_1}\int_{-\frac{T_1}{2}}^{\frac{T_1}{2}} X(t)\mathrm{e}^{-\mathrm{j}\omega t}\mathrm{d}t\end{aligned}\right\}\tag{3.2.44}$$

其中，$\{\zeta(\mathrm{j}\omega),-\infty<\omega<+\infty\}$为正交增量过程且$\mathrm{d}\zeta(\mathrm{j}\omega)$满足如下等式：

(1) $E[d\zeta(j\omega)]=E\{\zeta[j(\omega+d\omega)]-\zeta(j\omega)\}=0$; (3.2.45)

(2) 当 $[\omega_1,\omega_1+d\omega]$ 与 $[\omega_2,\omega_2+d\omega]$ 不相重叠时,有

$$E[d\zeta(j\omega_1)d\zeta^*(j\omega_2)]=E\{[\zeta(j\omega_1+jd\omega)-\zeta(j\omega_1)][\zeta^*(j\omega_2+jd\omega)-\zeta(j\omega_2)]\}=0$$

当 $\omega_1=\omega_2=\omega$ 时,有 $E|d\zeta(j\omega)|^2=\frac{1}{2\pi}S(\omega)d\omega$,因此,对任意 $\omega_1,\omega_2\in(-\infty,+\infty)$ 可归纳为

$$E[d\zeta(j\omega_1)d\zeta^*(j\omega_2)]=\frac{1}{2\pi}S(\omega_1)d\omega\delta(\omega_1-\omega_2) \tag{3.2.46}$$

其中,$\delta(\omega_1-\omega_2)$ 为克罗尼克 $-\delta$ 函数.

若该平稳随机过程 $\{X(t),-\infty<t<+\infty\}$ 的相关函数 $B(\tau)$ 满足

$$\int_{-\infty}^{+\infty}|B(\tau)|d\tau<\infty \tag{3.2.47}$$

则 $B(\tau)$ 有如下傅里叶积分分解:

$$\left.\begin{aligned}B(\tau)&=\frac{1}{2\pi}\int_{-\infty}^{+\infty}S(\omega)e^{j\omega\tau}d\omega\\ S(\omega)&=\int_{-\infty}^{+\infty}B(\tau)e^{-j\omega\tau}d\tau\end{aligned}\right\} \tag{3.2.48}$$

证明 由引理3.2.2可知,对于非周期复值平稳随机过程 $X(t)$,仅当取 $T_1\to\infty$ 时,定理3.2.3中由式(3.2.23)所表示的各系数 $C_m,m=\cdots,-2,-1,0,1,2,\cdots$ 为渐近互不相关.因此,可以通过考察定理3.2.3当 $T_1\to\infty$ 时的极限形式来证明该定理.为此,首先注意到 $\omega_0=\frac{2\pi}{T_1},\frac{1}{T_1}=\frac{1}{2\pi}\omega_0$,当 $T_1\to\infty$ 时,则

$$\left.\begin{aligned}&m\,\omega_0=\omega,\omega_0=d\omega\\ &\frac{1}{T_1}=\frac{1}{2\pi}d\omega\end{aligned}\right\} \tag{3.2.49}$$

由定理3.2.3及式(3.2.49),则有

$$\lim_{T_1\to\infty}C_m=\lim_{T_1\to\infty}\frac{1}{T_1}\int_{-\frac{T_1}{2}}^{\frac{T_1}{2}}X(t)e^{-jm\omega_0 t}dt=\lim_{T_1\to\infty}\frac{1}{T_1}\int_{-\frac{T_1}{2}}^{\frac{T_1}{2}}X(t)e^{-j\omega t}dt\triangleq d\zeta(j\omega) \tag{3.2.50}$$

不难证明 $d\zeta(j\omega)$ 是均方收敛的随机变量,而且

$$X(t)=\lim_{T_1\to\infty}\sum_{m=-\infty}^{+\infty}C_m e^{jm\omega_0 t}=\int_{-\infty}^{+\infty}e^{j\omega t}d\zeta(j\omega) \tag{3.2.51}$$

再由定理3.2.3中的式(3.2.25)及式(3.2.49),还有

$$B(\tau)=\lim_{T_1\to\infty}\frac{1}{T_1}\sum_{m=-\infty}^{+\infty}S(m\omega_0)e^{jm\omega_0\tau}=\frac{1}{2\pi}\int_{-\infty}^{+\infty}S(\omega)e^{j\omega\tau}d\omega \tag{3.2.52}$$

和

$$S(\omega)=\lim_{T_1\to\infty}\int_{-\frac{T_1}{2}}^{\frac{T_1}{2}}B(\tau)e^{-jm\omega_0\tau}d\tau=\int_{-\infty}^{+\infty}B(\tau)e^{-j\omega\tau}d\tau \tag{3.2.53}$$

应当指出,由式(3.2.47)可以证明式(3.2.53)收敛.

另一方面,由式(3.2.50)可知

$$E[d\zeta(j\omega)]=E(\lim_{T_1\to\infty}C_m)=\lim_{T_1\to\infty}\frac{1}{T_1}\int_{-\frac{T_1}{2}}^{\frac{T_1}{2}}EX(t)e^{-j\omega t}dt=0 \tag{3.2.54}$$

而且对任意 $\omega_1,\omega_2\in(-\infty,+\infty)$，由式(3.2.50)，若

$$\lim_{T_1\to\infty}C_m=\mathrm{d}\zeta(\mathrm{j}\omega_1),\ \lim_{T_1\to\infty}C_n=\mathrm{d}\zeta(\mathrm{j}\omega_2)$$

则
$$E[\mathrm{d}\zeta(\mathrm{j}\omega_1)\mathrm{d}\zeta^*(\mathrm{j}\omega_2)]=E(\lim_{T_1\to\infty}C_m\cdot\lim_{T_1\to\infty}C_n^*)=\lim_{T_1\to\infty}E(C_mC_n^*)$$

再将定理 3.2.3 中的式(3.2.24)代入上式可得

$$\begin{aligned}E[\mathrm{d}\zeta(\mathrm{j}\omega_1)\mathrm{d}\zeta^*(\mathrm{j}\omega_2)]&=\lim_{T_1\to\infty}E(C_mC_n^*)\\&=\lim_{T_1\to\infty}\frac{1}{T_1}S(m\omega_0)\delta(m-n)\\&=\frac{1}{2\pi}S(\omega_1)\mathrm{d}\omega\delta(\omega_1-\omega_2)\end{aligned}\tag{3.2.55}$$

因此，$\{\zeta(\mathrm{j}\omega),\omega\in(-\infty,+\infty)\}$ 为正交增量过程且式(3.2.45)及式(3.2.46)得证，其中 $\delta(\omega_1-\omega_2)$ 为克罗尼克 - δ 函数.

定理证毕.

对于平稳随机过程，上述定理是一个基本定理，通常称为谱分解定理. 有时称式(3.2.44)为平稳随机过程的谱分解，其中称 $\zeta(\mathrm{j}\omega)$ 为平稳随机过程 $\{X(t),-\infty<t<+\infty\}$ 的随机谱函数；称式(3.2.48)为平稳随机过程相关函数的谱分解，其中称 $S(\omega)$ 为平稳随机过程的功率谱密度函数.

从本质上说，平稳随机过程 $\{X(t),-\infty<t<+\infty\}$ 的谱分解就是其傅里叶变换. 因此，在随机控制理论中经常表示为

$$F\{X(t)\}\triangleq \mathrm{e}^{\mathrm{j}\omega t}\mathrm{d}\zeta_X(\mathrm{j}\omega)$$

符号 $F\{\cdot\}$ 表示对随机过程 $\{X(t)\}$ 做谱分解或傅里叶变换. 读者不难证明随机过程谱分解有如下性质：

(1) $F\{c_1X(t)+c_2Y(t)\}\triangleq c_1\mathrm{e}^{\mathrm{j}\omega t}\mathrm{d}\zeta_X(\mathrm{j}\omega)+c_2\mathrm{e}^{\mathrm{j}\omega t}\mathrm{d}\zeta_Y(\mathrm{j}\omega)=c_1F\{X(t)\}+c_2F\{Y(t)\}$；

(2) $F\left\{\dfrac{\mathrm{d}^nX(t)}{\mathrm{d}t^n}\right\}\triangleq(\mathrm{j}\omega)^n\mathrm{e}^{\mathrm{j}\omega t}\mathrm{d}\zeta_X(\mathrm{j}\omega)=(\mathrm{j}\omega)^nF\{X(t)\}$.

由式(3.2.44)可以看出，任何一个均方连续的平稳随机过程 $\{X(t),-\infty<t<+\infty\}$ 都可以看作无穷多个随机正弦波的叠加，每个正弦波可表示为 $\mathrm{d}\zeta_X(\mathrm{j}\omega)\mathrm{e}^{\mathrm{j}\omega t}$，其角频率为 ω，而振幅 $\mathrm{d}\zeta_X(\mathrm{j}\omega)$ 是随机的，再由式(3.2.45)及式(3.2.46)可知，随机振幅的均值为零，对于任意两个不相重叠的小区间 $[\omega_1,\omega_1+\mathrm{d}\omega)$，$[\omega_2,\omega_2+\mathrm{d}\omega)$，所对应的随机振幅 $\mathrm{d}\zeta(\mathrm{j}\omega_1)$ 与 $\mathrm{d}\zeta(\mathrm{j}\omega_2)$ 是互不相关的. 这就是说，随机谱函数

$$\zeta(\mathrm{j}\omega)=\int\mathrm{d}\zeta(\mathrm{j}\omega)+C$$

是以 ω 为自变量的正交增量过程.

另一方面，由式(3.2.46)又知，当 $\omega_1=\omega_2=\omega$ 时有

$$E[|\mathrm{d}\zeta(\mathrm{j}\omega)|^2]=\frac{1}{2\pi}S(\omega)\mathrm{d}\omega\tag{3.2.56}$$

如果把随机振幅 $\mathrm{d}\zeta(\mathrm{j}\omega)$ 量纲理解为电压，则 $E[|\mathrm{d}\zeta(\mathrm{j}\omega)|^2]$ 的量纲就是电压的平方，这相当于随机正弦波 $\mathrm{d}\zeta(\mathrm{j}\omega)\mathrm{e}^{\mathrm{j}\omega t}$ 作用在 1 Ω 电阻上所消耗的平均功率. 然而由式(3.2.56)又知，这恰恰等于 $\frac{1}{2\pi}S(\omega)\mathrm{d}\omega$，因此，$S(\omega)$ 就表示平稳随机过程在角频率 ω 上所具有的平均功率谱密度，所以经常把 $S(\omega)$ 叫作功率谱密度函数.

平稳随机过程的功率谱密度 $S(\omega)$ 具有如下性质：

(1) $S(\omega)\geqslant 0$ (3.2.57)

事实上，由式(3.2.56)可知这是显然的.

(2) $S(\omega)$ 是 ω 的实函数 (3.2.58)

因为 $B(-\tau)=B^*(\tau)$，所以由式(3.2.48)容易推知 $S(\omega)$ 为 ω 的实值函数.

(3)若过程 $X(t)$ 是实的，则 $S(\omega)$ 是偶函数，即 $S(-\omega)=S(\omega)$. 因为 $X(t)$ 为实的，故 $B(\tau)$ 也为实的且为偶函数，因此由式(3.2.48)可知 $S(\omega)$ 是 ω 的偶函数.

另外，在式(3.2.48)中令 $\tau=0$，可得

$$B(0)=E[X^2(t)]=\frac{1}{2\pi}\int_{-\infty}^{+\infty}S(\omega)\mathrm{d}\omega \tag{3.2.59}$$

由此可知，平稳随机过程 $\{X(t),-\infty<t<+\infty\}$ 的平均功率是组成它的各个随机正弦波的平均功率 $\frac{1}{2\pi}S(\omega)\mathrm{d}\omega$ 的总和.

最后，由积分变换的唯一性定理可知，均方连续的平稳随机过程 $\{X(t),-\infty<t<+\infty\}$ 与其功率谱密度函数 $S(\omega)$ 是一一对应的，这就使得我们能够在频率域中研究 $S(\omega)$ 的性质来了解平稳随机过程 $\{X(t),-\infty<t<+\infty\}$ 在时间域中的特征.

下面举例说明功率谱密度函数的计算及其物理意义.

例 3.2.1 常量过程的功率谱密度. 设 $\{X(t),-\infty<t<+\infty\}$ 为常量过程，即 $X(t)=a$ (常数)，这是一种特殊的随机过程，它表明对任意 $t\in(-\infty,+\infty)$ 事件，$\{X(t)=a\}$ 为必然事件，即

$$P(X(t)=a)=1$$

显然，常量过程的相关函数 $B(\tau)$ 为 $B(\tau)=E[X(t+\tau)X(t)]=a^2$，将前式结果代入式(3.2.48)可得常量过程的功率谱密度函数为

$$S(\omega)=\int_{-\infty}^{+\infty}B(\tau)\mathrm{e}^{-\mathrm{j}\omega\tau}\mathrm{d}\tau=a^2\int_{-\infty}^{+\infty}\mathrm{e}^{-\mathrm{j}\omega\tau}\mathrm{d}\tau=2\pi a^2\delta(\omega)$$

其中，$\delta(\omega)$ 为狄拉克 $-\delta$ 函数. 上式表明，常量过程的能量全部集中在零频率一点上，而在其他频率上没有能量，这同我们的直观理解是一致的.

例 3.2.2 具有随机振幅的正弦波的功率谱密度. 设 $\{X(t)=A\sin\omega_0 t+B\cos\omega_0 t,-\infty<t<+\infty,\omega_0$ 为常数$\}$ 为随机过程，A,B 为相互独立的服从正态 $N(0,\sigma^2)$ 分布的随机变量. 由例 2.1.6 的分析可知，该过程是平稳随机过程且

$$EX(t)=0$$

$$B(\tau)=E[X(t+\tau)X(t)]=\sigma^2\cos\omega_0\tau$$

把上式结果代入式(3.2.48)可得该过程的功率密度函数为

$$S(\omega)=\int_{-\infty}^{+\infty}B(\tau)\mathrm{e}^{-\mathrm{j}\omega\tau}\mathrm{d}\tau=\sigma^2\int_{-\infty}^{+\infty}\cos\omega_0\tau\mathrm{e}^{-\mathrm{j}\omega\tau}\mathrm{d}\tau=\pi\sigma^2\delta(\omega-\omega_0)+\pi\sigma^2\delta(\omega+\omega_0)$$

其中，$\delta(\cdot)$ 为狄拉克 $-\delta$ 函数. 上面的结果表明，上述过程的能量全部集中在角频率为 $\pm\omega_0$ 这两点上，而在其他角频率上没有能量，这个结果同该过程的物理含义是一致的.

例 3.2.3 白噪声过程的功率谱密度. 由定义 3.1.2 可知白噪声 $\{X(t),-\infty<t<+\infty\}$ 的相关函数为 $B(\tau)=E[X(t+\tau)\cdot X(t)]=\sigma^2\delta(\tau)$，其中 $\delta(\tau)$ 为狄拉克 $-\delta$ 函数. 把白噪声过程的相关函数代入式(3.2.48)可得白噪声功率谱密度 $S(\omega)$ 为

$$S(\omega) = \sigma^2\int_{-\infty}^{+\infty}\delta(\tau)\mathrm{e}^{-\mathrm{j}\omega\tau}\mathrm{d}\tau = \sigma^2$$

这个结果表明,白噪声过程的能量在整个角频率区间$(-\infty, +\infty)$上是均匀分布的. 类似于白光的功率谱在各种频率上均匀分布,故把这类噪声称为白噪声.

应当指出,白噪声过程是一种理想化的数学模型. 由式(3.2.59)可以看出,产生白噪声的能源必须具有无限大的功率,显然这在实际中是不存在的,因此在实际中不可能产生理想化的白噪声过程. 但是,白噪声的概念却十分有用. 当非白噪声过程(有时称为有色噪声)作用于线性系统时,只要在系统的带宽范围内该过程的功率谱密度近乎恒定,那么就可以近似地认为这个非白噪声过程具有白噪声过程的特性. 这种近似的考虑对于系统性能的分析和计算是十分必要的.

避免白噪声过程为无穷大的另一类是所谓的限带白噪声,其特点是它的功率谱密度仅在某个有限频带上为正实数。例如低通白噪声,其功率谱密度定义为

$$S_X(\omega) = \begin{cases} S_0, & |\omega| \leqslant \omega_0 \\ 0, & |\omega| > \omega_0 \end{cases}$$

自相关函数为

$$\begin{aligned} B_X(\tau) &= \frac{1}{2\pi}\int_{-\infty}^{\infty} S_X(\omega)\,\mathrm{e}^{\mathrm{j}\omega\tau}\mathrm{d}\omega \\ &= \frac{1}{2\pi}\int_{-\omega_0}^{\omega_0} S_0\,\mathrm{e}^{\mathrm{j}\omega\tau}\mathrm{d}\omega \\ &= \frac{S_0}{\pi}\,\frac{\sin\omega_0\tau}{\tau} \\ &= \frac{S_0\,\omega_0}{\pi}\,\frac{\sin\omega_0\tau}{\omega_0\tau} \end{aligned}$$

当$\tau = \dfrac{k\pi}{\omega_0}$,$k = \pm 1, \pm 2, \cdots$时,$B_X(\tau) = 0$,这表明低通白噪声$X(t)$在$t_1 - t_2 = \tau = \dfrac{k\pi}{\omega_0}$时,$X(t_1)$与$X(t_2)$是不相关的,当$\tau = 0$时,$B_X(\tau)$虽无意义,然而$\lim\limits_{\tau\to 0}B_X(\tau)$却存在,所以可用这个极限值作为低通白噪声的平均功率,即定义

$$B_X(0) = \lim_{\tau\to 0}B_X(\tau) = \lim_{\tau\to 0}\frac{S_0\,\omega_0}{\pi}\,\frac{\sin\omega_0\tau}{\omega_0\tau} = \frac{S_0\,\omega_0}{\pi}$$

为限带白噪声的平均功率,即方差为有限值.

例 3.2.4 随机开关信号的功率谱密度. 由例 3.1.4 的分析可知随机开关信号的相关函数为

$$B(\tau) = E[X(t+\tau)X(t)] = a^2\mathrm{e}^{-2\mu|\tau|}$$

其中,a为随机开关信号的振幅;$\mu > 0$为随机开关信号的单位时间内平均发生变号的次数. 把上面结果代入式(3.2.48)可得功率谱密度为

$$S(\omega) = \int_{-\infty}^{+\infty}B(\tau)\mathrm{e}^{-\mathrm{j}\omega\tau}\mathrm{d}\tau = a^2\int_{-\infty}^{+\infty}\mathrm{e}^{-2\mu|\tau|}\mathrm{e}^{-\mathrm{j}\omega\tau}\mathrm{d}\tau = \frac{4\mu a^2}{\omega^2 + 4\mu^2}$$

例 3.2.5 窄频带随机过程的功率谱密度. 在无线电通信中,经常遇到窄频带随机过程$\{X(t), -\infty < t < +\infty\}$,其中$X(t) = \xi(t)\cos\omega_0 t + \eta(t)\sin\omega_0 t$,$\xi(t)$与$\eta(t)$均为零均值且互不相关的平稳过程,其相关函数为

$$B_\xi(\tau) = \mathrm{e}^{-\beta|\tau|} = B_\eta(\tau)$$

功率谱密度 $S_\xi(\omega)$ 等于 $S_\eta(\omega)$ 且

$$S_\xi(\omega)=\frac{2\beta}{\omega^2+\beta^2}=S_\eta(\omega)$$

所谓窄带就是指满足如下条件:

$$\omega_0\gg\beta$$

可以计算,窄频带随机过程 $\{X(t),-\infty<t<+\infty\}$ 的相关函数为

$$B_X(\tau)=\mathrm{e}^{-\beta|\tau|}\cos\omega_0\tau$$

功率谱密度函数为

$$\begin{aligned}S_X(\omega)&=\int_{-\infty}^{+\infty}B_X(\tau)\mathrm{e}^{-\mathrm{j}\omega\tau}\mathrm{d}\tau\\&=\int_{-\infty}^{+\infty}\mathrm{e}^{-\beta|\tau|}\cos\omega_0\tau\mathrm{e}^{-\mathrm{j}\omega\tau}\mathrm{d}\tau\\&=\frac{\beta}{(\omega-\omega_0)^2+\beta^2}+\frac{\beta}{(\omega+\omega_0)^2+\beta^2}\\&=\frac{1}{2}S_\xi(\omega-\omega_0)+\frac{1}{2}S_\xi(\omega+\omega_0)\end{aligned}$$

由上式可以画出窄带随机过程 $\{X(t),-\infty<t<+\infty\}$ 的功率谱密度 $S_X(\omega)$ 及平稳随机过程 $\{\xi(t),-\infty<t<+\infty\}$ 的功率谱密度的图形表示,如图 3.2.1 所示.

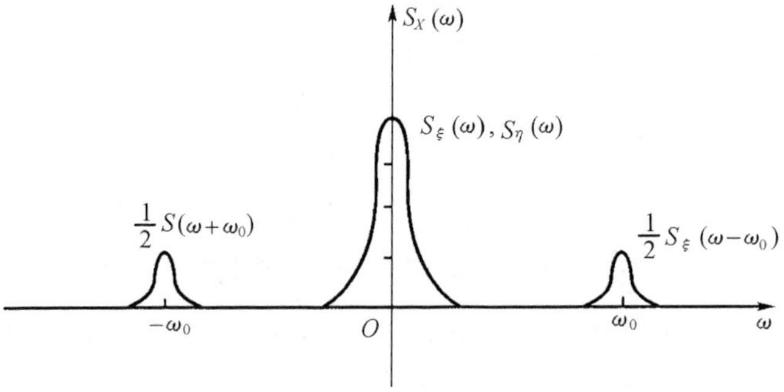

图 3.2.1　窄频带随机过程功率谱密度的图形表示

现在,我们把上述功率谱密度的概念推广到两个平稳相关的随机过程中. 在式(3.1.62)中介绍了互相关函数的定义,现在引进与之相联系的互功率谱密度的概念.

在实际应用中,经常需要研究两个均值为零联合平稳过程 $\{X(t),-\infty<t<\infty\}$ 与 $\{Y(t),-\infty<t<+\infty\}$ 的和 $\{Z(t)=X(t)+Y(t),-\infty<t<+\infty\}$ 的谱密度问题. 不难证明 $\{Z(t)=X(t)+Y(t),-\infty<t<+\infty\}$ 也是平稳过程,且

$$B_Z(\tau)=B_X(\tau)+B_Y(\tau)+B_{XY}(\tau)+B_{YX}(\tau)$$

为求 $\{Z(t)=X(t)+Y(t),-\infty<t<+\infty\}$ 的谱密度,先引入互谱密度的概念,并简要介绍其性质.

定义 3.2.4　设 $\{X(t),-\infty<t<+\infty\}$ 和 $\{Y(t),-\infty<t<+\infty\}$ 是平稳相关的实值随机过程,如果互相关函数 $B_{XY}(\tau)$ 满足

$$\int_{-\infty}^{+\infty}|B_{XY}(\tau)|\mathrm{d}\tau<\infty \tag{3.2.60}$$

则存在互功率谱密度函数 $S_{XY}(\mathrm{j}\omega)$,且

$$\left.\begin{aligned}S_{XY}(\mathrm{j}\omega) &= \int_{-\infty}^{+\infty} B_{XY}(\tau)\ \mathrm{e}^{-\mathrm{j}\omega\tau}\mathrm{d}\tau \\ B_{XY}(\tau) &= \frac{1}{2\pi}\int_{-\infty}^{+\infty} S_{XY}(\mathrm{j}\omega)\ \mathrm{e}^{\mathrm{j}\omega\tau}\mathrm{d}\omega\end{aligned}\right\} \tag{3.2.61}$$

不难证明互功率谱密度函数 $S_{XY}(\mathrm{j}\omega)$有如下性质:

(1)$S_{XY}(\mathrm{j}\omega)$与 $S_{YX}(\mathrm{j}\omega)$互为共轭,即 $S_{YX}(\mathrm{j}\omega)=S_{XY}{}^{*}(\mathrm{j}\omega)$;

(2)$|S_{XY}(\mathrm{j}\omega)|\leqslant\sqrt{S_X(\omega)}\ \sqrt{S_Y(\omega)}$.

所以上述$\{Z(t),-\infty<t<\infty\}$的功率谱密度为

$$S_Z(\omega)=S_X(\omega)+S_Y(\omega)+S_{XY}(\omega)+S_{YX}(\omega)=S_X(\omega)+S_Y(\omega)+2\mathrm{Re}\,S_{XY}(\omega)$$

3.2.2 平稳随机序列及其相关函数的谱分解

对于平稳随机序列,仍可做谱分解.

定理3.2.5 设$\{X(nT_0),n=\cdots,-2,-1,0,1,2,\cdots\}$为复值平稳随机序列,$EX(nT_0)=0$,则$X(nT_0)$可做离散形式的渐近正交调和分解:

$$\left.\begin{aligned}X(nT_0) &= \int_{-\frac{\pi}{T_0}}^{\frac{\pi}{T_0}} \mathrm{e}^{\mathrm{j}\omega nT_0}\mathrm{d}\,\zeta_{T_0}(\mathrm{j}\omega) \\ \mathrm{d}\,\zeta_{T_0}(\mathrm{j}\omega) &= \sum_{n=-\infty}^{+\infty}\mathrm{d}\zeta[\mathrm{j}(\omega-n\omega_0)]\end{aligned}\right\} \tag{3.2.62}$$

其中,T_0 为采样周期;$\{\zeta_{T_0}(\mathrm{j}\omega),\omega\in[-\pi/T_0,\pi/T_0]\}$为正交增量过程且 $\mathrm{d}\zeta_{T_0}(\mathrm{j}\omega)$满足式(3.2.63)和式(3.2.64).

$$E[\mathrm{d}\zeta_{T_0}(\mathrm{j}\omega)]=0 \tag{3.2.63}$$

当$[\omega_1,\omega_1+\mathrm{d}\omega]$与$[\omega_2,\omega_2+\mathrm{d}\omega]$不相重叠时,有

$$\begin{aligned}&E[\mathrm{d}\zeta_{T_0}(\mathrm{j}\omega_1)\mathrm{d}\,\zeta^*_{T_0}(\mathrm{j}\omega_2)]\\&=E[\zeta_{T_0}(\mathrm{j}\omega_1+\mathrm{j}\mathrm{d}\omega)-\zeta_{T_0}(\mathrm{j}\omega_1)][\zeta^*_{T_0}(\mathrm{j}\omega_2+\mathrm{j}\mathrm{d}\omega)-\zeta^*_{T_0}(\mathrm{j}\omega_2)]\\&=0\end{aligned} \tag{3.2.64}$$

当 $\omega_1=\omega_2=\omega$ 时,有

$$E[|\mathrm{d}\zeta_{T_0}(\mathrm{j}\omega)|^2]=\frac{1}{2\pi}S_{T_0}(\omega)\mathrm{d}\omega \tag{3.2.65}$$

因此,对任意 $\omega_1,\omega_2\in\left[-\frac{\pi}{T_0},\frac{\pi}{T_0}\right]$可归纳为

$$E[\mathrm{d}\zeta_{T_0}(\mathrm{j}\omega_1)\mathrm{d}\zeta^*_{T_0}(\mathrm{j}\omega_2)]=\frac{1}{2\pi}S_{T_0}(\omega_1)\mathrm{d}\omega\delta(\omega_1-\omega_2) \tag{3.2.66}$$

其中,$S_{T_0}(\omega)=\sum\limits_{k=-\infty}^{+\infty}S(\omega-k\omega_0)$ 且 $E|\mathrm{d}\zeta(\mathrm{j}\omega)|^2=\frac{1}{2\pi}S(\omega)\mathrm{d}\omega$,而 $S(\omega)$为某均方连续平稳随机过程$\{X(t),-\infty<t<+\infty\}$的功率谱密度函数;$\delta(\omega_1-\omega_2)$为克罗尼克 - δ 函数.

另外,如果该平稳随机序列的相关函数 $B(nT_0)$满足

$$\sum_{n=-\infty}^{+\infty}|B(nT_0)|<\infty$$

则 $B(nT_0)$可表示为

$$\left.\begin{aligned} B(nT_0) &= \frac{1}{2\pi}\int_{-\frac{\pi}{T_0}}^{\frac{\pi}{T_0}} S_{T_0}(\omega)\mathrm{e}^{\mathrm{j}\omega nT_0}\mathrm{d}\omega \\ S_{T_0}(\omega) &= T_0\sum_{n=-\infty}^{+\infty} B(nT_0)\,\mathrm{e}^{-\mathrm{j}\omega nT_0} \end{aligned}\right\} \tag{3.2.67}$$

证明 首先注意到,对于均方连续的平稳随机过程$\{X(t), -\infty < t < +\infty\}$,经采样后所得到的平稳随机序列$\{X(nT_0), n = \cdots, -2, -1, 0, 1, 2, \cdots\}$可表示为$\{X_{T_0}(t), -\infty < t < +\infty\}$.

$$X_{T_0}(t) = T_0X(t)\sum_{n=-\infty}^{+\infty}\delta(t - nT_0) \tag{3.2.68}$$

其中,T_0 为采样周期;$\delta(\cdot)$为狄拉克-δ 函数. 经傅里叶级数变换,有

$$T_0\sum_{n=-\infty}^{+\infty}\delta(t - nT_0) = \sum_{n=-\infty}^{+\infty}\mathrm{e}^{\mathrm{j}n\omega_0 t} \tag{3.2.69}$$

将式(3.2.69)代入式(3.2.68)可得

$$X_{T_0}(t) = X(t)\sum_{n=-\infty}^{+\infty}\mathrm{e}^{\mathrm{j}n\omega_0 t} \tag{3.2.70}$$

这样一来,若把 $X_{T_0}(t)$ 理解为定理 3.2.4 中的 $X(t)$,就可以利用该定理的结论. 由式(3.2.44)有

$$\begin{aligned} \mathrm{d}\zeta_{T_0}(\mathrm{j}\omega) &= \lim_{T_1\to\infty}\frac{1}{T_1}\int_{-\frac{T_1}{2}}^{\frac{T_1}{2}} X_{T_0}(t)\,\mathrm{e}^{-\mathrm{j}\omega t}\mathrm{d}t \\ &= \lim_{T_1\to\infty}\frac{1}{T_1}\int_{-\frac{T_1}{2}}^{\frac{T_1}{2}} X(t)\sum_{n=-\infty}^{+\infty}\mathrm{e}^{\mathrm{j}n\omega_0 t}\mathrm{e}^{-\mathrm{j}\omega t}\mathrm{d}t \\ &= \sum_{n=-\infty}^{+\infty}\lim_{T_1\to\infty}\frac{1}{T_1}\int_{-\frac{T_1}{2}}^{\frac{T_1}{2}} X(t)\,\mathrm{e}^{-\mathrm{j}(\omega - n\omega_0)t}\mathrm{d}t \\ &= \sum_{n=-\infty}^{+\infty}\mathrm{d}\zeta[\mathrm{j}(\omega - n\omega_0)] \end{aligned} \tag{3.2.71}$$

其中,$\omega_0 = \dfrac{2\pi}{T_0}$.

对于均方连续的平稳随机过程$\{X(t), -\infty < t < +\infty\}$,当 $t = nT_0$ 时,由式(3.2.44)还有

$$X(nT_0) = \int_{-\infty}^{+\infty}\mathrm{e}^{\mathrm{j}\omega nT_0}\mathrm{d}\zeta(\mathrm{j}\omega) = \sum_{k=-\infty}^{+\infty}\int_{k\omega_0-\frac{1}{2}\omega_0}^{k\omega_0+\frac{1}{2}\omega_0}\mathrm{e}^{\mathrm{j}\omega nT_0}\mathrm{d}\zeta(\mathrm{j}\omega) \tag{3.2.72}$$

在式(3.2.72)中,若令 $\omega = \omega^* + k\omega_0$,则$\mathrm{e}^{\mathrm{j}\omega nT_0} = \mathrm{e}^{\mathrm{j}(\omega^* + k\omega_0)nT_0} = \mathrm{e}^{\mathrm{j}\omega^* nT_0}$,而且当 $\omega = k\omega_0 \pm \dfrac{1}{2}\omega_0$ 时,有 $\omega^* = \pm\dfrac{1}{2}\omega_0$,将以上各式代入式(3.2.72)便得到

$$\begin{aligned} X(nT_0) &= \sum_{k=-\infty}^{+\infty}\int_{-\frac{1}{2}\omega_0}^{\frac{1}{2}\omega_0}\mathrm{e}^{\mathrm{j}\omega^* nT_0}\mathrm{d}\zeta[\mathrm{j}(\omega^* + k\omega_0)] \\ &= \int_{-\frac{1}{2}\omega_0}^{\frac{1}{2}\omega_0}\mathrm{e}^{\mathrm{j}\omega nT_0}\sum_{k=-\infty}^{+\infty}\mathrm{d}\zeta[\mathrm{j}(\omega + k\omega_0)] \\ &= \int_{-\frac{\pi}{T_0}}^{\frac{\pi}{T_0}}\mathrm{e}^{\mathrm{j}\omega nT_0}\sum_{k=-\infty}^{+\infty}\mathrm{d}\zeta[\mathrm{j}(\omega - k\omega_0)] \end{aligned}$$

$$= \int_{-\frac{\pi}{T_0}}^{\frac{\pi}{T_0}} e^{j\omega n T_0} d\zeta_{T_0}(j\omega) \tag{3.2.73}$$

由式(3.2.71)及式(3.2.73)可知定理中的式(3.2.62)得证. 再由定理3.2.4可知,对任意 $\omega \in \left[-\frac{\pi}{T_0}, \frac{\pi}{T_0}\right]$,序列$\{d\zeta(j\omega - jn\omega_0), n = \cdots, -2, -1, 0, 1, 2, \cdots\}$为互不相关的随机变量序列,进一步对任意整数 n,随机变量 $d\zeta(j\omega - jn\omega_0)$在 ω 的区间$\left[-\frac{\pi}{T_0}, \frac{\pi}{T_0}\right]$中的任意不相重叠的两个子区间上仍互不相关. 所以由式(3.2.71)可知,随机变量 $d\zeta_{T_0}$在 ω 区间$\left[-\frac{\pi}{T_0}, \frac{\pi}{T_0}\right]$中的任意两个不相重叠的子区间上互不相关,且有

$$E d\zeta_{T_0}(j\omega) = E\sum_{n=-\infty}^{+\infty} d\zeta(j\omega - jn\omega_0) = \sum_{n=-\infty}^{+\infty} E d\zeta(j\omega - jn\omega_0) = 0 \tag{3.2.74}$$

以及对任意 $\omega_1, \omega_2 \in \left[-\frac{\pi}{T_0}, \frac{\pi}{T_0}\right]$还有

$$\begin{aligned}
E[d\zeta_{T_0}(j\omega_1) d\zeta_{T_0}{}^*(j\omega_2)] &= E\sum_{k=-\infty}^{+\infty}\sum_{n=-\infty}^{+\infty} d\zeta(j\omega_1 - jn\omega_0) d\zeta^*(j\omega_2 - jk\omega_0) \\
&= \sum_{k=-\infty}^{+\infty}\sum_{n=-\infty}^{+\infty} E|d\zeta(j\omega_1 - jn\omega_0)|^2 \delta(\omega_1 - \omega_2)\delta(n-k) \\
&= \sum_{n=-\infty}^{+\infty} E|d\zeta(j\omega_1 - jn\omega_0)|^2 \delta(\omega_1 - \omega_2) \\
&= \sum_{n=-\infty}^{+\infty} \frac{d\omega}{2\pi} S(\omega_1 - n\omega_0)\delta(\omega_1 - \omega_2) \\
&= \frac{d\omega}{2\pi}\left[\sum_{n=-\infty}^{+\infty} S(\omega_1 - n\,\omega_0)\right]\delta(\omega_1 - \omega_2) \\
&\triangleq \frac{d\omega}{2\pi} S_{T_0}(\omega_1)\delta(\omega_1 - \omega_2)
\end{aligned} \tag{3.2.75}$$

其中

$$S_{T_0}(\omega) \triangleq \sum_{n=-\infty}^{+\infty} S(\omega - n\omega_0) \tag{3.2.76}$$

而 $\delta(\omega_1 - \omega_2)$和 $\delta(n-k)$均为克罗尼克 $-\delta$ 函数. 至此,式(3.2.63)至式(3.2.66)得证. 最后,由相关函数的定义及式(3.2.62)有

$$\begin{aligned}
B(nT_0) &= E[X(m+n)T_0][X^*(mT_0)] \\
&= E\int_{-\frac{\pi}{T_0}}^{\frac{\pi}{T_0}} e^{j(m+n)T_0\omega_1} d\zeta_{T_0}(j\omega_1)\int_{-\frac{\pi}{T_0}}^{\frac{\pi}{T_0}} e^{-jmT_0\omega_2} d\,\zeta_{T_0}^*(j\omega_2) \\
&= \int_{-\frac{\pi}{T_0}}^{\frac{\pi}{T_0}}\int_{-\frac{\pi}{T_0}}^{\frac{\pi}{T_0}} e^{jn\omega_1 T_0 + jm\omega_1 T_0} e^{-jm\omega_2 T_0} E d\zeta_{T_0}(j\omega_1) d\,\zeta_{T_0}^*(j\omega_2) \\
&= \int_{-\frac{\pi}{T_0}}^{\frac{\pi}{T_0}}\int_{-\frac{\pi}{T_0}}^{\frac{\pi}{T_0}} e^{j(m+n)T_0\omega_1} e^{-jm\omega_2 T_0} \frac{d\omega_1}{2\pi} S_{T_0}(j\omega_1)\delta(\omega_1 - \omega_2) \\
&= \frac{1}{2\pi}\int_{-\frac{\pi}{T_0}}^{\frac{\pi}{T_0}} e^{jnT_0\omega_1} S_{T_0}(\omega_1) d\omega_1, \quad n = \cdots, -2, -1, 0, 1, 2, \cdots
\end{aligned} \tag{3.2.77}$$

以及

$$S_{T_0}(\omega) = \int_{-\infty}^{+\infty} B_{T_0}(\tau) e^{-j\omega\tau} d\tau$$

$$= \int_{-\infty}^{+\infty} T_0 \sum_{n=-\infty}^{+\infty} B(\tau)\delta(\tau - nT_0)\mathrm{e}^{-\mathrm{j}\omega\tau}\mathrm{d}\tau$$

$$= T_0 \sum_{n=-\infty}^{+\infty} \int_{-\infty}^{+\infty} B(\tau)\delta(\tau - nT_0)\mathrm{e}^{-\mathrm{j}\omega\tau}\mathrm{d}\tau$$

$$= T_0 \sum_{n=-\infty}^{+\infty} B(nT_0)\ \mathrm{e}^{-\mathrm{j}\omega nT_0} \tag{3.2.78}$$

值得指出,在式(3.2.78)的推导过程中,要用到 $\sum_{n=-\infty}^{+\infty} |B(nT_0)| < \infty$ 这一事实.

定理证毕.

在控制理论中,用变换方法进行离散信号处理是十分方便的. 为此我们引进一个变换. 令

$$z = \mathrm{e}^{\mathrm{j}\omega T_0} \tag{3.2.79}$$

其中,T_0 为采样周期,$\omega \in \left[-\frac{\pi}{T_0}, \frac{\pi}{T_0}\right]$,显然 z 与 ω 有一一对应关系.

利用上述变换可把定理 3.2.5 简化成定理 3.2.3.

定理 3.2.6 设 $\{X(nT_0), n = \cdots, -2, -1, 0, 1, 2, \cdots\}$ 为复值平稳随机序列,$EX(nT_0) = 0$,则 $X(nT_0)$ 可表示为

$$\left.\begin{aligned} X(nT_0) &= \oint_{|z|=1} z^n \mathrm{d}\zeta(z) \\ \mathrm{d}\zeta(z) &= \frac{\mathrm{d}z}{2\pi\mathrm{j}} \sum_{n=-\infty}^{+\infty} X(nT_0)\ z^{-(n+1)} \end{aligned}\right\} \tag{3.2.80}$$

其中,T_0 为采样周期,$\{\zeta(z), -\pi \leqslant \arg z \leqslant \pi\}$ 为正交增量过程且 $\mathrm{d}\zeta(z)$ 满足式(3.2.81)和式(3.2.82)

$$E\mathrm{d}\zeta(z) = 0 \tag{3.2.81}$$

当 z 的辐角 $\arg z$ 满足如下条件,即区间 $[\arg z_1, \arg z_1 + \mathrm{d}\arg z]$ 与区间 $[\arg z_2, \arg z_2 + \mathrm{d}\arg z]$ 不相重叠时,有

$$E[\mathrm{d}\zeta(z_1)\mathrm{d}\zeta^*(z_2)] = 0 \tag{3.2.82}$$

当 $\arg z_1 = \arg z_2 = \arg z$ 时,有

$$E|\mathrm{d}\zeta(z)|^2 = \frac{1}{2\pi\mathrm{j}z} S(z)\mathrm{d}z \tag{3.2.83}$$

因此,对任意 $\arg z_1, \arg z_2 \in [-\pi, \pi]$ 可归纳为

$$E\mathrm{d}\zeta(z_1)\mathrm{d}\zeta^*(z_2) = \frac{1}{2\pi\mathrm{j}\, z_1} S(z_1)\mathrm{d}z\delta(z_1 - z_2) \tag{3.2.84}$$

其中,$S(z)\big|_{z=\mathrm{e}^{\mathrm{j}\omega T_0}} = \frac{1}{T_0}\sum_{k=-\infty}^{+\infty} S(\omega - k\omega_0)$,而 $S(\omega)$ 为某均方连续平稳随机过程 $\{X(t), -\infty < t < +\infty\}$ 的功率谱密度函数,$S(z)$ 为该离散平稳随机序列的功率谱密度函数;$\delta(z_1 - z_2)$ 为克罗尼克 $-\delta$ 函数.

另外,如果该平稳随机序列的相关函数 $B(nT_0)$ 满足

$$\sum_{n=-\infty}^{+\infty} |B(nT_0)| < \infty \tag{3.2.85}$$

则 $B(nT_0)$ 有如下谱分解:

$$\left.\begin{aligned} B(nT_0) &= \frac{1}{2\pi j}\oint_{|z|=1} S(z)\, z^{n-1}\mathrm{d}z \\ S(z) &= \sum_{n=-\infty}^{+\infty} B(nT_0)\, z^{-n} \end{aligned}\right\} \tag{3.2.86}$$

证明 由式(3.2.71)有

$$\begin{aligned} \mathrm{d}\zeta_{T_0}(\mathrm{j}\omega) &= \lim_{T_1\to\infty}\frac{1}{T_1}\int_{-\frac{T_1}{2}}^{\frac{T_1}{2}} X_{T_0}(t)\,\mathrm{e}^{-\mathrm{j}\omega t}\mathrm{d}t \\ &= \lim_{T_1\to\infty}\frac{1}{T_1}\int_{-\frac{T_1}{2}}^{\frac{T_1}{2}} T_0\sum_{n=-\infty}^{+\infty} X(t)\delta(t-nT_0)\,\mathrm{e}^{-\mathrm{j}\omega t}\mathrm{d}t \\ &= \lim_{T_1\to\infty}\frac{T_0}{T_1}\sum_{n=-\infty}^{+\infty}\int_{-\frac{T_1}{2}}^{\frac{T_1}{2}} X(t)\delta(t-nT_0)\,\mathrm{e}^{-\mathrm{j}\omega t}\mathrm{d}t \\ &= \lim_{T_1\to\infty}\frac{T_0}{T_1}\sum_{n=-\infty}^{+\infty} X(nT_0)\,\mathrm{e}^{-\mathrm{j}\omega nT_0} \end{aligned} \tag{3.2.87}$$

利用式(3.2.79)并注意到

$$\lim_{T_1\to\infty}\frac{1}{T_1}=\frac{1}{2\pi}\mathrm{d}\omega=\frac{1}{2\pi \mathrm{j}T_0 z}\mathrm{d}z$$

则式(3.2.87)可简化为

$$\begin{aligned} \mathrm{d}\zeta_{T_0}(\mathrm{j}\omega) &= \lim_{T_1\to\infty}\frac{T_0}{T_1}\sum_{n=-\infty}^{+\infty} X(nT_0)z^{-n} \\ &= \frac{\mathrm{d}z}{2\pi \mathrm{j}}\sum_{n=-\infty}^{+\infty} X(nT_0)z^{-(n+1)} \triangleq \mathrm{d}\zeta(z) \end{aligned} \tag{3.2.88}$$

另一方面,由定理3.2.5中的式(3.2.62)还有

$$\mathrm{d}\zeta(z) \triangleq \mathrm{d}\zeta_{T_0}(\mathrm{j}\omega) = \sum_{n=-\infty}^{+\infty}\mathrm{d}\zeta[\mathrm{j}(\omega-n\omega_0)] \tag{3.2.89}$$

再把式(3.2.88)代入式(3.2.62),则得

$$X(nT_0) = \int_{-\frac{\pi}{T_0}}^{\frac{\pi}{T_0}} \mathrm{e}^{\mathrm{j}\omega nT_0}\mathrm{d}\zeta_{T_0}(\mathrm{j}\omega) = \oint_{|z|=1} z^n\mathrm{d}\zeta(z) \tag{3.2.90}$$

由式(3.2.88)、式(3.2.89)及式(3.2.90)显见式(3.2.80)得证.

再由式(3.2.63)及式(3.2.66)还有

$$E\mathrm{d}\zeta(z) = E\mathrm{d}\zeta_{T_0}(\mathrm{j}\omega) = 0 \tag{3.2.91}$$

以及对任意 $\arg z_1, \arg z_2 \in [-\pi,\pi]$ 有

$$\begin{aligned} E\mathrm{d}\zeta(z_1)\mathrm{d}\zeta^*(z_2) &= E\mathrm{d}\zeta_{T_0}(\mathrm{j}\omega_1)\mathrm{d}\zeta_{T_0}{}^*(\mathrm{j}\omega_2) = \frac{\mathrm{d}\omega}{2\pi}S_{T_0}(\omega_1)\delta(\omega_1-\omega_2) \\ &= \frac{1}{2\pi \mathrm{j}z_1}\frac{1}{T_0}S_{T_0}(\omega_1)\mathrm{d}z\delta(z_1-z_2) \triangleq \frac{\mathrm{d}z}{2\pi \mathrm{j}\, z_1}S(z_1)\delta(z_1-z_2) \end{aligned} \tag{3.2.92}$$

其中

$$S(z) = \frac{1}{T_0}S_{T_0}(\omega) = \frac{1}{T_0}\sum_{k=-\infty}^{+\infty} S(\omega-k\omega_0) \tag{3.2.93}$$

$S(\omega)$为某均方连续平稳随机过程$\{X(t), -\infty<t<+\infty\}$的功率谱密度函数;$S(z)$为该离散平稳随机序列的功率谱密度函数.

最后,由式(3.2.67)及式(3.2.93)可得

$$B(nT_0)=\frac{1}{2\pi}\int_{-\frac{\pi}{T_0}}^{\frac{\pi}{T_0}}S_{T_0}(\omega)\,\mathrm{e}^{\mathrm{j}\omega nT_0}\mathrm{d}\omega=\frac{1}{2\pi}\oint_{|z|=1}z^nT_0S(z)\frac{1}{\mathrm{j}T_0z}\mathrm{d}z=\frac{1}{2\pi\mathrm{j}}\oint_{|z|=1}z^{n-1}S(z)\mathrm{d}z \tag{3.2.94}$$

以及
$$S(z)=\frac{1}{T_0}S_{T_0}(\omega)=\frac{1}{T_0}T_0\sum_{n=-\infty}^{+\infty}B(nT_0)\,\mathrm{e}^{-\mathrm{j}\omega nT_0}=\sum_{n=-\infty}^{+\infty}B(nT_0)z^{-n} \tag{3.2.95}$$

至此定理全部得证.

定理3.2.6告诉我们一个十分重要的事实,在时间域中的随机变量 $X(nT_0)$ 与复频域中的 $z^n\mathrm{d}\zeta(z)$ 建立了一一对应关系(见式(3.2.80)),即

$$X(nT_0)\leftrightarrow z^n\mathrm{d}\zeta_X(z)$$
$$X(nT_0-kT_0)\leftrightarrow z^{n-k}\mathrm{d}\zeta_X(z)$$
$$C_{n-k}X[(n-k)T_0]\leftrightarrow C_{n-k}z^{n-k}\mathrm{d}\zeta_X(z)$$

在随机控制理论中,称 $\{z^n\mathrm{d}\zeta_X(z),n=\cdots,-2,-1,0,1,2,\cdots\}$ 为随机变量序列 $\{X(nT_0),n=\cdots,-1,0,1,\cdots\}$ 的 Z 变换,记作

$$Z\{X(nT_0)\}\triangleq z^n\mathrm{d}\zeta_X(z),n=\cdots,-2,-1,0,1,2,\cdots \tag{3.2.96}$$

不难证明,平稳随机序列 $\{X(nT_0),n=\cdots-2,-1,0,1,2,\cdots\}$ 的 Z 变换有如下性质:

设 $\{X(nT_0),n=\cdots,-2,-1,0,1,2,\cdots\}$,$\{Y(nT_0),n=\cdots,-2,-1,0,1,2,\cdots\}$ 及 $\{H(nT_0),n=\cdots,-2,-1,0,1,2,\cdots\}$ 均为平稳随机序列且有

$$H(nT_0)=C_XX(nT_0)+C_YY(nT_0) \tag{3.2.97}$$

其中,C_X,C_Y 均为常数,则 $H(nT_0)$ 的 Z 变换为

$$Z\{H(nT_0)\}=C_XZ\{X(nT_0)\}+C_YZ\{Y(nT_0)\}=C_Xz^n\mathrm{d}\zeta_X(z)+C_Yz^n\mathrm{d}\zeta_Y(z) \tag{3.2.98}$$

另外,当我们利用实值平稳随机序列的相关函数 $B(nT_0)$ 来求其功率谱密度函数 $S(z)$ 时,有比较简便的算法,事实上由式(3.2.86)可推得

$$\begin{aligned}S(z)&=\sum_{n=-\infty}^{+\infty}B(nT_0)z^{-n}\\&=\sum_{n=0}^{\infty}B(nT_0)z^{-n}+\sum_{n=0}^{-\infty}B(nT_0)z^{-n}-B(0)\\&=S^*(z)+S^*(z^{-1})-B(0)\end{aligned} \tag{3.2.99}$$

其中
$$S^*(z)=\sum_{n=0}^{\infty}B(nT_0)z^{-n} \tag{3.2.100}$$

下面举例说明实值平稳随机序列相关函数及其功率谱密度函数的计算.

例3.2.6 白噪声序列的功率谱密度函数. 由白噪声序列的定义可知其相关函数为 $B(nT_0)=\sigma^2\delta(n)$,把它代入式(3.2.86)得功率谱密度函数为

$$S(z)=\sum_{n=-\infty}^{+\infty}B(nT_0)z^{-n}=\sigma^2$$

例3.2.7 指数相关的平稳随机序列的功率谱密度函数. 设 $\{X(nT_0),n=\cdots,-2,-1,0,1,2,\cdots\}$ 为指数相关的平稳随机序列,即相关函数具有指数形式:

$$B(nT_0)=\sigma^2\mathrm{e}^{-a|nT_0|},n=\cdots,-2,-1,0,1,2,\cdots$$

其中,$a>0$ 为常数. 由式(3.2.100)可得

$$S^*(z) = \sum_{n=0}^{\infty} B(nT_0) z^{-n} = \sum_{n=0}^{\infty} \sigma^2 \mathrm{e}^{-anT_0} z^{-n} = \frac{\sigma^2}{1 - \mathrm{e}^{-aT_0} z^{-1}}$$

把上式代入式(3.2.99)可得功率谱密度函数为

$$S(z) = S^*(z) + S^*(z^{-1}) - B(0) = \frac{\sigma^2}{1 - \mathrm{e}^{-aT_0} z^{-1}} + \frac{\sigma^2}{1 - \mathrm{e}^{-aT_0} z} - \sigma^2 = \frac{\sigma^2 (d - d^{-1}) z}{(z - d)(z - d^{-1})}$$

其中,$d = \mathrm{e}^{-aT_0}$.

例 3.2.8 窄频带随机序列的功率谱密度函数. 由例3.2.5可知相关函数 $B(nT_0)$ 为

$$B(nT_0) = B(0) \mathrm{e}^{-a|nT_0|} \cos \Omega n T_0$$

由式(3.2.100)并利用熟知的 Z 变换可求出

$$S^*(z) = B(0) \frac{z^2 - z\mathrm{e}^{-aT_0} \cos \Omega T_0}{z^2 - 2z\mathrm{e}^{-aT_0} \cos \Omega T_0 + \mathrm{e}^{-2aT_0}}$$

$$S^*(z^{-1}) = B(0) \frac{1 - z\mathrm{e}^{-aT_0} \cos \Omega T_0}{1 - 2z\mathrm{e}^{-aT_0} \cos \Omega T_0 + \mathrm{e}^{-2aT_0} z^2}$$

将上式代入式(3.2.99),得

$$S(z) = B(0) \frac{c_1 z^3 + c_0 z^2 + c_1 z}{b_2 z^4 + b_1 z^3 + b_0 z^2 + b_1 z + b_2}$$

其中,$c_1 = \mathrm{e}^{-aT_0} \cos \Omega T_0 (\mathrm{e}^{-2aT_0} - 1)$;$c_0 = 1 - \mathrm{e}^{-4aT_0}$;$b_2 = \mathrm{e}^{-2aT_0}$;$b_1 = -2\mathrm{e}^{-aT_0} \cos \Omega T_0 (1 + \mathrm{e}^{-2aT_0})$;$b_0 = 1 + 4\mathrm{e}^{-2aT_0} \cos^2 \Omega T_0 + \mathrm{e}^{-4aT_0}$.

3.3 平稳随机过程的均方遍历性和采样定理

3.3.1 平稳随机过程的均方遍历性

在以上几节我们介绍了关于平稳随机过程的若干性质,知道它可以进行谱分解. 在本节中我们将解决这样一个问题:能否根据对平稳随机过程的测量数据来确定该过程的均值和相关函数?换句话说,因为过程是平稳的,即

$$EX(t) = m = \text{常数}$$

$$E[X(t+\tau)X(t)] = B(\tau)$$

与时间 t 无关,我们自然想到,是否可以通过对平稳随机过程 $\{X(t), -\infty < t < +\infty\}$ 的一个样本函数的研究来了解它的统计规律(均值及相关函数).

由概率论中的大数定理可知,对于独立同分布的随机变量序列 $\{X(n), n \geqslant 1\}$,如果均值 $EX(n) = m$ 存在,则对任意 $\varepsilon > 0$,有

$$\lim_{N\to\infty} P\left\{ \left| \frac{1}{N} \sum_{n=1}^{N} X(n) - m \right| \geqslant \varepsilon \right\} = 0 \tag{3.3.1}$$

现在我们把 $\{X(n), n \geqslant 1\}$ 理解为随机过程 $\{X(t), -\infty < t < +\infty\}$,把 $\frac{1}{N} \sum_{n=1}^{N} X(n)$ 理解为对随机过程样本的按时间平均 $\frac{1}{2T}\int_{-T}^{T} X(t)\,\mathrm{d}t$,而把 m 理解为随机过程的均值 $EX(t)$. 这样一来,由式(3.3.1)可知,随着样本区间无限增长,随机过程样本按时间平均就以越来越大的

概率接近于随机过程的统计平均.这就是说,只要样本区间取得无限长,它就能"遍历"随机过程的所有状态,把这种性质称为随机过程的"遍历性"(各态历经性).

由上面的叙述引出正式的定义,即定义3.3.1.

定义3.3.1 设$\{X(t),-\infty<t<+\infty\}$为平稳随机过程,其均值和相关函数分别为$m$和$B(\tau)$,如果

$$\lim_{T\to\infty}\frac{1}{2T}\int_{-T}^{T}X(t)\,\mathrm{d}t=m \tag{3.3.2}$$

$$\lim_{T\to\infty}\frac{1}{2T}\int_{-T}^{T}[X(t+\tau)-m][X(t)-m]\,\mathrm{d}t=B(\tau) \tag{3.3.3}$$

则称该平稳随机过程具有均方遍历性.

有时称满足定义式(3.3.2)的平稳随机过程为对均值具有均方遍历性(各态历经性)的平稳过程,称满足定义式(3.3.3)的平稳过程为对相关函数具有均方遍历性(各态历经性)的平稳过程.

关于平稳随机过程的均方遍历性有定理3.3.1.

定理3.3.1 设$\{X(t),-\infty<t<+\infty\}$为均方连续的平稳随机过程且$EX(t)=m$,则下面的三个式子等价:

(1) $\lim\limits_{T\to\infty}E\left|\frac{1}{2T}\int_{-T}^{T}X(t)\,\mathrm{d}t-m\right|^2=0$; (3.3.4)

(2)对于功率谱密度函数,有$S(0)<\infty$; (3.3.5)

(3) $\lim\limits_{T\to\infty}\frac{1}{2T}\int_{-T}^{T}B(\tau)\,\mathrm{d}\tau=0.$ (3.3.6)

证明 设$m=0$,否则可考察$Y(t)=X(t)-m$.由定理3.2.4可知,对于平稳随机过程$\{X(t),-\infty<t<+\infty\}$有

$$X(t)=\int_{-\infty}^{+\infty}\mathrm{e}^{\mathrm{j}\omega t}\mathrm{d}\zeta(\mathrm{j}\omega)$$

于是
$$\frac{1}{2T}\int_{-T}^{T}X(t)\,\mathrm{d}t=\frac{1}{2T}\int_{-T}^{T}\int_{-\infty}^{+\infty}\mathrm{e}^{\mathrm{j}\omega t}\mathrm{d}\zeta(\mathrm{j}\omega)\,\mathrm{d}t=\int_{-\infty}^{+\infty}\phi_T(\omega)\,\mathrm{d}\zeta(\mathrm{j}\omega) \tag{3.3.7}$$

其中
$$\phi_T(\omega)=\frac{1}{2T}\int_{-T}^{T}\mathrm{e}^{\mathrm{j}\omega t}\mathrm{d}t=\begin{cases}\dfrac{\sin T\omega}{T\omega},\omega\neq 0\\ 1,\omega=0\end{cases} \tag{3.3.8}$$

而且
$$\begin{aligned}E\left|\frac{1}{2T}\int_{-T}^{T}X(t)\,\mathrm{d}t\right|^2&=E\frac{1}{2T}\int_{-T}^{T}X(t)\,\mathrm{d}t\frac{1}{2T}\int_{-T}^{T}X^*(t)\,\mathrm{d}t\\&=\int_{-\infty}^{+\infty}\int_{-\infty}^{+\infty}\phi_T(\omega)\phi_T(\omega_1)E[\mathrm{d}\zeta(\mathrm{j}\omega)\mathrm{d}\zeta^*(\mathrm{j}\omega_1)]\end{aligned} \tag{3.3.9}$$

再由式(3.2.46),还有

$$E[\mathrm{d}\zeta(\mathrm{j}\omega)\mathrm{d}\zeta^*(\mathrm{j}\omega_1)]=\frac{1}{2\pi}S(\omega)\,\mathrm{d}\omega\ \delta(\omega-\omega_1)$$

其中,$\delta(\omega-\omega_1)$为克罗尼克-δ函数,将上式代入式(3.3.9)得

$$E\left|\frac{1}{2T}\int_{-T}^{T}X(t)\,\mathrm{d}t\right|^2=\frac{1}{2\pi}\int_{-\infty}^{+\infty}\sum_{\omega_1=-\infty}^{+\infty}\phi_T(\omega)\phi_T(\omega_1)S(\omega)\delta(\omega-\omega_1)\,\mathrm{d}\omega$$

$$= \frac{1}{2\pi}\int_{-\infty}^{+\infty} \phi_T^2(\omega)S(\omega)\mathrm{d}\omega \tag{3.3.10}$$

另外,由式(3.3.8)可知

$$\lim_{T\to\infty}\phi_T(\omega) = \delta(\omega)$$

即为克罗尼克 $-\delta$ 函数. 因此,由式(3.3.10)可得

$$\lim_{T\to\infty}E\left|\frac{1}{2T}\int_{-T}^{T}X(t)\mathrm{d}t\right|^2 = \frac{1}{2\pi}\int_{-\infty}^{+\infty}\lim_{T\to\infty}\phi_T^2(\omega)S(\omega)\mathrm{d}\omega = \frac{1}{2\pi}\int_{-\infty}^{+\infty}\delta(\omega)S(\omega)\mathrm{d}\omega \tag{3.3.11}$$

由式(3.3.11)得出式(3.3.4)与式(3.3.5)等价.

另一方面,由于

$$\begin{aligned}\lim_{T\to\infty}\frac{1}{2T}\int_{-T}^{T}B(\tau)\mathrm{d}\tau &= \lim_{T\to\infty}\frac{1}{2T}\int_{-T}^{T}\left(\frac{1}{2\pi}\int_{-\infty}^{+\infty}S(\omega)\,\mathrm{e}^{\mathrm{j}\omega\tau}\mathrm{d}\omega\right)\mathrm{d}\tau \\ &= \frac{1}{2\pi}\int_{-\infty}^{+\infty}S(\omega)\left(\lim_{T\to\infty}\frac{1}{2T}\int_{-T}^{\mathrm{T}}\mathrm{e}^{\mathrm{j}\omega\tau}\mathrm{d}\tau\right)\mathrm{d}\omega \\ &= \frac{1}{2\pi}\int_{-\infty}^{+\infty}S(\omega)\delta(\omega)\mathrm{d}\omega\end{aligned} \tag{3.3.12}$$

所以式(3.3.5)与式(3.3.6)等价.

定理证毕.

定理3.3.1告诉我们,只要式(3.3.6)成立或者等价地式(3.3.5)成立,则有

$$\lim_{T\to\infty}\frac{1}{2T}\int_{-T}^{T}X(t)\mathrm{d}t = m = EX(t) \tag{3.3.13}$$

这样一来,只要区间$(-T,T)$取得足够大,就可以利用样本$x(t)$,$|t|<T$的按时间平均作为随机过程$\{X(t),-\infty<t<+\infty\}$的总体平均值.

定理3.3.2 设$\{X(t),-\infty<t<+\infty\}$为均方连续的平稳随机过程,$EX(t)=0$(如若不然,可考察$Z(t)=X(t)-EX(t)$,其相关函数为$B_X(\tau)$,记

$$Y(t)=X(t+\tau)X(t)-B_X(\tau)$$

则式(3.3.14)、式(3.3.15)和式(3.3.16)等价:

$$\lim_{T\to\infty}E\left|\frac{1}{2T}\int_{-T}^{T}Y(t)\mathrm{d}t\right|^2 = 0 \tag{3.3.14}$$

$$S_Y(0)<\infty \tag{3.3.15}$$

其中,假定$\{Y(t),-\infty<t<+\infty\}$为平稳随机过程且$S_Y(\omega)$为其功率谱密度函数.

$$\lim_{T\to\infty}\frac{1}{2T}\int_{-T}^{T}B_Y(\tau)\mathrm{d}\tau = 0 \tag{3.3.16}$$

定理3.3.2的证明同定理3.3.1的证明类似,因此从略.

定理3.3.2告诉我们,只要式(3.3.16)成立或者等价地式(3.3.15)成立,则

$$\lim_{T\to\infty}\frac{1}{2T}\int_{-T}^{T}X(t+\tau)X(t)\mathrm{d}t = B_X(\tau) \tag{3.3.17}$$

这就是说,只要把区间$(-T,T)$取得足够大,就可以用样本的相关函数$\frac{1}{2T}\int_{-T}^{T}x(t+\tau)x(t)\mathrm{d}t$作为总体的相关函数. 在自动控制中,式(3.3.6)及式(3.3.16)通常是能得到满足的. 因此,可以利用平稳随机过程$\{X(t),-\infty<t<+\infty\}$的一个样本函数及式(3.3.13)、式(3.3.17)

来估计该过程的均值和相关函数.

在实际应用中,经常遇到平稳随机序列的情况. 关于平稳随机序列的均方遍历性问题,完全可以把定理3.3.1及定理3.3.2取离散形式来叙述,但为了更深入地了解这个问题,我们还需做进一步的分析和论述.

定理3.3.3 设$\{X(n),n=\cdots,-2,-1,0,1,2,\cdots\}$为平稳随机序列,$EX(n)=m$,中心相关函数为$B(n),n=\cdots,-2,-1,0,1,2,\cdots$,则

$$\lim_{N\to\infty}E\left[\frac{1}{N}\sum_{k=1}^{N}X(k)-m\right]^2=0 \tag{3.3.18}$$

成立的充要条件是

$$\lim_{N\to\infty}\frac{1}{N}\sum_{i=0}^{N-1}B(i)=0 \tag{3.3.19}$$

证明 不妨设$m=0$,否则考察$Y(n)=X(n)-m$.

(1)必要性

利用许瓦兹不等式,有

$$\begin{aligned}\left[\frac{1}{N}\sum_{i=0}^{N-1}B(i)\right]^2&=\left\{\frac{1}{N}\sum_{i=0}^{N-1}E[X(1)X(i+1)]\right\}^2\\&=\left\{E\left[X(1)\frac{1}{N}\sum_{k=1}^{N}X(k)\right]\right\}^2\\&\leqslant EX^2(1)E\left[\frac{1}{N}\sum_{k=1}^{N}X(k)\right]^2\to0,N\to\infty\end{aligned}$$

(2)充分性

将式(3.3.18)展开,有

$$\begin{aligned}E\left[\frac{1}{N}\sum_{k=1}^{N}X(k)\right]^2&=\frac{1}{N^2}\left[\sum_{k=1}^{N}EX^2(k)+2\sum_{k<l}^{N}EX(l)X(k)\right]\\&=\frac{1}{N^2}\left[NB(0)+2\sum_{l=2}^{N}\sum_{k=1}^{l-1}B(l-k)\right]\\&=\frac{1}{N^2}\left[2\sum_{l=2}^{N}\sum_{\nu=1}^{l-1}B(\nu)+NB(0)\right]\end{aligned} \tag{3.3.20}$$

显见,当$N\to\infty$时,有$\frac{1}{N}B(0)\to0$,因此只需考察式(3.3.20)等号右边第一项. 因为对任意给定的$M<N$,有

$$\frac{2}{N^2}\sum_{l=2}^{N}\sum_{\nu=1}^{l-1}B(\nu)=\frac{2}{N^2}\left[\sum_{l=2}^{M}\sum_{\nu=1}^{l-1}B(\nu)+\sum_{l=M+1}^{N}\sum_{\nu=1}^{l-1}B(\nu)\right] \tag{3.3.21}$$

故当$\varepsilon>0$为任意给定值时,由式(3.3.19)可知必存在M,使得

$$\left|\frac{1}{l}\sum_{\nu=1}^{l-1}B(\nu)\right|\leqslant\varepsilon,l\geqslant M$$

于是

$$\left|\frac{2}{N^2}\sum_{l=M+1}^{N}l\frac{1}{l}\sum_{\nu=1}^{l-1}B(\nu)\right|\leqslant\frac{2}{N^2}\sum_{l=M+1}^{N}l\varepsilon\leqslant2\varepsilon$$

把这一结果代入式(3.3.21),则得

$$\left|\frac{2}{N^2}\sum_{l=2}^{N}\sum_{\nu=1}^{l-1}B(\nu)\right|\leqslant\frac{2}{N^2}\left|\sum_{l=2}^{M}\sum_{\nu=1}^{l-1}B(\nu)\right|+2\varepsilon$$

然而M又是确定的数,故有

$$\frac{2}{N^2}\left|\sum_{l=2}^{M}\sum_{\nu=1}^{l-1}B(\nu)\right|\to 0, N\to\infty$$

又因 ε 是任意小量，所以

$$\left|\frac{2}{N^2}\sum_{l=1}^{N}\sum_{\nu=1}^{l-1}B(\nu)\right|\to 0, N\to\infty$$

把这一结果代入式(3.3.20)，则得

$$E\left[\frac{1}{N}\sum_{k=1}^{N}X(k)\right]^2\to 0, N\to\infty$$

定理证毕.

定理3.3.3告诉我们，式(3.3.19)是平稳序列对均值具有均方遍历性的充要条件. 由上面的定理很容易推出以下结论.

定理3.3.4 设$\{X(n), n=\cdots,-2,-1,0,1,2,\cdots\}$为平稳随机序列，$EX(n)=m$，中心相关函数为$B(k)$，$k=\cdots,-2,-1,0,1,2,\cdots$，如果

$$\lim_{k\to\infty}B(k)=0 \tag{3.3.22}$$

则

$$\lim_{N\to\infty}E\left[\left(\frac{1}{N}\sum_{k=1}^{N}X(k)-m\right)^2\right]=0 \tag{3.3.23}$$

这个定理的证明留给读者作为练习.

下面进一步考察平稳随机序列对相关函数的均方遍历问题. 设$\{X(n), n=\cdots,-2,-1,0,1,2,\cdots\}$为平稳随机序列且$EX(n)=0$，记

$$\hat{B}_n(\nu)=\frac{1}{N}\sum_{k=0}^{N-1}X(k+\nu)X(k) \tag{3.3.24}$$

$$B(\nu)=EX(k+\nu)X(k) \tag{3.3.25}$$

$$Y(k)=X(k+\nu)X(k) \tag{3.3.26}$$

于是有

$$\hat{B}_n(\nu)=\frac{1}{N}\sum_{k=0}^{N-1}Y(k) \tag{3.3.27}$$

$$B(\nu)=EY(k) \tag{3.3.28}$$

再记

$$\begin{aligned}B_Y(i)&=E[Y(n+i)-EY(n+i)][Y(n)-EY(n)]\\&=E[Y(n+i)-B(\nu)][Y(n)-B(\nu)]\end{aligned} \tag{3.3.29}$$

仿证明定理3.3.3的过程，可以证明定理3.3.5.

定理3.3.5 设$\{X(n), n=\cdots,-2,-1,0,1,2,\cdots\}$为平稳随机序列，$EX(n)=0$，中心相关函数为$B(\nu)$，记

$$Y(k)=X(k+\nu)X(k) \tag{3.3.30}$$

进一步假设$\{Y(k), k=\cdots,-2,-1,0,1,2,\cdots\}$为平稳随机序列，则

$$\lim_{N\to\infty}E[\hat{B}_n(\nu)-B(\nu)]^2=0 \tag{3.3.31}$$

成立的充要条件是

$$\lim_{N\to\infty}\frac{1}{N}\sum_{i=0}^{N-1}B_Y(i)=0 \tag{3.3.32}$$

由式(3.3.32)及式(3.3.29)可以看出，为了计算出$B_Y(i)$，需要计算$X(n)$的四阶矩，这对于一般的随机序列来说是较烦琐的，然而对于正态平稳序列却很简单.

定理3.3.6 设$\{X(n), n=\cdots,-2,-1,0,1,2\cdots\}$是正态平稳随机序列且$EX(n)=0$，

相关函数为 $B(\nu)$，如果

$$\lim_{N\to\infty}\frac{1}{N}\sum_{\nu=0}^{N-1}B^2(\nu)=0 \tag{3.3.33}$$

则对任意 ν，有

$$\lim_{N\to\infty}E[\hat{B}_n(\nu)-B(\nu)]^2=0 \tag{3.3.34}$$

其中
$$\hat{B}_n(\nu)=\frac{1}{N}\sum_{k=0}^{N-1}X(k+\nu)X(k) \tag{3.3.35}$$

证明 由定理 3.3.5 可知，只需证明

$$\lim_{N\to\infty}\frac{1}{N}\sum_{\nu=0}^{N-1}B^2(\nu)=0\Rightarrow\lim_{N\to\infty}\frac{1}{N}\sum_{i=0}^{N-1}B_Y(i)=0$$

即可. 事实上，由式(3.3.29)有

$$\begin{aligned}\lim_{N\to\infty}\frac{1}{N}\sum_{i=0}^{N-1}B_Y(i)&=\lim_{N\to\infty}\frac{1}{N}\sum_{i=0}^{N-1}E[Y(n+i)-B(\nu)][Y(n)-B(\nu)]\\&=\lim_{N\to\infty}\frac{1}{N}\sum_{i=0}^{N-1}E[X(n+i+\nu)X(n+i)-B(\nu)][X(n+\nu)X(n)-B(\nu)]\\&=\lim_{N\to\infty}\frac{1}{N}\sum_{i=0}^{N-1}[B^2(\nu)+B^2(i)+B(\nu-i)B(\nu+i)-B^2(\nu)]\\&=\lim_{N\to\infty}\frac{1}{N}\sum_{i=0}^{N-1}[B^2(i)+B(\nu-i)B(\nu+i)]\end{aligned} \tag{3.3.36}$$

我们知道，对任意实数 a,b，有 $|ab|\leqslant a^2+b^2$，于是

$$|B(\nu+i)B(\nu-i)|\leqslant B^2(\nu-i)+B^2(\nu+i) \tag{3.3.37}$$

将式(3.3.37)代入式(3.3.36)，可得

$$\lim_{N\to\infty}\frac{1}{N}\sum_{i=0}^{N-1}B_Y(i)\leqslant\lim_{N\to\infty}\frac{1}{N}\sum_{i=1}^{N-1}[B^2(i)+B^2(\nu-i)+B^2(\nu+i)] \tag{3.3.38}$$

显然，如果 $\lim\limits_{N\to\infty}\frac{1}{N}\sum\limits_{i=0}^{N-1}B^2(i)=0$，则必有 $\lim\limits_{N\to\infty}\frac{1}{N}\sum\limits_{i=0}^{N-1}B_Y(i)=0$.

定理证毕.

例 3.3.1 考察例 2.1.8 所述的一阶滑动和过程 $\{X(k),k=\cdots,-2,-1,0,1,2,\cdots\}$. $X(k)$ 为

$$X(k)=\xi(k)+c\xi(k-1)$$

其中，$\{X(k),k=\cdots,-2,-1,0,1,2,\cdots\}$ 为相互独立的服从正态 $N(0,1)$ 分布的随机变量. 由式(2.1.29)可知该序列的相关函数 $B_X(k)$ 为

$$B_X(k)=\begin{cases}1+c^2,k=0\\c,k=\pm1\\0,|k|>1\end{cases}$$

因为 $B_X(k)=0,|k|>1$，所以由定理 3.3.4 可知，该一阶滑动合序列对均值具有均方遍历性.

进一步，又因为 $X(k)$ 为正态平稳序列，且

$$\lim_{N\to\infty}\frac{1}{N}\sum_{i=0}^{N-1}B_X^2(i)=0$$

则由定理 3.3.6 可知，该一阶滑动合序列对相关函数也具有均方遍历性，即

$$\lim_{N\to\infty}\frac{1}{N}\sum_{k=0}^{N-1}X(k+\nu)X(k)=B_X(\nu)$$

例 3.3.2　设 $X(t)=a\cos(\omega t+\phi)$，$-\infty<t<\infty$，其中 a,ω 为实常数，ϕ 服从区间 $[0,2\pi]$ 上的均匀分布. 试证：$\{X(t)\}$ 具有均方遍历性.

证明　均值

$$EX(t)=E[a\cos(\omega t+\phi)]=\int_0^{2\pi}a\cos(\omega t+\phi)\frac{1}{2\pi}\mathrm{d}\phi=0$$

相关函数

$$E[X(t+\tau)X(t)]=\int_0^{2\pi}a^2\cos(\omega t+\omega\tau+\phi)\cos(\omega t+\phi)\frac{1}{2\pi}\mathrm{d}\phi=\frac{a^2}{2}\cos\omega\tau=B_X(\tau)$$

所以 $\{X(t)\}$ 是平稳随机过程.

$$\begin{aligned}\lim_{T\to\infty}\frac{1}{2T}\int_{-T}^{T}a\cos(\omega t+\phi)\mathrm{d}t&=\lim_{T\to\infty}\frac{a}{2T}\int_{-T}^{T}(\cos\omega t\cos\phi-\sin\omega t\sin\phi)\mathrm{d}t\\&=\lim_{T\to\infty}\frac{a\cos\phi\sin\omega T}{\omega T}\\&=0\\&=m_X\end{aligned}$$

所以对均值具有均方遍历性

$$\begin{aligned}\lim_{T\to\infty}\frac{1}{2T}\int_{-T}^{T}X(t+\tau)X(t)\mathrm{d}t&=\lim_{T\to\infty}\frac{a}{2T}\int_{-T}^{T}[\cos(\omega t+\omega\tau+\phi)\cos(\omega t+\phi)]\mathrm{d}t\\&=\frac{a^2}{2}\cos\omega\tau\\&=B_X(\tau)\end{aligned}$$

所以对相关函数具有均方遍历性，$\{X(t)\}$ 具有均方遍历性.

对于一个具有各态历经性的平稳过程，当它的任一样本函数历经了足够长的时间，即认为它已历经了各种可能状态，那么就可以通过一个样本函数来分析平稳过程的统计特性. 各态历经的条件是比较宽松的，工程中遇到的许多平稳过程大都能满足各态历经性条件. 但是，要从理论上证明一个平稳过程是各态历经往往十分困难. 因此，在实际应用中通常假设研究的平稳过程具有各态历经性，并由此出发对样本函数进行分析处理，如果结果能够与实际相符，则接受这个假设；否则，需修改假设，另做处理.

3.3.2　平稳随机过程的采样分析

在随机控制系统的分析与设计中，经常会遇到用连续平稳随机信号 $\{X(t),-\infty<t<+\infty\}$ 的采样信号 $\{X(kT_0),k=\cdots,-2,-1,0,1,2,\cdots\}$ 进行分析与设计的情况，这不仅仅因为这是用计算机进行控制所必需的，而且也为信息多路处理及系统的组合控制提供了实现的可能性. 然而，采样周期 T_0 应取多大才是合理的，这是一个值得研究的问题. 从直观想，采样周期越小，采样信号就越能真实反映出连续信号，但是这样做会给计算机加重计算量；另一方面，T_0 取得大，虽然计算机的计算量减轻了许多，但是这样做常常会损失了连续信号中的信息. 那么 T_0 到底应取多大才合理，下面的定理给出了解答.

定理 3.3.7　设 $\{X(t),-\infty<t<+\infty\}$ 为均方连续的平稳随机过程，其功率谱密度函数 $S(\omega)$ 是限带的，即

$$\left.\begin{aligned}S(\omega)>0,|\omega|<2\pi f'_0\\ S(\omega)=0,|\omega|\geqslant 2\pi f'_0\end{aligned}\right\} \tag{3.3.39}$$

典型的功率谱密度函数 $S(\omega)$ 的形状如图 3.3.1 所示,则当采样周期 T_0 满足

$$T_0\leqslant\frac{1}{2f'_0} \tag{3.3.40}$$

且采样信号 $\{X(kT_0),k=\cdots,-2,-1,0,1,2,\cdots\}$ 通过频率特性 $G(\mathrm{j}\omega)$(图 3.3.2)的理想低通滤波器时,即

$$G(\mathrm{j}\omega)=\begin{cases}1,|\omega|\leqslant 2\pi f'_0\\ 0,|\omega|>2\pi f'_0\end{cases} \tag{3.3.41}$$

其输出过程 $\{Y(t),-\infty<t<+\infty\}$ 的功率谱 $S_Y(\omega)$ 等于被采样的平稳随机过程 $\{X(t),-\infty<t<+\infty\}$ 的功率谱 $S_X(\omega)$.

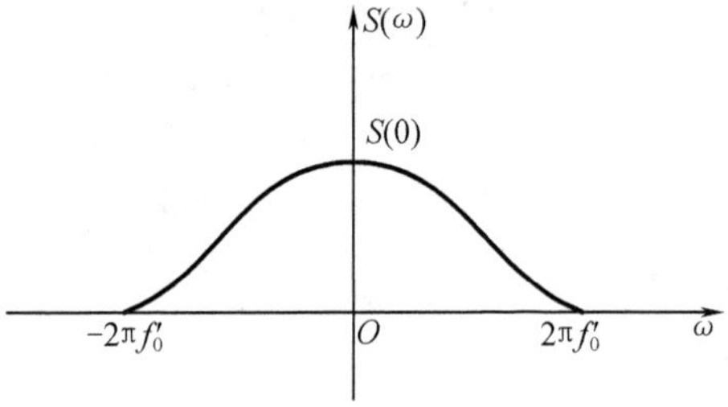

图 3.3.1　典型的功率谱密度函数的图形

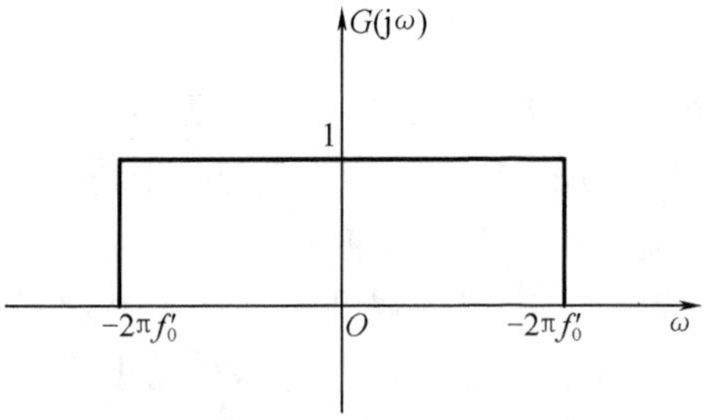

图 3.3.2　理想低通滤波器的频率特性

证明　由定理 3.2.5 可知,均方连续的平稳随机过程 $\{X(t),-\infty<t<+\infty\}$ 的采样序列 $\{X(nT_0),n=\cdots,-2,-1,0,1,2,\cdots\}$ 具有功率谱密度函数

$$S_{T_0}(\omega)=\sum_{k=-\infty}^{+\infty}S(\omega-k\omega_0) \tag{3.3.42}$$

其中,$S(\omega)$ 为平稳随机过程 $\{X(t),-\infty<t<+\infty\}$ 的功率谱密度函数且 $\omega_0=\frac{2\pi}{T_0}$. 又因为 $S(\omega)$ 满足式(3.3.39),所以仅当

$$\omega_0\geqslant 4\pi f'_0 \tag{3.3.43}$$

时,才有

$$S_{T_0}(\omega)=S(\omega),|\omega|\leqslant 2\pi f'_0 z(\text{图}(3.3.3)) \tag{3.3.44}$$

由式(3.3.43)及 ω_0 的定义可知,$\omega_0\geqslant 4\pi f'_0$ 等价于

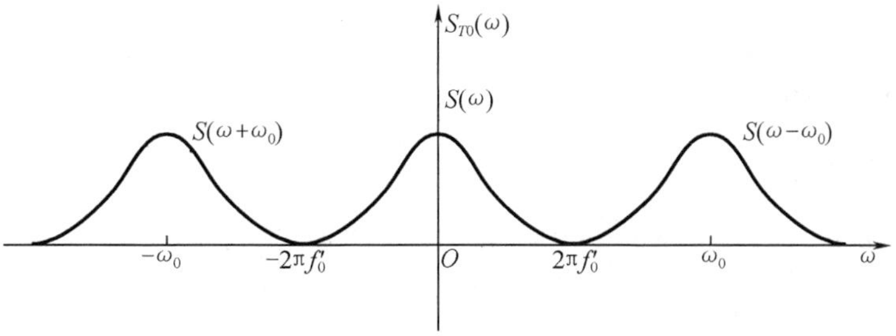

图 3.3.3　当 $\omega_0 \geqslant 4\pi f_0'$ 时的采样信号功率谱密度函数

$$T_0 \leqslant \frac{1}{2f_0'} \tag{3.3.45}$$

此时,当采样信号$\{X(nT_0), n=\cdots,-2,-1,0,1,2,\cdots\}$通过频率特性(图 3.3.2)表示的理想低通滤波器时,其输出过程$\{Y(t),-\infty<t<+\infty\}$的功率谱密度函数 $S_Y(\omega)$ 显然为

$$S_Y(\omega)=S(\omega) \tag{3.3.46}$$

定理证毕.

上述定理告诉我们这样一个事实,对于功率谱受限的平稳随机过程,$\{X(t),-\infty<t<+\infty\}$,如果采样频率 f_0 足够高,即满足

$$f_0 \geqslant 2f_0' \tag{3.3.47}$$

则所得到的采样信号$\{X(nT_0), n=\cdots,-2,-1,0,1,2,\cdots\}$就不丢失信息. 换言之,若把这样的采样信号通过理想低通滤波器时,就可以完全复现出原来被采样的随机过程$\{X(t),-\infty<t<+\infty\}$.

下面进一步讨论定理 3.3.7 中理想低通滤波器输出过程 $Y(t)$ 的表达形式.

定理 3.3.8　设$\{X(t),-\infty<t<+\infty\}$为均方连续的平稳随机过程,在满足定理 3.3.7 的条件下,其理想低通滤波器的输出过程$\{Y(t),-\infty<t<+\infty\}$为

$$Y(t)=\sum_{n=-\infty}^{+\infty} X(nT_0)\frac{\sin 2\pi f_0'(t-nT_0)}{2\pi f_0'(t-nT_0)} \tag{3.3.48}$$

而且 $Y(t)$ 均方收敛于 $X(t)$.

证明　首先考察单位脉冲 $\delta(t)$(狄拉克 − δ 函数)通过理想低通滤波器的输出 $k_0(t)$ 为

$$k_0(t)=\frac{1}{2\pi}\int_{-\infty}^{+\infty} G(\mathrm{j}\omega)\mathrm{e}^{\mathrm{j}\omega t}\mathrm{d}\omega=\frac{1}{2\pi}\int_{-2\pi f_0'}^{2\pi f_0'} \mathrm{e}^{\mathrm{j}\omega t}\mathrm{d}\omega=\frac{\sin 2\pi f_0' t}{\pi t} \tag{3.3.49}$$

当理想低通滤波器的输入信号为采样信号 $X_{T_0}(t)$ 时,即取

$$X_{T_0}(t)=T_0X(t)\sum_{n=-\infty}^{+\infty}\delta(t-nT_0) \tag{3.3.50}$$

利用熟知的卷积公式,可得理想低通滤波器输出 $Y(t)$ 为

$$\begin{aligned}
Y(t)&=\int_{-\infty}^{+\infty} X_{T_0}(t-\tau)k_0(\tau)\mathrm{d}\tau\\
&=\int_{-\infty}^{+\infty} T_0X(t-\tau)\sum_{n=-\infty}^{+\infty}\delta(t-\tau-nT_0)\frac{\sin 2\pi f_0'\tau}{\pi\tau}\mathrm{d}\tau\\
&=\sum_{n=-\infty}^{+\infty}\int_{-\infty}^{+\infty} 4T_0X(t-\tau)(t-\tau-nT_0)\frac{\sin 2\pi f_0'\tau}{\pi\tau}\mathrm{d}\tau
\end{aligned}$$

$$= \sum_{n=-\infty}^{+\infty} X(nT_0) \frac{\sin 2\pi f_0'(t - nT_0)}{2\pi f_0'(t - nT_0)} \tag{3.3.51}$$

在上式的推导中要利用

$$T_0 = \frac{1}{2f_0'} \tag{3.3.52}$$

为了证明 $Y(t)$ 均方收敛于 $X(t)$，要利用确定性信号的采样定理.

因为$\{X(t), -\infty < t < +\infty\}$的相关函数 $B_X(\tau)$ 为确定性信号，所以由确定性信号的采样定理可知有

$$B_X(\tau) = \sum_{n=-\infty}^{+\infty} B_X(nT_0) \frac{\sin 2\pi f_0'(\tau - nT_0)}{2\pi f_0'(\tau - nT_0)} \tag{3.3.53}$$

其中，$T_0 = \frac{1}{2f_0'}$. 设 τ_0 为任意常数，于是 $B_X(\tau - \tau_0)$ 的傅里叶变换为 $S(\omega)e^{-j\omega T_0}$，显然它也是限带功率谱，而且还有 $|S(\omega)| = |S(\omega)e^{-j\omega T_0}|$，因此由采样定理可知 $B_X(\tau - \tau_0)$ 仍有

$$B_X(\tau - \tau_0) = \sum_{n=-\infty}^{+\infty} B_X(nT_0 - \tau_0) \frac{\sin 2\pi f_0'(\tau - nT_0)}{2\pi f_0'(\tau - nT_0)} \tag{3.3.54}$$

若用 τ 代替 $\tau - \tau_0$，则上式可写成

$$B_X(\tau) = \sum_{n=-\infty}^{+\infty} B_X(nT_0 - \tau_0) \frac{\sin 2\pi f_0'(\tau + \tau_0 - nT_0)}{2\pi f_0'(\tau + \tau_0 - nT_0)} \tag{3.3.55}$$

现在，我们利用式(3.3.53)及式(3.3.55)证明 $Y(t)$ 均方收敛于 $X(t)$. 对任意 k，由式(3.3.51)有

$$\begin{aligned} E\{[X(t) - Y(t)]X(kT_0)\} &= EX(t)X(kT_0) - EY(t)X(kT_0) \\ &= B_X(t - kT_0) - \sum_{n=-\infty}^{+\infty} B_X(nT_0 - kT_0) \frac{\sin 2\pi f_0'(t - nT_0)}{2\pi f_0'(t - nT_0)} \\ &= 0 \end{aligned}$$

上面最后一个等式是由式(3.3.54)并令 $\tau = t, \tau_0 = kT_0$ 所得到的. 又由式(3.3.51)可知 $Y(t)$ 是$\{X(nT_0), n = \cdots, -2, -1, 0, 1, 2, \cdots\}$的线性组合，所以还有

$$E\{[X(t) - Y(t)]Y(t)\} = 0 \tag{3.3.56}$$

同理，由式(3.3.55)并令 $\tau = 0, \tau_0 = t$，可得

$$\begin{aligned} E\{[X(t) - Y(t)]X(t)\} &= B_X(0) - EY(t)X(t) \\ &= B_X(0) - \sum_{n=-\infty}^{+\infty} B_X(nT_0 - t) \frac{\sin 2\pi f_0'(t - nT_0)}{2\pi f_0'(t - nT_0)} \\ &= 0 \end{aligned} \tag{3.3.57}$$

这样一来，利用式(3.3.56)及式(3.3.57)可得

$$E[X(t) - Y(t)]^2 = E[X(t) - Y(t)]X(t) - E[X(t) - Y(t)]Y(t) = 0$$

即 $Y(t)$ 均方收敛于 $X(t)$.

定理证毕.

应当指出，式(3.3.48)对于自动控制的数字仿真是十分有用的. 通常我们可以得到平稳随机过程的采样信号$\{X(nT_0), n = \cdots, -2, -1, 0, 1, 2, \cdots\}$，利用式(3.3.48)进行计算就可以得到连续的平稳随机过程.

3.3.3 均值函数与相关函数的估计

对于具有均方遍历性(各态历经性)的平稳随机过程$\{X(x(t)), t \in (0, \infty)\}$，怎样利用

一个样本函数 $x(t)$ 估计其均值 m_X 和相关函数 $B_X(\tau)$？

设 $\{X(t), t\in(0,\infty)\}$ 是具有均方遍历性的实平稳过程，$x(t), t\in(0,\infty)$ 是其一个样本函数. $X(t)$ 的均值具有均方遍历性，即

$$m_X = \lim_{T\to\infty}\frac{1}{T}\int_0^T X(t)\,\mathrm{d}t$$

将积分区间 $[0,T]$ 分成 N 等份，即取分点

$$0=t_0<t_1<t_2<\cdots<t_n=T, \Delta t_k=t_k-t_{k-1}=\frac{T}{N}, t_k=k\Delta t_k$$

$$\int_0^T X(t)\,\mathrm{d}t = \lim_{N\to\infty}\sum_{k=1}^{N}X(t_k)\Delta t_k = \lim_{N\to\infty}\frac{T}{N}\sum_{k=1}^{N}X\left(\frac{kT}{N}\right)$$

$$m_X = \lim_{T\to\infty}\lim_{N\to\infty}\frac{1}{N}\sum_{k=1}^{N}X\left(\frac{kT}{N}\right)$$

因为上式均方收敛，故对任意 $\varepsilon>0$，有

$$\lim_{T\to\infty}\lim_{N\to\infty}P\left\{\left|\frac{1}{N}\sum_{k=1}^{N}X\left(\frac{kT}{N}\right)-m_X\right|<\varepsilon\right\}=1$$

当 T,N 充分大，且 $\frac{T}{N}$ 足够小时，有

$$P\left\{\left|\frac{1}{N}\sum_{k=1}^{N}X\left(\frac{kT}{N}\right)-m_X\right|<\varepsilon\right\}\approx 1$$

根据小概率事件原理，一次抽样得到的样本函数 $x(t)$，可以认为一定有

$$\left|\frac{1}{N}\sum_{k=1}^{N}x\left(\frac{kT}{N}\right)-m_X\right|<\varepsilon$$

即

$$m_X\approx\frac{1}{N}\sum_{k=1}^{N}x\left(\frac{kT}{N}\right)$$

为了估计 $X(t)$ 的相关函数 $B_X(\tau)$，取

$$\tau=\frac{rT}{N}, r=0,1,2,\cdots,m$$

因为 $X(t)$ 的相关函数具有均方遍历性，即

$$B_X(\tau) = \lim_{T\to\infty}\frac{1}{T}\int_0^T X(t+\tau)X(t)\,\mathrm{d}t$$

对于确定的 τ，即确定对的 r，上式可以写成

$$B_X\left(\frac{rT}{N}\right)=\lim_{T\to\infty}\lim_{N\to\infty}\frac{1}{N-r}\sum_{k=1}^{N-r}X\left(\frac{(k+r)T}{N}\right)X\left(\frac{kT}{N}\right)$$

因为均方收敛必依概率收敛，对任意 $\varepsilon>0$ 有

$$\lim_{T\to\infty}\lim_{N\to\infty}P\left\{\left|\frac{1}{N-r}\sum_{k=1}^{N-r}X\left(\frac{(k+r)T}{N}\right)X\left(\frac{kT}{N}\right)-B_X\left(\frac{rT}{N}\right)\right|<\varepsilon\right\}=1$$

所以对一次试验得到的样本函数 $x(t)$，有

$$B_X\left(\frac{rT}{N}\right)\approx\frac{1}{N-r}\sum_{k=1}^{N-r}X\left(\frac{(k+r)T}{N}\right)X\left(\frac{kT}{N}\right)$$

一般要求 N 和 $N-r$ 都要足够大且 $\frac{T}{N}$ 很小. 通常取 $m=\frac{N}{5}\sim\frac{N}{2}$ 便能符合 $N-r$ 足够大的要求. 那么 N 应取多大呢？如果 $X(t)$ 的谱密度 $S_X(\omega)$ 是满足式(3.3.39)限带的，采样间隔

应取

$$T_0=\frac{1}{2f_0'}=\Delta t_k=\frac{T}{N}$$

即 $N=2f_0'T$,若采样时间实际选为$\frac{T_0}{2}$,则 $N=4f_0'T$,T 根据实际问题决定.

3.4 随机过程的正交分解

在 3.2.1 和 3.2.2 中,我们对平稳随机过程及平稳随机序列的谱分解(正交调和分解)做了详细的分析.在这一节,我们将讨论一般随机过程的正交分解,先引进定义 3.4.1.

定义 3.4.1 正交函数列 设 $\phi_i(t),i=1,2,\cdots$ 为一列连续函数,若在闭区间$[a,b]$上满足

$$\int_a^b \phi_n(t)\,\phi_m^*(t)\,\mathrm{d}t = \delta(n-m) \tag{3.4.1}$$

其中,$\phi_m^*(t)$ 为 $\phi_m(t)$ 的共轭函数,$\delta(n-m)$ 为克罗尼克 - δ 函数,则称 $\phi_i(t),i=1,2,\cdots$ 为区间$[a,b]$上的正交函数列.

例如 $\sin m\omega t,\cos m\omega t,m=1,2,\cdots$ 就是区间$\left[-\frac{\pi}{\omega},\frac{\pi}{\omega}\right]$上的正交函数列.此外,勒让得多项式、厄尔密特多项式、切比雪夫多项式、雅可比多项式和拉盖尔多项式等在相应的闭区间上都是正交函数列.

定义 3.4.2 随机过程的正交分解 设$\{X(t),-\infty<t<+\infty\}$为均方连续的随机过程,且 $EX(t)=0$,如果在闭区间$[a,b]$上可把 $X(t)$ 展成正交级数

$$X(t) = \sum_{n=-\infty}^{\infty}\mu_k\zeta_k\phi_k(t) \tag{3.4.2}$$

其中,μ_k 为常数,$\{\zeta_k,k=1,2,\cdots\}$ 为零均值互不相关随机变量序列,且

$$E(\zeta_n\zeta_m^*)=\delta(n-m) \tag{3.4.3}$$

其中,$\delta(n-m)$ 为克罗尼克 - δ 函数,$\{\phi_k(t),k=1,2,\cdots\}$ 为区间$[a,b]$上的正交函数列,则称式(3.4.2)为随机过程$\{X(t),-\infty<t<+\infty\}$在$[a,b]$上的正交分解.

定义 3.4.3 相关函数的正交分解 设 $\Gamma(t_1,t_2)$ 为相关函数,如果在闭区间$[a,b]$上可把 $\Gamma(t_1,t_2)$ 展成如下形式的级数:

$$\Gamma(t_1,t_2) = \sum_{k=1}^{\infty}\eta_k\phi_k(t_1)\,\phi_k^*(t_2) \tag{3.4.4}$$

其中,$\eta_k\geqslant 0$ 为常数,$\{\phi_k(t),k=1,2,\cdots\}$ 为$[a,b]$上的正交函数列,则称式(3.4.4)为相关函数 $\Gamma(t_1,t_2)$ 在$[a,b]$上的正交分解.

关于随机过程$\{X(t),-\infty<t<+\infty\}$是否存在正交分解,我们有如下结论.

定理 3.4.1 设$\{X(t),-\infty<t<+\infty\}$为均方连续的随机过程且 $EX(t)=0$,则 $X(t)$ 在区间$[a,b]$上有正交分解式(3.4.2)的充要条件是其相关函数 $\Gamma(t_1,t_2)$ 在$[a,b]$上有正交分解式(3.4.4).

证明 (1)必要性

设式(3.4.2)成立,则

$$\Gamma(t_1,t_2) = E[X(t_1)X^*(t_2)] = \sum_{k=1}^{\infty}\sum_{l=1}^{\infty}\mu_k\mu_l^*[E(\zeta_k\zeta_l^*)]\phi_k(t_1)\phi_l^*(t_2)$$

$$\sum_{k=1}^{\infty}\sum_{l=1}^{\infty}\mu_k\mu_l^*\delta(k-l)\phi_k(t_1)\phi_l^*(t_2) = \sum_{k=1}^{\infty}|\mu_k|^2\phi_k(t_1)\phi_k^*(t_2)$$

若令 $\eta_k=|\mu_k|^2$,显然 $\eta_k\geq0$,于是式(3.4.4)得证.

(2)充分性

设式(3.4.4)成立,取 $\mu_k=\sqrt{\eta_k}$,于是有

$$\begin{aligned}\Gamma(t_1,t_2) &= \sum_{k=1}^{\infty}\sum_{l=1}^{\infty}\mu_k\mu_l\delta(k-l)\phi_k(t_1)\phi_l^*(t_2)\\ &= \sum_{k=1}^{\infty}\sum_{l=1}^{\infty}\mu_k\mu_l E(\zeta_k\zeta_l^*)\phi_k(t_1)\phi_l^*(t_2)\\ &= E\Big[\sum_{k=1}^{\infty}\mu_k\zeta_k\phi_k(t_1)\Big]\Big[\sum_{l=1}^{\infty}\mu_l\zeta_l\phi_l^*(t_2)\Big]^*\\ &\triangleq E[X(t_1)X^*(t_2)]\end{aligned}$$

其中,取 $\{\zeta_k,k=1,2,\cdots\}$ 为零均值互不相关的随机变量序列,且 $(E\zeta_n\zeta_m)=\delta(n-m)$,因此有

$$X(t) = \sum_{k=1}^{\infty}\mu_k\zeta_k\phi_k(t)$$

定理证毕.

为了深入地讨论正交分解式(3.4.2)中的 $\mu_k,\phi_k(t)$ 与相关函数 $\Gamma(t_1,t_2)$ 之间的关系,现不加证明地引进积分方程中的麦色(Mercer)引理.

引理 3.4.1 麦色(Mercer) 设 $g(t_1,t_2)$ 是连续二元函数且为非负定,则 $g(t_1,t_2)$ 在区间 $[a,b]$ 上必有式(3.4.4)的正交分解,即

$$g(t_1,t_2) = \sum_{k=1}^{\infty}\eta_k\phi_k(t_1)\phi_k^*(t_2) \tag{3.4.5}$$

其中,$\eta_k,k=1,2,\cdots$ 为如下积分方程

$$\int_a^b g(t_1,t_2)\phi(t_2)\mathrm{d}t_2 = \eta\phi(t_1) \tag{3.4.6}$$

的特征值且必大于零,$\phi_k(t)$ 为相应于 η_k 的特征函数且 $\phi_k(t),k=1,2,\cdots$ 为 $[a,b]$ 上的正交函数列,级数式(3.4.5)对任意 $t_1,t_2\in[a,b]$ 一致且绝对收敛.

利用引理 3.4.1 可证得定理 3.4.2.

定理 3.4.2 卡亨南(Karhunen) 设 $\{X(t),-\infty<t<+\infty\}$ 为均方连续随机过程且 $EX(t)=0$,则 $X(t)$ 在区间 $[a,b]$ 上有正交分解式(3.4.2)的充要条件是函数 $\phi_n(t)$ 对某 λ_n,$n=1,2,\cdots$ 满足如下积分方程:

$$\int_a^b \Gamma(t_1,t_2)\phi(t_2)\mathrm{d}t_2 = \lambda\phi(t_1),t_1\in[a,b] \tag{3.4.7}$$

而且 $|\mu_n|^2=\lambda_n>0$,称 λ_n 为积分方程式(3.4.7)的特征值,而 $\phi_n(t)$ 为相应于 λ_n 的特征函数.

证明 (1)必要性

由式(3.4.2)及式(3.4.1)有

$$\int_a^b X(t)\phi_n^*(t)\mathrm{d}t = \sum_{k=1}^{\infty}\mu_k\zeta_k\int_a^b\phi_k(t)\phi_n^*(t)\mathrm{d}t = \sum_{k=1}^{\infty}\mu_k\zeta_k\delta(k-n) \tag{3.4.8}$$

于是可得

$$\mu_n\zeta_n = \int_a^b X(t)\,\phi_n^*(t)\,dt, n = 1,2,\cdots \tag{3.4.9}$$

再由式(3.4.2)还有

$$\begin{aligned} EX(t_1)\,\mu_n^*\,\zeta_n^* &= E\sum_{k=1}^{\infty}\mu_k\zeta_k\phi_k(t_1)\,\mu_n^*\,\zeta_n^* \\ &= \sum_{k=1}^{\infty}\mu_k\,\mu_n^* E(\zeta_k\,\zeta_n^*)\phi_k(t_1) \\ &= \sum_{k=1}^{\infty}\mu_k\,\mu_n^*\,\delta(k-n)\phi_k(t_1) \\ &= |\mu_n|^2\phi_n(t_1), n=1,2,\cdots \end{aligned} \tag{3.4.10}$$

另一方面,由式(3.4.9)可推出

$$\begin{aligned} EX(t_1)\,\mu_n^*\,\zeta_n^* &= EX(t_1)\int_a^b X^*(t_2)\phi_n(t_2)\,dt_2 \\ &= \int_a^b EX(t_1)X^*(t_2)\phi_n(t_2)\,dt_2 \\ &= \int_a^b \Gamma(t_1,t_2)\phi_n(t_2)\,dt_2, n = 1,2,\cdots \end{aligned} \tag{3.4.11}$$

比较式(3.4.10)及式(3.4.11),并令$|\mu_n|^2=\lambda_n>0$,可得

$$\int_a^b \Gamma(t_1,t_2)\phi_n(t_2)\,dt_2 = \lambda_n\phi_n(t_1), n = 1,2,\cdots$$

于是式(3.4.7)得证,且$|\mu_n|^2=\lambda_n>0$.

(2)充分性

因为随机过程$\{X(t), -\infty<t<+\infty\}$均方连续,故由定理3.2.1及定理1.2.1可知其相关函数$\Gamma(t_1,t_2)$是连续函数且非负定,于是由引理3.4.1可知$\Gamma(t_1,t_2)$必有正交分解式(3.4.4),其中的$\eta_k\triangleq\lambda_k$为积分方程式(3.4.7)的特征值,$\phi_k(t)$为相应的特征函数. 再由定理3.4.1可知$X(t)$在$[a,b]$上必有正交分解式(3.4.2)且$|\mu_k^2|=\lambda_k>0$,故充分性得证.

定理证毕.

最后,我们根据上面所得到的结论来介绍如何把随机过程在任意区间上做正交分解.

定理3.4.3　卡亨南　设$\{X(t), -\infty<t<+\infty\}$为均方连续的随机过程且$EX(t)=0$,则$X(t)$在区间$[a,b]$上可做如下均方一致收敛的正交分解:

$$X(t) = \sum_{k=1}^{\infty}\mu_k\zeta_k\phi_k(t) \tag{3.4.12}$$

其中,$\mu_k\zeta_k = \int_a^b X(t)\,\phi_k^*(t)\,dt$.　(3.4.13)

$\{\zeta_k, k=1,2,\cdots\}$为零均值互不相关随机变量序列且

$$E\zeta_k\zeta_l=\delta(k-l) \tag{3.4.14}$$

而且$|\mu_k|^2\triangleq\lambda_k$和$\phi_k(t), k=1,2,\cdots$分别为积分方程

$$\int_a^b \Gamma(t_1,t_2)\phi(t_2)\,dt_2 = \lambda\phi(t_1), t_1\in[a,b] \tag{3.4.15}$$

的特征值和相应的特征函数. $\Gamma(t_1,t_2)$为该过程的相关函数.

证明　由定理3.4.2及定理3.4.1的内容,我们已证明了式(3.4.12)至式(3.4.15),

现只需证式(3.4.12)均方一致收敛.

事实上,对任意 $t\in[a,b]$ 有

$$E\left|X(t)-\sum_{k=1}^{\infty}\mu_k\zeta_k\phi_k(t)\right|^2=EX(t)X^*(t)+\sum_{k=1}^{\infty}\sum_{l=1}^{\infty}\mu_k\mu_l^*E\zeta_k\zeta_l^*\phi_k(t)\phi_l^*(t)-$$

$$\sum_{k=1}^{\infty}EX(t)\mu_k^*\zeta_k^*\phi_k^*(t)-\sum_{k=1}^{\infty}E\mu_k\zeta_k\phi_k(t)X^*(t)$$

$$=\Gamma(t,t)+\sum_{k=1}^{\infty}|\mu_k|^2\phi_k(t)-\sum_{k=1}^{\infty}E\Big[\sum_{l=1}^{\infty}\mu_l\zeta_l\phi_l(t)\Big]$$

$$\mu_k^*\zeta_k^*\phi_k^*(t)-\sum_{k=1}^{\infty}E\mu_k\zeta_k\phi_k(t)\sum_{l=1}^{\infty}\mu_l^*\zeta_l^*\phi_l^*(t)$$

$$=\Gamma(t,t)-\sum_{k=1}^{\infty}|\mu_k|^2\phi_k(t)\phi_k^*(t)$$

$$=\Gamma(t,t)-\sum_{k=1}^{\infty}\lambda_k\phi_k(t)\phi_k^*(t) \tag{3.4.16}$$

因为相关函数 $\Gamma(t_1,t_2)$ 为连续函数且非负定,故由引理3.4.1,并令 $g(t,t)=\Gamma(t,t)$,$\eta_k=\lambda_k$,则式(3.4.16)等于零,所以

$$\lim_{N\to\infty}\sum_{k=1}^{N}\mu_k\zeta_k\phi_k(t)=X(t)$$

定理证毕.

由定理3.4.3可以看出,将随机过程 $\{X(t),-\infty<t<+\infty\}$ 做正交分解的关键在于求解积分方程式(3.4.15)的特征值 λ_k 及特征函数 $\phi_k(t)$.

例3.4.1 设随机过程 $\{X(t),-\infty<t<+\infty\}$ 的相关函数 $\Gamma(t_1,t_2)$ 为

$$\Gamma(t_1,t_2)=N_0\delta(t_1-t_2) \tag{3.4.17}$$

其中,$\delta(\cdot)$ 为狄拉克 - δ 函数,试求其在区间 $(-\infty,+\infty)$ 上的正交分解,将式(3.4.17)代入式(3.4.15)可得

$$\int_{-\infty}^{+\infty}N_0\delta(t_1-t_2)\phi(t_2)\mathrm{d}t_2=\lambda\phi(t_1),t_1\in(-\infty,+\infty) \tag{3.4.18}$$

于是可有 $\lambda=N_0$,再由式(3.4.12)可知

$$EX(t_1)X(t_2)=N_0\delta(t_1-t_2)=\sum_{k=1}^{\infty}N_0\phi_k(t_1)\phi_k(t_2)$$

由上式应有

$$\phi_k(t_1)=\delta(t_1-k) \tag{3.4.19}$$

因此 $X(t)$ 的正交分解为

$$X(t)=\sum_{k=1}^{\infty}\sqrt{N_0}\zeta_k\phi_k(t)=\sum_{k=1}^{\infty}\sqrt{N_0}\zeta_k\delta(t-k)$$

其中,$\{\zeta_k,k=1,2,\cdots\}$ 为零均值互不相关随机变量序列且 $E\zeta_k^2=1,k=1,2,\cdots$.

例3.4.2 已知平稳过程 $\{X(t),-\infty<t<+\infty\}$ 的自相关函数为

$$B(\tau)=\frac{1}{2a}\mathrm{e}^{-a|\tau|} \tag{3.4.20}$$

试求其在区间 $\left[-\frac{T}{2},\frac{T}{2}\right]$ 上的正交分解.

解 由式(3.4.15)可求出特征值 λ_n 及 λ'_n 为

$$\lambda_n = \frac{1}{a^2+\omega_n^2}, \lambda'_n = \frac{1}{a^2+\omega_n'^2} \tag{3.4.21}$$

其中，ω_n 与 ω'_n分别为如下方程

$$\left.\begin{aligned} \tan \omega_n \frac{T}{2} &= \frac{\alpha}{\omega_n} \\ \cot \omega'_n \frac{T}{2} &= -\frac{\alpha}{\omega'_n} \end{aligned}\right\} \tag{3.4.22}$$

的根，相应的特征函数 $\phi_n(t)$ 及 $\phi'_n(t)$ 为

$$\phi_n(t) = \frac{1}{\sqrt{\frac{T}{2}+\alpha\lambda_n}} \cos \omega_n t$$

及

$$\phi'_n(t) = \frac{1}{\sqrt{\frac{T}{2}-\alpha\lambda'_n}} \cos \omega'_n t$$

于是该平稳过程$\{X(t), -\infty<t<+\infty\}$在$\left[-\frac{T}{2},\frac{T}{2}\right]$上的正交分解就为

$$X(t) = \sum_{n=1}^{\infty} \frac{\zeta_n}{\sqrt{\alpha^2+\omega_n^2}} \frac{1}{\sqrt{\frac{T}{2}+\alpha\lambda_n}} \cos \omega_n t + \sum_{n=1}^{\infty} \frac{\zeta'_n}{\sqrt{\alpha^2+\omega_n'^2}} \frac{1}{\sqrt{\frac{T}{2}+\alpha\lambda'_n}} \sin \omega'_n t$$

$$|t| \leqslant \frac{T}{2}$$

其中，$\{\zeta_n,\zeta'_n,n=1,2,\cdots\}$为零均值互不相关随机变量序列且 $E|\zeta_n|^2=1, E|\zeta'_n|^2=1, n=1,2,\cdots, E\zeta_k\zeta'_l=0$.

3.5 不规则海浪模型及海浪仿真

3.5.1 不规则海浪模型

通常我们知道随机过程的功率谱密度函数 $S_X(\omega)$，设计者常常希望由 $S_X(\omega)$模拟出相应的平稳随机过程$\{X(t), -\infty<t<+\infty\}$. 例如，在船舶设计过程中不可避免地要考虑海浪的冲击和作用，如何根据海浪功率谱密度函数 $S_X(\omega)$模拟出海浪随机过程，这对于研究船舶在海浪冲击下的航行与控制是十分必要的.

定理 3.5.1 已知零均值平稳随机过程$\{X(t), -\infty<t<+\infty\}$的功率谱密度函数 $S_X(\omega)$，则该过程的随机模拟过程 $X(t)$取为

$$\hat{X}(t) = \sum_{n=-\infty}^{+\infty} C_n \mathrm{e}^{\mathrm{j}n\omega_0 t} \tag{3.5.1}$$

其中，$\{C_n, n=\cdots,-2,-1,0,1,2,\cdots\}$为零均值互不相关的随机变量序列，即

$$EC_n=0, n=\cdots,-2,-1,0,1,2,\cdots \tag{3.5.2}$$

$$EC_nC_m^*=0, n,m=\cdots,-2,-1,0,1,2,\cdots, n\neq m \tag{3.5.3}$$

而且

$$E|C_n|^2 = \frac{1}{2\pi}\int_{\left(n-\frac{1}{2}\right)\omega_0}^{\left(n+\frac{1}{2}\right)\omega_0} S_X(\omega)\mathrm{d}\omega \tag{3.5.4}$$

随机模拟过程$\{\hat{X}(t), -\infty < t < +\infty\}$的功率谱密度函数$S_{\hat{X}}(\omega)$为

$$S_{\hat{X}}(\omega) = 2\pi \sum_{n=-\infty}^{+\infty} E\{|C_n|^2\}\delta(\omega - n\omega_0) \tag{3.5.5}$$

模拟误差 $e(t) = X(t) - \hat{X}(t)$ 的均方差σ_e^2 为

$$Ee(t) = E[X(t) - \hat{X}(t)] = 0$$

$$\sigma_e^2 = E[|X(t) - \hat{X}(t)|^2] = \frac{1}{\pi}\sum_{n=-\infty}^{+\infty}\int_{(n-\frac{1}{2})\omega_0}^{(n+\frac{1}{2})\omega_0} S_X(\omega)[1 - \cos(\omega - n\omega_0)t]\mathrm{d}\omega \tag{3.5.6}$$

证明 式(3.2.44)有

$$X(t) = \int_{-\infty}^{+\infty} \mathrm{e}^{\mathrm{j}\omega t}\mathrm{d}\zeta_X(\mathrm{j}\omega) = \sum_{n=-\infty}^{+\infty}\int_{(n-\frac{1}{2})\omega_0}^{(n+\frac{1}{2})\omega_0} \mathrm{e}^{\mathrm{j}\omega t}\mathrm{d}\zeta_X(\mathrm{j}\omega) \tag{3.5.7}$$

由式(3.5.7),取随机模拟过程 $\hat{X}(t)$ 为

$$\hat{X}(t) = \sum_{n=-\infty}^{+\infty} \mathrm{e}^{\mathrm{j}n\omega_0 t}\int_{(n-\frac{1}{2})\omega_0}^{(n+\frac{1}{2})\omega_0} \mathrm{d}\zeta_X(\mathrm{j}\omega) \triangleq \sum_{n=-\infty}^{+\infty} \mathrm{e}^{\mathrm{j}n\omega_0 t}C_n \tag{3.5.8}$$

记

$$C_n = \int_{(n-\frac{1}{2})\omega_0}^{(n+\frac{1}{2})\omega_0} \mathrm{d}\zeta_X(\mathrm{j}\omega) \tag{3.5.9}$$

由式(3.2.45)可知

$$EC_n = \int_{(n-\frac{1}{2})\omega_0}^{(n+\frac{1}{2})\omega_0} E\mathrm{d}\zeta_X(\mathrm{j}\omega) = 0, n = \cdots, -2, -1, 0, 1, 2, \cdots$$

于是式(3.5.2)得证. 再由式(3.2.46)有

$$\begin{aligned}
EC_nC_m^* &= E\int_{(n-\frac{1}{2})\omega_0}^{(n+\frac{1}{2})\omega_0} \mathrm{d}\zeta_X(\mathrm{j}\omega)\cdot\int_{(m-\frac{1}{2})\omega_0}^{(m+\frac{1}{2})\omega_0} \mathrm{d}\,\zeta_X^*(\mathrm{j}\lambda) \\
&= \int_{-\frac{1}{2}\omega_0}^{\frac{1}{2}\omega_0}\int_{-\frac{1}{2}\omega_0}^{\frac{1}{2}\omega_0} - \frac{1}{2}\omega_0 E[\mathrm{d}\zeta_X(\mathrm{j}n\omega_0 + \mathrm{j}\omega)\cdot\mathrm{d}\zeta_X^*(\mathrm{j}m\omega_0 + \mathrm{j}\lambda)] \\
&= \int_{-\frac{1}{2}\omega_0}^{\frac{1}{2}\omega_0}\int_{-\frac{1}{2}\omega_0}^{\frac{1}{2}\omega_0} \frac{1}{2\pi}S_X(n\omega_0 + \omega)\mathrm{d}\omega\delta(m-n)\delta(\omega-\lambda) \\
&= \begin{cases} 0, n \neq m \\ \dfrac{1}{2\pi}\displaystyle\int_{(n-\frac{1}{2})\omega_0}^{(n+\frac{1}{2})\omega_0} S_X(\omega)\mathrm{d}\omega, n = m \end{cases}
\end{aligned}$$

其中,$\delta(m-n)$与$\delta(\omega-\lambda)$均为克罗尼克-δ 函数;n,m 为任意整数. 由上式可知式(3.5.3)与式(3.5.4)得证.

进一步,由式(3.5.8)并利用上面所得结果可求出随机模拟过程 $\hat{X}(t)$ 的相关函数 $B_{\hat{X}}(\tau)$为

$$\begin{aligned}
B_{\hat{X}}(\tau) &= E\hat{X}(t+\tau)\hat{X}^*(t) = E\sum_{n=-\infty}^{+\infty} C_n\mathrm{e}^{\mathrm{j}n\omega_0(t+\tau)}\sum_{m=-\infty}^{+\infty} C*_m{}^{\mathrm{e}^{-\mathrm{j}m\omega_0 t}} \\
&= \sum_{n=-\infty}^{+\infty}\sum_{m=-\infty}^{+\infty}\mathrm{e}^{\mathrm{j}n\omega_0(t+\tau)}\mathrm{e}^{-\mathrm{j}m\omega_0 t}\delta(m-n)E|C_n|^2 = \sum_{m=-\infty}^{+\infty}E|C_n|^2\mathrm{e}^{\mathrm{j}n\omega_0\tau}
\end{aligned} \tag{3.5.10}$$

将式(3.5.10)两边做傅里叶变换可得到随机模拟过程 $\hat{X}(t)$的功率谱密度函数为

$$S_{\hat{X}}(\omega)=\int_{-\infty}^{+\infty}\sum_{n=-\infty}^{+\infty}E|C_n|^2\mathrm{e}^{\mathrm{j}n\omega_0\tau}\mathrm{e}^{-\mathrm{j}\omega\tau}\mathrm{d}\tau$$
$$=\sum_{n=-\infty}^{+\infty}E|C_n|^2\int_{-\infty}^{+\infty}\mathrm{e}^{-\mathrm{j}(\omega-n\omega_0)\tau}\mathrm{d}\tau$$
$$=\sum_{n=-\infty}^{+\infty}E|C_n|^2 2\pi\delta(\omega-n\omega_0)$$

其中,$\delta(\omega-n\omega_0)$为狄拉克$-\delta$函数. 于是式(3.5.5)得证,为了证得式(3.5.6),先将σ_e^2分解计算,为此有

$$\sigma_e^2=E[|X(t)-\hat{X}(t)|^2]=E|X(t)|^2-E\hat{X}(t)X^*(t)-EX(t)\hat{X}^*(t)+E|\hat{X}(t)|^2 \tag{3.5.11}$$

而式(3.5.11)等号右边第一项为

$$E|X(t)|^2=\frac{1}{2\pi}\int_{-\infty}^{+\infty}S_X(\omega)\mathrm{d}\omega \tag{3.5.12}$$

计算式(3.5.11)等号右边第四项可得

$$\begin{aligned}E|\hat{X}(t)|^2&=\frac{1}{2\pi}\int_{-\infty}^{+\infty}S_{\hat{X}(t)}(\omega)\omega\\&=\frac{1}{2\pi}\int_{-\infty}^{+\infty}\sum_{n=-\infty}^{+\infty}E|C_n|^2 2\pi\delta(\omega-n\omega_0)\mathrm{d}\omega\\&=\sum_{n=-\infty}^{+\infty}E|C_n|^2\\&=\sum_{n=-\infty}^{+\infty}\frac{1}{2\pi}\int_{(n-\frac{1}{2})\omega_0}^{(n+\frac{1}{2})\omega_0}S_X(\omega)\mathrm{d}\omega\\&=\frac{1}{2\pi}\int_{-\infty}^{+\infty}S_X(\omega)\mathrm{d}\omega=E|X(t)|^2\end{aligned} \tag{3.5.13}$$

再计算式(3.5.11)等号右边第三项可得

$$\begin{aligned}EX(t)\hat{X}^*(t)&=EX(t)\sum_{n=-\infty}^{+\infty}\mathrm{e}^{-\mathrm{j}n\omega_0t}C_n^*\\&=\sum_{n=-\infty}^{+\infty}\mathrm{e}^{-\mathrm{j}n\omega_0t}EX(t)C_n^*\\&=\sum_{n=-\infty}^{+\infty}\mathrm{e}^{-\mathrm{j}n\omega_0t}E\int_{-\infty}^{+\infty}\mathrm{e}^{\mathrm{j}\omega t}\mathrm{d}\zeta_X(\mathrm{j}\omega)\cdot\int_{(n-\frac{1}{2})\omega_0}^{(n+\frac{1}{2})\omega_0}\mathrm{d}\zeta_X{}^*(\mathrm{j}\lambda)\\&=\frac{1}{2\pi}\sum_{n=-\infty}^{+\infty}\mathrm{e}^{-\mathrm{j}n\omega_0t}\int_{(n-\frac{1}{2})\omega_0}^{(n+\frac{1}{2})\omega_0}\mathrm{e}^{\mathrm{j}\omega t}S_X(\omega)\mathrm{d}\omega\\&=\frac{1}{2\pi}\sum_{n=-\infty}^{+\infty}\int_{(n-\frac{1}{2})\omega_0}^{(n+\frac{1}{2})\omega_0}S_X(\omega)\mathrm{e}^{\mathrm{j}(\omega-n\omega_0)t}\mathrm{d}\omega\end{aligned} \tag{3.5.14}$$

应当注意到式(3.5.11)等号右边第二项是第三项的共轭,于是

$$E\hat{X}(t)X^*(t)+EX(t)\hat{X}^*(t)=\frac{1}{\pi}\sum_{n=-\infty}^{+\infty}\int_{(n-\frac{1}{2})\omega_0}^{(n+\frac{1}{2})\omega_0}S_X(\omega)\cos(\omega-n\omega_0)t\mathrm{d}\omega \tag{3.5.15}$$

将式(3.5.12)、式(3.5.13)及式(3.5.15)代入式(3.5.11)得到

$$\sigma_e^2=E[|X(t)-\hat{X}(t)|^2]$$

$$= \frac{1}{\pi}\int_{-\infty}^{+\infty} S_X(\omega)\,\mathrm{d}\omega - \frac{1}{\pi}\sum_{n=-\infty}^{+\infty}\int_{(n-\frac{1}{2})\omega_0}^{(n+\frac{1}{2})\omega_0} S_X(\omega)\cos(\omega - n\omega_0)t\,\mathrm{d}\omega$$

$$= \frac{1}{\pi}\sum_{n=-\infty}^{+\infty}\int_{(n-\frac{1}{2})\omega_0}^{(n+\frac{1}{2})\omega_0} S_X(\omega)[1 - \cos(\omega - n\omega_0)t]\,\mathrm{d}\omega$$

至此,全部结论得到证明.

通常,固定点波面海浪随机过程是实值平稳过程,而且功率谱函数 $S(\omega)$ 也是以单侧谱表示的,即

$$S(\omega) = \begin{cases} 0, \omega < 0 \\ 2S_\xi(\omega), \omega \geqslant 0 \end{cases} \tag{3.5.16}$$

这时实值随机模拟过程可取为定理 3.5.2.

定理 3.5.2 设 $S(\omega)$ 为零均值实平稳随机过程 $\{\xi(t), -\infty < t < +\infty\}$ 的功率谱密度函数,且 $S(\omega) = 0, \omega < 0$,则该过程的模拟过程 $\hat{\xi}(t)$ 可取为

$$\hat{\xi}(t) = \sum_{n=1}^{\infty} 2\xi_n \cos(\hat{\omega}_n t + \varepsilon_n) \tag{3.5.17}$$

其中,$\{\xi_n, n = 1,2,\cdots\}$ 和 $\{\varepsilon_n, n = 1,2,\cdots\}$ 均为随机变量序列;$\hat{\omega}_n \triangleq \frac{1}{2}(\omega_n + \omega_{n-1}), n = \cdots, -2, -1, 0, 1, 2\cdots$,且

$$E(2\xi_n)^2 = \frac{2}{\pi}\int_{\omega_{n-1}}^{\omega_n} S(\omega)\,\mathrm{d}\omega \tag{3.5.18}$$

而 ε_n 是取值于$[-\pi, \pi]$上的随机变量,对于模拟过程 $\hat{\xi}(t)$ 的误差 $e_\xi(t) = \xi(t) - \hat{\xi}(t)$,有

$$Ee_\xi(t) = 0 \tag{3.5.19}$$

$$\sigma_e^2 = \frac{1}{\pi}\sum_{n=1}^{\infty}\int_{\omega_{n-1}}^{\omega_n} S(\omega)[1 - \cos(\omega - \hat{\omega}_n)t]\,\mathrm{d}\omega \tag{3.5.20}$$

证明 由式(3.5.1)并规定

$$C_n = \mathrm{Re}\, C_n - \mathrm{jIm}\, C_n$$

则有

$$\hat{\xi}(t) = \sum_{n=-\infty}^{+\infty}[\mathrm{Re}\, C_n - \mathrm{jIm}\, C_n](\cos\hat{\omega}_n t + \mathrm{j}\sin\hat{\omega}_n t)$$

$$= \sum_{n=1}^{+\infty} 2\mathrm{Re}\, C_n \cos\hat{\omega}_n t + 2\mathrm{Im}\, C_n \sin\hat{\omega}_n t$$

$$= \sum_{n=1}^{+\infty} 2\xi_n \cos(\hat{\omega}_n t + \varepsilon_n) \tag{3.5.21}$$

其中

$$\mathrm{Re}\, C_n = \mathrm{Re}\left[\int_{\omega_{n-1}}^{\omega_n} \mathrm{d}\zeta_\xi(\mathrm{j}\omega)\right]$$

$$\mathrm{Im}\, C_n = \mathrm{Im}\left[\int_{\omega_{n-1}}^{\omega_n} \mathrm{d}\zeta_\xi(\mathrm{j}\omega)\right]$$

$$\xi_n = \sqrt{\mathrm{Re}^2\, C_n + \mathrm{Im}^2 C_n}$$

$$\varepsilon_n = \arctan\frac{\mathrm{Im}\, C_n}{\mathrm{Re}\, C_n}$$

由式(3.5.4)并考虑到式(3.5.16),有

$$E\mathrm{Re}^2 C_n + E\mathrm{Im}^2 C_n = E|C_n|^2 = \int_{\omega_{n-1}}^{\omega_n} \frac{1}{2\pi} S(\omega)\,\mathrm{d}\omega$$

进一步由实平稳随机过程理论又知

$$E\mathrm{Re}^2 C_n = E\mathrm{Im}^2 C_n = \frac{1}{4\pi}\int_{\omega_{n-1}}^{\omega_n} S(\omega)\mathrm{d}\omega$$

于是得出

$$\sqrt{E(2\xi_n)^2} = \sqrt{\frac{2}{\pi}\int_{\omega_{n-1}}^{\omega_n} S(\omega)\mathrm{d}\omega} \tag{3.5.22}$$

最后由式(3.5.6)可得式(3.5.19)及式(3.5.20).

定理证毕.

通常称

$$\xi(t) = \sum_{n=1}^{\infty} \sqrt{\frac{2}{\pi}\int_{\omega_{n-1}}^{\omega_n} S(\omega)\mathrm{d}\omega}\ \cos(\omega_n t + \varepsilon_n) \tag{3.5.23}$$

为皮尔逊(Pierson)海浪模型.

由式(3.5.17)及式(3.5.18)可以看出,皮尔逊海浪模型式(3.5.23)实际上只是窄频带能量等效的海浪模型. 又因固定点波面的海浪运动规律通常可以认为是平稳正态随机过程,于是,由定理3.5.2还可推得朗格－希金斯海浪模型.

定理3.5.3 设 $S(\omega)$ 为零均值实平稳正态随机过程 $\{\xi(t), -\infty < t < \infty\}$ 的功率谱密度函数,且

$$S(\omega) = 0, \omega < 0$$

则该过程的模拟过程 $\hat{\xi}(t)$ 为

$$\hat{\xi}(t) = \sum_{n=1}^{\infty} 2\xi_n \cos(\hat{\omega}_n t + \varepsilon_n) \tag{3.5.24}$$

其中,ξ_n 为瑞利分布的随机变量序列.

$$E(2\xi_n)^2 = \frac{2}{\pi}\int_{\omega_{n-1}}^{\omega_n} S(\omega)\mathrm{d}\omega \tag{3.5.25}$$

ε_n 为 $[-\pi, \pi]$ 上均匀分布的随机变量序列且 ξ_n 与 ε_n 相互独立. 对于误差过程 $e_\xi(t) = \xi(t) - \hat{\xi}(t)$,仍有

$$Ee_\xi(t) = 0$$

$$\sigma_e^2 = \frac{1}{\pi}\sum_{n=1}^{\infty}\int_{\omega_{n-1}}^{\omega_n} S(\omega)[1 - \cos(\omega - \hat{\omega}_n)t]\mathrm{d}\omega \tag{3.5.26}$$

证明 由定理3.5.2的结论并考虑到过程的正态性,固定点波面海浪模型可表示为

$$\hat{\xi}(t) = \sum_{n=1}^{\infty} 2\xi_n \cos(\omega_n t + \varepsilon_n) \tag{3.5.27}$$

且

$$E(2\xi_n)^2 = \frac{2}{\pi}\int_{\omega_{n-1}}^{\omega_n} S(\omega)\mathrm{d}\omega \tag{3.5.28}$$

由概率论知 ξ_n 与 ε_n 相互独立,且 ξ_n 服从瑞利分布,其密度函数为

$$f_n(x) = \frac{x}{\sigma_n^2}\mathrm{e}^{-\frac{x^2}{2\sigma_n^2}}, x \geqslant 0 \tag{3.5.29}$$

由

$$E(2\xi_n)^2 = 4\int_0^{\infty} x^2 f_n(x)\mathrm{d}x = \frac{2}{\pi}\int_{\omega_{n-1}}^{\omega_n} S(\omega)\mathrm{d}\omega$$

求得

$$\sigma_n^2 = \frac{1}{4\pi}\int_{\omega_{n-1}}^{\omega_n} S(\omega)\mathrm{d}\omega \tag{3.5.30}$$

由定理3.5.2可得式(3.5.26),且 ε_n 为 $[-\pi, \pi]$ 上均匀分布的随机变量.

定理证毕.

由上面分析可知,$S(\omega)$为式(3.5.16)所表示的海浪功率谱,ε_n 为$[-\pi,\pi]$上均匀分布的随机变量序列,且 ξ_n 与 ε_n 相互独立. 通常称式(3.5.27)及式(3.5.28)所表示的海浪模型为朗格 - 希金斯(Longuet - Higgins)海浪模型. 称 $2\xi_n$ 为海浪模型的波高,由式(3.5.27)可知,波高 $2\xi_n$ 的概率分布为

$$P(2\xi_n > y) = P\left(\xi_n > \frac{y}{2}\right) = \int_{\frac{y}{2}}^{\infty} f_n(x)\,\mathrm{d}x$$

且有

$$E(2\xi_n) = \sqrt{\frac{\pi}{2}\int_{\omega_{n-1}}^{\omega_n} S(\omega)\,\mathrm{d}\omega} \tag{3.5.31}$$

$$\sqrt{E(2\xi_n)^2} = \sqrt{\frac{2}{\pi}\int_{\omega_{n-1}}^{\omega_n} S(\omega)\,\mathrm{d}\omega} \tag{3.5.32}$$

3.5.2 利用皮尔逊海浪模型的海浪仿真

在 1969 年第十二届国际船模水池会议(ITTC)上,推荐了现被国内外广泛采用的海浪功率谱公式为

$$S(\omega) = \frac{A}{\omega^5}\exp\left\{-\frac{B}{\omega^4}\right\} \quad (\mathrm{m}^2\cdot\mathrm{s}) \tag{3.5.33}$$

其中,$A=0.78$;$B=\frac{3.11}{(h_{\frac{1}{3}})^2}$. 称 $h_{\frac{1}{3}}$(m)为海浪的有义波高. 该参数与风速 U 有如下近似关系:

$$U = 6.85\sqrt{h_{\frac{1}{3}}} \quad (\mathrm{m/s}) \tag{3.5.34}$$

有义波高的含义是,波高最大三分之一部分的平均值,通常用有义波高表示海浪的严重程度. 用符号 $h_{\frac{1}{3}}$表示有义波高,经计算有

$$h_{\frac{1}{3}} \approx 2\sqrt{\int_0^{\infty} S(\omega)\,\mathrm{d}\omega} \tag{3.5.35}$$

也可以通过对海浪波幅实测来估计有义波高,设 $h_i(i=1,2,\cdots,N,N>200)$为测量波高值从小到大的排列结果,则

$$h_{\frac{1}{3}} = \left(\sum_{i=\frac{2}{3}N+1}^{N} h_i\right)\Big/\frac{N}{3} \tag{3.5.36}$$

由式(3.5.33)可以看出,只要有义波高 $h_{\frac{1}{3}}$确定下来,就可以完全确定该海浪的功率谱,因此,有时又称式(3.5.33)为单参数谱密度公式.

现利用海浪功率谱式(3.5.33)及皮尔逊海浪模型式(3.5.27)产生海浪仿真过程. 我们以一个典型的例子来说明仿真计算过程. 由式(3.5.33)可写出海浪功率谱为

$$S(\omega) = \frac{A}{\omega^5}\exp\left\{-\frac{B}{\omega^4}\right\}$$

其中,$A=0.78$,$B=\frac{3.11}{25}$,取有义波高 $h_{\frac{1}{3}}=5$,由式(3.5.27)又写出皮尔逊海浪模型为

$$\hat{\xi}(t) = \sum_{n=1}^{\infty}\sqrt{\frac{2}{\pi}\int_{\omega_{n-1}}^{\omega_n} S(\omega)\,\mathrm{d}\omega}\cos(\omega_n t+\varepsilon_n) = \sum_{n=1}^{31} A_n\cos(\omega_n t+\varepsilon_n) \tag{3.5.37}$$

其中

$$A_n = \sqrt{\frac{2}{\pi}\int_{\omega_{n-1}}^{\omega_n} S(\omega)\,\mathrm{d}\omega} \tag{3.5.38}$$

ε_n 为在$[0,2\pi]$上均匀分布的随机变量,ω_n,$n=1,2,\cdots,31$ 为在 95% 能量区间内的等间隔角频率. A_n,ε_n 及 ω_n 的计算结果见表 3.5.1.

表 3.5.1　A_n,ε_n,ω_n 的计算结果

序号	A_n	ε_n	ω_n
1	0.000 0	5.438 7	0.045 0
2	0.000 0	1.459 9	0.090 0
3	0.000 0	5.057 2	0.135 0
4	0.000 0	5.707 6	0.180 0
5	0.000 0	1.457 0	0.225 0
6	0.000 1	1.503 6	0.270 0
7	0.005 8	0.312 6	0.315 0
8	0.038 2	0.492 5	0.360 0
9	0.102 7	4.026 4	0.405 0
10	0.170 6	1.199 4	0.450 0
11	0.216 6	5.302 2	0.495 0
12	0.236 6	1.092 6	0.540 0
13	0.237 0	1.073 1	0.585 0
14	0.225 9	6.247 3	0.630 0
15	0.209 3	2.763 3	0.675 0
16	0.190 7	2.136 6	0.720 0
17	0.172 3	1.974 3	0.765 0
18	0.155 1	2.293 9	0.810 0
19	0.139 3	2.470 8	0.855 0
20	0.125 2	3.716 7	0.900 0
21	0.112 7	0.752 4	0.945 0
22	0.101 7	0.239 6	0.990 0
23	0.092 0	2.881 5	1.035 0
24	0.083 4	5.465 5	1.080 0
25	0.075 8	5.870 0	1.125 0
26	0.069 1	1.661 6	1.170 0
27	0.063 2	1.007 2	1.215 0
28	0.057 9	5.484 3	1.260 0
29	0.053 2	1.494 6	1.305 0

表 3.5.1(续)

序号	A_n	ε_n	ω_n
30	0.049 0	4.057 9	1.350 0
31	0.045 3	6.075 1	1.395 0

一个典型的海浪过程样本函数如图 3.5.1 所示.

为了检验上述海浪仿真过程的合理性,我们对图 3.5.1 的样本过程进行功率谱估计 $S_1(\omega)$及平滑功率谱估计 $S_2(\omega)$. 并将海浪真实功率谱 $S(\omega)$与 $S_1(\omega)$及 $S_2(\omega)$画在一起,如图 3.5.2 所示. 由图可见,平滑功率谱估计 $S_2(\omega)$与真实功率谱 $S(\omega)$相当接近. 这说明我们利用皮尔逊海浪模型产生的海浪仿真过程是合理的,并且在舰船控制与仿真工程中是可以利用的.

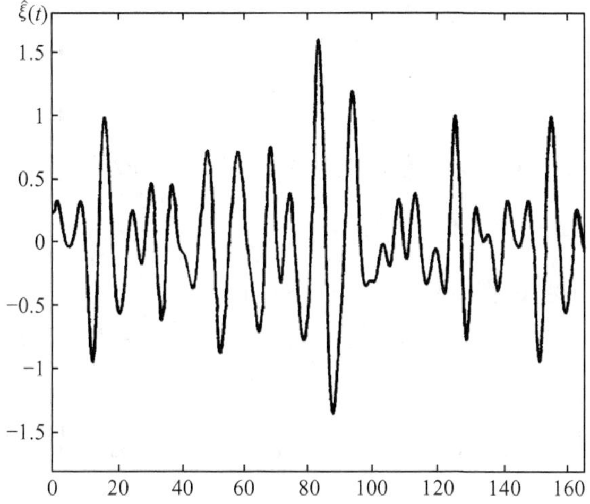

图 3.5.1 一个典型的海浪过程样本函数示意图

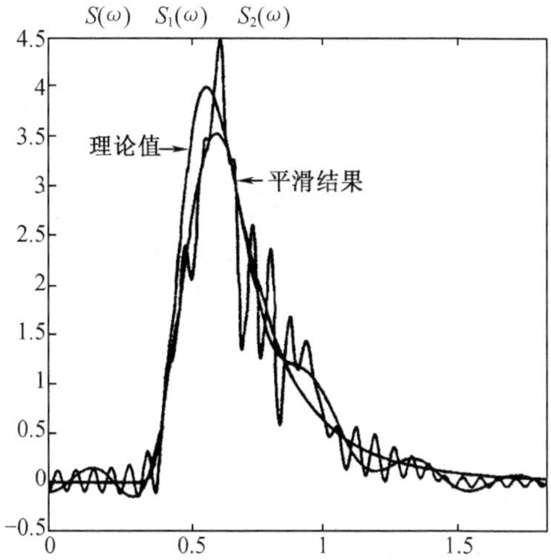

图 3.5.2 海浪真实功率谱 $S(\omega)$与功率谱估

习　题

3.1 判断下列函数能否成为平稳随机过程的自相关函数.若是,则进一步判断所对应的平稳过程是否均方连续、均方可积和均方可微.

(1)$B_1(\tau)=a, a>0$ 为常数;

(2)$B_2(\tau)=\cos\tau$;

(3)$B_3(\tau)=\begin{cases}1, & |\tau|<1\\ 0, & |\tau|\geqslant 1\end{cases}$;

(4)$B_4(\tau)=\begin{cases}1-|\tau|, & |\tau|<1\\ 0, & |\tau|\geqslant 1\end{cases}$;

(5)$B_5(\tau)=\dfrac{1}{1+2\xi|\tau|+\tau^2}, \xi>0$ 为常数;

(6)$B_6(\tau)=\begin{cases}2, & \tau=0\\ e^{-|\tau|}, & \tau\neq 0\end{cases}$.

3.2 设$\{X(t),-\infty<t<+\infty\}$为均方连续平稳过程,$EX(t)=0$,相关函数 $B_X(\tau)$ 与功率谱密度函数 $S_X(\omega)$ 均为已知,取实常数 $a_k, s_k, k=1,2,\cdots,n$,定义 $\eta(t)=\sum\limits_{k=1}^{n}a_kX(t+S_k)$,试证 $\eta(t)$ 为均方连续平稳过程,并求 $B_\eta(\tau), S_\eta(\omega)$.

3.3 设$\{X(t),-\infty<t<+\infty\}$和$\{Y(t),-\infty<t<+\infty\}$是平稳且平稳相依的随机过程,$B_X(\tau), B_Y(\tau)$ 及 $B_{XY}(\tau)$ 均为已知.试求:一阶预报 $\hat{X}(t)=a_1Y(t)$ 中的 a_1 值,以及二阶预报 $\hat{X}(t)=a_2Y(t)+b_2Y(t-T_0)$ 中的 a_2 及 b_2 值,以使目标函数 $J=E[X(t)-\hat{X}(t)]^2$ 为最小,其中 $T_0>0$ 为常数.

3.4 设$\{X(t),-\infty<t<+\infty\}$为正态过程,且 $EX(t)=0$,试证它为平稳马尔可夫过程的充要条件是 $R(t+s)=R(t)R(s)$,其中 $R(\tau)$ 是标准中心自相关函数.

3.5 设$\{X(t),-\infty<t<+\infty\}$为正态过程,且 $EX(t)=0$,试证它为均方连续的平稳马尔可夫过程的充要条件是自相关函数 $B(\tau)$ 满足 $B(\tau)=B(0)e^{a\tau}, \tau\geqslant 0, a\leqslant 0$.

3.6 设$\{X(t),-\infty<t<+\infty\}$为零均值 p 次均方可微的平稳过程.试证:对任意 $q<p$,q 阶导数过程仍为平稳过程.

3.7 设$\{X(t),-\infty<t<+\infty\}$为实平稳过程,$EX(t)=0$,其功率谱密度函数 $S(\omega)$ 为连续函数.试证:对任意正整数 n 及任意 $t_1,t_2,\cdots,t_n$,矩阵$[B(t_i-t_j)]_{n\times n}$是正定的.

3.8 设$\{X(t),-\infty<t<+\infty\}$为实平稳过程,其功率谱密度函数 $S_X(\omega)$ 为已知且假定导数过程$\{X'(t),-\infty<t<+\infty\}$存在.试证:

(1)$Y(t)=\int_{-\infty}^{T}1(t-s)e^{-\beta(t-s)}X'(s)ds$;

(2)$Y(t)=\int_{-\infty}^{T}1(t-s)e^{-\alpha(t-s)}\dfrac{\sin\Omega(t-s)}{\Omega}X'(s)ds$.

均为平稳过程,并求功率谱密度函数 $S_Y(\omega)$,其中 $1(\cdot)$ 为单位阶跃函数.

3.9 设$\{X(t),-\infty<t<+\infty\}$为零均值白噪声过程,记 $Y(t)=\int_0^t X(\tau)d\tau$.

(1)试求 $Y(t)$ 的渐近正交调和分解.

(2)试证:对任意 $t_1<t_2, t_3<t_4$,有

$$E[Y(t_2)-Y(t_1)][Y(t_4)-Y(t_3)]=\sigma^2\int_{-\infty}^{+\infty}x_{(t_1t_2)}(t)\,x_{(t_3t_4)}(t)\,\mathrm{d}t$$

其中,$x_{(t_i,t_j)}(t)=\begin{cases}1, t\in[t_i,t_j]\\0, t\,\bar{\in}\,[t_i,t_j]\end{cases}$,$\sigma^2=S_X(\omega)$ 为白噪声 $X(t)$ 的功率谱密度.

(3)进而证明:$\{Y(t), t>0\}$ 为正交增量过程.

3.10 设 $\{X(t), -\infty<t<+\infty\}$ 为平稳随机过程,试证:在任意 t 处可做泰勒展开

$$X(t+\tau)=\sum_{n=0}^{\infty}X^{(n)}(t)\frac{\tau^n}{n!}$$

的充要条件是其自相关函数 $B(\tau)$ 在 $\tau=0$ 处可做泰勒展开

$$B(\tau)=\sum_{n=0}^{\infty}B^{(n)}(0)\frac{\tau^n}{n!}$$

3.11 设平稳过程 $\{X(t), -\infty<t<+\infty\}$ 的功率谱密度函数 $S(\omega)$ 为

$$S(\omega)\neq 0, |\omega|<\omega_c$$
$$S(\omega)=0, |\omega|\geqslant\omega_c$$

试证:$\{X(t), -\infty<t<+\infty\}$ 必为解析过程,即对任意 t 有

$$X(t+\tau)=\sum_{n=0}^{\infty}X^{(n)}(t)\frac{\tau^n}{n!}$$

3.12 设 $\{X(t), -\infty<t<+\infty\}$ 为随机过程,定义

$$\mathrm{d}\zeta_X(\mathrm{j}\omega)\triangleq\lim_{T_1\to\infty}\frac{1}{T_1}\int_{-\frac{T_1}{2}}^{\frac{T_1}{2}}X(t)\,\mathrm{e}^{-\mathrm{j}\omega\tau}\,\mathrm{d}t$$

并假定 $\{\zeta_X(\mathrm{j}\omega), -\infty<\omega<+\infty\}$ 为正交增量过程,且

$$E\mathrm{d}\zeta_X(\mathrm{j}\omega_1)\,\mathrm{d}\,\zeta_X^*(\mathrm{j}\omega_2)=\frac{1}{2\pi}S(\omega_1)\,\mathrm{d}\omega_1\delta(\omega_1-\omega_2)$$

其中,$\delta(\cdot)$ 为克罗尼克 $-\delta$ 函数. 证试:如果

$$E[\zeta_X(\mathrm{j}\omega_2)-\zeta_X(\mathrm{j}\omega_1)]=\begin{cases}a, \omega_0\in[\omega_1,\omega_2]\\0, \omega_0\,\bar{\in}\,[\omega_1,\omega_2]\end{cases}$$

则 $\{X(t)-a\,\mathrm{e}^{\mathrm{j}\omega_0\tau}, -\infty<t<+\infty\}$ 为平稳过程.

3.13 设 $\{X(t), -\infty<t<+\infty\}$ 和 $\{Y(t), -\infty<t<+\infty\}$ 为平稳且平稳相依的随机过程,$EX(t)=EY(t)=0, B_X(\tau)=B_Y(\tau), B_{XY}(\tau)=-B_{XY}(-\tau)$. 试证:

$$\{W(t)=X(t)\cos\omega_0 t+Y(t)\sin\omega_0 t, -\infty<t<+\infty\}$$

也是平稳随机过程. 进一步,若功率谱密度函数 $S_X(\omega), S_Y(\omega), S_{XY}(\omega)$ 为已知. 试求 $W(t)$ 的功率谱密度函数 $S_W(\omega)$.

3.14 设 $\{X(n)=\cos n\theta, n=1,2,\cdots\}$ 为随机序列,其中 θ 为随机变量且在 $[-\pi,\pi]$ 上均匀分布. 试证:该序列为平稳序列但不是严平稳序列.

3.15 设 $\{X(n), n=\cdots,-2,-1,0,1,2,\cdots\}$ 为正态序列且 $EX(n)=0$,则它为平稳马尔可夫序列的充要条件是自相关函数 $B(n)$ 满足

$$B(n)=a^nB(0), n\geqslant 0, |a|\leqslant 1$$

3.16 设 $\{X(t), -\infty<t<+\infty\}$ 为零均值平稳过程,自相关函数 $B(\tau)$:$B_1(\tau)=\mathrm{e}^{-a^2\tau^2}$,$a$

为实数；$B_2(\tau)=A+B\cos\omega_0\tau$，$A,B$ 均为实常数. 试求功率谱密度函数 $S_1(\omega)$，$S_2(\omega)$.

3.17 设 $B(nT_0)$ 为平稳随机序列 $\{X(nT_0),n=\cdots,-2,-1,0,1,2,\cdots\}$ 的自相关函数，$B(nT_0)=\mathrm{e}^{-a|nT_0|}\cos\Omega nT_0$，其中 $a>0$. 试求功率谱密度函数 $S(z)$.

3.18 设 $\{X(t),-\infty<t<+\infty\}$ 为零均值平稳过程. 试证：该过程 p 次均方可微的充要条件是 $\int_{-\infty}^{+\infty}\omega^{2p}S(\omega)\mathrm{d}\omega<\infty$，其中 $S(\omega)$ 为功率谱密度函数且假定存在.

3.19 若平稳随机过程 $\{X(t),-\infty<t<+\infty\}$ 的功率谱密度函数 $S(\omega)$ 对实数 a 满足 $\int_{-\infty}^{+\infty}\mathrm{e}^{|\omega a|}S(\omega)\mathrm{d}\omega<\infty$，则 $X(t)$ 任意次均方可微.

3.20 设 $\{X(t),-\infty<t<+\infty\}$ 为实平稳过程，其功率谱密度函数满足 $S_X(\omega)=0,|\omega|>\omega_c$. 试证：自相关函数 $B_X(\tau)$ 必满足

$$B_X(\tau)\geqslant B(0)\cos\omega_c\tau,\ |\tau|\leqslant\frac{\pi}{2\omega_c}$$

3.21 设 $\{X(n),n=\cdots,-2,-1,0,1,2,\cdots\}$ 为平稳随机序列，且 $EX(n)=m$，m 为常数. 试证：如果 $\lim\limits_{k\to\infty}B_X(k)=0$，则有 $\lim\limits_{N\to\infty}\frac{1}{N}\sum\limits_{n=1}^{N}X(n)=m$.

3.22 设 $\{X(t),-\infty<t<+\infty\}$ 和 $\{Y(t),-\infty<t<+\infty\}$ 为平稳且平稳相依的随机过程；$B_X(\tau)$，$B_Y(\tau)$ 及 $B_{XY}(\tau)$ 分别为 $X(t)$ 及 $Y(t)$ 的自相关函数和互相关函数. 试证：

(1) $B_{XY}^2(\tau)\leqslant B_X(0)B_Y(0)$；

(2) $2|B_{XY}(\tau)|\leqslant B_X(0)+B_Y(0)$.

3.23 设 $\{X(t),t\geqslant0\}$ 表示随机单位脉冲列，在 $[0,t]$ 内出现单位脉冲的个数 k 服从泊松分布，即

$$P(k=i)=\frac{(\lambda t)^i\mathrm{e}^{-\lambda t}}{i!},t>0,\lambda>0$$

假设脉冲的出现是相互独立的，通常把 $X(t)$ 表示为 $X(t)=\sum\limits_{j}\delta(t-t_j)$，其中 $\delta(\cdot)$ 为狄拉克 - δ函数，令

$$Y(t)=\int_0^T X(t)\mathrm{d}t$$

试求：(1) $EX(t)$，$\Gamma_X(t_1,t_2)$；

(2) $EY(t)$，$\Gamma_Y(t_1,t_2)$.

3.24 设 $S(\omega)$ 为复平稳过程 $\{X(t),-\infty<t<+\infty\}$ 的功率谱密度函数. 试证：

$$E\left|\int_a^b g(t)X(t)\mathrm{d}t\right|^2\leqslant\sup_{\omega}S(\omega)\int_a^b|g(t)|^2\mathrm{d}t$$

其中，$g(t)$ 为任意普通函数.

3.25 设 $\{X(t),-\infty<t<+\infty\}$ 为均方连续平稳随机过程且 $EX(t)=m$，中心自相关函数为 $B(\tau)$. 试证：

$$\lim_{T\to\infty}\frac{1}{2T}\int_{-T}^{T}X(t)\mathrm{d}t=m$$

成立的充要条件是

$$\lim_{T\to\infty}\frac{1}{T}\int_0^{2T}\left(1-\frac{\tau}{2T}\right)[B(\tau)-m^2]\mathrm{d}\tau=0$$

3.26 设$\{X(n), n=\cdots,-2,-1,0,1,2,\cdots\}$为平稳序列且$EX(n)=m$(常数). 试证:

$$\lim_{N\to\infty}\frac{1}{N}\sum_{n=1}^{N}X(n)=m$$

成立的充要条件是

$$S(z)\big|_{z=1}<\infty$$

其中,$S(z)$是该序列的功率谱密度函数.

3.27 设平稳过程$\{X(t),-\infty<t<+\infty\}$的自相关函数为$B(\tau)=\frac{1}{2a}e^{-a|\tau|}$. 试利用卡亨南(Karhunen)定理求$X(t)$的正交展开式.

3.28 设$\{X(t),-\infty<t<+\infty\}$为零均值正态过程,相关函数为$B(\tau)=e^{-|\tau|}$. 试求随机变量$S=\int_0^1 X(t)\,dt$的概率密度函数$f_S(S)$.

3.29 设$\{X(t),-\infty<t<+\infty\}$为复平稳过程. 试证:其功率谱密度函数$S(\omega)$必为$\omega$的实值函数,进一步将$S(\omega)$做偶函数和奇函数分解.

第4章　马尔可夫过程

在这一章，我们讨论工程中经常遇到的一类随机过程——马尔可夫过程，这类过程最初是由苏联数学家马尔可夫研究. 特别地，马尔可夫过程在工程系统中的噪声和信号分析，通信网络的模拟，信息系统故障诊断，统计物理学、生物学、数学计算方法，经济管理和市场预测都有广泛应用. 关于马尔可夫过程的定义及一些简单的性质已在2.4.6中进行了介绍，我们在这一章更深入地讨论马尔可夫过程.

4.1　马尔可夫过程概念

考虑定义在概率空间(Ω,F,P)的随机过程$\{X(t),t\in T\}$，其状态空间是可列集或有限集. 根据定义2.4.6$\{X(t),t\in T\}$为随机过程，对任意n个时间点$t_1<t_2<\cdots<t_n<t\in T$及任意实数$x_1,x_2,\cdots,x_n,x$，其中$n$为任意正整数，如果

$$P(X(t_{n+1})\leqslant x_{n+1}/X(t_1)=x_1,X(t_2)=x_2,\cdots,X(t_{n-1})=x_{n-1},X(t_n)=x_n)$$
$$=P(X(t_{n+1})\leqslant x_{n+1}/X(t_n)=x_n)$$

则称$\{X(t),t\in T\}$为马尔可夫过程，称马尔可夫过程的这种性质为无后效性.

定义2.4.6等价于

$$F(x_{n+1};t_{n+1}/x_1,x_2,\cdots,x_n;t_1,t_2,\cdots,t_n)=F(x_{n+1};t_{n+1}/x_n;t_n)$$

如果条件分布密度存在又等价于

$$f(x_{n+1};t_{n+1}/x_1,x_2,\cdots,x_n;t_1,t_2,\cdots,t_n)=f(x_{n+1};t_{n+1}/x_n;t_n)$$

如果把t_n理解为“现在”，那么$t>t_n$就是“将来时刻”，而$t_1<t_2<\cdots<t_{n-1}$就是“过去时刻”，即已知过去$X(t_1)=x_1,X(t_2)=x_2,\cdots,X(t_{n-1})=x_{n-1}$及现在$X(t_n)=x_n$的条件下，过程在将来时刻$t_{n+1}$状态的统计特性依赖于现在时刻$t_n$的状态，而与过去时刻的状态无关. 马尔可夫过程无后效性表示在已知“现在”的条件下，“将来”与“过去”是独立的.

马尔可夫过程$\{X(t),t\in T\}$中$X(t)$的取值x称为状态，$X(t)=x$表示过程在时刻t处于状态x，过程所有取值的集合

$$E=\{x:X(t)=x,t\in T\}$$

称为马尔可夫过程的状态空间.

马尔可夫过程的分类与一般随机过程的分类一样，可按参数集T和状态空间E离散集或连续集进行分类，参数集T和状态空间E为离散集的马尔可夫过程称为马尔可夫链.

定理4.1.1　独立随机过程$\{X(t),t\in T\}$是马尔可夫过程.

证明　对任意$t_1<t_2<\cdots<t_n<t_{n+1},t_i\in T,i=1,2,\cdots,n,n+1,X(t_1),X(t_2),\cdots,X(t_n)$，$X(t_{n+1})$相互独立，所以有

$$P(X(t_{n+1})\leqslant x_{n+1}/X(t_1)=x_1,X(t_2)=x_2,\cdots,X(t_{n-1})=x_{n-1},X(t_n)=x_n)$$
$$=P(X(t_{n+1})\leqslant x_{n+1})P(X(t_{n+1})\leqslant x_{n+1}/\ X(t_n)=x_n)$$
$$=P(X(t_{n+1})\leqslant x_{n+1})$$

因此 $P(X(t_{n+1}) \leqslant x_{n+1} / X(t_1) = x_1, X(t_2) = x_2, \cdots, X(t_{n-1}) = x_{n-1}, X(t_n) = x_n)$

$= P(X(t_{n+1}) \leqslant x_{n+1} / X(t_n) = x_n)$

故独立过程$\{X(t), t \in T\}$为马尔可夫过程.

定理 4.1.2 设随机过程$\{X(t), t \in T\}$是独立增量过程,且 $X(0) = 0$,则$\{X(t), t \in T\}$是马尔可夫过程.

证明 对任意 $0 < t_1 < t_2 < \cdots < t_n < t_{n+1}, t_i \in T, i = 1, 2, \cdots, n, n+1$,有

$$
\begin{aligned}
&P(X(t_{n+1}) \leqslant x_{n+1} / X(t_1) = x_1, X(t_2) = x_2, \cdots, X(t_{n-1}) = x_{n-1}, X(t_n) = x_n) \\
&= P((X(t_{n+1}) - X(t_n)) \leqslant (x_{n+1} - x_n) / (X(t_1) - X(0) = x_1, \\
&(X(t_2) - X(t_1)) = (x_2 - x_1), \cdots, (X(t_n) - X(t_{n-1})) = (x_n - x_{n-1})) \\
&= P((X(t_{n+1}) - X(t_n)) \leqslant (x_{n+1} - x_n)) P(X(t_{n+1}) \leqslant x_{n+1} / X(t_n) = x_n) \\
&= P((X(t_{n+1}) - X(t_n)) \leqslant (x_{n+1} - x_n))
\end{aligned}
$$

所以 $P(X(t_{n+1}) \leqslant x_{n+1} / X(t_1) = x_1, X(t_2) = x_2, \cdots, X(t_{n-1}) = x_{n-1}, X(t_n) = x_n)$

$= P(X(t_{n+1}) \leqslant x_{n+1} / X(t_n) = x_n))$

故独立增量过程$\{X(t), t \in T\}$为马尔可夫过程.

4.2 马尔可夫链

4.2.1 马尔可夫链及其描述

定义 4.2.1 设$\{X(n), n = 1, 2, \cdots\}$是定义在概率空间$(\Omega, F, P)$上取值于可数集 E 中的随机变量序列,$X(n)$的可能取值为 $a_i, i = 1, 2, \cdots, n$,如果

$$P(X(n) = a_n / X(n-1) = a_{n-1}, \cdots, X(1) = a_1) = P(X(n) = a_n / X(n-1) = a_{n-1}) \tag{4.2.1}$$

则称该随机序列$\{X(n), n = 1, 2, \cdots\}$为马尔可夫链.

马尔可夫链的物理背景:在实际中,随机试验并非都是独立的,经常遇到非独立的随机实验,其中最简单的一种就是马尔可夫链. 更确切地说,当我们进行离散时间的随机取样,并且所有可能的取样值也是离散值时,如果第 n 次的取样实验只与第 $n-1$ 次取样结果有关,而与小于 $n-1$ 次取样结果无关,则这样的随机取样序列就是马尔可夫链.

为描述马尔可夫链$\{X(n), n \geqslant 0\}$,下面引入无条件概率和转移概率概念.

随机变量 $X(n)$取值为 a_i 的概率 $p_i(n)$可表示为

$$p_i(n) = P(X(n) = a_i) \tag{4.2.2}$$

通常称 $p_i(n)$为马尔可夫链的无条件概率,特别地,当 $n = 1$ 时,又称为初始无条件概率或初始概率.

在 $X(s)$取值为 a_i 的条件下,$X(n)(n > s)$取值为 a_j的条件概率记为 $p_{ij}(s, n)$,即

$$p_{ij}(s, n) = P(X(n) = a_j / X(s) = a_i), n > s \tag{4.2.3}$$

显然它与 i, j, n, s 有关. 若 $s - n = k$,通常称 $p_{ij}(s, n)$在 s 时刻的 k 步转移概率,显然它与 i, j, n, s 有关. 称矩阵

$$\boldsymbol{P}^{(k)}(s) = [p_{ij}(s, s+k)]$$

为在 s 时刻的 k 步转移概率矩阵. 特别地,当 $k = 1$ 时称

$$p_{ij}(s,s+1)=P(X(s+1)=a_j/X(s)=a_i)$$

为在 s 时刻的一步转移概率,称矩阵

$$\boldsymbol{P}^{(1)}(s)=[p_{ij}(s,s+1)]$$

为在 s 时刻的一步转移概率矩阵.

马尔可夫链的 k 步转移概率给出了马尔可夫链在时刻 s 处于状态a_i 的条件下,经过 k 步转移,在时刻 $s+k$ 到达状态a_j的条件概率,记为$p_{ij}^{(k)}(s)$. 如果 $p_{ij}(s,n)$只与 $n-s$ 有关,即

$$p_{ij}(s,n)=p_{ij}(n-s) \tag{4.2.4}$$

则称$\{X(n),n=1,2,\cdots\}$为齐次马尔可夫链. 以后,我们主要讨论齐次马尔可夫链.

值得强调的是,一步转移概率 $p_{ij}(s,s+1)$,对于齐次马尔可夫链,一步转移概率记为 $p_{ij}(1)$,有时简记成 p_{ij}. 进一步,称

$$\boldsymbol{P}=(p_{ij}),i,j=1,2,\cdots \tag{4.2.5}$$

为齐次马尔可夫链一步转移概率矩阵.

转移概率 $p_{ij}^{(k)}(s)$具有如下性质:

(1)
$$0\leqslant p_{ij}^{(k)}(s)\leqslant 1 \tag{4.2.6}$$

(2)
$$\sum_{j=1}^{\infty} p_{ij}^{(k)}(s) = 1 \tag{4.2.7}$$

(3)
$$p_{ij}^{(k+m)}(s) = \sum_{r} p_{ir}^{(k)}(s)\, p_{rj}^{(m)}(s+k),s,k,m\geqslant 0 \tag{4.2.8}$$

$$\boldsymbol{P}^{(k+m)}(s)=\boldsymbol{P}^{(k)}(s)\boldsymbol{P}^{(m)}(s+k) \tag{4.2.9}$$

事实上,由

$$p_{ij}^{(k)}(s)=P(X(s+k)=a_j/X(s)=a_i)$$

及条件概率的定义显然有$0\leqslant p_{ij}^{(k)}(s)\leqslant 1$,另外还有

$$\begin{aligned}
\sum_{j=1}^{\infty} p_{ij}^{(k)}(s) &= \sum_{j=1}^{\infty} p(X(s+k)=a_j/X(s)=a_i)\\
&=P(\Omega/X(s)=a_i)\\
&=1\ p_{ij}^{(k+m)}(s)=P(X(s+m+k)=a_j/X(s)=a_i)\\
&=P\Big(X(s+k+m)=a_j,\sum_r X(s+k)=a_r/X(s)=a_i\Big)\\
&=\sum_r P(X(s+k+m)=a_j,X(s+k)=a_r/X(s)=a_i)\\
&=\sum_r P(X(s+k)=a_r/X(s)=a_i)P(X(s+k+m)=a_j/X(s+k)=a_r,X(s)=a_i)\\
&=\sum_r P(X(s+k)=a_r/X(s)=a_i)P(X(s+k+m)=a_j/X(s+k)=a_r)\\
&=\sum_r p_{ir}^{(k)}(s)\,p_{rj}^{(m)}(s+k)
\end{aligned}$$

完全类似地有 m 步转移概率及 m 步转移概率矩阵,对于齐次马尔可夫链可以写成

$$p_{ij}(m)=p_{ij}(s,s+m)=P(X(s+m)=a_j/X(s)=a_i) \tag{4.2.10}$$

以及

$$\boldsymbol{P}(m)\triangleq p_{ij}(m),i,j=1,2,\cdots \tag{4.2.11}$$

现举例说明上述概念.

例 4.2.1 箱中装有 c 个白球和 d 个黑球,每次从箱中任取一球,抽出的球要在从箱中再抽出一球后才放回箱中,每抽出一球作为一次取样实验.

现引进随机变量序列为$\{X(n),n=1,2,\cdots\}$,每次取样实验的所有可能结果只有两个,

即白球或者黑球. 若以数 a_1 代表白球,以数 a_2 代表黑球,则有

$$X(n)=\begin{cases}a_1,\text{第 } n \text{ 次抽球结果为白球}\\ a_2,\text{第 } n \text{ 次抽球结果为黑球}\end{cases}$$

由上面所述的抽球规则可知,任意第 n 次抽得白球或者黑球的概率只与第 $n-1$ 次抽得球的结果有关,而与第 $n-2$ 次,第 $n-3$ 次,…,第 1 次抽得球的结果无关,即

$$P(X(n)=b_n/X(n-1)=b_{n-1},\cdots,X(1)=b_1)=P(X(n)=b_n/X(n-1)=b_{n-1})$$

其中,b_i 只取a_1 或a_2 两个值,$i=1,2,\cdots,n$,由此可知上述随机变量序列$\{X(n),n=1,2,\cdots\}$为马尔可夫链.

下面求一步转移概率. 对任意第 s 步,$s>1$,由式(4.2.3)有

$$p_{11}(s,s+1)=p(X(s+1)=a_1/X(s)=a_1)=\frac{c-1}{c+d-1}$$

$$p_{12}(s,s+1)=p(X(s+1)=a_2/X(s)=a_1)=\frac{d}{c+d-1}$$

$$p_{21}(s,s+1)=p(X(s+1)=a_1/X(s)=a_2)=\frac{c}{c+d-1}$$

$$p_{22}(s,s+1)=p(X(s+1)=a_2/X(s)=a_2)=\frac{d-1}{c+d-1}$$

由以上计算可知,$p_{ij}(s,s+1)=p_{ij}(1)$,$i,j=1,2$,因此,$\{X(n),n=1,2,\cdots\}$是齐次马尔可夫链,且一步转移概率矩阵 $\boldsymbol{P}$ 可表示为

$$\boldsymbol{P}=(p_{ij})=\begin{pmatrix}\dfrac{c-1}{c+d-1} & \dfrac{d}{c+d-1}\\ \dfrac{c}{c+d-1} & \dfrac{d-1}{c+d-1}\end{pmatrix}$$

对于马尔可夫链,有如下结论,即定理 4.2.1.

定理 4.2.1 随机序列$\{X(n),n=1,2,\cdots\}$为马尔可夫链的充分必要条件是对任意正整数 n 有

$$\begin{aligned}&P(X(1)=a_1,X(2)=a_2,\cdots,X(n)=a_n)\\&=P(X(n)=a_n/X(n-1)=a_{n-1})\cdots P(X(2)=a_2/X(1)=a_1)P(X(1)=a_1)\end{aligned}\tag{4.2.12}$$

证明 由马尔可夫链定义可知

$$\begin{aligned}&P(X(1)=a_1,\cdots,X(n)=a_n)\\&=P(X(n)=a_n/X(n-1)=a_{n-1},\cdots,X(1)=a_1)P(X(n-1)=a_{n-1},\cdots,X(1)=a_1)\\&=P(X(n)=a_n/X(n-1)=a_{n-1})P(X(n-1)=a_{n-1},\cdots,X(1)=a_1)\end{aligned}\tag{4.2.13}$$

反复运用式(4.2.13)可得式(4.2.12),于是必要性得证;反之,若式(4.2.12)成立,则有

$$\begin{aligned}P(X(n)=a_n/X(n-1)=a_{n-1},\cdots,X(1)=a_1)&=\frac{P(X(n)=a_n,\cdots,X(1)=a_1)}{P(X(n-1)=a_{n-1},\cdots,X(1)=a_1)}\\&=P(X(n)=a_n/X(n-1)=a_{n-1})\end{aligned}$$

于是由定义 4.2.1 可知$\{X(n),n=1,2,\cdots\}$为马尔可夫链.

定理证毕.

定理 4.2.2 设$\{X(n),n=1,2,\cdots\}$是马尔可夫链,则它按相反方向也是马尔可夫链,即对任意正整数 n,k

$$P(X(n)=a_n/X(n+1)=a_{n+1},\cdots,X(n+k)=a_{n+k})$$

$$= P(X(n) = a_n / X(n+1) = a_{n+1}) \tag{4.2.14}$$

证明 由条件概率及式(4.2.12),有

$$\begin{aligned}
&P(X(n) = a_n / X(n+1) = a_{n+1}, \cdots, X(n+k) = a_{n+k}) \\
&= \frac{P(X(n) = a_n, X(n+1) = a_{n+1}, \cdots, X(n+k) = a_{n+k})}{P(X(n+1) = a_{n+1}, \cdots, X(n+k) = a_{n+k})} \\
&= \frac{P(X(n+1) = a_{n+1} / X(n) = a_n) P(X(n) = a_n)}{P(X(n+1) = a_{n+1})} \\
&= \frac{P(X(n) = a_n, X(n+1) = a_{n+1})}{P(X(n+1) = a_{n+1})} \\
&= P(X(n) = a_n / X(n+1) = a_{n+1})
\end{aligned}$$

定理证毕.

定理 4.2.3 设$\{X(n), n = 1, 2, \cdots\}$为马尔可夫链,则对任意正整数 $s < r < n$,当 $X(r)$ 为已知时,$X(n)$ 与 $X(s)$ 相互独立,即

$$P(X(n) = a_n, X(s) = a_s / X(r) = a_r) = P(X(n) = a_n / X(r) = a_r) P(X(s) = a_s / X(r) = a_r) \tag{4.2.15}$$

证明 由条件概率及式(4.2.12),有

$$\begin{aligned}
P(X(n) = a_n, X(s) = a_s / X(r) = a_r) &= \frac{P(X(n) = a_n, X(r) = a_r, X(s) = a_s)}{P(X(r) = a_r)} \\
&= \frac{P(x(n) = a_n / X(r) = a_r)}{P(X(r) = a_r)} P(X(r) = a_r / X(s) = a_s) P(X(s) = a_s) \\
&= P(X(n) = a_n / X(r) = a_r) \frac{P(X(r) = a_r, X(s) = a_s)}{P(X(r) = a_r)} \\
&= P(X(n) = a_{in} / X(r) = a_{ir}) P(X(s) = a_{is} / X(r) = a_{ir})
\end{aligned}$$

定理证毕.

定理 4.2.3 告诉我们一个十分重要的事实,对于马尔可夫链来说,如果现在的状态为已知,则过去的状态与将来的状态是相互独立的.

4.2.2 齐次马尔可夫链

马尔可夫链的 k 步转移概率$p_{ij}^{(k)}(s)$不仅依赖于状态a_i,a_j,转移步数 k,而且一般也依赖于起始时刻 s. 现在我们研究一种特殊情况——齐次马尔可夫链.

由式(4.2.4)可知,如果马尔可夫链的 k 步转移概率与起始时刻无关,而只与起始时刻与转移到达时刻的差有关,称为齐次马尔可夫链. 齐次性的含义是指无论质点在何时自状态a_i 出发,经 k 步到达a_j,其概率都相等.

下面介绍著名的查普曼-柯尔莫哥洛夫(Chapman - Колмогоров)方程.

定理 4.2.4 查普曼-柯尔莫哥洛夫方程 设 $p_{ij}(k)$为齐次马尔可夫链$\{X(n), n = 1, 2, \cdots\}$的 k 步转移概率,则对任意正整数 l,n 有

$$p_{ij}(l+n) = \sum_{k=1}^{\infty} p_{ik}(l) p_{kj}(n) \tag{4.2.16}$$

若用概率转移阵 $\boldsymbol{P}(\cdot)$表示时,可写成

$$\boldsymbol{P}(l+n) = \boldsymbol{P}(l) \cdot \boldsymbol{P}(n) \tag{4.2.17}$$

证明 对任意正整数 s,由马尔可夫链的齐次性有

$$
\begin{aligned}
p_{ij}(l+n) &= p_{ij}(s,s+l+n) \\
&= P(X(s+l+n)=a_j/X(s)=a_i) \\
&= \frac{P(X(s)=a_i,X(s+l+n)=a_j)}{P(X(s)=a_i)} \\
&= \sum_{k=1}^{\infty}\frac{P(X(s)=a_i,X(s+l)=a_k,X(s+l+n)=a_j)}{P(X(s)=a_i)} \\
&= \sum_{k=1}^{\infty}\frac{P(X(s)=a_i,X(s+l)=a_k)}{P(X(s)=a_i)}\frac{P(X(s)=a_i,X(s+l)=a_k,X(s+l+n)=a_j)}{p(X(s)=a_i,X(s+l+n)=a_k)} \cdot \\
&= \sum_{k=1}^{\infty}P(X(s+l)=a_k/X(s)=a_i)P(X(s+l+n)=a_j/X(s+l)=a_k,X(s)=a_i) \\
&= \sum_{k=1}^{\infty}P(X(s+l)=a_k/X(s)=a_i)P(X(s+l+n)=a_j/X(s+l)=a_k) \\
&= \sum_{k=1}^{\infty}p_{ik}(l)p_{kj}(n)
\end{aligned}
$$

定理证毕.

由式(4.2.17)容易推得

$$
\boldsymbol{P}(k)=\boldsymbol{P}^k(1),k=1,2,\cdots \tag{4.2.18}
$$

事实上,设 $l=1,n=1$,则由式(4.2.17)可得 $\boldsymbol{P}(2)=\boldsymbol{P}^2(1)$,反复运用式(4.2.17)就可得到式(4.2.18).

由式(4.2.18)可以看出,齐次马尔可夫链的任意 k 步转移概率阵 $\boldsymbol{P}(k)$ 都由 1 步转移概率阵所确定. 因此,确定一步转移概率阵 $\boldsymbol{P}(1)$ 就有十分重要的意义.

例 4.2.2 考察具有两个吸收壁的一维随机跳跃. 设分子只能处于 $a_1,a_2,\cdots,a_n$ 个位置上,如果分子到达 a_1 和 a_n 这两个位置为吸收壁,当分子在任意时刻 j 处于 $a_i(2\leqslant i\leqslant n-1)$ 时,那么在 $j+1$ 时刻就要发生跳跃,假设跳至 a_{i+1} 处的概率为 $p(0<p<1)$,跳至 a_{i-1} 处的概率为 $q(q=1-p)$. 显然这样一个跳动构成马尔可夫链,而且是齐次的. 由上述过程可以写出一步转移概率为

$$
p_{11}(1)=p_{11}(j,j+1)=1
$$

$$
p_{nn}(1)=p_{nn}(j,j+1)=1
$$

$$
p_{ir}(1)=p_{ir}(j,j+1)=\begin{cases}p,\text{当 } r=i+1\\ q,\text{当 } r=i-1\\ 0,\text{其他}\end{cases}
$$

于是一步转移概率矩阵 $\boldsymbol{P}(1)$ 为

$$
\boldsymbol{P}(1)=\begin{pmatrix}p_{11}(1) & p_{12}(1) & \cdots & p_{1n}(1)\\ p_{21}(1) & p_{22}(1) & \cdots & p_{2n}(1)\\ \vdots & \vdots & & \vdots\\ p_{n1}(1) & p_{n2}(1) & \cdots & p_{nn}(1)\end{pmatrix}=\begin{pmatrix}1 & 0 & 0 & 0 & \cdots & 0 & 0 & 0\\ q & 0 & p & 0 & \cdots & 0 & 0 & 0\\ 0 & q & 0 & p & \cdots & 0 & 0 & 0\\ \vdots & \vdots & \vdots & \vdots & & \vdots & \vdots & \vdots\\ 0 & 0 & 0 & 0 & \cdots & q & 0 & p\\ 0 & 0 & 0 & 0 & \cdots & 0 & 0 & 1\end{pmatrix}
$$

例如,若 $n=3$,则有

$$P(1)=\begin{pmatrix}1 & 0 & 0\\ q & 0 & p\\ 0 & 0 & 1\end{pmatrix}$$

而且还有 $\boldsymbol{P}(n)=\boldsymbol{P}^n(1)$. (4.2.19)

例 4.2.3 考察没有吸收壁的一维随机跳跃. 在例 4.2.2 中,如果有

$$p_{11}(1)=p_{11}(j,j+1)=q$$
$$p_{12}(1)=p_{12}(j,j+1)=p,p=1-q$$
$$p_{n,n-1}(1)=p_{n,n-1}(j,j+1)=q$$
$$p_{n,n}(1)=p_{n,n}(j,j+1)=p,p=1-q$$

其他情况都不变,就构成了没有吸收壁的一维随机跳跃. 由例 4.2.2 的结果,可以写出一步转移概率阵 $\boldsymbol{P}(1)$ 为

$$\boldsymbol{P}(1)=\begin{pmatrix}q & p & 0 & 0 & \cdots & 0 & 0 & 0\\ q & 0 & p & 0 & \cdots & 0 & 0 & 0\\ 0 & q & 0 & p & \cdots & 0 & 0 & 0\\ \vdots & \vdots & \vdots & \vdots & & \vdots & \vdots & \vdots\\ 0 & 0 & 0 & 0 & \cdots & q & 0 & p\\ 0 & 0 & 0 & 0 & \cdots & 0 & q & p\end{pmatrix}$$

当 $n=3$ 时,有

$$\boldsymbol{P}(1)=\begin{pmatrix}q & p & 0\\ q & 0 & p\\ 0 & q & p\end{pmatrix}$$

不难计算有

$$\boldsymbol{P}(2)=\boldsymbol{P}^2(1)=\begin{pmatrix}q & pq & p^2\\ q^2 & 2qp & p^2\\ q^2 & pq & p\end{pmatrix}\neq\boldsymbol{P}(1) \tag{4.2.20}$$

现在讨论齐次马尔可夫链的遍历性,为此有定义 4.2.2.

定义 4.2.2 设 $\{X(n),n=1,2,\cdots\}$ 为齐次马尔可夫链,若对一切状态 a_i 及 a_j,有

$$\lim_{n\to\infty}p_{ij}(n)=\pi_j \tag{4.2.21}$$

则称该齐次马尔可夫链具有遍历性.

遍历性的含义是,不论系统从哪一个状态出发,当转移的步数 n 充分大时,转移至状态 a_j 的概率与初始状态 a_i 无关,它趋于一个常数 π_j. 若用矩阵表示时,可写成

$$\lim_{n\to\infty}\boldsymbol{P}(n)=\lim_{n\to\infty}\boldsymbol{P}^n(1)=\begin{pmatrix}\pi_1 & \pi_2 & \cdots & \pi_l & \cdots\\ \pi_1 & \pi_2 & \cdots & \pi_l & \cdots\\ \vdots & \vdots & & \vdots & \\ \pi_1 & \pi_2 & \cdots & \pi_l & \cdots\end{pmatrix} \tag{4.2.22}$$

齐次马尔可夫链 $\{X(n),n=1,2,\cdots\}$ 在什么条件下才具备遍历性? 定理 4.2.5 给出了一个简单的充分条件.

定理 4.2.5 设 $\{X(n),n=1,2,\cdots\}$ 是具有 s 个状态 $a_1,a_2,\cdots,a_s$ 的齐次马尔可夫链,若存在正整数 n_0 使对一切 $i,j=1,2,\cdots,s$ 有

$$p_{ij}(n_0)>0 \tag{4.2.23}$$

则该齐次马尔可夫链必是遍历的，而且式(4.2.20)中的 $\pi_j(j=1,2,\cdots,s)$ 是如下方程组

$$\pi_j = \sum_{i=1}^{s} \pi_i p_{ij}(n_0), j = 1,2,\cdots,s \tag{4.2.24}$$

满足条件

$$\pi_j>0, j=1,2,\cdots,s$$

且

$$\sum_{j=1}^{s} \pi_j = 1 \tag{4.2.25}$$

的唯一解.

定理4.2.5的证明这里从略. 读者可以看出，方程组(4.2.24)中的 s 个方程并非独立，因此为了求出 $\pi_j(j=1,2,\cdots,s)$，应由方程方程组(4.2.25)及方程组(4.2.24)中的前 $n-1$ 个方程联立求得.

例 4.2.4 继续考察例4.2.3，设马尔可夫链只有三个状态，其一步概率转移矩阵为

$$\boldsymbol{P}=\begin{pmatrix} q & p & 0 \\ q & 0 & p \\ 0 & q & p \end{pmatrix}$$

然而由式(4.2.20)可知，$p_{ij}(2)>0, i,j=1,2,3$，即 $P(2)$ 中每个元素都大于零，因此该马尔可夫链必是遍历的. $\pi_j, j=1,2,3$ 可由如下方程组求得.

$$\begin{cases} \pi_1 = \pi_1 q + \pi_2 q^2 + \pi_3 q^2 \\ \pi_2 = \pi_1 pq + \pi_2 2pq + \pi_3 pq \\ 1 = \pi_1 + \pi_2 + \pi_3 \end{cases}$$

由上式可解得

$$\pi_2 = \frac{p}{q}\pi_1, \pi_3 = \frac{p}{q}\pi_2 = \left(\frac{p}{q}\right)^2 \pi_1$$

$$\pi_1 = \frac{1}{1+\frac{p}{q}+\left(\frac{p}{q}\right)^2}$$

如果 $p=q=\frac{1}{2}$，则 $\pi_1=\pi_2=\pi_3=\frac{1}{3}$，这说明系统不论从哪个状态出发，当转移步数 n 充分大时，这三个状态都是等可能性的.

最后，讨论齐次马尔可夫链的平稳性.

定义 4.2.3 设 $\{X(n), n=1,2,\cdots\}$ 是具有 s 个状态 $a_1, a_2, \cdots, a_s$ 的齐次马尔可夫链，又 $p_i(n)$ 表示系统在时刻 n 处于状态 a_i 的无条件概率，如果对所有的 n 有

$$p_i(n) = p_i(1), i=1,2,\cdots,s \tag{4.2.26}$$

则称该马尔可夫链是平稳的.

平稳性的物理意义是，对任意时刻系统处于同一状态的概率是相同的.

定理 4.2.6 设 $\{X(n), n=1,2,\cdots\}$ 是具有 s 个状态 $a_1, a_2, \cdots, a_s$ 的齐次马尔可夫链，则它具有平稳性的充要条件是无条件概率 $p_i(1)$ 满足如下方程：

$$p_j(1) = \sum_{i=1}^{s} p_i(1) p_{ij}(1), j = 1,2,\cdots,s \tag{4.2.27}$$

其中，$p_{ij}(1)$为一步转移概率.

证明 由全概率公式及一步转移概率的定义可知

$$\begin{aligned}\sum_{i=1}^{s} p_i(1)p_{ij}(1) &= \sum_{i=1}^{s} P(X(1)=a_i)P(X(2)=a_j/X(1)=a_i)\\ &= \sum_{i=1}^{s} P(X(2)=a_j,X(1)=a_i)\\ &=P(X(2)=a_j,X(1)\in\Omega)\\ &=P(X(2)=a_j)\\ &=p_j(2),j=1,2,\cdots,s\end{aligned}$$

于是由式(4.2.27)可得$p_j(2)=p_j(1),j=1,2,\cdots,s$，进一步还有

$$p_j(3)=\sum_{i=1}^{s} p_i(2)p_{ij}(1)=\sum_{i=1}^{s} p_i(1)p_{ij}(1)=p_j(2)=p_j(1)$$

反复运用上面的算法，可得

$$p_j(n)=p_j(1),j=1,2,\cdots,s$$

于是充分性得证. 再由式(4.2.26)可知当$n=2$时，有

$$p_j(2)=\sum_{i=1}^{s} p_i(1)p_{ij}(1)=p_j(1)$$

于是式(4.2.27)得证.

定理证毕.

对于具有s个状态的齐次马尔可夫链$\{X(n),n=1,2,\cdots\}$，如果

$$p_i(2)=p_i(1),i=1,2,\cdots,s \tag{4.2.28}$$

则该马尔可夫链具有平稳性.

为使齐次马尔可夫链具有平稳性，可由式(4.2.27)求解初始无条件概率$p_j(1),j=1,2,\cdots,s$，但是我们发现，这s个方程不是独立的，所以应由式(4.2.27)的前$s-1$个方程及

$$\sum_{i=1}^{s} p_j(1)=1$$

联立求得，即解如下方程组：

$$\begin{cases}p_j(1)=\sum\limits_{i=1}^{s} p_i(1)\,p_{ij}(1),j=1,2,\cdots,s-1\\ \sum\limits_{j=1}^{s} p_j(1)=1\end{cases} \tag{4.2.29}$$

来求出初始无条件概率$p_j(1),j=1,2,\cdots,s$.

例 4.2.5 考察如下具有纯反射壁的随机跳跃. 设随机变量$X(n)$在任意n时刻可能处于五个状态，即

$$a_1=-2,a_2=-1,a_3=0,a_4=1,a_5=2$$

并且有

$$p_{11}(1)=p_{55}(1)=0,p_{12}(1)=p_{54}(1)=1$$

$$p_{ij}(1)=\begin{cases}\dfrac{1}{2},i\neq j(\text{除 } i=1\text{ 且 }j=2\text{ 及 }i=5\text{ 且 }j=4)\\ 0,\text{其他}\end{cases}$$

于是可以写出一步转移概率阵$\boldsymbol{P}(1)$为

$$
\boldsymbol{P}(1)=\begin{pmatrix}0 & 1 & 0 & 0 & 0\\ \frac{1}{2} & 0 & \frac{1}{2} & 0 & 0\\ 0 & \frac{1}{2} & 0 & \frac{1}{2} & 0\\ 0 & 0 & \frac{1}{2} & 0 & \frac{1}{2}\\ 0 & 0 & 0 & 1 & 0\end{pmatrix}
$$

利用式(4.2.29)可计算出当初始无条件概率 $p_j(1)$ 为

$$p_1(1)=p_5(1)=\frac{1}{8}$$

$$p_2(1)=p_3(1)=p_4(1)=\frac{1}{4}$$

时,由上述随机跳跃所构成的马尔可夫链是平稳的.

在实际应用中,我们经常遇到时间离散而状态连续的马尔可夫过程,通常称这样的过程为马尔可夫序列,其条件分布函数和条件密度函数分别记为

$$
\begin{aligned}
&F(x_n/x_{n-1},x_{n-2},\cdots,x_1)\\
&\triangleq P(X(n)<x_n/X(n-1)=x_{n-1},X(n-2)=x_{n-2},\cdots,X(1)=x_1)\\
&=P(X(n)<x_n/X(n-1)=x_{n-1})\\
&\triangleq F(x_n/x_{n-1})
\end{aligned}
\tag{4.2.30}
$$

以及 $$f(x_n/x_{n-1},x_{n-2},\cdots,x_1)=\frac{\partial F(x_n/x_{n-1},x_{n-2},\cdots,x_1)}{\partial x_n}=\frac{\partial F(x_n/x_{n-1})}{\partial x_n}=f(x_n/x_{n-1}) \tag{4.2.31}$$

马尔可夫序列同马尔可夫链的性质是一样的,只是在表示上稍有不同. 例如,序列 $\{X(n),n=1,2,\cdots\}$ 为马尔可夫序列的充要条件是对任意正整数,其联合密度函数可表示为

$$f(x_n,x_{n-1},\cdots,x_1)=f(x_n/x_{n-1})f(x_{n-1}/x_{n-2})\cdots f(x_2/x_1)f(x_1) \tag{4.2.32}$$

马尔可夫序列中的任一子列仍是马尔可夫序列.

一个马尔可夫序列按相反方向也是马尔可夫序列,即有

$$f(x_n/x_{n+1},x_{n+2},\cdots,x_{n+k})=f(x_n/x_{n+1}) \tag{4.2.33}$$

对马尔可夫序列来说,对任意 $X(n),X(r),X(s),n>r>s$,查普曼 - 柯尔莫哥洛夫方程可表示为

$$f(x_n/x_s)=\int_{-\infty}^{+\infty}f(x_n/x_r)f(x_r/x_s)\,\mathrm{d}x_r \tag{4.2.34}$$

关于上述若干性质的证明,这里就不再赘述了,我们留给读者作为练习.

4.3 纯不连续马尔可夫过程

在这一节,我们讨论纯不连续马尔可夫过程的若干性质.所谓纯不连续马尔可夫过程是指这样一类马尔可夫过程:系统处于某一状态不变,直至某一瞬间系统发生跳跃而达到一个新的状态,此后一直停留在这个新的状态中直到发生新的跳跃为止.我们首先讨论状态离散的纯不连续马尔可夫过程,然后再讨论状态连续的纯不连续马尔可夫过程.

定义 4.3.1 设$\{X(t),-\infty<t<\infty\}$为马尔可夫过程,如果:

(1)对任意$t\in(-\infty,+\infty)$,随机变量$X(t)$的所有可能状态取值是离散的,即a_1,a_2,…;

(2)在$X(t)=a_i$条件下,过程在$(t,t+\Delta t)$中不发生跳跃的概率为$1-\lambda_i(t)\Delta t+o(\Delta t)$,而发生跳跃的概率为$\lambda_i(t)\Delta t+o(\Delta t)$;

(3)在$X(t)=a_i$条件下,系统在$(t,t+\Delta t)$中发生跳跃,且$X(t+\Delta t)=a_j$的概率为$\lambda_i(t)\pi_{ij}(t)\Delta t+o(\Delta t)$;

(4)$\lambda_i(t)$及$\pi_{ij}(t)$均为t的连续函数,则称该马尔可夫过程$\{X(t),-\infty<t<\infty\}$为状态离散的纯不连续马尔可夫过程.

对上述纯不连续马尔可夫过程做以下几点解释:

(1)因为它是时间连续而状态离散的马尔可夫过程,所以也可以称之为连续时间马尔可夫链.

(2)若以$p_{ij}(\tau,t)$表示在τ时刻$X(\tau)=a_i$条件下,而在t时刻$X(t)=a_j$的条件概率,即

$$p_{ij}(\tau,t)=P(X(t)=a_j/X(\tau)=a_i) \tag{4.3.1}$$

则利用全概率公式及过程的马尔可夫性可推得状态离散的纯不连续马尔可夫过程的查普曼-柯尔莫哥洛夫方程,即对任意$\tau<s<t$,有

$$\begin{aligned}p_{ij}(\tau,t)&=P(X(t)=a_j/X(\tau)=a_i)\\&=\sum_{k=1}^{\infty}p(X(s)=a_k/X(\tau)=a_i)P(X(t)=a_j/X(s)=a_k,X(\tau)=a_i)\\&=\sum_{k=1}^{\infty}P(X(s)=a_k/X(\tau)=a_i)P(X(t)=a_j/X(s)=a_k)\\&=\sum_{k=1}^{\infty}p_{ik}(\tau,s)p_{kj}(s,t),\tau<s<t\end{aligned} \tag{4.3.2}$$

(3)若以$p_{ii}(t,t+\Delta t)$表示$X(t)=a_i$条件下,$X(t+\Delta t)=a_i$的条件概率,也即在$(t,t+\Delta t)$内不发生跳跃的概率,则由定义 4.3.1 中(2)可知

$$p_{ii}(t,t+\Delta t)=1-\lambda_i(t)\Delta t+o(\Delta t) \tag{4.3.3}$$

于是

$$\lambda_i(t)=\lim_{\Delta t\to 0}\frac{1-p_{ii}(t,t+\Delta t)}{\Delta t} \tag{4.3.4}$$

这说明$\lambda_i(t)$具有跳跃频率的概念,通常称之为跳跃率函数,$o(\Delta t)$代表比Δt高一阶无穷小量.

(4)若以$p_{ij}(t,t+\Delta t)$表示系统状态$X(t)$在t时刻处于a_i状态条件下,在区间$(t,t+\Delta t)$内发生跳跃并且由a_i跃变到$a_j\neq a_i$的条件概率,则由定义 4.3.1 中(3)可知

$p_{ij}(t,t+\Delta t)=P((t,t+\Delta t)$ 内发生跳跃且 $X(t+\Delta t)=a_j/X(t)=a_i)=P(X(t,t+\Delta t)=a_j/(t,t+\Delta t)$ 内发生跳跃

$$X(t)=a_i)=\lambda_i(t)\Delta t\pi_{ij}(t)+o(\Delta t),i\neq j \tag{4.3.5}$$

并且还有

$$\pi_{ij}(t)\geqslant 0$$
$$\pi_{ii}(t)=0 \tag{4.3.6}$$

于是由式(4.3.5)可得

$$\lambda_i(t)\pi_{ij}(t)=\lim_{\Delta t\to 0}\frac{p_{ij}(t,t+\Delta t)}{\Delta t} \tag{4.3.7}$$

综合上面的讨论,可把 $p_{ij}(t,t+\Delta t)$ 写成

$$p_{ij}[t,t+\Delta t]=[1-\lambda_i(t)\Delta t]\delta(j-i)+\lambda_i(t)\pi_{ij}(t)\Delta t+o(\Delta t) \tag{4.3.8}$$

其中,$\delta(j-i)=\begin{cases}1,当\ i=j\\0,当\ i\neq j\end{cases}$,以及 $\pi_{ii}(t)=0$.

例 4.3.1 齐次泊松过程 在第 1 章我们已经介绍了齐次泊松过程的定义,由式(4.3.9)可知对任意 $t,s,t>s$,随机变量 $[X(t)-X(s)]=k$ 的概率为

$$P(X(t)-X(s)=k)=\mathrm{e}^{-\lambda(t-s)}\frac{[\lambda(t-s)]^k}{k!},k=0,1,2,\cdots \tag{4.3.9}$$

若令 s 代表 t,t 代表 $t+\Delta t$,于是在 $X(t)=i$ 条件下而 $X(t+\Delta t)=j(j\geqslant i)$ 的条件概率为

$$\begin{aligned}P(X(t+\Delta t)=j/X(t)=i)&=P(X(t+\Delta t)-X(t)=j-i)\\&=\mathrm{e}^{-\lambda\Delta t}\frac{(\lambda\Delta t)^{(j-i)}}{(j-i)!}\triangleq p_{ij}(t,t+\Delta t)\end{aligned} \tag{4.3.10}$$

考虑到 $j-i=0$ 表示不发生跳跃,$j-i=1$ 表示发生一次跳跃,$j-i=k,k\geqslant 2$ 代表发生多于一次的跳跃,当 $\Delta t\to 0$ 时,可将式(4.3.10)展开为

$$p_{ij}(t,t+\Delta t)=(1-\lambda\Delta t)\delta(j-i)+\lambda\Delta t\delta(j-i-1)+o(\Delta t),j\geqslant i \tag{4.3.11}$$

将式(4.3.11)与式(4.3.8)相比较,可知对齐次泊松过程有

$$\lambda_i(t)=\lambda \tag{4.3.12}$$

这说明齐次泊松过程的跳跃率函数 $\lambda_i(t)$ 与 t 无关(齐次性),进一步还有

$$\pi_{ij}(t)=\delta(j-i-1)=\begin{cases}1,j=i+1\\0,j\neq i+1\end{cases} \tag{4.3.13}$$

这说明在区间 $(t,t+\Delta t)$ 内若发生跳跃,以概率 1 发生一次跳跃,而发生多于一次的跳跃几乎是不可能的,其概率为比 Δt 高一阶的无穷小量,或称概率为零.

下面讨论状态离散纯不连续马尔可夫过程的条件概率 $p_{ij}(\tau,t),t>\tau$ 所应满足的微分方程——柯尔莫哥洛夫向前方程与向后方程.

定理 4.3.1 设 $\{X(t),-\infty<t<\infty\}$ 为状态离散的纯不连续马尔可夫过程,则 $p_{ij}(\tau,t)$ 满足向前方程,即

$$\frac{\partial^+ p_{ij}(\tau,t)}{\partial t}=-\lambda_j(t)p_{ij}(\tau,t)+\sum_{k=1}^{\infty}\lambda_k(t)\pi_{kj}(t)p_{ik}(\tau,t),t>\tau \tag{4.3.14}$$

初始条件为

$$p_{ij}(\tau,\tau)=\delta(i-j)=\begin{cases}1,i=j\\0,i\neq j\end{cases} \tag{4.3.15}$$

其中，$\frac{\partial^+ p_{ij}(\tau,t)}{\partial t}$表示关于 t 的右导数，同时 $p_{ij}(\tau,t)$ 还满足向后方程，即

$$\frac{\partial^- p_{ij}(\tau,t)}{\partial \tau} = \lambda_i(\tau)p_{ij}(\tau,t) - \lambda_i(\tau)\sum_{k=1}^{\infty}\pi_{ik}(\tau)p_{kj}(\tau,t) \tag{4.3.16}$$

终止条件为

$$p_{ij}(t,t) = \delta(i-j) = \begin{cases}1, i=j\\0, i\neq j\end{cases} \tag{4.3.17}$$

其中，$\frac{\partial^- p_{ij}(\tau,t)}{\partial \tau}$表示关于 τ 的左导数.

证明 先证向前方程式(4.3.14). 由式(4.3.2)可知对任意 $\tau<t<t+\Delta t$，有

$$\begin{aligned}p_{ij}(\tau,t+\Delta t) &= \sum_{k=1}^{\infty}p_{ik}(\tau,t)p_{kj}(t,t+\Delta t)\\&= p_{ij}(\tau,t)p_{jj}(t,t+\Delta t) + \sum_{\substack{k=1\\k\neq j}}^{\infty}p_{ik}(\tau,t)p_{kj}(t,t+\Delta t)\end{aligned} \tag{4.3.18}$$

把式(4.3.3)及式(4.3.5)代入式(4.3.18)并考虑到式(4.3.6)，则有

$$\begin{aligned}p_{ij}(\tau,t+\Delta t) &= p_{ij}(\tau,t)[1-\lambda_j(t)\Delta t] + \sum_{k=1}^{\infty}p_{ik}(\tau,t)\lambda_k(t)\pi_{kj}(t)\Delta t + o(\Delta t)\\&= p_{ij}(\tau,t) - p_{ij}(\tau,t)\lambda_j(t)\Delta t + \sum_{k=1}^{\infty}p_{ik}(\tau,t)\lambda_k(t)\pi_{kj}(t)\Delta t + o(\Delta t)\end{aligned}$$

将上式等号右端第一项移至等号左端，然后等式两边除以 Δt，并令 $\Delta t\to 0$ 取极限，则得

$$\begin{aligned}\lim_{\Delta t\to 0}\frac{p_{ij}(\tau,t+\Delta t)-p_{ij}(\tau,t)}{\Delta t} &\triangleq \frac{\partial^+ p_{ij}(\tau,t)}{\partial t}\\&= -p_{ij}(\tau,t)\lambda_j(t) + \sum_{k=1}^{\infty}p_{ik}(\tau,t)\lambda_k(t)\pi_{kj}(t),\ t>\tau\end{aligned}$$

于是得到式(4.3.14)，而初始条件式(4.3.15)是显然的.

再证向后方程式(4.3.16). 为此，把 $p_{ij}(\tau,t)$ 中的 t,j 作为常数，而把 i,τ 作为变数，由式(4.3.2)可知对任意 $\tau-\Delta\tau<\tau<t$，有

$$\begin{aligned}p_{ij}(\tau-\Delta\tau,t) &= \sum_{k=1}^{\infty}p_{ik}(\tau-\Delta\tau,\tau)p_{kj}(\tau,t)\\&= p_{ii}(\tau-\Delta\tau,\tau)p_{ij}(\tau,t) + \sum_{\substack{k=1\\k\neq j}}^{\infty}p_{ik}(\tau-\Delta\tau,\tau)p_{kj}(\tau,t)\end{aligned} \tag{4.3.19}$$

由式(4.3.3)可知

$$p_{ii}(\tau-\Delta\tau,\tau) = 1-\lambda_i(\tau-\Delta\tau)\Delta\tau + o(\Delta\tau) = 1-\lambda_i(\tau)\Delta\tau + o(\Delta\tau),\ \Delta\tau\to 0 \tag{4.3.20}$$

再由式(4.3.5)又知

$$p_{ik}(\tau-\Delta\tau,\tau) = \lambda_i(\tau-\Delta\tau)\Delta\tau\pi_{ik}(\tau-\Delta\tau) + o(\Delta\tau) = \lambda_i(\tau)\Delta\tau\pi_{ik}(\tau) + o(\Delta\tau),\ \Delta\tau\to 0 \tag{4.3.21}$$

将式(4.3.20)及式(4.3.21)代入式(4.3.19)并考虑到式(4.3.6)，于是有

$$p_{ij}(\tau-\Delta\tau,t)=p_{ij}(\tau,t)[1-\lambda_i(\tau)\Delta\tau]\sum_{k=1}^{\infty}\lambda_i(\tau)\Delta\tau\cdot\pi_{ik}(\tau)p_{kj}(\tau,t)+o(\Delta t)$$

将上式移项整理并令 $\Delta\tau\to 0$ 取极限,可得

$$\lim_{\Delta\tau\to 0}\frac{p_{ij}(\tau-\Delta\tau,t)-p_{ij}(\tau,t)}{-\Delta\tau}\triangleq\frac{\partial^- p_{ij}(\tau,t)}{\partial\tau}=p_{ij}(\tau,t)\lambda_i(\tau)-\lambda_i(\tau)\sum_{k=1}^{\infty}\pi_{ik}(\tau)p_{kj}(\tau,t)$$

于是得到式(4.3.16),而终止条件式(4.3.17)是显然的.

定理证毕.

如果状态离散的纯不连续马尔可夫过程是齐次的,即

$$p_{ij}(\tau,t)=p_{ij}(t-\tau),\lambda_i(t)=\lambda_i,\pi_{ij}(t)=\pi_{ij}$$

这时可把方程式(4.3.14)及方程式(4.3.16)写成

$$\frac{\mathrm{d}\,p_{ij}(t)}{\mathrm{d}t}=-\lambda_j p_{ij}(t)+\sum_{k=1}^{\infty}\lambda_k\pi_{kj}p_{ik}(t)\tag{4.3.22}$$

以及

$$\frac{\mathrm{d}\,p_{ij}(t)}{\mathrm{d}t}=-\lambda_i p_{ij}(t)+\lambda_i\sum_{k=1}^{\infty}\pi_{ik}p_{kj}(t)\tag{4.3.23}$$

$$p_{ij}(0)=\delta(i-j)=\begin{cases}1,i=j\\0,i\neq j\end{cases}\tag{4.3.24}$$

在实际应用中,我们首先通过实验观测求出 $\lambda_i(t)$ 和 $\pi_{ij}(t)$,$i,j=1,2,\cdots$,然后利用方程式(4.3.14)及方程式(4.3.16)在满足初始条件及终止条件下求解 $p_{ij}(\tau,t)$. 费勒(W·Feller)已证明了方程式(4.3.14)及方程式(4.3.16)的解是唯一存在的.

例 4.3.2 进一步讨论前面所介绍的泊松过程. 将式(4.3.12)及式(4.3.13)代入式(4.3.22)及式(4.3.23),得

$$\frac{\mathrm{d}p_{ij}(t)}{\mathrm{d}t}=-\lambda p_{ij}(t)+\lambda p_{ij-1}(t),j\geqslant i\tag{4.3.25}$$

及

$$\frac{\mathrm{d}p_{ij}(t)}{\mathrm{d}t}=-\lambda p_{ij}(t)+\lambda p_{i+1,j}(t),j\geqslant i\tag{4.3.26}$$

初始条件为 $p_{ij}(0)=\delta(j-i)$,$j\geqslant i$. 不难看出,方程式(4.3.25)与方程式(4.3.26)是一样的,因此,只需求解方程式(4.3.25).

当 $j>i$ 时,将方程式(4.3.25)两边做拉氏变换并考虑到 $P_{ij}(0)=0$,$j>i$,于是可得

$$sp_{ij}(s)=-\lambda p_{ij}(s)+\lambda p_{ij-1}(s),j>i$$

$$p_{ij}(s)=\frac{\lambda}{s+\lambda}p_{ij-1}(s),j>i\tag{4.3.27}$$

另一方面,当 $j=i$ 时,由泊松过程含义可知有 $p_{ii-1}(t)=0$,于是可将式(4.3.25)写成

$$\frac{\mathrm{d}p_{ii}(t)}{\mathrm{d}t}=-\lambda p_{ii}(t)$$

初始条件为 $p_{ii}(0)=1$. 将上式两边做拉氏变换可得

$$sp_{ii}(s)-1=-\lambda p_{ii}(s)$$

即有

$$p_{ii}(s)=\frac{1}{s+\lambda}\tag{4.3.28}$$

将式(4.3.28)与式(4.3.27)联合,得

$$p_{ij}(s)=\frac{\lambda^{j-i}}{(s+\lambda)^{j-i+1}}\tag{4.3.29}$$

再将式(4.3.39)做拉氏反变换,则得到转移概率函数为

$$p_{ij}(t)=\frac{(\lambda t)^{j-i}}{(j-i)!}\mathrm{e}^{-\lambda t},j\geqslant i \tag{4.3.30}$$

例 4.3.3 如果状态离散的纯不连续马尔可夫过程$\{X(t),-\infty<t<\infty\}$不仅是齐次的,而且状态的数目也是有限的,设为 $a_1,a_2,\cdots,a_n$ 状态,这时由式(4.3.22)及式(4.3.23)可得向前方程与向后方程为

$$\frac{\mathrm{d}p_{ij}(t)}{\mathrm{d}t}=-\lambda_j p_{ij}(t)+\sum_{k=1}^{N}\lambda_k p_{ik}(t)\pi_{kj} \tag{4.3.31}$$

及

$$\frac{\mathrm{d}p_{ij}(t)}{\mathrm{d}t}=-\lambda_i p_{ij}(t)+\lambda_i\sum_{k=1}^{N}\pi_{ik}p_{kj}(t) \tag{4.3.32}$$

初始条件为

$$p_{ij}(0)=\delta(j-i),i,j=1,2,\cdots,N$$

$$\pi_{ii}=0,i=1,2,\cdots,N$$

现在,我们来求解式(4.3.31),为此令

$$q_{ij}\triangleq\lambda_i\pi_{ij},i\neq j,i,j=1,2,\cdots,N$$

$$q_{ii}\triangleq-\lambda_i,i=1,2,\cdots,N$$

及 $N\times N$ 方阵为

$$\boldsymbol{P}(t)\triangleq(p_{ij}(t))$$

$$Q\triangleq(q_{ij}),i,j=1,2,\cdots,N$$

于是可把方程式(4.3.31)写成

$$\frac{\mathrm{d}}{\mathrm{d}t}\boldsymbol{P}(t)=\boldsymbol{P}(t)\boldsymbol{Q} \tag{4.3.33}$$

将式(4.3.33)两边做拉氏变换并考虑到 $\boldsymbol{P}(0)=\boldsymbol{I}_n$,则有

$$\boldsymbol{P}(s)s-\boldsymbol{I}_n=\boldsymbol{P}(s)\boldsymbol{Q}$$

即 $\boldsymbol{P}(s)=\boldsymbol{I}_n(s\boldsymbol{I}_n-\boldsymbol{Q})^{-1}$,于是方程式(4.3.31)的解矩阵 $\boldsymbol{P}(t)$ 为

$$\boldsymbol{P}(t)=\mathrm{e}^{\boldsymbol{Q}t} \tag{4.3.34}$$

另外还可以计算出方程式(4.3.32)的解矩阵与式(4.3.34)相同. 应当指出,由式(4.3.34)所表示的矩阵指数是收敛的.

例 4.3.4 设随机过程$\{X(t),-\infty<t<\infty\}$只取两个值 $a_1,a_2,a_1\neq a_2$,假设 $X(t)$ 在区间$(t,t+\Delta t)$内不发生跳跃的概率为 $1-\lambda\Delta t$,$X(t)$ 在$(t,t+\Delta t)$内发生多于一次跳跃的概率为 $o(\Delta t)$,因此,$X(t)$ 在$(t,t+\Delta t)$内只发生一次跳跃的概率为 $\lambda\Delta t$. 从该过程的描述

$$\pi_{ij}=1,i\neq j,i,j=1,2,\pi_{ii}=0$$

于是由方程式(4.3.22)可写出向前方程为

$$\left.\begin{aligned}\frac{\mathrm{d}p_{11}(t)}{\mathrm{d}t}&=-\lambda\,p_{11}(t)+\lambda\,p_{12}(t)\\\frac{\mathrm{d}p_{12}(t)}{\mathrm{d}t}&=-\lambda\,p_{12}(t)+\lambda\,p_{11}(t)\end{aligned}\right\} \tag{4.3.35}$$

初始条件为 $p_{11}(0)=1,p_{12}(0)=0$. 将方程组(4.3.35)两边做拉氏变换,则有

$$sp_{11}(s)-1=-\lambda p_{11}(s)+\lambda p_{12}(s)$$
$$sp_{12}(s)=-\lambda p_{12}(s)+\lambda p_{11}(s)$$

解上面联立方程可得

$$p_{11}(s)=\frac{s+\lambda}{s^2+2\lambda s},p_{12}(s)=\frac{\lambda}{s^2+2\lambda s}$$

经拉氏反变换可得到转移概率函数为

$$p_{11}(t)=\frac{1}{2}(1+\mathrm{e}^{-2\lambda t}),p_{12}(t)=\frac{1}{2}(1-\mathrm{e}^{-2\lambda t})$$

同理可求出

$$p_{21}=\frac{1}{2}(1-\mathrm{e}^{-2\lambda t}),p_{22}=\frac{1}{2}(1+\mathrm{e}^{-2\lambda t})$$

转移概率矩阵 $\boldsymbol{P}(t)$ 为

$$\boldsymbol{P}(t)=\begin{pmatrix}\frac{1}{2}(1+\mathrm{e}^{-2\lambda t}) & \frac{1}{2}(1-\mathrm{e}^{-2\lambda t})\\ \frac{1}{2}(1-\mathrm{e}^{-2\lambda t}) & \frac{1}{2}(1+\mathrm{e}^{-2\lambda t})\end{pmatrix}$$

现在,我们讨论状态连续的纯不连续马尔可夫过程.

定义 4.3.2 设$\{X(t),-\infty<t<\infty\}$为马尔可夫过程,如果:

(1)对任意 $t\in(-\infty,+\infty)$,$X(t)$为连续随机变量;

(2)在 $X(t)=x$ 条件下,过程在区间$(t,t+\Delta t)$中不发生跳跃的概率为 $1-\lambda(t,x)\Delta t+o(\Delta t)$,而发生跳跃的概率为 $\lambda(t,x)\Delta t+o(\Delta t)$;

(3)在 $X(t)=x$ 条件下,过程在区间$(t,t+\Delta t)$中发生跳跃且 $X(t+\Delta t)<y$ 的条件概率为 $\lambda(t,x)\Delta t\rho(t,x,y)+o(\Delta t)$;

(4)$\lambda(t,x)$和$\rho(t,x,y)$均为 t 的连续函数,为 x 的可测函数,而且$\rho(t,x,y)$关于 y 是单调非减函数且 $\lim\limits_{y\to+\infty}\rho(t,x,y)=1$, $\lim\limits_{y\to-\infty}\rho(t,x,y)=0$,则称该马尔可夫过程为状态连续的纯不连续马尔可夫过程.

我们用 $F(\tau,x;t,y)$,$\tau\leqslant t$ 表示在 $X(\tau)=x$ 的条件下,$X(t)<y$ 的条件概率,即

$$F(\tau,x;t,y)\triangleq P(X(t)<y/X(\tau)=x),t\geqslant\tau \tag{4.3.36}$$

于是由定义 4.3.2 中的(2)及(3)可将 $F(t,x;t+\Delta t,y)$表示成

$$\begin{aligned}F(t,x;t+\Delta t,y)&=P(X(t+\Delta t)<y/X(t)=x)\\&=P((t,t+\Delta t)\text{内不发生跳跃且 }X(t+\Delta t)<y/X(t)=x)+\\&\quad P((t,t+\Delta t)\text{内发生跳跃且 }X(t+\Delta t)<y/X(t)=x)\\&=[1-\lambda(t,x)\Delta t+o(\Delta t)]u(y-x)+\lambda(t,x)\Delta t\rho(t,x,y)+o(\Delta t)\\&=[1-\lambda(t,x)\Delta t]u(y-x)+\lambda(t,x)\rho(t,x,y)\Delta t+o(\Delta t)\end{aligned} \tag{4.3.37}$$

其中,$u(y-x)=\begin{cases}1,y>x\\0,y\leqslant x\end{cases}$.

进一步由全概率公式可以得到查普曼-柯尔莫哥洛夫方程为

$$F(\tau,x;t,y) = \int_{-\infty}^{+\infty} F(s,z;t,y)\mathrm{d}zF(\tau,x;s,z), \tau < s < t \tag{4.3.38}$$

如果过程 $X(t)$ 的密度函数 $f(\tau,x;t,y)$ 存在，则有

$$f(\tau,x;t,y) = \int_{-\infty}^{+\infty} f(s,z;t,y)f(\tau,x;s,z)\mathrm{d}z \tag{4.3.39}$$

关于状态连续的纯不连续马尔可夫过程，其转移概率函数 $F(\tau,x;t,y)$ 同样满足柯尔莫哥洛夫向前方程和向后方程.

定理 4.3.2 设 $\{X(t), -\infty < t < \infty\}$ 为状态连续的纯不连续马尔可夫过程，则 $F(\tau,x;t,y)$ 满足

$$\frac{\partial^+ F(\tau,x;t,y)}{\partial t} = -\int_{-\infty}^{y} \lambda(t,z)\mathrm{d}zF(\tau,x;t,z) + \int_{-\infty}^{+\infty} \lambda(t,z)\rho(t,z,y)\mathrm{d}zF(\tau,x;t,z) \tag{4.3.40}$$

及
$$\frac{\partial^- F(\tau,x;t,y)}{\partial t} = \lambda(\tau,x)F(\tau,x;t,y) - \lambda(\tau,x)\int_{-\infty}^{+\infty} F(\tau,z;t,y)\mathrm{d}z\rho(\tau,x,z) \tag{4.3.41}$$

其中，$\frac{\partial^+(\cdot)}{\partial t}$代表关于 t 的右导数；$\frac{\partial^-(\cdot)}{\partial \tau}$代表关于 τ 的左导数.

称方程式(4.3.40)为向前方程，称方程式(4.3.41)为向后方程.

证明 先推导向前方程. 由式(4.3.38)及式(4.3.37)，有

$$\begin{aligned}
F(\tau,x;t+\Delta t,y) &= \int_{-\infty}^{+\infty} F(t,z;t+\Delta t,y)\mathrm{d}zF(\tau,x;t,z) \\
&= \int_{-\infty}^{+\infty} \{[1-\lambda(t,z)\Delta t]u(y-z) + \lambda(t,z) \\
&\quad \rho(t,z,y)\Delta t\}\mathrm{d}zF(\tau,x;t,z) + o(\Delta t) \\
&= \int_{-\infty}^{+\infty} u(y-z)\mathrm{d}zF(\tau,x;t,z) - \\
&\quad \int_{-\infty}^{+\infty} \lambda(t,z)u(y-z)\Delta t\mathrm{d}zF(\tau,x;t,z) + \\
&\quad \int_{-\infty}^{+\infty} \lambda(t,z)\rho(t,z,y)\Delta t\mathrm{d}zF(\tau,x;t,z) + o(\Delta t) \\
&= F(\tau,x;t,y) - \Delta t\int_{-\infty}^{y} \lambda(t,z)\mathrm{d}zF(\tau,x;t,z) + \\
&\quad \Delta t\int_{-\infty}^{+\infty} \lambda(t,z)\rho(t,z,y)\mathrm{d}zF(\tau,x;t,z) + o(\Delta t)
\end{aligned}$$

将上式等号右端第一项移至等号左端，然后除以 Δt 并令 $\Delta t \to 0$ 取极限，于是可得向前方程为

$$\begin{aligned}
&\lim_{\Delta t\to 0}\frac{F(\tau,x;t+\Delta t,y) - F(\tau,x;t,y)}{\Delta t} \triangleq \frac{\partial^+ F(\tau,x;t,y)}{\partial t} \\
&= -\int_{-\infty}^{y} \lambda(t,z)\mathrm{d}zF(\tau,x;t,z) + \int_{-\infty}^{+\infty} \lambda(t,z)\rho(t,z,y)\mathrm{d}zF(\tau,x;t,z)
\end{aligned}$$

再推导向后方程,为此在 $F(\tau,x;t,y)$ 中把 τ,x 取作变量,把 t,y 取作常量,由式(4.3.38)有

$$\begin{aligned}F(\tau,x;t,y) &= \int_{-\infty}^{+\infty} F(\tau+\Delta\tau,z;t,y)\mathrm{d}zF(\tau,x;\tau+\Delta\tau,z)\\ &= \int_{-\infty}^{+\infty} F(\tau+\Delta\tau,z;t,y)\mathrm{d}z[(1-\lambda(\tau,x)\Delta\tau)u(z-x)+\\ &\quad \lambda(\tau,x)\rho(\tau,x,z)\Delta\tau]+o(\Delta\tau)\\ &= \int_{-\infty}^{+\infty} F(\tau+\Delta\tau,z;t,y)\mathrm{d}zu(z-x)-\lambda(\tau,x)\Delta\tau\cdot\\ &\quad \int_{-\infty}^{+\infty} F(\tau+\Delta\tau,z;t,y)\mathrm{d}zu(z-x)+\lambda(\tau,x)\Delta\tau\cdot\\ &\quad \int_{-\infty}^{+\infty} F(\tau+\Delta\tau,z;t,y)\mathrm{d}z\rho(\tau,x,z)+o(\Delta\tau)\\ &= F(\tau+\Delta\tau,x;t,y)-\lambda(\tau,x)\Delta\tau F(\tau+\Delta\tau,x;t,y)+\\ &\quad \lambda(\tau,x)\Delta\tau\int_{-\infty}^{+\infty} F(\tau+\Delta\tau,z;t,y)\mathrm{d}z\rho(\tau,x,z)+o(\Delta\tau)\end{aligned} \tag{4.3.42}$$

若注意到

$$\lim_{\Delta\tau\to 0} F(\tau+\Delta\tau,x;t,y)=F(\tau,x;t,y)$$

于是将式(4.3.42)移项并整理可得向后方程

$$\begin{aligned}\lim_{\Delta\tau\to 0}\frac{F(\tau,x;t,y)-F(\tau+\Delta\tau,x;t,y)}{-\Delta\tau} &= \frac{\partial^- F(\tau,x;t,y)}{\partial\tau}\\ &= \lambda(\tau,x)F(\tau,x;t,y)-\lambda(\tau,x)\int_{-\infty}^{+\infty} F(\tau,z;t,y)\mathrm{d}z\rho(\tau,x,z)\end{aligned}$$

定理证毕.

4.4 扩散过程

在本章的最后一节,我们讨论状态连续变化而时间也是连续变化的马尔可夫过程——扩散过程. 由于这类过程的最初研究是来源于对物理学中扩散现象的考察,所以通常称之为扩散过程.

定义 4.4.1 扩散过程 设 $\{X(t),-\infty<t<\infty\}$ 为马尔可夫过程,如果其转移概率分布函数 $F(\tau,x;t,y)$ 对 x 一致地满足以下三个条件:

(1)对任意 $\Delta t>0,\delta>0$,有

$$\lim_{\Delta t\to 0}\frac{1}{\Delta t}\int_{|y-x|\geqslant\delta}\mathrm{d}yF(t,x;t+\Delta t,y)=0 \tag{4.4.1}$$

(2)对任意 $\Delta t>0,\delta>0$,有

$$\lim_{\Delta t\to 0}\frac{1}{\Delta t}\int_{|y-x|<\delta}(y-x)\mathrm{d}yF(t,x;t+\Delta t,y)=a(t,x) \tag{4.4.2}$$

(3)对任意 $\Delta t>0,\delta>0$,有

$$\lim_{\Delta t\to 0}\frac{1}{\Delta t}\int_{|y-x|<\delta}(y-x)^2\mathrm{d}yF(t,x;t+\Delta t,y)=b(t,x) \tag{4.4.3}$$

则称该马尔可夫过程为扩散过程.

我们先按定义 4.4.1 对扩散过程做些解释:

(1)由式(4.4.1)可知必有

$$\lim_{\Delta t\to 0}P(|X(t+\Delta t)-X(t)|\geq\delta/X(t)=x)=0 \tag{4.4.4}$$

这说明对任意给定的 $\delta>0$,系统从 $X(t)=x$ 点出发,经 $\Delta t(\Delta t\to 0)$ 以后跑出领域 $(x-\delta,x+\delta)$ 的概率为零,而式(4.4.1)是比式(4.4.4)更强的条件,由此可知,过程在很小的时间间隔 Δt 内发生的变化是非常微小的. 因此,式(4.4.1)的含义表明过程是连续变化的.

如果过程的密度函数 $f(t,x;t+\Delta t,y)$ 存在,由式(4.4.1)可知当 $\Delta t\to 0$ 时,它是 δ 函数,即

$$\lim_{\Delta t\to 0}f(t,x;t+\Delta t,y)=\delta(y-x)=\begin{cases}\infty\ ,y=x\\0,y\neq x\end{cases} \tag{4.4.5}$$

并且

$$\int_{-\infty}^{+\infty}\delta(y-x)\,\mathrm{d}y=1$$

(2)为了解释定义 4.4.1 中 $a(t,x)$ 及 $b(t,x)$ 的概率意义,我们把条件(1)加强为

$$\lim_{\Delta t\to 0}\frac{1}{\Delta t}\int_{|y-x|\geq\delta}(y-x)^2\mathrm{d}_yF(t,x;t+\Delta t,y)=0 \tag{4.4.6}$$

由于

$$\int_{|y-x|\geq\delta}(y-x)^2\mathrm{d}_yF(t,x;t+\Delta t,y)\geq\delta\int_{|y-x|\geq\delta}|y-x|\mathrm{d}_yF(t,x;t+\Delta t,y)$$
$$\geq\delta^2\int_{|y-x|\geq\delta}\mathrm{d}_yF(t,x;t+\Delta t,y)$$

所以由式(4.4.6)成立必有式(4.4.1)成立,这样一来,可以把式(4.4.2)及式(4.4.3)改写成

$$\lim_{\Delta t\to 0}\frac{1}{\Delta t}\int_{-\infty}^{+\infty}(y-x)\mathrm{d}_yF(t,x;t+\Delta t,y)=a(t,x) \tag{4.4.7}$$

以及

$$\lim_{\Delta t\to 0}\frac{1}{\Delta t}\int_{-\infty}^{+\infty}(y-x)^2\mathrm{d}_yF(t,x;t+\Delta t,y)=b(t,x) \tag{4.4.8}$$

换一种写法,可将以上两式表示成

$$\lim_{\Delta t\to 0}E\left\{\frac{X(t+\Delta t)-X(t)}{\Delta t}/X(t)=x\right\}=a(t,x) \tag{4.4.9}$$

以及

$$\lim_{\Delta t\to 0}\frac{1}{\Delta t}E\{[X(t+\Delta t)-X(t)]^2/X(t)=x\}=b(t,x) \tag{4.4.10}$$

由式(4.4.9)可知,$a(t,x)$ 表示扩散过程在 $X(t)=x$ 点处变化的平均趋势或称平均斜率(图 4.4.1). 当 Δt 很小时,$X(t+\Delta t)$ 的条件期望可近似表示为

$$E[X(t+\Delta t)/X(t)=x]=X(t)+a(t,x)\Delta t=x+a(t,x)\Delta t$$

我们还可以把式(4.4.9)表示成

$$\lim_{\Delta t\to 0}\frac{E[X(t+\Delta t)/X(t)=x]-E[X(t)/X(t)=x]}{\Delta t}=a(t,x) \tag{4.4.11}$$

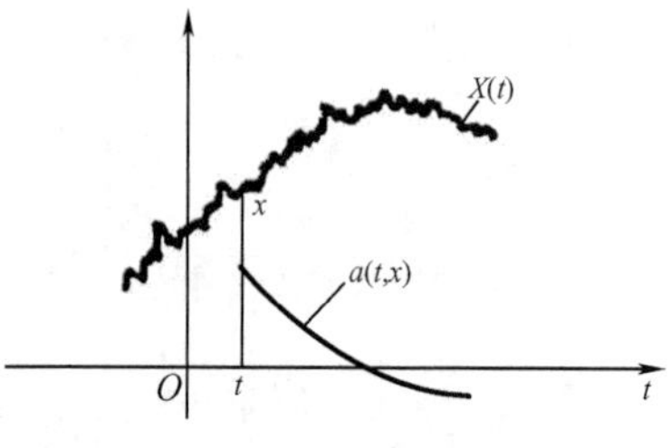

图 4.4.1 $a(t,x)$ 的图形表示

于是 $a(t,x)$ 也表示扩散过程条件均值函数关于时间 t 的导数.

为了考察 $b(t,x)$ 的概率意义，我们先求条件方差，即

$$\begin{aligned}&E\{[X(t+\Delta t)-E(X(t+\Delta t)/X(t)=x)]^2/X(t)=x\}\\&=E\{[X(t+\Delta t)-X(t)-a(t,x)\Delta t]^2/X(t)=x\}+o(\Delta t^2)\\&=E\{[X(t+\Delta t)-X(t)]^2/X(t)=x\}-\\&\quad 2E\{[X(t+\Delta t)-X(t)]a(t,x)\Delta t/X(t)=x\}+\\&\quad E[a^2(t,x)\Delta t^2/X(t)=x]+o(\Delta t^2)\\&=E\{[X(t+\Delta t)-X(t)]^2/X(t)=x\}+o(\Delta t^2)-a^2(t,x)\Delta t^2\end{aligned}$$

由上式可得

$$\begin{aligned}b(t,x)&=\lim_{\Delta t\to 0}\frac{1}{\Delta t}E\{[X(t+\Delta t)-X(t)]^2/X(t)=x\}\\&=\lim_{\Delta t\to 0}\frac{1}{\Delta t}E\{[X(t+\Delta t)-E(X(t+\Delta t)/X(t)=x)]^2/X(t)=x\}+\\&\quad\lim_{\Delta t\to 0}a^2(t,x)\Delta t-\lim_{\Delta t\to 0}\frac{1}{\Delta t}o(\Delta t^2)\\&=\lim_{\Delta t\to 0}\frac{1}{\Delta t}E\{[X(t+\Delta t)-E(X(t+\Delta t)/X(t)=x)]^2/X(t)=x\}\end{aligned}\tag{4.4.12}$$

由式(4.4.12)可知 $b(t,x)$ 的概率意义，它表明了扩散过程的条件方差函数关于时间 t 的导数.

在实际应用中，$a(t,x)$ 和 $b(t,x)$ 往往能从问题的描述中直接确定. 我们的任务就是如何按已知的 $a(t,x)$ 和 $b(t,x)$ 来确定扩散过程的转移概率分布函数或转移概率密度函数（如果存在的话），为此有定理4.4.1.

定理4.4.1　柯尔莫哥洛夫向后方程　设 $\{X(t),-\infty<t<\infty\}$ 为扩散过程，$F(\tau,x;t,y)$ 为其条件转移概率分布函数，如果偏导数 $\dfrac{\partial(\tau,x;t,y)}{\partial x}$ 及 $\dfrac{\partial^2}{\partial x^2}F(\tau,x;t,y)$ 存在且对任意 τ，$x,y,t>\tau$ 连续，则 $F(\tau,x;t,y)$ 满足向后方程，即

$$\frac{\partial F(\tau,x;t,y)}{\partial\tau}=-a(\tau,x)\frac{\partial F(\tau,x;t,y)}{\partial x}-\frac{1}{2}b(\tau,x)\frac{\partial^2F(\tau,x;t,y)}{\partial x^2}\tag{4.4.13}$$

证明　由查普曼－柯尔莫哥洛夫方程式(4.3.38)有

$$F(\tau-\Delta\tau,x;t,y)=\int_{-\infty}^{+\infty}F(\tau,z;t,y)\,\mathrm{d}zF(\tau-\Delta\tau,x;\tau,z)\tag{4.4.14}$$

显然还有

$$F(\tau,x;t,y)=\int_{-\infty}^{+\infty}F(\tau,x;t,y)\,\mathrm{d}zF(\tau-\Delta\tau,x;\tau,z)\tag{4.4.15}$$

由式(4.4.14)减去式(4.4.15)然后除以 $-\Delta\tau$，可得

$$\begin{aligned}&\frac{F(\tau-\Delta\tau,x;t,y)-F(\tau,x;t,y)}{-\Delta\tau}\\&=\frac{1}{-\Delta\tau}\int_{-\infty}^{+\infty}[F(\tau,z;t,y)-F(\tau,x;t,y)]\mathrm{d}z(\tau-\Delta\tau,x;\tau,z)\\&=\frac{1}{-\Delta\tau}\int_{|z-x|\geqslant\delta}[F(\tau,z;t,y)-F(\tau,z;t,y)]\mathrm{d}zF(\tau-\Delta\tau,x;\tau,z)+\\&\quad\frac{1}{-\Delta\tau}\int_{|z-x|<\delta}[F(\tau,z;t,y)-F(\tau,x;t,y)]\mathrm{d}zF(\tau-\Delta\tau,x;\tau,z)\end{aligned}\tag{4.4.16}$$

由式(4.4.1)可知,式(4.4.16)等号右边第一项当 $\Delta\tau\to0$ 时必为零.然后再应用台劳公式将 $F(\tau,z;t,y)$ 在 x 点展开有

$$\begin{aligned}F(\tau,z;t,y)=F(\tau,x;t,y)+(z-x)\frac{\partial F(\tau,x;t,y)}{\partial x}+\\\frac{1}{2}(z-x)^2\frac{\partial^2F(\tau,x;t,y)}{\partial x^2}+o[(z-x)^2],z\to x\end{aligned}$$

将上式代入式(4.4.16)可得

$$\begin{aligned}&\frac{1}{-\Delta\tau}[F(\tau-\Delta\tau,x;t,y)-F(\tau,x;t,y)]\\&=-\frac{1}{\Delta\tau}\int_{|z-x|<\delta}(z-x)\mathrm{d}zF(\tau-\Delta\tau,x;\tau,z)\frac{\partial F(\tau,x;t,y)}{\partial x}+\\&\quad\frac{-1}{2\Delta\tau}\int_{|z-x|<\delta}(z-x)^2\mathrm{d}zF(\tau-\Delta\tau,x;\tau,z)\frac{\partial^2F(\tau,x;t,y)}{\partial x^2}+o(\delta),\delta\to0\end{aligned}\tag{4.4.17}$$

因为 $$\lim_{\Delta\tau\to0}\frac{F(\tau-\Delta\tau,x;t,y)-F(\tau,x;t,y)}{-\Delta\tau}=\frac{\partial^-F(\tau,x;t,y)}{\partial\tau}$$

并考虑到式(4.4.2)及式(4.4.3),则当 $\Delta\tau\to0,\delta\to0$ 时可得

$$\frac{\partial^-F(\tau,x;t,y)}{\partial\tau}=-a(\tau,x)\frac{\partial F(\tau,x;t,y)}{\partial x}-\frac{1}{2}b(\tau,x)\frac{\partial^2F(\tau,x;t,y)}{\partial x^2}\tag{4.4.18}$$

同样可以证明右导数 $\frac{\partial^+F(\tau,x;t,y)}{\partial\tau}$ 也满足式(4.4.13),于是定理得证.

如果转移概率密度函数

$$f(\tau,x;t,y)=\frac{\partial F(\tau,x;t,y)}{\partial y}\tag{4.4.19}$$

存在,则由方程式(4.4.13)可知 $f(\tau,x;t,y)$ 满足如下向后方程,即

$$\frac{\partial f(\tau,x;t,y)}{\partial\tau}=-a(\tau,x)\frac{\partial f(\tau,x;t,y)}{\partial x}-\frac{1}{2}b(\tau,x)\frac{\partial^2f(\tau,x;t,y)}{\partial x^2}\tag{4.4.20}$$

运用类似的方法还可推出向前方程.

定理 4.4.2 向前方程 设 $\{X(t),-\infty<t<\infty\}$ 为扩散过程,其转移概率密度函数为 $f(\tau,x;t,y)$,如果 $\frac{\partial f(\tau,x;t,y)}{\partial t}$,$\frac{\partial}{\partial y}[a(t,y)f(\tau,x;t,y)]$ 及 $\frac{\partial}{\partial y^2}[b(t,y)f(\tau,x;t,y)]$ 存在且连续,则 $f(\tau,x;t,y)$ 满足向前方程,即

$$\frac{\partial}{\partial t}f(\tau,x;t,y)=-\frac{\partial}{\partial y}[a(t,y)f(\tau,x;t,y)]+\frac{1}{2}\frac{\partial^2}{\partial y^2}[b(t,y)f(\tau,x;t,y)] \tag{4.4.21}$$

该定理的证明这里从略. 有时又称向前方程式(4.4.21)为福克 - 普朗克(Fokker - Planck)方程.

在实际应用中,经常遇到下述情况:

(1)如果过程的转移概率密度函数$f(\tau,x;t,y)$对位置坐标是均匀的,即

$$f(\tau,x;t,y)=g(y-x;\tau,t) \tag{4.4.22}$$

这时由式(4.4.2)及式(4.4.3)可知,$a(t,x)$及$b(t,x)$与x无关,只是t的函数并记为

$$a(t,x)=a(t),b(t,x)=b(t)$$

于是可把向后方程式(4.4.20)及向前方程式(4.4.21)写成

$$\frac{\partial g}{\partial \tau}=-a(\tau)\frac{\partial g}{\partial x}-\frac{1}{2}b(\tau)\frac{\partial^2 g}{\partial x^2} \tag{4.4.23}$$

及

$$\frac{\partial g}{\partial t}=-a(t)\frac{\partial g}{\partial y}+\frac{1}{2}b(t)\frac{\partial^2 g}{\partial y^2} \tag{4.4.24}$$

另外由式(4.4.22)又有

$$\frac{\partial g}{\partial x}=-\frac{\partial g}{\partial y},\frac{\partial^2 g}{\partial x^2}=\frac{\partial^2 g}{\partial y^2} \tag{4.4.25}$$

(2)如果过程的转移概率密度函数$f(\tau,x;t,y)$对位置是均匀的,而对时间又是平稳的,即

$$f(\tau,x;t,y)=u(y-x;t-\tau) \tag{4.4.26}$$

这时$a(t,x)$及$b(t,x)$与t,x均无关,记为

$$a(t,x)=a,b(t,x)=b$$

于是可把向后方程式(4.4.20)及向前方程式(4.4.21)写成

$$\frac{\partial u}{\partial \tau}=-a\frac{\partial u}{\partial x}-\frac{1}{2}b\frac{\partial^2 u}{\partial x^2} \tag{4.4.27}$$

及

$$\frac{\partial u}{\partial t}=-a\frac{\partial u}{\partial y}+\frac{1}{2}b\frac{\partial^2 u}{\partial y^2} \tag{4.4.28}$$

另外由式(4.4.26)还有

$$\frac{\partial u}{\partial x}=-\frac{\partial u}{\partial y},\frac{\partial^2 u}{\partial x^2}=\frac{\partial^2 u}{\partial y^2} \tag{4.4.29}$$

及

$$\frac{\partial u}{\partial t}=-\frac{\partial u}{\partial \tau}$$

若把式(4.4.26)表示为

$$f(\tau,x;t,y)=u(y-x;t-\tau)\triangleq u(z,s)$$

这时可把方程式(4.4.27)及方程式(4.4.28)统一表示成

$$\frac{\partial u}{\partial s}=-a\frac{\partial u}{\partial z}+\frac{1}{2}b\frac{\partial^2 u}{\partial z^2} \tag{4.4.30}$$

式(4.4.30)就是热传导过程概率转移函数$u(z,s)$所应满足的方程式.

例 4.4.1　维纳过程. 设$\{X(t),t\geqslant 0\}$为独立增量过程且$X(0)=0$,如果均值函数及自相关函数分别为

$$EX(t)=0$$

$$\Gamma(t_1,t_2)=\begin{cases}a\,t_2,t_2\leqslant t_1\\ a\,t_1,t_1\leqslant t_2\end{cases} \tag{4.4.31}$$

试求该过程转移概率密度函数$f(\tau,x;t,y)$.

解 由已知条件式(4.4.31)可知对任意$t>\tau$,有

$$E[X(t)-X(\tau)]=0$$

及

$$E[X(t)-X(\tau)]^2=at+a\tau-2a\tau=a(t-\tau)$$

于是条件均值与条件方差分别为

$$E[X(t)/X(\tau)=x]=x$$

及

$$E\{[X(t)-x]^2/X(\tau)=x\}=a(t-\tau),t>\tau$$

因此,由式(4.4.11)及式(4.4.12)有

$$a(t,x)=\frac{\mathrm{d}}{\mathrm{d}t}E[X(t)/X(\tau)=x]=\frac{\mathrm{d}x}{\mathrm{d}t}=0 \tag{4.4.32}$$

及

$$b(t,x)=\frac{\mathrm{d}}{\mathrm{d}t}E\{[X(t)-x]^2/X(\tau)=x\}=a \tag{4.4.33}$$

由上面的分析可知,该过程是均匀的且对时间是平稳的,此时可令转移概率密度函数为

$$f(\tau,x;t,y)=u(y-x;t-\tau)\triangleq u(z,s)$$

由式(4.4.30)可知$u(z,s)$为方程

$$\frac{\partial u}{\partial s}=\frac{1}{2}b\frac{\partial^2 u}{\partial z^2}$$

且满足边界条件

$$u(z,s)=\delta(z),s\to 0$$

的解,可以计算该方程的解为

$$u(z,s)=\frac{1}{\sqrt{2\pi as}}\mathrm{e}^{-\frac{a2}{2as}}$$

也即转移概率密度函数$f(\tau,x;t,y)$为

$$f(\tau,x;t,y)=\frac{1}{\sqrt{2\pi a(t-\tau)}}\mathrm{e}^{-\frac{(y-x)2}{2a(t-\tau)}},t>\tau \tag{4.4.34}$$

例 4.4.2 布朗运动. 设自由质点的速度$V(t)$满足方程

$$\frac{\mathrm{d}V(t)}{\mathrm{d}t}+\beta V(t)=n(t) \tag{4.4.35}$$

其中,$n(t)$为白噪声且$En(t)=0,En^2(t)=\sigma^2$. 试求$V(t)$的转移概率密度函数$f(\tau,\nu_0;t,\nu)$.

解 由定理4.2.2可知,白噪声$n(t)$必可表示为独立增量过程$X(t)$的导数过程,即

$$n(t)=X'(t)=\frac{\mathrm{d}}{\mathrm{d}t}X(t)$$

且

$$E[\mathrm{d}X(t)]^2=\sigma^2\mathrm{d}t,EX(t)=0 \tag{4.4.36}$$

于是可把方程式(4.4.35)写成

$$\mathrm{d}V(t)+\beta V(t)\mathrm{d}t=\mathrm{d}X(t) \tag{4.4.37}$$

现在求增量$\mathrm{d}V(t)$的条件均值:

$$E[\mathrm{d}V(t)/V(t)=\nu]=E[\mathrm{d}X(t)/V(t)=\nu]+E[-\beta\nu\mathrm{d}t/V(t)=\nu]=-\beta\nu\mathrm{d}t$$

所以$V(t)$的条件均值的变化率$a(t,\nu)$为

$$a(t,\nu)=\frac{\mathrm{d}E[V(t)/V(t)=\nu]}{\mathrm{d}t}=\frac{E[\mathrm{d}V(t)/V(t)=\nu]}{\mathrm{d}t}=-\beta\nu \tag{4.4.38}$$

这说明该过程$\{V(t),-\infty<t<\infty\}$对速度坐标来说并非是均匀的. 进一步可求出条件方差的增量为

$$\begin{aligned}&E\{[V(t+\mathrm{d}t)-E(V(t+\mathrm{d}t)/V(t)=\nu)]^2/V(t)=\nu\}\\&=E\{[V(t+\mathrm{d}t)-(\nu-\beta\nu\mathrm{d}t)]^2/V(t)=\nu\}\\&=E\{[\mathrm{d}V(t)+\beta V(t)\mathrm{d}t]^2/V(t)=\nu\}\\&=E\{[\mathrm{d}X(t)]^2/V(t)=\nu\}=\sigma^2\mathrm{d}t\end{aligned}$$

于是由式(4.4.12)又知

$$b(t,\nu)=\sigma^2 \tag{4.4.39}$$

这样一来,概率转移密度函数$f(\tau,\nu_0;t,\nu)$是方程

$$\begin{aligned}\frac{\partial f(\tau,\nu_0;t,\nu)}{\partial t}&=-\frac{\partial}{\partial\nu}[a(t,\nu)f(\tau,\nu_0;t,\nu)]+\frac{1}{2}\frac{\partial^2}{\partial\nu^2}[b(t,v)f(\tau,\nu_0;t,\nu)]\\&=\beta\frac{\partial\nu f(\tau,\nu_0;t,\nu)}{\partial\nu}+\frac{1}{2}\sigma^2\frac{\partial^2 f(\tau,\nu_0;t,\nu)}{\partial\nu^2}\end{aligned} \tag{4.4.40}$$

满足边界条件

$$f(\tau,\nu_0;t,\nu)=\delta(\nu-\nu_0),t\to\tau$$

的解.

方程式(4.4.40)可通过数值解法求解.

习　题

4.1 设$\{X(n),n=1,2,\cdots\}$满足如下回归方程,即

$$X(n)=aX(n-1)+\xi(n),n=1,2,\cdots$$

其中初始随机变量$X(0)$与序列$\{\xi(n),n=1,2,\cdots\}$相互独立,并且$\{\xi(n),n=1,2,\cdots\}$为白噪声序列. 试证:$\{X(n),n=1,2,\cdots\}$为马尔可夫序列.

4.2 试证:零均值正态广义马尔可夫序列必是马尔可夫序列.

4.3 设$\{X(t),t>0\}$为马尔可夫过程,如果$X(t_1)$为已知. 试证:对任意$0<t_0<t_1<t_2$,$X(t_0)$与$X(t_2)$相互独立.

4.4 设$\{X(n),n=1,2,\cdots\}$为马尔可夫链. 试证:对任意m个正整数$k_1<k_2<\cdots<k_m$,$\{X(k_i),i=1,2,\cdots,m\}$也是马尔可夫链.

4.5 设齐次马尔可夫链的一步转移概率矩阵为

$$\boldsymbol{P}(1)=\begin{pmatrix}\frac{2}{3} & \frac{1}{3}\\ \frac{1}{3} & \frac{2}{3}\end{pmatrix}$$

试证:该马尔可夫链是遍历的,且有

$$\lim_{n\to\infty}\boldsymbol{P}(n)=\begin{pmatrix}\frac{1}{2} & \frac{1}{2}\\ \frac{1}{2} & \frac{1}{2}\end{pmatrix}$$

4.6 设$\{X(t),t\geqslant 0\}$为纯不连续马尔可夫过程,且

$$P(X(t+\Delta t)=a_i/X(t)=a_i)=1-q\Delta t+o(\Delta t),\Delta t\to 0$$

试利用柯尔莫哥洛夫向前方程与向后方程证明:

$$P(X(u)=a_i,t\leqslant u\leqslant t+\tau)=\mathrm{e}^{-q\tau}$$

4.7 假设均匀扩散方程对任意t,$X(t)$变化的平均趋势为零,即$a(t)=0$,此时扩散方程满足如下方程:

$$\frac{\partial u}{\partial s}=\frac{1}{2}b\frac{\partial^2 u}{\partial z^2}$$

其中,条件转移密度函数为

$$f(\tau,x;t,y)=u(y-x,t-\tau)\triangleq u(z,s)$$

且$u(z,s)\to\delta(z),s\to 0$. 试证:上述扩散方程的解为

$$u(z,s)=\frac{1}{\sqrt{2\pi bs}}\mathrm{e}^{-\frac{z^2}{2bs}}$$

4.8 设$\{X(t),t\geqslant 0\}$满足扩散方程并假定它是均匀的,于是条件转移概率密度函数可表示为

$$f(\tau,x;t,y)=u(y-x,t-\tau)\triangleq u(z,s)$$

此时,柯尔莫哥洛夫方程为

$$\frac{\partial u}{\partial s}=-a\frac{\partial u}{\partial z}+\frac{1}{2}b\frac{\partial^2 u}{\partial z^2},u(z,s)\to\delta(z),s\to 0$$

其中，a,b 为常数. 试求解上述方程并给出 $f(\tau,x;t,y)$ 的表达式.

4.9 设 $\{X(t),t\geqslant 0\}$ 为人口增殖过程（不考虑死亡），$X(t)$ 只取正整数，令 $P_{ij}(0,\tau)$ 表示在 $t=0$ 时人口为 i 的条件下，$t=\tau$ 时人口为 j 的概率，即

$$P_{ij}(0,\tau)=P(X(\tau)=j/X(0)=i),\tau\geqslant 0$$

显然有 $P_{ij}(0,\tau)=0,j<i$，现假设

$$P_{ii}(t,t+\Delta t)=1-qi\Delta t+o(\Delta t),\Delta t\to 0$$

$$P_{i,i+1}(t,t+\Delta t)=qi\Delta t+o(\Delta t),\Delta t\to 0$$

$$P_{i,i+k}(t,t+\Delta t)=o(\Delta t),\Delta t\to 0,k\geqslant 2$$

$$X(0)=m,m>1$$

试利用柯尔莫哥洛夫向前方程求出条件概率转移函数 $P_{m,n}(0,t)$，$n>m$.

4.10 设 $\{X(t),t\geqslant 0\}$ 为人口减少过程（不考虑出生），$X(t)$ 只取正整数，且规定

$$P_{N,i}(0,t)=P[X(t)=i/X(0)=N],i\leqslant N$$

如果

$$P_{i,i}(t,t+\Delta t)=1-qi\Delta t+o(\Delta t),\Delta t\to 0$$

$$P_{i,i-1}(t,t+\Delta t)=qi\Delta t+o(\Delta t),\Delta t\to 0$$

$$X(0)=N$$

试求条件概率转移函数 $P_{N,m}(0,t)$，进而求出该过程的均值函数 $EX(t)$ 及方差函数 $\sigma_X^2(t)$.

第 5 章　时间序列分析与建模

5.1　自回归滑动合序列

5.1.1　自回归滑动合(ARMA)序列的定义及产生方法

定义 5.1.1　自回归滑动合序列　设$\{X(n), n=\cdots,-2,-1,0,1,2,\cdots\}$为随机序列，如果它满足式(5.1.1)，即

$$\sum_{j=0}^{p} a_j X(n-j) = \sum_{j=0}^{q} b_j \xi(n-j) \tag{5.1.1}$$

其中，$a_0=1$，$\{\xi(n), n=\cdots,-2,-1,0,1,2,\cdots\}$为白噪声序列或时间相关的随机序列，则称由方程式(5.1.1)所表示的模型为自回归滑动合序列模型，通常以 ARMA 表示. 可以把随机序列$\{\xi(n), n=\cdots,-2,-1,0,1,2,\cdots\}$理解为模型的输入，把随机序列$\{X(n), n=\cdots,-2,-1,0,1,2,\cdots\}$理解为模型的输出.

对于由式(5.1.1)所表示的模型，当$p=0$时，可写成

$$X(n) = \sum_{j=0}^{q} b_j \xi(n-j) \tag{5.1.2}$$

称方程式(5.1.2)所表示的序列模型为滑动合序列模型，或称 MA 序列模型. 把q称为 MA 序列模型的阶. 有时称随机序列$\{X(n), n=\cdots,-2,-1,0,1,2,\cdots\}$是随机序列$\{\xi(n), n=\cdots,-2,-1,0,1,2,\cdots\}$的$q$阶滑动合.

如果方程式(5.1.1)中的$q=0$，则可写成

$$\sum_{j=0}^{p} a_j X(n-j) = b_0 \xi(n), a_0 = 1 \tag{5.1.3}$$

称方程式(5.1.3)所表示的序列模型为自回归序列模型，或称 AR 序列模型. 把p称为自回归序列模型的阶. 有时称随机序列$\{X(n), n=\cdots,-2,-1,0,1,2,\cdots\}$是随机序列$\{\xi(n), n=\cdots,-2,-1,0,1,2,\cdots\}$的$p$阶自回归.

现在讨论如何由随机微分方程经采样来产生自回归滑动合序列模型. 如果过程变化比较缓慢，可以用过程的差分代替微分，那么这里所介绍的方法是比较方便的. 首先举两个例子来说明.

例 5.1.1　设随机微分方程为

$$T\frac{\mathrm{d}X(t)}{\mathrm{d}t} + X(t) = \xi(t) \tag{5.1.4}$$

其中，$\{\xi(t), -\infty < t < +\infty\}$为白噪声过程或时间相关随机过程，$T$为时间常数. 取方程式(5.1.4)的差分形式，有

$$T\frac{X(nT_0) - X[(n-1)T_0]}{T_0} + X(nT_0) = \xi(nT_0), n=\cdots,-2,-1,0,1,2,\cdots \tag{5.1.5}$$

其中，T_0 为采样周期. 通常为了简单起见，在方程式(5.1.5)中，用 n 代表时间 nT_0，用 $n-1$ 代表时间 $(n-1)T_0$，于是经整理和简化可得

$$(T+T_0)X(n)-TX(n-1)=T_0\xi(n),n=\cdots,-2,-1,0,1,2,\cdots$$

或者有

$$X(n)-\frac{T}{T+T_0}X(n-1)=\frac{T_0}{T+T_0}\xi(n),n=\cdots,-2,-1,0,1,2,\cdots \tag{5.1.6}$$

显见，这是一个一阶自回归序列模型.

例 5.1.2 设随机微分方程为

$$X(t)=T\frac{\mathrm{d}\xi(t)}{\mathrm{d}t}+\xi(t) \tag{5.1.7}$$

其中，$\{\xi(t),-\infty<t<+\infty\}$ 为时间相关随机过程，$T>0$ 为时间常数. 取方程式(5.1.7)的差分形式，有

$$X(nT_0)=T\frac{\xi(nT_0)-\xi[(n-1)T_0]}{T_0}+\xi(nT_0),n=\cdots,-2,-1,0,1,2,\cdots$$

用整数 n 代表时间 nT_0，用 $(n-1)$ 代表时间 $(n-1)T_0$，然后经整理简化可得

$$X(n)=\left(\frac{T}{T_0}+1\right)\xi(n)-\frac{T}{T_0}\xi(n-1),n=\cdots,-2,-1,0,1,2,\cdots \tag{5.1.8}$$

显然，这是一阶滑动合模型.

为了取高阶随机微分方程的差分，我们首先讨论如何取二阶和高阶导数的差分. 因为一阶导数的差分为

$$\frac{\mathrm{d}X(t)}{\mathrm{d}t}=\frac{X(n)-X(n-1)}{T_0} \tag{5.1.9}$$

所以，二阶导数的差分可以取为

$$\frac{\mathrm{d}X^2(t)}{\mathrm{d}\,t^2}=\frac{\mathrm{d}}{\mathrm{d}t}\left[\frac{X(n)-X(n-1)}{T_0}\right]=\frac{1}{T_0}\left[\frac{X(n)-X(n-1)}{T_0}-\frac{X(n-1)-X(n-2)}{T_0}\right]$$

$$=\frac{1}{T_0^2}[X(n)-2X(n-1)+X(n-2)] \tag{5.1.10}$$

同理，三阶导数的差分可取为

$$\frac{\mathrm{d}^3X(t)}{\mathrm{d}t^3}=\frac{1}{T_0^3}[X(n)-3X(n-1)+3X(n-2)-X(n-3)] \tag{5.1.11}$$

由此可推得高阶导数的差分为

$$\frac{\mathrm{d}^iX(t)}{\mathrm{d}t^i}=\frac{\sum\limits_{j=0}^{i}(-1)^j\mathrm{C}_i^jX(n-j)}{T_0^i} \tag{5.1.12}$$

其中，$\mathrm{C}_i^j\triangleq\dfrac{i!}{j!\ (i-j)!}$.

现在可以利用方程式(5.1.12)对高阶随机微分方程取差分. 设随机微分方程

$$\frac{\mathrm{d}^pX(t)}{\mathrm{d}t^p}+C_1\frac{\mathrm{d}^{p-1}X(t)}{\mathrm{d}t^{p-1}}+\cdots+C_{p-1}\frac{\mathrm{d}X(t)}{\mathrm{d}t}+C_pX(t)$$

$$=d_0\frac{\mathrm{d}^q\xi(t)}{\mathrm{d}t^q}+d_1\frac{\mathrm{d}^{q-1}\xi(t)}{\mathrm{d}t^{q-1}}+\cdots+d_{q-1}\frac{\mathrm{d}\xi(t)}{\mathrm{d}t}+d_q\xi(t) \tag{5.1.13}$$

其中，$\{\xi(t),-\infty<t<+\infty\}$ 为时间相关的随机过程. 把式(5.1.12)代入式(5.1.13)，则

$$\frac{1}{T_0^p}\sum_{j=0}^{p}(-1)^j C_p^j X(n-j)+\frac{C_1}{T_0^{p-1}}\sum_{j=0}^{p-1}(-1)^i C_{p-1}^j X(n-j)+\cdots+$$
$$\frac{C_{p-1}}{T_0}\sum_{j=0}^{1}(-1)^j C_1^j X(n-j)+C_p X(n)$$
$$=\frac{d_0}{T_0^q}\sum_{j=0}^{q}(-1)^j C_q^j \xi(n-j)+\frac{d_1}{T_0^{q-1}}\sum_{j=0}^{p-1}(-1)^j C_{q-1}^j \xi(n-j)+\cdots+$$
$$\frac{d_{q-1}}{T_0}\sum_{j=0}^{1}(-1)^j C_1^j \xi(n-j)+d_q\xi(n)$$

经整理有

$$\sum_{l=0}^{p}\frac{C_l}{T_0^{p-l}}\sum_{j=0}^{p-l}(-1)^j C_{p-l}^j X(n-j)=\sum_{m=0}^{q}\frac{d_m}{T_0^{q-m}}\sum_{j=0}^{q-m}(-1)^j C_{q-m}^j \xi(n-j) \tag{5.1.14}$$
$$C_0=1$$

进一步还可写成

$$\sum_{j=0}^{p}\left[\sum_{l=0}^{p-J}\frac{C_l}{T_0^{p-l}}(-1)^j C_{p-l}^j\right]X(n-j)=\sum_{j=0}^{q}\left[\sum_{m=0}^{q-j}\frac{d_m}{T_0^{q-m}}(-1)^i C_{q-m}^j\right]\xi(n-j)$$
$$C_0=0 \tag{5.1.15}$$

$$b_j^*=(-1)^j\sum_{m=0}^{q-j}\frac{d_m}{T_0^{q-m}}C_{q-m}^j,j=0,1,2,\cdots,q \tag{5.1.16}$$

其中,T_0 为采样周期,而 $C_a^b\triangleq\frac{a!}{b!\ (a-b)!}$,$C_0=1$,则把式(5.1.15)及式(5.1.16)代入方程式(5.1.14)可得

$$\sum_{j=0}^{p}a_j^* X(n-j)=\sum_{j=0}^{q}b_j^*\xi(n-j) \tag{5.1.17}$$

再把方程式(5.1.17)两边同时除以 a_0^*,并记

$$a_j\triangleq\frac{a_j^*}{a_0^*},b_j\triangleq\frac{b_j^*}{a_0^*} \tag{5.1.18}$$

则得

$$\sum_{j=0}^{p}a_j X(n-j)=\sum_{j=0}^{q}b_j\xi(n-j),a_0=1 \tag{5.1.19}$$

这正是我们所要求的自回归滑动合序列模型.

应当指出,这里所介绍的方法仅适用于过程变化比较缓慢,用差分比可以代替导数的情况. 利用状态方程可以实现离散化,此外,还有利用 Z 变换实现离散化的方法.

5.1.2 自回归滑动合序列分析

在这一节,首先讨论自回归序列,然后讨论滑动合序列,最后讨论自回归滑动合序列.

自回归(AR)序列模型有如下性质,即定理 5.1.1.

定理 5.1.1 设自回归序列$\{X(n),n=\cdots,-2,-1,0,1,2,\cdots\}$满足

$$\sum_{j=0}^{p}a_j X(n-j)=\xi(n),a_0=1 \tag{5.1.20}$$

则当 $\sum_{j=0}^{p}a_j z^{p-j}=0$ 的根 $z_i(i=1,2,\cdots,p)$的模均小于 1 时,$X(n)$可表示为

$$X(n)=\sum_{l=0}^{\infty}d_l\xi(n-l) \tag{5.1.21}$$

且
$$\sum_{l=0}^{\infty}|d_l|<\infty \tag{5.1.22}$$

其中,当特征根 $z_i(i=1,2,\cdots,p)$ 无重根时,有

$$d_l=\sum_{i=1}^{p}C_i z_i^l \tag{5.1.23}$$

且
$$C_i=\frac{z_i^{p-1}}{(z_i-z_1)\cdots(z_i-z_{i-1})(z_i-z_{i+1})\cdots(z_i-z_p)},i=1,2,\cdots,p \tag{5.1.24}$$

证明　首先对方程式(5.1.20)两边做谱分解,则

$$\sum_{j=0}^{p}a_j z^{n-j}\mathrm{d}\zeta_X(z)=z^n\mathrm{d}\zeta_\xi(z),a_0=1$$

经整理可得

$$\mathrm{d}\zeta_X(z)=\frac{\mathrm{d}\zeta_\xi(z)}{\sum_{j=0}^{p}a_j z^{-j}}=\frac{z^p}{\sum_{j=0}^{p}a_j z^{p-j}}\mathrm{d}\zeta_\xi(z)j \tag{5.1.25}$$

称方程
$$\sum_{j=0}^{p}a_j z^{p-j}=0,a_0=1 \tag{5.1.26}$$

为自回归序列模型式(5.1.20)的特征方程. 解代数方程式(5.1.26)即可求出其特征根 $z_i(i=1,2,\cdots,p)$,不妨假设所有特征根均互不相同. 利用因式分解有

$$\frac{z^p}{\sum_{j=0}^{p}a_j z^{p-j}}=\frac{z^p}{(z-z_1)\cdots(z-z_p)}=\sum_{i=1}^{p}\frac{C_i z}{z-z_i} \tag{5.1.27}$$

利用待定系数法,可求出

$$C_i=\frac{z_i^{p-1}}{(z_i-z_1)\cdots(z_i-z_{i-1})(z_i-z_{i+1})\cdots(z_i-z_p)} \tag{5.1.28}$$
$$i=1,2,\cdots,p$$

将式(5.1.27)代入式(5.1.25),有

$$\mathrm{d}\zeta_X(z)=\sum_{i=1}^{p}\frac{C_i z}{z-z_i}\mathrm{d}\zeta_\xi(z) \tag{5.1.29}$$

由谱分解定理3.2.6,可得

$$X(n)=\oint_{|z|=1}z^n\mathrm{d}\zeta_X(z)=\sum_{i=1}^{p}\oint_{|z|=1}\frac{C_i z^n}{1-z_i z^{-1}}\mathrm{d}\zeta_\xi(z) \tag{5.1.30}$$

现在考察式(5.1.30)中的积分,由于积分路径是在单位圆上且 $|z_i|<1$,所以有

$$\frac{1}{1-z^{-1}z_i}=\sum_{l=0}^{\infty}(z^{-1}z_i)^l,i=1,2,\cdots,p \tag{5.1.31}$$

将式(5.1.31)代入式(5.1.30)中的积分式,可得

$$\oint_{|z|=1}\frac{C_i z^n}{1-z^{-1}z_i}\mathrm{d}\zeta_\xi(z)=\oint_{|z|=1}C_i z^n\sum_{l=0}^{\infty}(z^{-1}z_i)^l\mathrm{d}\zeta_\xi(z)$$

$$= \sum_{l=0}^{\infty} C_i z_i^l \oint_{|z|=1} z^{n-l} \mathrm{d}\zeta_\xi(z)$$

$$= \sum_{l=0}^{\infty} C_i z_i^l \xi(n-l), i = 1,2,\cdots,p \tag{5.1.32}$$

最后一个等式是利用谱分解定理 3. 2. 6 得到的. 现在将式(5. 1. 32)代入式(5. 1. 30),于是有

$$X(n) = \sum_{i=1}^{p} \oint_{|z|=1} \frac{C_i z^n}{1 - z_i z^{-1}} \mathrm{d}\zeta_\xi(z)$$

$$= \sum_{i=1}^{p} \sum_{l=0}^{\infty} C_i z_i^l \xi(n-l)$$

$$= \sum_{l=0}^{\infty} \left(\sum_{i=1}^{p} C_i z_i^l\right) \xi(n-l)$$

$$= \sum_{l=0}^{\infty} d_l \xi(n-l) \tag{5.1.33}$$

其中,$d_l = \sum_{i=1}^{p} C_i z_i^l, l = 0,1,2,\cdots.$ (5. 1. 34)

最后,还有

$$\sum_{l=0}^{\infty} |d_l| = \sum_{l=0}^{\infty} \left| \sum_{i=1}^{p} C_i z_i^l \right| \leqslant \sum_{l=0}^{\infty} \sum_{i=1}^{p} |C_i z_i^l| \leqslant \sum_{i=1}^{p} |C_i| \sum_{l=0}^{\infty} |z_i|^l$$

$$= \sum_{i=1}^{p} |C_i| \frac{1}{1 - |z_i|} < \infty \tag{5.1.35}$$

定理证毕.

应当指出,定理 5. 1. 1 只讨论了特征根均不相同的情况,如果特征方程式(5. 1. 26)的根有重根时,定理 5. 1. 1 的内容只是在某些细节上稍有变化. 把这一问题的叙述及证明留给读者作为练习.

定理 5. 1. 2 自回归序列$\{X(n), n = \cdots, -2, -1, 0, 1, 2, \cdots\}$满足

$$\sum_{j=0}^{p} a_j X(n-j) = \xi(n) \tag{5.1.36}$$

且$\{\xi(n), n = \cdots, -2, -1, 0, 1, 2, \cdots\}$为白噪声序列的充要条件是

$$\sum_{j=0}^{p} a_j B_X(1-j+l) = 0, l = 0,1,2,\cdots,p-1 \tag{5.1.37}$$

其中,假定 $\sum_{j=0}^{p} a_j z^{p-j} = 0$ 的根均在单位圆内,$B_X(n)$为自回归序列$\{X(n), n = \cdots, -2, -1, 0, 1, 2, \cdots\}$的相关函数.

证明 (1)必要性

由定理 5. 1. 2 的条件及定理 5. 1. 1 的结论可知必有

$$X(n) = \sum_{k=0}^{\infty} d_k \xi(n-k) \tag{5.1.38}$$

且 $\sum_{k=0}^{\infty} |d_k| < \infty$,又因$\{\xi(n), n = \cdots, -2, -1, 0, 1, 2, \cdots\}$为白噪声序列,则

$$E[X(n)\xi(n+1)] = E\left[\sum_{k=0}^{\infty} d_k \xi(n-k) \xi(n+1)\right]$$

$$= \sum_{k=0}^{\infty} d_k E[\xi(n-k)\xi(n+1)]$$
$$=0$$

由此可得

$$E[X(n-1-l)\xi(n)]=0, l=0,1,2,\cdots \tag{5.1.39}$$

将式(5.1.36)代入式(5.1.39),则有

$$E[\sum_{j=0}^{p} a_j X(n-j)X(n-1-l)] = \sum_{j=0}^{p} a_j E[X(n-j)X(n-1-l)]$$
$$= \sum_{j=0}^{p} a_j B_X(1+l-j) = 0, l=0,1,2,\cdots \tag{5.1.40}$$

必要性得证.

(2)充分性

如果 $$\sum_{j=0}^{p} a_j B_X(1-j+l) = \sum_{j=0}^{p} a_j E[X(n-j)X(n-l-1)]$$
$$= E\{[\sum_{j=1}^{p} a_j X(n-j)]X(n-l-1)\}$$
$$=0, l=0,1,2,\cdots \tag{5.1.41}$$

则令
$$\sum_{j=1}^{p} a_j X(n-j) = \xi(n)$$

不难证明$\{\xi(n), n=\cdots, -2, -1,0,1,2,\cdots\}$为白噪声序列,事实上由式(5.1.41)有

$$E[\xi(n)X(n-l-1)]=0, l=0,1,2,\cdots$$

因此
$$E[\xi(n)\sum_{j=0}^{p} a_j X(n-l-1-j)] = 0, l=0,1,2,\cdots$$

即
$$E[\xi(n)\xi(n-l-1)]=0, l=0,1,2,\cdots$$

由此可知$\{\xi(n), n=\cdots, -2, -1,0,1,2,\cdots\}$为白噪声序列.

定理证毕.

如果自回归序列$\{X(n)\}$的相关函数$B_x(n), n=\cdots, -2, -1,0,1,2,\cdots$为已知时,可利用式(5.1.37)求出回归模型式(5.1.36)中各系数$a_1, a_2, \cdots, a_p(a_0=1)$及白噪声$\xi(n)$的方差$\sigma_\xi^2 = E\xi^2(n)$. 为此,取方程式(5.1.37)中$l=0,1,\cdots,p-1$,则得如下$p$个方程:

$$\left.\begin{array}{r} B_x(1)+a_1B_x(0)+\cdots+a_pB_x(-p+1)=0 \\ \vdots \\ B_x(p)+a_1B_x(p-1)+\cdots+a_pB_x(0)=0 \end{array}\right\} \tag{5.1.42}$$

再由式(5.1.36),考虑到$\xi(n)$与$\{X(n-1), X(n-2), \cdots, X(n-p)\}$相互独立且$a_0=1$,故有$E\sum_{j=0}^{p} a_j X(n-j)\xi(n) = EX(n)\xi(n) = E\xi^2(n) = \sigma_\xi^2$. 再将式(5.1.36)代入前式得

$$EX(n)\sum_{j=0}^{p} a_j X(n-j) = \sum_{j=0}^{p} a_j EX(n)X(n-j) = \sum_{j=0}^{p} a_j B_x(j) = \sigma_\xi^2$$

即
$$B_x(0)+a_1B_x(1)+\cdots+a_pB_x(p)=\sigma_\xi^2 \tag{5.1.43}$$

将方程组(5.1.42)及方程式(5.1.43)联立,可解出自回归模型式(5.1.36)中的参数$a_1, a_2, \cdots, a_p(a_0=1)$及白噪声$\xi(n)$的方差$\sigma_\xi^2$.

推论 5.1.1 设自回归序列 $\{X(n),n=1,2,\cdots\}$ 满足 $\sum_{j=0}^{p} a_j X(n-j)=\xi(n),n>p$; $X(i)=\xi(i),i=1,2,\cdots p$ 且 $\{\xi(n),n=1,2,\cdots\}$ 为白噪声序列,则其自相关函数 $B_X(n)$ 满足 $\sum_{j=0}^{p} a_j B_X(1-j+l)=0,l=0,1,2,\cdots$.

关于自回归序列的功率谱密度,有如下结论,即定理 5.1.3.

定理 5.1.3 自回归序列 $\{X(n),n=\cdots,-2,-1,0,1,2,\cdots\}$ 满足

$$\sum_{j=0}^{p} a_j X(n-j)=\xi(n) \tag{5.1.44}$$

且 $\{\xi(n),n=\cdots,-2,-1,0,1,2,\cdots\}$ 为白噪声序列的充要条件是 $\{X(n),n=\cdots,-2,-1,0,1,2,\cdots\}$ 具有如下功率谱密度,即

$$S_X(z)=\frac{\sigma^2}{\left|\sum_{j=0}^{p} a_j z^{-j}\right|^2} \tag{5.1.45}$$

其中假定特征方程

$$\sum_{j=0}^{p} a_j z^{p-j}=0$$

的根均在单位圆内,白噪声序列 $\{\xi(n),n=\cdots,-2,-1,0,1,2,\cdots\}$ 的功率谱密度为 $S_\xi(z)=\sigma^2$.

证明 (1)必要性

对方程式(5.1.44)两边做谱分解,有

$$\sum_{j=0}^{p} a_j z^{n-j}\mathrm{d}\zeta_X(z)=z^n\mathrm{d}\zeta_\xi(z)$$

即

$$\mathrm{d}\zeta_X(z)=\frac{1}{\sum_{j=0}^{p} a_j z^{-j}}\mathrm{d}\zeta_\xi(z)$$

由式(3.2.83)可知

$$E|\mathrm{d}\zeta_X(z)|^2=\frac{1}{\left|\sum_{j=0}^{p} a_j z^{-j}\right|^2}E|\mathrm{d}\zeta_\xi(z)|^2=\frac{1}{2\pi \mathrm{j}z}S_X(z)\mathrm{d}z$$

所以

$$S_X(z)=\frac{1}{\left|\sum_{j=0}^{p} a_j z^{-j}\right|^2}\frac{2\pi \mathrm{j}zE|\mathrm{d}\zeta_\xi(z)|^2}{\mathrm{d}z} \tag{5.1.46}$$

另一方面,由式(3.2.83)还有

$$S_\xi(z)=\frac{2\pi \mathrm{j}zE|\mathrm{d}\zeta_\xi(z)|^2}{\mathrm{d}z}$$

将上式代入式(5.1.46)得

$$S_X(z)=\frac{1}{\left|\sum_{j=0}^{p} a_j z^{-j}\right|^2}S_\xi(z) \tag{5.1.47}$$

由题意知 $\{\xi(n),n=\cdots,-2,-1,0,1,2,\cdots\}$ 为白噪声序列,不妨设 $S_\xi(z)=\sigma^2$,并将其代入式(5.1.47)可得定理中的式(5.1.45).

(2)充分性

若式(5.1.45)成立,则有

$$S_X(z) = \frac{1}{\left|\sum_{j=0}^{p} a_j z^{-j}\right|^2} S_\xi(z) \tag{5.1.48}$$

其中,$S_\xi(z)=\sigma^2$ 为白噪声序列$\{\xi(n),n=\cdots,-2,-1,0,1,2,\cdots\}$的功率谱密度函数. 把方程式(5.1.48)两边同乘$\frac{\mathrm{d}z}{2\pi \mathrm{j} z}$,再一次利用定理3.2.6中的式(3.2.83),则有

$$E|\mathrm{d}\zeta_X(z)|^2 = E\left|\frac{\mathrm{d}\zeta_\xi(z)}{\sum_{j=0}^{p} a_j z^{-j}}\right|^2$$

由上式可得

$$\mathrm{d}\zeta_X(z) = \frac{\mathrm{d}\zeta_\xi(z)}{\sum_{j=0}^{p} a_j z^{-j}} = \frac{z^n}{\sum_{j=0}^{p} a_j z^{n-j}} \mathrm{d}\zeta_\xi(z)$$

或者表示成

$$\sum_{j=0}^{p} a_j z^{n-j} \mathrm{d}\zeta_X(z) = z^n \mathrm{d}\zeta_\xi(z)$$

利用谱分解定理3.2.6且由上式可得

$$\sum_{j=0}^{p} a_j X(n-j) = \xi(n)$$

定理证毕.

下面讨论滑动合序列,关于滑动合序列有如下性质,即定理5.1.4.

定理5.1.4 设$\{X(n),n=\cdots,-2,-1,0,1,2,\cdots\}$为平稳随机序列,则以下三个事实等价.

(1)$\{X(n),n=\cdots,-2,-1,0,1,2,\cdots\}$可以表示为$q$阶滑动合,即

$$X(n) = \sum_{k=0}^{q} b_k \xi(n-k) \tag{5.1.49}$$

其中,$\{\xi(n),n=\cdots,-2,-1,0,1,2\cdots\}$为白噪声序列,相关函数为$B_\xi(i)=\sigma^2\delta(i),i=\cdots,-2,-1,0,1,2,\cdots,\delta(i)$为克罗尼克$-\delta$函数.

(2)$\{X(n),n=\cdots,-2,-1,0,1,2,\cdots\}$的相关函数为

$$B_X(i) = \begin{cases} 0, & |i|>q \\ \sigma^2 \sum_{k=1}^{q} b_k b_{k-i}, & 0 \leqslant i \leqslant q \\ \sigma^2 \sum_{k=0}^{q-|i|} b_k b_{k+|i|}, & -q \leqslant i \leqslant 0 \end{cases} \tag{5.1.50}$$

且
$$B_X(-i)=B_X(i), i=0,1,2,\cdots$$

(3)$\{X(n),n=\cdots,-2,-1,0,1,2,\cdots\}$的功率谱密度函数为

$$S_X(z) = \sigma^2 \left|\sum_{k=0}^{q} b_k z^{-k}\right|^2 \tag{5.1.51}$$

证明 先证(1)⇒(2).

由(1)中事实,可知有

$$E[\xi(n+l)X(n)]=0,l=1,2,\cdots \tag{5.1.52}$$

进一步可推出

$$E[\sum_{k=0}^{q}\xi(n+l+q-k)X(n)]=0,l=1,2,\cdots$$

也即

$$E[X(n+l+q)X(n)]=0,l=1,2,\cdots$$

利用相关函数定义,则有

$$B_X(l+q)=0,l=1,2,\cdots$$

考虑到自相关函数为偶函数,结果得

$$B_X(i)=0,|i|>q \tag{5.1.53}$$

另一方面,利用表达式(5.1.49)不难求出序列$\{X(n),n=\cdots,-2,-1,0,1,2,\cdots\}$的自相关函数$B_X(i)$,$|i|\leqslant q$. 事实上,当$i=0$时,有

$$\begin{aligned}B_X(0)&=E[X^2(n)]\\&=E[\sum_{k=0}^{q}b_k\xi(n-k)\sum_{l=0}^{q}b_l\xi(n-l)]\\&=\sum_{k=0}^{q}\sum_{l=0}^{q}b_kb_l\sigma^2\delta(l-k)\\&=\sigma^2\sum_{l=0}^{q}b_l^2\end{aligned}$$

当$0\leqslant|i|\leqslant q$时,有

$$\begin{aligned}B_X(i)&=E[X(n+i)X(n)]\\&=\sum_{k=0}^{q}\sum_{l=0}^{q}b_kb_lE[\xi(n+i-k)\xi(n-l)]\\&=\sum_{k=0}^{q}\sum_{l=0}^{q}b_kb_l\sigma^2\delta(i-k+l)\\&=\begin{cases}\sigma^2\sum\limits_{k=i}^{q}b_kb_{k-i},0\leqslant i\leqslant q\\\sigma^2\sum\limits_{k=0}^{q-|i|}b_kb_k+|i|,-q\leqslant i\leqslant 0\end{cases}\end{aligned} \tag{5.1.54}$$

由式(5.1.24)显然可以看出,$B_X(i)=B_X(-i)$.

再证(2)⇒(3).

由谱分解定理3.2.6中的式(3.2.86)可求出序列$\{X(n),n=\cdots,-2,-1,0,1,2,\cdots\}$的功率谱密度函数为

$$\begin{aligned}S_X(z)&=\sum_{i=-\infty}^{+\infty}B_X(i)z^{-i}=\sum_{i=0}^{q}B_X(i)z^{-i}+\sum_{i=1}^{q}B_X(-i)z^{i}\\&=\sigma^2(\sum_{k=0}^{q}b_kz^{-k})(\sum_{k=0}^{q}b_kz^{k})\\&=\left|\sum_{k=0}^{q}b_kz^{-k}\right|^2S_\xi(z)\end{aligned} \tag{5.1.55}$$

最后证(3)⇒(1).

令$\{\xi(n),n=\cdots,-2,-1,0,1,2,\cdots\}$为白噪声序列且功率谱密度函数为$S_{\xi}(z)=\sigma^2$，把方程式(5.1.51)两边同乘$\frac{\mathrm{d}z}{2\pi \mathrm{j}z}$后可得

$$S_X(z)\frac{\mathrm{d}z}{2\pi \mathrm{j}z}=\left|\sum_{k=0}^{q}b_k z^{-k}\right|^2 S_{\xi}(z)\frac{\mathrm{d}z}{2\pi \mathrm{j}z}$$

于是由谱分解定理3.2.6中的式(3.2.83)可推出

$$E|\mathrm{d}\zeta_X(z)|^2=\left|\sum_{k=0}^{q}b_k z^{-k}\right|^2 E|\mathrm{d}\zeta_{\xi}(z)|^2=E\left|\sum_{k=0}^{q}b_k z^{-k}\mathrm{d}\zeta_{\xi}(z)\right|^2$$

即有
$$\mathrm{d}\zeta_X(z)=\sum_{k=0}^{q}b_k z^{-k}\mathrm{d}\zeta_{\xi}(z)$$

上式两边同乘z^n后得

$$z^n\mathrm{d}\zeta_X(z)=\sum_{k=0}^{q}b_k z^{n-k}\mathrm{d}\zeta_{\xi}(z)$$

再一次利用谱分解定理3.2.6可得

$$X(n)=\oint_{|z|=1}z^n\mathrm{d}\zeta_X(z)=\sum_{k=0}^{q}b_k\oint_{|z|=1}z^{n-k}\mathrm{d}\zeta_{\xi}(z)=\sum_{k=0}^{q}b_k\xi(n-k) \tag{5.1.56}$$

其中，$\{\xi(n),n=\cdots,-2,-1,0,1,2,\cdots\}$为白噪声序列且$S_{\xi}(z)=\sigma^2$.

定理得证.

定理5.1.5 设平稳随机序列$\{X(n),n=\cdots,-2,-1,0,1,2,\cdots\}$满足滑动合过程

$$X(n)=\sum_{k=0}^{q}b_k\xi(n-k) \tag{5.1.57}$$

如果方程$\sum_{k=0}^{q}b_k z^{q-k}=0$的根均在单位圆内，则$\xi(n)$必可表示为

$$\xi(n)=\sum_{i=0}^{\infty}C_i X(n-i) \tag{5.1.58}$$

且
$$\sum_{i=0}^{\infty}|C_i|<\infty \tag{5.1.59}$$

这个定理的证明类似于定理5.1.1的证明，留给读者作为练习.

最后，我们分析自回归滑动合序列. 关于自回归滑动合序列有如下性质，即定理5.1.6.

定理5.1.6 平稳随机序列$\{X(n),n=\cdots,-2,-1,0,1,2,\cdots\}$满足自回归滑动合模型

$$\sum_{j=0}^{p}a_j X(n-j)=\sum_{k=0}^{q}b_k\xi(n-k) \tag{5.1.60}$$

且$\{\xi(n),n=\cdots,-2,-1,0,1,2,\cdots\}$为白噪声序列，$b_k,k=0,1,2,\cdots,q$为任意常数的充要条件是

$$\sum_{j=0}^{p}a_j B_X(q+l-j)=0,l=1,2,\cdots \tag{5.1.61}$$

其中，假定方程

$$\sum_{j=0}^{p}a_j z^{p-j}=0 \tag{5.1.62}$$

的根均在单位圆内，$B_X(n)$为平稳随机序列$\{X(n),n=\cdots,-2,-1,0,1,2,\cdots\}$的相关函数.

证明 (1)必要性

因为方程式(5.1.62)的根均在单位圆内，所以由定理5.1.1可知式(5.1.60)中的

$X(n)$必可表示为

$$X(n) = \sum_{k=0}^{\infty} C_k \xi_k (n-k) \tag{5.1.63}$$

考虑到$\{\xi(n), n=\cdots, -2, -1, 0, 1, 2, \cdots\}$是白噪声序列，于是有

$$E\{\xi(n)X(n-l)\} = 0, l=1,2,\cdots \tag{5.1.64}$$

把式(5.1.64)中的n分别用$n-1, n-2, \cdots, n$代替，可得

$$\left.\begin{array}{c} E[\xi(n-1)X(n-1-l)] = 0, l=1,2,\cdots \\ \vdots \\ E[\xi(n-k)X(n-k-l)] = 0, l=1,2,\cdots \end{array}\right\} \tag{5.1.65}$$

归纳方程组(5.1.65)中各式，就有

$$E\left[\sum_{k=0}^{q} b_k \xi(n-k) X(n-q-l)\right] = 0, l = 1,2,\cdots \tag{5.1.66}$$

再把方程式(5.1.60)代入上式，可写成

$$E\left[\sum_{j=0}^{p} a_j X(n-j) X(n-q-l)\right] = 0, l = 1,2,\cdots$$

或者等价地有

$$\sum_{j=0}^{p} a_j E[X(n-j)X(n-q-l)] = \sum_{j=0}^{p} a_j B_X(q+l-j) = 0, l = 1,2,\cdots$$

于是必要性得证.

(2)充分性

式(5.1.61)可以写成

$$\sum_{j=0}^{p} a_j E[X(n-j)X(n-q-l)] = 0, l = 1,2,\cdots$$

即

$$E\left[\sum_{j=0}^{p} a_j X(n-j) X(n-q-l)\right] = 0, l = 1,2,\cdots \tag{5.1.67}$$

若令

$$\sum_{j=0}^{p} a_j X(n-j) = \eta(n) \tag{5.1.68}$$

则可把式(5.1.67)写成

$$E[\eta(n)X(n-q-l)] = 0, l=1,2,\cdots \tag{5.1.69}$$

进一步由上式还有

$$E[\eta(n)X(n-q-l-j)] = 0, l=1,2,\cdots, j=0,1,2,\cdots,q$$

于是得到

$$E\left[\eta(n) \sum_{j=0}^{p} a_j X(n-q-l-j)\right] = 0, l = 1,2,\cdots \tag{5.1.70}$$

利用式(5.1.68)，可把式(5.1.70)简化成

$$E[\eta(n)\eta(n-q-l)] = 0, l=1,2,\cdots \tag{5.1.71}$$

由式(5.1.68)还知，$\{\eta(n), n=\cdots, -2, -1, 0, 1, 2, \cdots\}$是随机序列，所以式(5.1.71)表示了它的相关函数，即

$$B_\eta(q+l) = 0, l=1,2,\cdots \tag{5.1.72}$$

再考虑到自相关函数的偶函数性，则

$$B_\eta(n) = 0, |n| > q \tag{5.1.73}$$

由定理5.1.4中的结论及上面的结果可知，必有常数 $\tilde{b}_k, k=0,1,2,\cdots,q$ 及白噪声序列 $\{\xi(n), n=\cdots,-2,-1,0,1,2,\cdots\}$，使得

$$\eta(n) = \sum_{k=0}^{q} \tilde{b}_k \xi(n-k)$$

把式(5.1.68)代入上式，可得

$$\sum_{j=0}^{p} a_j X(n-j) = \sum_{k=0}^{q} \tilde{b}_k \xi(n-k) \tag{5.1.74}$$

考虑到定理中的 $b_k, k=0,1,2,\cdots,q$ 为任意常数，于是充分性得证.

通常把上述定理称为尤尔-瓦尔克(Yule-Walker)定理，它对于ARMA模型的参数估计是十分有用的.

定理5.1.7 平稳随机序列 $\{X(n), n=\cdots,-2,-1,0,1,2,\cdots\}$ 可表示为ARMA模型

$$\sum_{j=0}^{p} a_j X(n-j) = \sum_{j=0}^{q} b_j \xi(n-j) \tag{5.1.75}$$

其中，$\{\xi(n), n=\cdots,-2,-1,0,1,2,\cdots\}$ 为白噪声序列且 $B_\xi(i)=\sigma^2\delta(i)$ 的充要条件是 $\{X(n), n=\cdots,-2,-1,0,1,2,\cdots\}$ 具有如下功率谱密度函数

$$S_X(z) = \sigma^2 \frac{\left|\sum_{j=0}^{q} b_j z^{-j}\right|^2}{\left|\sum_{j=0}^{p} a_j z^{-j}\right|} \tag{5.1.76}$$

其中假定方程

$$\sum_{j=0}^{p} a_j z^{p-j} = 0$$

的根均在单位圆内.

证明 把方程式(5.1.75)两边同时进行谱分解，则由定理3.2.6可知等价地有

$$\sum_{j=0}^{p} a_j z^{n-j} \mathrm{d}\zeta_X(z) = \sum_{j=0}^{q} b_j z^{n-j} \mathrm{d}\zeta_\xi(z)$$

或者可写成

$$\mathrm{d}\zeta_X(z) = \frac{\sum_{j=0}^{q} b_j z^{-j}}{\sum_{j=0}^{p} a_j z^{-j}} \mathrm{d}\zeta_\xi(z)$$

进一步等价地有

$$S_X(z) = \frac{2\pi \mathrm{j} z}{\mathrm{d}z} E\left|\mathrm{d}\zeta_X(z)\right|^2 = \frac{2\pi \mathrm{j} z}{\mathrm{d}z} E\left|\frac{\sum_{j=0}^{q} b_j z^{-j}}{\sum_{j=0}^{p} a_j z^{-j}} \mathrm{d}\zeta_\xi(z)\right|^2 = \frac{\left|\sum_{j=0}^{q} b_j z^{-j}\right|^2}{\left|\sum_{j=0}^{p} a_j z^{-k}\right|^2} S_\xi(z) \tag{5.1.77}$$

又因为随机序列 $\{\xi(n), n=\cdots,-2,-1,0,1,2,\cdots\}$ 为白噪声序列且 $B_\xi(i)=\sigma^2\delta(i)$ 的等价条件是 $S_\xi(z)=\sigma^2$，故把它代入式(5.1.77)，可得定理的式(5.1.76).

定理证毕.

若在定理5.1.7中取 $q=0$，则得到一个有用的推论，即推论5.1.2.

推论 5.1.2 平稳随机序列 $\{X(n), n=\cdots,-2,-1,0,1,2,\cdots\}$ 可表示为 p 阶自回归模型

$$\sum_{j=0}^{p} a_j X(n-j) = \xi(n) \tag{5.1.78}$$

其中，$\{\xi(n), n=\cdots,-2,-1,0,1,2,\cdots\}$ 为白噪声序列且 $B_\xi(i)=\sigma^2\delta(i)$ 的充要条件是 $\{X(n), n=\cdots,-2,-1,0,1,2,\cdots\}$ 具有如下功率谱密度函数，即

$$S_X(z) = \frac{\sigma^2}{\left|\sum_{j=0}^{p} a_j z^{-j}\right|^2} \tag{5.1.79}$$

这个推论正是定理 5.1.3.

通常把具有形如式(5.1.76)和式(5.1.79)的功率谱密度函数叫作有理功率谱密度函数，或简称为有理谱密度. 这样一来，上述两个定理告诉我们，对于自回归滑动合序列模型，它的相关函数满足尤尔－瓦尔克方程和它具有有理谱密度两者是等价的.

应当指出的是，在定理 5.1.6 和定理 5.1.7 的叙述中，都提到假定方程

$$\sum_{j=0}^{p} a_j z^{p-j} = 0 \tag{5.1.80}$$

的根应在单位圆内. 不难证明，对于白噪声序列作用下的自回归序列模型，为使它具有平稳性，这个条件不仅充分而且也是必要的. 然而对于白噪声序列作用下的自回归滑动合序列模型，为使其具有平稳性，这个条件却是充分的.

通常，我们把方程式(5.1.80)的根叫作自回归滑动合序列模型的极点，而把方程

$$\sum_{j=0}^{q} b_j z^{p-j} = 0$$

的根叫作自回归滑动合序列模型的零点.

如果自回归滑动合模型式(5.1.60)的极点和零点均在单位圆内，那么称它是最小相位的自回归滑动合模型. 对于最小相位的自回归滑动合模型，所有极点在单位圆内对于模型的平稳性来说，不仅充分而且也是必要的.

另一方面，无论是最小相位还是非最小相位的自回归滑动合模型，都存在零点极点相消的问题. 也就是说，当自回归滑动合模型式(5.1.60)的零点和极点相同时，可以把这些相同的零点和极点全部消去，这时模型降阶. 对于降阶的自回归滑动合模型，定理 5.1.6 和定理 5.1.7 仍然成立.

5.2 ARMA 序列的预测滤波

5.2.1 问题的提出

在 5.1 中，我们较详细地分析了工程中经常遇到的 ARMA 序列的若干性质. 然而，在随机控制与通信理论中经常遇到这样一个问题：如何根据平稳随机序列的测量数据对序列做出较精确的估计和预测？例如，根据气温、风向、降雨量的测量对天气做出预报就是一个典型的例子. 本节的内容就是讨论如何对平稳随机序列进行预测和滤波. 为使我们所得到的结果更具有一般性，这里所讨论的随机序列是随机向量序列.

设系统状态是 n 维平稳随机向量序列 $\{\boldsymbol{X}(k), k=\cdots,-2,-1,0,1,2,\cdots\}$，测量序列 $\{\boldsymbol{Z}(k), k=1,2,\cdots\}$ 是 m 维平稳随机向量序列，通常假定测量是线性的，即

$$\boldsymbol{Z}(k)=\boldsymbol{H}\cdot\boldsymbol{X}(k)+\boldsymbol{V}(k) \tag{5.2.1}$$

其中，$\boldsymbol{Z}(k)$ 为 m 维测量向量，$\boldsymbol{V}(k)$ 为 m 维零均值测量噪声，$\boldsymbol{H}$ 为 $m\times n$ 常数阵，$\boldsymbol{V}(k)$ 与 $\boldsymbol{X}(l)$ 互不相关，即 $E[\boldsymbol{V}(k)\boldsymbol{X}^{\mathrm{T}}(l)]=0, k,l=1,2,\cdots$，我们的任务是如何按 $\boldsymbol{Z}(k)$ 对系统状态 $\boldsymbol{X}(i)$ 做出估计，为此，假设所做的估计是线性的，即

$$\hat{\boldsymbol{X}}(i)=\boldsymbol{a}+\boldsymbol{B}\boldsymbol{Z}(k) \tag{5.2.2}$$

其中，$\boldsymbol{a}$ 为 n 维常向量，$\boldsymbol{B}$ 为 $n\times m$ 阵.

当 $i>k$ 时，称 $\hat{\boldsymbol{X}}(i)$ 为系统状态的预测估计，简称预测；当 $i=k$ 时，称 $\hat{\boldsymbol{X}}(i)$ 为系统状态的滤波估计，简称滤波；当 $i<k$ 时，称 $\hat{\boldsymbol{X}}(i)$ 为系统状态的内插估计，简称内插.

估计误差记为

$$\tilde{\boldsymbol{X}}(i)=\boldsymbol{X}(i)-\hat{\boldsymbol{X}}(i) \tag{5.2.3}$$

目标函数 J 取为

$$J=E[\tilde{\boldsymbol{X}}^{\mathrm{T}}(i)\tilde{\boldsymbol{X}}(i)]=E\{[\boldsymbol{X}(i)-\hat{\boldsymbol{X}}(i)]^{\mathrm{T}}[\boldsymbol{X}(i)-\hat{\boldsymbol{X}}(i)]\} \tag{5.2.4}$$

现在的任务就是如何求出 $\boldsymbol{a},\boldsymbol{B}$ 以使

$$J=\min \tag{5.2.5}$$

此时，称式(5.2.2)所表示的估计为线性最小方差估计，并记作 $\hat{\boldsymbol{X}}_L(i)$.

5.2.2 线性最小方差估计

为方便起见，在推导过程中省略了时间指标. 设 $\boldsymbol{a}_L$ 与 $\boldsymbol{B}_L$ 是使式(5.2.5)成立的向量和矩阵，即有

$$J=E[(\boldsymbol{X}-\boldsymbol{a}_L-\boldsymbol{B}_L Z)^{\mathrm{T}}(\boldsymbol{X}-\boldsymbol{a}_L-\boldsymbol{B}_L Z)]=\min$$

于是必有

$$\frac{\partial J}{\partial \boldsymbol{a}_L}=0 \tag{5.2.6}$$

和

$$\frac{\partial J}{\partial \boldsymbol{B}_L}=0 \tag{5.2.7}$$

利用标量函数关于向量或矩阵的微分公式，由式(5.2.6)可得

$$\frac{\partial J}{\partial \boldsymbol{a}_L}=-2E(\boldsymbol{X}-\boldsymbol{a}_L-\boldsymbol{B}_L Z)=0$$

于是得到 $\boldsymbol{a}_L$ 为

$$\boldsymbol{a}_L=E\boldsymbol{X}-\boldsymbol{B}_L E\boldsymbol{Z} \tag{5.2.8}$$

再由式(5.2.7)得到

$$\frac{\partial J}{\partial \boldsymbol{B}_L}=-2E[(\boldsymbol{X}-\boldsymbol{a}_L-\boldsymbol{B}_L\boldsymbol{Z})\boldsymbol{Z}^{\mathrm{T}}]=0 \tag{5.2.9}$$

把式(5.2.8)代入式(5.2.9)有

$$E[(\boldsymbol{X}-E\boldsymbol{X})-\boldsymbol{B}_L(\boldsymbol{Z}-E\boldsymbol{Z})](\boldsymbol{Z}-E\boldsymbol{Z})^{\mathrm{T}}=0$$

即 $\mathrm{Cov}(\boldsymbol{X},\boldsymbol{Z})-\boldsymbol{B}_L\mathrm{Var}(\boldsymbol{Z})=0$，于是可得 $\boldsymbol{B}_L$ 为

$$\boldsymbol{B}_L=\mathrm{Cov}(\boldsymbol{X},\boldsymbol{Z})[\mathrm{Var}(\boldsymbol{Z})]^{-1} \tag{5.2.10}$$

其中,称 $\mathrm{Cov}(\boldsymbol{X},\boldsymbol{Z}) \triangleq E[(\boldsymbol{X}-E\boldsymbol{X})(\boldsymbol{Z}-E\boldsymbol{Z})^{\mathrm{T}}]$ 为系统状态与测量值的协方差阵,称 $\mathrm{Var}(\boldsymbol{Z}) \triangleq E[(\boldsymbol{Z}-E\boldsymbol{Z})(\boldsymbol{Z}-E\boldsymbol{Z})^{\mathrm{T}}]$ 为测量值的方差阵.

进一步还可证明,式(5.2.6)和式(5.2.7)不仅是使 J 为最小的必要条件,而且也是充分条件.

总结上面结果,可得定理5.2.1.

定理5.2.1 设 $\{\boldsymbol{X}(k),k=\cdots,-2,-1,0,1,2,\cdots\}$ 为 n 维平稳随机向量序列,$\{\boldsymbol{Z}(k),k=1,2,\cdots\}$ 为 m 维测量向量序列,则线性最小方差估计 $\hat{\boldsymbol{X}}(i)$ 为

$$\hat{\boldsymbol{X}}(i)=E\boldsymbol{X}(i)+\mathrm{Cov}[\boldsymbol{X}(i),\boldsymbol{Z}(k)][\mathrm{Var}\boldsymbol{Z}(k)]^{-1}[\boldsymbol{Z}(k)-E\boldsymbol{Z}(k)] \tag{5.2.11}$$

其中均值序列 $E\boldsymbol{X}(i)$ 与 $E\boldsymbol{Z}(k)$ 假设为已知,此时最小均方误差为

$$J_{\min}=\mathrm{tr}\{\mathrm{Var}\boldsymbol{X}(i)-\mathrm{Cov}[\boldsymbol{X}(i),\boldsymbol{Z}(k)][\mathrm{Var}\boldsymbol{Z}(k)]^{-1}\mathrm{Cov}[\boldsymbol{Z}(k),\boldsymbol{X}(i)]\} \tag{5.2.12}$$

其中,$\mathrm{tr}[\cdot]$ 表示对矩阵 $[\cdot]$ 求迹.

如果我们所做的测量是线性的,即取式(5.2.1)的形式,这时可得定理5.2.2.

定理5.2.2 设 $\{\boldsymbol{X}(k),k=\cdots,-2,-1,0,1,2,\cdots\}$ 为 n 维平稳随机向量序列,如果 m 维测量向量 $\boldsymbol{Z}(k)$ 取为

$$\boldsymbol{Z}(k)=\boldsymbol{H}\boldsymbol{X}(k)+\boldsymbol{V}(k) \tag{5.2.13}$$

其中,$\boldsymbol{H}$ 为 $m\times n$ 常数阵,$\boldsymbol{V}(k)$ 为测量噪声向量且有 $E\boldsymbol{V}(k)=0,E[\boldsymbol{V}(k)\boldsymbol{V}^{\mathrm{T}}(k)]=\boldsymbol{R}(k)$,$k=1,2,\cdots$,并假定 $\boldsymbol{V}(l)$ 与 $\boldsymbol{X}(k)$ 互不相关,即 $E[\boldsymbol{X}(k)\boldsymbol{V}^{\mathrm{T}}(l)]=0,k,l=1,2,\cdots$,则线性最小方差估计 $\hat{X}(i)$ 为

$$\hat{\boldsymbol{X}}(i)=E\boldsymbol{X}(i)+\mathrm{Cov}[\boldsymbol{X}(i),\boldsymbol{X}(k)]\boldsymbol{H}^{\mathrm{T}}[\boldsymbol{H}\mathrm{Var}\boldsymbol{X}(k)\boldsymbol{H}^{\mathrm{T}}+\boldsymbol{R}(k)]^{-1}[\boldsymbol{Z}(k)-E\boldsymbol{Z}(k)] \tag{5.2.14}$$

此时最小均方误差为

$$J_{\min}=\mathrm{tr}\{\mathrm{Var}\boldsymbol{X}(i)+\mathrm{Cov}[\boldsymbol{X}(i),\boldsymbol{X}(k)]\boldsymbol{H}^{\mathrm{T}}\cdot[H\mathrm{Var}\boldsymbol{X}(k)\boldsymbol{H}^{\mathrm{T}}+\boldsymbol{R}(k)]^{-1}\cdot\boldsymbol{H}\mathrm{Cov}[\boldsymbol{X}(k),\boldsymbol{X}(i)]\}$$

证明 由式(5.2.11)及定理中所给定的条件可知

$$\begin{aligned}\mathrm{Cov}[\boldsymbol{X}(i),\boldsymbol{Z}(k)]&=E\{[\boldsymbol{X}(i)-E\boldsymbol{X}(i)][\boldsymbol{H}\boldsymbol{X}(k)+\boldsymbol{V}(k)-E\boldsymbol{H}\boldsymbol{X}(k)-E\boldsymbol{V}(k)]^{\mathrm{T}}\}\\&=E\{[\boldsymbol{X}(i)-E\boldsymbol{X}(i)][\boldsymbol{X}(k)-E\boldsymbol{X}(k)]\}\boldsymbol{H}^{\mathrm{T}}\\&=\mathrm{Cov}[\boldsymbol{X}(i),\boldsymbol{X}(k)]\boldsymbol{H}^{\mathrm{T}}\end{aligned} \tag{5.2.15}$$

以及

$$[\mathrm{Var}\boldsymbol{Z}(k)]^{-1}=[\boldsymbol{H}\mathrm{Var}\boldsymbol{X}(k)\boldsymbol{H}^{\mathrm{T}}+\boldsymbol{R}(k)]^{-1} \tag{5.2.16}$$

将式(5.2.15)及式(5.2.16)代入式(5.2.11),可得式(5.2.14).再把式(5.2.15)及式(5.2.16)代入式(5.2.12)即得最小均方误差 $J_{\min}$.

定理证毕.

线性最小方差估计 $\hat{\boldsymbol{X}}(i)$ 有如下性质,即定理5.2.3.

定理5.2.3 设 $\hat{\boldsymbol{X}}(i)$ 为由定理5.2.1所确定的线性最小方差估计,则 $\hat{\boldsymbol{X}}(i)$ 有如下性质:

(1)线性性,即 $\hat{\boldsymbol{X}}(i)$ 是测量 $\boldsymbol{Z}(k)$ 的线性函数;

(2)无偏性,即 $\hat{\boldsymbol{X}}(i)$ 具有无偏性

$$E\hat{\boldsymbol{X}}(i)=E\boldsymbol{X}(i) \tag{5.2.17}$$

(3)正交性,即估计误差向量 $\widetilde{X}(i)=X(i)-\hat{X}(i)$ 与测量向量 $Z(k)$ 正交

$$E\{\widetilde{X}(i)[Z(k)-EZ(k)]^{T}\}=0 \tag{5.2.18}$$

证明 由式(5.2.11)可知性质(1)是显然的. 对式(5.2.11)两边取均值,则得性质(2). 进一步计算得

$$\begin{aligned}E\{\widetilde{X}(i)[Z(k)-EZ(k)]^{T}\}&=E\{[(X(i)-EX(i))-\\ \mathrm{Cov}(X(i),Z(k))\cdot(\mathrm{Var}Z(k))^{-1}&(Z(k)-EZ(k))](Z(k)-EZ(k))^{T}\}\\ =\mathrm{Cov}[X(i),Z(k)]-\mathrm{Cov}[X(i),Z(k)]&[\mathrm{Var}Z(k)]^{-1}[\mathrm{Var}Z(k)]=0\end{aligned}$$

定理得证.

为了更清楚地说明线性最小方差估计 $\hat{X}(i)$ 的特点,现引进投影的概念.

定义 5.2.1 设 X 与 $\hat{X}$ 均为 n 维随机向量,Z 为 m 维随机向量,如果 $\hat{X}$ 满足线性性、无偏性及正交性,即有

(1)
$$\hat{X}=a+BZ \tag{5.2.19}$$

(2)
$$E\hat{X}=EX \tag{5.2.20}$$

(3)
$$E(X-\hat{X})(Z-EZ)^{T}=0 \tag{5.2.21}$$

其中,a 为 n 维常向量,B 为 $n\times m$ 常数阵. 则称 $\hat{X}$ 是 X 在 Z 上的投影,记作

$$\hat{X}\triangleq\hat{E}(X/Z) \tag{5.2.22}$$

如果由 m 维随机向量 Z 的各分量张成一个 m 维希尔伯特空间 H,则也可称 $\hat{X}$ 为 X 在 m 维希尔伯特空间 H 上的正交投影,如图 5.2.1 所示.

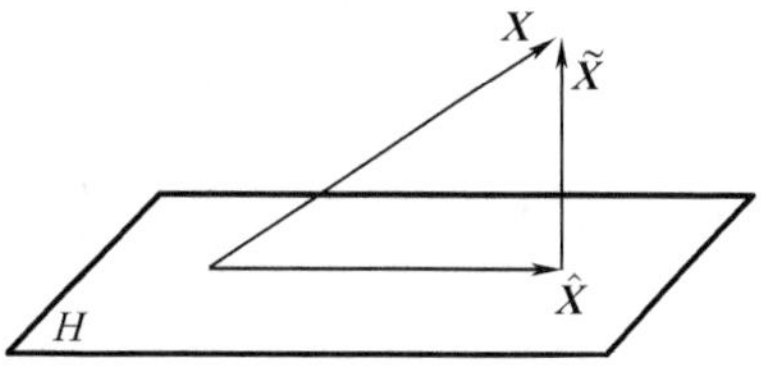

图 5.2.1 正交投影 $\hat{X}$ 的图形表示

由图可见有 $\widetilde{X}=(X-\hat{X})\perp H$,即 $\widetilde{X}\perp Z$.

投影有如下性质,即定理 5.2.4.

定理 5.2.4 设 $\hat{X}=\hat{E}(X/Z)$,$\hat{Y}=\hat{E}(Y/Z)$ 且 A,B 均为 $n\times m$ 常数阵,Z 为 m 维随机向量,X,Y 为 n 维随机向量,则

(1)
$$\hat{E}[(AX+BY)/Z]=A\hat{E}(X/Z)+B\hat{E}(Y/Z) \tag{5.2.23}$$

(2)
$$\hat{E}(AZ/Z)=AZ \tag{5.2.24}$$

定理 5.2.4 的证明,留给读者作为练习.

有了投影的概念之后,我们可进一步讨论线性最小方差估计 $\hat{X}(i)$.

定理 5.2.5 设 $\{X(k),k=\cdots,-2,-1,0,1,2,\cdots\}$ 为 n 维平稳随机向量序列,$\{Z(k),k=1,2,\cdots\}$ 为 m 维平稳随机向量测量序列,则 $\hat{X}(i)$ 为 $X(i)$ 在 $Z(k)$ 上正交投影的充要条件是

$$\hat{X}(i)=EX(i)+\mathrm{Cov}[X(i),Z(k)][\mathrm{Var}Z(k)]^{-1}[Z(k)-EZ(k)] \tag{5.2.25}$$

证明 必要性是显然的,只需证明充分性. 读者不难由投影定义中的式(5.2.19)、式(5.2.20)及式(5.2.21)推出 $X(i)$ 在 $Z(k)$ 上的正交投影 $\hat{X}(i)$ 由式(5.2.25)表示.

上述定理告诉我们,线性最小方差估计 $\hat{X}(i)$ 就是向量 $X(i)$ 在 $Z(k)$ 上的正交投影,又

因为投影是唯一的，故线性最小方差估计 $\hat{\boldsymbol{X}}(i)$ 也是唯一的.

5.2.3 计算举例

在下面所列举的各例中，如不再申明，均指一维平稳随机序列.

例 5.2.1 设 $\{\boldsymbol{X}(k), k=\cdots,-2,-1,0,1,2,\cdots\}$ 为零均值平稳随机序列，$\{\boldsymbol{Z}(k), k=1,2,\cdots,m\}$ 为零均值平稳测量序列，试利用 $\{\boldsymbol{Z}(k), k=1,2,\cdots,m\}$ 来确定 $\boldsymbol{X}(i)$ 的线性最小方差估计 $\hat{\boldsymbol{X}}(i)$.

解 因为测量序列中有 m 个测量值，每个测量值中都含有 $\boldsymbol{X}(i)$ 的信息，所以这些测量值对 $\boldsymbol{X}(i)$ 的估计都是有用的，故取

$$\hat{\boldsymbol{X}}(i) = \sum_{j=0}^{m} b_j \boldsymbol{Z}(j) = (b_1 \quad b_2 \quad \cdots \quad b_m)\begin{pmatrix} Z(1) \\ Z(2) \\ \vdots \\ Z(m) \end{pmatrix} \tag{5.2.26}$$

由式(5.2.11)并考虑到 $E\boldsymbol{X}=E\boldsymbol{Z}=0$ 且令

$$\boldsymbol{Z}(k) \triangleq (Z(1) \quad Z(2) \quad \cdots \quad Z(m))^{\mathrm{T}}$$

于是有

$$\begin{aligned} \boldsymbol{B} \triangleq (b_1 b_2 \cdots b_m) &= \mathrm{Cov}[\boldsymbol{X}(i), \boldsymbol{Z}(k)][\mathrm{Var}\boldsymbol{Z}(k)]^{-1} \\ &= [B_{XZ}(i-1) B_{XZ}(i-2) \cdots B_{XZ}(i-m)] \cdot \\ &\quad \begin{pmatrix} B_Z(0) & B_Z(-1) & \cdots & B_Z(1-m) \\ B_Z(1) & B_Z(0) & \cdots & B_Z(2-m) \\ \vdots & \vdots & & \vdots \\ B_Z(m-1) & B_Z(m-2) & \cdots & B_Z(0) \end{pmatrix}^{-1} \end{aligned}$$

现假设

$$G \triangleq \det(B_Z(u-v)) \neq 0, u, v = 1, 2, \cdots, m$$

并规定 $B_Z^*(u-v)$ 代表 $B_Z(u-v)$ 的代数余子式，则有

$$\begin{aligned} \boldsymbol{B} &= \frac{1}{G}[B_{XZ}(i-1) B_{XZ}(i-2) \cdots B_{XZ}(i-m)] \cdot \\ &\quad \begin{pmatrix} B_Z^*(0) & B_Z^*(1) & \cdots & B_Z^*(m-1) \\ B_Z^*(-1) & B_Z^*(0) & \cdots & B_Z^*(m-2) \\ \vdots & \vdots & & \vdots \\ B_Z^*(1-m) & B_Z^*(2-m) & \cdots & B_Z^*(0) \end{pmatrix} \\ &= \frac{1}{G}\left[\sum_{j=1}^{m} B_{XZ}(i-j) B_z^*(1-j), \sum_{j=1}^{m} B_{XZ}(i-j) B_Z^*(2-j), \cdots, \sum_{j=1}^{m} B_{XZ}(i-j) B_Z^*(m-j)\right] \end{aligned}$$

把上式代入式(5.2.26)，则得线性最小方差估计 $\hat{X}(i)$ 为

$$\hat{X}(i) = \frac{1}{G}\sum_{l=1}^{m}\sum_{j=1}^{m} B_{XZ}(i-j) B_Z^*(l-j) Z(l) \tag{5.2.27}$$

其中，$B_{XZ}(i-j)$ 为 $X(i)$ 与 $Z(j), j=1,2,\cdots,m$ 的互相关函数，$B_Z(u-v)$ 为 $Z(n), n=1,2,\cdots,m$ 的自相关函数且假定均为已知.

例 5.2.2 假设对零均值平稳随机序列 $\{X(k), k=\cdots,-2,-1,0,1,2,\cdots\}$ 的观测无测量

噪声,而且观测值序列$\{X(-m+1),X(-m+2),X(-1),X(0)\}$为已知,试求对$X(n_0),n_0>0$的线性最小方差预测$\hat{X}(n_0)$.

解 取$\hat{X}(n_0)=\sum_{j=0}^{m-1}b_jX(-j)=(b_0\quad b_1\quad\cdots\quad b_{m-1})\begin{pmatrix}X(0)\\X(-1)\\\vdots\\X(-m+1)\end{pmatrix}$,若记

$$Z(k)\triangleq[X(0)X(-1)\cdots X(-m+1)]^{\mathrm{T}}$$

并代入式(5.2.11),于是有

$$\begin{aligned}\hat{X}(n_0)&=\mathrm{Cov}[X(n_0),Z(k)][\mathrm{Var}Z(k)]^{-1}[Z(k)]\\&=[B_X(n_0)B_X(n_0+1)\cdots B_X(n_0+m-1)]\cdot\\&\quad\begin{pmatrix}B_X(0)&B_X(1)&\cdots&B_X(m-1)\\B_X(-1)&B_X(0)&\cdots&B_X(m-2)\\\vdots&\vdots&&\vdots\\B_X(-m+1)&B_X(-m+2)&\cdots&B_X(0)\end{pmatrix}^{-1}\begin{pmatrix}X(0)\\X(-1)\\\vdots\\X(-m+1)\end{pmatrix}\end{aligned}\tag{5.2.28}$$

由式(5.2.28)可见,只要自相关函数$B_X(i),i=1,2,\cdots,n_0+m-1$为已知,那么就可以按式(5.2.28)计算出线性最小方差预测$\hat{X}(n_0)$.

应当指出,对于式(5.2.28)的计算,有较快的递推算法,这里就不再详述了.

如果自相关函数$B_X(i)$未知,可假设平稳随机序列$\{X(k),k=\cdots,-2,-1,0,1,2,\cdots\}$具有均方遍历性,然后取一个样本序列并依此估计出自相关函数$B_X(i)$. 把这一问题放在下一章来讨论.

为了讨论自回归序列的最优预测问题,现引进定理5.2.6.

定理5.2.6 设随机序列$\{X(n),n=\cdots,-2,-1,0,1,2,\cdots\}$满足如下自回归模型:

$$\sum_{j=0}^{p}a_jX(n-j)=\xi(n),a_0=1\tag{5.2.29}$$

其中,$\{\xi(n),n=\cdots,-2,-1,0,1,2,\cdots\}$为随机序列,则必存在常数$c_l$和$d_j$使得$X(n)$可表示为

$$X(n)=\sum_{l=0}^{m}c_l\xi(n-l)+\sum_{j=1}^{p}d_jX(n-m-j)\tag{5.2.30}$$

其中,$c_0=1$.

证明 由式(5.2.29)可以写出

$$\begin{gathered}c_0\xi(n)=c_0a_0X(n)+c_0a_1X(n-1)+\cdots+c_0a_pX(n-p)\\c_1\xi(n-1)=c_1a_0X(n-1)+c_1a_1X(n-2)+\cdots+c_1a_pX(n-1-p)\\\vdots\\c_m\xi(n-m)=c_ma_0X(n-m)+c_ma_1X(n-m-1)+\cdots+c_ma_pX(n-m-p)\end{gathered}$$

把以上各式相加可得

$$\begin{aligned}\sum_{l=0}^{m}c_l\xi(n-l)=c_0a_0X(n)&+(c_0a_1+c_1a_0)X(n-1)+\\&(c_0a_2+c_1a_1+c_2a_0)X(n-2)+\cdots+\\&(c_0a_m+c_1a_{m-1}+\cdots+c_ma_0)X(n-m)+\end{aligned}$$

$$(c_0 a_{m+1} + c_1 a_m + \cdots + c_{m+1} a_0) X(n-m-1) + \cdots +$$
$$(c_0 a_{m+p} + c_1 a_{m+p-1} + \cdots + c_{m+p} a_0) X(n-m-p)$$

经整理并考虑到 $c_0 = a_0 = 1$，重新写成

$$\begin{aligned} X(n) = & \sum_{l=0}^{m} c_l \xi(n-l) - \left(\sum_{i=0}^{1} c_i a_{1-i}\right) X(n-1) - \left(\sum_{i=0}^{2} c_i a_{2-i}\right) X(n-2) - \cdots - \\ & \left(\sum_{i=0}^{m} c_i a_{m-i}\right) X(n-m) - \left(\sum_{i=0}^{m+1} c_i a_{m+1-i}\right) X(n-m-1) - \cdots - \\ & \left(\sum_{i=0}^{m+p} c_i a_{m+p-i}\right) X(n-m-p) \end{aligned} \tag{5.2.31}$$

令式(5.2.31)等号右端第二项至第 $m+1$ 项的系数为零，于是有

$$\left.\begin{aligned} c_1 &= -c_0 a_1 = -\sum_{i=0}^{1-1} c_i a_{1-i} \\ c_2 &= -(c_0 a_2 + c_1 a_1) = -\sum_{i=0}^{2-1} c_i a_{2-i} \\ &\vdots \\ c_m &= -(c_0 a_m + \cdots + c_{m-1} a_1) = -\sum_{i=0}^{m-1} c_i a_{m-i} \end{aligned}\right\} \tag{5.2.32}$$

再令

$$\left.\begin{aligned} d_1 &= -\sum_{i=0}^{m+1} c_i a_{m+1-i} = -\sum_{i=0}^{m} c_i a_{m+1-i} \\ d_2 &= -\sum_{i=0}^{m+2} c_i a_{m+2-i} = -\sum_{i=0}^{m} c_i a_{m+2-i} \\ &\vdots \\ d_p &= -\sum_{i=0}^{m+p} c_i a_{m+p-i} = -\sum_{i=0}^{m} c_i a_{m+p-i} \end{aligned}\right\} \tag{5.2.33}$$

最后将式(5.2.33)代入式(5.2.31)可得

$$\begin{aligned} X(n) &= \sum_{l=0}^{m} c_l \xi(n-l) + d_1 X(n-m-1) + \cdots + d_p X(n-m-p) \\ &= \sum_{l=0}^{m} c_l \xi(n-l) + \sum_{j=0}^{p} d_j X(n-m-j) \end{aligned}$$

其中，$c_0 = 1$，c_1 至 c_m 由式(5.2.32)给出.

定理得证.

有了上述定理以后，就可以对自回归序列进行预测.

例 5.2.3 设零均值平稳随机序列 $\{X(k), k = \cdots, -2, -1, 0, 1, 2, \cdots\}$ 满足如下自回归模型：

$$\sum_{j=0}^{p} a_j X(n-j) = \xi(n), a_0 = 1 \tag{5.2.34}$$

其中，$\{\xi(n), n = \cdots, -2, -1, 0, 1, 2, \cdots\}$ 为零均值白噪声序列，$E\xi^2(n) = \sigma_\xi^2$，而且特征方程

$$\sum_{j=0}^{p} a_j z^{p-j} = 0 \tag{5.2.35}$$

的根均在单位圆内，进一步假定对 $\{X(k), k = \cdots, -2, -1, 0, 1, 2, \cdots\}$ 的测量无误差. 试求按

$\{X(k),k\leqslant 0\}$ 对 $X(n_0),n_0>0$ 的线性最小方差预测，并计算预测的均方误差.

解 由定理5.2.6中的式(5.2.30)，令 $n=n_0,m=n_0-1$，于是有

$$X(n_0)=\sum_{l=0}^{n_0-1}c_l\xi(n_0-l)+\sum_{j=0}^{p}d_jX(1-j) \tag{5.2.36}$$

再由定理5.1.2中的式(5.1.39)，还有

$$E[X(n-k)\xi(n)]=0,k>0 \tag{5.2.37}$$

最后利用定理5.2.4中的式(5.2.23)可得

$$\begin{aligned}\hat{X}(n_0)&=\hat{E}[X(n_0)/X(k),k\leqslant 0]\\&=\hat{E}\{[\sum_{l=0}^{n_0-1}c_l\xi(n_0-l)+\sum_{j=1}^{p}d_jX(1-j)]/X(k),k\leqslant 0\}\\&=\sum_{l=0}^{n_0-1}c_l\hat{E}[\xi(n_0-l)/X(k),k\leqslant 0]+\sum_{j=1}^{p}d_j\hat{E}[X(1-j)/X(k),k\leqslant 0]\end{aligned} \tag{5.2.38}$$

由投影公式(5.2.25)并注意到式(5.2.37)，于是有

$$\hat{E}[\xi(n_0-l)/X(k),k\leqslant 0]=0,l=0,1,2,\cdots,n_0-1 \tag{5.2.39}$$

再由定理5.2.4中的式(5.2.24)还有

$$\hat{E}[X(1-j)/X(k),k\leqslant 0]=X(1-j),j=1,2,\cdots,p \tag{5.2.40}$$

将式(5.2.39)与式(5.2.40)代入式(5.2.38)得线性最小方差预测 $\hat{X}(n_0)$ 为

$$\hat{X}(n_0)=\sum_{j=1}^{p}d_jX(1-j) \tag{5.2.41}$$

其中，$d_j,j=1,2,\cdots,p$ 由式(5.2.33)确定.

当 $n_0=1$ 时，我们称之为一步预测，此时由式(5.2.29)有

$$X(n)=\xi(n)-\sum_{j=1}^{p}a_jX(n-j)$$

或者写成

$$X(1)=\xi(1)-\sum_{j=1}^{p}a_jX(1-j)$$

由上面的推导方法很容易得出

$$\hat{X}(1)=-\sum_{j=1}^{p}a_jX(1-j) \tag{5.2.42}$$

一般地，我们按 $\{X(k),k\leqslant n\}$ 对 $X(n+1)$ 所做的一步线性最小方差预测 $\hat{X}(n+1)$ 可写成

$$\hat{X}(n+1)=-\sum_{j=1}^{p}a_jX(n+1-j) \tag{5.2.43}$$

下面计算预测的均方误差. 由式(5.2.41)可知预测误差 $\tilde{X}(n_0)$ 为

$$\tilde{X}(n_0)=X(n_0)-\hat{X}(n_0)=X(n_0)-\sum_{j=1}^{p}d_jX(1-j) \tag{5.2.44}$$

将式(5.2.44)两边做 Z 变换，可知预测误差功率谱密度函数 $S_{\tilde{X}}(z)$ 为

$$S_{\tilde{X}}(z)=\left|1-\sum_{j=1}^{p}d_jz^{1-j-n_0}\right|^2S_X(z) \tag{5.2.45}$$

然而由式(5.2.34)可推出

$$S_X(z)=\frac{1}{\left|\sum_{j=1}^{p}a_j z^{-j}\right|^2}S_\xi(z)$$

且有 $S_\xi(z)=\sigma_\xi^2$. 将上式代入式(5.2.45)有

$$S_{\tilde{X}}(z)=\frac{\left|1-\sum_{j=1}^{p}d_j z^{1-j-n_0}\right|^2}{\left|\sum_{j=1}^{p}a_j z^{-j}\right|^2}\sigma_\xi^2$$

最后由定理3.2.6中的式(3.2.86)可计算出预测误差均方差 $\sigma_{\tilde{X}}^2$ 为

$$\sigma_{\tilde{X}}^2=E[\tilde{X}(n_0)]^2=\frac{1}{2\pi j}\oint_{|z|=1}\frac{\left|1-\sum_{j=1}^{p}d_j z^{1-j-n_0}\right|^2}{\left|\sum_{j=1}^{p}a_j z^{-j}\right|^2}\frac{dz}{z} \tag{5.2.46}$$

例5.2.4　滑动合序列预测　设零均值平稳随机序列 $\{X(k),k=\cdots,-1,0,1,\cdots\}$ 满足如下滑动合模型:

$$X(n)=\sum_{j=0}^{q}b_j\xi(n-j) \tag{5.2.47}$$

其中,$\{\xi(n),n=\cdots,-2,-1,0,1,2,\cdots\}$ 为白噪声序列并可无误差地测量出来. 试求按 $\{\xi(k),k\leqslant0\}$ 对 $X(n_0),n_0>0$ 的线性最小方差预测.

解　由投影性质式(5.2.33)及投影公式(5.2.25)可知

$$\begin{aligned}\hat{X}(n_0)&=\hat{E}[X(n_0)/\xi(k),k\leqslant0]\\&=\hat{E}\left[\sum_{j=0}^{q}b_j\xi(n_0-j)/\xi(k),k\leqslant0\right]=\sum_{j=0}^{q}b_j\hat{E}[\xi(n_0-j)/\xi(k),k\leqslant0]\\&=\begin{cases}0,n_0>q\\ \sum_{j=n_0}^{q}b_j\xi(n_0-j),0<n_0\leqslant q\end{cases}\end{aligned} \tag{5.2.48}$$

当 $n_0\leqslant q$ 时,预测误差均方差 $\sigma_{\tilde{X}}^2$ 可计算为

$$\begin{aligned}\sigma_{\tilde{X}}^2&=E[X(n_0)-\hat{X}(n_0)]^2\\&=E\left[\sum_{j=0}^{q}b_j\xi(n_0-j)-\sum_{j=n_0}^{q}b_j\xi(n_0-j)\right]^2\\&=E\left[\sum_{j=0}^{n_0-1}b_j\xi(n_0-j)\right]^2\\&=\sigma_\xi^2\sum_{j=0}^{n_0-1}b_j^2\end{aligned} \tag{5.2.49}$$

当 $n_0>q$ 时,由式(5.2.48)可知此时的线性最小方差预测为零,这说明该预测没有任何信息. 因此,预测误差均方差最大,即

$$\sigma_{\tilde{X}}^2=E\left[\sum_{j=0}^{q}b_j\xi(n_0-j)\right]^2=\sigma_\xi^2\sum_{j=0}^{q}b_j^2 \tag{5.2.50}$$

其中,$\sigma_\xi^2=E[\xi(k)]^2;k=\cdots,-2,-1,0,1,2,\cdots$.

现在我们进一步讨论，对滑动合序列模型式(5.2.47)来说，如果只能无误差地测出$\{X(k),k=\cdots,-2,-1,0,1,2,\cdots\}$，那么如何由$\{X(k),k\leqslant 0\}$对$X(n_0),n_0>0$做线性最小方差预测？为了解决这个问题，假设方程

$$\sum_{j=0}^{q} b_j z^{p-j} = 0 \tag{5.2.51}$$

的根全部在单位圆内. 由定理5.1.5可知$\xi(n)$必可表示为

$$\xi(n) = \sum_{l=0}^{\infty} d_l X(n-l) \tag{5.2.52}$$

其中，$d_l = \dfrac{1}{b_0}\sum_{i=1}^{q} c_i z_i^l$. (5.2.53)

$z_i,i=1,2,\cdots,q$为方程式(5.2.51)的根并假定彼此不相同，则

$$c_i = \frac{z_i^{q-l}}{\prod\limits_{\substack{l\leqslant j\leqslant q\\ j\neq i}}(z_i - z_j)}, i = 1,2,\cdots,q \tag{5.2.54}$$

因为$\sum\limits_{l=0}^{\infty}|d_l| < \infty$，所以式(5.2.52)是均方收敛的.

由式(5.2.47)可知，对任意$k\leqslant 0$，$X(k)$必是集合$\{\xi(k),k\leqslant 0\}$中的$q+1$个元素的线性组合，所以有$X(k)\in\{\xi(k),k\leqslant 0\}$；另一方面，由式(5.2.52)又知，对任意$\xi(k),k\leqslant 0$，还有$\xi(k)\in\{X(k),k\leqslant 0\}$，这样一来，必有

$$\{\xi(k),k\leqslant 0\} = \{X(k),k\leqslant 0\} \tag{5.2.55}$$

式(5.2.55)的含义是，由这两个序列所组成的希尔伯特空间是一致的. 于是可得

$$\begin{aligned}\hat{X}(n_0) &= \hat{E}(X(n_0)/X(k),k\leqslant 0) = \hat{E}(X(n_0)/\xi(k),k\leqslant 0)\\ &= \begin{cases}0, n_0 > q\\ \sum\limits_{j=n_0}^{q} b_j\xi(n_0-j), 0 < n_0 \leqslant q\end{cases}\\ &= \begin{cases}0, n_0 > q\\ \sum\limits_{j=n_0}^{q} b_j \sum\limits_{l=0}^{\infty} d_l X(n_0-j-l), 0 < n_0 \leqslant q\end{cases}\\ &= \begin{cases}0, n_0 > q\\ \sum\limits_{l=0}^{\infty} d_l \sum\limits_{j=n_0}^{q} b_j X(n_0-j-l), 0 < n_0 \leqslant q\end{cases}\end{aligned} \tag{5.2.56}$$

上述结果表示按$\{X(k),k\leqslant 0\}$对$X(n_0),n_0>0$所做的线性最小方差预测. 由于$|z_i|<1,i=1,2,\cdots,q$，所以当l很大时，由式(5.2.53)看出d_l是一个很小的数值，这样一来，当利用式(5.2.56)计算$\hat{X}n_0$时，对d_l求和的项数只需到一个适当大的数就可以了. 因此，可把$\hat{X}(n_0)$表示成

$$\hat{X}(n_0) = \sum_{l=0}^{M_l} d_l \sum_{j=n_0}^{q} b_j X(n_0-j-l), 0 < n_0 \leqslant q \tag{5.2.57}$$

其中，正整数M_l是由工程设计所需要的精度来决定的.

例5.2.5 自回归滑动合序列预测 设平稳随机序列$\{X(n),n=\cdots,-2,-1,0,1,2,\cdots\}$满足如下ARMA模型：

$$\sum_{j=0}^{p} a_j X(n-j) = \sum_{j=0}^{q} b_j \xi(n-j), a_0 = 1 \tag{5.2.58}$$

其中，$\{\xi(n), n=\cdots,-2,-1,0,1,2,\cdots\}$为白噪声序列并假定方程

$$\sum_{j=0}^{p} a_j z^{p-j} = 0 \tag{5.2.59}$$

和

$$\sum_{j=0}^{q} b_j z^{p-j} = 0 \tag{5.2.60}$$

的根全部在单位圆内，而且对$\{X(n), n=\cdots,-2,-1,0,1,2,\cdots\}$及$\{\xi(n), n=\cdots,-2,-1,0,1,2,\cdots\}$的测量均无误差. 试求按$\{\xi(n), n\leqslant 0\}$或$\{X(n), n\leqslant 0\}$对$X(n_0), n_0>0$所做的线性最小方差预测$\hat{X}(n_0)$.

解 这个问题的解法同例 5.2.4 相类似. 首先，由方程式(5.2.58)必可导出

$$X(n) = \sum_{k=0}^{\infty} c_k \xi(n-k) \tag{5.2.61}$$

事实上，将方程式(5.2.58)两边做 Z 变换，由式(3.2.97)可得

$$\sum_{j=0}^{p} a_j z^{n-j} \mathrm{d}\zeta_X(z) = \sum_{j=0}^{q} b_j z^{n-j} \mathrm{d}\zeta_\xi(z) \tag{5.2.62}$$

于是

$$\begin{aligned} \mathrm{d}\zeta_X(z) &= \frac{\sum_{j=0}^{q} b_j z^{-j}}{\sum_{j=0}^{p} a_j z^{p-j}} \mathrm{d}\zeta_\xi(z) \\ &= \sum_{j=0}^{q} b_j z^{-j} \frac{z^p}{(z-z_1)\cdots(z-z_p)} \mathrm{d}\zeta_\xi(z) \\ &= \sum_{j=0}^{q} b_j z^{-j} \sum_{j=1}^{p} \frac{\mathrm{d}_j z}{z-z_j} \mathrm{d}\zeta_\xi(z) \end{aligned} \tag{5.2.63}$$

其中

$$d_j = \frac{z_j^{p-l}}{\prod_{\substack{l\leqslant i\leqslant p \\ i\neq j}} (z_j - z_i)}, j = 1,2,\cdots,p \tag{5.2.64}$$

而 $z_j, j=1,2,\cdots,p$ 为方程式(5.2.59)的根并假定彼此互不相同. 将式(5.2.63)做级数展开可得

$$\mathrm{d}\zeta_X(z) = \sum_{j=0}^{q} b_j z^{-j} \sum_{j=1}^{p} d_j \sum_{l=0}^{\infty} z^{-l} z_j^l \mathrm{d}\zeta_\xi(z) = \sum_{l=0}^{\infty} g_l \sum_{j=0}^{q} b_j z^{-j-l} \mathrm{d}\zeta_\xi(z) \tag{5.2.65}$$

其中

$$g_l = \sum_{j=1}^{p} \mathrm{d}_j z_j^l, l = 0,1,2,\cdots \tag{5.2.66}$$

再令 $k=j+l$，代入式(5.2.65)有

$$\mathrm{d}\zeta_X(z) = \sum_{k=0}^{\infty} \left(\sum_{l=0}^{k} g_l b_{k-l}\right) z^{-k} \mathrm{d}\zeta_\xi(z) = \sum_{k=0}^{\infty} c_k z^{-k} \mathrm{d}\zeta_\xi(z) \tag{5.2.67}$$

其中，$c_k = \sum_{l=0}^{k} g_l b_{k-1}, k = 0,1,2,\cdots.$ (5.2.68)

最后，将方程式(5.2.67)两边同乘 z^n，再由定理 3.2.6 可得

$$X(n) = \oint z^n \mathrm{d}\zeta_X(z) = \sum_{k=0}^{\infty} c_k \oint z^{n-k} \mathrm{d}\zeta_\xi(z) = \sum_{k=0}^{\infty} c_k \xi(n-k) \tag{5.2.69}$$

于是式(5.2.61)得证.

利用式(5.2.69)及投影性质式(5.2.23)可求出按$\{\xi(n), n\leqslant 0\}$对$X(n_0), n_0>0$的线性最小方差预测$\hat{X}(n_0)$为

$$\begin{aligned}\hat{X}(n_0) &= \hat{E}[X(n_0)/\xi(n), n\leqslant 0] \\ &= \hat{E}\left[\sum_{k=0}^{\infty} c_k\xi(n_0-k)/\xi(n), n\leqslant 0\right] \\ &= \sum_{k=0}^{\infty} c_k \hat{E}[\xi(n_0-k)/\xi(n), n\leqslant 0] \\ &= \sum_{k=n_0}^{\infty} c_k\xi(n_0-k)\end{aligned} \tag{5.2.70}$$

预测误差的均方差$\sigma_{\tilde{X}}^2$可计算为

$$\sigma_{\tilde{X}}^2 = E[X(n_0)-\hat{X}(n_0)]^2 = E\left[\sum_{k=0}^{n_0-1} c_k\xi(n_0-k)\right]^2 = \sigma_\xi^2\sum_{k=0}^{n_0-1}c_k^2$$

其中,$\sigma_\xi^2 = E[\xi^2(n)]$.

用同样类似的方法也可以求出按$\{X(n), n\leqslant 0\}$对$\{X(n_0), n_0>0\}$的线性最小方差预测$\hat{X}(n_0)$,这里就不赘述了.

5.3 广义马尔可夫序列滤波

下面讨论在工程应用中经常遇到的一类随机序列(广义马尔可夫序列)的性质及其滤波问题.

定义 5.3.1 广义马尔可夫序列 设$\{X(n), n=1,2,\cdots\}$为随机变量序列,如果$X(n)$满足方程

$$X(n) = a(n)X(n-1)+\xi(n) \tag{5.3.1}$$

其中初始状态$X(0)$为随机变量且$EX(0)=0, EX^2(0)=\sigma_0^2$为已知,$\{\xi(n), n=1,2,\cdots\}$为零均值互不相关随机变量序列且已知

$$E\xi(i)\xi(k) = \begin{cases}0, k\neq i \\ \sigma_i^2, k=i, i=1,2,\cdots\end{cases} \tag{5.3.2}$$

并假定$X(0)$与$\{\xi(n), n=1,2,\cdots\}$不相关,即$EX(0)\xi(n)=0, n=1,2,\cdots, a(n)$为实常数,则称$\{X(n), n=1,2,\cdots\}$为广义马尔可夫序列.

由上面的定义可以看出,当白噪声序列作用于一阶线性时变系统时,如果初始条件与输入序列不相关,输出序列是广义马尔可夫序列.

关于广义马尔可夫序列的性质,有定理 5.3.1.

定理 5.3.1 设$\{X(n), n=1,2,\cdots\}$为随机变量序列,则下面三个事实等价:

(1)$\{X(n), n=1,2,\cdots\}$为广义马尔可夫序列;

(2)$X(n)$基于$X(n-1), X(n-2),\cdots, X(1), X(0)$的线性最小方差预测只与$X(n-1)$有关,即

$$\hat{E}[X(n)/X(n-1), X(n-2),\cdots, X(0)] = \hat{E}[X(n)/X(n-1)] = a(n)X(n-1)$$

或表示成

$$E[X(n)-a(n)X(n-1)]X(i)=0, i\leqslant n-1 \tag{5.3.3}$$

(3)对任意正整数 $l\leqslant m\leqslant n$，有

$$\Gamma_X(n,l)\Gamma_X(m,m)=\Gamma_X(m,l)\Gamma_X(n,m) \tag{5.3.4}$$

证明　先证(1)⇒(2).

由定义 5.3.1 中的式(5.3.1)及定理 5.2.6 中的式(5.2.30)，取 $m=n-1$，于是必有

$$X(n)=\sum_{l=0}^{n-1}c_l(n)\xi(n-l)+d_1(n)X(0) \tag{5.3.5}$$

这说明 $X(n)$ 为 $\xi(n),\xi(n-1),\cdots,\xi(1)$ 及 $X(0)$ 的线性组合，进一步 $X(n-i), i\leqslant 1$ 为 $\xi(n-i),\xi(n-i-1),\cdots,\xi(1),X(0)$ 的线性组合，又因 $\xi(n)$ 与 $\{\xi(n-1),\xi(n-2),\cdots,\xi(1),X(0)\}$ 不相关，所以 $\xi(n)$ 与 $\{\xi(n-i-1),\xi(n-i-2),\cdots,\xi(1),X(0)\}, i\leqslant 1$ 也是不相关，于是有 $\xi(n)=X(n)-a(n)X(n-1)$ 与 $\{X(n-1),X(n-2),\cdots,X(1),X(0)\}$ 不相关，即

$$E\{[X(n)-a(n)X(n-1)]X(j)\}=0, j\leqslant n-1$$

由定理 5.2.3 可知线性最小方差预测为

$$\begin{aligned}&\hat{E}[X(n)/X(n-1),X(n-2),\cdots,X(1),X(0)]\\&=\hat{E}[X(n)/X(n-1)]=a(n)X(n-1)\end{aligned}$$

于是式(5.3.3)得证.

再证(2)⇒(3).

由式(5.3.3)可知有

$$\Gamma_X(n,i)-a(n)\Gamma_X(n-1,i)=0, i\leqslant n-1$$

于是得

$$a(n)=\frac{\Gamma_X(n,i)}{\Gamma_X(n-1,i)}, i\leqslant n-1$$

再取 $j\leqslant i$，还有 $E\left\{\left[X(n)-\dfrac{\Gamma_X(n,i)}{\Gamma_X(n-1,i)}X(n-1)\right]X(j)\right\}=0$，即

$$\Gamma_X(n,j)\Gamma_X(n-1,i)=\Gamma_X(n,i)\Gamma_X(n-1,j), j\leqslant i \tag{5.3.6}$$

若取 $i=n-1$ 时，由式(5.3.6)可得

$$\Gamma_X(n,j)\Gamma_X(n-1,n-1)=\Gamma_X(n,n-1)\Gamma_X(n-1,j), j\leqslant n-1 \tag{5.3.7}$$

这说明式(5.3.4)对于 $m=n-1, l\leqslant m$ 成立.

现把式(5.3.6)中的序号 n 向后推迟一步，则得

$$\Gamma_X(n-1,j)\Gamma_X(n-2,i)=\Gamma_X(n-1,i)\Gamma_X(n-2,j), j\leqslant i \tag{5.3.8}$$

然后在式(5.3.8)中取 $i=n-2$，有

$$\Gamma_X(n-1,j)\Gamma_X(n-2,n-2)=\Gamma_X(n-1,n-2)\Gamma_X(n-2,j), j\leqslant n-2 \tag{5.3.9}$$

将式(5.3.9)两边分别同式(5.3.7)两边相乘，则得

$$\begin{aligned}&\Gamma_X(n,j)\Gamma_X(n-1,n-1)\Gamma_X(n-1,j)\Gamma_X(n-2,n-2)\\&=\Gamma_X(n,n-1)\Gamma_X(n-1,j)\Gamma_X(n-1,n-2)\Gamma_X(n-2,j), j\leqslant n-2\end{aligned}$$

经整理有

$$\Gamma_X(n,j)\Gamma_X(n-2,n-2)=\frac{\Gamma_X(n,n-1)\Gamma_X(n-1,n-2)}{\Gamma_X(n-1,n-1)}\Gamma_X(n-2,j), j\leqslant n-2 \tag{5.3.10}$$

在式(5.3.7)中,令 $j=n-2$,然后将 $\Gamma_X(n,n-2)$ 代入式(5.3.10),则得

$$\Gamma_X(n,j)\Gamma_X(n-2,n-2)=\Gamma_X(n,n-2)\Gamma_X(n-2,j),j\leqslant n-2 \tag{5.3.11}$$

这说明式(5.3.4)对于 $m=n-2,l\leqslant m$ 成立. 依此类推,可得式(5.3.4)对于任意 $l\leqslant m\leqslant n$ 均成立.

最后证(3)⇒(1).

由式(5.3.4),取 $m=n-1$,则有

$$\Gamma_X(n,l)\Gamma_X(n-1,n-1)=\Gamma_X(n-1,l)\Gamma_X(n,n-1),l\leqslant n-1$$

即
$$\Gamma_X(n,l)-\frac{\Gamma_X(n-1,l)}{\Gamma_X(n-1,n-1)}\Gamma_X(n,n-1)=0,l\leqslant n-1$$

或者还可写成

$$E\left\{\left[X(n)-\frac{\Gamma_X(n,n-1)}{\Gamma_X(n-1,n-1)}X(n-1)\right]X(l)\right\}=0,l\leqslant n-1$$

令
$$a(n)\triangleq\frac{\Gamma_X(n,n-1)}{\Gamma_X(n-1,n-1)}$$

并代入上式,则得

$$E\{[X(n)-a(n)X(n-1)]X(l)\}=0,l\leqslant n-1 \tag{5.3.12}$$

再令
$$X(n)-a(n)X(n-1)\triangleq\xi(n) \tag{5.3.13}$$

$$X(n-1)-a(n-1)X(n-2)\triangleq\xi(n-1)$$

$$\vdots$$

$$X(1)-a(1)X(0)\triangleq\xi(1)$$

于是由式(5.3.12)又知 $\{\xi(n),\xi(n-1),\cdots,\xi(1),X(0)\}$ 是互不相关的随机变量序列,所以由式(5.3.13)定义的随机序列 $\{X(n),n=1,2,\cdots\}$ 为广义马尔可夫序列.

定理证毕.

从马尔可夫序列定义 2.4.6 及广义马尔可夫序列定义 5.3.1 可以看出,二者并没有直接关系,即一个任意马尔可夫序列并非是广义马尔可夫的,反之亦然. 但是,对于正态随机序列,却有如下结论,即定理 5.3.2.

定理 5.3.2 设 $\{X(n),n=1,2,\cdots\}$ 是正态随机变量序列,则下面两个事实等价:

(1)它是马尔可夫序列;

(2)它是广义马尔可夫序列.

把定理 5.3.2 的证明留给读者作为练习.

现在把广义马尔可夫序列的概念推广并定义广义二阶马尔可夫序列.

定义 5.3.2 广义二阶马尔可夫序列 设 $\{X(n),n=1,2,\cdots\}$ 为随机变量序列,如果 $X(n)$ 满足

$$X(n)=a(n)X(n-1)+b(n)X(n-2)+\xi(n) \tag{5.3.14}$$

其中,初始状态 $X(0),X(1)$ 为互不相关的随机变量且 $EX(0)=EX(1)=0,EX^2(0)=\sigma_0^2$, $EX^2(1)=\sigma_1^2$, $\{\xi(n),n\geqslant 2\}$ 为零均值互不相关的随机变量序列,即

$$E\xi(i)\xi(k)=\begin{cases}0,k\neq i,i,k\geqslant 2\\ \sigma_i^2,k=i,i,k\geqslant 2\end{cases}$$

而且 $EX(1)\xi(i)=EX(0)\xi(i)=0,i\geqslant 2$,则称 $\{X(n),n=1,2,\cdots\}$ 为广义二阶马尔可夫序列.

定理 5.3.3 序列$\{X(n),n=1,2,\cdots\}$为广义二阶马尔可夫序列的充要条件是$X(n)$基于$X(n-1),X(n-2),\cdots,X(0)$的线性最小方差预测$\hat{X}(n)$只与$(n-1),X(n-2)$有关,即

$$\begin{aligned}\hat{X}(n)&=\hat{E}[X(n)/X(n-1),X(n-2),\cdots,X(0)]\\&=\hat{E}[X(n)/X(n-1),X(n-2)]\\&=a(n)X(n-1)+b(n)X(n-2)\end{aligned}\tag{5.3.15}$$

证明 (1)必要性

由式(5.3.14)及式(5.2.30)可知,当取$m=n-2$时,有

$$X(n)=\sum_{l=0}^{n-2}c_l(n)\xi(n-l)+d_1(n)X(1)+d_2(n)X(0)$$

这说明$X(n)$是$\xi(n),\xi(n-1),\cdots,\xi(2),X(1),X(0)$的线性组合,由此可知$X(n-i)$是$\xi(n-i),\xi(n-i-1),\cdots,\xi(2),X(1),X(0)\ (i=1,2,\cdots)$的线性组合. 然而由定义5.3.3又知$\xi(n)=X(n)-a(n)X(n-1)-b(n)X(n-2)$与$\xi(n-1),\cdots,\xi(2),X(1),X(0)$互不相关,即

$$\hat{E}[X(n)-a(n)X(n-1)-b(n)X(n-2)\mid X(n-1),\cdots,X(1),X(0)]=0$$

或者写成

$$\begin{aligned}\hat{E}[X(n)\mid X(n-1),X(n-2),\cdots,X(0)]&=\hat{E}[X(n)/X(n-1),X(n-2)]\\&=a(n)X(n-1)+b(n)X(n-2)\end{aligned}$$

(2)充分性

若式(5.3.15)成立,则可求出$a(n)$和$b(n)$,使得

$$\hat{E}[X(n)\mid X(n-1),X(n-2)]=a(n)X(n-1)+b(n)X(n-2)$$

事实上,由

$$\begin{cases}E[X(n)-a(n)X(n-1)-b(n)X(n-2)]X(n-1)=0\\E[X(n)-a(n)X(n-1)-b(n)X(n-2)]X(n-2)=0\end{cases}$$

可得

$$\begin{cases}\Gamma_X(n,n-1)-a(n)\Gamma_X(n-1,n-1)-b(n)\Gamma_X(n-2,n-1)=0\\\Gamma_X(n,n-2)-a(n)\Gamma_X(n-1,n-2)-b(n)\Gamma_X(n-2,n-2)=0\end{cases}$$

解上述两个联立方程即可求出$a(n),b(n)$. 由式(5.3.15)可知还有

$$E[X(n)-a(n)X(n-1)-b(n)X(n-2)]X(i)=0,i\leqslant n-1$$

若定义

$$\xi(n)\triangleq X(n)-a(n)X(n-1)-b(n)X(n-2)\tag{5.3.16}$$

则可知$\{\xi(n),\xi(n-1),\cdots,\xi(2),X(1),X(0)\}$为互不相关随机变量序列,于是由定义 5.3.3 可知由式(5.3.16)确定的序列$\{X(n),n=1,2,\cdots\}$为广义二阶马尔可夫序列.

定理证毕.

利用上述方法,我们可以定义广义高阶马尔可夫序列并可证明有类似的性质,这里不再赘述了.

下面讨论广义马尔可夫序列递推方式的线性最小方差滤波问题,这一问题首先是由卡尔曼(R. E. Kalman)提出并解决的.

定理 5.3.4 设$\{X(n),n=1,2,\cdots\}$为零均值广义马尔可夫序列且已知有

$$E[X(n)X(m)]=\Gamma_X(n,m)\tag{5.3.17}$$

$\{Z(n),n=1,2,\cdots\}$为测量序列且

$$Z(n)=X(n)+V(n) \tag{5.3.18}$$

其中，$\{V(n), n=1,2,\cdots\}$ 为零均值测量误差序列且已知

$$E[V(n)V(m)]=\begin{cases}0, n\neq m\\ \sigma_v^2(n), n=m\end{cases} \tag{5.3.19}$$

又假定 $X(n)$ 与 $V(m)$ 不相关，即

$$E[X(n)V(m)]=0, n, m=1,2,\cdots$$

则 $X(n)$ 基于 $Z(n), Z(n-1), \cdots, Z(1)$ 的递推线性最小方差估计 $\hat{X}(n)$ 为

$$\hat{X}(n)=\alpha(n)\hat{X}(n-1)+\beta(n)Z(n) \tag{5.3.20}$$

其中

$$\alpha(n)=a(n)[1-P(n)/\sigma_v^2(n)] \tag{5.3.21}$$

$$\beta(n)=P(n)/\sigma_v^2(n) \tag{5.3.22}$$

$$a(n)=\frac{\Gamma_X(n,n-1)}{\Gamma_X(n-1,n-1)} \tag{5.3.23}$$

上述滤波估计 $\hat{X}(n)$ 的均方误差 $P(n)$ 为

$$\begin{aligned}P(n)&=E[X(n)-\hat{X}(n)]^2\\&=\frac{\Gamma_X(n,n)-a^2(n)\Gamma_X(n-1,n-1)+a^2(n)P(n-1)}{\Gamma_X(n,n)-a^2(n)\Gamma_X(n-1,n-1)+a^2(n)P(n-1)+\sigma_v^2(n)}\cdot\sigma_v^2(n)\end{aligned} \tag{5.3.24}$$

初始估计取

$$\hat{X}(0)=EX(0)=0 \tag{5.3.25}$$

证明 有很多方法都可证明上述定理. 现用归纳法证之，不难证明当 $n=1$ 时结论正确. 现设 $n=k-1$ 结论正确，往证 $n=k$ 时定理结论仍正确.

由于序列 $\{X(n), n=1,2,\cdots\}$ 是广义马尔可夫的，则由式(5.3.3)可知

$$E\{[X(k)-a(k)x(k-1)]X(k-1)\}=0$$

即有

$$a(k)=\frac{\Gamma_X(k,k-1)}{\Gamma_X(k-1,k-1)}$$

于是式(5.3.3)对于 $n=k$ 成立.

由投影的线性性，取

$$\hat{X}(k)=\hat{E}[X(k)|Z(k)|, Z(k-1), \cdots, Z(1)]=\alpha(k)\hat{X}(k-1)+\beta(k)Z(k)$$

于是有

$$\begin{aligned}X(k)-\hat{X}(k)&=X(k)-\alpha(k)\hat{X}(k-1)-\beta(k)Z(k)\\&=X(k)-\alpha(k)X(k-1)-\beta(k)X(k)+\\&\quad\alpha(k)[X(k-1)-\hat{X}(k-1)]+\beta(k)V(k)\end{aligned} \tag{5.3.26}$$

因为上述定理在 $n=k-1$ 成立，故有

$$E\{[X(k-1)-\hat{X}(k-1)]Z(k-1)\}=0$$

以及

$$E\{[X(k)-\hat{X}(k)]Z(k-1)\}=0$$

再考虑到

$$E[V(k)Z(k-1)]=0$$

所以由上式可得

$$0=E\{[X(k)-\hat{X}(k)]Z(k-1)\}=E\{[X(k)(1-\beta(k))-a(k)X(k-1)]Z(k-1)\}$$

进一步由定理已知条件知 $V(n)$ 与 $V(m)$ 互不相关，故将上式求解可得

$$\frac{\Gamma_X(k,k-1)}{\Gamma_X(k-1,k-1)}=\frac{\alpha(k)}{1-\beta(k)}=a(k) \tag{5.3.27}$$

或写成 $\alpha(k),=a(k)[1-\beta(k)]$，于是式(5.3.21)当 $n=k$ 时成立.

估计误差均方差 $P(k)$ 为

$$\begin{aligned}P(k)&=E[X(k)-\hat{X}(k)]^2\\&=E\{[X(k)-\hat{X}(k)]X(k)\}\\&=E\{[X(k)-a(k)\hat{X}(k-1)-\beta(k)Z(k)]X(k)\}\\&=\Gamma_X(k,k)-a(k)E\hat{X}(k-1)X(k)-\beta(k)\Gamma_X(k,k)\\&=\Gamma_X(k,k)[1-\beta(k)]-a(k)E[\hat{X}(k-1)X(k)]\end{aligned} \tag{5.3.28}$$

再一次利用投影的正交性并考虑到式(5.3.26)可得

$$\begin{aligned}0&=E\{[X(k)-\hat{X}(k)]Z(k)\}\\&=\Gamma_X(k,k)-\alpha(k)E\hat{X}(k-1)X(k)-\beta(k)[\Gamma_X(k,k)+\sigma_v^2(k)]\end{aligned}$$

即有

$$\alpha(k)E[\hat{X}(k-1)X(k)]=\Gamma_X(k,k)[1-\beta(k)]-\beta(k)\sigma_v^2(k) \tag{5.3.29}$$

将式(5.3.29)代入式(5.3.28)可得

$$P(k)=\beta(k)\sigma_v^2(k) \tag{5.3.30}$$

于是式(5.3.22)当 $n=k$ 时成立.

最后推导如何用 $P(k-1)$ 表示出 $P(k)$. 由式(5.3.3)及 $\hat{X}(k-1)$ 是 $Z(-1),Z(k-2),\cdots,Z(1)$ 的线性组合，所以必有

$$\begin{aligned}&E\{[X(k)-a(k)X(k-1)]\hat{X}(k-1)\}\\&=E[X(k)\hat{X}(k-1)]-a(k)E[X(k-1)\hat{X}(k-1)]=0\end{aligned} \tag{5.3.31}$$

但是又由式(5.3.28)知

$$\begin{aligned}P(k-1)&=E[X(k-1)-\hat{X}(k-1)]X(k-1)\\&=\Gamma_X(k-1,k-1)-E\hat{X}(k-1)X(k-1)\end{aligned}$$

将上式代入式(5.3.31)可得

$$E[X(k)\hat{X}(k-1)]=a(k)[\Gamma_X(k-1,k-1)-P(k-1)] \tag{5.3.32}$$

再将式(5.3.32)代入式(5.3.28)又得

$$P(k)=\Gamma_X(k,k)[1-\beta(k)]-\alpha(k)a(k)[\Gamma_X(k-1,k-1)-P(k-1)] \tag{5.3.33}$$

最后，将式(5.3.33)、式(5.3.27)及式(5.3.30)联合可解出 $P(k)$ 为

$$P(k)=\frac{\Gamma_X(k,k)-a^2(k)[\Gamma_X(k-1,k-1)-P(k-1)]}{\Gamma_X(k,k)-a^2(k)[\Gamma_X(k-1,k-1)-P(k-1)]+\sigma_v^2(k)}\cdot\sigma_v^2(k) \tag{5.3.34}$$

于是式(5.3.34)当 $n=k$ 时成立.

定理证毕.

5.4 时间序列的均值估计

5.4.1 时间序列模型

在5.2中,我们讨论了平稳随机序列的预测和滤波问题,我们是假定均值函数和相关函数为已知的前提来讨论问题的,但在实际应用中,时间序列并非是平稳的,而且均值函数与相关函数也是未知的,那么如何由测量时间序列来推断出均值函数就是本节所要讨论的问题. 至于如何进一步推断出相关函数,我们将在5.5来讨论.

假定观测到的时间序列$\{Z(n),n=1,2,\cdots,N\}$具有如下形式:

$$\left.\begin{aligned}&Z(n)=\bar{Z}(n)+X(n)\\&E[X(n)]=0\\&E[X(n)X(m)]=B_X(n-m)\\&n=1,2,\cdots,N,m=1,2,\cdots,N\end{aligned}\right\}\tag{5.4.1}$$

其中,$\{\bar{Z}(n),n=1,2,\cdots,N\}$为$\{Z(n),n=1,2,\cdots,N\}$的均值序列,它是非随机的时间序列;$\{X(n),n=1,2,\cdots,N\}$为零均值平稳随机序列,在通常情况下,它是与时间相关的,其相关函数为$B_X(\tau)$.

进一步,还假定均值序列$\{\bar{Z}(n),n=1,2,\cdots,N\}$具有如下形式:

$$\bar{Z}(n)=f(n)+p(n)\tag{5.4.2}$$

其中,称$\{f(n),n=1,2,\cdots,N\}$为主值序列项,它表明测量序列$\{Z(n),n=1,2,\cdots,N\}$长期变化的趋势. 又称$\{p(n),n=1,2,\cdots,N\}$为周期序列项,它表明把$Z(n)$除去主值序列项以后,还有按周期变化的趋势项. 我们对均值序列$\{\bar{Z}(n),n=1,2,\cdots,N\}$这样分解在大多数实际情况下是成立的.

将式(5.4.2)代入式(5.4.1),有

$$Z(n)=f(n)+p(n)+X(n)\triangleq f(n)+Y(n)\tag{5.4.3}$$

其中,$Y(n)\triangleq p(n)+X(n),n=1,2,\cdots,N$,且有$EY(n)=p(n)$,$E[Y(n)Y(m)]=B_Y(n-m)$. 由于$p(n)$是周期函数,故$Y(n)$的相关函数$B_Y(n)$也有周期分量,因此$Y(n)$的功率谱密度函数在相应的频率上出现尖峰. 正是利用这一特点,我们才能从$Y(n)$的功率谱密度函数中识别出周期函数$p(n)$,我们把这个问题放在本节的后面来讨论.

综上所述,我们所讨论的时间序列模型由式(5.4.3)来描述,本节的任务就是如何估计出主值函数项$f(n)$和周期函数项$p(n)$.

5.4.2 $f(n)$的估计

在通常情况下,取$f(n)$为

$$f(n)=\sum_{j=0}^{k}c_j(nT_0)^j=(1\,nT_0\cdots(nT_0)^k)\begin{pmatrix}c_0\\c_1\\\vdots\\c_k\end{pmatrix}\tag{5.4.4}$$

其中，T_0 为采样周期，$c_i, i=0,1,2,\cdots,k$ 为常数，它是待估计的量. 如果进行 N 次测量并得测量序列 $\{Z(1),(2),\cdots Z(N)\}$ 时，由式(5.4.4)及式(5.4.3)可有

$$\begin{pmatrix} Z(1) \\ Z(2) \\ \vdots \\ Z(N) \end{pmatrix} = \begin{pmatrix} 1 & T_0 & T_0^2 & \cdots & T_0^k \\ 1 & 2T_0 & (2T_0)^2 & \cdots & (2T_0)^k \\ \vdots & \vdots & \vdots & & \vdots \\ 1 & NT_0 & (NT_0)^2 & \cdots & (NT_0)^k \end{pmatrix} \begin{pmatrix} c_0 \\ c_1 \\ \vdots \\ c_k \end{pmatrix} + \begin{pmatrix} Y(1) \\ Y(2) \\ \vdots \\ Y(N) \end{pmatrix} \tag{5.4.5}$$

由式(5.4.5)可见，所谓对 $f(n)$ 的估计，实际上就是对系数 $c_0, c_1, \cdots, c_k$ 的估计，若记

$$\boldsymbol{Z}^{\mathrm{T}} \triangleq (Z(1) \quad Z(2) \quad \cdots \quad Z(N))$$
$$\boldsymbol{C}^{\mathrm{T}} \triangleq (c_0 \quad c_1 \quad \cdots \quad c_k)$$
$$\boldsymbol{Y}^{\mathrm{T}} \triangleq (Y(1) \quad Y(2) \quad \cdots \quad Y(N))$$
$$\boldsymbol{\Phi} \triangleq \begin{pmatrix} 1 & T_0 & \cdots & T_0^k \\ 1 & 2T_0 & \cdots & (2T_0)^k \\ \vdots & \vdots & & \vdots \\ 1 & NT_0 & \cdots & (NT_0)^k \end{pmatrix} \tag{5.4.6}$$

于是可把式(5.4.5)写成

$$\boldsymbol{Z} = \boldsymbol{\Phi C} + \boldsymbol{Y} \tag{5.4.7}$$

设 $\hat{\boldsymbol{C}}$ 是 $\boldsymbol{C}$ 的某个估计，则估计的目标函数 J 取为

$$\boldsymbol{J} = (\boldsymbol{Z} - \boldsymbol{\Phi}\hat{\boldsymbol{C}})^{\mathrm{T}}(\boldsymbol{Z} - \boldsymbol{\Phi}\hat{\boldsymbol{C}}) \tag{5.4.8}$$

我们的目的就是如何求取估计 $\hat{C} = \hat{C}_{\mathrm{LS}}$，使得

$$J = (\boldsymbol{Z} - \boldsymbol{\Phi}\hat{\boldsymbol{C}}_{\mathrm{LS}})^{\mathrm{T}}(\boldsymbol{Z} - \boldsymbol{\Phi}\hat{\boldsymbol{C}}_{\mathrm{LS}}) = \min \tag{5.4.9}$$

此时称 $\hat{\boldsymbol{C}}_{\mathrm{LS}}$ 为系数向量 $\boldsymbol{C}$ 的最小二乘估计.

$\hat{\boldsymbol{C}}_{\mathrm{LS}}$ 可通过解方程

$$\left.\frac{\partial J}{\partial \hat{\boldsymbol{C}}}\right|_{\hat{C}=\hat{C}_{\mathrm{LB}}} = 0 \tag{5.4.10}$$

而得到. 由式(5.4.10)及式(5.4.9)有

$$\left.\frac{\partial J}{\partial \hat{\boldsymbol{C}}}\right|_{\hat{C}=\hat{C}_{\mathrm{LB}}} = -2\boldsymbol{\Phi}^{\mathrm{T}}(\boldsymbol{Z} - \boldsymbol{\Phi}\hat{\boldsymbol{C}})\,|_{\hat{C}=\hat{C}_{\mathrm{LB}}} = 0$$

即

$$\boldsymbol{\Phi}^{\mathrm{T}}\boldsymbol{Z} - \boldsymbol{\Phi}^{\mathrm{T}}\boldsymbol{\Phi}\hat{\boldsymbol{C}}_{\mathrm{LB}} = 0$$

则 $\boldsymbol{C}$ 的最小二乘估计为

$$\hat{\boldsymbol{C}}_{\mathrm{LS}} = (\boldsymbol{\Phi}^{\mathrm{T}}\boldsymbol{\Phi})^{-1}\boldsymbol{\Phi}^{\mathrm{T}}\boldsymbol{Z} \tag{5.4.11}$$

又因为 $\det\boldsymbol{\Phi}$ 是范得蒙(Vandermonde)行列式，不难证明 $\det\boldsymbol{\Phi} \neq 0$，所以 $\boldsymbol{\Phi}^{\mathrm{T}}\boldsymbol{\Phi}^{-1}$ 必存在，因此由式(5.4.11)所表示的最小二乘估计 $\hat{\boldsymbol{C}}_{\mathrm{LS}}$ 是有意义的.

现定义估计误差 $\tilde{\boldsymbol{C}}_{\mathrm{LS}}$ 为

$$\tilde{\boldsymbol{C}}_{\mathrm{LS}} = \boldsymbol{C} - \hat{\boldsymbol{C}}_{\mathrm{LS}} \tag{5.4.12}$$

则估计误差阵为

$$
\begin{aligned}
\boldsymbol{E}(\widetilde{\boldsymbol{C}}_{\mathrm{LS}}\widetilde{\boldsymbol{C}}^{\mathrm{T}}{}_{\mathrm{LS}}) &= E[(\boldsymbol{C}-\hat{\boldsymbol{C}}_{\mathrm{LS}})(\boldsymbol{C}-\widetilde{\boldsymbol{C}}_{\mathrm{LS}})^{\mathrm{T}}] \\
&= E\{[\boldsymbol{C}-(\boldsymbol{\Phi}^{\mathrm{T}}\boldsymbol{\Phi})^{-1}\boldsymbol{\Phi}^{\mathrm{T}}\boldsymbol{Z}][\boldsymbol{C}-(\boldsymbol{\Phi}^{\mathrm{T}}\boldsymbol{\Phi})^{-1}\boldsymbol{\Phi}^{\mathrm{T}}\boldsymbol{Z}]^{\mathrm{T}}\} \\
&= E\{[(\boldsymbol{\Phi}^{\mathrm{T}}\boldsymbol{\Phi})^{-1}\boldsymbol{\Phi}^{\mathrm{T}}\boldsymbol{Y}][(\boldsymbol{\Phi}^{\mathrm{T}}\boldsymbol{\Phi})^{-1}\boldsymbol{\Phi}^{\mathrm{T}}\boldsymbol{Y}]^{\mathrm{T}}\} \\
&= (\boldsymbol{\Phi}^{\mathrm{T}}\boldsymbol{\Phi})^{-1}\boldsymbol{\Phi}^{\mathrm{T}}\boldsymbol{B}_Y\boldsymbol{\Phi}(\boldsymbol{\Phi}^{\mathrm{T}}\boldsymbol{\Phi})^{-1}
\end{aligned} \tag{5.4.13}
$$

现在讨论一下最小二乘估计$\hat{\boldsymbol{C}}_{\mathrm{LS}}$的几何解释. 由式(5.4.11)的推导过程可知

$$\boldsymbol{\Phi}^{\mathrm{T}}(\boldsymbol{Z}-\boldsymbol{\Phi}\hat{\boldsymbol{C}}_{\mathrm{LS}})=0 \tag{5.4.14}$$

若定义$\hat{\boldsymbol{Z}}_{\mathrm{LS}}\triangleq\boldsymbol{\Phi}\hat{\boldsymbol{C}}_{\mathrm{LS}}$为测量 $\boldsymbol{Z}$ 的最小二乘估计,$\widetilde{\boldsymbol{Z}}_{\mathrm{LS}}\triangleq\boldsymbol{Z}-\widetilde{\boldsymbol{Z}}_{\mathrm{LS}}$为 $\boldsymbol{Z}$ 的最小二乘估计误差,则由式(5.3.14)显然有

$$\boldsymbol{\Phi}^{\mathrm{T}}\widetilde{\boldsymbol{Z}}_{\mathrm{LS}}=0 \tag{5.4.15}$$

现记

$$\boldsymbol{\Phi}\triangleq(\boldsymbol{\phi}_{\cdot 1}\quad\boldsymbol{\phi}_{\cdot 2}\quad\cdots\quad\boldsymbol{\phi}_{\cdot k+1})$$

其中,$\boldsymbol{\phi}_{\cdot i}$,$i=1,2,\cdots,k+1$ 为矩阵 $\boldsymbol{\Phi}$ 的第 i 列,于是式(5.4.15)表明,向量$\widetilde{\boldsymbol{Z}}_{\mathrm{LS}}$与向量$(\boldsymbol{\phi}_{\cdot 1}\quad\boldsymbol{\phi}_{\cdot 2}\quad\cdots\quad\boldsymbol{\phi}_{\cdot k+1})$集相垂直,或者说向量$\widetilde{\boldsymbol{Z}}_{\mathrm{LS}}$垂直于由向量 $\boldsymbol{\phi}_{\cdot 1},\boldsymbol{\phi}_{\cdot 2},\cdots,\boldsymbol{\phi}_{\cdot k+1}$所张成的线性空间 $\mathbf{R}^{k+1}$,通常记作$\widetilde{\boldsymbol{Z}}_{\mathrm{LS}}\perp\mathbf{R}^{k+1}$. 然而 $\boldsymbol{Z}$ 的最小二乘估计$\widetilde{\boldsymbol{Z}}_{\mathrm{LS}}$为

$$\hat{\boldsymbol{Z}}=\boldsymbol{\Phi}\hat{\boldsymbol{C}}_{\mathrm{LS}}=(\boldsymbol{\phi}_{\cdot 1}\quad\boldsymbol{\phi}_{\cdot 2}\quad\cdots\quad\boldsymbol{\phi}_{\cdot k+1})\begin{pmatrix}\hat{C}_{\mathrm{LS}0}\\ \hat{C}_{\mathrm{LS}1}\\ \vdots\\ \hat{C}_{\mathrm{LS}k}\end{pmatrix}=\sum_{j=0}^{k}\hat{C}_{\mathrm{LS}j}\boldsymbol{\phi}_{\cdot j+1} \tag{5.4.16}$$

可见 $\hat{\boldsymbol{Z}}$ 是 $\boldsymbol{\phi}_{\cdot 1},\boldsymbol{\phi}_{\cdot 2},\cdots,\boldsymbol{\phi}_{\cdot k+1}$的线性组合,即 $\hat{\boldsymbol{Z}}\in\mathbf{R}^{k+1}$,这样一来由$\widetilde{\boldsymbol{Z}}_{\mathrm{LS}}\perp\mathbf{R}^{k+1}$,自然得出

$$\widetilde{\boldsymbol{Z}}_{\mathrm{LS}}\perp\hat{\boldsymbol{Z}}_{\mathrm{LS}} \tag{5.4.17a}$$

或者表示成

$$\sum_{i=1}^{N}\boldsymbol{Z}_{\mathrm{LS}}(i)\,\widetilde{\boldsymbol{Z}}_{\mathrm{LS}}(i)=0 \tag{5.4.17b}$$

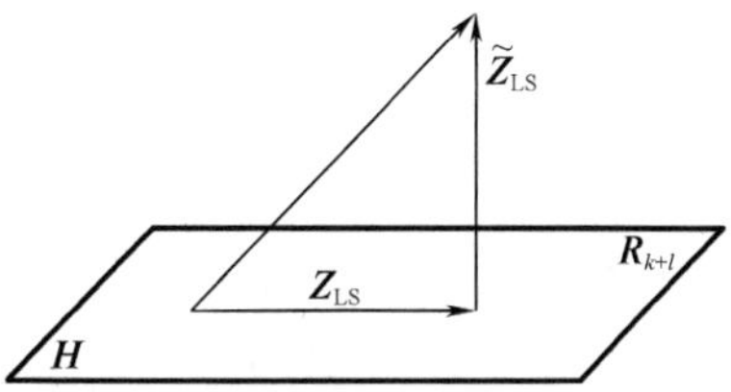

图5.4.1 最小二乘估计的几何表示

图5.4.1是式(5.4.17)的几何表示.

最小二乘估计$\hat{\boldsymbol{C}}_{\mathrm{LS}}$对于测量集合$\{Z(1),Z(2),\cdots,Z(N)\}$有以下几点性质:

(1)它是 $Z(1),Z(2),\cdots,Z(N)$的线性函数,这由式(5.4.11)可知是显然的.

(2)在一般情况下,因为有

$$E\,\hat{\boldsymbol{C}}_{LS}=(\boldsymbol{\Phi}^{\mathrm{T}}\boldsymbol{\Phi})^{-1}\boldsymbol{\Phi}^{\mathrm{T}}E\boldsymbol{Z}=(\boldsymbol{\Phi}^{\mathrm{T}}\boldsymbol{\Phi})^{-1}\boldsymbol{\Phi}^{\mathrm{T}}\boldsymbol{E}(\boldsymbol{\Phi}\boldsymbol{C}+\boldsymbol{Y})=\boldsymbol{C}+(\boldsymbol{\Phi}^{\mathrm{T}}\boldsymbol{\Phi})^{-1}\boldsymbol{\Phi}^{\mathrm{T}}\boldsymbol{P}$$

其中,$\boldsymbol{P}^{\mathrm{T}}=[P(1),P(2),\cdots,P(N)]$,所以最小二乘估计$\hat{\boldsymbol{C}}_{\mathrm{LS}}$是有偏的,但如果测量时间序列$\{Z(1),Z(2),\cdots,Z(N)\}$中不含有周期函数项$\{P(1),P(2),\cdots,P(N)\}$,则最小二乘估计$\hat{\boldsymbol{C}}_{\mathrm{LS}}$是无偏的.

(3)进一步还可以推出 $E[\widetilde{\boldsymbol{C}}_{\mathrm{LS}}(\boldsymbol{Z}-E\boldsymbol{Z})^{\mathrm{T}}]=-(\boldsymbol{\Phi}^{\mathrm{T}}\boldsymbol{\Phi})^{-1}\boldsymbol{\Phi}^{\mathrm{T}}\boldsymbol{B}_Y\neq 0$,其中 $\boldsymbol{B}_Y=E(\boldsymbol{Y}\boldsymbol{Y}^{\mathrm{T}})$.

所以最小二乘估计$\hat{C}_{LS}$不具有正交性. 因此,它不是线性最小方差估计.

下面讨论如何提高最小二乘估计$\hat{\boldsymbol{C}}_{LS}$的精度,为此我们引进加权 $\boldsymbol{r}$ 最小二乘估计$\hat{\boldsymbol{C}}_{LSr}$的概念.

定义 5.4.1 对于系统模型式(5.4.5),引进目标函数 J_r为

$$J_r = (\boldsymbol{Z} - \boldsymbol{\Phi}\hat{\boldsymbol{C}})^{\mathrm{T}} \boldsymbol{r}^{-1} (\boldsymbol{Z} - \boldsymbol{\Phi}\hat{\boldsymbol{C}}) \tag{5.4.18}$$

其中,$\boldsymbol{r}$ 为对称正定加权阵,则称使

$$J_r = \min \tag{5.4.19}$$

的估计 $\hat{\boldsymbol{C}}$ 为加权 $\boldsymbol{r}$ 最小二乘估计,并记作$\hat{\boldsymbol{C}}_{LSr}$.

定理 5.4.1 对于系统模型式(5.4.5)及目标函数式(5.4.18),加权 $\boldsymbol{r}$ 最小二乘估计$\hat{\boldsymbol{C}}_{LSr}$为

$$\hat{\boldsymbol{C}}_{LSr} = (\boldsymbol{\Phi}^{\mathrm{T}}\boldsymbol{r}^{-1}\boldsymbol{\Phi})^{-1}\boldsymbol{\Phi}^{\mathrm{T}}\boldsymbol{r}^{-1}\boldsymbol{Z} \tag{5.4.20}$$

估计误差阵为

$$E(\tilde{\boldsymbol{C}}_{LSr}\tilde{\boldsymbol{C}}_{LSr}^{\mathrm{T}}) = (\boldsymbol{\Phi}^{\mathrm{T}}\boldsymbol{r}^{-1}\boldsymbol{\Phi})^{-1}\boldsymbol{\Phi}^{\mathrm{T}}\boldsymbol{r}^{-1}\boldsymbol{B}_Y\boldsymbol{r}^{-1}\boldsymbol{\Phi}(\boldsymbol{\Phi}^{\mathrm{T}}\boldsymbol{r}^{-1}\boldsymbol{\Phi})^{-1} \tag{5.4.21}$$

证明 由方程

$$\left.\frac{\partial J_r}{\partial \hat{\boldsymbol{C}}}\right|_{\hat{C}=\hat{C}_{LSr}} = 0$$

可得

$$\left.\frac{\partial J_r}{\partial \hat{\boldsymbol{C}}}\right|_{\hat{C}=\hat{C}_{LSr}} = -2\boldsymbol{\Phi}^{\mathrm{T}}\boldsymbol{r}^{-1}(\boldsymbol{Z} - \boldsymbol{\Phi}\hat{\boldsymbol{C}}_{LSr}) = 0$$

解上述方程得到加权 $\boldsymbol{r}$ 最小二乘估计$\hat{\boldsymbol{C}}_{LSr}$为

$$\hat{\boldsymbol{C}}_{LSr} = (\boldsymbol{\Phi}^{\mathrm{T}}\boldsymbol{r}^{-1}\boldsymbol{\Phi})^{-1}\boldsymbol{\Phi}^{\mathrm{T}}\boldsymbol{r}^{-1}\boldsymbol{Z} \tag{5.4.22}$$

然而由已知条件 $\boldsymbol{r}$ 为正定,故 $\boldsymbol{r}^{-1}$也正定,又因 $\boldsymbol{\Phi}$ 是满秩矩阵,所以 $\boldsymbol{\Phi}^{\mathrm{T}}\boldsymbol{r}^{-1}\boldsymbol{\Phi}$ 是正定矩阵,因此$(\boldsymbol{\Phi}^{\mathrm{T}}\boldsymbol{r}^{-1}\boldsymbol{\Phi})^{-1}$存在,而且还有

$$\left.\frac{\partial^2 J_r}{\partial \hat{\boldsymbol{C}}\partial \hat{\boldsymbol{C}}^{\mathrm{T}}}\right|_{\hat{C}=\hat{C}_{LSr}} = 2\boldsymbol{\Phi}^{\mathrm{T}}\boldsymbol{r}^{-1}\boldsymbol{\Phi} > 0$$

这说明由式(5.4.22)所表示的$\hat{\boldsymbol{C}}_{LSr}$确实使 J_r取最小,于是式(5.4.20)得证.

加权 $\boldsymbol{r}$ 最小二乘估计$\hat{\boldsymbol{C}}_{LSr}$误差为

$$\begin{aligned}\tilde{\boldsymbol{C}}_{LSr}\hat{Z}\boldsymbol{C} - \hat{\boldsymbol{C}}_{LSr} &= \boldsymbol{C} - (\boldsymbol{\Phi}^{\mathrm{T}}\boldsymbol{r}^{-1}\boldsymbol{\Phi})^{-1}\boldsymbol{\Phi}^{\mathrm{T}}\boldsymbol{r}^{-1}\boldsymbol{Z} \\ &= (\boldsymbol{\Phi}^{\mathrm{T}}\boldsymbol{r}^{-1}\boldsymbol{\Phi})^{-1}\boldsymbol{\Phi}^{\mathrm{T}}\boldsymbol{r}^{-1}(\boldsymbol{\Phi}\boldsymbol{C} - \boldsymbol{Z}) \\ &= (\boldsymbol{\Phi}^{\mathrm{T}}\boldsymbol{r}^{-1}\boldsymbol{\Phi})^{-1}\boldsymbol{\Phi}^{\mathrm{T}}\boldsymbol{r}^{-1}\boldsymbol{Y}\end{aligned} \tag{5.4.23}$$

于是加权 $\boldsymbol{r}$ 最小二乘估计误差阵 $E\,\tilde{\boldsymbol{C}}_{LSr}\tilde{\boldsymbol{C}}_{LSr}^{\mathrm{T}}$为

$$\begin{aligned}E(\tilde{\boldsymbol{C}}_{LSr}\tilde{\boldsymbol{C}}_{LSr}^{\mathrm{T}}) &= (\boldsymbol{\Phi}^{\mathrm{T}}\boldsymbol{r}^{-1}\boldsymbol{\Phi})^{-1}\boldsymbol{\Phi}^{\mathrm{T}}\boldsymbol{r}^{-1}E\boldsymbol{Y}\boldsymbol{Y}^{\mathrm{T}}\boldsymbol{r}^{-1}\boldsymbol{\Phi}(\boldsymbol{\Phi}^{\mathrm{T}}\boldsymbol{r}^{-1}\boldsymbol{\Phi})^{-1} \\ &= (\boldsymbol{\Phi}^{\mathrm{T}}\boldsymbol{r}^{-1}\boldsymbol{\Phi})^{-1}\boldsymbol{\Phi}^{\mathrm{T}}\boldsymbol{r}^{-1}\boldsymbol{B}_Y\boldsymbol{r}^{-1}\boldsymbol{\Phi}(\boldsymbol{\Phi}^{\mathrm{T}}\boldsymbol{r}^{-1}\boldsymbol{\Phi})^{-1}\end{aligned} \tag{5.4.24}$$

定理证毕.

关于加权 $\boldsymbol{r}$ 最小二乘估计$\hat{\boldsymbol{C}}_{LSr}$与最小二乘估计$\hat{\boldsymbol{C}}_{LS}$的关系,有如下结论,即定理 5.4.2.

定理 5.4.2 当加权阵 $\boldsymbol{r}$ 取单位阵 $\boldsymbol{I}$ 时，加权 $\boldsymbol{I}$ 最小二乘估计 $\hat{\boldsymbol{C}}_{\mathrm{LS}\boldsymbol{I}}$ 就是最小二乘估计 $\hat{\boldsymbol{C}}_{\mathrm{LS}}$，即

$$\hat{\boldsymbol{C}}_{\mathrm{LS}\boldsymbol{I}}=\hat{\boldsymbol{C}}_{\mathrm{LS}} \tag{5.4.25}$$

证明 令 $\boldsymbol{r}=I$ 并代入式(5.4.20)及式(5.4.21)可得式(5.4.11)及式(5.4.13).

定理 5.4.3 当加权阵 $\boldsymbol{r}$ 取 $\boldsymbol{B}_Y$ 时，加权 $\boldsymbol{B}_Y$ 最小二乘估计 $\hat{\boldsymbol{C}}_{\mathrm{LS}\boldsymbol{B}_Y}$ 为

$$\hat{\boldsymbol{C}}_{\mathrm{LS}\boldsymbol{B}_Y}=(\boldsymbol{\Phi}^{\mathrm{T}}\boldsymbol{B}_Y^{-1}\boldsymbol{\Phi})^{-1}\boldsymbol{\Phi}^{\mathrm{T}}\boldsymbol{B}_Y^{-1}\boldsymbol{Z} \tag{5.4.26}$$

此时的估计误差阵为

$$E(\widetilde{\boldsymbol{C}}_{\mathrm{LS}\boldsymbol{B}_Y}\widetilde{\boldsymbol{C}}_{\mathrm{LS}\boldsymbol{B}_Y}^{\mathrm{T}})=(\boldsymbol{\Phi}^{\mathrm{T}}\boldsymbol{B}_Y^{-1}\boldsymbol{\Phi})^{-1} \tag{5.4.27}$$

证明 将 $\boldsymbol{r}=\boldsymbol{B}_Y$ 代入定理 5.4.1 中的式(5.4.20)及式(5.4.21)即得式(5.4.26)及式(5.4.27).

由于加权阵 $\boldsymbol{r}$ 可取任意的对称正定阵，那么加权 $\boldsymbol{r}$ 最小二乘估计 $\hat{\boldsymbol{C}}_{\mathrm{LS}\boldsymbol{r}}$ 的估计精度显然是不同的. 为了深入讨论取怎样的加权阵 $\boldsymbol{r}$ 才会使估计精度最高，我们先引进关于矩阵大小及矩阵许瓦兹不等式概念，然后再讨论取怎样的加权阵 $\boldsymbol{r}$ 才有

$$E(\widetilde{\boldsymbol{C}}_{\mathrm{LS}\boldsymbol{r}}\widetilde{\boldsymbol{C}}_{\mathrm{LS}\boldsymbol{r}}^{\mathrm{T}})=\min \tag{5.4.28}$$

定义 5.4.2 设 $\boldsymbol{A}$ 与 $\boldsymbol{B}$ 均为 n 阶对称阵，如果对任意 n 维向量 $\boldsymbol{x}$，恒有

$$\boldsymbol{x}^{\mathrm{T}}\boldsymbol{A}\boldsymbol{x}\geqslant\boldsymbol{x}^{\mathrm{T}}\boldsymbol{B}\boldsymbol{x} \tag{5.4.29}$$

则称矩阵 $\boldsymbol{A}$ 大于或等于 $\boldsymbol{B}$，记作 $\boldsymbol{A}\geqslant\boldsymbol{B}$. 如果 $\boldsymbol{A}\geqslant\boldsymbol{B}>0$，则不难证明有 $\boldsymbol{B}^{-1}\geqslant\boldsymbol{A}^{-1}>0$；反之亦然.

引理 5.4.1 “矩阵型”许瓦兹不等式

设 $\boldsymbol{A},\boldsymbol{B}$ 分别为 $n\times m$ 和 $m\times l$ 矩阵，且 $(\boldsymbol{A}\boldsymbol{A}^{\mathrm{T}})$ 为可逆矩阵，则有

$$\boldsymbol{B}^{\mathrm{T}}\boldsymbol{B}\geqslant(\boldsymbol{A}\boldsymbol{B})^{\mathrm{T}}(\boldsymbol{A}\boldsymbol{A}^{\mathrm{T}})^{-1}(\boldsymbol{A}\boldsymbol{B}) \tag{5.4.30}$$

证明 由于有

$$[\boldsymbol{B}-\boldsymbol{A}^{\mathrm{T}}(\boldsymbol{A}\boldsymbol{A}^{\mathrm{T}})^{-1}\boldsymbol{A}\boldsymbol{B}]^{\mathrm{T}}[\boldsymbol{B}-\boldsymbol{A}^{\mathrm{T}}(\boldsymbol{A}\boldsymbol{A}^{\mathrm{T}})^{-1}\boldsymbol{A}\boldsymbol{B}]\geqslant 0$$

故将上式不等号左边展开，可得

$$[\boldsymbol{B}-\boldsymbol{A}^{\mathrm{T}}(\boldsymbol{A}\boldsymbol{A}^{\mathrm{T}})^{-1}\boldsymbol{A}\boldsymbol{B}]^{\mathrm{T}}[\boldsymbol{B}-\boldsymbol{A}^{\mathrm{T}}(\boldsymbol{A}\boldsymbol{A}^{\mathrm{T}})^{-1}\boldsymbol{A}\boldsymbol{B}]=\boldsymbol{B}^{\mathrm{T}}\boldsymbol{B}-(\boldsymbol{A}\boldsymbol{B})^{\mathrm{T}}(\boldsymbol{A}\boldsymbol{A}^{\mathrm{T}})^{-1}(\boldsymbol{A}\boldsymbol{B})\geqslant 0$$

即式(5.4.30)成立.

关于加权 $\boldsymbol{r}$ 最小二乘估计 $\hat{\boldsymbol{C}}_{\mathrm{LS}\boldsymbol{r}}$ 的精度，有定理 5.4.4.

定理 5.4.4 对于系统模型式(5.4.5)及目标函数式(5.4.18)，有

$$E(\boldsymbol{C}_{\mathrm{LS}\boldsymbol{B}_Y}\widetilde{\boldsymbol{C}}_{\mathrm{LS}\boldsymbol{B}_Y}^{\mathrm{T}})\leqslant E(\widetilde{\boldsymbol{C}}_{\mathrm{LS}\boldsymbol{r}}\widetilde{\boldsymbol{C}}_{\mathrm{LS}\boldsymbol{r}}^{\mathrm{T}}) \tag{5.4.31}$$

即加权 $\boldsymbol{B}_Y$ 最小二乘估计的误差阵最小.

证明 由式(5.4.24)及式(5.4.27)可知，只需证明

$$(\boldsymbol{\Phi}^{\mathrm{T}}\boldsymbol{B}_Y^{-1}\boldsymbol{\Phi})^{-1}\leqslant(\boldsymbol{\Phi}^{\mathrm{T}}\boldsymbol{r}^{-1}\boldsymbol{\Phi})^{-1}\boldsymbol{\Phi}^{\mathrm{T}}\boldsymbol{r}^{-1}\boldsymbol{B}_Y\boldsymbol{r}^{-1}\boldsymbol{\Phi}(\boldsymbol{\Phi}^{\mathrm{T}}\boldsymbol{r}^{-1}\boldsymbol{\Phi})^{-1}$$

或

$$\boldsymbol{\Phi}^{\mathrm{T}}\boldsymbol{B}_Y^{-1}\boldsymbol{\Phi}\geqslant\boldsymbol{\Phi}^{\mathrm{T}}\boldsymbol{r}^{-1}\boldsymbol{\Phi}(\boldsymbol{\Phi}^{\mathrm{T}}\boldsymbol{r}^{-1}\boldsymbol{B}_Y\boldsymbol{r}^{-1}\boldsymbol{\Phi})^{-1}\boldsymbol{\Phi}^{\mathrm{T}}\boldsymbol{r}^{-1}\boldsymbol{\Phi} \tag{5.4.32}$$

成立即可. 事实上，利用矩阵型许瓦兹不等式(5.4.30)，并令

$$\left.\begin{aligned}\boldsymbol{A}&=\boldsymbol{\Phi}^{\mathrm{T}}\boldsymbol{r}^{-1}\boldsymbol{B}_Y^{\frac{1}{2}}\\ \boldsymbol{B}^{\mathrm{T}}&=\boldsymbol{\Phi}^{\mathrm{T}}\boldsymbol{B}_Y^{-\frac{1}{2}}\end{aligned}\right\} \tag{5.4.33}$$

$$\boldsymbol{B}=\boldsymbol{B}_Y^{-\frac{1}{2}}\boldsymbol{\Phi}$$

其中称 $\boldsymbol{B}_Y^{\frac{1}{2}}$ 为 $\boldsymbol{B}_Y$ 的平方根矩阵,其定义为

$$\boldsymbol{B}_Y=\boldsymbol{B}_Y^{\frac{1}{2}}\boldsymbol{B}_Y^{\frac{1}{2}} \tag{5.4.34}$$

因为 $\boldsymbol{B}_Y$ 是正定对称阵,故 $\boldsymbol{B}_Y^{\frac{1}{2}}$ 存在且也为正定对称阵,所以还有

$$\boldsymbol{B}_Y^{-1}=\boldsymbol{B}_Y^{-\frac{1}{2}}\boldsymbol{B}_Y^{-\frac{1}{2}} \tag{5.4.35}$$

将式(5.4.33)代入式(5.4.30),有

$$\begin{aligned}\boldsymbol{B}^{\mathrm{T}}\boldsymbol{B}&=\boldsymbol{\Phi}^{\mathrm{T}}\boldsymbol{B}_Y^{-\frac{1}{2}}\boldsymbol{B}_Y^{-\frac{1}{2}}\boldsymbol{\Phi}=\boldsymbol{\Phi}^{\mathrm{T}}\boldsymbol{B}_Y^{-1}\boldsymbol{\Phi}\geqslant(\boldsymbol{AB})^{\mathrm{T}}(\boldsymbol{AA}^{\mathrm{T}})^{-1}(\boldsymbol{AB})\\&=(\boldsymbol{\Phi}^{\mathrm{T}}\boldsymbol{r}^{-1}\boldsymbol{B}_Y^{\frac{1}{2}}\boldsymbol{B}_Y^{-\frac{1}{2}}\boldsymbol{\Phi})^{\mathrm{T}}(\boldsymbol{\Phi}^{\mathrm{T}}\boldsymbol{r}^{-1}\boldsymbol{B}_Y^{\frac{1}{2}}\boldsymbol{B}_Y^{\frac{1}{2}}\boldsymbol{r}^{-1}\boldsymbol{\Phi})^{-1}(\boldsymbol{\Phi}^{\mathrm{T}}\boldsymbol{r}^{-1}\boldsymbol{B}_Y^{\frac{1}{2}}\boldsymbol{B}_Y^{\frac{1}{2}}\boldsymbol{\Phi})\\&=(\boldsymbol{\Phi}^{\mathrm{T}}\boldsymbol{r}^{-1}\boldsymbol{\Phi})^{\mathrm{T}}(\boldsymbol{\Phi}^{\mathrm{T}}\boldsymbol{r}^{-1}\boldsymbol{B}_Y\boldsymbol{r}^{-1}\boldsymbol{\Phi})^{-1}(\boldsymbol{\Phi}^{\mathrm{T}}\boldsymbol{r}^{-1}\boldsymbol{\Phi})\end{aligned}$$

即式(5.4.32)得证.

定理证毕.

在实际应用中,令人感兴趣的是加权 r 最小二乘估计的均方误差而不是误差阵,关于这两者的关系有如下结论.

定理 5.4.5 对于系统模型式(5.4.5)及目标函数式(5.4.18),如果

$$E(\widetilde{\boldsymbol{C}}_{\mathrm{LS}r1}\widetilde{\boldsymbol{C}}_{\mathrm{LS}r1}^{\mathrm{T}})\leqslant E(\widetilde{\boldsymbol{C}}_{\mathrm{LS}r2}\widetilde{\boldsymbol{C}}_{\mathrm{LS}r2}^{\mathrm{T}})$$

成立,则有

$$E(\widetilde{\boldsymbol{C}}_{\mathrm{LS}r1}^{\mathrm{T}}\widetilde{\boldsymbol{C}}_{\mathrm{LS}r})\leqslant E(\widetilde{\boldsymbol{C}}_{\mathrm{LS}r2}^{\mathrm{T}}\widetilde{\boldsymbol{C}}_{\mathrm{LS}r2}) \tag{5.4.36}$$

进一步还有

$$E\,\widetilde{\boldsymbol{C}}_{\mathrm{LS}r1}^{2}(i)\leqslant E\,\widetilde{\boldsymbol{C}}_{\mathrm{LS}r2}^{2}(i),i=0,1,2,\cdots,k \tag{5.4.37}$$

但反之不真.

把这个定理的证明留给读者作为练习.

定理 5.4.5 告诉我们这样一个事实:以 $\boldsymbol{B}_Y$ 为加权阵的最小二乘估计 $\hat{\boldsymbol{C}}_{\mathrm{LS}\boldsymbol{B}_Y}$,其估计误差阵最小. 进一步由定理 5.4.5 可知对任意加权阵 $\boldsymbol{r}$ 都有

$$\sum_{i=0}^{k}\sigma_{\hat{C}_{\mathrm{LS}\boldsymbol{B}_Y}}^2(i)\leqslant\sum_{i=0}^{k}\sigma_{\hat{C}_{\mathrm{LS}r}}^2(i) \tag{5.4.38}$$

且有

$$\sigma_{\hat{C}_{\mathrm{LS}\boldsymbol{B}_Y}}^2(i)\leqslant\sigma_{\hat{C}_{\mathrm{LS}r}}^2(i),i=0,1,2,\cdots k \tag{5.4.39}$$

若对最小二乘估计 $\hat{\boldsymbol{C}}_{\mathrm{LS}}$ 来说,显然有

$$\sum_{i=0}^{k}\sigma_{\hat{C}_{\mathrm{LS}\boldsymbol{B}_Y}}^2(i)\leqslant\sum_{i=0}^{k}\sigma_{\hat{C}_{\mathrm{LS}}}^2(i) \tag{5.4.40}$$

以及

$$\sigma_{\hat{C}_{\mathrm{LS}\boldsymbol{B}_Y}}^2(i)\leqslant\sigma_{\hat{C}_{\mathrm{LS}}}^2(i),i=0,1,\cdots,k \tag{5.4.41}$$

其中,$\sigma_{\hat{C}_{\mathrm{LS}\boldsymbol{B}_Y}}^2(i)\triangleq E[\widetilde{\boldsymbol{C}}_{\mathrm{LS}}^2\boldsymbol{B}_Y(i)]$,$\sigma_{\hat{C}_{\mathrm{LS}}}^2(i)\triangleq E[\widetilde{C}_{\mathrm{LS}}^2(i)]$,$i=0,1,\cdots,k$.

既然加权 $\boldsymbol{B}_Y$ 最小二乘估计 $\hat{\boldsymbol{C}}_{\mathrm{LS}}\boldsymbol{B}_Y$ 的精度最高,那么是否可以说最小二乘估计 $\hat{\boldsymbol{C}}_{\mathrm{LS}}$ 在实际应用中就没有意义了呢?答案是否定的. 因为在求取加权 $\boldsymbol{B}_Y$ 最小二乘估计时,需要事先知道加权阵 $\boldsymbol{B}_Y$,然而矩阵 $\boldsymbol{B}_Y$ 在通常情况下是未知的,这样一来,无法用式(5.4.26)计算出 $\hat{\boldsymbol{C}}_{\mathrm{LS}}\boldsymbol{B}_Y$,但用式(5.4.11)求取最小二乘估计 $\hat{\boldsymbol{C}}_{\mathrm{LS}}$ 时,却不需要知道 $\boldsymbol{B}_Y$ 这一矩阵,这正是最小二

乘估计的优点.

另一方面,可以证明,当子样$\{Z(1),Z(2),\cdots,Z(N)\}$取值很大时,两者相差甚微. 特别是当$N\to\infty$时,这两种估计是一样的. 这就告诉我们,在实际应用中,只要子样取得大一些,采用最小二乘估计也能取得令人满意的结果.

到目前为止,我们把测量序列$\{Z(1),Z(2),\cdots,Z(N)\}$的趋势项,即主值函数项估计出来了,可以写成

$$f(n)=\sum_{j=0}^{k}\hat{\boldsymbol{C}}_j(nT_0)^j \tag{5.4.42}$$

其中,$\hat{\boldsymbol{C}}_j,j=0,1,\cdots,k$可以是最小二乘估计,也可以是加权最小二乘估计.

在这里,值得说明的是k的取值问题,由式(5.4.11)可知,k取值越大,解出$\hat{C}_{\mathrm{LS}}$就越繁,在实际应用中取k值为$k\leqslant3$就足够了. 例如,当$k=0$时,有

$$\hat{\boldsymbol{C}}_{\mathrm{LS}}(0)=\frac{1}{N}\sum_{i=1}^{N}Z(i) \tag{5.4.43}$$

当$k=1$时,有

$$\hat{\boldsymbol{C}}_{\mathrm{LS}}(0)=\frac{2(2N+1)\sum\limits_{i=1}^{N}Z(i)-6\sum\limits_{i=1}^{N}iZ(i)}{N(N-1)}$$

$$\hat{\boldsymbol{C}}_{\mathrm{LS}}(1)=\frac{12\sum\limits_{i=1}^{N}iZ(i)-6(N+1)\sum\limits_{i=1}^{N}Z(i)}{T_0(N-1)N(N+1)}$$

最后,我们再简要地讨论一下由式(5.4.11)所表示的估计参数具有怎样的概率分布,这对实际应用是十分有用的. 对式(5.4.7)所表示的系统模型来说,如果测量序列$\{Z(1),Z(2),\cdots,Z(N)\}$有限,随机序列$\{Y(1),Y(2),\cdots,Y(N)\}$是正态序列且$Y(i)$服从正态$N(0,\sigma^2)$分布,$Y(i)$与$Y(j)(i,j=1,2,\cdots,N,i\neq j)$互不相关,则有如下结论,即定理5.4.6.

定理5.4.6 对于系统模型式(5.4.7),如果$Y\infty N(0,\sigma^2I_n)$,则

$$[\hat{\boldsymbol{C}}_{\mathrm{LS}}(i)-\boldsymbol{C}(i)]/[h_{ii}S(\hat{\boldsymbol{C}}_{\mathrm{LS}})/(N-k-1)]^{\frac{1}{2}}\infty t(N-k-1),i=0,1,2,\cdots,k \tag{5.4.44}$$

其中,$\hat{\boldsymbol{C}}_{\mathrm{LS}}(i)$,$\boldsymbol{C}(i)$分别为$\hat{\boldsymbol{C}}_{\mathrm{LS}}$和$\boldsymbol{C}$的第$i$个分量,$h_{ii}$是方阵$(\boldsymbol{\Phi}^{\mathrm{T}}\boldsymbol{\Phi})^{-1}$的对角线上第$i$个元素

$$S(\hat{\boldsymbol{C}}_{\mathrm{LS}})\triangleq(Z-\boldsymbol{\Phi}\hat{\boldsymbol{C}}_{\mathrm{LS}})^{\mathrm{T}}(Z-\boldsymbol{\Phi}\hat{\boldsymbol{C}}_{\mathrm{LS}})$$

$t(N-k-1)$表示自由度为$N-k-1$的t分布.

这个定理的证明较烦琐,故从略. 该定理对于实际应用是非常有用的,利用式(5.4.44)的结论,可以构造置信度为$1-a$的置信区间,因为有

$$P(-t_{\frac{\alpha}{2}}<[\hat{\boldsymbol{C}}_{\mathrm{LS}}(i)-\boldsymbol{C}(i)]/\{h_{ii}S(\hat{\boldsymbol{C}}_{\mathrm{LS}})/(N-k-1)\}^{\frac{1}{2}}<t_{\frac{\alpha}{2}})=1-a$$

其中,$t_{\frac{\alpha}{2}}$为自由度$N-k-1$的t分布$\frac{\alpha}{2}$的分位数,它是利用t分布表示使得有

$$P(|t|\geqslant t_{\frac{\alpha}{2}})=a \tag{5.4.45}$$

而查出来的. 这样一来,$\boldsymbol{C}_i$的置信度为$1-a$的置信区间就是

$$\hat{\boldsymbol{C}}_{\mathrm{LS}}(i)-t_{\frac{\alpha}{2}}[h_{ii}S(\hat{\boldsymbol{C}}_{\mathrm{LS}})/(N-k-1)]^{\frac{1}{2}}<\boldsymbol{C}(i)<\hat{\boldsymbol{C}}_{\mathrm{LS}}(i)+t_{\frac{\alpha}{2}}[h_{ii}S(\hat{\boldsymbol{C}}_{\mathrm{LS}})/(N-k-1)]^{\frac{1}{2}} \tag{5.4.46}$$

在实际应用中,可以利用式(5.4.46)求出参数 $\boldsymbol{C}_i$ 对于置信度$(1-a)$的置信区间. 由统计学可知,当 $N\to\infty$ 时,t 分布趋于正态分布,所以在实际应用中,只要当 $N-k-1\geqslant 30$ 时,就可以用正态分布进行上述计算.

5.4.3 P(n)的估计

现在,我们讨论测量序列$\{Z(1),Z(2),\cdots,Z(N)\}$中所含周期项 $p(n)$ 的估计问题. 利用前面的结果,可以认为 $Z(n)$ 中的主值函数项 $f(n)$ 已被估计出来了,并取作 $\hat{f}(n)$,$n=1,2,\cdots,N$,即

$$\hat{f}(n)=\sum_{i=0}^{k}(nT_0)^i\hat{\boldsymbol{C}}_{\mathrm{LS}}(i),n=1,2,\cdots,N \tag{5.4.47}$$

其中,$\hat{\boldsymbol{C}}_{\mathrm{LS}}(i)$,$i=0,1,2,\cdots,k$ 可以是式(5.4.11)所表示的最小二乘估计,也可以是式(5.4.22)所表示的加权最小二乘估计,T_0 为采样周期. 下面讨论如何由

$$Y(n)=Z(n)-\hat{f}(n)=p(n)+X(n),n=1,2,\cdots,N \tag{5.4.48}$$

估计出周期项 $p(n)$,应当指出,这里的 $X(n)$ 是指式(5.4.3)中的 $X(n)$ 与最小二乘估计 $\hat{f}(n)$ 的平稳随机残差项之和,而这里的 $P(n)$ 是指式(5.4.3)中的 $p(n)$ 与最小二乘估计 $\hat{f}(n)$ 的周期残差项之和.

为简单起见,我们假定 $p(n)$ 只由一个谐波函数组成,即

$$p(nT_0)=\alpha\,\mathrm{e}^{\mathrm{j}\omega_1 nT_0},n=1,2,\cdots,N \tag{5.4.49}$$

其中,ω_1 为谐波的角频率;T_0 为采样周期;nT_0 为采样时刻,$n=1,2,\cdots,N$;α 为复数,其模 $|\alpha|$ 代表谐波的振幅,相角 α 代表谐波的初始相角. 于是可将式(5.4.48)写成

$$\begin{pmatrix}Y(1)\\Y(2)\\\vdots\\Y(N)\end{pmatrix}=\begin{pmatrix}\mathrm{e}^{\mathrm{j}\omega_1 T_0}\\\mathrm{e}^{\mathrm{j}\omega_1 2T_0}\\\vdots\\\mathrm{e}^{\mathrm{j}\omega_1 NT_0}\end{pmatrix}\alpha+\begin{pmatrix}X(1)\\X(2)\\\vdots\\X(N)\end{pmatrix} \tag{5.4.50}$$

并简记为

$$\boldsymbol{Y}=\boldsymbol{\Phi}\alpha+\boldsymbol{X} \tag{5.4.51}$$

我们的任务是如何对 α 和 ω_1 做出估计 $\hat{\alpha}$ 和$\hat{\omega}_1$ 以使目标函数 J 为最小,即有

$$J=(\boldsymbol{Y}-\hat{\boldsymbol{\Phi}}\hat{\alpha})^{\mathrm{T}}(\boldsymbol{Y}-\hat{\boldsymbol{\Phi}}\hat{\alpha})=\min \tag{5.4.52}$$

假设 ω_1 的估计值已知且为$\hat{\omega}_1$,这时 $\hat{\boldsymbol{\Phi}}$ 也就已知,并可写成

$$\hat{\boldsymbol{\Phi}}^{\mathrm{T}}=(\mathrm{e}^{\mathrm{j}\hat{\omega}_1 T_0}\quad \mathrm{e}^{\mathrm{j}\hat{\omega}_1 2T_0}\quad\cdots\quad \mathrm{e}^{\mathrm{j}\hat{\omega}_1 NT_0}) \tag{5.4.53}$$

然后将式(5.4.51)的 $\boldsymbol{\Phi}$ 由 $\hat{\boldsymbol{\Phi}}$ 来代替,并利用最小二乘估计计算公式(5.4.11)可得 α 的最小二乘估计$\hat{\alpha}_1$ 为

$$\hat{\alpha}_1=(\hat{\boldsymbol{\Phi}}^{\mathrm{T}}\hat{\boldsymbol{\Phi}})^{-1}\hat{\boldsymbol{\Phi}}^{\mathrm{T}}\boldsymbol{Y} \tag{5.4.54}$$

又因为式(5.4.52)所表示的 J 可以写成

$$J=(\boldsymbol{Y}-\hat{\boldsymbol{\Phi}}\hat{\alpha})^{\mathrm{T}}(\boldsymbol{Y}-\hat{\boldsymbol{\Phi}}\hat{\alpha})$$

$$=[(\boldsymbol{Y}-\hat{\boldsymbol{\Phi}}\hat{\alpha}_1)-(\hat{\boldsymbol{\Phi}}\hat{\alpha}-\hat{\boldsymbol{\Phi}}\hat{\alpha}_1)]^{\mathrm{T}}[(\boldsymbol{Y}-\hat{\boldsymbol{\Phi}}\hat{\alpha}_1)-(\hat{\boldsymbol{\Phi}}\hat{\alpha}-\hat{\boldsymbol{\Phi}}\hat{\alpha}_1)]$$

$$=(\boldsymbol{Y}-\hat{\boldsymbol{\Phi}}\hat{\alpha}_1)^{\mathrm{T}}(\boldsymbol{Y}-\hat{\boldsymbol{\Phi}}\hat{\alpha}_1)+(\hat{\alpha}-\hat{\alpha}_1)^{\mathrm{T}}\hat{\boldsymbol{\Phi}}^{\mathrm{T}}\hat{\boldsymbol{\Phi}}(\hat{\alpha}-\hat{\alpha}_1) \tag{5.4.55}$$

其中要考虑到由式(5.4.15)有

$$(\hat{\boldsymbol{\Phi}}\hat{\alpha}-\hat{\boldsymbol{\Phi}}\hat{\alpha}_1)^{\mathrm{T}}(\boldsymbol{Y}-\hat{\boldsymbol{\Phi}}\hat{\alpha}_1)=(\hat{\alpha}-\hat{\alpha}_1)\hat{\boldsymbol{\Phi}}^{\mathrm{T}}\tilde{\boldsymbol{Y}}=0 \tag{5.4.56}$$

所以,$J=\min$ 就等价地有

$$(\hat{\alpha}-\hat{\alpha}_1)^{\mathrm{T}}\hat{\boldsymbol{\Phi}}^{\mathrm{T}}\hat{\boldsymbol{\Phi}}(\hat{\alpha}-\hat{\alpha}_1)=\min \tag{5.4.57}$$

和

$$(\boldsymbol{Y}-\hat{\boldsymbol{\Phi}}\hat{\alpha}_1)^{\mathrm{T}}(\boldsymbol{Y}-\hat{\boldsymbol{\Phi}}\hat{\alpha}_1)=\min \tag{5.4.58}$$

现在我们来考虑式(5.4.58)成立时 $\hat{\boldsymbol{\Phi}}$ 所具有的特点,为此将式(5.4.54)代入式(5.4.58),有

$$\begin{aligned}\min &=(\boldsymbol{Y}-\hat{\boldsymbol{\Phi}}\hat{\alpha}_1)^{\mathrm{T}}(\boldsymbol{Y}-\hat{\boldsymbol{\Phi}})\hat{\alpha}_1\\ &=[\boldsymbol{Y}-\hat{\boldsymbol{\Phi}}(\hat{\boldsymbol{\Phi}}^{\mathrm{T}}\hat{\boldsymbol{\Phi}})^{-1}\hat{\boldsymbol{\Phi}}^{\mathrm{T}}\boldsymbol{Y}]^{\mathrm{T}}[\boldsymbol{Y}-\hat{\boldsymbol{\Phi}}(\hat{\boldsymbol{\Phi}}^{\mathrm{T}}\hat{\boldsymbol{\Phi}})^{-1}\hat{\boldsymbol{\Phi}}^{\mathrm{T}}\boldsymbol{Y}]\\ &=\boldsymbol{Y}^{\mathrm{T}}\boldsymbol{Y}-\boldsymbol{Y}^{\mathrm{T}}\hat{\boldsymbol{\Phi}}(\hat{\boldsymbol{\Phi}}^{\mathrm{T}}\hat{\boldsymbol{\Phi}})^{-1}\hat{\boldsymbol{\Phi}}^{\mathrm{T}}\boldsymbol{Y}\end{aligned} \tag{5.4.59}$$

然而由式(5.4.50)可知

$$\hat{\boldsymbol{\Phi}}^{\mathrm{T}}\hat{\boldsymbol{\Phi}}=(\mathrm{e}^{-\mathrm{j}\hat{\omega}_1T_0}\quad \mathrm{e}^{-\mathrm{j}\hat{\omega}_12T_0}\quad\cdots\quad \mathrm{e}^{-\mathrm{j}\hat{\omega}_1NT_0})\begin{pmatrix}\mathrm{e}^{\mathrm{j}\hat{\omega}_1T_0}\\ \mathrm{e}^{\mathrm{j}\hat{\omega}_12T_0}\\ \vdots\\ \mathrm{e}^{\mathrm{j}\hat{\omega}_1NT_0}\end{pmatrix}=\boldsymbol{N} \tag{5.4.60}$$

$$\hat{\boldsymbol{\Phi}}^{\mathrm{T}}\boldsymbol{Y}=\sum_{i=1}^{N}\mathrm{e}^{-\mathrm{j}\hat{\omega}_1iT_0}Y(i) \tag{5.4.61}$$

$$Y^{\mathrm{T}}\hat{\boldsymbol{\Phi}}=\sum_{i=1}^{N}\mathrm{e}^{\mathrm{j}\hat{\omega}_1iT_0}Y(i)=\left[\sum_{i=1}^{N}\mathrm{e}^{-\mathrm{j}\hat{\omega}_1iT_0}Y(i)\right]^{*} \tag{5.4.62}$$

将式(5.4.60)、式(5.4.61)及式(5.4.62)代入式(5.4.59),可得

$$\min=\sum_{i=1}^{N}|Y(i)|^2-\frac{1}{N}\left|\sum_{i=1}^{N}\mathrm{e}^{-\mathrm{j}\hat{\omega}_1iT_0}Y(i)\right|^2$$

即有

$$\max=\frac{1}{N}\left|\sum_{i=1}^{N}\mathrm{e}^{-\mathrm{j}\hat{\omega}_1iT_0}Y(i)\right|^2 \tag{5.4.63}$$

这就是说,式(5.4.58)的成立等价地有式(5.4.63)成立,通常称

$$I_n(\omega)\triangleq\frac{1}{N}\left|\sum_{i=1}^{N}\mathrm{e}^{-\mathrm{j}\omega iT_0}Y(i)\right|^2 \tag{5.4.64}$$

为随机序列$\{Y(1),Y(2),\cdots,Y(N)\}$的周期图. 由式(5.4.63)可知,使周期图 $I_n(\omega)$ 最大的 ω 的数值就是 ω 的最小二乘估计 $\hat{\omega}$.

综上所述,有如下计算步骤:

(1)按式(5.4.64)计算随机序列$\{Y(i),i=1,2,\cdots,N\}$的周期图 $I_n(\omega)$,并求取 $\hat{\omega}$ 使 $I_n(\hat{\omega})=\max$;

(2)将 $\hat{\omega}$ 代入式(5.4.53)得到 $\hat{\boldsymbol{\Phi}}$;

(3)再按式(5.4.54)求得参数 α 的最小二乘估计 $\hat{\alpha}$.

现在讨论周期图 $I_n(\omega)$ 与离散随机信号的傅里叶变换之间的关系,进而了解周期图 $I_n(\omega)$ 的物理意义. 我们知道,连续随机信号$\{Y(t),-\infty<t<+\infty\}$的傅里叶变换形式上可

以写成

$$Y(\mathrm{j}\omega)=\int_{-\infty}^{+\infty}\mathrm{e}^{-\mathrm{j}\omega t}Y(t)\,\mathrm{d}t \tag{5.4.65}$$

如果对 $Y(t)$ 采样且为有限序列 $\{Y(T_0),Y(2T_0),\cdots,Y(NT_0)\}$ 时,则把式(5.4.65)离散化就得到有限离散随机信号的傅里叶变换为

$$Y_{T_0}(\mathrm{j}\omega)=T_0\sum_{i=1}^{N}\mathrm{e}^{-\mathrm{j}\omega iT_0}Y(iT_0) \tag{5.4.66}$$

于是式(5.4.66)就有确定意义并且还有

$$\frac{1}{T_0^2}|Y_{T_0}(\mathrm{j}\omega)|^2=\left|\sum_{i=1}^{N}\mathrm{e}^{-\mathrm{j}\omega iT_0}Y(iT_0)\right|^2 \tag{5.4.67}$$

比较式(5.4.67)与式(5.4.64)可得

$$I_n(\omega)=\frac{1}{NT_0^2}|Y_{T_0}(\mathrm{j}\omega)|^2 \tag{5.4.68}$$

由式(5.4.68)可以清楚地看出周期图的物理意义:它与离散随机信号傅里叶变换模的平方成正比,因此它具有功率的含义.事实上可以证明

$$\lim_{N\to\infty}EI_n(\omega)=\frac{1}{T_0}S_{T_0}(\omega) \tag{5.4.69}$$

其中,T_0 为采样周期;$S_{T_0}(\omega)$ 为采样信号的功率谱密度函数.特别地当 $T_0\to 0$,$N\to\infty$ 且 $T_0N\to\infty$ 时,还有

$$\lim_{\substack{T_0\to\infty\\ T_0\to 0}}EI_N(\omega)=S(\omega) \tag{5.4.70}$$

其中,$S(\omega)$ 为连续随机过程的功率谱密度函数.这说明周期图与功率谱密度函数有着密切的关系.

在实际计算中,我们通常是这样来计算周期图 $I_n(\omega)$,即令

$$\omega\triangleq\omega_k=\frac{2\pi k}{NT_0},k=1,2,\cdots,N \tag{5.4.71}$$

于是由式(5.4.66)有

$$\begin{aligned}Y_{T_0}(\mathrm{j}\omega_k)&=T_0\sum_{i=1}^{N}\left[Y(iT_0)\cos\frac{2\pi k}{NT_0}iT_0-\mathrm{j}Y(iT_0)\sin\frac{2\pi k}{NT_0}iT_0\right]\\&=\left[T_0\sum_{i=1}^{N}Y(i)\cos\frac{2\pi ki}{N}\right]-\mathrm{j}\left[T_0\sum_{i=1}^{N}Y(i)\sin\frac{2\pi ki}{N}\right],k=1,2,\cdots,N\end{aligned}$$

因而 $|Y_{T_0}(\mathrm{j}\omega_k)|^2=T_0^2\left[\sum_{i=1}^{N}Y(i)\cos\frac{2\pi ki}{N}\right]^2+T_0^2\left[\sum_{i=1}^{N}Y(i)\sin\frac{2\pi ki}{N}\right]^2,k=1,2,\cdots,N$

(5.4.72)

将式(5.4.72)代入式(5.4.68),可得周期图 $I_n(\omega)$ 的实际计算公式为

$$I_n(\omega_k)=\frac{1}{N}\left\{\left[\sum_{i=1}^{N}Y(i)\cos\frac{2\pi ki}{N}\right]^2+\left[\sum_{i=1}^{N}Y(i)\sin\frac{2\pi ki}{N}\right]^2\right\},k=1,2,\cdots,N$$

(5.4.73)

利用式(5.4.73)将 $I_n(\omega_k)$ 计算出来之后,对每个 ω_k,$k=1,2,\cdots,N$ 都要比较 $I_n(\omega_k)$ 的大小.当 $\omega=\omega_{k_1}$ 时有

$$I_n(\omega_{k_1})=\max_{1\leqslant k\leqslant N}\{I_n(\omega_k)\}$$

则取 ω_{k_1} 为随机序列 $\{Y(1),Y(2),\cdots,Y(N)\}$ 中的周期函数项 $p(nT_0)$ 的角频率，并记作 $\hat{\omega}_1 \triangleq \omega_{k_1}$. 这样一来，由式(5.4.49)可知第一个周期函数项 $p_1(nT_0)$ 可表示为

$$P_1(nT_0)=\alpha\, \mathrm{e}^{\mathrm{j}\hat{\omega}_1 nT_0}, n=1,2,\cdots,N$$

其中 α 由式(5.4.54)确定.

如果随机序列 $\{Y(1),Y(2),\cdots,Y(N)\}$ 中包含第二个周期函数项 $P_2(nT_0)$，则同样可利用周期图并由

$$I_n(\omega_{k_2})=\max_{\substack{1\leqslant k\leqslant N\\ k\neq k_i}}\{I_N(\omega_k)\}$$

可求出 ω_{k_2}，记作 $\hat{\omega}_2 \triangleq \omega_{k2}$，于是第二个周期函数项 $P_2(nT_0)$ 可表示为 $P_2(nT_0)=\alpha_2\, \mathrm{e}^{\mathrm{j}\hat{\omega}_2 nT_0}$. 依此类推，可求出随机序列 $\{Y(1),Y(2),\cdots,Y(N)\}$ 中所包含的多个周期函数项.

到此为止，我们可以说把测量序列 $\{Z(n),n=1,2,\cdots,N\}$ 的均值序列 $\{\overline{Z}(n),n=1,2,\cdots,N\}$ 估计出来了，并取作

$$\overline{Z}(n)=\hat{f}(n)+\sum_i p_i(n)$$

进一步由式(5.4.3)又知 $X(n)=Z(n)-\overline{Z}(n)$，这样一来，可以认为残差序列 $\{X(n),n=1,2,\cdots,N\}$ 是平稳随机序列. 在5.5中我们将研究平稳随机序列的相关函数及功率谱的估计. 因为由式(5.4.69)及式(5.4.70)可知，功率谱与周期图有着密切的联系，所以通常还是用周期图来估计功率谱密度函数.

5.5 平稳随机序列的相关函数及功率谱估计

5.5.1 引言

在本节，我们所讨论的系统模型仍同5.4一样，即测量序列 $\{Z(n),n=1,2,\cdots,N\}$ 可表示为

$$\left.\begin{aligned}Z(n)&=\overline{Z}(n)+X(n)\\ EX(n)&=0\end{aligned}\right\} \tag{5.5.1}$$

不过在这里，假定均值序列 $\{\overline{Z}(n),n=1,2,\cdots,N\}$ 为已知，或者按上节的方法根据 $\{Z(n),n=1,2,\cdots,N\}$ 可被估计出来. $\{X(n),n=1,2,\cdots,N\}$ 为零均值的平稳随机序列. 本节的任务就是如何由 $\{X(n),n=1,2,\cdots,N\}$ 估计出它的相关函数 $B(\cdot)$ 及功率谱密度函数 $S(\cdot)$. 这一工作对于时间序列的预测和控制是十分必要的.

5.5.2 相关函数估计

我们知道，对于平稳随机序列 $\{X(n),n=1,2,\cdots\}$，相关函数 $B(m)$ 可定义为

$$B(m)=E[X(n+m)X(n)] \tag{5.5.2}$$

但现在所要解决的问题是，如何用有限的平稳序列 $\{X(n),n=1,2,\cdots,N\}$ 对 $B(m)$ 做出估计，为此引进相关函数估计的两个定义，即定义5.5.1和定义5.5.2.

定义5.5.1 设 $\{X(n),n=1,2,\cdots,N\}$ 为零均值平稳随机序列，则称

$$\hat{B}^*(m)=\frac{1}{N-|m|}\sum_{n=1}^{N-|m|}X(n+|m|)X(n) \tag{5.5.3}$$

为该平稳序列相关函数估计.

定义 5.5.2 设$\{X(n),n=1,2,\cdots,N\}$为零均值平稳随机序列,则称

$$\hat{B}(m)=\frac{1}{N}\sum_{n=1}^{N-|m|}X(n+|m|)X(n) \tag{5.5.4}$$

为该平稳序列相关函数估计.

既然引出相关函数估计的两个定义,那么就有必要对$\hat{B}^*(m)$及$\hat{B}(m)$进行比较. 为此有定理 5.5.1.

定理 5.5.1 设$\{X(n),n=1,2,\cdots,N\}$为平稳随机序列:

(1)$\hat{B}(m)$是$B(m)$的有偏估计,$\hat{B}^*(m)$是$B(m)$的无偏估计;

(2)$\hat{B}(m)$的估计方差比$\hat{B}^*(m)$的估计方差小;

(3)又如果$\{X(n),n=1,2,\cdots,N\}$是平稳正态随机序列,且$\lim\limits_{N\to\infty}\sum\limits_{i=1}^{N}B^2(i)<\infty$,则$\hat{B}(m)$与$\hat{B}^*(m)$都是$B(m)$的一致渐近无偏估计.

证明 对式(5.5.4)取均值,显然有

$$E\hat{B}(m)=\frac{1}{N}\sum_{n=1}^{N-|m|}E[X(n+|m|)X(n)]=B(m)\frac{N-|m|}{N} \tag{5.5.5}$$

而对式(5.5.3)取均值时,有

$$E\hat{B}^*(m)=\frac{1}{N-|m|}\sum_{n=1}^{N-|m|}E[X(n+|m|)X(n)]=B(m) \tag{5.5.6}$$

故定理中(1)得证.

另一方面,由于

$$\hat{B}(m)=\frac{N-|m|}{N}\hat{B}^*(m)$$

所以

$$\begin{aligned}D[\hat{B}(m)]&=E[\hat{B}(m)-E\hat{B}(m)]^2\\&=E\left[\frac{N-|m|}{N}\hat{B}^*(m)-\frac{N-|m|}{N}B(m)\right]^2\\&=\left(\frac{N-|m|}{N}\right)^2D[\hat{B}^*(m)]\end{aligned} \tag{5.5.7}$$

因此

$$D[\hat{B}(m)]\leqslant D[\hat{B}^*(m)] \tag{5.5.8}$$

定理中(2)得证.

应注意,当m确定,$N\to\infty$时,由式(5.5.5)可知

$$\lim_{N\to\infty}E\hat{B}(m)=B(m)$$

所以,$\hat{B}(m)$是$B(m)$的渐近无偏估计.

最后,我们来计算$\hat{B}^*(m)$的方差

$$\begin{aligned}D[\hat{B}^*(m)]&=E[\hat{B}*(m)-E\hat{B}^*(m)]^2\\&=E[\hat{B}^*(m)]^2-[E\hat{B}^*(m)]^2\end{aligned}$$

$$= E\Big[\frac{1}{(N-|m|)^2}\sum_{i=1}^{N-|m|}\sum_{n=1}^{N-|m|}X(n+|m|)X(n)X(i+|m|)X(i)\Big]-B^2(m)$$

$$= \frac{1}{(N-|m|)^2}\sum_{i=1}^{N-|m|}\sum_{n=1}^{N-|m|}\left[B^2(i-n)+B(i-n+|m|)B(i-n-|m|)\right] \tag{5.5.9}$$

设 $i-n=k$,然后分三种情况,即 $k>0,k=0,k<0$ 来计算式(5.5.9),于是可得

$$D[\hat{B}^*(m)] = \frac{1}{(N-|m|)^2}\{(N-|m|-k)$$

$$\sum_{k=-(N-|m|)}^{N-|m|}\left[B^2(k)+B(k+|m|)B(k-|m|)\right]+k[B^2(0)+B^2(m)]\} \tag{5.5.10}$$

因为有

$$\lim_{N\to\infty}\frac{1}{N}\sum_{i=1}^{N}B^2(i) = 0$$

所以

$$\lim_{N\to\infty}\sum_{k=-N+|m|}^{N-|m|}\left[B^2(k)+B(k+|m|)B(k-|m|)\right]$$

$$\leqslant \lim_{N\to\infty}\sum_{k=-N+|m|}^{N-|m|}\left[B^2(k)+B^2(k+|m|)+B^2(k-|m|)\right] < \infty \tag{5.5.11}$$

这样一来,由式(5.5.10)可知,对任意 $|m|<\infty$,必有

$$\lim_{N\to\infty}D[\hat{B}^*(m)] = 0$$

最后由式(5.5.8)还有

$$\lim_{N\to\infty}D[\hat{B}(m)] = 0$$

故定理中(3)得证.

定理证毕.

在实际应用中,为了具体地比较 $D[\hat{B}(m)]$ 与 $D[\hat{B}^*(m)]$ 的大小,我们通常做近似处理. 由式(5.5.10)可知,如果 $B^2(k)$ 满足

$$B^2(k)\ll 1, k\ll N$$

并且当 $m\ll N$ 时,由式(5.5.10)可近似地有

$$D[\hat{B}^*(m)] \simeq \frac{1}{N-|m|}\sum_{k=-\infty}^{+\infty}\left[B^2(k)+B(k+|m|)B(k-|m|)\right] \tag{5.5.12}$$

再由式(5.5.7),还有

$$D[\hat{B}(m)] \simeq \frac{N-|m|}{N^2}\sum_{k=-\infty}^{+\infty}\left[B^2(k)+B(k+|m|)B(k-|m|)\right] \tag{5.5.13}$$

由式(5.5.12)和式(5.5.13)可见,$\hat{B}(m)$ 的方差随 m 的增加有减小的趋势,而 $\hat{B}^*(m)$ 的方差随 m 的增加有增大的趋势,例如 $m=\frac{1}{2}N$ 时较 $m=0$ 时的方差增大一倍,所以在实际应用中,尽管 $\hat{B}(m)$ 是 $B(m)$ 是有偏估计,但我们仍然采用 $\hat{B}(m)$ 作为 $B(m)$ 的估计.

为了讨论 $\hat{B}(k)$ 的渐近分布,先介绍以下几个引理.

引理 5.5.1 设 N 维随机向量 $\boldsymbol{X}\triangleq(\boldsymbol{X}(1),\boldsymbol{X}(2),\cdots,\boldsymbol{X}(N))^{\mathrm{T}}$ 服从正态 $N(0,\boldsymbol{B})$ 分布，即 $E\boldsymbol{X}=0,E\boldsymbol{X}\boldsymbol{X}^{\mathrm{T}}=\boldsymbol{B}>0$，又设 $\boldsymbol{A}$ 为 $N\times N$ 对称阵，则 $\boldsymbol{Y}_n\triangleq\boldsymbol{X}^{\mathrm{T}}\boldsymbol{A}\boldsymbol{X}$ 必可表示为

$$\boldsymbol{Y}_n \triangleq \boldsymbol{X}^{\mathrm{T}}\boldsymbol{A}\boldsymbol{X} = \sum_{j=1}^{N}\lambda_j^{(N)}\xi^2(j)$$

$$=[\xi(1)\quad \xi(2)\cdots\xi(N)]\begin{pmatrix}\lambda_1^{(N)} & 0 & \cdots & 0\\ 0 & \lambda_2^{(N)} & \cdots & 0\\ \vdots & \vdots & & \vdots\\ 0 & 0 & \cdots & \lambda_N^{(N)}\end{pmatrix}\begin{pmatrix}\xi(1)\\ \vdots\\ \xi(N)\end{pmatrix} \tag{5.5.14}$$

其中，$\xi(i),i=1,2,\cdots,N$ 为相互独立且服从正态 $N(0,1)$ 分布的随机变量，$\lambda_1^{(N)},\lambda_2^{(N)},\cdots,\lambda_n^{(N)}$ 为 $\boldsymbol{B}^{\frac{1}{2}}\boldsymbol{A}\boldsymbol{B}^{\frac{1}{2}}$ 的全部特征根(如重数重复计算).

证明 因为 $\boldsymbol{B}$ 正定，故必有 $\boldsymbol{B}=\boldsymbol{B}^{\frac{1}{2}}\boldsymbol{B}^{\frac{1}{2}}$，且 $\boldsymbol{B}^{\frac{1}{2}}$ 为正定对称阵. 若令 $\boldsymbol{X}=\boldsymbol{B}^{\frac{1}{2}}\boldsymbol{\eta}$，于是 $E\boldsymbol{\eta}\boldsymbol{\eta}^{\mathrm{T}}=I_n$，这说明 $\boldsymbol{\eta}\triangleq(\boldsymbol{\eta}(1)\quad\boldsymbol{\eta}(2)\quad\cdots\quad\boldsymbol{\eta}(N))^{\mathrm{T}}$ 为 N 个相互独立且服从正态 $N(0,1)$ 的随机变量. 另一方面，因为 $\boldsymbol{A}$ 是对称阵，所以 $\boldsymbol{B}^{\frac{1}{2}}\boldsymbol{A}\boldsymbol{B}^{\frac{1}{2}}$ 也为对称阵，故必存在正交矩阵 $\boldsymbol{U}$，使得

$$\boldsymbol{U}^{\mathrm{T}}\boldsymbol{B}^{\frac{1}{2}}\boldsymbol{A}\boldsymbol{B}^{\frac{1}{2}}\boldsymbol{U}=\begin{pmatrix}\lambda_1^{(N)} & 0 & \cdots & 0\\ 0 & \lambda_2^{(N)} & \cdots & 0\\ \vdots & \vdots & & \vdots\\ 0 & 0 & \cdots & \lambda_N^{(N)}\end{pmatrix}$$

其中，$\lambda_i^{(N)},i=1,2,\cdots,N$ 为 $\boldsymbol{B}^{\frac{1}{2}}\boldsymbol{A}\boldsymbol{B}^{\frac{1}{2}}$ 的特征根. 现在取 $(\boldsymbol{\xi}(1)\quad\boldsymbol{\xi}(2)\quad\cdots\quad\boldsymbol{\xi}(N))^{\mathrm{T}}=\boldsymbol{U}^{\mathrm{T}}\boldsymbol{\eta}$，即 $\boldsymbol{\eta}=\boldsymbol{U}\boldsymbol{\xi}$，因为 $\boldsymbol{\eta}$ 服从正态 $N(0,I_n)$ 分布且 $\boldsymbol{U}$ 为正交矩阵，所以 $\boldsymbol{\xi}$ 也服从正态 $N(0,I_n)$ 分布，于是有

$$\boldsymbol{Y}_N \triangleq \boldsymbol{X}^{\mathrm{T}}\boldsymbol{A}\boldsymbol{X}=\boldsymbol{\eta}^{\mathrm{T}}\boldsymbol{B}^{\frac{1}{2}}\boldsymbol{A}\boldsymbol{B}^{\frac{1}{2}}\boldsymbol{\eta}=\boldsymbol{\xi}^{\mathrm{T}}\boldsymbol{U}^{\mathrm{T}}\boldsymbol{B}^{\frac{1}{2}}\boldsymbol{A}\boldsymbol{B}^{\frac{1}{2}}\boldsymbol{U}\boldsymbol{\xi}=\sum_{i=1}^{N}\lambda_i^{(N)}\boldsymbol{\xi}^2(i)$$

引理得证.

引理 5.5.2 设随机向量 $\boldsymbol{X}\triangleq(\boldsymbol{X}(1)\quad\boldsymbol{X}(2)\quad\cdots\quad\boldsymbol{X}(N))^{\mathrm{T}}$ 服从正态 $N(0,\boldsymbol{B})$ 分布，$\boldsymbol{A}$ 为 $N\times N$ 对称阵，取 $\boldsymbol{Y}_n=\boldsymbol{X}^{\mathrm{T}}\boldsymbol{A}\boldsymbol{X}$，而且 $\lambda_j^{(N)},j=1,2,\cdots,N$ 为 $\boldsymbol{B}^{\frac{1}{2}}\boldsymbol{A}\boldsymbol{B}^{\frac{1}{2}}$ 的特征根，如果

$$\lim_{N\to\infty}\max_{1\leqslant j\leqslant N}\frac{\lambda_j^{(N)}}{/D(\boldsymbol{Y}_n)}=0 \tag{5.5.15}$$

则 Y_n 为渐近正态分布，即

$$\lim_{N\to\infty}P\left(\frac{Y_n-EY_n}{\sqrt{D(Y_n)}}<x\right)=\frac{1}{\sqrt{2\pi}}\int_{-\infty}^{x}\mathrm{e}^{-\frac{u^2}{2}}\mathrm{d}u \tag{5.5.16}$$

证明 由引理 5.5.1 可知

$$\zeta_N\triangleq\frac{Y_n-EY_n}{\sqrt{DY_n}}=\frac{\sum\limits_{i=1}^{N}\lambda_i^{(N)}\xi^2(i)-\sum\limits_{i=1}^{N}\lambda_i^{(N)}}{\sqrt{\sum\limits_{i=1}^{N}2\lambda_i^{(N)2}}}$$

$$=\sum_{i=1}^{N}\frac{\lambda_i^{(N)}}{\sqrt{\sum\limits_{i=1}^{N}2\lambda_i^{(N)2}}}[\xi^2(i)-1]\triangleq\sum_{i=1}^{N}\xi_{Ni}$$

又因为$\{\xi_{Ni},i=1,2,\cdots,N\}$是零均值且相互独立的随机变量序列,所以只需验证$\zeta_N=\sum_{i=1}^{N}\xi_{Ni}$满足林德伯格条件即可.事实上,不难计算出有

$$E\xi_{Ni}=0$$

$$D\xi_{Ni}=\frac{(\lambda_i^{(N)})^2}{\sum_{i=1}^{N}(\lambda_i^{(N)})^2}$$

因此,$B_n^2\triangleq\sum_{i=1}^{N}D\xi_{Ni}=1$,于是对任意给定的$\tau>0$,可知

$$\begin{aligned}\frac{1}{B_n^2}\sum_{i=1}^{N}\int_{|\xi_{Ni}|>\tau B_n}(\xi_{Ni})^2\mathrm{d}F_i&=\sum_{i=1}^{N}\int_{|\xi_{Ni}|>\tau}(\xi_{Ni})^2\mathrm{d}F_i\\&=\sum_{i=1}^{N}\frac{(\lambda_i^{(N)})^2}{\sum_{i=1}^{N}2(\lambda_i^{(N)})^2}\int_{\frac{|\lambda_i(N)|}{\sqrt{DY_n}}|\xi^2(i)-1|>\tau}[\xi^2(i)-1]^2\mathrm{d}F_i\\&\leqslant\sum_{i=1}^{N}\frac{(\lambda_i^{(N)})^2}{\sum_{i=1}^{N}2(\lambda_i^{(N)})^2}\int_{|\xi^2(i)-1|>\frac{\sqrt{DY_n}\cdot\tau}{\max\limits_{1\leqslant i\leqslant N}|\lambda_i(N)|}}[\xi^2(i)-1]^2\mathrm{d}F_i\\&=\frac{1}{2}\int_{|\xi^2(i)-1|>\frac{\sqrt{DY_n}\cdot\tau}{\max\limits_{1\leqslant i\leqslant N}|\lambda_i^{(N)}|}}[\xi^2(i)-1]^2\mathrm{d}F_i\to0\end{aligned}$$

$$\lim_{N\to\infty}\frac{\sqrt{DY_n}}{\max\limits_{1\leqslant i\leqslant N}|\lambda_i^{(N)}|}=\infty$$

亦即,当$\lim\limits_{N\to\infty}\frac{\max\limits_{1\leqslant i\leqslant N}|\lambda_i^{(N)}|}{\sqrt{DY_n}}=0$时,有

$$\lim_{N\to\infty}\frac{1}{B_n^2}\sum_{i=1}^{N}\int_{|\xi N_i|>\tau B_n}(\xi_{Ni})^2\mathrm{d}F_i=0$$

所以林德伯格条件成立,因此有式(5.5.16),引理证毕.

引理5.5.3 设$\boldsymbol{C}^N$为$N\times N$厄密特阵,$\boldsymbol{C}^N\triangleq(C_{kl})$并取

$$C_{kl}=\frac{1}{2\pi}\int_{-\frac{\pi}{T_0}}^{\frac{\pi}{T_0}}g(\omega)\,\mathrm{e}^{\mathrm{j}\omega T_0(k-1)}\mathrm{d}\omega,1\leqslant k,l\leqslant N \tag{5.5.17}$$

记$\lambda(\boldsymbol{C}^N)=\max\limits_{1\leqslant i\leqslant N}|\lambda_i(\boldsymbol{C}^N)|$,$\lambda_i(\boldsymbol{C}^N)$,$i=1,2,\cdots,N$为$\boldsymbol{C}^N$的特征根,则当$g(\omega)$有界时,有

$$\lambda(\boldsymbol{C}^N)\leqslant\frac{1}{T_0}\sup_{\omega}|g(\omega)| \tag{5.5.18}$$

进一步,当$g(\omega)$为p次可积时,还有

$$\lim_{N\to\infty}N^{-\frac{1}{p}}\lambda(\boldsymbol{C}^N)=0 \tag{5.5.19}$$

证明 由厄密特阵特征根性质有

$$\begin{aligned}\lambda(\boldsymbol{C}^N)&=\sup_{\|\boldsymbol{X}\|=1}|\boldsymbol{X}^{\mathrm{T}}\mathbf{C}^{\mathrm{N}}\boldsymbol{X}|=\sup_{\|\boldsymbol{X}\|=1}\left|\sum_{k,l=1}^{N}X_kX_l\,C_{kl}\right|\\&=\sup_{\|\boldsymbol{X}\|=1}\left|\sum_{k,l=1}^{N}X_kX_l\frac{1}{2\pi}\int_{-\frac{\pi}{T_0}}^{\frac{\pi}{T_0}}g(\omega)\,\mathrm{e}^{\mathrm{j}\omega T_0(k-1)}\mathrm{d}\omega\right|\end{aligned}$$

$$= \frac{1}{2\pi}\sup_{\|X\|=1}\left|\int_{-\frac{\pi}{T_0}}^{\frac{\pi}{T_0}}\left|\sum_{k=1}^{N}X_k\, e^{j\omega T_0 k}\right|^2 g(\omega)\,d\omega\right|$$

$$\leqslant \frac{1}{2\pi}\sup_{\|X\|=1}\int_{-\frac{\pi}{T_0}}^{\frac{\pi}{T_0}}\left|\sum_{k=1}^{N}X_k\, e^{j\omega T_0 k}\right|^2 \sup_{\omega}|g(\omega)|\,d\omega$$

$$= \frac{1}{2\pi}\sup_{\omega}|g(\omega)|\sup_{\|X\|=1}\int_{-\frac{\pi}{T_0}}^{\frac{\pi}{T_0}}\left|\sum_{k=1}^{N}X_k\, e^{j\omega T_0 k}\right|^2 d\omega \tag{5.5.20}$$

然而还可以证明有

$$\sup_{\|X\|=1}\int_{-\frac{\pi}{T_0}}^{+\frac{\pi}{T_0}}\left|\sum_{k=1}^{N}X_k\, e^{j\omega T_0 k}\right|^2 d\omega = \frac{2\pi}{T_0}$$

将上式代入式(5.5.20)，则得

$$\lambda(\boldsymbol{C}^N) \leqslant \frac{1}{T_0}\sup_{\omega}|g(\omega)|$$

于是式(5.5.18)得证.

另一方面，利用许瓦兹不等式，有

$$\left|\sum_{k=1}^{N}X_k\, e^{jk\omega T_0}\right|^2 \leqslant \sum_{k=1}^{N}|X_k|^2\sum_{k=1}^{N}|e^{jk\omega T_0}|^2 = N\|\boldsymbol{X}\|^2$$

所以当 $g(\omega)$ 为 P 次可积时，有

$$\lambda(\boldsymbol{C}^N) \leqslant \frac{1}{2\pi}\sup_{\|X\|=1}\int_{-\frac{\pi}{T_0}}^{\frac{\pi}{T_0}}\left|\sum_{k=1}^{N}X_k\, e^{jk\omega T_0}\right|^2|g(\omega)|\,d\omega$$

$$= \frac{1}{2\pi}\sup_{\|X\|=1}\left\{\int_{|g(\omega)|>\varepsilon N^{\frac{1}{P}}}\left|\sum_{k=1}^{N}X_k\, e^{jk\omega T_0}\right|^2|g(\omega)|\,d\omega + \int_{|g(\omega)|\leqslant\varepsilon N^{\frac{1}{P}}}\left|\sum_{k=1}^{N}X_k\, e^{jk\omega T_0}\right|^2|g(\omega)|\,d\omega\right\}$$

$$\leqslant \frac{1}{2\pi}\sup_{\|X\|=1}\int_{|g(\omega)|>\varepsilon N^{\frac{1}{P}}}N\|\boldsymbol{X}\|^2|g(\omega)|\,d\omega + \frac{1}{2\pi}\varepsilon N^{\frac{1}{P}}\frac{2\pi}{T_0}$$

$$= \frac{N}{2\pi}\int_{|g(\omega)|>\varepsilon N^{\frac{1}{P}}}|g(\omega)|\,d\omega + \frac{1}{T_0}\varepsilon N^{\frac{1}{P}} \tag{5.5.21}$$

但是当 $|g(\omega)| > \varepsilon N^{\frac{1}{P}}$ 时，可推得

$$\frac{|g(\omega)|^{P-1}}{\varepsilon^{P-1}N^{(1-\frac{1}{P})}} > 1$$

将这个结果代入式(5.5.21)，就得到

$$\lambda(\boldsymbol{C}^N) \leqslant \frac{N}{2\pi}\frac{1}{\varepsilon^{P-1}N^{1-\frac{1}{P}}}\int_{|g(\omega)|>\varepsilon N^{\frac{1}{P}}}|g(\omega)|^P d\omega + \frac{1}{T_0}\varepsilon N^{\frac{1}{P}}$$

$$= N^{\frac{1}{P}}\left[\frac{1}{2\pi\varepsilon^{P-1}}\int_{|g(\omega)|>\varepsilon N^{\frac{1}{P}}}|g(\omega)|^P d\omega + \frac{\varepsilon}{T_0}\right] \tag{5.5.22}$$

因为 $g(\omega)$ 有界且 p 次可积，所以

$$\lim_{N\to\infty}\int_{|g(\omega)|>\varepsilon N^{\frac{1}{P}}}|g(\omega)|^P d\omega = 0$$

再考虑 ε 的任意性，由式(5.5.22)得

$$\lim_{N\to\infty}N^{-\frac{1}{P}}\lambda(\boldsymbol{C}^N) = 0$$

引理得证.

利用上面的引理可以推得关于 $\hat{B}(k)$ 的渐近分布,即定理 5.5.2.

定理 5.5.2 设 $\{X(nT_0), n=\cdots,-2,-1,0,1,2,\cdots\}$ 为平稳正态随机序列,其相关函数 $B(kT_0)$ 满足

$$\sum_{k=1}^{\infty} B^2(kT_0) < \infty \tag{5.5.23}$$

取子样序列为 $\{X(nT_0), n=1,2,\cdots,N\}$,并取 $B(k)$ 的估计 $\hat{B}(k)$ 为

$$\hat{B}(k) = \frac{1}{N}\sum_{n=1}^{N-|k|} X(n+|k|)X(n)$$

则对任意 $k>0$,有

$$\lim_{N\to\infty}\sqrt{N}[\hat{B}(k)-B(k)] \infty N(0,\sigma_{kk}^2) \tag{5.5.24}$$

其中,$\sigma_{kk}^2 = \sum_{i=-\infty}^{+\infty}[B^2(i)+B(i+k)B(i-k)]$. (5.5.25)

证明 令

$$Y_n \triangleq \sqrt{N}\hat{B}(k) = \frac{1}{\sqrt{N}}\sum_{n=1}^{N-k}X(n)X(n+k) = \boldsymbol{X}^{\mathrm{T}}\boldsymbol{A}_n\boldsymbol{X} = \sum_{\lambda=1}^{N}\sum_{l=1}^{N}X(\lambda)X(l)a_{\lambda l} \tag{5.5.26}$$

显然有

$$a_{\lambda l} = \begin{cases}\dfrac{1}{2\sqrt{N}}, |\lambda-l|=k \\ 0\ , |\lambda-l|\neq k\end{cases} \tag{5.5.27}$$

因此 $\boldsymbol{A}_n \triangleq (a_{kl})_{N\times N}$ 是对称阵,其中 $\boldsymbol{X}=(X(1)\quad X(2)\quad\cdots\quad X(N))^{\mathrm{T}}$,再令

$$g(\omega) = \frac{T_0}{\sqrt{N}}\cos kT_0\omega$$

于是有

$$\frac{1}{2\pi}\int_{-\frac{\pi}{T_0}}^{\frac{\pi}{T_0}} g(\omega)\, \mathrm{e}^{\mathrm{j}\omega T_0(\lambda-l)}\mathrm{d}\omega = \begin{cases}\dfrac{1}{2\sqrt{N}}, |\lambda-l|=k \\ 0, |\lambda-l|\neq k\end{cases} \tag{5.5.28}$$

比较式(5.5.27)及式(5.5.28)可得

$$\frac{1}{2\pi}\int_{-\frac{\pi}{T_0}}^{\frac{\pi}{T_0}} g(\omega)\, \mathrm{e}^{\mathrm{j}\omega T_0(\lambda-l)}\mathrm{d}\omega = a_{\lambda l} \tag{5.5.29}$$

另一方面,设 $S_{T_0}(\omega)$ 为平稳正态序列 $\{X(iT_0), i=\cdots,-2,-1,0,1,2,\cdots\}$ 的功率谱密度函数,则由帕斯瓦尔(Parseval)公式及定理的条件式(5.5.23)有

$$\sum_{k=-\infty}^{+\infty} B^2(kT_0) = \frac{1}{2\pi T_0}\int_{-\frac{\pi}{T_0}}^{\frac{\pi}{T_0}} S_{T_0}^2(\omega)\mathrm{d}\omega < \infty$$

这说明 $S_{T_0}(\omega)$ 平方可积且有界. 进一步,由定理 3.2.5 中式(3.2.67)有

$$B_{kl} \triangleq B[(k-l)T_0] = \frac{1}{2\pi}\int_{-\frac{\pi}{T_0}}^{\frac{\pi}{T_0}} S_{T_0}(\omega)\, \mathrm{e}^{\mathrm{j}\omega(k-l)T_0}\mathrm{d}\omega \tag{5.5.30}$$

并记 $\boldsymbol{B}_n=(B_{kl})_{N\times N}$,于是可知 $\boldsymbol{B}_n$ 为正定对称阵,因此 $\boldsymbol{X}=(X(1)\quad X(2)\quad\cdots\quad X(N))^{\mathrm{T}}$ 服从正态 $N(0,\boldsymbol{B}_n)$ 分布.

再由矩阵的特征根性质可知

$$\lambda(\boldsymbol{B}_n^{\frac{1}{2}}\boldsymbol{A}_n\boldsymbol{B}_n^{\frac{1}{2}})\leqslant\lambda(\boldsymbol{A}_n)\lambda(\boldsymbol{B}_n) \tag{5.5.31}$$

其中，$\lambda(\cdot)$代表矩阵特征根模最大者. 然而由引理 5.5.3 及式(5.5.27)并考虑到 $g(\omega)=\frac{T_0}{\sqrt{N}}\cos k\omega T_0$ 有界，可知有

$$\lambda(\boldsymbol{A}_n)\leqslant\frac{1}{T_0}\sup_{\omega}|g(\omega)|=\frac{1}{\sqrt{N}} \tag{5.5.32}$$

再由引理 5.5.3 及$S_{T_0}(\omega)$的平方可积性还有

$$\lim_{N\to\infty}N^{-\frac{1}{2}}\lambda(\boldsymbol{B}_n)=0 \tag{5.5.33}$$

将式(5.5.32)及式(5.5.33)代入式(5.5.31)，可得

$$\lim_{N\to\infty}\lambda(\boldsymbol{B}_n^{\frac{1}{2}}\boldsymbol{A}_n\boldsymbol{B}_n^{\frac{1}{2}})=0$$

但是，由式(5.5.10)及式(5.5.7)并考虑到式(5.5.26)，有

$$\lim_{N\to\infty}D[Y_n]=\lim_{N\to\infty}ND[\hat{B}(k)]=\sum_{i=-\infty}^{+\infty}[B^2(i)+B(i+k)B(i-k)]\triangleq\sigma_{kk}^2\neq 0$$

所以
$$\lim_{N\to\infty}\lambda(\boldsymbol{B}_n^{\frac{1}{2}}\boldsymbol{A}_n\boldsymbol{B}_n^{\frac{1}{2}})/C[Y_n]=0$$

亦即引理 5.5.2 中式(5.5.51)成立，于是由引理 5.5.2 的结论可知

$$\begin{aligned}\lim_{N\to\infty}P\left(\frac{Y_n-EY_n}{\sqrt{DY_n}}<x\right)&=\lim_{N\to\infty}P\left(\frac{\sqrt{N}\hat{B}(k)-\sqrt{N}B(k)}{\sigma_{kk}}<x\right)\\&=\lim_{N\to\infty}P\left(\frac{\sqrt{N}[\hat{B}(k)-B(k)]}{\sigma_{kk}}<x\right)\\&=\frac{1}{\sqrt{2\pi}}\int_{-\infty}^{x}e^{-\frac{u^2}{2}}du\end{aligned}$$

即$\lim\limits_{N\to\infty}\sqrt{N}[\hat{B}(k)-B(k)]$服从正态 $N(0,\sigma_{kk}^2)$分布，定理证毕.

现在，我们把上述结果不加证明地推广到互相关函数估计的渐近分布.

设$\{X(n),n=\cdots,-2,-1,0,1,2,\cdots\}$与$\{Y(n),n=\cdots,-2,-1,0,1,2,\cdots\}$为零均值平稳正态随机序列，称

$$B_{XY}(k)=[X(n+k)Y(n)]$$

为上述两个随机序列的互相关函数，通常取

$$\hat{B}_{XY}(k)=\frac{1}{N}\sum_{n=1}^{N-|k|}X(n+k)Y(n) \tag{5.5.34}$$

作为互相关函数 $B_{XY}(k)$的估计，于是有定理 5.5.3.

定理 5.5.3 设$\{X(n),n=\cdots,-2,-1,0,1,2,\cdots\}$和$\{Y(n),n=\cdots-2,-1,0,1,2,\cdots\}$为零均值平稳相关的平稳正态随机序列，其相关函数 $B_X(k)$与 $B_Y(k)$均满足

$$\sum_{k=0}^{+\infty}B_X^2(k)<\infty,\ \sum_{k=0}^{+\infty}B_Y^2(k)<\infty \tag{5.5.35}$$

取式(5.5.34)作为互相关函数 $B_{XY}(k)$的估计，则对任意 $k>0$，有$\lim\limits_{N\to\infty}\sqrt{N}[\hat{B}_{XY}(k)-B_{XY}(k)]$服从正态 $N(0,\sigma_{kk}^2)$分布，并记作

$$\lim_{N\to\infty}\sqrt{N}[\hat{B}_{XY}(k)-B_{XY}(k)]\propto N(0,\sigma_{kk}^2) \tag{5.5.36}$$

其中，$\sigma_{kk}^2 = \sum_{i=-\infty}^{+\infty}[B_X(i)B_Y(i) + B_{XY}(i+k)B_{YX}(i-k)]$. (5.5.37)

5.5.3 功率谱密度函数估计

现在，讨论功率谱密度函数$S_{T_0}(\omega)$的估计.

定义 5.5.3 功率谱估计 设$\{X(n), n=1,2,\cdots,N\}$为零均值平稳随机序列，则称$\hat{B}(m)$的傅里叶变换为该序列的功率谱密度函数估计，简称功率谱估计，即

$$\hat{S}_{T_0}(\omega) = T_0 \sum_{m=-(N-1)}^{N-1} \hat{B}(mT_0)\, \mathrm{e}^{-\mathrm{j}\omega T_0 m} \tag{5.5.38}$$

为了讨论功率谱估计$\hat{S}_{T_0}(\omega)$与式(5.4.64)所表示的周期图$I_n(\omega)$的关系，先引进引理5.5.4.

引理 5.5.4 设$X(t), -\infty < t < +\infty$和$Y(t), -\infty < t < +\infty$为任意两个信号，并且存在傅里叶变换，我们把采样信号$X(kT_0), k=\cdots,-2,-1,0,1,2,\cdots$与$Y(kT_0), k=\cdots,-2,-1,0,1,2,\cdots$的卷积$X_{T_0}(kT_0) * Y_{T_0}(kT_0)$定义为

$$X_{T_0}(kT_0) * Y_{T_0}(kT_0) = T_0 \sum_{n=-\infty}^{+\infty} X(nT_0)Y(kT_0 - nT_0) \tag{5.5.39}$$

则其卷积的傅里叶变换为

$$F[X_{T_0}(kT_0) * Y_{T_0}(kT_0)] = Y_{T_0}(\mathrm{j}\omega)X_{T_0}(\mathrm{j}\omega) \tag{5.5.40}$$

其中

$$X_{T_0}(\mathrm{j}\omega) = T_0 \sum_{i=-\infty}^{+\infty} X(iT_0)\, \mathrm{e}^{-\mathrm{j}\omega i T_0} \tag{5.5.41}$$

$$Y_{T_0}(\mathrm{j}\omega) = T_0 \sum_{l=-\infty}^{+\infty} Y(iT_0)\, \mathrm{e}^{-\mathrm{j}\omega i T_0} \tag{5.5.42}$$

把引理5.5.4的证明留给读者作为练习.

定理 5.5.4 设$\{X(n), n=1,2,\cdots,N\}$为零均值平稳随机序列，则

$$\hat{S}_{T_0}(\omega) = T_0 I_n(\omega) \tag{5.5.43}$$

其中，T_0为采样周期；$I_n(\omega)$为周期图；$\hat{S}_{T_0}(\omega)$为功率谱估计.

证明 令引理5.5.4中的$Y(mT_0)$为

$$Y(mT_0) = X(-mT_0)$$

于是有

$$\begin{aligned}\frac{1}{NT_0}[X_{T_0}(mT_0) * Y_{T_0}(mT_0)] &= \frac{1}{N}\sum_{n=-\infty}^{+\infty} X(nT_0)Y(mT_0 - nT_0) \\ &= \frac{1}{N}\sum_{n=1}^{N-|m|} X(nT_0)X(nT_0 + |m|T_0) \\ &= \hat{B}(mT_0),\ |m| \leqslant N-1\end{aligned} \tag{5.5.44}$$

对式(5.5.44)两边做傅里叶变换可得

$$\text{右边} = T_0 \sum_{m=-(N-1)}^{N-1} \hat{B}(mT_0)\, \mathrm{e}^{-\mathrm{j}\omega T_0 m} = \hat{S}_{T_0}(\omega) \tag{5.5.45}$$

由引理5.5.4又知

$$\text{左边} = \frac{1}{NT_0}F[X_{T_0}(mT_0) * Y_{T_0}(mT_0)] = \frac{1}{NT_0}X_{T_0}(\mathrm{j}\omega)Y_{T_0}(\mathrm{j}\omega) \tag{5.5.46}$$

然而 $Y_{T_0}(j\omega) = T_0\sum\limits_{m=-\infty}^{+\infty}Y(mT_0)\mathrm{e}^{-j\omega mT_0} = T_0\sum\limits_{m=-\infty}^{+\infty}X(-mT_0)\mathrm{e}^{-j\omega mT_0} = X_{T_0}^*(j\omega)$ (5.5.47)

将式(5.5.47)代入式(5.5.46)得

$$\text{左边} = \frac{1}{NT_0}|X_{T_0}(j\omega)|^2 = \frac{1}{T_0N}T_0^2\left|\sum_{m=1}^{N}X(mT_0)\mathrm{e}^{-j\omega mT_0}\right|^2 = T_0I_n(\omega) \qquad (5.5.48)$$

由式(5.5.45)及式(5.5.48)可得

$$\hat{S}_{T_0}(\omega) = T_0I_n(\omega)$$

定理证毕.

定理5.5.4指出了一个重要的事实,即由式(5.5.38)定义的功率谱估计$\hat{S}_{T_0}(\omega)$同式(5.4.64)定义的周期图$I_n(\omega)$只差一个比例系数T_0(采样周期),因此可以通过研究周期图来研究功率谱估计.下面再考察功率谱估计$\hat{S}_{T_0}(\omega)$同功率谱$S_{T_0}(\omega)$之间的关系,为此有定理5.5.5.

定理5.5.5 设$\{X(nT_0), n=1,2,\cdots,N\}$为零均值随机序列,$\hat{S}_{T_0}(\omega)$为其功率谱估计,$S_{T_0}(\omega)$为其功率谱,则:

(1)当$\{X(nT_0), n=1,2,\cdots,N\}$为白噪声序列时,$\hat{S}_{T_0}(\omega)$为$S_{T_0}(\omega)$的无偏估计,否则$\hat{S}_{T_0}(\omega)$为$S_{T_0}(\omega)$的有偏估计,但当$N\to\infty$时,有$\lim\limits_{N\to\infty}E\,\hat{S}_{T_0}(\omega) = S_{T_0}(\omega)$;

(2)$\hat{S}_{T_0}(\omega)$不具有一致性,即$\lim\limits_{N\to\infty}D[\hat{S}_{T_0}(\omega)]\neq 0$,其中$D[\hat{S}_{T_0}(\omega)]$表示$\hat{S}_{T_0}(\omega)$的方差.

证明 由式(5.5.43)可知,当$\{X(nT_0), n=1,2,\cdots,N\}$为零均值白噪声序列时,有

$$\begin{aligned}
E[\hat{S}_{T_0}(\omega)] &= T_0EI_n(\omega) = \frac{T_0}{N}\sum_{m=1}^{N}\sum_{n=1}^{N}EX(m)X(n)\,\mathrm{e}^{-j\omega mT_0}\mathrm{e}^{j\omega nT_0}\\
&= \frac{T_0}{N}\sum_{m=1}^{N}\sum_{n=1}^{N}\sigma^2\delta(m-n)\mathrm{e}^{-j\omega(m-n)T_0}\\
&= T_0\sigma^2\\
&= S_{T_0}(\omega)\ (\text{见式}(3.2.67))
\end{aligned} \qquad (5.5.49)$$

但当$\{X(nT_0), n=1,2,\cdots,N\}$为有色序列时,因为由式(5.5.5)可知$\hat{B}(m)$有偏,而且由式(5.5.38)又知$\hat{S}_{T_0}(\omega)$是有限求和,故$\hat{S}_{T_0}(\omega)$是$S_{T_0}(\omega)$的有偏估计,即$E\,\hat{S}_{T_0}(\omega)\neq S_{T_0}(\omega)$,又因$\lim\limits_{N\to m}E\,\hat{B}(m) = B(m)$,所以$\lim\limits_{N\to\infty}E\,\hat{S}_{T_0}(\omega) = S_{T_0}(\omega)$,于是定理中(1)得证.

另一方面,我们只考察白色正态序列情况,由定理5.5.4中式(5.5.43)可知

$$\hat{S}_{T_0}(\omega) = T_0I_n(\omega) = \frac{T_0}{N}\sum_{m=1}^{N}\sum_{l=1}^{N}X(mT_0)X(lT_0)\,\mathrm{e}^{j\omega mT_0}\mathrm{e}^{-j\omega lt_0}$$

于是有 $E[\hat{S}_{T_0}(\omega)]^2 = \dfrac{T_0^2}{N^2}\sum\limits_{m=1}^{N}\sum\limits_{l=1}^{N}\sum\limits_{k=1}^{N}\sum\limits_{n=1}^{N}E[X(mT_0)X(lT_0)X(kT_0)X(nT_0)]\,\mathrm{e}^{j\omega(m+k-l-n)T_0}$

(5.5.50)

然而

$$\begin{aligned}
&E[X(mT_0)X(lT_0)X(kT_0)X(nT_0)]\\
&=\sigma^4[\delta(l-k)\delta(m-n)+\delta(m-l)\delta(k-n)+\delta(m-k)\delta(l-n)]
\end{aligned} \qquad (5.5.51)$$

将式(5.5.5)代入式(5.5.50),整理可得

$$E[\hat{S}_{T_0}(\omega)]^2=\sigma^4T_0^2\left[2+\left(\frac{\sin\omega NT_0}{N\sin\omega T_0}\right)^2\right]=S_{T_0}^2(\omega)\left[2+\left(\frac{\sin\omega NT_0}{N\sin\omega T_0}\right)^2\right]$$

于是功率谱估计的方差为

$$\begin{aligned}D[\hat{S}_{T_0}(\omega)]\triangleq E[\hat{S}_{T_0}(\omega)-E\hat{S}_{T_0}(\omega)]^2&=E[\hat{S}_{T_0}(\omega)-S_{T_0}(\omega)]^2\\&=E[\hat{S}_{T_0}(\omega)]^2-[S_{T_0}(\omega)]^2\\&=S_{T_0}^2(\omega)\left[1+\left(\frac{\sin\omega NT_0}{N\sin\omega T_0}\right)^2\right]\end{aligned}\tag{5.5.52}$$

所以$\hat{S}_{T_0}(\omega)$是$S_{T_0}(\omega)$是非一致估计，如果序列$\{X(nT_0),n=1,2,\cdots,N\}$不是白色的，上述结论仍正确，只需经过较烦琐的计算.

5.5.4　平滑功率谱估计

由上面的分析可知，在一般情况下，$\hat{S}_{T_0}(\omega)$不仅是$S_{T_0}(\omega)$的有偏估计，而且也不具有一致性，特别是当N增大时，它的特性更不符合要求，这是因为$\hat{S}_{T_0}(\omega)$的方差随着N的增大将正比于功率谱的平方. 因此，为了提高功率谱估计的精度，我们采用平滑功率谱估计将会得到预期的效果.

定义 5.5.4　设$\{X(n),n=1,2,\cdots,N\}$为零均值平稳随机序列，$\hat{B}(m)$为式(5.5.4)所定义的相关函数估计，$\{w(m),m=-(M-1),\cdots,0,\cdots,M-1\}$为长度$2M-1$的有限时宽窗序列($N\geqslant M$)，则称

$$\hat{\hat{S}}_{T_0}(\omega)=T_0\sum_{m=-(M-1)}^{M-1}\hat{B}(m)w(m)\,\mathrm{e}^{-\mathrm{j}\omega T_0 m}\tag{5.5.53}$$

为该序列$\{X(n),n=1,2,\cdots,N\}$的平滑功率谱密度函数估计，简称平滑功率谱密度估计. 其中T_0为采样周期，通常称$w(m)$为时间域上的谱窗因子.

为了讨论平滑功率谱估计$\hat{\hat{S}}_{T_0}(\omega)$与功率谱估计$\hat{S}_{T_0}(\omega)$的关系，先介绍复卷积定理.

定理 5.5.6　复卷积定理　设实值序列$\{C(nT_0)=X(nT_0)Y(nT_0),n=\cdots,-1,0,1,\cdots\}$满足

$$\sum_{n=-\infty}^{+\infty}|C(nT_0)|<\infty$$

则$C(nT_0)$的傅里叶变换$C_{T_0}(\mathrm{j}\lambda)$为

$$C_{T_0}(\mathrm{j}\lambda)=\frac{1}{2\pi}\int_{-\frac{\pi}{T_0}}^{\frac{\pi}{T_0}}X_{T_0}(\mathrm{j}\omega)\,Y_{T_0}(\mathrm{j}\lambda-\mathrm{j}\omega)\,\mathrm{d}\omega\tag{5.5.54}$$

其中

$$C_{T_0}(\mathrm{j}\lambda)=T_0\sum_{n=-\infty}^{+\infty}C(nT_0)\,\mathrm{e}^{-\mathrm{j}\lambda nT_0}\tag{5.5.55}$$

$$X_{T_0}(\mathrm{j}\omega)=T_0\sum_{n=-\infty}^{+\infty}X(nT_0)\,\mathrm{e}^{-\mathrm{j}\omega nT_0}\tag{5.5.56}$$

$$Y_{T_0}(\mathrm{j}\omega)=T_0\sum_{n=-\infty}^{+\infty}Y(nT_0)\,\mathrm{e}^{-\mathrm{j}\omega nT_0}\tag{5.5.57}$$

式中，T_0为采样周期.

证明 由式(5.5.55)有

$$C_{T_0}(\mathrm{j}\lambda) = T_0\sum_{n=-\infty}^{+\infty} C(nT_0)\,\mathrm{e}^{-\mathrm{j}\lambda nT_0} = T_0\sum_{n=-\infty}^{+\infty} X(nT_0)Y(nT_0)\,\mathrm{e}^{-\mathrm{j}\lambda nT_0} \tag{5.5.58}$$

再由式(5.5.56)还有

$$X(nT_0) = \frac{1}{2\pi}\int_{-\frac{\pi}{T_0}}^{\frac{\pi}{T_0}} X_{T_0}(\mathrm{j}\omega)\,\mathrm{e}^{\mathrm{j}\omega nT_0}\mathrm{d}\omega$$

将上式代入式(5.5.58)可得

$$\begin{aligned} C_{T_0}(\mathrm{j}\lambda) &= T_0\sum_{n=-\infty}^{+\infty}\frac{1}{2\pi}\int_{-\frac{\pi}{T_0}}^{\frac{\pi}{T_0}} X_{T_0}(\mathrm{j}\omega)\,\mathrm{e}^{\mathrm{j}\omega nT_0}\mathrm{d}\omega Y(nT_0)\,\mathrm{e}^{-\mathrm{j}\lambda nT_0} \\ &= \frac{1}{2\pi}\int_{-\frac{\pi}{T_0}}^{\frac{\pi}{T_0}} X_{T_0}(\mathrm{j}\omega)\Big[T_0\sum_{n=-\infty}^{+\infty} Y(nT_0)\,\mathrm{e}^{-\mathrm{j}(\lambda-\omega)nT_0}\Big]\mathrm{d}\omega \\ &= \frac{1}{2\pi}\int_{-\frac{\pi}{T_0}}^{\frac{\pi}{T_0}} X_{T_0}(\mathrm{j}\omega)\,Y_{T_0}(\mathrm{j}\lambda-\mathrm{j}\omega)\,\mathrm{d}\omega \end{aligned}$$

定理证毕.

定理 5.5.7 设$\hat{\hat{S}}_{T_0}(\omega)$与$\hat{S}_{T_0}(\omega)$分别为零均值平稳随机序列$\{X(nT_0), n=1,2,\cdots,N\}$的平滑功率谱估计和功率谱估计,则

$$\hat{\hat{S}}_{T_0}(\omega) = \frac{1}{2\pi}\int_{-\frac{\pi}{T_0}}^{\frac{\pi}{T_0}} \hat{S}_{T_0}(\lambda)\,W_{T_0}(\mathrm{j}\omega-\mathrm{j}\lambda)\,\mathrm{d}\lambda \tag{5.5.59}$$

其中, $W_{T_0}(\mathrm{j}\omega) = T_0\sum\limits_{n=-(M-1)}^{M-1} w(nT_0)\,\mathrm{e}^{-\mathrm{j}\omega nT_0}$. (5.5.60)

而$w(nT_0)$是长度为$2M-1$的谱窗因子,T_0为采样周期,通常称$W_{T_0}(\mathrm{j}\omega)$为频率域上的谱窗函数.

证明 我们对定理5.5.6中的符号做以下置换,$C(m_0)\to\hat{B}(mT_0)\cdot w(mT_0)$,$X(mT_0)\to\hat{B}(mT_0)$,$Y(mT_0)\to w(mT_0)$,于是由式(5.5.55)及定义5.5.4可知

$$C_{T_0}(\mathrm{j}\lambda) = T_0\sum_{m=-(M-1)}^{M-1}\hat{B}(mT_0)w(mT_0)\,\mathrm{e}^{-\mathrm{j}\lambda mT_0} = \hat{\hat{S}}_{T_0}(\lambda)$$

然而

$$\begin{aligned} X_{T_0}(\mathrm{j}\omega) &= T_0\sum_{n=-\infty}^{+\infty} X(mT_0)\,\mathrm{e}^{-\mathrm{j}\omega mT_0} \\ &= T_0\sum_{m=-(N-1)}^{N-1}\hat{B}(mT_0)\,\mathrm{e}^{-\mathrm{j}\omega mT_0} \\ &= \hat{S}_{T_0}(\mathrm{j}\omega)\,Y_{T_0}(\mathrm{j}\omega) \\ &= T_0\sum_{m=-(M-1)}^{M-1} w(m)\,\mathrm{e}^{-\mathrm{j}\omega mT_0} = W_{T_0}(\mathrm{j}\omega) \end{aligned}$$

再由式(5.5.54)可得

$$\hat{\hat{S}}_{T_0}(\lambda) = C_{T_0}(\mathrm{j}\lambda) = \frac{1}{2\pi}\int_{-\frac{\pi}{T_0}}^{\frac{\pi}{T_0}}\hat{S}_{T_0}(\mathrm{j}\omega)\,W_{T_0}(\mathrm{j}\lambda-\mathrm{j}\omega)\,\mathrm{d}\omega$$

或者表示为

$$\hat{\hat{S}}_{T_0}(\omega) = \frac{1}{2\pi}\int_{-\frac{\pi}{T_0}}^{\frac{\pi}{T_0}} \hat{S}_{t_0}(\mathrm{j}\lambda) W_{T_0}(\mathrm{j}\omega - \mathrm{j}\lambda)\mathrm{d}\lambda$$

定理证毕.

这个定理的物理意义是十分明显的,事实上,由式(5.5.59)可以看出,平滑功率谱估计$\hat{\hat{S}}_{T_0}(\omega)$是相当于功率估计$\hat{S}_{T_0}(\omega)$通过一个滤波器后得到的,而滤波器权函数为 $W_{T_0}(\mathrm{j}\omega)$,它起到了对谱估计误差的平滑作用,因此平滑功率估计$\hat{S}_{T_0}(\omega)$的精度将会提高.

下面就来讨论一些具体的谱窗因子及它们所对应的平滑功率谱估计.

例 5.5.1 取谱窗因子为

$$w(nT_0) = \frac{\sin \omega_n nT_0}{\omega_n nT_0} \tag{5.5.61}$$

则由式(5.5.60)可知对应的谱窗函数为

$$W_{T_0}(\mathrm{j}\omega) = T_0\sum_{n=-\infty}^{+\infty}\frac{\sin \omega_N nT_0}{\omega_N nT_0}\mathrm{e}^{-\mathrm{j}\omega nT_0} = \begin{cases}\dfrac{\pi}{\omega_n}, |\omega| \leqslant \omega_n < \dfrac{\pi}{T_0} \\ 0, |\omega| > \omega_n\end{cases} \tag{5.5.62}$$

利用傅里叶变换可以验证上述结果,事实上,若谱窗函数取式(5.5.62),则谱窗因子 $w(nT_0)$为

$$w(nT_0) = \frac{1}{2\pi}\int_{-\infty}^{+\infty} W_{T_0}(\mathrm{j}\omega)\,\mathrm{e}^{\mathrm{j}\omega nT_0}\mathrm{d}\omega = \frac{1}{2\pi}\int_{-w_n}^{w_n}\frac{\pi}{\omega_n}\mathrm{e}^{\mathrm{j}\omega nT_0}\mathrm{d}\omega = \frac{\sin \omega_n nT_0}{\omega_n nT_0}$$

于是由式(5.5.59)可求出平滑功率谱估计$\hat{\hat{S}}_{T_0}(\omega)$为

$$\begin{aligned}\hat{\hat{S}}_{T_0}(\omega) &= \frac{1}{2\pi}\int_{-\frac{\pi}{T_0}}^{\frac{\pi}{T_0}} \hat{S}_{T_0}(\lambda) W_{T_0}(\mathrm{j}\omega - \mathrm{j}\lambda)\mathrm{d}\lambda \\ &= \frac{1}{2\pi}\int_{-\frac{\pi}{T_0}}^{\frac{\pi}{T_0}} \hat{S}_{T_0}(\omega - \lambda) W_{T_0}(\mathrm{j}\lambda)\mathrm{d}\lambda \\ &= \frac{1}{2\,\omega_N}\int_{-\omega_N}^{\omega_N} \hat{S}_{T_0}(\omega - \lambda)\mathrm{d}\lambda, \omega_n \leqslant \frac{\pi}{T_0}\end{aligned} \tag{5.5.63}$$

由式(5.5.63)可以看出,当谱窗因子和谱窗函数分别取式(5.5.61)和式(5.5.62)时,平滑功率谱估计实际上就是功率谱估计的平均值,由概率论可知,这对降低谱估计的方差是有益的,因而提高了功率谱估计的精度.

例 5.5.2 谱窗因子为矩形窗,取

$$w(nT_0) = \begin{cases}1, |n| \leqslant M - 1 \\ 0,\text{其他}\end{cases} \tag{5.5.64}$$

由式(5.5.60)可计算出相应的谱窗函数 $W_{T_0}(\mathrm{j}\omega)$为

$$W_{T_0}(\mathrm{j}\omega) = T_0\sum_{n=-(M-1)}^{M-1}\mathrm{e}^{-\mathrm{j}\omega nT_0} = T_0\frac{\sin \omega\dfrac{2M-1}{2}T_0}{\sin \omega\dfrac{T_0}{2}} \tag{5.5.65}$$

于是由式(5.5.59)可计算出平滑功率谱估计$\hat{\hat{S}}_{T_0}(\omega)$为

$$\hat{\hat{S}}_{T_0}(\omega) = \frac{T_0}{2\pi}\int_{-\frac{\pi}{T_0}}^{\frac{\pi}{T_0}} \hat{S}_{T_0}(\omega - \lambda)\frac{\sin \lambda\left(M - \dfrac{1}{2}\right)T_0}{\sin \lambda\dfrac{T_0}{2}}\mathrm{d}\lambda \tag{5.5.66}$$

由式(5.5.65)可以画出矩形窗谱窗函数的形状,如图5.5.1所示.

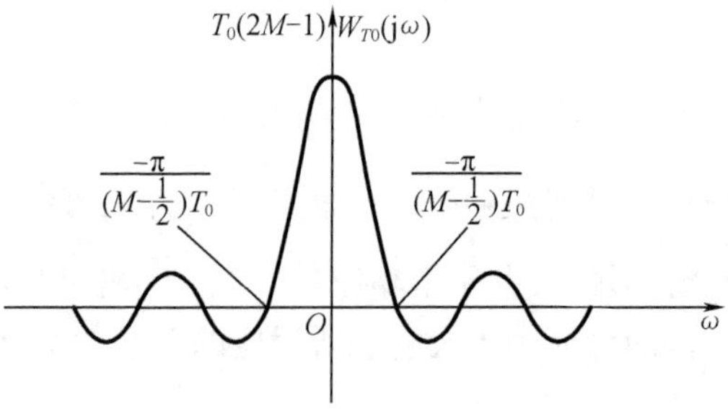

图5.5.1　矩形窗谱窗函数曲线

根据图5.5.1,我们称在区间$|\omega|\leqslant\frac{1}{M-\frac{1}{2}}\frac{\pi}{T_0}$内的$W_{T_0}(j\omega)$为主瓣,并定义主瓣宽度$\omega_B$为

$$\omega_B=2\frac{1}{M-\frac{1}{2}}\frac{\pi}{T_0}\approx\frac{2\pi}{MT_0} \tag{5.5.67}$$

矩形窗是比较简单的谱窗,它的主要缺点是在主瓣之外还有不少正负相间的边瓣(图5.5.1),在按式(5.5.59)计算$\hat{\hat{S}}_{T_0}(\omega)$时,就会对$\omega$附近的数值以较大比例来取平均,甚至有可能使$\hat{\hat{S}}_{T_0}(\omega)$在某些点上出现负值,这当然是不符合实际的,因此在工程应用中,很少采用这种谱窗.

一般来说,主瓣宽度越宽,它对频谱的平滑作用越大,平滑功率谱估计的方差就会越小,这是好的一面;另一方面,由于平滑作用加大,则频谱的分辨力大大降低,这对从非平稳随机序列中识别出周期分量来说是不利的.

下面介绍在工程计算中经常采用的谱窗因子及谱窗函数.

例5.5.3　三角形谱窗因子(巴特利特窗)为

$$w(nT_0)=\begin{cases}1-|n|/M, & |n|\leqslant M-1\\0, & \text{其他}\end{cases} \tag{5.5.68}$$

由式(5.5.60)可计算出相应的谱窗函数为

$$W_{T_0}(j\omega)=\frac{T_0}{N}\left(\frac{\sin\frac{\omega T_0M}{2}}{\sin\frac{\omega T_0}{2}}\right)^2 \tag{5.5.69}$$

于是由式(5.5.59)可计算出平滑功率谱估计$\hat{\hat{S}}_{T_0}(\omega)$为

$$\hat{\hat{S}}_{T_0}(\omega)=\frac{1}{2\pi}\int_{-\frac{\pi}{T_0}}^{\frac{\pi}{T_0}}\hat{S}_{T_0}(\omega-\lambda)\frac{T_0}{N}\left(\frac{\sin\frac{\lambda T_0M}{2}}{\sin\frac{\lambda T_0}{2}}\right)^2 d\lambda \tag{5.5.70}$$

另外,由式(5.5.69)还可以求出三角形窗的主瓣宽度ω_B为

$$\omega_B=\frac{4\pi}{MT_0} \tag{5.5.71}$$

比较式(5.5.71)及式(5.5.67)可以看出,由于三角形窗主瓣宽度比矩形窗主瓣宽度大,所以平滑功率谱估计的方差会有所降低,但频谱分辨力要比矩形窗差.

例 5.5.4 升余弦窗为

$$w(nT_0)=\begin{cases}(1-\beta)+\beta\cos\left(\dfrac{n\pi}{M}-1\right), & |n|\leqslant M-1\\ 0,\text{其他}\end{cases} \tag{5.5.72}$$

由式(5.5.60)可计算出相应的谱窗函数为

$$W_{T_0}(\mathrm{j}\omega)=T_0(1-\beta)\frac{\sin\dfrac{2M-1}{2}\omega T_0}{\sin\dfrac{\omega T_0}{2}}+\frac{T_0\beta}{2}\frac{\sin\left[\left(M-\dfrac{1}{2}\right)\left(\omega T_0-\dfrac{\pi}{M-1}\right)\right]}{\sin\left[\dfrac{1}{2}\left(\omega T_0-\dfrac{\pi}{M-1}\right)\right]}+$$

$$\frac{T_0\beta}{2}\frac{\sin\left[\left(M-\dfrac{1}{2}\right)\left(\omega T_0+\dfrac{\pi}{M-1}\right)\right]}{\sin\left[\dfrac{1}{2}\left(\omega T_0+\dfrac{\pi}{M-1}\right)\right]} \tag{5.5.73}$$

当 $M\gg 1$ 时,可以计算出升余弦窗的主瓣宽度 ω_B 为

$$\omega_B=\frac{3\pi}{MT_0} \tag{5.5.74}$$

将式(5.5.73)代入式(5.5.59)就可以计算出平滑功率谱估计$\hat{\hat{S}}_{T_0}(\omega)$.

比较式(5.5.73)与式(5.5.65)可以看出,升余弦窗的傅里叶变换波形 $W_{T_0}(\mathrm{j}\omega)$ 实际上是以$(1-\beta)$为衰减系数的矩形窗傅里叶变换$(1-\beta)W_{T_0}(\mathrm{j}\omega)$与其左右移动的$\dfrac{\beta}{2}W_{T_0}\left[\mathrm{j}\left(\omega T_0\pm\dfrac{\pi}{M-1}\right)\right]$之线性组.

5.6 大型舰船运动建模及预报

船舶运动建模预报是指利用船舶运动的观测数据及其他海况测量数据对船舶运动规律建立模型,并能预报未来几秒或十几秒的船舶姿态. 这项工作对于舰载机在航空母舰上的安全起降、武备系统的高精度性能、舰船有效航行与控制都是非常重要的. 因此,世界各国对船舶运动建模预报都非常重视并开展了许多研究.

20 世纪 80 年代以后,时间序列分析的理论和方法得到发展,N. K. Lin 和 I. R. Yumori 等人利用时间序列分析理论对船舶运动进行了建模预报. 时间序列模型通常采用 AR 模型,即

$$\sum_{j=0}^{p}a_jx(n-j)=\xi(n),a_0=1 \tag{5.6.1}$$

或 ARMA 模型,即

$$\sum_{j=0}^{p}a_jx(n-j)=\sum_{j=0}^{p}b_j\xi(n-j),a_0=1 \tag{5.6.2}$$

其中，$x(i)$，$i=1,2,\cdots,P$ 为船舶运动观测数据；a_j，$j=1,2,\cdots,p$ 为 AR 模型系数；b_j，$j=0,1,2,\cdots,p$ 为 MA 模型系数；p 为模型阶次；$\xi(n)$ 为模型噪声.

时间序列通常是有色的，它表示模型受到的综合噪声，例如海浪、海风、海流及测量仪器不精确性引起的噪声等. 时间序列分析预报具体计算方法如下：

(1)建立数据窗，在线观测船舶姿态运动数据；

(2)在线计算自相关函数；

(3)利用尤尔－瓦尔克方程(定理5.1.2)求出 ARMA 或 AR 模型参数；

(4)代替(2)和(3)，还可以用在线递推最小二乘算法求出 ARMA 或 AR 模型参数；

(5)利用求出的 ARMA 或 AR 模型参数可在线预报船舶运动姿态.

利用时间序列分析方法进行预报，其方法简单实用，计算量少，并可以实时在线数据处理，因此，这种方法一直得到广泛的重视和应用. 下面将详细介绍基于时间序列分析理论对船舶运动建模预报的研究结果，主要介绍 CAR 建模预报算法和 AR 建模预报算法.

1. CAR 建模预报算法

我们知道，船舶运动(纵摇、横摇)主要是由海浪、海风、海流及舰船操纵本身的影响所产生的，因此如果能观测到艏前进方向上某一距离点的波浪运动，对舰船姿态的运动预报无疑提供了一定的信息量，对预报效果会有一定帮助. 本方法就是基于这种考虑进行建模预报的.

当具有艏前波观测量时，我们采用 CAR 预报模型. 设 $\{y(k),k=1,2,\cdots\}$ 为船舶运动(纵摇、横摇)观测序列，$\{z(k),k=1,2,\cdots\}$ 为艏前波波幅观测序列，并假设服从 CAR 模型

$$\sum_{j=0}^{p} a_j y(n-j) = \sum_{j=1}^{p} b_j z(n-j) + \xi(n),a_0 = 1 \tag{5.6.3}$$

其中，称 $a_j,b_j,j=1,2,\cdots,p$ 为 CAR 模型的系数；$\{\xi(n),n=1,2,\cdots\}$ 为模型误差，并假定其为白噪声序列.

当利用艏前波观测序列 $\{z(k),k=1,2,\cdots\}$ 对船舶运动进行预报时，还应知道艏前波的预报值，因此需建立艏前波序列模型，为此假设艏前波序列服从 AR 模型，即

$$\sum_{j=0}^{r} c_j z(n-j) = \eta(n),c_0 = 1 \tag{5.6.4}$$

其中，$c_j,j=1,2,\cdots,r$ 为艏前波模型的系数；r 为模型阶次；$\eta(n)$ 为零均值白噪声序列.

为简便起见，称模型式(5.6.3)为船舶运动预报模型，称模型式(5.6.4)为艏前波预报模型.

首先介绍依据 $\{y(k)\}$ 和 $\{z(k)\}$ 对模型式(5.6.3)建模算法，为此设未知参数向量为

$$\boldsymbol{a}^{\mathrm{T}} \triangleq (a_1,a_2,\cdots,a_p;b_1,b_2,\cdots,b_p)$$

并记

$$\boldsymbol{\phi}_{N+1}^{\mathrm{T}} \triangleq [-y(N),-y(N-1),\cdots,-y(N-p+1);z(N),z(N-1),\cdots z(N-p+1)] \tag{5.6.5}$$

则在时刻 $N+1(N\geqslant 2p)$ 时，参数向量 $\boldsymbol{a}$ 的递推最小二乘估计 $\hat{a}(N+1)$ 为

$$\hat{a}(N+1)=\hat{a}(N)+K(N+1)[y(N+1)-\boldsymbol{\phi}_{N+1}^{\mathrm{T}}\hat{a}(N)],N\geqslant 2p \tag{5.6.6}$$

$$K(N+1)=\frac{P_n\boldsymbol{\phi}_{N+1}}{1+\boldsymbol{\phi}_{N+1}^{\mathrm{T}}P\boldsymbol{\phi}_{N+1}} \tag{5.6.7}$$

$$P_{N+1}=\left(I-\frac{P_n\boldsymbol{\phi}_{N+1}\boldsymbol{\phi}_{N+1}^{\mathrm{T}}}{1+\boldsymbol{\phi}_{N+1}^{\mathrm{T}}P_n\boldsymbol{\phi}_{N+1}}\right)P_n \tag{5.6.8}$$

该算法在 $N=2p$ 时启动,初值选为

$$\left.\begin{aligned}\hat{a}(2p)&=0\\P_{2p}&=I\times10^4\end{aligned}\right\}\tag{5.6.9}$$

利用式(5.6.6)至式(5.6.8)可以估计出模型式(5.6.3)的参数,于是有

$$\sum_{j=0}^{p}\hat{a}_jy(n-j)=\sum_{j=1}^{p}\hat{b}_jz(n-j)+\xi(n),a_0=1\tag{5.6.10}$$

该模型阶次 p 可用 AIC 准则判定,为此计算该模型的残差平方和 $S_p(N)$ 为

$$S_p(N)=\sum_{n=2p}^{N}\Big[\sum_{j=0}^{p}\hat{a}_jy(n-j)-\sum_{j=1}^{p}\hat{b}_jz(n-j)\Big]^2,\hat{a}_0=1\tag{5.6.11}$$

则 AIC(p)函数定义为

$$\mathrm{AIC}(p)=\log\left(\frac{S_p(N)}{N-2p}\right)+\frac{4p+2}{N-2p},N\geqslant2p\tag{5.6.12}$$

在建模过程中,p 从 1 开始,每建模一次用式(5.6.12)计算该 p 的 AIC(p)值,当 $p=\hat{p}$,有 AIC$(\hat{p})=\min$ 时,$\hat{p}$值即是合理的模型阶次. 至此,可得船舶运动预报模型为

$$\sum_{j=0}^{\hat{p}}\hat{a}_jy(n-j)=\sum_{j=1}^{\hat{p}}\hat{b}_jz(n-j)+\xi(n),\hat{a}_0=1\tag{5.6.13}$$

其次介绍依据$\{z(n)\}$对式(5.6.4)的建模算法,记未知参数向量为

$$\boldsymbol{c}^{\mathrm{T}}\triangleq(c_1,c_2,\cdots,c_r),c_0=1\tag{5.6.14}$$

记

$$\boldsymbol{u}_{N+1}^{\mathrm{T}}=[-z(N),-z(N-1),\cdots,z(N-r+1)]\tag{5.6.15}$$

则在 $N+1(N\geqslant2p)$时刻,向量 $\boldsymbol{c}$ 的递推最小二乘估计$\hat{C}(N+1)$为

$$\hat{C}(N+1)=\hat{C}(N)+L(N+1)[z(N+1)-\boldsymbol{u}_{N+1}^{\mathrm{T}}\hat{C}(N)],N\geqslant2p\tag{5.6.16}$$

$$L(N+1)=\frac{Q_n\boldsymbol{u}_{N+1}}{1+\boldsymbol{u}_{N+1}^{\mathrm{T}}Q_n\boldsymbol{u}_{N+1}}\tag{5.6.17}$$

$$Q_{N+1}=\left(I-\frac{Q_n\boldsymbol{u}_{N+1}\boldsymbol{u}_{N+1}^{\mathrm{T}}}{1+\boldsymbol{u}^{\mathrm{T}}{}_{N+1}Q_n\boldsymbol{u}_{N+1}}\right)Q_n\tag{5.6.18}$$

该算法在 $N=2p(p\geqslant r)$启动,初值选为

$$\left.\begin{aligned}\hat{C}(2p)&=0\\Q_{2p}&=I\times10^4\end{aligned}\right\}\tag{5.6.19}$$

模型阶次 r 仍用 AIC 准则判定,即

$$S_r(N)=\sum_{n=2r}^{N}\Big[\sum_{j=0}^{r}\hat{C}_jz(n-j)\Big]^2,\hat{C}_0=1\tag{5.6.20}$$

$$\mathrm{AIC}(r)=\log\left[\frac{S_r(N)}{N-2r}\right]+\frac{2r+2}{N-2r}\tag{5.6.21}$$

当 $r=\hat{r}$时,有 AIC$(\hat{r})=\min$,则称 $\hat{r}$为艏前波预报模型的阶次,于是合理的艏前波预报模型为

$$\sum_{j=0}^{\hat{r}}\hat{C}_jz(n-j)=\eta(n),\hat{C}_0=1\tag{5.6.22}$$

当船舶运动观测序列$\{y(k),k=1,2,\cdots,N\}$及艏前波波幅观测序列$\{z(k),k=1,2,\cdots,N\}$为已知时,船舶运动预报计算方法如下.

(1)一步预报计算

由船舶运动预报模型式(5.6.13),计算舰船姿态预报 $\hat{y}(N+1)$ 为

$$\hat{y}(N+1)=-\sum_{j=1}^{\hat{p}}\hat{a}_j y(N+1-j)+\sum_{j=1}^{\hat{p}}\hat{b}_j z(N+1-j) \tag{5.6.23}$$

此外,由艏前波预报模型式(5.7.32),还应计算艏前波波幅预报 $\hat{z}(N+1)$ 为

$$\hat{z}(N+1)=-\sum_{j=1}^{r}\hat{C}_j z(N+1-j) \tag{5.6.24}$$

(2)二步预报计算

由$\{y(1),y(2),\cdots,y(N),\hat{y}(N+1)\}$及$\{z(1),\cdots,z(N),\hat{z}(N+1)\}$可计算 $\hat{y}(N+2)$ 为

$$\begin{aligned}\hat{y}(N+2)=&-\hat{a}_1\hat{y}(N+2-1)-\sum_{j=2}^{\hat{p}}\hat{a}_j y(N+2-j)+\\&\hat{b}_1\hat{z}(N+2-1)+\sum_{j=2}^{\hat{p}}\hat{b}_j\hat{z}(N+2-j)\end{aligned} \tag{5.6.25}$$

此外,由$\{z(1),z(2),\cdots,z(N),\hat{z}(N+1)\}$,还应计算 $\hat{z}(N+2)$ 为

$$\hat{z}(N+2)=-\hat{C}_1\hat{z}(N+2-1)-\sum_{j=2}^{\hat{r}}\hat{c}_j z(N+2-j) \tag{5.6.26}$$

(3)依此类推,计算出 l 步预报

由$\{y(1),y(2),\cdots,y(N),\hat{y}(N+1),\cdots,\hat{y}(N+l-1)\}$及$\{z(1),z(2),\cdots,z(N),\hat{z}(N+1),\cdots,\hat{z}(N+l-1)\}$可计算出$\hat{y}(N+l)$为

$$\begin{aligned}\hat{y}(N+l)=&-\sum_{j=1}^{l-1}\hat{a}_j\hat{y}(N+l-j)-\sum_{j=l}^{\hat{p}}\hat{a}_j y(N+l-j)+\\&\sum_{j=1}^{l-1}\hat{b}_j\hat{z}(N+l-j)+\\&\sum_{j=l}^{\hat{p}}\hat{b}_j z(N+l-j),l=1,2,\cdots\end{aligned} \tag{5.6.27}$$

此外,由$\{z(1),z(2),\cdots,z(N),\hat{z}(N+1),\cdots,\hat{z}(N+l-1)\}$可计算预报 $\hat{z}(N+l)$ 为

$$\hat{z}(N+l)=-\sum_{j=1}^{l-1}\hat{c}_j\hat{z}(N+l-j)-\sum_{j=l}^{\hat{r}}\hat{c}_j z(N+l-j),l=1,2,\cdots \tag{5.6.28}$$

2. AR 建模预报算法

利用 CAR 算法建模预报时,必须观测艏前方某处海浪的运动规律,因此需增加海浪观测设备,这给船舶硬件方面增加了不少困难.事实上,如果不利用艏前波观测序列,只利用舰船姿态观测序列$\{y(k),k=1,2,\cdots,N\}$,仍可对舰船姿态进行建模预报,这种方法称为 AR 建模预报法,此时由 CAR 模型式(5.6.3)可得如下的 AR 模型:

$$\sum_{j=0}^{p}a_j y(n-j)=\xi(n),a_0=1 \tag{5.6.29}$$

该模型在原理上完全与模型式(5.6.4)相同,因此,AR 模型式(5.6.29)的建模及预报方法也完全与式(5.6.4)的做法相同,这里从略.

3. 仿真结果

我们采用以上两种运动预报模型(CAR 预报模型及 AR 预报模型)对升沉、纵摇、横摇运动仿真建模预报.通过对比实验测量数据和预报结果,对各种运动预报算法进行试验研

究. 图 5.6.1 为采用 AR 模型预报的典型试验结果(图 5.6.1 中虚线为试验测量纵摇运动实际数据,实线为预报数据. 为便于对比,图中的预报输出已向后平移了 2 s).

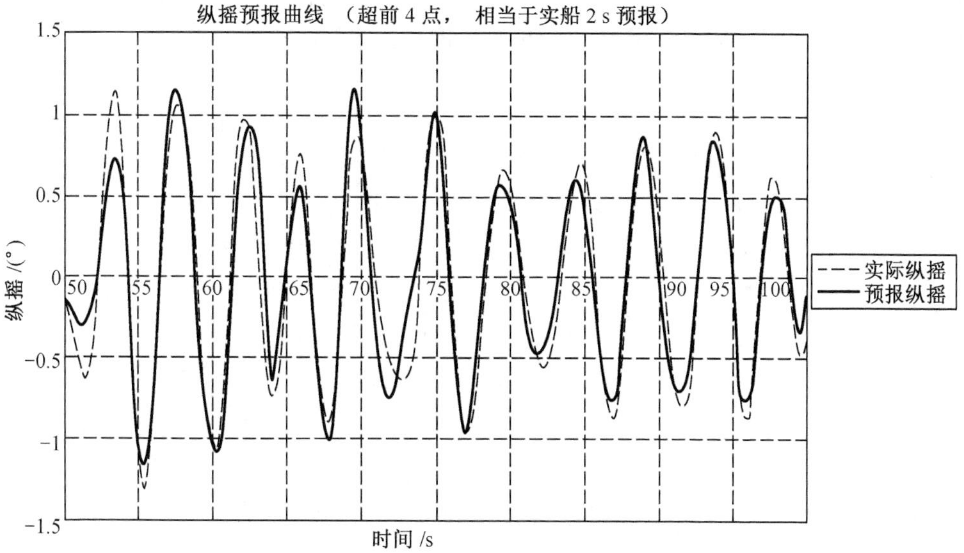

图 5.6.1 典型预报仿真结果

为了比较以上两种建模预报方法的预报精度,我们进行了大量的仿真试验并对纵摇预报结果进行了统计,对于预报 7 s 的情况经统计后有如下结果,见表 5.6.1.

表 5.6.1 两种建模预报方法的预报精度比较

方法误差	AR 法	CAR 法			
		0.5 L	1.0 L	1.5 L	2.0 L
均方误差 σ/(°)	0.281	0.255	0.255	0.262	0.270
相对误差 σ_0/%	4.4	4.0	4.0	4.1	4.2

注:L 为船长。

均方误差 σ(°)计算公式为

$$\sigma(°) = \sqrt{\frac{1}{300}\sum_{N=101}^{400}[y(N+l) - \hat{y}(N+l)]^2}$$

上式中 $l=7$ 表示仅以预报 7 s 为例. 相对误差计算公式为

$$\sigma_0 = \left(\frac{\sigma}{y_{\max}}\right) \cdot 100\% \tag{5.6.30}$$

式(5.6.30)中 $y_{\max} = \max\{|y(i)|, i = 101, 102, \cdots, 400\}$,本次实验中 $y_{\max} = 6.4°$. 应指出,$y(i), i = 1, 2, \cdots, 100$ 为建模数据,不进行预报.

经以上仿真计算比较可得如下结论:

(1)如果能观测到艏前进方向上 1 L(L 表示船长)处的海浪运动规律,并利用舰船本身的纵摇观测数据,则采用 CAR 方法对舰船纵摇预报会取得满意的精度,相对精度可达4.0%

左右,但这需在艏增加海浪观测系统设备,故增加了硬件设备投资.

(2)如果不对海浪运动进行观测,只用舰船本身的纵摇观测数据,则可采用 AR 法进行建模预报,预报精度仍然满足误差范围,可达 4.4% 左右.这种方法的优点是可以省去较复杂的海浪观测系统设备.因此,AR 法是一种可取的预报方法.

习 题

5.1 设$\{X(n),n=\cdots,-2,-1,0,1,2,\cdots\}$为平稳序列，令$\sum\limits_{j=0}^{p}a_jX(n-j)=\xi(n)$，假定$E\{\xi(n)X(n-j)\}=0,1\leqslant j\leqslant p$. 试证：$\xi(n)$与$\{X(k),k\leqslant n-1\}$不相关的充要条件是$\{\xi(n),n=\cdots,-2,-1,0,1,2,\cdots\}$为白噪声序列.

5.2 设$\{\xi(n),n=\cdots,-2,-1,0,1,2,\cdots\}$为白噪声序列，令$X(n)=\xi(n)+\xi(n-1)$，以$Hn(X)$表示由$\{X(i),i\leqslant n\}$所形成的线性空间，以$Hn(\xi)$表示由$\{\xi(i),i\leqslant n\}$所张成的线性空间.

(1)试证：$Hn(X)=Hn(\xi)$.

(2)试求：由$\{X(n),i-N\leqslant n<i\}$对$X(i)$的最优线性预测.

5.3 设$\{X(n),n=\cdots,-2,-1,0,1,2,\cdots\}$为滑动合序列，即$X(n)=\sum\limits_{j=0}^{q}b_j\xi(n-j)$，其中$\{\xi(n),n=\cdots,-2,-1,0,1,2,\cdots\}$为相互独立且服从正态$N(0,1)$分布的随机序列.

(1)试证：对任意$q<\infty$，$\{X(n),n=\cdots,-2,-1,0,1,2,\cdots\}$为均方遍历. 进一步，若

$$X(n)=\sum_{j=0}^{\infty}b_j\xi(n-j).$$

(2)试问：均方遍历是否成立？

5.4 设$\{X(n),n=1,2,\cdots\}$为零均值正态随机变量序列，则下面两个事实等价：

(1)它是广义马尔可夫序列；

(2)它是马尔可夫序列.

5.5 先引进如下定义：

定义1 设$\{X(n),n=0,1,2,\cdots\}$为随机序列，如果

(1)$E|X(n)|<\infty,n=0,1,2,\cdots$;

(2)$E[X(n+1)/X(0),X(1),X(2),\cdots,X(n)]=X(n),n=0,1,2,\cdots$.

则称该随机序列为鞅.

定义2 设$\{X(n),n=0,1,2,\cdots\}$和$\{Y(n),n=0,1,2,\cdots\}$为两个随机序列，如果

(1)$E|X(n)|<\infty,n=0,1,2,\cdots$;

(2)$E[X(n+1)/Y(0),Y(1),Y(2),\cdots,Y(n)]=X(n),n=0,1,2,\cdots$.

则称$\{X(n),n=0,1,2,\cdots\}$是关于$\{Y(n),n=0,1,2,\cdots\}$的鞅.

按上述定义，做如下习题：

设$\{Y(k),k=0,1,2,\cdots\}$为随机变量序列，$g_k(\cdot)$为任意函数并规定

$$Z_i=g_i(Y(0),Y(1),Y(2),\cdots,Y(i)),i=1,2,\cdots$$

进一步设$f(\cdot)$是一个普通函数，且$E[|f(Z_k)|]<\infty,k=1,2,\cdots$，再假定$a_k(\cdot)$为$k$个实变量的有界函数，现定义

$$X(n)=\sum_{k=0}^{n}\{f(Z_k)-E[f(Z_k)/Y(0),Y(1),Y(2),\cdots,Y(k-1)]\}a_k[Y(0),Y(1),Y(2),\cdots,Y(k-1)]$$

试证：$\{X(n),n=1,2,\cdots\}$是关于$\{Y(n),n=1,2,\cdots\}$的鞅（注意当$k=0$时，$E[f(Z_0)/Y$

$(-1)]=E[f(Z_0)]<\infty)$.

5.6 设$\{Y(n),n=1,2,\cdots\}$为独立同分布随机变量序列($Y(0)=0$),定义 $\Phi(\lambda)=E[Y(2),\exp\{\lambda Y(k)\}]$,$\lambda\neq 0$ 为任意实数,假定 $X(0)=1$. 试证:$X(n)=\Phi(\lambda)^{-n}\exp\{\lambda[Y(1)+Y(2)+\cdots+Y(n)]\}$是关于$\{Y(n),n=1,2,\cdots\}$的鞅.

5.7 设$\{Y_0,Y_1,Y_2,\cdots\}$是随机变量序列且具有有限的绝对均值,即 $E[|Y_n|]<\infty$,假设对任意 $n,n=0,1,2,\cdots$,有 $E[Y_{n+1}|Y_0,Y_1,Y_2,\cdots,Y_n]=a_n+b_nY_n,b_n\neq 0$,令 $l_{n+1}(z)$是 z 的线性函数,即 $l_{n+1}(z)=a_n+b_nz$,其反函数为$l_{n+1}^{-1}(z)=(z-a_n)/b_n$,并令 $L_n(z)=l_1^{-1}(l_2^{-1}(\cdots(l_n^{-1}(z))))$. 试证:$X_n=kL_n(Y_n)$是关于$\{Y_0,Y_1,Y_2,\cdots\}$的鞅,其中 $k\neq 0$ 为任意常数.

5.8 设$\{Y_0,Y_1,Y_2,\cdots\}$是独立同分布随机变量序列,$f_0(\cdot)$与$f_1(\cdot)$是两个密度函数,定义

$$X_n=\frac{f_1(Y_0)f_1(Y_1)f_1(Y_2)\cdots f_1(Y_n)}{f_0(Y_0)f_0(Y_1)f_0(Y_2)\cdots f_0(Y_n)},n=0,1,2,\cdots$$

如果随机变量$f_1(Y_{n+1})/f_0(Y_{n+1})$的密度函数是$f_0(\cdot)$. 试证:$\{X_n,n=0,1,2,\cdots\}$是关于$\{Y_n,n=0,1,2,\cdots\}$的鞅.

5.9 设$\{X(n),n=1,2,\cdots\}$为随机序列,$X(n)=X(n-1)+\xi(n)$,其中 $X(0)$为初始状态且 $EX(0)=0,EX^2(0)=10$,而$\{\xi(n),n=1,2,\cdots\}$为白噪声序列且 $E\xi(n)=0,E\xi^2(n)=1$,又知$\{Z(n),n=1,2,\cdots\}$为测量序列且

$$Z(n)=X(n)+V(n)$$

其中,$\{V(n),n=1,2,\cdots\}$为白噪声序列且 $EV(n)=0,EV^2(n)=2$,假设$\{\xi(n),n=1,2,\cdots\}$,$\{V(n),n=1,2,\cdots\}$及 $X(0)$三者互不相关. 试求:依据 $Z(n),Z(n-1),\cdots,Z(1)$对 $Z(n+1)$的最小方差线性预报 $\hat{Z}(n+1/n)$.

5.10 设$\{S_i,i=1,2,\cdots,n\}$为已知信号序列,$\{V_i,i=1,2,\cdots,n\}$为零均值随机测量误差序列,定义 $P\triangleq(P_{ij})_{nxn},P_{ij}=EV_iV_j,i,j=1,2,\cdots,n$,并假定均为已知. 试求 $C_1,C_2,\cdots,C_n$,使得信噪比

$$S/N\triangleq\frac{(C_1S_1+\cdots+C_nS_n)^2}{E[(C_1V_1+\cdots+C_nV_n)^2]}=\max$$

5.11 设$\{X_0,X_1,X_2,\cdots,X_n\}$为随机变量序列,根据$\{X_1,X_2,\cdots,X_n\}$对 X_0 的线性最小方差估计为$\hat{X}_0=b_1X_1+b_2X_2+\cdots+b_nX_n$,同时还要求各系数 $b_i,i=1,2,\cdots,n$ 满足如下约束:

$$f(b_1,b_2,\cdots,b_n)=0$$
$$g(b_1,b_2,\cdots,b_n)=0$$

已知 $EX_iX_j=\Gamma_X(i,j),i,j=0,1,2,\cdots,n$. 试求各系数 $b_i,i=1,2,\cdots,n$.

5.12 设$\{X(n),n=1,2,\cdots\}$为平稳随机序列,$EX(n)=0$,令 $\hat{X}(n)$为线性最小方差预测,$\hat{X}(n)=\sum_{j=1}^{n-1}a_jX(n-j),n=1,2,\cdots$. 试证:残差序列$\{e(n)=X(n)-\hat{X}(n),n=1,2,\cdots\}$为白噪声序列.

5.13 设$\{X(n),n=\cdots,-2,-1,0,1,2,\cdots\}$为平稳序列,又知 $\hat{X}(n)=a_1X(n-1)+a_2X(n-2)$为 $X(n)$基于$\{X(n-i),i=1,2,\cdots\}$最小方差线性预测,假设预报误差序列为白噪声序列,方差为σ_0^2,其中 a_1,a_2 为已知常数. 试求 $X(n)$的功率谱密度函数.

5.14 设$\{X(n),n=1,2,\cdots\}$为非随机序列,$\hat{X}(n)=a_1X_{n-1}+a_2X_{n-2}+\cdots+a_pX_{n-p}$是 $X(n)$的一个预报,则 $\hat{X}(n)$为最优线性预报的充要条件是

$$\oint_{|z|=1} z^k(1-\sum_{l=1}^{p} a_l z^{-l})X(z)\mathrm{d}z = 0$$

5.15 设$\{X(t), -\infty < t < +\infty\}$为均方可微的随机过程,若用$aX(t)+bX'(t)$估计$X(t+\lambda)$试求使均方误差为极小的$a,b$值及相应的均方误差值.

5.16 设$\{\xi_n, n=\cdots,-1,0,1,\cdots\}$为零均值平稳序列,相关函数为

$$E[\xi_n\xi_m] = \begin{cases}1, n=m\\ \rho, n\neq 0\end{cases}$$

其中,$0<\rho<1$,试证$\{\xi_n, n=\cdots,-1,0,1,\cdots\}$有如下分解

$$\xi_n = U+\eta_n$$

其中,$U,\eta_1,\eta_2,\cdots$是零均值互不相关随机变量序列且满足$EU^2=\rho, E[\eta_k^2]=1-\rho, k=\cdots,-1,0,1,\cdots$.

5.17 设$\{X_n, n=\cdots,-1,0,1,\cdots\}$是滑动合序列,满足

$$X_n = \varepsilon_n + \beta(\varepsilon_{n-1}+r\varepsilon_{n-2}+r^2\varepsilon_{n-3}+\cdots)$$

其中,$\{\varepsilon_n, n=\cdots,-1,0,1,\cdots\}$是零均值互不相关随机变量序列$E[\varepsilon_n^2]=1, n=\cdots,-1,0,1,\cdots$,$\beta$和$r$均为常数,$|r|<1, |r-\beta|<1$. 试求当$X_n, X_{n-1},\cdots$为已知时,$X_{n+1}$的最小方差线性预报.

5.18 设$\{X_n, n=0,1,2,\cdots\}$为随机序列,$0<X_n<1$且

$$X_{n+1} = \begin{cases}\alpha+\beta X_n, \text{以概率 } X_n\\ \beta X_n, \text{以概率 } 1-X_n\end{cases}$$

其中,$\alpha>0,\beta>0,\alpha+\beta=1$. 试证:(1)$E[|X_n|]<\infty$;(2)$E[X_{n+1}|X_0,X_1,\cdots,X_n]=X_n$.

5.19 设$\{X_n, n=0,1,\cdots\}$为随机序列,$E|X_n|<\infty$,且$E[X_{n+1}|X_0,X_1,\cdots,X_n]=\alpha X_n+\beta X_{n-1}, n>0$,其中$\alpha>0,\beta>0,\alpha+\beta=1$. 试求$\alpha$,使得$Y_n=aX_n+X_{n-1}, n\geqslant 1, Y_0=X_0$,且满足$E[Y_{n+1}|X_0,X_1,\cdots,X_n]=Y_n$.

5.20 设$\{\xi_i, i=0,1,\cdots\}$为随机序列,定义$X_n=\sum_{i=0}^{n}\xi_i, n=0,1,2,\cdots$,假设$X_n$满足$E|X_n|<\infty, E[X_{n+1}/X_0,X_1,\cdots,X_n]=X_n$. 试证:$E[\xi_i\xi_j]=0, i\neq j$.

5.21 设$\{X_n, n=0,1,\cdots\}$为随机序列,满足:

(1)$E|X_n|<\infty$;

(2)关于$\{Y_n, n=0,1,\cdots\}$有$E[X_{n+1}/Y_0,Y_1,\cdots,Y_n]=X_n$.

试证:对任意$k\leqslant l<m$,有$E(X_m-X_l)X_k=0$.

5.22 按谱熵最大建模　先引进如下定义:

设$\{X(n), n=,\cdots,-1,0,1\cdots\}$为零均值平稳序列,$S_X(Z)$为其功率谱密度函数,称

$$H(S_X) \triangleq \frac{1}{2\pi \mathrm{j}}\oint_{|z|=1} \ln S_X(Z)\frac{\mathrm{d}z}{z}$$

为平稳序列$\{X(n), n=\cdots,-1,0,1,\cdots\}$的谱熵.

按上述定义可做如下习题:

已知平稳序列$\{X(n), n=\cdots,-1,0,1,\cdots\}$的相关函数为$\{B(i), 0\leqslant i\leqslant m\}$. 试证:按谱熵最大准则的建模必为自回归序列模型,即$\sum_{j=0}^{m} a_j X(n-j)=\xi(n)$,其中$a_0=1$,$\{\xi(n), n=\cdots,-1,0,1,\cdots\}$为白噪声序列且$E\xi(n)=\sigma^2$可唯一确定.

5.23 设线性系统模型为

$$Z = \boldsymbol{\Phi C} + \boldsymbol{\varepsilon}$$

其中,$\boldsymbol{Z} \in \mathbf{R}^n$, $\boldsymbol{\Phi} \in \mathbf{R}^{n\times m}$ 均为已知;$\boldsymbol{C} \in \mathbf{R}^m$ 为未知参数向量;$\boldsymbol{\varepsilon} \in \mathbf{R}^n$ 为白噪声且 $E\boldsymbol{\varepsilon} = 0$, $E\boldsymbol{\varepsilon\varepsilon}^{\mathrm{T}} = \sigma^2 I_n$.

假定 $n > m$ 且 $\boldsymbol{\Phi}$ 为列满秩,如果 $\boldsymbol{\Phi C}$ 将用分块方式表示成

$$\boldsymbol{\Phi C} = (\boldsymbol{\Phi}_1 \quad \boldsymbol{\Phi}_2)\begin{pmatrix} \boldsymbol{C}_1 \\ \boldsymbol{C}_2 \end{pmatrix}$$

试证:$\boldsymbol{C}_2$ 的最小二乘估计$\hat{\boldsymbol{C}}_{2\mathrm{LS}}$为

$$\hat{\boldsymbol{C}}_{2\mathrm{LS}} = [\boldsymbol{\Phi}_2^{\mathrm{T}}\boldsymbol{\Phi}_2 - \boldsymbol{\Phi}_2^{\mathrm{T}}\boldsymbol{\Phi}_1(\boldsymbol{\Phi}_1^{\mathrm{T}}\boldsymbol{\Phi}_1)^{-1}\boldsymbol{\Phi}_1^{\mathrm{T}}\boldsymbol{\Phi}_2]^{-1}[\boldsymbol{\Phi}_2^{\mathrm{T}}Z - \boldsymbol{\Phi}_2^{\mathrm{T}}\boldsymbol{\Phi}_1(\boldsymbol{\Phi}_1^{\mathrm{T}}\boldsymbol{\Phi}_1)^{-1}\boldsymbol{\Phi}_1^{\mathrm{T}}Z]$$

并求取$\hat{\boldsymbol{C}}_{2LS}$的协方差阵.

5.24 设$f(t)$为连续函数并假定其傅里叶变换存在. 试证:

$$T_0\sum_{n=-\infty}^{+\infty} f^2(nT_0) = \frac{1}{2\pi}\int_{-\frac{\pi}{T_0}}^{\frac{\pi}{T_0}} |F_{T_0}(\mathrm{j}\omega)|^2 \mathrm{d}\omega$$

其中,$f(nT_0)$为$f(t)$在 $t = nT_0$ 时刻采样值;T_0 为采样周期;$F_{T_0}(\mathrm{j}\omega)$为$f_{T_0}(t)$的傅里叶变换.

5.25 设$\{X(1), X(2), \cdots, X(N)\}$为零均值实平稳序列. 试证:

$$\sup_{\|X\|=1}\int_{-\frac{\pi}{T_0}}^{\frac{\pi}{T_0}} \left|\sum_{k=1}^{N} X(k)\,\mathrm{e}^{\mathrm{j}\omega T_0 k}\right|^2 \mathrm{d}\omega = \frac{2\pi}{T_0}$$

其中,$\boldsymbol{X} \triangleq (X(1) \quad X(2) \quad \cdots \quad X(N))^{\mathrm{T}}$.

5.26 设$\{X(1), X(2), \cdots, X(N)\}$为零均值平稳序列,取 $\hat{B}(m) = \frac{1}{N}\sum_{n=1}^{N-|m|} X(n + |m|)X(n)$. 试证:如果 $X(n), n = 1, 2, \cdots, N$ 不全为零时,则矩阵

$$\hat{\boldsymbol{B}} = \begin{pmatrix} \hat{B}(0) & \hat{B}(-1) & \cdots & \hat{B}(1-p) \\ \hat{B}(1) & \hat{B}(0) & \cdots & \hat{B}(2-p) \\ \vdots & \vdots & & \vdots \\ \hat{B}(p-1) & \hat{B}(p-2) & \cdots & \hat{p}(0) \end{pmatrix}, P < N$$

必为正定.

5.27 已知线性时不变系统的单位脉冲响应 $k(t)$为

$$k(t) = \sum_{i=1}^{n} a_i\,\mathrm{e}^{-p_i t}, t \geqslant 0$$

其中,$p_i, i = 1, 2, \cdots, n$ 为已知数且 $\mathrm{Re}\ p_i > 0, i = 1, 2, \cdots, n$,系统输入为 $X(t)$且相关函数 $B_X(\tau)$为已知,若取输出量 $Y(t)$作为 $X(t+\lambda)$的估计. 试求常数 $a_i, i = 1, 2, \cdots, n$,使得

$$J = E[X(t+\lambda) - Y(t)]^2 = \min$$

5.28 设 X, Y 为随机变量. 试证 Y 关于 X 的最小方差预报为$\hat{Y} = E[Y/X]$,其中 $E[Y/X]$ 为 Y 关于 X 的条件均值.

5.29 设线性系统模型为

$$\boldsymbol{Z} = \boldsymbol{\Phi C} + \boldsymbol{\varepsilon}$$

其中,$\boldsymbol{Z} \in \mathbf{R}^n$为测量向量;$\boldsymbol{\Phi} \in \mathbf{R}^{n\times m}$为已知常数阵;$\boldsymbol{C} \in \mathbf{R}^m$为未知参数;$\boldsymbol{\varepsilon} \in \mathbf{R}^n$为白噪声且

$E\boldsymbol{\varepsilon}=0, E\boldsymbol{\varepsilon}\boldsymbol{\varepsilon}^{\mathrm{T}}=\sigma^2 I_n$，设 $n>m$，$\mathrm{rank}(\boldsymbol{\Phi})=m$，又知 $\boldsymbol{C}$ 满足线性约束 $\boldsymbol{HC}=r_0$.

其中，$\boldsymbol{H}\in\mathbf{R}^{s\times m}$ 为已知常数阵且 $s<m$，$\mathrm{rank}(\boldsymbol{H})=s$，$\boldsymbol{r}_0\in\mathbf{R}^s$ 是一给定的 s 维向量. 试求满足上述线性约束的未知参数 $\boldsymbol{C}$ 的最小二乘估计 $\hat{\boldsymbol{C}}_{\mathrm{LS}}$.

5.30 设 $\{X(n), n=\cdots,-2,-1,0,1,2,\cdots\}$ 为零均值平稳序列，令 $\hat{X}(n)$ 为依 $\{X(k), k<n\}$ 所做的最小方差线性预测，定义 $\sigma^2\triangleq E[X(n)-\hat{X}(n)]^2>0$. 试证：预测方差 σ^2 为

$$\sigma^2 = 2\pi\mathrm{j}\left[\oint_{|z|=1}\frac{1}{S_X(z)}\frac{\mathrm{d}z}{z}\right]^{-1}$$

其中，$S_X(z)$ 为平稳序列 $\{X(n), n=\cdots,-2,-1,0,1,2,\cdots\}$ 的功率谱密度函数.

5.31 设 $Z(1), Z(2),\cdots,Z(N)$ 为非平稳序列，取 $f(n)=C_0+C_1nT_0, n=1,2,\cdots,N$. 试求 C_0, C_1，使 $\sum\limits_{i=1}^{N}[Z(i)-f(i)]^2=\min$.

5.32 设线性系统模型如题 5.2 所述，现将 $\boldsymbol{\Phi}$ 分成块：$\boldsymbol{\Phi}=(\boldsymbol{\Phi}_0\quad\boldsymbol{\Phi}_1\quad\cdots\quad\boldsymbol{\Phi}_k)$，将 $\boldsymbol{C}$ 对应地分为 $\boldsymbol{C}^{\mathrm{T}}=(\boldsymbol{C}_0^{\mathrm{T}}\quad\boldsymbol{C}_1^{\mathrm{T}}\quad\cdots\quad\boldsymbol{C}_k^{\mathrm{T}})$，如果 $\boldsymbol{\Phi}_i^{\mathrm{T}}\boldsymbol{\Phi}_j=0, i\neq j, i,j=0,1,2,\cdots,k$. 试证：

$$(1)\ \hat{\boldsymbol{C}}_{\mathrm{LS}}\triangleq\begin{pmatrix}\hat{C}_{1\mathrm{LS}}\\ \hat{C}_{1\mathrm{LS}}\\ \vdots\\ \hat{\boldsymbol{C}}_{k\mathrm{LS}}\end{pmatrix}=\begin{pmatrix}(\boldsymbol{\Phi}_0^{\mathrm{T}}\boldsymbol{\Phi}_0)^{-1}\boldsymbol{\Phi}_0^{\mathrm{T}}Z\\ (\boldsymbol{\Phi}_1^{\mathrm{T}}\boldsymbol{\Phi}_1)^{-1}\boldsymbol{\Phi}_1^{\mathrm{T}}Z\\ \vdots\\ (\boldsymbol{\Phi}_k^{\mathrm{T}}\boldsymbol{\Phi}_k)^{-1}\boldsymbol{\Phi}_k^{\mathrm{T}}Z\end{pmatrix};$$

$$(2)\ \boldsymbol{R}_0^2\triangleq(\boldsymbol{Z}-\boldsymbol{\Phi}\hat{\boldsymbol{C}}_{\mathrm{LS}})^{\mathrm{T}}(\boldsymbol{Z}-\boldsymbol{\Phi}\hat{\boldsymbol{C}}_{\mathrm{LS}})=\boldsymbol{Z}^{\mathrm{T}}\boldsymbol{Z}-\sum_{i=0}^{k}\hat{\boldsymbol{C}}_{i\mathrm{LS}}^{\mathrm{T}}\boldsymbol{\Phi}_i^{\mathrm{T}}Z.$$

5.33 设系统模型如题 5.2 所述. 取目标函数为

$$J_r(\hat{\boldsymbol{C}})=(\hat{\boldsymbol{Z}}-\hat{\boldsymbol{\Phi}}\boldsymbol{C})^{\mathrm{T}}r^{-1}(\boldsymbol{Z}-\hat{\boldsymbol{\Phi}}\boldsymbol{C})$$

其中，$\boldsymbol{r}$ 为权. 试求加权最小二乘估计 $\hat{C}_{r\mathrm{LS}}$.

5.34 系统模型如题 5.2 所述，但是 $E\boldsymbol{\varepsilon}=0$，且 $E\boldsymbol{\varepsilon}\boldsymbol{\varepsilon}^{\mathrm{T}}=\mathbf{R}$ 为已知. 试证：取加权阵 $\boldsymbol{r}$ 为 $\mathbf{R}$ 时，加权最小二乘估计误差阵为最小.

5.35 试证：

$$\lim_{N\to\infty}\frac{T_0}{2\pi}\frac{\left[\sin\left(\frac{T_0N\omega}{2}\right)\right]^2}{N\left[\sin\left(\frac{T_0\omega}{2}\right)\right]^2}=\delta(\omega),\ -\frac{\pi}{T_0}<\omega<\frac{\pi}{T_0}$$

其中，N 为正整数；T_0 为采样周期；δ 为狄拉克 - δ 函数.

5.36 设 $\{X(T_0), X(2T_0),\cdots,X(NT_0)\}$ 为随机序列. 试证：

$$\lim_{N\to\infty}EI_n(\omega)=\frac{1}{T_0}S_{T_0}(\omega)$$

其中，$I_n(\omega)$ 为该序列的周期图；$S_{T_0}(\omega)$ 为采样信号 $X_{T_0}(t)$ 的功率谱密度函数；T_0 为采样周期.

5.37 设 $C(nT_0)=X(nT_0)Y(nT_0), n=\cdots,-2,-1,0,1,2,\cdots$ 为实值序列，且满足

$$\sum_{n=-\infty}^{+\infty}|C(nT_0)|<\infty$$

试证：

$$C_{T_0}(\mathrm{j}\lambda) = \frac{1}{2\pi}\int_{-\frac{\pi}{T_0}}^{\frac{\pi}{T_0}} X_{T_0}(\mathrm{j}\omega)\, Y_{T_0}[\mathrm{j}(\lambda-\omega)]\mathrm{d}\omega$$

$$= \frac{1}{2\pi}\int_{-\pi/T_0}^{\pi/T_0} Y_{T_0}(\mathrm{j}\omega) X_{T_0}[\mathrm{j}(\lambda-\omega)]\mathrm{d}\omega$$

其中，$C_{T_0}(\mathrm{j}\omega)$，$X_{T_0}(\mathrm{j}\omega)$，$Y_{T_0}(\mathrm{j}\omega)$分别为 $C(nT_0)$，$X(nT_0)$，$Y(nT_0)$的傅里叶变换.

5.38 采样信号 $X(kT_0)$，$Y(kT_0)$，$k=\cdots,-2,-1,0,1,2,\cdots$的卷积定义为

$$X_{T_0}(kT_0) * Y_{T_0}(kT_0) \triangleq T_0 \sum_{n=-\infty}^{+\infty} X(nT_0)Y(kT_0-nT_0)$$

试证：

$$F[X_{T_0}(kT_0) * Y_{T_0}(kT_0)] = X_{T_0}(\mathrm{j}\omega)Y_{T_0}(\mathrm{j}\omega)$$

其中，$Y_{T_0}(\mathrm{j}\omega) \triangleq \sum\limits_{i=-\infty}^{+\infty} Y(iT_0)\,\mathrm{e}^{-\mathrm{j}\omega iT_0}$，$X_{T_0}(\mathrm{j}\omega) \triangleq \sum\limits_{i=-\infty}^{+\infty} X(iT_0)\,\mathrm{e}^{-\mathrm{j}\omega iT_0}$.

5.39 设 $\hat{B}(mT_0)$和$\hat{S}_{T_0}(\omega)$为零均值平稳序列$\{X(nT_0),n=1,2,\cdots,N\}$的相关函数估计和功率谱估计，即

$$\hat{B}(mT_0) = \frac{1}{N}\sum_{n=1}^{N-|m|} X[(n+m)T_0]X(nT_0)$$

$$\hat{S}_{T_0}(\omega) = T_0 \sum_{m=-(N-1)}^{N-1} \hat{B}(mT_0)\,\mathrm{e}^{-\mathrm{j}\omega mT_0}$$

试证：

$$E[\hat{S}_{T_0}(\omega)] = \frac{T_0}{2\pi N}\int_{-\frac{\pi}{T_0}}^{\frac{\pi}{T_0}} S_{T_0}(\lambda)\left[\frac{\sin[(\omega-\lambda)T_0N/2]}{\sin[(\omega-\lambda)T_0/2]}\right]^2 \mathrm{d}\lambda$$

其中，$S_{T_0}(\lambda)$为 $B(mT_0)$的傅里叶变换.

第 6 章　线性系统在随机输入作用下的分析

在自动控制系统的分析与设计中,经常会遇到随机信号作为输入的情形. 例如,在无线电通信信息的接收与处理中,会遇到大气无线电噪声的影响;船舶在航行过程中会受到海浪、湍流等随机干扰的影响;各种电子系统会受到电源波动及电子热噪声的影响. 这些干扰都是我们所不希望的,但是我们迫切想知道,这些干扰会对系统的输出产生多大影响及如何克服这些干扰对系统的影响.

在古典的控制理论中,通常是用在单位阶跃函数作用下的系统输出的超调量和过渡过程时间来评价系统的性能. 然而在随机信号作用于线性系统时,任何一个确定函数从本质上都不同于随机函数,所以用上述方法来评价系统在随机作用下的性能就失去了意义,为此引入新的方法.

6.1　指标的提出

假设定常线性系统的结构如图 6.1.1 所示. 图中,$R(t), t\geqslant 0$ 为系统的输入信号,通常是已知的或者是预期的;$\{X(t), -\infty < t < +\infty\}$ 为系统的干扰,这里假定是平稳随机过程,通常这种干扰是我们所不希望的,例如无线电接收设备所受到的天电干扰,电子线路中的热电干扰,船舶在海洋航行中所受到的湍流及海浪干扰都可以理解为系统干扰:$\{Y(t), -\infty < t < +\infty\}$ 为系统的输出量,$H>0$ 为系统的反馈系数. 假设系统的传递函数 $W_1(s)$ 是仅考虑输入信号 $R(t)$ 对输出的影响所设计出来的. 现在的问题是,需要我们来分析在平稳随机干扰 $\{X(t), -\infty < t < +\infty\}$ 的作用下系统输出的性能.

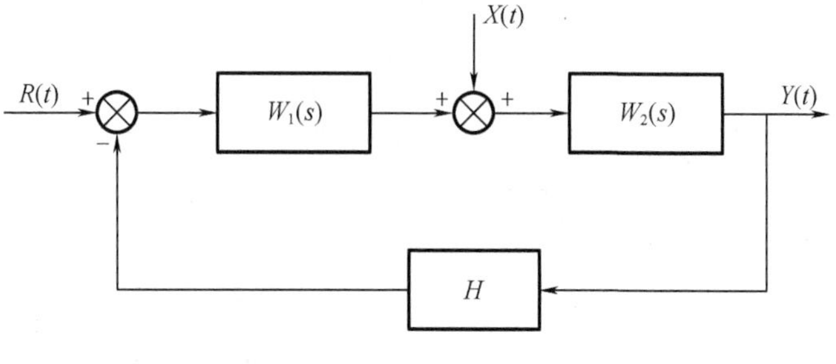

图 6.1.1　在平稳随机输入作用下定常线性系统方框图

如果形式上用 $X(s)$ 表示 $X(t)$ 的拉氏变换,则在系统干扰 $X(t)$ 作用下,系统输出 $Y(t)$ 的拉氏变换 $Y(s)$ 为

$$Y(s)=\frac{W_2(s)}{1+HW_1(s)W_2(s)}X(s)$$

$$= \frac{b_m s^m + b_{m-1}s^{m-1} + \cdots b_1 s + b_0}{s^n + a_{n-1}s^{n-1} + \cdots a_1 s + a_0} X(s)$$

$$= \frac{b_m(s - z_1)\cdots(s - z_m)}{(s - s_1)\cdots(s - s_n)} X(s) \triangleq G(s)X(s) \tag{6.1.1}$$

其中，$n \geqslant m$，称 $s_i(i=1,2,\cdots n)$ 为系统的特征根或系统的闭环极点. 这里假定系统是稳定的，即

$$\text{Re } s_i < 0, (i=1,2,\cdots,n) \tag{6.1.2}$$

称 $z_i(i=1,2,\cdots,n)$ 为系统的零点.

若用随机微分方程来描述系统的动态性能时，可以把式(6.1.1)写成

$$\frac{d^n Y(t)}{dt^n} + a_{n-1}\frac{d^{n-1}Y(t)}{dt^{n-1}} + \cdots + a_1 \frac{dY(t)}{dt} + a_0 Y(t) = b_m \frac{d^m X(t)}{dt^m} + \cdots + b_1 \frac{dX(t)}{dt} + b_0 X(t) \tag{6.1.3}$$

设 $k(t)$ 为该系统的脉冲响应函数，则

$$k(t) = \mathscr{L}^{-1}\{G(s)\} \tag{6.1.4}$$

其中，$\mathscr{L}^{-1}$ 符号表示求拉氏反变换.

由式(6.1.2)可知必有

$$\int_{-\infty}^{+\infty} |k(t)| dt < \infty \tag{6.1.5}$$

利用熟知的卷积公式，还有

$$Y(t) = \int_{-\infty}^{+\infty} k(\tau)X(t - \tau)d\tau \tag{6.1.6}$$

在通常情况下，因为 $\{X(t), -\infty < t < +\infty\}$ 是均方连续的平稳随机过程且系统为稳定，所以由 2.2 中的性质 6 及性质 8 可知系统输出 $\{Y(t), -\infty < t < +\infty\}$ 仍为平稳随机过程. 这样一来，我们就可以用输出过程 $\{Y(t), -\infty < t < +\infty\}$ 的一、二阶矩来表征它. 在通常情况下，有 $EX(t) = 0$，故由式(6.1.6)可知 $EY(t) = 0$. 因此，我们只能用

$$E[Y^2(t)] = B_Y(0) = \sigma_Y^2 \tag{6.1.7}$$

及其相关函数

$$E[Y(t+\tau)Y(t)] = B_Y(\tau) \tag{6.1.8}$$

来表征平稳随机过程.

我们称式(6.1.7)是稳定的定常线性系统在平稳随机输入作用下输出过程的方差，这个方差 σ_Y^2 的大小就表征了系统抗干扰性能的优劣. 在以后的两节中，我们均以式(6.1.7)作为性能指标来分析在平稳随机输入作用下系统输出的性能.

6.2 线性系统在平稳随机过程作用下的分析

6.2.1 连续系统在平稳随机过程作用下的分析

设定常线性系统如图 6.2.1 所示. 其中，$G(s)$ 为系统的传递函数；$k(t)$，$t \geqslant 0$ 为系统的脉冲响应函数，系统输入 $\{X(t), -\infty < t < +\infty\}$ 为均方连续的平稳随机过程，且 $EX(t) = 0$，假定系统是渐近稳定的，即所有特征根均具有负实部.

现在以式(6.1.7)为性能指标来分析系统输出的性能. 为此,先计算输出过程$\{Y(t), -\infty < t < +\infty\}$的相关函数$B_Y(\tau)$为

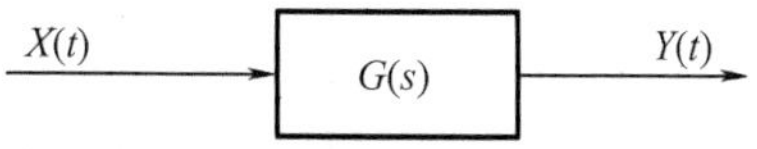

图 6.2.1 定常线性系统方块图

$$B_Y(\tau) = E[Y(t+\tau)Y(t)]$$
$$= E\left[\int_{-\infty}^{+\infty} X(t+\tau-\eta)k(\eta)\mathrm{d}\eta \int_{-\infty}^{+\infty} X(t-\lambda)k(\lambda)\mathrm{d}\lambda\right]$$
$$= \int_{-\infty}^{+\infty}\int_{-\infty}^{+\infty} k(\lambda)k(\eta)B_X(\tau+\lambda-\eta)\mathrm{d}\lambda\mathrm{d}\eta \tag{6.2.1}$$

由定理 3.2.4 可知,该系统输出过程$\{Y(t), -\infty < t < +\infty\}$的功率谱密度函数$S_Y(\omega)$为

$$S_Y(\omega) = \int_{-\infty}^{+\infty} B_Y(\tau)\mathrm{e}^{-\mathrm{j}\omega\tau}\mathrm{d}\tau$$
$$= \int_{-\infty}^{+\infty}\int_{-\infty}^{+\infty}\int_{-\infty}^{+\infty} k(\lambda)k(\eta)B_X(\lambda+\tau-\eta)\mathrm{e}^{-\mathrm{j}\omega\tau}\mathrm{d}\lambda\mathrm{d}\eta\mathrm{d}\tau$$
$$= \int_{-\infty}^{+\infty} k(\lambda)\mathrm{e}^{\mathrm{j}\omega\lambda}\mathrm{d}\lambda \int_{-\infty}^{+\infty} k(\eta)\mathrm{e}^{-\mathrm{j}\omega\eta}\mathrm{d}\eta \int_{-\infty}^{+\infty} B_X(\lambda+\tau-\eta)\mathrm{e}^{-\mathrm{j}\omega(\tau+\lambda-\eta)}\mathrm{d}\tau \tag{6.2.2}$$

令$\lambda+\tau-\eta=\tau^*$,则上式右边第三个积分为

$$\int_{-\infty}^{+\infty} B_X(\tau^*)\,\mathrm{e}^{-\mathrm{j}\omega}\,\tau^*\mathrm{d}\tau^* = S_X(\omega) \tag{6.2.3}$$

而第一、二两个积分分别为

$$\int_{-\infty}^{+\infty} k(\lambda)\mathrm{e}^{\mathrm{j}\omega\lambda}\mathrm{d}\lambda = G(-\mathrm{j}\omega) \tag{6.2.4}$$

$$\int_{-\infty}^{+\infty} k(\eta)\mathrm{e}^{-\mathrm{j}\omega\eta}\mathrm{d}\eta = G(\mathrm{j}\omega) \tag{6.2.5}$$

把式(6.2.3)至式(6.2.5)代入式(6.2.2),则得

$$S_Y(\omega) = G(-\mathrm{j}\omega)G(\mathrm{j}\omega)S_X(\omega) = |G(\mathrm{j}\omega)|^2 S_X(\omega) \tag{6.2.6}$$

再利用定理 3.2.4 中的式(3.2.48),即可求出输出过程$\{Y(t), -\infty < t < +\infty\}$的方差为

$$\sigma_Y^{\ 2} = E[Y^2(t)] = B_Y(0) = \frac{1}{2\pi}\int_{-\infty}^{+\infty} S_Y(\omega)\mathrm{d}\omega = \frac{1}{2\pi}\int_{-\infty}^{+\infty} |G(\mathrm{j}\omega)|^2 S_X(\omega)\mathrm{d}\omega \tag{6.2.7}$$

还可以利用平稳随机过程谱分解定理来推出式(6.2.6). 为简单起见,只考察$EX(t)=0$的情况(否则考察$X(t)-EX(t)$). 设系统的输入随机过程$\{X(t), -\infty < t < +\infty\}$和输出随机过程$\{Y(t), -\infty < t < +\infty\}$满足如下 n 阶常系数随机微分方程:

$$\sum_{i=0}^{n} a_i \frac{\mathrm{d}^i Y(t)}{\mathrm{d}t^i} = \sum_{i=0}^{m} b_i \frac{\mathrm{d}^i X(t)}{\mathrm{d}t^i} \tag{6.2.8}$$

其中,$a_n=1$. 因为$\{X(t), -\infty < t < +\infty\}$和$\{Y(t), -\infty < t < +\infty\}$为均方连续的平稳随机过程,所以由定理 3.2.4 可知 $X(t)$ 和 $Y(t)$ 的谱分解分别为

$$X(t) = \int_{-\infty}^{+\infty} \mathrm{e}^{\mathrm{j}\omega t}\mathrm{d}\zeta_X(\mathrm{j}\omega)$$

$$Y(t) = \int_{-\infty}^{+\infty} \mathrm{e}^{\mathrm{j}\omega t}\mathrm{d}\zeta_Y(\mathrm{j}\omega)$$

由谱分解的性质可知$\dfrac{\mathrm{d}^i Y(t)}{\mathrm{d}t^i}$和$\dfrac{\mathrm{d}^i X(t)}{\mathrm{d}t^i}$的谱分解为

$$\frac{\mathrm{d}^i Y(t)}{\mathrm{d}t^i} = \int_{-\infty}^{+\infty} (\mathrm{j}\omega)^i \mathrm{e}^{\mathrm{j}\omega t} \mathrm{d}\zeta_Y(\mathrm{j}\omega) \tag{6.2.9}$$

$$\frac{\mathrm{d}^i X(t)}{\mathrm{d}t^i} = \int_{-\infty}^{+\infty} (\mathrm{j}\omega)^i \mathrm{e}^{\mathrm{j}\omega t} \mathrm{d}\zeta_X(\mathrm{j}\omega) \tag{6.2.10}$$

把式(6.2.9)和式(6.2.10)代入式(6.2.8),则得

$$\int_{-\infty}^{+\infty} \left[\sum_{i=0}^{n} a_i(\mathrm{j}\omega)^i\right] \mathrm{e}^{\mathrm{j}\omega t} \mathrm{d}\zeta_Y(\mathrm{j}\omega) = \int_{-\infty}^{+\infty} \left[\sum_{i=0}^{m} b_i(\mathrm{j}\omega)^i\right] \mathrm{e}^{\mathrm{j}\omega t} \mathrm{d}\zeta_X(\mathrm{j}\omega)$$

由上式可有

$$\sum_{i=0}^{n} a_i(\mathrm{j}\omega)^i \mathrm{d}\,\zeta_Y(\mathrm{j}\omega) = \sum_{i=0}^{m} b_i(\mathrm{j}\omega)^i \mathrm{d}\,\zeta_X(\mathrm{j}\omega)$$

也即

$$\mathrm{d}\zeta_Y(\mathrm{j}\omega) = \frac{\sum_{i=0}^{m} b_i(\mathrm{j}\omega)^i}{\sum_{i=0}^{n} a_i(\mathrm{j}\omega)^i} \mathrm{d}\zeta_X(\mathrm{j}\omega) \triangleq G(\mathrm{j}\omega)\mathrm{d}\zeta_X(\mathrm{j}\omega) \tag{6.2.11}$$

其中称

$$G(\mathrm{j}\omega) \triangleq \frac{\sum_{i=0}^{m} b_i(\mathrm{j}\omega)^i}{\sum_{i=0}^{n} a_i(\mathrm{j}\omega)^i} \tag{6.2.12}$$

为该定常线性系统的频率特性,而且还有

$$G(\mathrm{j}\omega) = G(s)\big|_{s=\mathrm{j}\omega} \tag{6.2.13}$$

其中,$G(s)$为定常线性系统的传递函数.

最后,利用谱分解定理3.2.4中的式(3.2.46)可知

$$E|\mathrm{d}\zeta_Y(\mathrm{j}\omega)|^2 = \frac{1}{2\pi} S_Y(\omega)\mathrm{d}\omega \tag{6.2.14}$$

然而由式(6.2.11)还有

$$\begin{aligned} E|\mathrm{d}\zeta_Y(\mathrm{j}\omega)|^2 &= G(\mathrm{j}\omega)G(-\mathrm{j}\omega)E|\mathrm{d}\zeta_X(\mathrm{j}\omega)|^2 \\ &= |G(\mathrm{j}\omega)|^2 \frac{1}{2\pi} S_X(\omega)\mathrm{d}\omega \end{aligned} \tag{6.2.15}$$

比较式(6.2.14)与式(6.2.15),可得式(6.2.6),即

$$S_Y(\omega) = |G(\mathrm{j}\omega)|^2 S_X(\omega)$$

式(6.2.6)和式(6.2.7)对于在平稳随机输入作用下线性定常系统的分析是十分有用的.

在通常情况下,$S_Y(\omega)$和$S_X(\omega)$都呈现有理谱密度的形式,这样一来,可以利用奥斯特姆(K. J. Åström)计算方法计算式(6.2.7)的积分.

下面我们介绍奥斯特姆计算方法,为此引进一些符号并加以说明. 假设我们所要做的积分式(6.2.7)可以归结为如下形式:

$$I_n = \frac{1}{2\pi\mathrm{j}} \int_{-\mathrm{j}\infty}^{\mathrm{j}\infty} \frac{B_n(s)B_n(-s)}{A_n(s)\,A_n(-s)} \mathrm{d}s \tag{6.2.16}$$

其中,$A_n(s) = a_0^n s^n + a_1^n s^{n-1} + \cdots + a_{n-1}^n s + a_n^n$;$B_n(s) = b_1^n s^{n-1} + \cdots + b_{n-1}^n s + b_n^n$. $a_i^n, i=0,1,2,\cdots,n$ 和$b_i^n, i=1,2,\cdots n$ 均为实数且$A_n(s)$所有零点均在s左半平面内,多项式$B_n(s)$必须至少比多项式$A_n(s)$低一次(这在实际应用中总能保证).

我们再引进次数低于n的多项式$A_k(s)$和$B_k(s)$

$$A_k(s)=a_0^k s^k+a_1^k s^{k-1}+\cdots+a_{k-1}^k s+a_k^k$$
$$B_k(s)=b_1^k s^{k-1}+\cdots+b_{k-1}^k s+b_k^k$$
$$k\leqslant n$$

$A_k(s)$和$B_k(s)$的系数可利用奥斯特姆表来计算.

表 6.2.1 奥斯特姆表

A 表	α_k	B 表	β_k
a_0^n a_1^n a_2^n a_3^n a_4^n $\cdots$	$\alpha_n=\dfrac{a_0^n}{a_1^n}$	b_1^n b_2^n b_3^n b_4^n b_5^n $\cdots$	$\beta_n=\dfrac{b_1^n}{a_1^n}$
a_1^n 0 a_3^n 0 a_5^n $\cdots$		a_1^n 0 a_3^n 0 a_5^n $\cdots$	
a_0^{n-1} a_1^{n-1} a_2^{n-1} a_3^{n-1} $\cdots$	$\alpha_{n-1}=\dfrac{a_0^{n-1}}{a_1^{n-1}}$	b_1^{n-1} b_2^{n-1} b_3^{n-1} a_4^{n-1} $\cdots$	$\beta_{n-1}=\dfrac{b_1^{n-1}}{a_1^{n-1}}$
a_1^{n-1} 0 a_3^{n-1} 0 $\cdots$		a_1^{n-1} 0 a_3^{n-1} 0 $\cdots$	
$\vdots$	$\vdots$		$\vdots$
a_0^2 a_1^2 a_2^2	$\alpha_2=\dfrac{a_0^2}{a_1^2}$	b_1^2 b_2^2	$\beta_2=\dfrac{b_1^2}{a_1^2}$
a_1^2 0		a_1^2 0	
a_0^1 a_1^1	$\alpha_1=\dfrac{a_0^1}{a_1^1}$	b_1^1	$\beta_1=\dfrac{b_1^1}{a_1^1}$
a_1^1 0		a_1^1	

在制作奥斯特姆表时,a_i^k 系数表的每一偶数行是将上一行往左移一步且在每隔一个位置上放一个零而形成,b_i^k 系数表的每一偶数行与a_i^k 系数表的相应偶数行相同. 这两个表的奇数行各元素用其前面两行的两个同列元素通过如下公式计算:

$$a_i^{k-1}=\begin{cases}a_{i+1}^k,\text{当 } i \text{ 为偶数时}\\ a_{i+1}^k-\alpha_k a_{i+2}^k,\text{ 当 } i \text{ 为奇数时}\\ i=0,1,2,\cdots,k-1\end{cases} \tag{6.2.17}$$

其中,$\alpha_k=\dfrac{a_0^k}{a_1^k}$. (6.2.18)

$$b_i^{k-1}=\begin{cases}b_{i+1}^k,\text{当 } i \text{ 为奇数时}\\ b_{i+1}^k-\beta_k a_{i+1}^k,\text{ 当 } i \text{ 为偶数时,}\\ i=1,2,\cdots,k-1\end{cases} \tag{6.2.19}$$

其中,$\beta_k=\dfrac{b_1^k}{a_1^k}$. (6.2.20)

可以证明,多项式 $A_n(s)$的所有零点均在左半平面内的充要条件是全部系数a_1^k($k=1,2,\cdots,n$)为正,即奥斯特姆表所有偶数行的第一个元素为正. 而且式(6.2.16)的积分值为

$$I_n=\frac{1}{2}\sum_{k=1}^{n}\beta_k^2/\alpha_k \tag{6.2.21}$$

例 6.2.1 试计算积分

$$I_3=\frac{1}{2\pi \mathrm{j}}\int_{-\mathrm{j}\infty}^{\mathrm{j}\infty}\frac{B_3(s)B_3(-s)}{A_3(s)\,A_3(-s)}\mathrm{d}s \tag{6.2.22}$$

其中,$A_3(s)=a_0s^3+a_1s^2+a_2s+a_3$;$B_3(s)=b_1s^2+b_2s+b_3$.

利用 $A_3(s)$ 和 $B_3(s)$ 的各系数可作奥斯特姆表,见表 6.2.2.

表 6.2.2　例 6.2.1 中的奥斯特姆表

A 表				α_k	B 表			β_k
a_0	a_1	a_2	a_3	$\alpha_3=\dfrac{a_0}{a_1}$	b_1	b_2	b_3	$\beta_3=\dfrac{b_1}{Q_1}$
a_1	0	a_3	0		a_1	0	a_3	
	a_1	$a_2-\dfrac{a_3a_0}{a_1}$	a_3	$\alpha_2=\dfrac{a_1}{a_2-\dfrac{a_3a_0}{a_1}}$		b_2	$b_2-a_3\dfrac{b_1}{a_1}$	$\beta_2=\dfrac{b_2}{a_2-\dfrac{a_3a_1}{a_1}}$
	$a_2-\dfrac{a_3a_0}{a_1}$	0	0			$a_2-\dfrac{a_3a_0}{a_1}$	0	
		$a_2-\dfrac{a_3a_0}{a_1}$	a_3	$\alpha_1=\dfrac{a_2-\dfrac{a_3a_0}{a_1}}{a_3}$			$b_2-a_3\dfrac{b_1}{a_1}$	$\beta=\dfrac{b_2-a_3}{a_3}$
		a_3	0				a_3	

将表 6.2.2 中的 α_k 和 $\beta_k(k=3,2,1)$ 代入式(6.2.21)可得

$$I_3=\frac{1}{2}\left[\frac{b_1^2}{a_0a_1}+\frac{b_2^2}{a_1\left(a_2-a_3\dfrac{a_0}{a_1}\right)}+\frac{\left(b_3-a_3\dfrac{b_1}{a_1}\right)^2}{a_3\left(a_2-a_3\dfrac{a_0}{a_1}\right)}\right]$$

$$=\frac{b_1^2a_3a_2+(b_2^2-2b_1b_3)a_0a_3+a_0a_1b_3^2}{2a_0a_3(a_1a_2-a_0a_3)}$$

例 6.2.2　试计算积分

$$I_6=\frac{1}{2\pi\mathrm{j}}\int_{-\mathrm{j}\infty}^{\mathrm{j}\infty}\frac{B_6(s)B_6(-s)}{A_6(s)A_6(-s)}\mathrm{d}s$$

其中,$A_6(s)=s^6+3s^5+5s^4+12s^3+6s^2+9s+1$;$B_6(s)=3s^5+s^4+12s^3+3s^2+9s+1$.

利用多项式和的各系数可作奥斯特姆表,见表 6.2.3.

表 6.2.3　例 6.2.2 中的奥斯特姆表

A 表							α_k	B 表						β_k
1	3	5	12	6	9	1	$\dfrac{1}{3}$	3	1	12	3	9	1	1
3	0	12	0	9	0			3	0	12	0	9	0	
	3	1	12	3	9	1	3		1	0	3	0	1	1
	1	0	3	0	1				1	0	3	0	1	

表 6.2.3 例 6.2.2 中的奥斯特姆表

A 表					α_k	B 表				β_k
1	3	3	6	1	$\frac{1}{3}$	0	0	0	0	0
3	0	6	0			3	0		0	
	3	1	6	1	3		0	0	0	0
	1	0	1				1	0	1	
		1	3	1	$\frac{1}{3}$			0	0	0
		3	0					3	0	
		3	1		3				0	0
		1		3					1	

把表 6.2.3 中的 α_k 和 $\beta_k(k=1,2,3,4,5,6)$ 代入式(6.2.21)得积分值为

$$I_6=\frac{1}{2}\sum_{k=1}^{6}\beta_k^2/\alpha_k=\frac{1}{2}[1/(1/3)+1/3]=\frac{1}{2}\times 3.333=1.667$$

例 6.2.3 考虑如图 6.2.2 所示的反馈系统,其中输入信号 $\{X(t),t\geqslant 0\}$ 为独立增量过程且

$$E[X(t)]^2=t,X(0)=0$$

试确定作为开环放大系数 k 的函数的跟踪误差 $e(t)$ 的方差 σ_e^2,并求使 σ_e^2 最小的 k 值.

解 为了求得跟踪误差 $e(t)$ 的方差,首先应求出 $e(t)$ 的功率谱密度函数 $S_e(\omega)$.

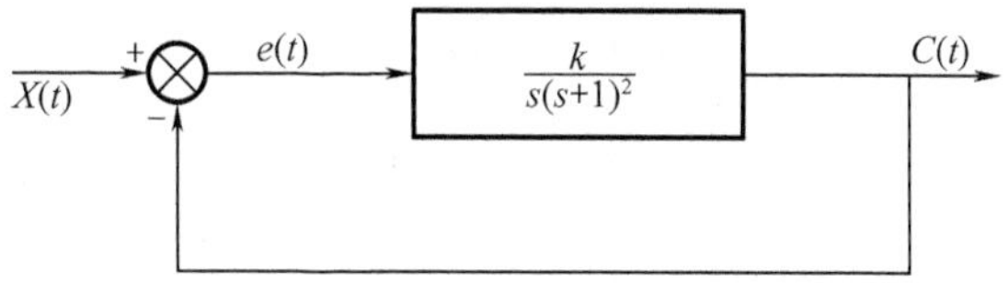

图 6.2.2 例 6.2.3 系统方块图

由图 6.2.2 可求出传递函数

$$e(s)=\frac{s(s+1)^2}{s^3+2s^2+s+k}X(s) \tag{6.2.23}$$

由题给的已知条件及定理 3.1.2,可以把系统的输入过程 $\{X(t),t\geqslant 0\}$ 理解为是白噪声过程 $\{\xi(t),t\geqslant 0\}$ 经积分所得到的过程,而且该白噪声过程的相关函数为 $B_\xi(\tau)=\delta(\tau)$,即功率谱密度函数为 $S_\xi(\omega)=1$. 图 6.2.3 所示为由白噪声过程产生系统输入过程的方块图.

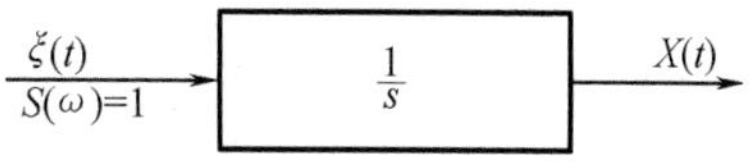

图 6.2.3 系统输入过程的形成方块图

由图 6.2.3 及式(6.2.6)可知

$$S_X(\omega)=\frac{1}{\mathrm{j}\omega}\frac{1}{-\mathrm{j}\omega}S_\xi(\omega)=\frac{1}{\omega^2} \tag{6.2.24}$$

再由式(6.2.24)及式(6.2.6),还有

$$S_e(\omega)=\left|\frac{j\omega(j\omega+1)^2}{(j\omega)^3+2(j\omega)^2+j\omega+k}\right|^2 S_X(\omega)$$
$$=\frac{(j\omega+1)^2}{(j\omega)^3+2(j\omega)^2+j\omega+k}$$
$$\frac{(-j\omega+1)^2}{(-j\omega)^3+2(-j\omega)^2+(-j\omega)+k}$$

利用式(6.2.7)可求出跟踪误差方差σ_e^2为

$$\sigma_e^2=\frac{1}{2\pi}\int_{-\infty}^{+\infty}S_e(\omega)\mathrm{d}\omega$$
$$=\frac{1}{2\pi j}\int_{-j\infty}^{+j\infty}\frac{(s+1)^2}{(s^3+2s^2+s+k)}\frac{(-s+1)^2}{[(-s)^3+2(-s)^2+(-s)+k]}\mathrm{d}s \tag{6.2.25}$$

为了对式(6.2.26)积分,应作奥斯特姆表,见表6.2.4.

表 6.2.4 例 6.2.3 中的奥斯特姆表

A 表				α_k	B 表			β_k
1	2	1	k	$\frac{1}{2}$	1	2	1	$\frac{1}{2}$
2	0	k	0		2	0	k	
	2	$1-\frac{k}{2}$	k	$\frac{4}{2-k}$		2	$1-\frac{k}{2}$	$\frac{4}{2-k}$
	$1-\frac{k}{2}$	0	0			$1-\frac{k}{2}$	0	
		$1-\frac{k}{2}$	k	$\frac{2-k}{2k}$			$1-\frac{k}{2}$	$\frac{2-k}{2k}$
		k	0				k	

可见,为使系统稳定,应有 $k>0$ 和 $1-\frac{k}{2}>0$.

解上述两个不等式,可得开环放大系数 k 应满足

$$0<k<2 \tag{6.2.26}$$

由表6.2.4及式(6.2.21)还可计算出跟踪误差方差σ_e^2为

$$\sigma_e^2=\frac{1}{2}\sum_{k=1}^{3}\frac{\beta_k^2}{\alpha_k}=\frac{3k+2}{2k(2-k)}$$

为求使其最小的 k 值,应解方程

$$\frac{\mathrm{d}\sigma_e^2}{\mathrm{d}k}=0$$

即 k 值应满足如下方程

$$\frac{(3k-2)(k+2)}{2k^2(2-k)^2}=0$$

显见当 $k=2/3=0.667$ 时,σ_e^2 为最小.

如果两个平稳随机过程 $\{X(t),-\infty<t<+\infty\}$ 和 $\{Y(t),-\infty<t<+\infty\}$ 同时作用于定常线性系统,其方块图如图 6.2.4 所示.

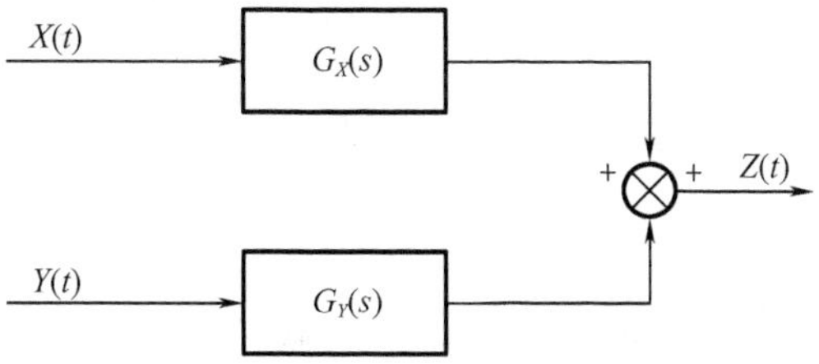

图 6.2.4 具有两个输入的定常线性系统方块图

图中,$\{Z(t),-\infty<t<+\infty\}$ 为系统输出过程;$G_X(s)$ 和 $G_Y(s)$ 为该系统的传递函数且假定它们都是稳定的.

经过不甚复杂的计算,可得输出过程的功率谱密度函数 $S_Z(\omega)$ 为

$$S_Z(\omega)=|G_X(j\omega)|^2S_X(\omega)+|G_Y(j\omega)|^2S_Y(\omega)+$$
$$G_X(-j\omega)G_Y(j\omega)S_{XY}(\omega)+G_Y(-j\omega)G_X(j\omega)S_{YX}(\omega) \tag{6.2.27}$$

其中,$S_{XY}(\omega)$ 为平稳随机过程 $\{X(t),-\infty<t<+\infty\}$ 和 $\{Y(t),-\infty<t<+\infty\}$ 的互功率谱密度函数(见式(3.2.62)).

如果 $\{X(t),-\infty<t<+\infty\}$ 和 $\{Y(t),-\infty<t<+\infty\}$ 互不相关,即互相关函数 $B_{XY}(\tau)$ 和 $B_{YX}(\tau)$ 满足

$$B_{XY}(\tau)=B_{YX}(\tau)=0$$

则系统输出过程的功率谱密度函数为

$$S_Z(\omega)=|G_X(j\omega)|^2S_X(\omega)+|G_Y(j\omega)|^2S_Y(\omega) \tag{6.2.28}$$

现在,我们进一步分析随机多输入多输出线性系统. 为简单起见,只分析双输入双输出系统的情况,其系统如图 6.2.5 所示.

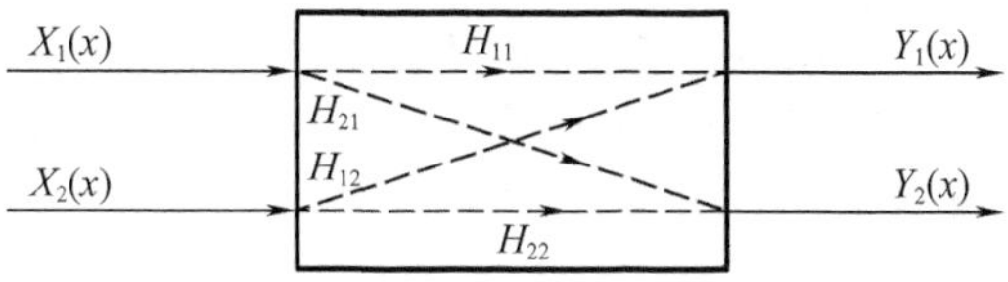

图 6.2.5 随机双输入双输出线性系统

设 $\{X_i(t),-\infty<t<+\infty,i=1,2\}$ 为平稳随机过程且为系统的输入,$\{Y_i(t),-\infty<t<+\infty,i=1,2\}$ 为系统的输出. 形式上记

$$Y_1(j\omega)=H_{11}(j\omega)X_1(j\omega)+H_{12}(j\omega)X_2(j\omega)$$
$$Y_2(j\omega)=H_{21}(j\omega)X_1(j\omega)+H_{22}(j\omega)X_2(j\omega)$$

再记

$$k_{ij}(t)=L^{-1}\{H_{ij}(s)\},i,j=1,2$$

通常称 $k_{ij},i=1,2$ 为系统脉冲响应函数,这样一来,可用卷积的形式表示系统的输出,有

$$Y_1(t) = \int_{-\infty}^{+\infty} X_1(t-\tau)k_{11}(\tau)\,\mathrm{d}\tau + \int_{-\infty}^{+\infty} X_2(t-\tau)k_{12}(\tau)\,\mathrm{d}\tau$$

$$Y_2(t) = \int_{-\infty}^{+\infty} X_1(t-\tau)k_{21}(\tau)\,\mathrm{d}\tau + \int_{-\infty}^{+\infty} X_2(t-\tau)k_{22}(\tau)\,\mathrm{d}\tau$$

也可把上式用矩阵形式写成

$$\begin{pmatrix} Y_1(t) \\ Y_2(t) \end{pmatrix} = \int_{-\infty}^{+\infty} \begin{pmatrix} k_{11}(\tau) & k_{12}(\tau) \\ k_{21}(\tau) & k_{22}(\tau) \end{pmatrix} \begin{pmatrix} X_1(t-\tau) \\ X_2(t-\tau) \end{pmatrix} \mathrm{d}\tau \tag{6.2.29}$$

于是输出的相关函数阵为

$$E\begin{pmatrix} Y_1(t) \\ Y_2(t) \end{pmatrix}\begin{pmatrix} Y_1(t-\tau) \\ Y_2(t-\tau) \end{pmatrix}^{\mathrm{T}}$$

$$= \int_{-\infty}^{+\infty}\int_{-\infty}^{+\infty} \begin{pmatrix} k_{11}(u) & k_{12}(u) \\ k_{21}(u) & k_{22}(u) \end{pmatrix} \begin{pmatrix} B_{X_1}(\tau+\lambda-u) & B_{X1X2}(\tau+\lambda-u) \\ B_{X_2X_1}(\tau+\lambda-u) & B_{X2}(\tau+\lambda-u) \end{pmatrix} \begin{pmatrix} k_{11}(\lambda) & k_{12}(\lambda) \\ k_{21}(\lambda) & k_{22}(\lambda) \end{pmatrix}^{\mathrm{T}} \mathrm{d}u\mathrm{d}\lambda$$

将上式经傅里叶变换后可得输出功率谱密度函数阵为

$$\begin{pmatrix} S_{Y_1}(\omega) & S_{Y_1Y_2}(\omega) \\ S_{Y_2Y_1}(\omega) & S_{Y_2}(\omega) \end{pmatrix} = \begin{pmatrix} H_{11}(\mathrm{j}\omega) & H_{12}(\mathrm{j}\omega) \\ H_{21}(\mathrm{j}\omega) & H_{22}(\mathrm{j}\omega) \end{pmatrix} \begin{pmatrix} S_{X_1}(\omega) & S_{X_1X_2}(\omega) \\ S_{X_2X_1}(\omega) & S_{X_2}(\omega) \end{pmatrix} \begin{pmatrix} H_{11}^*(\mathrm{j}\omega) & H_{21}^*(\mathrm{j}\omega) \\ H_{12}^*(\mathrm{j}\omega) & H_{22}^*(\mathrm{j}\omega) \end{pmatrix} \tag{6.2.30}$$

在一般情况下，可以利用上式来计算系统输出各分量的功率谱密度函数及互功率谱密度函数.

如果输入信号各分量彼此互不相关，则有 $B_{X_1X_2}(\tau) = B_{X_2X_1}(\tau) = 0$，于是 $S_{X_1X_2}(\omega) = S_{X_2X_1}(\omega) = 0$. 在这种情况下，式(6.2.30)可简化成

$$\begin{pmatrix} S_{Y_1}(\omega) & S_{Y_1Y_2}(\omega) \\ S_{Y_2Y_1}(\omega) & S_{Y_2}(\omega) \end{pmatrix} = \begin{pmatrix} H_{11}(\mathrm{j}\omega)S_{X_1}(\omega) & H_{12}(\mathrm{j}\omega)S_{X_2}(\omega) \\ H_{21}(\mathrm{j}\omega)S_{X_1}(\omega) & H_{22}(\mathrm{j}\omega)S_{X_2}(\omega) \end{pmatrix} \begin{pmatrix} H_{11}^*(\mathrm{j}\omega) & H_{21}^*(\mathrm{j}\omega) \\ H_{12}^*(\mathrm{j}\omega) & H_{22}^*(\mathrm{j}\omega) \end{pmatrix}$$

如果系统内部无交叉耦合作用，即 $H_{12}(\mathrm{j}\omega) = H_{21}(\mathrm{j}\omega) = 0$，这时式(6.2.30)可简化成

$$\begin{pmatrix} S_{Y_1}(\omega) & S_{Y_1Y_2}(\omega) \\ S_{Y_2Y_1}(\omega) & S_{Y_2}(\omega) \end{pmatrix} = \begin{pmatrix} H_{11}(\mathrm{j}\omega)S_{X_1}(\omega) & H_{11}(\mathrm{j}\omega)S_{X_1X_2}(\omega) \\ H_{22}(\mathrm{j}\omega)S_{X_2X_1}(\omega) & H_{22}(\mathrm{j}\omega)S_{X_2}(\omega) \end{pmatrix} \begin{pmatrix} H_{11}^*(\mathrm{j}\omega) & 0 \\ 0 & H_{22}^*(\mathrm{j}\omega) \end{pmatrix}$$

例如有 $S_{Y_1Y_2}(\omega) = H_{11}(\mathrm{j}\omega)H_{22}(\mathrm{j}\omega)s_{X_1X_2}(\omega)$，如果进一步假设 $X_1(t) = X_2(t) = X(t)$，则有

$$S_{Y_1Y_2}(\omega) = H_{11}(\mathrm{j}\omega)H_{22}^*(\mathrm{j}\omega)S_X(\omega) \tag{6.2.31}$$

这相当于如图 6.2.6 所示系统的情况. 显见，当且仅当 $H_{11}(\mathrm{j}\omega)$ 与 $H_{22}(\mathrm{j}\omega)$ 不相关时，$Y_1(t)$ 与 $Y_2(t)$ 互不相关.

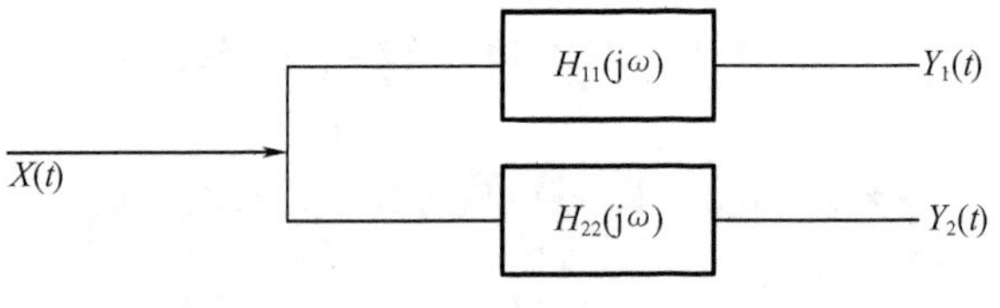

图 6.2.6　由式(6.2.30)所表示的系统

6.2.2 离散系统在平稳随机序列作用下分析

定常离散线性系统在平稳随机序列作用下的数学模型可表示为

$$X(n)+a_1X(n-1)+\cdots a_pX(n-p)=b_0\xi(n)+b_1\xi(n-1)+\cdots+b_q\xi(n-q) \tag{6.2.32}$$

其中，$p>q$，$\{X(n),n=\cdots,-2,-1,0,1,2,\cdots\}$为系统输出序列；$\{\xi(n),n=\cdots,-2,-1,0,1,2,\cdots\}$为系统输入序列，假设它是白噪声序列或平稳相关随机序列，其功率谱密度函数$S_\xi(z)$为已知；$a_1,\cdots,a_p,b_0,b_1,\cdots,b_q$为系统参数且为已知的实常数.

这种数学模型可以通过对微分方程式(6.1.3)取差分而得到. 有时，把式(6.2.30)所表示的模型叫作自回归滑动合模型，第5章我们已对这一模型做了详细的分析.

现在我们来计算模型式(6.2.30)输出序列$\{X(n),n=\cdots,-2,-1,0,1,2,\cdots\}$的方差. 为此将方程式(6.2.30)两边做谱分解，由定理3.2.6可知有

$$\sum_{i=0}^{p}\oint_{|z|=1}a_iz^{n-i}\mathrm{d}\zeta_X(z)=\sum_{\mathrm{j}=0}^{q}\oint_{|z|=1}b_\mathrm{j}z^{n-\mathrm{j}}\mathrm{d}\zeta_\xi(z) \tag{6.2.33}$$

其中，$a_0=1$.

于是可得

$$\left(\sum_{i=0}^{p}a_i\,z^{n-i}\right)\mathrm{d}\zeta_X(z)=\left(\sum_{j=0}^{q}b_\mathrm{j}\,z^{n-j}\right)\mathrm{d}\zeta_\xi(z)$$

也即

$$\mathrm{d}\zeta_X(z)=\frac{\sum\limits_{j=0}^{q}b_j\,z^{n-j}}{\sum\limits_{i=0}^{p}a_i\,z^{n-i}}\mathrm{d}\zeta_\xi(z)=\frac{\sum\limits_{j=0}^{q}b_\mathrm{j}\,z^{n-\mathrm{j}}}{\sum\limits_{i=0}^{p}a_i\,z^{n-i}}\mathrm{d}\zeta_\xi(z)\triangleq G(z)\mathrm{d}\zeta_\xi(z) \tag{6.2.34}$$

其中称

$$G(z)=\frac{\sum\limits_{\mathrm{j}=0}^{q}b_\mathrm{j}\,z^{n-j}}{\sum\limits_{i=0}^{p}a_i\,z^{n-i}} \tag{6.2.35}$$

为定常离散线性系统的传递函数.

由定理3.2.6中的式(3.2.84)有

$$E|\mathrm{d}\zeta_X(z)|^2=\frac{1}{2\pi\mathrm{j}z}S_X(z)\mathrm{d}z \tag{6.2.36}$$

再由式(6.2.34)还有

$$E|\mathrm{d}\zeta_X(z)|^2=E[G(z)\mathrm{d}\zeta_\xi(z)][G(z)\mathrm{d}\zeta_\xi(z)]^*=G(z)G(z^{-1})\frac{1}{2\pi\mathrm{j}z}S_\xi(z) \tag{6.2.37}$$

比较式(6.2.36)和式(6.2.37)得

$$S_X(z)=G(z)G(z^{-1})S_\xi(z) \tag{6.2.38}$$

进一步，利用定理3.2.6中的式(3.2.86)可求出输出序列$\{X(nT_0),n=\cdots,-2,-1,0,1,2,\cdots\}$的相关函数$B_X(nT_0)$为

$$B_X(nT_0)=\frac{1}{2\pi\mathrm{j}}\oint_{|z|=1}G(z)G(z^{-1})S_\xi(z)z^{n-1}\mathrm{d}z \tag{6.2.39}$$

于是可得输出序列的方差$\sigma_X{}^2$为

$$\sigma_X{}^2 = B_X(0) = \frac{1}{2\pi j}\oint_{|z|=1} S_X(z)\frac{dz}{z} = \frac{1}{2\pi j}\oint_{|z|=1} G(z)G(z^{-1})S_\xi(z)\frac{dz}{z} \tag{6.2.40}$$

也可以利用类似于 6.2.1 中得到式(6.2.7)的相关分析法去分析上述问题,所得到的结论同式(6.2.4)是一致的. 把这个问题留给读者作为练习.

式(6.2.39)和式(6.2.40)对于在平稳随机序列作用下定常离散线性系统的分析是十分有用的公式. 当然,我们可以通过计算留数把积分式(6.2.40)计算出来,但是当 $G(z)$为高阶系统传递函数时,因为计算特征根在一般情况下是比较困难的,所以上述方法的应用受到限制. 现在我们介绍一种简便的计算方法,通常称之为奥斯特姆计算方法.

先引进一些符号并加以说明. 假设我们所要进行的积分式(6.2.40)可以归结为如下形式:

$$I_n = \frac{1}{2\pi j}\oint_{|z|=1} \frac{B_n(z)B_n(z^{-1})\,dz}{A_n(z)\,A_n(z^{-1})z} \tag{6.2.41}$$

其中

$$A_n(z) = a_0{}^n z^n + a_1{}^n z^{n-1} + \cdots + a_{n-1}^n z + a_n{}^n \tag{6.2.42}$$

$$B_n(z) = b_0{}^n z^n + b_1{}^n z^{n-1} + \cdots + b_{n-1}^n z + b_n{}^n \tag{6.2.43}$$

$a_i{}^n, i=0,1,2,\cdots,n$ 和$b_i{}^n, i=0,1,2,\cdots,n$ 均为实常数且 $A_n(z)$的所有零点均在单位圆内,这意味着该离散系统是稳定的.

我们再引进次数低于 n 的多项式 $A_k(z)$和 $B_k(z)$:

$$A_k(z) = a_0{}^k z^k + a_1{}^k z^{k-1} + \cdots + a_{k-1}^k z + a_k^k$$

$$B_k(z) = b_0{}^k z^k + b_1{}^k z^{k-1} + \cdots + b_{k-1}^k z + b_k^k, k \leqslant n$$

$A_k(z)$和 $B_k(z)$的系数可通过奥斯特姆表来计算,见表 6.2.5.

表 6.2.5 奥斯特姆表

A 表					α_k	B 表					β_k
a_0^n	a_1^n	$\cdots$	a_{n-1}^n	a_n^n	a_n^n/a_0^n	b_0^n	b_1^n	$\cdots$	b_{n-1}^n	b_n^n	b_n^n/a_0^n
a_n^n	a_{n-1}^n	$\cdots$	a_1^n	a_0^n		a_n^n	a_{n-1}^n	$\cdots$	a_1^n	a_0^n	
a_0^{n-1}	a_1^{n-1}	$\cdots$	a_{n-1}^{n-1}		a_{n-1}^{n-1}/a_0^{n-1}	b_0^{n-1}	b_1^{n-1}	$\cdots$	b_{n-1}^{n-1}		b_{n-1}^{n-1}/a_0^{n-1}
a_{n-1}^{n-1}	a_{n-2}^{n-1}	$\cdots$	a_0^{n-1}			a_{n-1}^{n-1}	a_{n-2}^{n-1}	$\cdots$	a_0^{n-1}		
		$\vdots$			$\vdots$			$\vdots$			
a_0^1	a_1^1				a_1^1/a_0^1	b_0^1	b_1^1				b_1^1/a_0^1
a_1^1	a_0^1					a_1^1	a_0^1				
a_0^0						b_0^0					

奥斯特姆表中 A 表的各偶数行是由其前一行的系数颠倒一下它的顺序而得到. A 表和 B 表的偶数行是相同的. 两个表中的奇数行的各元素由下面公式计算,即

$$a_i^{k-1} = a_i^k - \alpha_k a_{k-i}^k, \alpha_k = \alpha_k^k | a_0^k, k=n,n-1,\cdots,1; i=0,1,\cdots,k-1 \tag{6.2.44}$$

$$b_i^{k-1} = b_i^k - \beta_k a_{k-i}^k, \beta_k = b_k^k | a_0^k, k=n,n-1,\cdots,1; i=0,1,\cdots,k-1 \tag{6.2.45}$$

可以证明,多项式 $A_n(z)$ 的所有零点均在单位圆内的充要条件是全部系数 $a_0^k, k=0,1,2,\cdots,n$ 为正,即 A 表所有奇数行第一个元素为正. 而且式(6.2.40)的积分值为

$$I_n = \frac{1}{a_0{}^n}\sum_{k=0}^{n}\frac{(b_k^k)^2}{a_0{}^k} \tag{6.2.46}$$

例 6.2.4　计算积分

$$I_3 = \frac{1}{2\pi j}\oint_{|z|=1}\frac{B_3(z)B_3(z^{-1})\,dz}{A_3(z)\,A_3(z^{-1})z}$$

其中　$A_3(z) = z^3 + 0.7z^2 + 0.5z - 0.3$;

$B_3(z) = Z^3 + 0.3z^2 + 0.2z + 0.1$.

为计算上述积分,首先作奥斯特姆表,见表 6.2.6.

表 6.2.6　奥斯特姆表

A 表				α_k	*B* 表				β_k
1	0.7	0.5	−0.3	−0.3	1	0.3	0.2	0.1	0.1
−0.3	0.5	0.7	1		−0.3	0.5	0.7	1	
0.91	0.85	0.71		0.78	1.03	0.25	0.13		0.143
0.71	0.85	0.91			0.71	0.85	0.91		
0.356	0.187				0.929	0.129			
0.187	0.356			0.525	0.187	0.356			0.361
0.258					0.861				

因为 $a_0{}^3 = 1 > 0, a_0^2 = 0.91 > 0, a_0^1 = 0.356 > 0, a_0^0 = 0.258 > 0$,所以多项式 $A_3(z)$ 的所有零点均在单位圆内,而且利用式(6.2.46)可计算积分值为

$$\begin{aligned} I_3 &= \frac{1}{a_0{}^3}\sum_{k=0}^{3}\frac{(b_k^k)^2}{a_0{}^k} \\ &= 0.1^2/1 + 0.13^2/0.91 + 0.129^2/0.356 + 0.861^2/0.258 \\ &= 2.9487 \end{aligned}$$

如果两个平稳随机序列 $\{X(n), n=\cdots,-2,-1,0,1,2,\cdots\}$ 和 $\{Y(n), n=\cdots,-2,-1,0,1,2,\cdots\}$ 同时作用于定常离散线性系统,则可表示为如图 6.2.7 所示的形式.

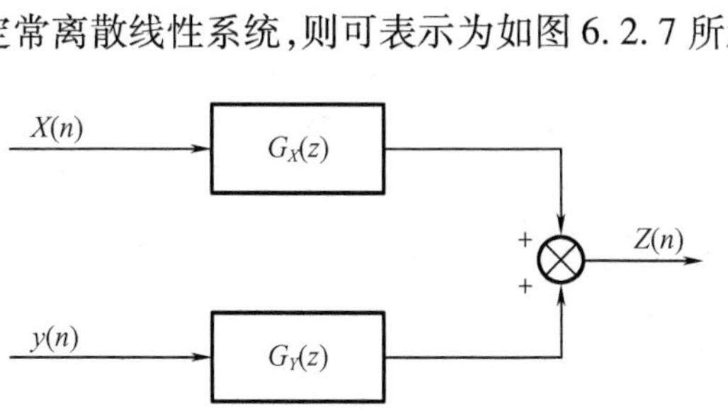

图 6.2.7　两个平稳随机序列作用于系统的方块图表示

图6.2.7中，$\{Z(n), n=\cdots,-2,-1,0,1,2,\cdots\}$为系统输出序列；$G_X(z)$和$G_Y(z)$为离散系统传递函数且假定它们都是稳定的.

与连续情况下的式(6.2.27)相类似，可计算出输出序列的功率谱密度函数$S_z(z)$为

$$\begin{aligned}S_z(z) &= |G_X(z)|^2 S_X(z) + |G_Y(z)|^2 S_Y(z) \\ &= G_X(-z)G_Y(z)S_{XY}(z) + G_Y(-z)G_X(z)S_{YX}(z)\end{aligned} \tag{6.2.47}$$

其中，$S_{XY}(z)$为平稳随机序列$\{X(n), n=\cdots,-2,-1,0,1,2,\cdots\}$和$\{Y(n), n=\cdots,-2,-1,0,1,2,\cdots\}$的互功率谱密度函数.

如果$\{X(n), n=\cdots,-2,-1,0,1,2,\cdots\}$和$\{Y(n), n=\cdots,-2,-1,0,1,2,\cdots\}$互不相关，即互相关函数$B_{XY}(n)$和$B_{YX}(n)$满足

$$B_{XY}(n)=B_{YX}(n)=0, n=\cdots,-2,-1,0,1,2,\cdots$$

则输出序列的功率谱密度函数为

$$\begin{aligned}S_z(z) &= |G_X(z)|^2 S_X(z) + |G_Y(z)|^2 S_Y(z) \\ &= G_X(z)G_Y(z^{-1})S_X(z) + G_Y(z)G_Y(z^{-1})S_Y(z)\end{aligned} \tag{6.2.48}$$

例6.2.5 试分析常用的二阶数字滤波器. 其结构如图6.2.8所示.

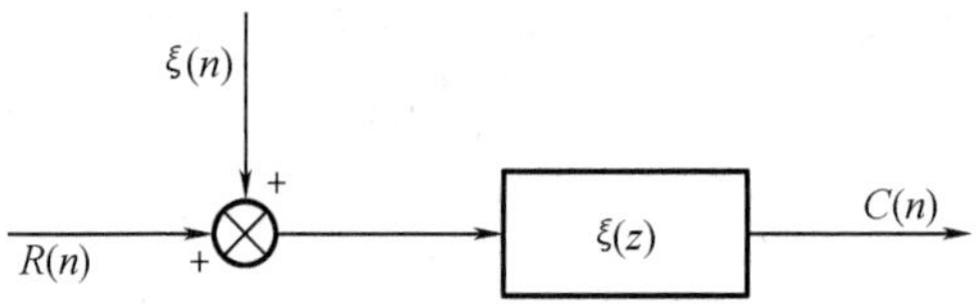

图6.2.8 系统结构图

输入序列$\{R(n), n=\cdots,-2,-1,0,1,2,\cdots\}$为指数相关的正态马尔可夫序列，相关函数为

$$B_R(n)=\sigma_R^{\ 2}\,\mathrm{e}^{-\left|\frac{nT_0}{T}\right|}, n=\cdots,-2,-1,0,1,2,\cdots \tag{6.2.49}$$

其中，T_0为采样周期；T为相关时间；干扰序列$\{\xi(n), n=\cdots,-2,-1,0,1,2,\cdots\}$为白噪声序列，相关函数为

$$B_\xi(n)=\sigma_\xi^{\ 2}\delta(n)$$

其中$\delta(n)$为克罗尼克-δ函数.

滤波器传递函数$\Phi(z)$为

$$\Phi(z)=\frac{b_1 z+b_2}{z^2+a_1 z+a_2} \tag{6.2.50}$$

其中，系数a_1, a_2, b_1, b_2均为滤波器参数且为实常数.

这里，我们假定$\{R(n), n=\cdots,-2,-1,0,1,2,\cdots\}$为信号序列并与干扰序列互不相关，要求滤波器输出$C(n)$尽可能精确地复现$R(n)$，而不受$\xi(n)$的干扰. 试计算滤波误差$e(nT_0)=R(nT_0)-C(nT_0)$的方差.

解 由滤波误差的定义可知有

$$e(z)=R(z)-C(z)=[1-\Phi(z)]R(z)+[-\Phi(z)]\xi(z) \tag{6.2.51}$$

由式(6.2.51)可画出如下方块图6.2.9.

考虑到$\{R(n), n=\cdots,-2,-1,0,1,2,\cdots\}$与$\{\xi(n), n=\cdots,-2,-1,0,1,2,\cdots\}$互不相关. 于是由式(6.2.47)可知滤波误差$e(z)$的功率谱密度函数$S_e(z)$为

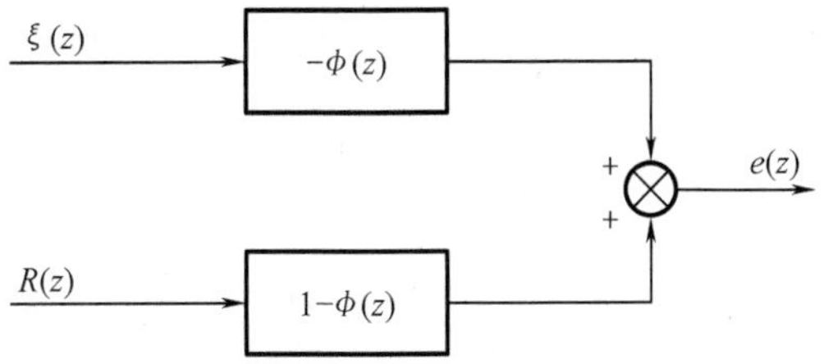

图6.2.9 例6.2.5方框图

$$S_e(z)=[1-\phi(z)][1-\phi(z^{-1})]S_R(z)+\phi(z)\phi(z^{-1})s_\xi(z) \tag{6.2.52}$$

由式(6.2.50)有

$$1-\Phi(z)=\frac{z^2+(a_1-b_1)z+(a_2-b_2)}{z^2+a_1z+a^2} \tag{6.2.53}$$

再由式(6.2.49)并参考例3.2.7的结果,可得

$$S_R(z)=\frac{\sigma_R{}^2(1-d^2)}{(z-d)(z^{-1}-d)} \tag{6.2.54}$$

其中,$d=e^{-\frac{T_0}{T}}<1$. 又因$\{\xi(n),n=\cdots,-2,-1,0,1,2,\cdots\}$为白噪声,所以功率谱密度函数$S_\xi(z)$为

$$S_\xi(z)=\sigma_\xi{}^2 \tag{6.2.55}$$

将式(6.2.53)、式(6.2.54)及式(6.2.55)代入式(6.2.52)可得

$$S_e(z)=\frac{B_3(z)B_3(z^{-1})\sigma_R{}^2(1-d_2)}{A_3(z)A_3(z^{-1})}+\frac{B_2(z)B_2(z^{-1})}{A_2(z)A_2(z^{-1})}\sigma_\xi{}^2 \tag{6.2.56}$$

其中 $A_3(z)=z^3+(a_1-d)z^2+(a_2-a_1d)z-a_2d$;

$B_3(z)=z^2+(a_1-b_1)z+(a_2-b_2)$;

$A_2(z)=z^2+a_1z+a_2$;$B_2(z)=b_1z+b_2$.

把式(6.2.56)代入式(6.2.41),得到

$$\sigma_e{}^2=\sigma_R{}^2(1-d^2)\frac{1}{2\pi j}\oint_{|z|=1}\frac{B_3(z)B_3(z^{-1})\,dz}{A_3(z)\,A_3(z^{-1})z}+\sigma_\xi{}^2\frac{1}{2\pi j}\oint_{|z|=1}\frac{B_2(z)B_2(z^{-1})\,dz}{A_2(z)\,A_2(z^{-1})z} \tag{6.2.57}$$

利用奥斯特姆表可做式(6.2.57)的积分,例如当各系数为$d=0.368$,$\sigma_R{}^2=\sigma_\xi{}^2=1$,$a_1=0.7$,$a_2=0.1$,$b_1=2.7$,$b_2=-0.9$时,有

$$A_3(z)=z^3+0.333\,2z^2+(-0.158)z-0.037$$

$$B_3(z)=z^2-2z+1$$

$$A_2(z)=z^2+0.7z+0.1$$

$$B_2(z)=2.7z-0.9$$

首先做式(6.2.57)的第一个积分,为此有奥斯特姆表,见表6.2.7.

表 6.2.7　奥斯特姆表 1

A 表				α_k	B 表				β_k
1	0.332	−0.158	−0.037	−0.037	0	1	−2	1	1
−0.037	−0.158	0.332	1		−0.037	−0.158	0.332	1	
0.998 6	0.326	−0.146		−0.146	0.037	1.158	−2.332		−2.335
−0.146	0.326	0.998 6			−0.146	0.326	0.998 6		
0.977	0.374			0.383	−0.304	1.919			1.964
0.374	0.977				−0.374	0.977			
0.834					−1.039				

由表 6.2.7 可得式(6.2.56)的第一个积分值为

$$\sigma_R{}^2(1-d^2)\frac{1}{2\pi \mathrm{j}}\oint_{|z|=1}\frac{B_3(z)B_3(z^{-1})\mathrm{d}z}{A_3(z)\,A_3(z^{-1})z}$$

$$=(1-0.368^2)\left(1+\frac{2.332^2}{0.998\,6}+\frac{1.919^2}{0.977}+\frac{1.039^2}{0.834}\right)$$

$$=9.956$$

再求式(6.2.56)的第二个积分,为此可作奥斯特姆表,见表 6.2.8.

表 6.2.8　奥斯特姆表 2

A 表			α_k	B 表			β_k
1	0.7	0.1	0.1	0	2.7	−0.9	−0.9
0.1	0.7	1		0.1	0.7	1	
0.99	0.63		0.636	0.09	3.33		3.364
0.63	0.99			0.63	0.99		
0.589				−2.03			

由表 6.2.8 可求出式(6.2.56)的第二个积分值为

$$\sigma_\xi{}^2\frac{1}{2\pi \mathrm{j}}\oint_{|z|=1}\frac{B_2(z)B_2(z^{-1})\mathrm{d}z}{A_2(z)\,A_2(z^{-1})z}=0.81+11.2+6.99=19$$

把以上两个积分值代入式(6.2.56),可得滤波器输出误差的方差$\sigma_e{}^2$为

$$\sigma_e{}^2=9.956+19=28.956$$

上述结果本身并没有给出误差性能的优劣,它只是表明在某种特定条件下误差方差的数值,但是它从另一方面却给了我们一些启发. 这个结果表明,滤波器跟踪随机信号的方差为 9.956,而滤波器滤掉干扰的方差为 19,这表明外界干扰较为严重,应当设法消除它. 另外,我们也可以重新设计系统参数,使得滤波器输出误差方差最小,这个问题称为最优滤波问题,在第 7 章和第 8 章中将做详细讨论.

6.3 理想带通滤波器在平稳随机输入作用下的稳态分析

在无线电导航、通信系统中,经常遇到窄频带平稳随机过程(简称窄带过程). 本节的内容就是讨论窄带过程的若干性质. 首先引进定义 6.3.1.

定义 6.3.1 设$\{X(t), -\infty<t<+\infty\}$为平稳过程,如果它的功率谱密度函数 $S(\omega)$在频带区间$[\omega_c-\omega_b,\omega_c+\omega_b]$之外为零,而且 $\omega_c \triangleq \omega_b$,则称$\{X(t), -\infty<t<+\infty\}$为窄带平稳随机过程.

窄带过程$\{X(t), -\infty<t<+\infty\}$的一个典型功率谱密度图形如图 6.3.1 所示.

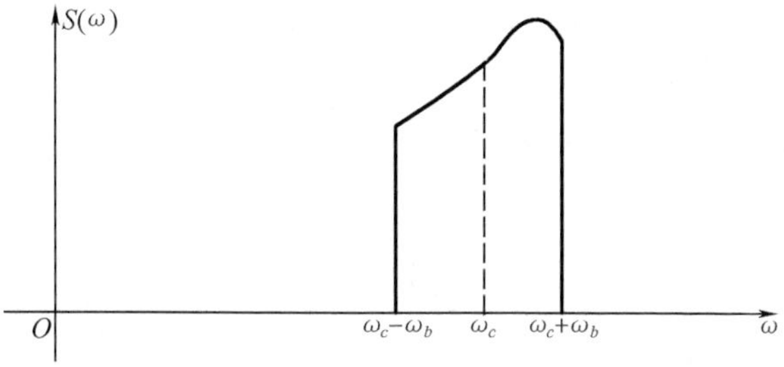

图 6.3.1 窄带过程$\{X(t), -\infty<t<+\infty\}$

定义 6.3.2 理想带通滤波器 一个线性定常系统的频率特性为

$$G(\mathrm{j}\omega)=\begin{cases}1, & \omega_c-\omega_b\leqslant|\omega|\leqslant\omega_c+\omega_b,\omega_c\gg\omega_b\\ 0, & \text{其他}\end{cases}\tag{6.3.1}$$

则称该系统为理想带通滤波器.

为了讨论窄带过程的性质,我们引进引理 6.3.1.

引理 6.3.1 设$\{X(t), -\infty<t<\infty\}$为随机过程,则

$$X(t)=\xi(t)\cos\omega_c t+\eta(t)\sin\omega_c t\tag{6.3.2}$$

其中,$\xi(t)$与$\eta(t)$为平稳且平稳相关的实随机过程,则$X(t)$为平稳随机过程的充要条件是

$$E\xi(t)=E\eta(t)=0\tag{6.3.3}$$

$$B_\xi(\tau)=B\eta(\tau)\tag{6.3.4}$$

及

$$B_{\xi\eta}(\tau)=-B_{\eta\xi}(\tau)\tag{6.3.5}$$

此时$X(t)$的相关函数$B_X(\tau)$为

$$B_X(\tau)=B_\xi(\tau)\cos\omega_c\tau+B_{\eta\xi}(\tau)\sin\omega_c\tau\tag{6.3.6}$$

证明 这里只证充分性,必要性的证明留给读者作为练习.

由式(6.3.3)可知$EX(t)=0$,又因

$$\begin{aligned}&EX(t+\tau)X(t)\\&=E\{[\xi(t+\tau)\cos\omega_c(t+\tau)+\eta(t+\tau)\sin\omega_c(t+\tau)][\xi(t)\cos\omega_c t+\eta(t)\sin\omega_c t]\}\\&=B_\xi(\tau)\cos\omega_c(t+\tau)\cos\omega_c t+B_\eta(\tau)\sin\omega_c(t+\tau)\sin\omega_c t+\\&\quad B_{\xi\eta}(\tau)\cos\omega_c(t+\tau)\sin\omega_c t+B_{\eta\xi}(\tau)\sin\omega_c(t+\tau)\cos\omega_c t\end{aligned}$$

于是由式(6.3.4)及式(6.3.5)可得

$$EX(t+\tau)X(t)=B_{\xi}(\tau)\cos\omega_c\tau+B_{\eta\xi}(\tau)\sin\omega_c\tau \triangleq B_X(\tau)$$

由定义 4.2.1 可知该过程 $\{X(t),-\infty<t<+\infty\}$ 为平稳随机过程，且相关函数 $B_X(\tau)$ 由式(6.3.6)表示.

引理证毕.

对于引理 6.3.1 所表示的平稳随机过程 $\{X(t),-\infty<t<+\infty\}$，如果过程 $\{\xi(t),-\infty<t<+\infty\}$，与 $\{\eta(t),-\infty<t<+\infty\}$ 互不相关，即 $B_{\xi\eta}(\tau)=0$，则由式(6.3.6)可知其相关函数 $B_X(\tau)$ 为

$$B_X(\tau)=B_{\xi}(\tau)\cos\omega_c\tau \tag{6.3.7}$$

此时，功率谱密度函数 $S_X(\omega)$ 为

$$\begin{aligned}S_X(\omega)&=\int_{-\infty}^{+\infty}B_{\xi}(\tau)\cos\omega_c\tau\,\mathrm{e}^{-\mathrm{j}\omega\tau}\mathrm{d}\tau\\&=\frac{1}{2}S_{\xi}(\omega-\omega_c)+\frac{1}{2}S_{\xi}(\omega+\omega_c)\end{aligned} \tag{6.3.8}$$

功率谱密度函数 $S_X(\omega)$ 的一个典型图形如图 6.3.2 所示.

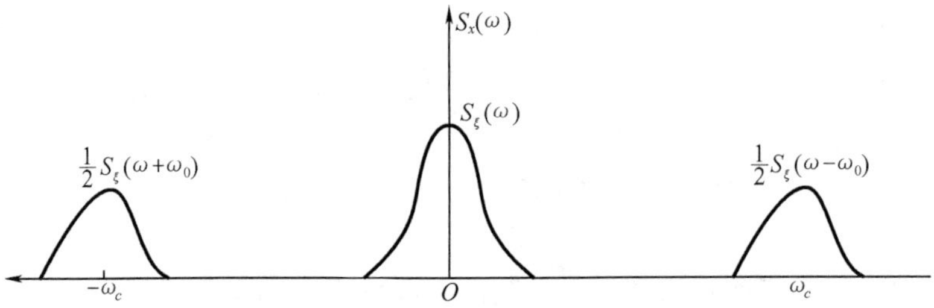

图 6.3.2　由式(6.3.8)表示的典型的功率谱密度函数 $S_X(\omega)$

如果 $\xi(t)$ 与 $\eta(t)$ 相关，即当 $B_{\xi\eta}(\tau)\neq 0$ 时，由式(6.3.6)可求出功率谱密度函数 $S_X(\omega)$ 为

$$\begin{aligned}S_X(\omega)&=\int_{-\infty}^{+\infty}[B_{\xi}(\tau)\cos\omega_c\tau+B_{\eta\xi}(\tau)\sin\omega_c\tau]\mathrm{e}^{-\mathrm{j}\omega\tau}\mathrm{d}\tau\\&=\frac{1}{2}S_{\xi}(\omega-\omega_c)+\frac{1}{2}S_{\xi}(\omega+\omega_c)+\frac{1}{2}\mathrm{j}[S_{\eta\xi}(\omega+\omega_c)-S_{\eta\xi}(\omega-\omega_c)]\\&\triangleq S_{X1}(\omega)+S_{X2}(\omega)\end{aligned} \tag{6.3.9}$$

其中，$S_{X1}(\omega)=\frac{1}{2}[S_{\xi}(\omega+\omega_c)+S_{\xi}(\omega-\omega_c)]$；$S_{X2}(\omega)=\frac{1}{2}\mathrm{j}[S_{\eta\xi}(\omega+\omega_c)-S_{\eta\xi}(\omega-\omega_c)]$. 可以证明 $S_{X1}(\omega)$ 及 $S_{X2}(\omega)$ 均为 ω 的偶函数.

对于在引理 6.3.1 所介绍的平稳随机过程 $\{X(t),-\infty<t<+\infty\}$ 还可做如下表示：

$$X(t)=\xi(t)\cos\omega_c t+\eta(t)\sin\omega_c t=A(t)\cos[\omega_c t-\phi(t)] \tag{6.3.10}$$

其中

$$A(t)=\sqrt{\xi^2(t)+\eta^2(t)} \tag{6.3.11}$$

$$\phi(t)=\tan^{-1}\frac{\eta(t)}{\xi(t)} \tag{6.3.12}$$

分别称 $A(t)$ 和 $\phi(t)$ 为平稳随机过程 $X(t)$ 的包络与相位. 如果 $\{X(t),-\infty<t<+\infty\}$ 为正态平稳过程时，可以证明 $A(t)$ 的概率密度函数 $f_A(a,t)$ 为

$$f_A(a,t)=\frac{a}{B_X(0)}\mathrm{e}^{-\frac{a^2}{2B_X(0)}}$$

$\phi(t)$的概率密度函数$f_\phi(\phi,t)$为

$$f_\phi(\phi,t)=\begin{cases}\frac{1}{2\pi}, & -\pi\leqslant\phi\leqslant\pi\\ 0, & \text{其他}\end{cases}$$

而且对任意t,$A(t)$与$\phi(t)$是相互独立的.

下面讨论平稳过程通过理想带通滤波器的情况.

设$\{X(t),-\infty<t<+\infty\}$为零均值平稳随机过程,由谱分解定理3.2.4可知

$$\begin{aligned}X(t)&=\int_{-\infty}^{+\infty}\mathrm{e}^{\mathrm{j}\omega t}\mathrm{d}\zeta(\mathrm{j}\omega)\\&=\int_{-\infty}^{+\infty}(\cos\omega t+\mathrm{j}\sin\omega t)[\mathrm{Re}\,\mathrm{d}\zeta(\mathrm{j}\omega)-\mathrm{j}\mathrm{Im}\,\mathrm{d}\zeta(\mathrm{j}\omega)]\\&=\int_{-\infty}^{+\infty}[\mathrm{Re}\,\mathrm{d}\zeta(\mathrm{j}\omega)\cos\omega t+\mathrm{Im}\,\mathrm{d}\zeta(\mathrm{j}\omega)\sin\omega t]+\\&\quad\mathrm{j}\int_{-\infty}^{+\infty}[\mathrm{Re}\,\mathrm{d}\zeta(\mathrm{j}\omega)\sin\omega t-\mathrm{Im}\,\mathrm{d}\zeta(\mathrm{j}\omega)\cos\omega t]\end{aligned}$$

由定理3.2.4不难推出$\mathrm{Re}\,\mathrm{d}\zeta(\mathrm{j}\omega)$是$\omega$的偶函数,$\mathrm{Im}\,\mathrm{d}\zeta(\mathrm{j}\omega)$是$\omega$的奇函数,这样一来,$X(t)$可表示为

$$\begin{aligned}X(t)&=\int_0^{\infty}[\mathrm{Re}\,\mathrm{d}\zeta(\mathrm{j}\omega)\cos\omega t+\mathrm{Im}\,\mathrm{d}\zeta(\mathrm{j}\omega)\sin\omega t]\\&\quad\int_0^{\infty}[\mathrm{Re}\,\mathrm{d}\zeta(-\mathrm{j}\omega)\cos(-\omega t)+\mathrm{Im}\,\mathrm{d}\zeta(-\mathrm{j}\omega)\sin(-\omega t)]\\&=\int_0^{\infty}[2\mathrm{Re}\,\mathrm{d}\zeta(\mathrm{j}\omega)\cos\omega t+2\mathrm{Im}\,\mathrm{d}\zeta(\mathrm{j}\omega)\sin\omega t]\end{aligned}\tag{6.3.13}$$

当由式(6.3.13)所表示的平稳过程$X(t)$作用于理想带通滤波器后,其输出$Y(t)$显然应为

$$Y(t)=\int_{\omega_c-\omega_b}^{\omega_c+\omega_b}[2\mathrm{Re}\,\mathrm{d}\zeta(\mathrm{j}\omega)\cos\omega t+2\mathrm{Im}\,\mathrm{d}\zeta(\mathrm{j}\omega)\sin\omega t]\tag{6.3.14}$$

进一步还可把$Y(t)$表示为

$$\begin{aligned}Y(t)&=\int_{\omega_c-\omega_b}^{\omega_c+\omega_b}[2\mathrm{Re}\,\mathrm{d}\zeta(\mathrm{j}\omega)\cos(\omega t-\omega_c t+\omega_c t)+2\mathrm{Im}\,\mathrm{d}\zeta(\mathrm{j}\omega)\sin(\omega t-\omega_c t+\omega_c t)]\\&=\int_{\omega_c-\omega_b}^{\omega_c+\omega_b}[2\mathrm{Re}\,\mathrm{d}\zeta(\mathrm{j}\omega)\cos(\omega-\omega_c)t\cos\omega_c t+2\mathrm{Im}\,\mathrm{d}\zeta(\mathrm{j}\omega)\sin(\omega-\omega_c)t\cos\omega_c t]+\\&\quad\int_{\omega_c-\omega_b}^{\omega_c+\omega_b}[-2\mathrm{Re}\,\mathrm{d}\zeta(\mathrm{j}\omega)\sin(\omega-\omega_c)t\sin\omega_c t+2\mathrm{Im}\,\mathrm{d}\zeta(\mathrm{j}\omega)\cos(\omega-\omega_c)t\\&\quad\sin\omega_c t]\triangleq\xi_1(t)\cos\omega_c t+\eta_1(t)\sin\omega_c t\end{aligned}\tag{6.3.15}$$

其中 $$\xi_1(t)=2\int_{\omega_c-\omega_b}^{\omega_c+\omega_b}[\mathrm{Re}\,\mathrm{d}\zeta(\mathrm{j}\omega)\cos(\omega-\omega_c)t+\mathrm{Im}\,\mathrm{d}\zeta(\mathrm{j}\omega)\sin(\omega-\omega_c)t]\tag{6.3.16}$$

$$\eta_1(t)=2\int_{\omega_c-\omega_b}^{\omega_c+\omega_b}[-\mathrm{Re}\,\mathrm{d}\zeta(\mathrm{j}\omega)\sin(\omega-\omega_c)t+\mathrm{Im}\,\mathrm{d}\zeta(\mathrm{j}\omega)\cos(\omega-\omega_c)t]\tag{6.3.17}$$

由式(6.3.16)和式(6.3.17)可知,$\xi_1(t)$与$\eta_1(t)$都是由低频随机振荡信号所组成的.

现在我们来证明$\{Y(t),-\infty<t<+\infty\}$为平稳随机过程. 首先由定理3.2.4可知

$$E\mathrm{Re}\,\mathrm{d}\zeta(\mathrm{j}\omega)=E\mathrm{Im}\,\mathrm{d}\zeta(\mathrm{j}\omega)=0$$

于是有 $$E\xi_1(t)=E\eta_1(t)=0\tag{6.3.18}$$

及 $$EY(t)=0$$

另外由定理3.2.4及 $\xi_1(t)$，$\eta_1(t)$ 的表达式还可求出

$$\begin{aligned}&E\xi_1(t+\tau)\xi_1(t)\\&=E\Big[\int_{\omega_c-\omega_b}^{\omega_c+\omega_b}2\mathrm{Re}\ \mathrm{d}\zeta(\mathrm{j}\omega)\cos(\omega-\omega_c)(t+\tau)+2\mathrm{Im}\ \mathrm{d}\zeta(\mathrm{j}\omega)\sin(\omega-\omega_c)(t+\tau)\Big]\cdot\\&\quad\Big[\int_{\omega_c-\omega_b}^{\omega_c+\omega_b}2\mathrm{Re}\ \mathrm{d}\zeta(\mathrm{j}\lambda)\cos(\lambda-\omega_c)t+2\mathrm{Im}\ \mathrm{d}\zeta(\mathrm{j}\lambda)\sin(\lambda-\omega_c)t\Big]\end{aligned}\tag{6.3.19}$$

由于我们所考察的随机过程 $\{X(t),-\infty<t<+\infty\}$ 是个实值过程，所以必有

$$\left.\begin{aligned}&E\mathrm{Re}\ \mathrm{d}\zeta(\mathrm{j}\omega)\mathrm{Re}\ \mathrm{d}\zeta(\mathrm{j}\lambda)=\frac{1}{4\pi}S_X(\omega)\delta(\omega-\lambda)\mathrm{d}\omega\\&E\mathrm{Im}\ \mathrm{d}\zeta(\mathrm{j}\omega)\mathrm{Im}\ \mathrm{d}\zeta(\mathrm{j}\lambda)=\frac{1}{4\pi}S_X(\omega)\delta(\omega-\lambda)\mathrm{d}\omega\\&E\mathrm{Re}\ \mathrm{d}\zeta(\mathrm{j}\omega)\mathrm{Im}\ \mathrm{d}\zeta(\mathrm{j}\lambda)=0\\&E\mathrm{Re}\ \mathrm{d}\zeta(\mathrm{j}\lambda)\mathrm{Im}\ \mathrm{d}\zeta(\mathrm{j}\omega)=0\end{aligned}\right\}\tag{6.3.20}$$

其中，$\delta(\omega-\lambda)$ 为克罗尼克 $-\delta$ 函数；$S_X(\omega)$ 为 $X(t)$ 的功率谱密度函数.

将以上各式代入式(6.3.19)则得

$$E\xi_1(t+\tau)\xi_1(t)=\frac{1}{\pi}\int_{\omega_c-\omega_b}^{\omega_c+\omega_b}S_X(\omega)\cos(\omega-\omega_c)\tau\mathrm{d}\omega\triangleq B_{\xi1}(\tau)\tag{6.3.21}$$

同理可推得 $\eta_1(t)$ 的自相关函数为

$$E\eta_1(t+\tau)\eta_1(t)=\frac{1}{\pi}\int_{\omega_c-\omega_b}^{\omega_c+\omega_b}S_X(\omega)\cos(\omega-\omega_c)\tau\mathrm{d}\omega\triangleq B_{\eta1}(\tau)\tag{6.3.22}$$

比较式(6.3.21)及式(6.3.22)有

$$B_{\xi1}(\tau)=B_{\eta1}(\tau)\tag{6.3.23}$$

最后，还可计算出 $\xi_1(t)$ 与 $\eta_1(t)$ 的互相关函数为

$$\begin{aligned}E[\xi_1(t+\tau)\eta_1(t)]&=E\int_{\omega_c-\omega_b}^{\omega_c+\omega_b}[2\mathrm{Re}\ \mathrm{d}\zeta(\mathrm{j}\omega)\cos(\omega-\omega_c)(t+\tau)+\\&\quad 2\mathrm{Im}\ \mathrm{d}\zeta(\mathrm{j}\omega)\sin(\omega-\omega_c)(t+\tau)]\cdot\\&\quad\int_{\omega_c-\omega_b}^{\omega_c+\omega_b}[-2\mathrm{Re}\ \mathrm{d}\zeta(\mathrm{j}\lambda)\sin(\lambda-\omega_c)t+2\mathrm{Im}\ \mathrm{d}\zeta(\mathrm{j}\lambda)\cos(\lambda-\omega_c)t]\\&=\int_{\omega_c-\omega_b}^{\omega_c+\omega_b}\Big\{\Big[-\frac{1}{\pi}S_X(\omega)\cos(\omega-\omega_c)(t+\tau)\sin(\omega-\omega_c)t\Big]+\\&\quad\Big[\frac{1}{\pi}S_X(\omega)\sin(\omega-\omega_c)(t+\tau)\cos(\omega-\omega_c)t\Big]\Big\}\\&=\int_{\omega_c-\omega_b}^{\omega_c+\omega_b}\frac{1}{\pi}S_X(\omega)\sin(\omega-\omega_c)\tau\mathrm{d}\omega\triangleq B_{\xi_1\eta_1}(\tau)\end{aligned}\tag{6.3.24}$$

以及 $\eta_1(t)$ 与 $\xi_1(t)$ 的互相关函数为

$$\begin{aligned}E[\eta_1(t+\tau)\xi_1(t)]&=\mathrm{e}\int_{\omega_c-\omega_b}^{\omega_c+\omega_b}[-2\mathrm{Re}\ \mathrm{d}\zeta(\mathrm{j}\omega)\sin(\omega-\omega_c)(t+\tau)+\\&\quad 2\mathrm{Im}\ \mathrm{d}\zeta(\mathrm{j}\omega)\cos(\omega-\omega_c)(t+\tau)]\cdot\\&\quad\int_{\omega_c-\omega_b}^{\omega_c+\omega_b}2\mathrm{Re}\ \mathrm{d}\zeta(\mathrm{j}\lambda)\cos(\lambda-\omega_c)t+2\mathrm{Im}\ \mathrm{d}\zeta(\mathrm{j}\lambda)\sin(\lambda-\omega_c)t\\&=\int_{\omega_c-\omega_b}^{\omega_c+\omega_b}-\frac{1}{\pi}S_X(\omega)\mathrm{d}\omega[\sin(\omega-\omega_c)(t+\tau)\cos(\omega-\omega_c)t-\end{aligned}$$

$$\cos(\omega-\omega_c)(t+\tau)\sin(\omega-\omega_c)t]$$

$$=-\int_{\omega_c-\omega_b}^{\omega_c+\omega_b}\frac{1}{\pi}S_X(\omega)\sin(\omega-\omega_c)\tau\mathrm{d}\omega \triangleq B_{\eta^1\xi_1}(\tau) \tag{6.3.25}$$

比较式(6.3.24)及式(6.3.25)可知

$$B_{\xi_1\eta_1}(\tau)=-B_{\eta_1\xi_1}(\tau) \tag{6.3.26}$$

现将推导所得的式(6.3.15)、式(6.3.18)、式(6.3.23)及式(6.3.26)分别同引理6.3.1中的式(6.3.2)、式(6.3.3)、式(6.3.4)及式(6.3.5)相比较可知,$\{Y(t),-\infty<t<+\infty\}$为平稳随机过程.

总结上述结果可得定理6.3.1.

定理6.3.1　设$\{X(t),-\infty<t<+\infty\}$为平稳随机过程,当把它作用于由式(6.3.1)所表示的理想带通滤波器时,其输出过程仍为平稳随机过程,而且$Y(t)$可表示为

$$Y(t)=\xi_1(t)\cos\omega_c t+\eta_1(t)\sin\omega_c t \tag{6.3.27}$$

其中
$$\xi_1(t)=2\int_{\omega_c-\omega_b}^{\omega_c+\omega_b}[\mathrm{Re}\,\mathrm{d}\zeta_X(\mathrm{j}\omega)\cos(\omega-\omega_c)t+\mathrm{Im}\,\mathrm{d}\zeta_X(\mathrm{j}\omega)\sin(\omega-\omega_c)t] \tag{6.3.28}$$

$$\eta_1(t)=2\int_{\omega_c-\omega_b}^{\omega_c+\omega_b}[-\mathrm{Re}\,\mathrm{d}\zeta_X(\mathrm{j}\omega)\sin(\omega-\omega_c)t+\mathrm{Im}\,\mathrm{d}\zeta_X(\mathrm{j}\omega)\cos(\omega-\omega_c)t] \tag{6.3.29}$$

$\mathrm{d}\zeta_X(\mathrm{j}\omega)$为平稳过程$X(t)$的谱分解,$Y(t)$的相关函数为

$$B_Y(\tau)=B_{\xi_1}(\tau)\cos\omega_c\tau+B_{\eta_1\xi_1}(\tau)\sin\omega_c t \tag{6.3.30}$$

其中
$$B_{\xi_1}(\tau)=\frac{1}{\pi}\int_{\omega_c-\omega_b}^{\omega_c+\omega_b}S_X(\omega)\cos(\omega-\omega_c)\tau\mathrm{d}\omega \tag{6.3.31}$$

$$B_{\eta_1\xi_1}(\tau)=\frac{-1}{\pi}\int_{\omega_c-\omega_b}^{\omega_c+\omega_b}S_X(\omega)\sin(\omega-\omega_c)\tau\mathrm{d}\omega \tag{6.3.32}$$

$S_X(\omega)$为平稳过程$X(t)$的功率谱密度函数.

下面进一步讨论输出过程$Y(t)$的相关函数$B_Y(\tau)$及功率谱密度函数$S_Y(\omega)$.

由定理6.3.1中的式(6.3.27)、式(6.3.21)及式(6.3.25)可知,$B_Y(\tau)$还可表示为

$$\begin{aligned}B_Y(\tau)&=B_{\xi_1}(\tau)\cos\omega_c\tau+B_{\eta_1\xi_1}(\tau)\sin\omega_c\tau\\&=\frac{1}{\pi}\int_{\omega_c-\omega_b}^{\omega_c+\omega_b}S_X(\omega)[\cos(\omega-\omega_c)\tau\cos\omega_c\tau-\sin(\omega-\omega_c)\tau\sin\omega_c t]\mathrm{d}\omega\\&=\frac{1}{\pi}\int_{\omega_c-\omega_b}^{\omega_c+\omega_b}S_X(\omega)\cos\omega\tau\,\mathrm{d}\omega\end{aligned} \tag{6.3.33}$$

输出过程$Y(t)$的功率谱密度函数$S_Y(\omega)$为

$$\begin{aligned}S_Y(\omega)&=\int_{-\infty}^{+\infty}B_Y(\tau)\mathrm{e}^{-\mathrm{j}\omega\tau}\mathrm{d}\tau=\frac{1}{\pi}\int_{-\infty}^{+\infty}\int_{\omega_c-\omega_b}^{\omega_c+\omega_b}S_x(\lambda)\cos\lambda\tau\,\mathrm{d}\lambda\,\mathrm{e}^{-\mathrm{j}\omega\tau}\mathrm{d}\tau\\&=\int_{\omega_c-\omega_b}^{\omega_c+\omega_b}S_X(\lambda)\delta(\lambda-\omega)\mathrm{d}\lambda+\int_{\omega_c-\omega_b}^{\omega_c+\omega_b}S_X(\lambda)\delta(\lambda+\omega)\mathrm{d}\lambda\\&=\begin{cases}S_X(\omega),\ |\omega|\in[\omega_c-\omega_b,\omega_c+\omega_b]\\0\ ,\ |\omega|[\omega_c-\omega_b,\omega_c+\omega_b]\end{cases}\end{aligned} \tag{6.3.34}$$

如果把输入过程$X(t)$的功率谱密度函数$S_X(\omega)$与输出过程$Y(t)$的功率谱密度函数$S_Y(\omega)$同时表示在一个图形上,就可以更清楚地看出两者的关系(图6.3.3).

利用上面的结果,我们可以把任意平稳随机过程$X(t)$表示为

$$X(t)=\xi(t)\cos\omega_c\tau+\eta(t)\sin\omega_c t \tag{6.3.35}$$

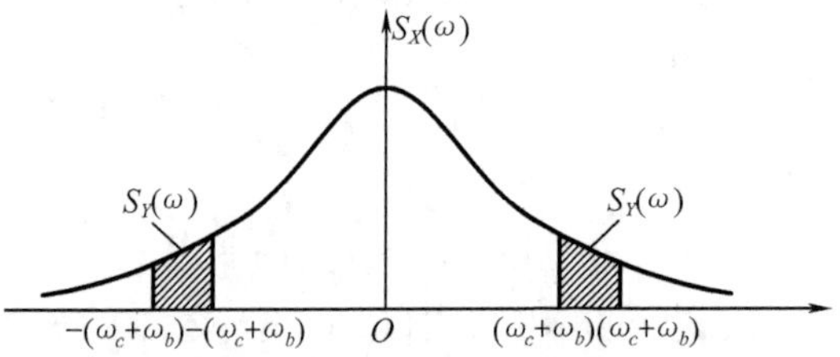

图 6.3.3 理想带通滤波器的输入功率谱 $S_X(\omega)$ 与输出功率谱 $S_Y(\omega)$ 的图形表示

其中,ω_c为常数,而

$$\xi(t)=\int_0^{\infty}2\mathrm{Re}\ \mathrm{d}\zeta_X(\mathrm{j}\omega)\cos(\omega-\omega_c)t+2\mathrm{Im}\ \mathrm{d}\zeta_X(\mathrm{j}\omega)\sin(\omega-\omega_c)t \tag{6.3.36}$$

$$\eta(t)=\int_0^{\infty}-2\mathrm{Re}\ \mathrm{d}\zeta_X(\mathrm{j}\omega)\sin(\omega-\omega_c)t+2\mathrm{Im}\ \mathrm{d}\zeta_X(\mathrm{j}\omega)\cos(\omega-\omega_c)t \tag{6.3.37}$$

$\{\zeta_X(\mathrm{j}\omega),0<\omega<\infty\}$为满足定理 3.2.4 的正交增量过程,进一步还可求出$\xi(t)$与$\eta(t)$的均值及相关函数分别为

$$E\xi(t)=E\eta(t)=0 \tag{6.3.38}$$

$$B_\xi(\tau)=B_\eta(\tau)=\frac{1}{\pi}\int_0^{\infty}S_X(\omega)\cos(\omega-\omega_c)\tau\mathrm{d}\omega \tag{6.3.39}$$

$$B_{\xi\eta}(\tau)=-B_{\eta\xi}(\tau)=\frac{1}{\pi}\int_0^{\infty}S_X(\omega)\sin(\omega-\omega_c)\tau\mathrm{d}\omega \tag{6.3.40}$$

$$B_X(\tau)=B_\xi(\tau)\cos\omega_c\tau+B_{\eta\xi}(\tau)\sin\omega_c\tau=\frac{1}{\pi}\int_0^{\infty}S_X(\omega)\cos\omega\tau\ \mathrm{d}\omega \tag{6.3.41}$$

由此可见,$\xi(t)$与$\eta(t)$都是平稳随机过程. 为了深入讨论$\xi(t)$与$\eta(t)$之间的关系,我们引进正交滤波器及希尔伯变换等概念.

定义 6.3.3 正交滤波器 如果一个线性系统的传递函数$H(\mathrm{j}\omega)$为

$$H(\mathrm{j}\omega)=\begin{cases}-\mathrm{j},\omega>0\\ \mathrm{j},\omega<0\end{cases} \tag{6.3.42}$$

则称该系统为正交滤波器.

正交滤波器的幅频特性恒为 1,即$|H(\mathrm{j}\omega)|=1$. 而相频特性$\arg H(\mathrm{j}\omega)$为

$$\arg H(\mathrm{j}\omega)=\begin{cases}-\dfrac{\pi}{2},\omega>0\\ \dfrac{\pi}{2},\omega<0\end{cases}$$

例如,若正交滤波器的输入信号为$X(t)=\sin\omega t,\omega>0$,则输出信号为$Y(t)=\sin(\omega t-\frac{\pi}{2})=-\cos\omega t$;若输入信号为$X(t)=\cos\omega t,\omega>0$,则输出信号为$Y(t)=\sin\omega t$. 不难计算正交滤波器的脉冲响应函数$k(t)$为

$$k(t)=\frac{1}{2\pi}\int_{-\infty}^{+\infty}H(\mathrm{j}\omega)\mathrm{e}^{\mathrm{j}\omega t}\mathrm{d}\omega=\frac{1}{\pi t} \tag{6.3.43}$$

于是可以把输出信号$Y(t)$表示成输入$X(t)$与脉冲响应函数$k(t)$的卷积,即

$$Y(t) = k(t) * X(t) = \frac{1}{\pi}\int_{-\infty}^{+\infty} X(t-\tau)\frac{1}{\tau}\mathrm{d}\tau$$
$$= \frac{1}{\pi}\int_{-\infty}^{+\infty}\frac{X(\tau)}{t-\tau}\mathrm{d}\tau$$

通常称 $Y(t)$ 为 $X(t)$ 的希尔伯变换，记作

$$Y(t) = H[X(t)]$$

同样，将 $Y(t)$ 经希尔伯逆变换可得 $X(t)$，即

$$X(t) = -\frac{1}{\pi}\int_{-\infty}^{+\infty}\frac{Y(\tau)}{t-\tau}\mathrm{d}\tau$$

并记作
$$X(t) = H^{-1}[Y(t)]$$

正交滤波器的输入 $X(t)$ 和输出 $Y(t)$ 是互为正交的，即

$$\lim_{T\to\infty}\frac{2}{T}\int_{-T}^{T} X(t)Y(t)\mathrm{d}t = 0 \qquad (6.3.44)$$

现在考察式(6.3.31)所表示的 $\xi(t)$ 与式(6.3.32)所表示的 $\eta(t)$ 之间的关系. 显然可见

$$\xi(t) = H[\eta(t)], \omega > \omega_c$$
$$\eta(t) = H[\xi(t)], \omega < \omega_c$$

因此可以说 $\xi(t)$ 与 $\eta(t)$ 是互为正交滤波器的输入与输出，也可以说两者互为正交.

例 6.3.1 设随机过程为

$$X(t) = \cos(\omega_0 t + \phi)$$

其中，ϕ 为随机变量.

$\{X(t), -\infty < t < +\infty\}$ 为平稳随机过程的充要条件是 $\Phi(1) = 0, \Phi(2) = 0$，其中，$\Phi(\lambda)$ 为 ϕ 的特征函数.

证明 由 $X(t) = \cos\omega_0 t\cos\phi - \sin\omega_0 t\sin\phi$ 可知，当且仅当 $E\cos\phi = E\sin\phi = 0$ 时才有$EX(t) =$ 常数(0)，然而 ϕ 的特征函数为

$$\Phi(\lambda) = Ee^{\mathrm{j}\lambda\varphi} = E\cos\lambda\phi + \mathrm{j}E\sin\lambda\phi$$

所以还可以计算出

$$EX(t+\tau)X(t) = E\cos[\omega_0(t+\tau)+\phi]\cos(\omega_0 t+\phi)$$
$$= \frac{1}{2}[E\cos(2\omega_0 t+\omega\tau+2\phi) + E\cos\omega_0\tau]$$
$$= \frac{1}{2}\cos\omega_0\tau + \frac{1}{2}[\cos(2\omega_0 t+\omega\tau)E\cos 2\phi - \sin(2\omega_0 t+\omega\tau)E\sin 2\phi]$$

当且仅当 $E\cos 2\phi = E\sin 2\phi = 0$ 时，才有

$$EX(t+\tau)X(t) = \frac{1}{2}\cos\omega_0\tau$$

由特征函数的定义可知这等价于 $\Phi(2) = 0$. 此时 $X(t)$ 的功率谱密度函数 $S_X(\omega)$ 为

$$S_X(\omega) = \frac{1}{2}\int_{-\infty}^{+\infty}\cos\omega_0\tau e^{-\mathrm{j}\omega\tau}\mathrm{d}\tau = \frac{\pi}{2}\delta(\omega-\omega_0) + \frac{\pi}{2}\delta(\omega+\omega_0)$$

6.4 线性系统在非平稳随机输入作用下的稳态分析

在前面几节,已经讨论了线性系统在平稳随机作用下的稳态性能. 在本节,我们将讨论线性系统在非平稳随机输入作用下的稳态性能.

设$\{X(t),t\in T\}$为非平稳的二阶矩过程,由定义 2.1.5 可知$\Gamma_X(t_1,t_2)=EX(t_1)X(t_2)$为该过程的自相关函数,并且$\Gamma_X(t_1,t_2)$具有定理2.1.1中的四条性质. 因为$\Gamma_X(t_1,t_2)$是二元函数,所以为把变换的方法用于非平稳过程的分析,需要引进二重傅里叶变换的一些结果.

定义 6.4.1 二重傅里叶变换 设$\Gamma_X(t_1,t_2)$为非平稳过程$\{X(t),t\in T\}$的自相关函数,如果

$$\int_{-\infty}^{+\infty}\int_{-\infty}^{+\infty}|\Gamma_X(t_1,t_2)|\mathrm{d}t_1\mathrm{d}t_2<\infty \tag{6.4.1}$$

则$\Gamma_X(t_1,t_2)$存在二重傅里叶变换,即有

$$S_X(\omega_1,\omega_2)=\int_{-\infty}^{+\infty}\int_{-\infty}^{+\infty}\Gamma_X(t_1,t_2)\,\mathrm{e}^{-\mathrm{j}(\omega_1t_1-\omega_2t_2)}\mathrm{d}t_1,t_2 \tag{6.4.2}$$

及

$$\Gamma_X(t_1,t_2)=\left(\frac{1}{2\pi}\right)^2\int_{-\infty}^{+\infty}\int_{-\infty}^{+\infty}S_X(\omega_1,\omega_2)\,\mathrm{e}^{\mathrm{j}(\omega_1t_1-\omega_2t_2)}\mathrm{d}\omega_1\mathrm{d}\omega_2 \tag{6.4.3}$$

将式(6.4.2)和式(6.4.2)用符号表示时,记作

$$S_X(\omega_1,\omega_2)=\mathscr{F}\{\Gamma_X(t_1,t_2)\},\Gamma_X(t_1,t_2)=\mathscr{F}^{1}\{S_X(\omega_1,\omega_2)\}$$

与大家熟悉的一重傅里叶变换一样,二重傅里叶变换也有类似的性质.

定理 6.4.1 二重傅里叶变换有如下性质:

(1)线性性质,即设$\mathscr{F}\{\Gamma(t_1,t_2)\}=S(\omega_1,\omega_2)$,则

$$\mathscr{F}\{a\Gamma_X(t_1,t_2)+b\Gamma_Y(t_1,t_2)\}=aS_X(\omega_1,\omega_2)+bS_Y(\omega_1,\omega_2) \tag{6.4.4}$$

其中,a,b为任意实常数.

(2)相似性质,即

$$\mathscr{F}\{\Gamma(at_1,bt_2)\}=\frac{1}{ab}S\left(\frac{\omega_1}{a},\frac{\omega_2}{b}\right),a>0,b>0 \tag{6.4.5}$$

(3)实位移性质,即

$$\mathscr{F}\{\Gamma(t_1+a,t_2+b)\}=\mathrm{e}^{\mathrm{j}(\omega_1a-\omega_2b)}S(\omega_1,\omega_2) \tag{6.4.6}$$

其中,a,b为任意实常数.

(4)微分性质,即

$$\mathscr{F}\left\{\frac{\partial^2\Gamma(t_1,t_2)}{\partial t_1\partial t_2}\right\}=(\mathrm{j}\omega_1)(-\mathrm{j}\omega_2)S(\omega_1,\omega_2) \tag{6.4.7}$$

(5)复位移性质,即

$$\mathscr{F}\{\mathrm{e}^{\mathrm{j}(at_1+bt_2)}\Gamma(t_1,t_2)\}=S(\omega_1-a,\omega_2+b) \tag{6.4.8}$$

其中,a,b为任意实常数.

(6)卷积的二重变换,设$\mathscr{F}\{h_1(t)\}=H_1(\mathrm{j}\omega)$,$\mathscr{F}\{h_2(t)\}=H_2(\mathrm{j}\omega)$,则

$$\mathscr{F}\{\Gamma(t_1,t_2)*h_1(t)*h_2(t)\}=S(\omega_1,\omega_2)H_1(\mathrm{j}\omega_1)H_2(-\mathrm{j}\omega_2) \tag{6.4.9}$$

证明 前五个性质的证明可仿照一重傅里叶变换的性质来证明,现证性质(6).

$$\begin{aligned}
&\mathscr{F}\{\Gamma(t_1,t_2)*h_1(t)*h_2(t)\}\\
&=\mathscr{F}\left\{\int_{-\infty}^{+\infty}\int_{-\infty}^{+\infty}\Gamma(t_1-\tau,t_2-\lambda)\,h_1(\tau)\,h_2(\lambda)\,\mathrm{d}\tau\mathrm{d}\lambda\right\}\\
&=\int_{-\infty}^{+\infty}\int_{-\infty}^{+\infty}\int_{-\infty}^{+\infty}\int_{-\infty}^{+\infty}\Gamma(t_1-\tau,t_2-\lambda)h_1(\tau)h_2(\lambda)\,\mathrm{e}^{-\mathrm{j}(\omega_1t_1-\omega_2t_2)}\mathrm{d}\tau\mathrm{d}\lambda\mathrm{d}t_1\mathrm{d}t_2\\
&=\int_{-\infty}^{+\infty}\int_{-\infty}^{+\infty}\Gamma(t_1-\tau,t_2-\lambda)\,\mathrm{e}^{-\mathrm{j}(\omega_1(t_1-\tau)-\omega_2(t_2-\lambda))}\mathrm{d}t_1\mathrm{d}t_2\cdot\\
&\quad\int_{-\infty}^{+\infty}h_1(\tau)\,\mathrm{e}^{-\mathrm{j}\omega_1\tau}\mathrm{d}\tau\cdot\int_{-\infty}^{+\infty}h_2(\lambda)\,\mathrm{e}^{\mathrm{j}\omega_2\lambda}\mathrm{d}\lambda\\
&=S(\omega_1,\omega_2)H_1(\mathrm{j}\omega_1)H_2(-\mathrm{j}\omega_2)
\end{aligned}$$

定理证毕.

非平稳过程的相关函数 $\Gamma(t_1,t_2)$ 的物理意义与平稳过程相关函数一样,所不同的只是它是二元函数,即为平面 (t_1,t_2) 上的点的函数. 因此,$\Gamma(t_1,t_2)$ 的二重傅里叶变换 $S(\omega_1,\omega_2)$ 仍具有功率谱的含义,所不同的也只是二元函数,即为平面 (ω_1,ω_2) 上点的函数,有时称 $S(\omega_1,\omega_2)$ 为面功率谱密度函数.

功率谱密度函数 $S(\omega_1,\omega_2)$ 具有如下性质:

(1) $S(\omega_1,\omega_2)$ 关于 $\omega_1=\omega_2$ 共轭对称,即

$$S(\omega_1,\omega_2)=S^*(\omega_2,\omega_1) \tag{6.4.10}$$

事实上,由式(6.4.2)可知

$$\begin{aligned}
S^*(\omega_1,\omega_2)&=\left[\int_{-\infty}^{+\infty}\int_{-\infty}^{+\infty}\Gamma(t_1,t_2)\,\mathrm{e}^{-\mathrm{j}(\omega_1t_1-\omega_2t_1)}\mathrm{d}t_2\mathrm{d}t_2\right]^*\\
&=\int_{-\mathrm{j}\infty}^{\mathrm{j}\infty}\int_{-\mathrm{j}\infty}^{\mathrm{j}\infty}\Gamma^*(t_1,t_2)\,\mathrm{e}^{-\mathrm{j}(\omega_2t_2-\omega_1t_1)}\mathrm{d}t_1\mathrm{d}t_2=S(\omega_2,\omega_1)
\end{aligned}$$

上式两边再取共轭可得式(6.4.10).

(2) 因为 $\Gamma(0,0)=E|X(0)|^2\geqslant0$,所以有

$$\Gamma(0,0)=\left(\frac{1}{2\pi}\right)^2\int_{-\infty}^{\infty}\int_{-\infty}^{\infty}S(\omega_1,\omega_2)\,\mathrm{d}\omega_1\mathrm{d}\omega_2\geqslant0 \tag{6.4.11}$$

由功率谱密度函数的物理含义可知对任意 $a<b$,有

$$\int_a^b\int_a^bS(\omega_1,\omega_2)\,\mathrm{d}\omega_1\mathrm{d}\omega_2\geqslant0 \tag{6.4.12}$$

(3) 如果 $\{X(t),-\infty<t<+\infty\}$ 是平稳过程,则

$$S(\omega_1,\omega_2)=2\pi S(\omega_1)\delta(\omega_1-\omega_2) \tag{6.4.13}$$

其中,$\delta(\omega_1-\omega_2)$ 为狄拉克 $-\delta$ 函数,这说明平稳过程的功率谱密度集中在 $\omega_1=\omega_2$ 这条直线上. 事实上,由平稳过程的相关函数定义可知

$$\begin{aligned}
S(\omega_1,\omega_2)&=\int_{-\infty}^{+\infty}\int_{-\infty}^{+\infty}\Gamma(t_1,t_2)\,\mathrm{e}^{-\mathrm{j}(\omega_1t_1-\omega_2t_2)}\mathrm{d}t_1\mathrm{d}t_2\\
&=\int_{-\infty}^{+\infty}\Gamma(t_1-t_2)\,\mathrm{e}^{-\mathrm{j}[\omega_1(t_1-t_2)]}\mathrm{d}(t_1-t_2)\int_{-\infty}^{+\infty}\mathrm{e}^{-\mathrm{j}(\omega_1-\omega_2)t_2}\mathrm{d}t_2\\
&=S(\omega_1)2\pi\delta(\omega_1-\omega_2)
\end{aligned}$$

(4) 如果 $\{X(t),-\infty<t<+\infty\}$ 是以 T 为周期的非平稳过程,也即 $X(t)=X(t+T)$,此时有

$$\Gamma(t_1,t_2)=\Gamma(t_1+T,t_2+T) \tag{6.4.14}$$

则该过程的功率谱密度函数 $S_T(\omega_1,\omega_2)$ 为

$$S_T(\omega_1,\omega_2)=S(\omega_1,\omega_2)\delta\left(\omega_1-\omega_2+\frac{2k\pi}{T}\right) \tag{6.4.15}$$

$$k=\cdots,-2,-1,0,1,2,\cdots$$

其中,δ(·)为克罗尼克 - δ 函数,而 $S(\omega_1,\omega_2)=\mathscr{F}\{\Gamma(t_1,t_2)\}$. 事实上,由式(6.4.14)可得

$$\mathscr{F}\{\Gamma(t_1,t_2)\}=\mathscr{F}\{\Gamma(t_1+T,t_2+T)\}$$

则

$$\begin{aligned} S(\omega_1,\omega_2) &= \int_{-\infty}^{+\infty}\int_{-\infty}^{+\infty}\Gamma(t_1,t_2)\,\mathrm{e}^{-\mathrm{j}(\omega_1t_1-\omega_2t_2)}\mathrm{d}t_1\mathrm{d}t_2 \\ &= \int_{-\infty}^{+\infty}\int_{-\infty}^{+\infty}\Gamma(t_1+T,t_2+T)\,\mathrm{e}^{-\mathrm{j}[\omega_1(t_1+T)-\omega_2(t_2+T)]}\,\mathrm{e}^{\mathrm{j}(\omega_1-\omega_2)T}\mathrm{d}t_1\mathrm{d}t_2 \\ &= \int_{-\infty}^{+\infty}\int_{-\infty}^{+\infty}\Gamma(t_1,t_2)\,\mathrm{e}^{-\mathrm{j}[\omega_1t_1-\omega_2t_2]}\mathrm{d}t_1\mathrm{d}t_2\,\mathrm{e}^{\mathrm{j}(\omega_1-\omega_2)T} \\ &= S(\omega_1,\omega_2)\,\mathrm{e}^{\mathrm{j}(\omega_1-\omega_2)T} \end{aligned}$$

这说明当 $(\omega_1-\omega_2)T=2k\pi,k=\cdots,-2,-1,0,1,2,\cdots$ 时有 $S(\omega_1,\omega_2)\neq0$,而当 $(\omega_1-\omega_2)T\neq2k\pi,k=\cdots,-2,-1,0,1,2,\cdots$ 时有 $S(\omega_1,\omega_2)=0$,因此,若用 $S_T(\omega_1,\omega_2)$ 表示具有周期 T 的非平稳过程的功率谱密度函数,则有

$$S_T(\omega_1,\omega_2)=S(\omega_1,\omega_2)\delta\left(\omega_1-\omega_2+\frac{2k\pi}{T}\right)$$

其中,$k=\cdots,-2,-1,0,1,2,\cdots$,且 $S(\omega_1,\omega_2)=\mathscr{F}F\{\Gamma(t_1,t_2)\}$.

现在讨论线性系统在非平稳随机过程输入作用下的稳态性能,系统如图 6.4.1 所示.

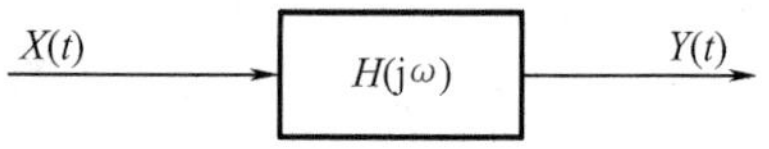

图 6.4.1　非平稳过程作用于线性系统

假设系统的输入为复值非平稳过程 $\{X(t),-\infty<t<+\infty\}$,且相关函数 $\Gamma_X(t_1,t_2)$ 及功率谱密度函数 $S_X(\omega_1,\omega_2)$ 均为已知的. 线性系统的脉冲响应函数 $k(t)$ 及其频率特性 $H(\mathrm{j}\omega)$ 也是已知的,于是系统输出 $Y(t)$ 可表示为

$$Y(t)=\int_{-\infty}^{+\infty}X(t-\tau)k(\tau)\mathrm{d}\tau$$

输出的自相关函数为

$$\begin{aligned} \Gamma_Y(t_1,t_2) &= EY(t_1)Y^*(t_2) \\ &= \int_{-\infty}^{+\infty}\int_{-\infty}^{+\infty}\Gamma_X(t_1-\tau,t_2-\lambda)k(\tau)k^*(\lambda)\mathrm{d}\tau\mathrm{d}\lambda \end{aligned} \tag{6.4.16}$$

再把 $\Gamma_Y(t_1,t_2)$ 作二重傅里叶变换可得输出过程 $Y(t)$ 的功率谱密度函数 $S_Y(\omega_1,\omega_2)$ 为

$$\begin{aligned} S_Y(\omega_1,\omega_2) &= \int_{-\infty}^{+\infty}\int_{-\infty}^{+\infty}\Gamma_Y(t_1,t_2)\,\mathrm{e}^{-\mathrm{j}(\omega_1t_1-\omega_2t_2)}\mathrm{d}t_1\mathrm{d}t_2 \\ &= \int_{-\infty}^{+\infty}\int_{-\infty}^{+\infty}\int_{-\infty}^{+\infty}\int_{-\infty}^{+\infty}\Gamma_X(t_1-\tau,t_2-\lambda) \\ &\quad k(\tau)k^*(\lambda)\mathrm{e}^{-\mathrm{j}(\omega_1t_1-\omega_2t_2)}\mathrm{d}t_1\mathrm{d}t_2\mathrm{d}\tau\mathrm{d}\lambda \\ &= \int_{-\infty}^{+\infty}\int_{-\infty}^{+\infty}\Gamma_X(t_1-\tau,t_2-\lambda)\,\mathrm{e}^{-\mathrm{j}[\omega_1(t_1-\tau)-\omega_2(t_2-\lambda)]}\mathrm{d}t_1\mathrm{d}t_2\,\cdot \\ &\quad \int_{-\infty}^{\infty}k(\tau)\,\mathrm{e}^{-\mathrm{j}\omega_1\tau}\int_{-\infty}^{+\infty}k^*(\lambda)\,\mathrm{e}^{\mathrm{j}\omega_2\lambda}\mathrm{d}\lambda \\ &= S_X(\omega_1,\omega_2)H(\mathrm{j}\omega_1)H^*(\mathrm{j}\omega_2) \end{aligned} \tag{6.4.17}$$

利用二重傅里叶反变换还有

$$\Gamma_Y(t_1,t_2) = \frac{1}{(2\pi)^2}\int_{-\infty}^{+\infty}\int_{-\infty}^{+\infty} S_Y(\omega_1,\omega_2)\, e^{j(\omega_1 t_1-\omega_2 t_2)}\, d\omega_1 d\omega_2 \tag{6.4.18}$$

例 6.4.1 非平稳过程通过理想低通滤波器的稳态分析,系统如图 6.4.2 所示.

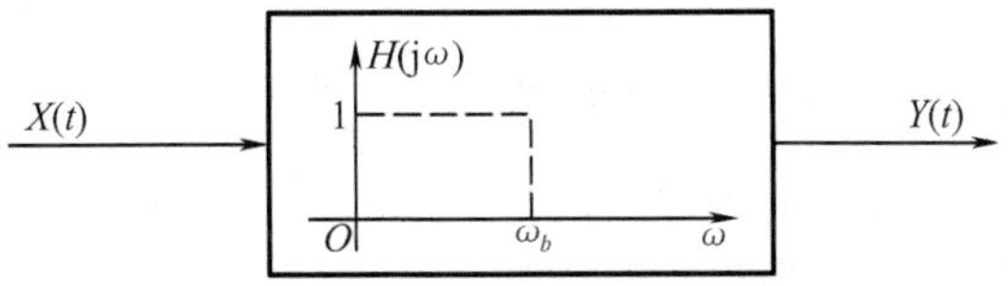

图 6.4.2 非平稳过程作用于理想低通滤波器

其中,$\{X(t), -\infty<t<+\infty\}$ 为非平稳过程且相关函数 $\Gamma_X(t_1,t_2)$ 及功率谱密度函数 $S_X(\omega_1,\omega_2)$ 均为已知,理想低通滤波器的频率特性 $H(j\omega)$ 为

$$H(j\omega)=\begin{cases}1, 0\leqslant\omega\leqslant\omega_b\\ 0, 其他\end{cases}$$

由式(6.4.17)可知输出过程 $Y(t)$ 功率谱密度函数 $S_Y(\omega_1,\omega_2)$ 为

$$S_Y(\omega_1,\omega_2)=\begin{cases}S_X(\omega_1,\omega_2), 0\leqslant\omega_1,\omega_2\leqslant\omega_b\\ 0, 其他\end{cases}$$

再由式(6.4.18)可得输出过程 $Y(t)$ 的自相关函数 $\Gamma_Y(t_1,t_2)$ 为

$$\Gamma_Y(t_1,t_2) = \frac{1}{(2\pi)^2}\int_0^{\omega_b}\int_0^{\omega_b} S_X(\omega_1,\omega_2)\, e^{j(\omega_1 t_1-\omega_2 t_2)}\, d\omega_1 d\omega_2$$

例 6.4.2 作为一个特殊情况,讨论平稳随机过程作用于线性系统的稳态性能,系统仍如图 6.4.1 所示. 此时,由式(6.4.13)可知有 $S_X(\omega_1,\omega_2)=2\pi S_X(\omega_1)\delta(\omega_2-\omega_1)$,于是由式(6.4.17)可得

$$S_Y(\omega_1,\omega_2)=S_X(\omega_1,\omega_2)H(j\omega_1)H^*(j\omega_2)=2\pi S_X(\omega_1)\delta(\omega_1-\omega_2)H(j\omega_1)H^*(j\omega_2)$$

将上式代入式(6.4.18),有

$$\begin{aligned}\Gamma_Y(t_1-t_2) &= \frac{1}{2\pi}\int_{-\infty}^{+\infty}\int_{-\infty}^{+\infty} S_X(\omega_1)\delta(\omega_1-\omega_2)H(j\omega_1)H^*(\omega_2)\, e^{j(\omega_1 t_1-\omega_2 t_2)}\, d\omega_1 d\omega_2\\ &= \frac{1}{2\pi}\int_{-\infty}^{+\infty} S_X(\omega_1)H(j\omega_1)H^*(j\omega_1)\, e^{(t_1-t_2)\omega_1}\, d\omega_1\\ &\triangleq \Gamma_Y(t_1-t_2)\end{aligned}$$

由上式进一步可知

$$S_Y(\omega_1)=S_X(\omega_1)\,|H(j\omega_1)|^2$$

这个结果同以前我们对平稳过程作用线性系统所做的分析是一致的.

在工程应用中,为计算方便起见,经常研究非平稳过程的平均自相关函数和平均功率谱密度函数. 为此引进定义 6.4.2.

定义 6.4.2 平均自相关函数 设 $\Gamma(t+\tau,t)$ 为平稳随机过程 $\{X(t), -\infty<t<+\infty\}$ 的自相关函数,如果 $\Gamma(t+\tau,t)$ 非奇异,即

$$\int_{-\infty}^{+\infty}\int_{-\infty}^{+\infty} |\Gamma(t+\tau,t)|\, d\tau dt < \infty \tag{6.4.19}$$

则称

$$\overline{\Gamma}(\tau) \triangleq \int_{-\infty}^{+\infty} \Gamma(t+\tau,t)\, d\tau \tag{6.4.20}$$

为该非平稳过程的平均自相关函数. 又如果 $\Gamma(t+\tau,t)$ 奇异,即式(6.4.19)不成立,则称

$$\overline{\Gamma}(\tau) \triangleq \lim_{T\to\infty}\frac{1}{2T}\int_{-T}^{T}\Gamma(t+\tau,t)\,\mathrm{d}t \tag{6.4.21}$$

为该非平稳过程的平均自相关函数.

关于平均功率谱密度函数 $\overline{S}(\omega)$ 仍有类似的定义,即定义 6.4.3.

定义 6.4.3 平均功率谱密度函数 设 $\overline{\Gamma}(\tau)$ 为非平稳过程 $\{X(t),-\infty<t<+\infty\}$ 的平均自相关函数,则称其傅里叶变换

$$\overline{S}(\omega) \triangleq \int_{-\infty}^{+\infty}\overline{\Gamma}(\tau)\mathrm{e}^{-\mathrm{j}\omega\tau}\mathrm{d}\tau \tag{6.4.22}$$

为该非平稳过程的平均功率谱密度函数,且有

$$\overline{\Gamma}(\tau) = \frac{1}{2\pi}\int_{-\infty}^{+\infty}\overline{S}(\omega)\mathrm{e}^{\mathrm{j}\omega\tau}\mathrm{d}\omega \tag{6.4.23}$$

关于平均功率谱密度函数 $\overline{S}(\omega)$ 与功率谱密度函数 $S(\omega_1,\omega_2)$ 的关系有如下结论,即定理 6.4.2.

定理 6.4.2 设 $\{X(t),-\infty<t<+\infty\}$ 为非平稳过程,$S(\omega_1,\omega_2)$ 为其功率谱密度函数,$\overline{S}(\omega)$ 为其平均功率谱密度函数,则

$$\overline{S}(\omega_1) = \begin{cases} S(\omega_1,\omega_1), \Gamma(t+\tau,t)\ \text{非奇异} \\ \dfrac{1}{2\pi}\displaystyle\int_{-\infty}^{+\infty}S(\omega_1,\omega_2)\delta(\omega_1-\omega_2)\mathrm{d}\omega_2, \Gamma(t+\tau,t)\ \text{奇异} \end{cases} \tag{6.4.24}$$

其中,$\delta(\omega_1-\omega_2)$ 为克罗尼克 $-\delta$ 函数.

证明 先证相关函数 $\Gamma(t+\tau,t)$ 为非奇异的情况. 因为

$$\Gamma(t+\tau,t) = \left(\frac{1}{2\pi}\right)^2\int_{-\infty}^{+\infty}\int_{-\infty}^{+\infty}S(\omega_1,\omega_2)\ \mathrm{e}^{\mathrm{j}[\omega_1(t+\tau)-\omega_2 t]}\mathrm{d}\omega_1\mathrm{d}\omega_2 \tag{6.4.25}$$

所以有

$$\overline{\Gamma}(\tau) = \int_{-\infty}^{+\infty}\Gamma(t+\tau,t)\,\mathrm{d}t = \left(\frac{1}{2\pi}\right)^2\int_{-\infty}^{+\infty}\int_{-\infty}^{+\infty}S(\omega_1,\omega_2)\ \mathrm{e}^{\mathrm{j}\omega_1\tau}\int_{-\infty}^{+\infty}\mathrm{e}^{\mathrm{j}(\omega_1-\omega_2)t}\mathrm{d}t\mathrm{d}\omega_1\mathrm{d}\omega_2 \tag{6.4.26}$$

然而又知

$$\int_{-\infty}^{+\infty}\mathrm{e}^{\mathrm{j}(\omega_1-\omega_2)t}\mathrm{d}t = 2\pi\delta(\omega_1-\omega_2)$$

其中,$\delta(\cdot)$ 为狄拉克 $-\delta$ 函数. 将上式代入式(6.4.27)可得

$$\overline{\Gamma}(\tau) = \frac{1}{2\pi}\int_{-\infty}^{+\infty}S(\omega_1,\omega_1)\ \mathrm{e}^{\mathrm{j}\omega_1\tau}\mathrm{d}\omega_1$$

即式(6.4.24)得证.

下面再证 $\Gamma(t+\tau,t)$ 为奇异情况. 由式(6.4.25)可知,当 $\Gamma(t+\tau,t)$ 为奇异时有

$$\begin{aligned}\overline{\Gamma}(\tau) &= \lim_{T\to\infty}\frac{1}{2T}\int_{-T}^{T}\Gamma(t+\tau,t)\,\mathrm{d}t \\ &= \left(\frac{1}{2\pi}\right)^2\int_{-\infty}^{+\infty}\int_{-\infty}^{+\infty}S(\omega_1,\omega_2)\ \mathrm{e}^{\mathrm{j}\omega_1\tau}\left[\lim_{T\to\infty}\frac{1}{2T}\int_{-T}^{T}\mathrm{e}^{\mathrm{j}(\omega_1-\omega_2)t}\mathrm{d}t\right]\mathrm{d}\omega_1\mathrm{d}\omega_2\end{aligned} \tag{6.4.27}$$

但是我们又知道

$$\lim_{T\to\infty}\frac{1}{2T}\int_{-T}^{T}\mathrm{e}^{\mathrm{j}(\omega_1-\omega_2)t}\mathrm{d}t = \lim_{T\to\infty}\frac{\sin(\omega_1-\omega_2)}{(\omega_1-\omega_2)T} = \delta(\omega_1-\omega_2)$$

其中,δ(·)为克罗尼克 − δ 函数. 将上式代入式(6.4.27)可得

$$\overline{\Gamma}(\tau) = \frac{1}{2\pi}\int_{-\infty}^{+\infty}\left[\frac{1}{2\pi}\int_{-\infty}^{+\infty}S(\omega_1,\omega_2)\delta(\omega_1-\omega_2)\mathrm{d}\,\omega_2\right]\mathrm{e}^{\mathrm{j}\omega_1\tau}\mathrm{d}\omega_1$$

因此,平均功率谱密度函数$\overline{S}(\omega)$为

$$\overline{S}(\omega) = \frac{1}{2\pi}\int_{-\infty}^{+\infty}S(\omega_1,\omega_2)\delta(\omega_1-\omega_2)\mathrm{d}\omega_2$$

即式(6.4.24)得证.

定理证毕.

在通常情况下,非平稳过程的功率谱密度函数 $S(\omega_1,\omega_2)$是由非奇异和奇异两部分组成的,即有

$$S(\omega_1,\omega_2) = S_r(\omega_1,\omega_2) + 2\pi S_g(\omega_1)\delta(\omega_1-\omega_2) \tag{6.4.28}$$

其中,δ(·)为狄拉克 − δ 函数;$S_r(\omega_1,\omega_2)$代表非奇异部分;$2\pi S_g(\omega_1)\delta(\omega_1-\omega_2)$代表奇异部分,它表明功率谱密度集中在 $\omega_1=\omega_2$ 的直线上.

在这种情况下,将式(6.4.28)代入式(6.4.24)就可得到平均功率谱密度函数$\overline{S}(\omega)$为

$$\overline{S}(\omega) = S_g(\omega) \tag{6.4.29}$$

如果非平稳过程$\{X(t), -\infty<t<+\infty\}$作用于具有频率特性为 $H(\mathrm{j}\omega)$的线性系统时,其输出平均功率谱密度$\overline{S}_Y(\omega)$与输入平均功率谱密度$\overline{S}_X(\omega)$有如下关系:

$$\overline{S}_Y(\omega) = \overline{S}_X(\omega)\,|H(\mathrm{j}\omega)|^2 \tag{6.4.30}$$

不失一般性,我们只考虑 $\Gamma_X(t+\tau,t)$为非奇异情况来证明式(6.4.30). 由式(6.4.16)有

$$\Gamma_Y(t+u,t) = \int_{-\infty}^{+\infty}\int_{-\infty}^{+\infty}\Gamma_X(t+u-\tau,t-\lambda)k(\tau)k^*(\lambda)\mathrm{d}\tau\mathrm{d}\lambda$$

再由式(6.4.20)可知输出过程的平均自相关函数为

$$\overline{\Gamma}_Y(u) = \int_{-\infty}^{+\infty}\int_{-\infty}^{+\infty}\overline{\Gamma}_X(u-\tau+\lambda)k(\tau)k^*(\lambda)\mathrm{d}\tau\mathrm{d}\lambda$$

对上式两边作傅里叶变换,就得到

$$\overline{S}_Y(\omega) = \int_{-\infty}^{+\infty}\overline{\Gamma}_Y(u)\mathrm{e}^{-\mathrm{j}\omega u}\mathrm{d}u = \overline{S}_X(\omega)\,|H(\mathrm{j}\omega)|^2$$

例 6.4.3 设$\{X(t), -\infty<t<+\infty\}$为平稳过程,其相关函数为 $B_X(\tau)$,功率谱密度函数为 $S_X(\omega)$. 现定义随机过程$\{W(t), -\infty<t<+\infty\}$为

$$W(t) = X(t)\cos\omega_0 t$$

其中,$\omega_0>0$ 为常数. 显然$\{W(t), -\infty<t<+\infty\}$为非平稳过程,其相关函数为

$$\begin{aligned}\Gamma_W(t+\tau,t) &= EW(t+\tau)W(t)\\ &= EX(t+\tau)X(t)\cos\omega_0(t+\tau)\cos\omega_0 t\\ &= B_X(\tau)\frac{1}{2}[\cos(2\omega_0 t+\omega_0\tau)+\cos\omega_0\tau]\end{aligned}$$

由此可知,$W(t)$的平均相关函数为

$$\overline{\Gamma}_W(\tau) = \lim_{T\to\infty}\frac{1}{2T}\int_{-T}^{T}\Gamma_W(t+\tau,t)\mathrm{d}t = \frac{1}{2}B_X(\tau)\cos\omega_0\tau$$

平均功率谱密度函数为

$$\bar{S}_W(\omega) = \int_{-\infty}^{+\infty} \frac{1}{2}B_X(\tau)\cos\omega_0\tau e^{-j\omega\tau}d\tau = \frac{1}{4}[S_X(\omega-\omega_0)+S_X(\omega+\omega_0)]$$

6.5 线性系统在随机输入作用下的瞬态分析

在本节,我们讨论在 $t=0$ 时把随机过程作用到线性系统后,该系统输出的瞬态性能,讨论这一问题对于工程应用来说是有意义的.

系统如图 6.5.1 所示,假设系统的输入信号为复值随机过程 $\{X(t),t\geq0\}$,值得注意的是,此时的时间区间是($t\geq0$),随机过程可为平稳的也可为非平稳的,系统是线性定常的,其脉冲响应函数为 $k(t)$,频率特性为 $H(j\omega)$,并假定系统是因果性的,即 $k(t)=0,t<0$. 这种情况在实际工程中是经常遇到的.

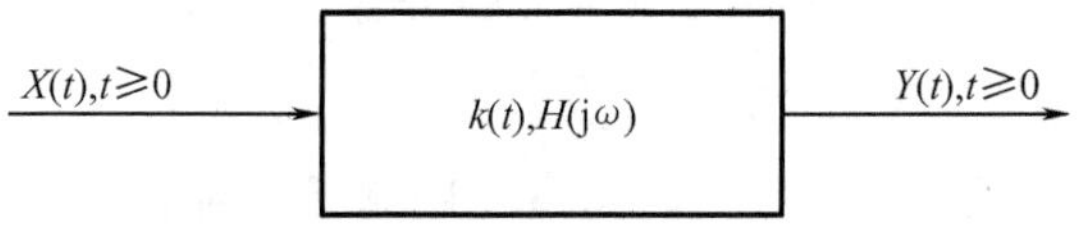

图 6.5.1 随机过程作用于线性系统方框图

输入过程的相关函数为

$$\Gamma_X(t_1,t_2)=EX(t_1)X^*(t_2),t_1\geq0,t_2\geq0 \tag{6.5.1}$$

输出过程 $Y(t)$ 可表示为

$$Y(t)=\int_{-\infty}^{+\infty}X(t-\tau)k(\tau)d\tau=\int_0^t X(t-\tau)k(\tau)d\tau \tag{6.5.2}$$

于是输出过程的相关函数 $\Gamma_Y(t_1,t_2)$ 为

$$\begin{aligned}\Gamma_Y &= EY(t_1)Y^*(t_2)\\ &= E\int_{-\infty}^{+\infty}X(t_1-\tau)k(\tau)d\tau\int_{-\infty}^{+\infty}X^*(t_2-\lambda)k^*(\lambda)d\lambda\\ &= \int_{-\infty}^{+\infty}\int_{-\infty}^{+\infty}\Gamma_X(t_1-\tau,t_2-\lambda)k(\tau)k^*(\lambda)d\lambda d\tau,t_1,t_2\geq0\end{aligned} \tag{6.5.3}$$

有时把式(6.5.4)简单表示成

$$\Gamma_Y(t_1,t_2)=\Gamma_X(t_1,t_2)*k(t_1)*k^*(t_2) \tag{6.5.4}$$

为了更清楚地看出式(6.5.4)的物理含义,我们先求输入输出的互相关函数为

$$\Gamma_{XY}(t_1,t_2)=EX(t_1)Y^*(t_2)=\int_0^{t_2}\Gamma_X(t_1,t_2-\tau)k^*(\tau)d\tau\triangleq\Gamma_X(t_1,t_2)*k^*(t_2) \tag{6.5.5}$$

再把互相关函数 $\Gamma_{XY}(t_1,t_2)$ 中的 t_2 理解为常数,而把 t_1 理解为变数,然后将其作用到线性系统,则输出为

$$\begin{aligned}\int_{-\infty}^{+\infty}\Gamma_{XY}(t_1-\tau,t_2)k(\tau)d\tau &= \int_0^{t_1}\Gamma_{XY}(t_1-\tau,t_2)k(\tau)d\tau\\ &= \Gamma_{XY}(t_1,t_2)*k(t_1)\\ &= \Gamma_X(t_1,t_2)*k^*(t_2)*k(t_1)\end{aligned}$$

$$= \Gamma_Y(t_1 t_2) \tag{6.5.6}$$

上面等式中的最后一个等式是由式(6.5.4)而得到的,于是可将上面的结果写成

$$\Gamma_Y(t_1,t_2) = \Gamma_{XY}(t_1,t_2) * k(t_1)$$
$$\Gamma_{XY}(t_1,t_2) = \Gamma_X(t_1,t_2) * k^*(t_2) \tag{6.5.7}$$

完全类似地还有

$$\Gamma_Y(t_1,t_2) = \Gamma_{XY}(t_1,t_2) * k^*(t_2)$$
$$\Gamma_{XY}(t_1,t_2) = \Gamma_X(t_1,t_2) * k(t_1) \tag{6.5.8}$$

若将式(6.5.7)及式(6.5.8)用方块图表示时,就得到如图 6.5.2 所示的图形.

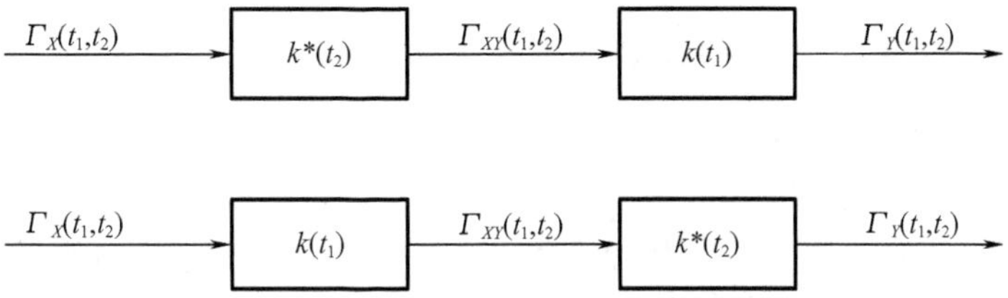

图 6.5.2 式(6.5.7)及式(6.5.8)的图形表示

由此可见,输入过程的自相关函数经一次卷积得到互相关函数,再把互相关函数经一次卷积最后得到输出过程的自相关函数. 一般地讲,即使输入过程是平稳的,但在瞬态期间,输出过程是非平稳的. 通过例 6.5.1 可以说明这一点.

例 6.5.1 系统如图 6.5.1 所示,输入过程是平稳白噪声过程,其自相关函数为 $\Gamma_X(t_1, t_2) = \sigma^2\delta(t_1 - t_2)$,$t_1 \geqslant 0, t_2 \geqslant 0$,系统脉冲响应函数为 $k(t) = ke^{-at}$,$t \geqslant 0, a \geqslant 0$,试求输出 $Y(t)$,$t \geqslant 0$的自相关函数.

解 由式(6.5.5)有

$$\begin{aligned}\Gamma_{XY}(t_1,t_2) &= \int_0^{t_2} \Gamma_X(t_1, t_2 - \tau) k^*(\tau)\mathrm{d}\tau \\ &= \int_0^{t_2} \sigma^2 \delta(t_1 - t_2 + \tau) k e^{-a\tau}\mathrm{d}\tau \\ &= k\sigma^2 e^{-a(t_2 - t_1)},\ t_2 - t_1 > 0, t_1 > 0, t_2 > 0\end{aligned}$$

再由式(6.5.6)可求出输出过程 $Y(t)$ 的自相关函数为

$$\begin{aligned}\Gamma_Y(t_1,t_2) &= \Gamma_{XY}(t_1,t_2) * k(t_1) \\ &= \int_0^{t_1} k\sigma^2 e^{-a(t_2 - t_1 + \tau)} k e^{-a\tau}\mathrm{d}\tau \\ &= \frac{k^2\sigma^2}{2a} e^{-a(t_2 - t_1)}(1 - e^{-2at_1}),\ t_2 > 0, t_1 > 0, t_2 > t_1\end{aligned}$$

又如果当 $t_1 > t_2, t_1 > 0, t_2 > 0$ 时,类似地可求出输出过程的自相关函数为

$$\Gamma_Y(t_1,t_2) = \frac{k^2\sigma^2}{2a} e^{-a(t_1 - t_2)}(1 - e^{-2at_2}),\ t_1 > t_2, t_1 > 0, t_2 > 0$$

显见,当系统的过渡过程结束以后,即当 $t \to \infty$ 时,有

$$\Gamma_Y(t_1,t_2) = \frac{k^2\sigma^2}{2a} e^{-a|t_1 - t_2|},\ t_1 \to \infty,\ t_2 \to \infty$$

这同前面我们所做的稳态分析是一致的.

习　题

6.1 设单输入单输出线性系统的传递函数为 $\Phi(s)$，单位脉冲响应函数为 $k(t), t\geqslant 0$，即 $k(t)=\mathscr{L}^{-1}\{\Phi(s)\}$，系统输入量为零均值实平稳过程 $\{X(t), -\infty<t<+\infty\}$，且自相关函数 $B(\tau)$ 为已知. 试证：

(1) $B_{XY}(\tau)=\int_{-\infty}^{+\infty}B_X(\tau+\theta)k(\theta)\mathrm{d}\theta$；

(2) $B_{YX}(\tau)=\int_{-\infty}^{+\infty}B_X(\tau-\theta)k(\theta)\mathrm{d}\theta$；

(3) $S_{YX}(\mathrm{j}\omega)=S_{XY}(-\mathrm{j}\omega)$；

(4) $S_{YX}(\mathrm{j}\omega)=S_X(\omega)\Phi(\mathrm{j}\omega)$.

6.2 系统如题图 6.1 所示. 其中 $\{X(t), -\infty<t<+\infty\}$ 为零均值正交增量过程，且 $E[X(t_2)-X(t_1)]^2=(t_2-t_1), t_2>t_1, k(t), t\geqslant 0$，为系统单位脉冲响应函数. 试证：$B_{ZY}(\tau)=k(\tau), \tau\geqslant 0$.

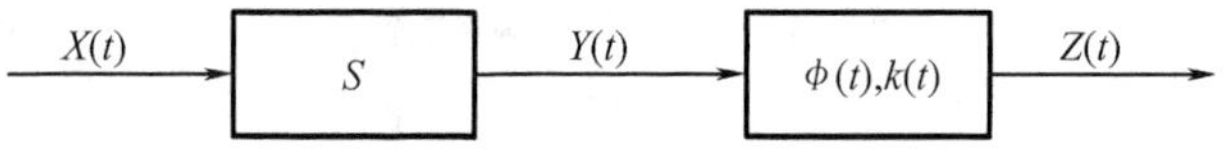

题图 6.1　习题 6.2 图

6.3 系统如题图 6.2 所示. 其中 $\Phi_1(s)=\mathrm{e}^{-ST}, \Phi_2(s)=\dfrac{1}{S}$，设系统输入 $\{X(t), -\infty<t<+\infty\}$ 是零均值白噪声，且 $S_X(\omega)=\sigma^2$. 试求系统输出 $\{Z(t), -\infty<t<+\infty\}$ 的均方误差 σ_Z^2.

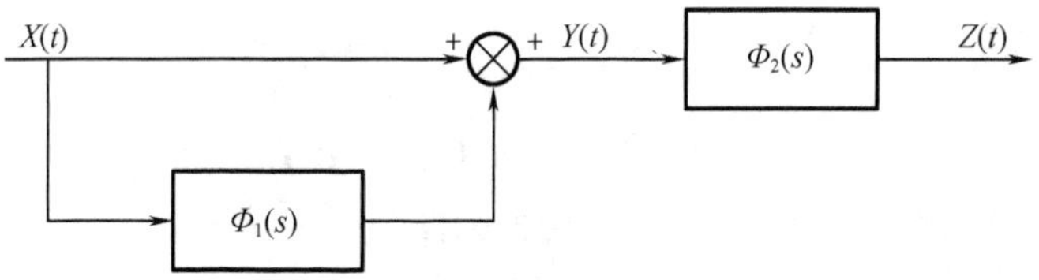

题图 6.2　习题 6.3 图

6.4 设 $\{X(t), -\infty<t<+\infty\}$ 为零均值实平稳过程，其功率谱密度函数为 $S_X(\omega)$，$\hat{X}(t)$ 为其希尔伯特变换，令 $W(t)$ 为

$$W(t)=X(t)\cos\omega_0 t-\hat{X}(t)\sin\omega_0 t$$

试求平稳过程 $\{W(t), -\infty<t<+\infty\}$ 的自相关函数 $B_W(\tau)$ 及功率谱密度函数 $S_W(\omega)$.

6.5 系统如题图 6.3 所示，其中 $\{X(t), t\geqslant 0\}$ 为单位脉冲列，在 $[0,t]$ 内 $X(t)$ 为 k 个单位脉冲的概率为 $\mathrm{e}^{-\lambda t}(\lambda t)^k/k!$（通常称之为泊松脉冲列），开关以相等时间间隔交替关断工作，系统单位脉冲响应为 $k(t)=\mathrm{e}^{-\beta t}, t\geqslant 0$. 试求：当 $t=0$ 开始关、断工作时，输出 $Y(t), t\geqslant 0$ 的均值函数.

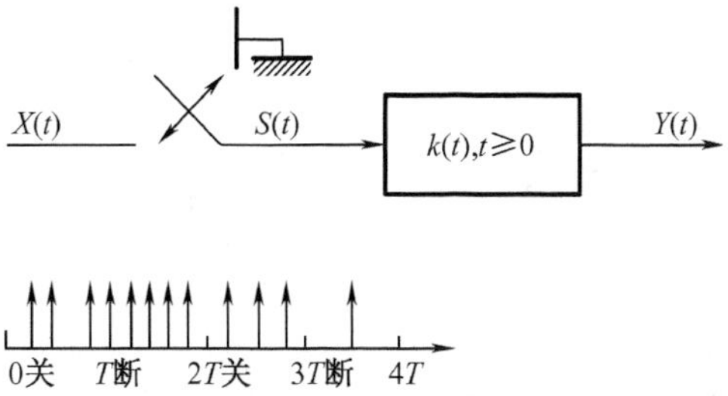

题图 6.3 习题 6.5 图

6.6 设$\{X(t), -\infty < t < +\infty\}$为实值随机过程,其自相关函数为$\Gamma(t_1,t_2)$,功率谱密度函数为$S(\omega_1,\omega_2)$. 试证:对任意$a<b, c<d$,有

$$\left[\int_a^b\int_c^b S(\omega_1,\omega_2)\mathrm{d}\omega_1\mathrm{d}\omega_2\right]^2 \leqslant \int_a^b\int_a^b S(\omega_1,\omega_2)\mathrm{d}\omega_1\mathrm{d}\omega_2\int_c^d\int_c^d S(\omega_1,\omega_2)\mathrm{d}\omega_1\mathrm{d}\omega_2$$

6.7 离散系统在随机信号作用下的分析计算中,经常用到积分

$$I_k = \frac{1}{2\pi}\oint_{|z|=1}\frac{B_k(z)B_k(z^{-1})}{A_k(z)\,A_k(z^{-1})}\,\frac{1}{z}\mathrm{d}z$$

其中,$A_k(z)=a_0^k z^k + a_1^k z^{k-1} + \cdots + a_{k-1}^k z + a_k^k$;$B_k(z)=b_0^k z^k + b_1^k z^{k-1} + \cdots + b_{k-1}^k z + b_k^k$.

假定$A_k(z)$的所有零点均在单位圆内,现构成如下递推多项式:

$$A_{k-1}(z) = z^{-1}[A_k(z) - a_k A_k^*(z)]$$

$$B_{k-1}(z) = z^{-1}[B_k(z) - \beta_k A_k^*(z)]$$

其中,$A_k^*(z)$为$A_k(z)$的逆多项式,即

$$A_k^*(z) = z^k A_k(z^{-1}) = a_0^k + a_1^k z + \cdots + a_{k-1}^k z^{k-1} + a_k^k z^k$$

规定$a_k = a_k^k/a_0^k, \beta_k = b_k^k/a_0^k$,显然$A_{k-1}(z)$与$B_{k-1}(z)$均为$z$的$k-1$次多项式,且各系数为

$$a_i^{k-1} = a_i^k - a_k a_{k-i}^k, i=0,1,2,\cdots,k-1$$

$$b_i^{k-1} = b_i^k - \beta_k a_{k-i}^k, i=0,1,2,\cdots,k-1$$

试证:有如下递推关系,即

$$[1-a_k^2]I_{k-1} = I_k - \beta_k^2, I_0 = \beta_0^2$$

6.8 对于连续系统在平稳随机过程作用下的分析计算中经常用到积分

$$I_k = \frac{1}{2\pi \mathrm{j}}\int_{-\mathrm{j}\infty}^{\mathrm{j}\infty}\frac{B_k(s)B_k(-s)}{A_k(s)\,A_k(-s)}\mathrm{d}s$$

其中 $A_k(s) = \sum_{i=0}^{k} a_i^k s^{k-i}$;

$$B_k(s) = \sum_{i=0}^{k} b_i^k s^{k-i};$$

$$B_k(s) = \sum_{i=1}^{k} b_i^k s^{k-i}.$$

如令$A_k(s) = \overline{A}_k(s) + \widetilde{A}_k(s)$,则

$$\overline{A}_k(s) \triangleq a_0^k s^k + a_2^k s^{k-2}\cdots = \frac{1}{2}[A_k(s) + (-1)^k A_k(-s)]$$

$$\widetilde{A}_k(s)\triangleq a_1^k s^{k-1}+a_3^k s^{k-3}\cdots=\frac{1}{2}[A_k(s)-(-1)^k A_k(-s)]$$

构造递推多项式

$$A_{k-1}(s)\triangleq A_k(s)-\alpha_k s\widetilde{A}_k(s)$$

$$B_{k-1}(s)\triangleq B_k(s)-\beta_k\widetilde{A}_k(s)$$

其中，$\alpha_k\triangleq a_0^k/a_1^k$；$\beta_k\triangleq b_1^k/a_1^k$.

假设 $A_k(s)$ 的全部零点均在 s 的左半平面内. 试证：

$$I_k=\sum_{l=1}^{k}\beta_l^2/(2\alpha_l)$$

6.9 设稳定的定常离散系统传递函数为 $\phi(z)=\dfrac{B(z)}{A(z)}$，其中 $A(z)=\sum\limits_{i=0}^{n}a_i z^{n-i}$，$B(z)=\sum\limits_{i=0}^{n}b_i z^{n-i}$. 试证：$I=\dfrac{1}{2\pi \mathrm{j}}\oint_{|z|=1}\phi(z)\phi(z^{-1})\dfrac{\mathrm{d}z}{z}$ 的积分为 $I=\dfrac{x_0}{a_0}$，其中 x_0 为矩阵方程

$$\begin{pmatrix}2a_0 & 2a_1 & 2a_2 & \cdots & 2a_{n-1} & 2a_n\\ a_1 & a_0+a_2 & a_1+a_3 & \cdots & a_{n-2}+a_n & a_{n-1}\\ a_2 & a_3 & a_0+a_4 & \cdots & a_{n-3} & a_{n-2}\\ \vdots & \vdots & \vdots & & \vdots & \vdots\\ a_{n-1} & a_n & 0 & \cdots & a_0 & a_1\\ a_n & 0 & 0 & \cdots & 0 & a_0\end{pmatrix}\begin{pmatrix}x_0\\ x_1\\ x_2\\ \vdots\\ x_{n-1}\\ x_n\end{pmatrix}=\begin{pmatrix}2\sum\limits_{i=0}^{n}b_i^2\\ 2\sum\limits_{i=0}^{n-1}b_i b_{i+1}\\ 2\sum\limits_{i=0}^{n-2}b_i b_{i+2}\\ \vdots\\ 2\sum\limits_{i=0}^{1}b_i b_{i+n-1}\\ 2b_0 b_n\end{pmatrix}$$

解的第一个分量.

6.10 系统如题图 6.4 所示. 设 $\{X(t),-\infty<t<+\infty\}$ 和 $\{Y(t),-\infty<t<+\infty\}$ 为平稳且平稳相依的随机过程. 试证：

$$S_Z(\omega)=|G_X(\mathrm{j}\omega)|^2 S_X(\omega)+|G_Y(\mathrm{j}\omega)|^2 S_Y(\omega)+2\mathrm{Re}[G_X(-\mathrm{j}\omega)G_Y(\mathrm{j}\omega)S_{XY}(\omega)]$$

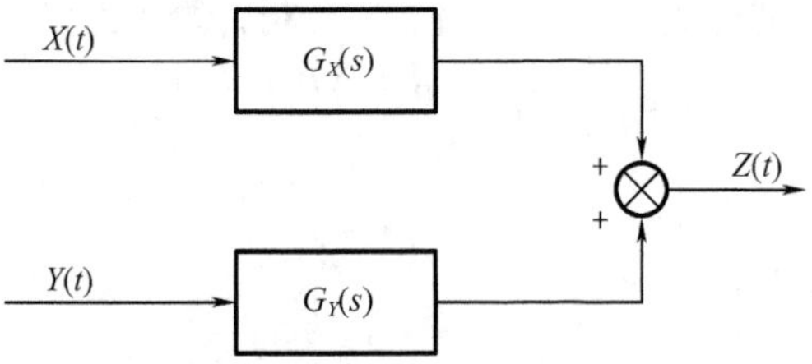

题图 6.4　习题 6.10 图

其中，$S(\omega)$ 表示功率谱密度函数，$G_X(s)$ 与 $G_Y(s)$ 为线性时不变系统传递函数. 如果 $X(t)$ 和 $Y(t)$ 为平稳随机序列时，试写出相应结果.

6.11 设平稳随机序列的功率谱密度函数 $S_X(z)$ 为

$$S_X(z) = C_1 + \frac{C_2}{|z-a|^2}$$

其中,$C_1>0, C_2>0, |a|<1$ 均为实常数. 试证:必存在实常数 $C>0, 0<b<1$,使 $S_Y(z)$ 可表示为

$$S_Y(z) = \frac{C|z-b|^2}{|z-a|^2}$$

进一步,依据 $S_X(z), S_Y(z)$ 试构造具有正态 $N(0,1)$ 分布的白噪声驱动下的两个线性系统模型.

6.12 系统如题图6.5所示,设 $\{X(t), -\infty<t<+\infty\}$ 为平稳随机过程. 试证:$\{Y_1(t), -\infty<t<+\infty\}$ 与 $\{Y_2(t), -\infty<t<+\infty\}$ 的互功率谱密度 $S_{Y_1Y_2}(\omega)$ 为

$$S_{Y_1Y_2}(\omega) = \Phi_1(\mathrm{j}\omega)\Phi_2(-\mathrm{j}\omega)S_X(\omega)$$

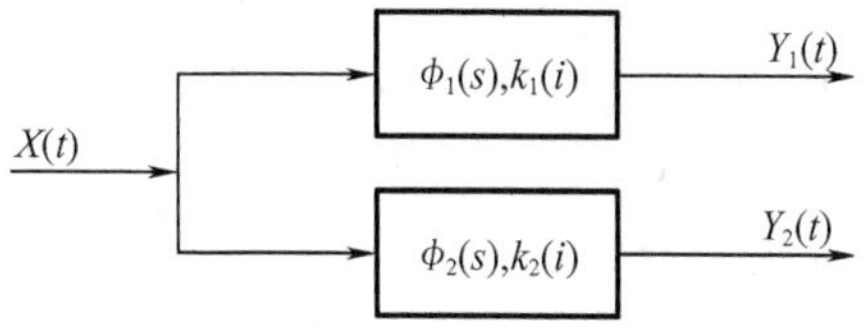

题图 6.5 习题 6.12 图

6.13 系统如习题图6.6所示,其中 p, q, T_0, A 均为已知常数且大于零,设 $\{X(t), -\infty<t<+\infty\}$ 为零均值平稳随机过程且功率谱密度函数为

$$S_X(\omega) = S(0)\frac{\Delta f_X}{f_T}, |\omega|<2\pi\Delta f_X$$

$$S_X(\omega)=0, |\omega|\geqslant 2\pi\Delta f_X, \Delta f_X \gg f_T, |\omega_c| \ll \frac{2\pi f_T}{2}$$

设噪声方差为 $\sigma_\xi^2 = S(0)\Delta f_X$,其中 ω_c 为系统带宽,$f_T=\dfrac{1}{T_0}$ 为采样频率,Δf_X 为噪声带宽. 试求输出过程 $Y(t)$ 的方差 σ_Y^2.

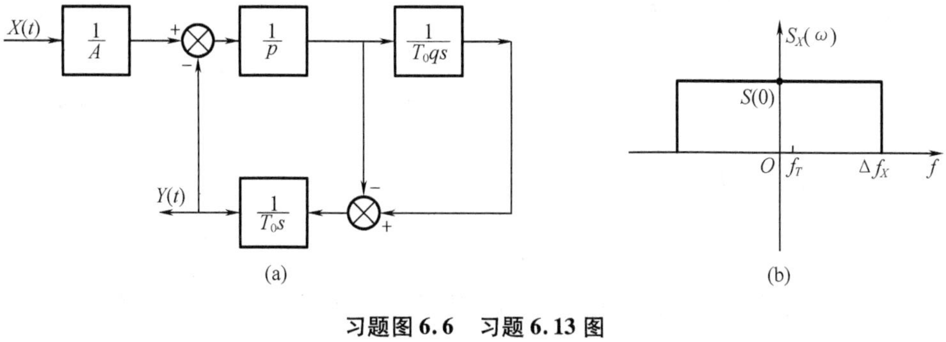

习题图 6.6 习题 6.13 图

6.14 系统如习题图6.7所示,假设系统输入 $\{X(t), -\infty<t<+\infty\}$ 为零均值白噪声,且功率谱密度函数为 $S_X(\omega)=S_0$(常数),其中 A, p, q, a, b 为系统参数且均为大于零的常数,规定 $Aa=b$.

(1)试求输出量 $Y(t)$ 的自相关函数 $B_Y(\tau)$.

(2)若定义等效相关时间 τ_{0Y} 为

$$\tau_{0Y} = \frac{1}{2B_Y(0)}\int_{-\infty}^{+\infty} B_Y(\tau)\,\mathrm{d}\tau$$

试求 τ_{0Y}.

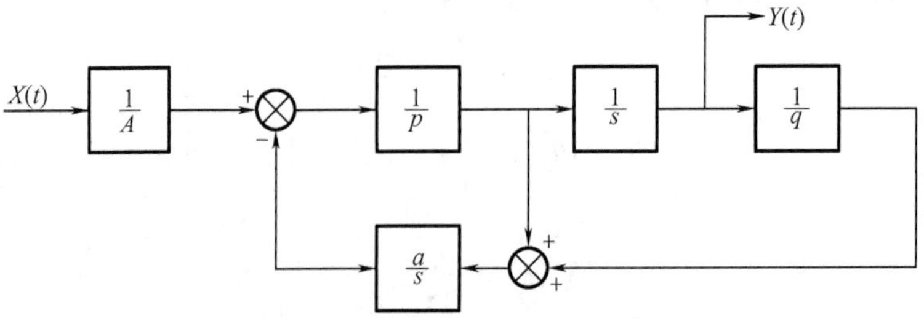

题图 6.7　习题 6.14 图

6.15 系统如习题图 6.8 所示，设$\{X(t),-\infty<t<+\infty\}$为零均值平稳过程，自相关函数为$B_X(\tau)=\mathrm{e}^{-a|\tau|}$，系统的单位脉冲响应为$k(t)=\mathrm{e}^{-\beta t}, t\geqslant 0$. 当$t=0$时将$\{X(t),-\infty<t<+\infty\}$作用于该线性系统. 试求输出$\{Y(t),t\geqslant 0\}$的自相关函数$B_Y(t_1,t_2)$.

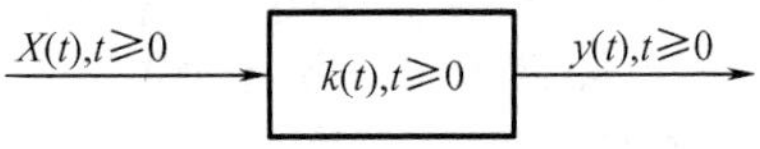

题图 6.8　习题 6.15 图

6.16 设线性系统频率特性为$\phi(\mathrm{j}\omega)$，输入为复随机过程$\{X(t),-\infty<t<+\infty\}$，其自相关函数为$\Gamma_X(t_1,t_2)=\mathrm{e}^{\mathrm{j}(at_1-bt_2)}$，系统输出过程为$\{Y(t),-\infty<t<+\infty\}$. 试证：

(1) $\Gamma_{YX}(t_1,t_2)=\mathrm{e}^{\mathrm{j}(at_1-bt_2)}\phi(\mathrm{j}a)$；

(2) $\Gamma_{YY}(t_1,t_2)=\mathrm{e}^{\mathrm{j}(at_1-bt_2)}\phi(\mathrm{j}a)\phi^*(\mathrm{j}b)$.

进一步计算$\Gamma_{YX}(t_1,t_2)$及$\Gamma_{YY}(t_1,t_2)$的二重傅里叶变换.

6.17 设随机过程$\{Y(t),t\geqslant 0\}$满足

$$\frac{\mathrm{d}Y(t)}{\mathrm{d}t}+2Y(t)=X(t),Y(0)=1,t\geqslant 0$$

其中，$\{X(t),-\infty<t<+\infty\}$为平稳过程且$EX(t)=2, E[X(t+\tau)X(t)]=4+2\mathrm{e}^{-|\tau|}$，试对$t>0, t_1>0, t_2>0$求出$EY(t), EX(t_1)Y(t_2), EY(t_1)Y(t_2)$.

6.18 对于习题 6.7 所得积分，试证：

$$I_k=\frac{1}{a_0^k}\sum_{i=0}^{k}(b_i^i)^2/a_0^i$$

6.19 有一个简单的库存控制系统模型：

$$I(n)=I(n-1)+P(n)-S(n)$$
$$P(n)=P(n-1)+u(n)$$

其中，$I(n)$表示库存量；$P(n)$表示进货量；$S(n)$表示销售量；$u(n)$表示决策量.

假设采用下述决策规则来补充库存

$$u(n)=a[I_0-I(n)]$$

其中，$a>0$为常数. 当销售量的波动可认为是零均值且具有方差为σ^2的独立同分布随机变量序列时. 试求进货量和库存量波动的方差σ_P^2和σ_I^2.

6.20 设$A_k(z)=\sum\limits_{i=0}^{k}a_i^k z^{k-i}, B_k(z)=\sum\limits_{i=0}^{k}b_i^k z^{k-i}$，由$A_k(z)$及$B_k(z)$的各系数按如下规定建立递归多项式

$$A_{k-1}(z)=\sum_{i=0}^{k-1}a_i^{k-1}z^{k-1-i}$$

$$B_{k-1}(z) = \sum_{i=0}^{k-1} b_i^{k-1} z^{k-1-i}$$

其中，$a_i^{k-1} = a_i^k - \alpha_k a_{k-i}^k, i = 0,1,2,\cdots,k-1, \alpha_k = \frac{a_0^k}{a_k^k}; b_i^{k-1} = b_i^k - \beta_k a_{k-i}^k, i = 0,1,2,\cdots,k-1,$ $\beta_k = \frac{b_0^k}{a_k^k}$. 并假定 $A_n(z), n = 1,2,\cdots,k$ 的零点全部在单位圆内，试证：

$$I_k \triangleq \frac{1}{2\pi j}\oint_{|z|=1} \frac{B_k(z)B_k(z^{-1})\,dz}{A_k(z)\,A_k(z^{-1})z} = \left[\left(\frac{a_0^k}{a_k^k}\right)^2 - 1\right]I_{k-1} + 2\,\frac{b_0^k\,b_k^k}{a_0^k\,a_k^k} - \left(\frac{b_0^k}{a_k^k}\right)^2$$

6.21 对于习题6.8所做的积分，还可做如下处理. 设 $A_k(s), B_k(s)$ 仍同习题6.8所示的形式，现构造如下递归多项式

$$A_{k-1}(s) = \frac{1}{s}\left[A_k(s) - \frac{a_k^k}{a_{k-1}^k s}\tilde{A}_k(s)\right]$$

$$B_{k-1}(s) = \frac{1}{s}\left[B_k(s) - \frac{b_k^k}{a_{k-1}^k s}\tilde{A}_k(s)\right]$$

其中，$\tilde{A}(s) = \frac{1}{2}[A_k(s) - (-1)^k A_k(-s)]$.

证明 (1) $I_k = I_{k-1} + \frac{(b_k^k)^2}{2\,a_k^k a_{k-1}^k}$;

(2) $I_k = \frac{1}{2}\sum_{l=1}^{k} \frac{(b_l^l)^2}{a_l^l\,a_{l-1}^l}$.

6.22 设 $A_k(s) = \sum_{i=0}^{k} a_i^k s^{k-i}, B_k(s) = \sum_{i=1}^{k} b_i^k s^{k-i}$，并假定 $A_k(s)$ 的零点全部在 s 的左半平面内. 试证：

$$\frac{1}{2\pi j}\int_{-\infty}^{+\infty} \frac{1}{A_k(s)\,A_k(-s)}ds = \frac{1}{2\,a_1^1\,a_0^1}$$

6.23 设实系数多项式 $A_n(s)$ 为

$$A_n(s) = a_0 s^n + a_1 s^{n-1} + \cdots + a_{n-1}s + a_n$$

如果 $A_n(s)$ 的全部零点均在 s 左半平面内. 试证：多项式

$$\tilde{A}_n(s) = \frac{1}{2}[A_n(s) - (-1)^n A_n(-s)]$$

的全部零点均在虚轴上.

6.24 如果线性时不变系统是渐近稳定的，试证：

$$\int_{-\infty}^{+\infty} |k(t)|\,dt < \infty$$

其中，$k(t), t \geq 0$ 为该系统单位脉冲响应函数.

第 7 章　维纳滤波理论及应用

7.1　问题的提出

在随机控制及信息处理中,经常会遇到这样的问题:输入给线性定常系统 $\Phi(s)$ 的信号 $Z(t)$ 中不仅包含有用信号 $X(t)$,还包含我们所不希望的随机干扰信号 $n(t)$,从最优设计的观点来看,通常是这样来设计控制系统传递函数 $\Phi(s)$,即使得系统的输出信号 $\hat{X}(t)$ 尽可能精确地反映出有用信号 $X(t)$,而受干扰信号 $n(t)$ 的影响尽可能小. 换句话说,我们新设计的系统 $\Phi(s)$ 一方面尽可能精确地复现有用信号 $X(t)$,另一方面又能把干扰信号 $n(t)$ 尽可能多地过滤掉. 在随机控制理论中,我们把上述问题称为最优滤波问题.

如果我们所设计的控制系统的传递函数 $\Phi(s)$,使得在 t 时刻的系统输出信号 $\hat{X}(t)$ 尽可能精确地复现出 $t+T$ 时刻的有用信号 $X(t+T)$,同时又尽可能多地把干扰信号 $n(t)$ 滤掉,那么就称上述问题为最优预测滤波问题.

进一步来说,如果我们所设计的系统传递函数 $\Phi(s)$ 使得输出信号 $\hat{X}(t)$ 尽可能精确地复现出输入信号导数 $X'(t)$,同时又尽可能多地把干扰信号 $n(t)$ 滤掉,那么就称上述问题为微分平滑问题.

值得注意的是,这里所说的"尽可能精确"或者"尽可能多"虽然是定性的说法,但这里面却包含某种最优的含义. 下面我们就定量地讨论上述问题.

设信号作用于线性定常系统的情况如图 7.1.1 所示. 图中,$X(t)$ 为有用随机信号,并假设 $\{X(t), -\infty<t<+\infty\}$ 为零均值平稳随机过程,其自相关函数 $B_X(\tau)$ 或功率谱密度函数 $S_X(\omega)$ 均为已知;$n(t)$ 为随机干扰信号,假设 $\{n(t), -\infty<t<+\infty\}$ 为零均值平稳随机过程,它可以是白噪声也可以是时间相关的平稳随机过程,其自相关函数 $B_n(\tau)$ 或功率谱密度函数 $S_n(\omega)$ 均为已知,而且上述两个信号的互相关函数 $B_{Xn}(\tau)$ 和互功率谱密度函数 $S_{Xn}(\omega)$ 也是已知的.

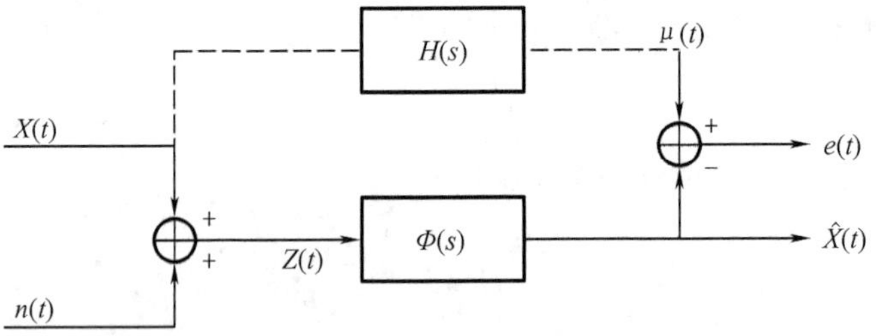

图 7.1.1　有用信号 $X(t)$ 和干扰信号 $n(t)$ 同时作用于线性定常系统的方块图表示

应当指出,如果 $X(t)$ 和 $n(t)$ 的均值不为零,可以用 $X(t)-E[X(t)]$ 代替 $X(t)$,用 $n(t)-E[n(t)]$ 代替 $n(t)$ 来进行研究,不过 $E[X(t)]$ 和 $E[n(t)]$ 应当为已知.

有用信号 $X(t)$ 和干扰信号 $n(t)$ 通过实际系统 $\Phi(s)$ 得到真实输出信号 $\hat{X}(t)$,有用信号通过预期的传递函数 $H(s)$ 得到预期的输出 $\mu(t)$. 如果 $H(s)=1$,就称之为滤波问题. 如果 $H(s)=e^{ST}$,就称之为预测问题. 如果 $H(s)=S$,就称之为微分平滑问题. 预期输出信号 $\mu(t)$ 和真实输出信号 $\hat{X}(t)$ 之差 $e(t)$ 称为误差.

由前面的随机分析可知,真实输出信号 $\{\hat{X}(t),-\infty<t<+\infty\}$ 和预期输出信号 $\{\mu(t),-\infty<t<+\infty\}$ 都是平稳随机过程,所以误差信号 $\{e(t),-\infty<t<+\infty\}$ 也是平稳随机过程. 这样一来,系统精度的高低或者说误差 $e(t)$ 的大小只能用统计量来度量.

为了使上述问题能够在平稳随机过程的相关理论中得到解决,我们采用误差 $e(t)$ 的平方均值或称之为均方误差(简称方差)

$$\sigma^2=E[\mu(t)-\hat{X}(t)]^2 \tag{7.1.1}$$

作为衡量系统工作精度的指标.

综上所述,可以归纳如下:

如何设计一个物理可实现的传递函数 $\Phi(s)$,使得均方误差 σ^2 最小,即

$$\sigma^2=E[\mu(t)-\hat{X}(t)]^2=\min \tag{7.1.2}$$

当 $H(s)=1$ 时,称满足方程式(7.1.2)的 $\Phi(s)$ 为连续最优滤波器的传递函数;当 $H(s)=e^{ST}$ 时,称满足方程式(7.1.2)的 $\Phi(s)$ 为连续最优预测滤波器的传递函数,其中 $T>0$ 为预测时间.

7.2 维纳方程

7.2.1 连续维纳-霍甫(Wiener-Hopf)积分方程

设线性定常系统的传递函数为 $\Phi(s)$,相应的单位脉冲响应函数为 $k(t)$,两者的关系为

$$k(t)=\mathscr{L}^{-1}\{\Phi(s)\} \tag{7.2.1}$$

其中,$\mathscr{L}^{-1}\{\cdot\}$ 代表求拉氏反变换. 这里应当指出,我们所要求的系统应当是物理可实现的,即要求 $k(t)$ 满足

$$k(t)=0,t<0 \tag{7.2.2}$$

这等价地要求系统是稳定的,即 $\Phi(s)$ 的全部极点均应在 s 的左半平面内.

系统在 $Z(t)$ 的作用下,其输出函数 $\hat{X}(t)$ 可表示为

$$\hat{X}(t)=\int_0^{\infty}k(\tau)Z(t-\tau)\mathrm{d}\tau$$

此时,由式(7.1.1)可知,线性定常系统输出的均方误差为

$$\begin{aligned}\sigma^2&=E[\mu(t)-\hat{X}(t)]^2\\&=E[\mu(t)-\int_0^{\infty}k(\tau)Z(t-\tau)\mathrm{d}\tau]^2\end{aligned}$$

$$= E[\mu^2(t)] - 2\int_0^\infty k(\tau)E[\mu(t)Z(t-\tau)]\mathrm{d}\tau + \int_0^\infty\int_0^\infty k(\tau)k(l)E[Z(t-\tau)Z(t-l)]\mathrm{d}\tau\mathrm{d}l$$

$$= B_{\mu\mu}(0) - 2\int_0^\infty k(\tau)B_{\mu Z}(\tau)\mathrm{d}\tau + \int_0^\infty\int_0^\infty k(\tau)k(l)B_{ZZ}(l-\tau)\mathrm{d}\tau\mathrm{d}l \tag{7.2.3}$$

其中

$$\begin{aligned} B_{ZZ}(\tau) &= E[Z(t+\tau)Z(t)] \\ &= E\{[X(t+\tau)+n(t+\tau)][X(t)+n(t)]\} \\ &= B_{XX}(\tau)+B_{nX}(\tau)+B_{Xn}(\tau)+B_{nn}(\tau) \end{aligned} \tag{7.2.4}$$

$$\begin{aligned} B_{\mu Z}(\tau) &= E[\mu(t+\tau)Z(t)] \\ &= E[\mu(t+\tau)X(t)] + E[\mu(t+\tau)n(t)] \\ &= B_{\mu X}(\tau)+B_{\mu n}(\tau) \end{aligned} \tag{7.2.5}$$

并假定 $B_{XX}(\tau)$,$B_{nn}(\tau)$,$B_{Xn}(\tau)$,$B_{\mu X}(\tau)$和 $B_{\mu n}(\tau)$均为已知.

下面我们求使均方误差 σ^2 取极小的充要条件,为此有定理 7.2.1.

定理 7.2.1 使均方误差式(7.1.1)取极小的充要条件是系统的单位脉冲响应函数 $k(t)$应满足如下维纳-霍甫积分方程,即

$$B_{\mu z}(\tau) - \int_0^\infty k(l)B_{ZZ}(\tau-l)\mathrm{d}l = 0, \tau > 0 \tag{7.2.6}$$

此时最小均方误差$\sigma^2_{\min}$为

$$\sigma^2_{\min} = B_{\mu\mu}(0) - \int_0^\infty\int_0^\infty k(\tau)k(l)B_{ZZ}(l-\tau)\mathrm{d}\tau\mathrm{d}l \tag{7.2.7}$$

证明 设线性定常系统的单位脉冲响应函数 $k(t)$已使均方误差式(7.2.3)取极小. 现在我们对式(7.2.3)中的 $k(\tau)$加上一个变分 $\delta k(\tau)=\gamma\eta(\tau)$,根据物理可实现性的要求,当然它应与 $k(\tau)$一样,有

$$\delta k(\tau)=\gamma\eta(\tau)=0, t<0 \tag{7.2.8}$$

其中,γ 为与 τ 无关的参量,而且 $\eta(\tau)$为 τ 的任意函数.

当我们用 $k(\tau)+\gamma\eta(\tau)$代替式(7.2.3)中的 $k(\tau)$时,性能指标 σ^2 也出现一个变分,即

$$\sigma^2(k+\gamma\eta) = \sigma^2_{\min} + \delta\,\sigma^2_{\min} \tag{7.2.9}$$

显然,$k(\tau)$使式(7.2.3)取极值的必要条件应是对任意 $\eta(\tau)$,有

$$\left.\frac{\partial\sigma^2(k+\gamma\eta)}{\partial\gamma}\right|_{\gamma=0} = 0 \tag{7.2.10}$$

现在按方程式(7.2.10)求 $k(\tau)$所应满足的方程. 为此首先把式(7.2.3)中的$k(\tau)$用$k(\tau)+\gamma\eta(\tau)$代替,则

$$\begin{aligned} \sigma^2(k+\gamma\eta) &= B_{\mu\mu}(0) - 2\int_0^\infty [k(\tau)+\gamma\eta(\tau)]B_{\mu z}(\tau)\mathrm{d}\tau + \\ &\quad \int_0^\infty\int_0^\infty [k(\tau)+\gamma\eta(\tau)][k(l)+\gamma\eta(l)]B_{ZZ}(l-\tau)\mathrm{d}\tau\mathrm{d}l \\ &= B_{\mu\mu}(0) - 2\int_0^\infty k(\tau)B_{\mu Z}(\tau)\mathrm{d}\tau + \int_0^\infty\int_0^\infty k(\tau)k(l)B_{ZZ}(l-\tau) \\ &\quad \mathrm{d}\tau\mathrm{d}l - 2\gamma\int_0^\infty \eta(\tau)B_{\mu Z}(\tau)\mathrm{d}\tau + \gamma\int_0^\infty\int_0^\infty \eta(\tau)k(l)B_{ZZ}(l-\tau)\mathrm{d}\tau\mathrm{d}l + \end{aligned}$$

$$\gamma\int_0^\infty\int_0^\infty k(\tau)\eta(l)B_{ZZ}(l-\tau)\mathrm{d}\tau\mathrm{d}l+\gamma^2\int_0^\infty\int_0^\infty \eta(\tau)k(l)B_{ZZ}(l-\tau)\mathrm{d}\tau\mathrm{d}l \tag{7.2.11}$$

又因为自相关函数 $B_{ZZ}(\tau)$ 具有偶函数性，即

$$B_{ZZ}(l-\tau)=B_{ZZ}(\tau-l)$$

所以有 $$\int_0^\infty\int_0^\infty \eta(\tau)k(l)B_{ZZ}(l-\tau)\mathrm{d}\tau\mathrm{d}l=\int_0^\infty\int_0^\infty k(\tau)\eta(l)B_{ZZ}(\tau-l)\mathrm{d}\tau\mathrm{d}l$$

再注意到式(7.2.3)中的 $k(\tau)$ 是使性能指标 σ^2 取极值 σ_0^2，则式(7.2.11)可简化为

$$\begin{aligned}\sigma^2(k+\gamma\eta)&=\sigma_0^2-2\gamma\Big[\int_0^\infty \eta(\tau)B_{\mu Z}(\tau)\mathrm{d}\tau-\int_0^\infty\int_0^\infty \eta(\tau)k(l)B_{ZZ}(\tau-l)\mathrm{d}\tau\mathrm{d}l\Big]+\\&\quad\gamma^2\int_0^\infty\int_0^\infty \eta(\tau)\eta(l)B_{ZZ}(\tau-l)\mathrm{d}\tau\mathrm{d}l\end{aligned} \tag{7.2.12}$$

将式(7.2.12)代入式(7.2.10)中，则使式(7.2.3)取极值的 $K(\tau)$ 必满足

$$\begin{aligned}\left.\frac{\partial\sigma^2(k+\gamma\eta)}{\partial\gamma}\right|_{\gamma=0}&=\int_0^\infty \eta(\tau)B_{\mu Z}(\tau)\mathrm{d}\tau-\int_0^\infty\int_0^\infty \eta(\tau)k(l)B_{ZZ}(\tau-l)\mathrm{d}\tau\mathrm{d}l\\&=\int_0^\infty \eta(\tau)\Big[B_{\mu Z}(\tau)-\int_0^\infty k(l)B_{ZZ}(\tau-l)\mathrm{d}l\Big]\mathrm{d}\tau=0\end{aligned} \tag{7.2.13}$$

考虑到 $\eta(\tau)$ 是 τ 的任意函数，则式(7.2.13)成立的等价条件是

$$B_{\mu Z}(\tau)-\int_0^\infty k(l)B_{ZZ}(\tau-l)\mathrm{d}l=0,\tau>0 \tag{7.2.14}$$

再证充分性. 因为

$$\begin{aligned}\frac{\partial^2}{\partial\gamma^2}\sigma^2(k+\gamma\eta)&=2\int_0^\infty\int_0^\infty \eta(\tau)\eta(l)B_{ZZ}(l-\tau)\mathrm{d}\tau\mathrm{d}l\\&=2\int_0^\infty\int_0^\infty \eta(\tau)\eta(l)E[Z(l)Z(\tau)]\mathrm{d}\tau\mathrm{d}l\\&=2E\Big[\int_0^\infty \eta(\tau)Z(\tau)\mathrm{d}\tau\int_0^\infty \eta(l)Z(l)\mathrm{d}l\Big]\\&=2E\Big[\int_0^\infty \eta(\tau)Z(\tau)\mathrm{d}\tau\Big]^2\geqslant 0\end{aligned} \tag{7.2.15}$$

所以，由方程式(7.2.14)解出的 $k(\tau)$ 确实使性能指标 σ^2 取极小.

当式(7.2.14)成立时，最小均方误差为

$$\begin{aligned}\sigma_{\min}^2&=B_{\mu\mu}(0)-2\int_0^\infty\int_0^\infty k(\tau)k(l)B_{ZZ}(l-\tau)\mathrm{d}\tau\mathrm{d}l+\\&\quad\int_0^\infty\int_0^\infty k(\tau)k(l)B_{ZZ}(l-\tau)\mathrm{d}\tau\mathrm{d}l\\&=B_{\mu\mu}(0)-\int_0^\infty\int_0^\infty k(\tau)k(l)B_{ZZ}(l-\tau)\mathrm{d}\tau\mathrm{d}l\end{aligned} \tag{7.2.16}$$

定理得证.

定理 7.2.1 最先是由美国麻省理工学院维纳教授于 1949 年发表的，与此同时，苏联学者柯尔莫哥洛夫(A. H. Колмогоров)也独立地证明了上述结论.

7.2.2 离散时间的维纳－霍甫方程

随着电子计算机的飞跃发展,以计算机作为控制工具的离散控制系统也越来越得到人们的重视. 本节的内容就是讨论在平稳随机序列作用下离散线性定常系统的最优滤波和预测问题.

假设在平稳随机序列作用下离散线性系统的工作情况如图 7.1.1 所示.

图中,$\{X(i),i=\cdots,-2,-1,0,1,2,\cdots\}$为随机信号序列,假设它是零均值平稳随机序列,其自相关函数 $B_X(i)$ 和功率谱密度函数 $S_X(z)$ 均为已知,由定理 3.2.6 可知两者的关系为

$$S_X(z)=\sum_{i=-\infty}^{+\infty}B_X(i)Z^{-i} \tag{7.2.17}$$

$$B_X(i)=\frac{1}{2\pi \mathrm{j}}\oint_{|z|=1}S_X(z)z^{i-1}\mathrm{d}z$$

$\{n(i),i=\cdots,-2,-1,0,1,2,\cdots\}$为随机干扰序列,假设它是零均值平稳随机序列,其自相关函数 $B_n(i)$ 和功率谱密度函数 $S_n(z)$ 均为已知. 而且上述两个序列的互相关函数 $B_{nX}(i)$ 和互功率谱密度函数 $B_{nX}(z)$ 也是已知的. $H(z)$ 为预期的离散传递函数,如果取 $H(z)=1$,则称其为滤波问题. 如果取 $H(z)=z^l,l=1,2,\cdots$,则称其为 l 步预测滤波问题. $\{\mu(i),i=\cdots,-2,-1,0,1,2,\cdots\}$为预期信号序列,$\{e(i),i=\cdots,-2,-1,0,1,2,\cdots\}$为误差序列.

需要考虑的问题就是如何设计一个物理可实现的离散传递函数 $\Phi(z)$,即所有极点均在单位圆内的离散传递函数 $\Phi(z)$,使得均方误差

$$\sigma^2=E[\mathrm{e}^2(i)]=E[\mu(i)-\hat{X}(i)]^2 \tag{7.2.18}$$

取极小.

为此,假设该离散系统的单位脉冲响应函数为 $k(i)$,由控制理论可知 $\Phi(z)$ 与 $k(i)$ 的关系为

$$\Phi(z)=\sum_{i=0}^{\infty}k(i)z^{-i}\triangleq Z\{k(i)\}$$

$$k(i)=\frac{1}{2\pi \mathrm{j}}\oint_{|z|=1}\Phi(z)z^{i-1}\mathrm{d}z\triangleq Z^{-1}\{\Phi(z)\} \tag{7.2.19}$$

其中,符号 $Z\{\cdot\}$,$Z^{-1}\{\cdot\}$分别表示 Z 变换及 Z 逆变换. 要求 $\Phi(z)$ 的物理可实现性就等价于要求

$$k(i)=0,i<0 \tag{7.2.20}$$

利用熟知的卷积公式,可知系统输出 $\hat{X}(i)$ 为

$$\hat{X}(i)=\sum_{l=0}^{\infty}k(l)Z(i-l) \tag{7.2.21}$$

把方程式(7.2.21)代入方程式(7.2.18),可得

$$\begin{aligned}\sigma^2&=E[\mu(i)-\hat{X}(i)]^2\\&=E[\mu(i)-\sum_{l=0}^{\infty}k(l)Z(i-l)]^2\\&=B_{\mu\mu}(0)-2\sum_{l=0}^{\infty}k(l)B_{\mu Z}(l)+\sum_{q=0}^{\infty}\sum_{l=0}^{\infty}k(l)k(q)B_{ZZ}(l-q)\end{aligned} \tag{7.2.22}$$

其中 $$B_{ZZ}(i)=E[Z(k+i)Z(k)]=B_{XX}(i)+B_{nX}(i)+B_{Xn}(i)+B_{nn}(i) \tag{7.2.23}$$

$$B_{\mu Z}(i)=E[\mu(k+i)Z(k)]=B_{\mu X}(i)+B_{\mu n}(i) \tag{7.2.24}$$

这里假设 $B_{XX}(i)$，$B_{nX}(i)$，$B_{nn}(i)$，$B_{\mu X}(i)$，$B_{\mu n}(i)$均为已知.

下面仿照证明定理 7.2.1 的过程来推导离散最优脉冲响应函数所应满足的方程. 设方程式(7.2.22)中的 $k(l)$已使均方误差最小，即

$$\sigma^2(k)=\sigma_0^2=\min$$

然后用 $k(l)+\nu\eta(l)$代替方程式(7.2.22)中的 $k(l)$，其中 ν 为与 l 无关的参量，$\eta(l)$为 l 的任意函数，但由物理可实现性的要求，$\eta(l)$应满足

$$\eta(l)=0,l<0$$

其中，l 为正整数，这时均方误差为 $\sigma^2(k+\nu\eta)$. 显然，$k(l)$使式(7.2.22)取极值的必要条件应是对任意 $\eta(l)$，有

$$\left.\frac{\partial}{\partial\nu}\sigma^2(k+\nu\eta)\right|_{\nu=0}=0 \tag{7.2.25}$$

现在按方程式(7.2.25)来求 $k(l)$所应满足的方程. 为此，首先在方程式(7.2.22)中用 $k(l)+\nu\eta(l)$代替 $k(l)$，则

$$\begin{aligned}\sigma^2(k+\nu\eta) &= B_{\mu\mu}(0)-2\sum_{l=0}^{\infty}[k(l)+\nu\eta(l)] \\ &\quad B_{\mu Z}(l)+\sum_{l=0}^{\infty}\sum_{q=0}^{\infty}[k(l)+\nu\eta(l)][k(q)+\nu\eta(q)]B_{ZZ}(l-q) \\ &= \sigma^2(k)-2\nu\Big[\sum_{l=0}^{\infty}\eta(l)B_{\mu Z}(l)-\sum_{l=0}^{\infty}\sum_{q=0}^{\infty}\eta(l)k(q)B_{ZZ}(l-q)\Big]+ \\ &\quad \nu^2\sum_{l=0}^{\infty}\sum_{q=0}^{\infty}\eta(l)\eta(q)B_{ZZ}(l-q)\end{aligned} \tag{7.2.26}$$

将式(7.2.26)代入式(7.2.25)，可得

$$\left.\frac{\partial\,\sigma^2(k+\nu\eta)}{\partial\nu}\right|_{\nu=0}=-2\sum_{l=0}^{\infty}\eta(l)\Big[B_{\mu Z}(l)-\sum_{q=0}^{\infty}k(q)B_{ZZ}(l-q)\Big]=0 \tag{7.2.27}$$

又因为 $\eta(l)$是 l 的任意函数，所以式(7.2.27)成立的等价条件是

$$B_{\mu Z}(l)-\sum_{q=0}^{\infty}k(q)B_{ZZ}(l-q)=0,l\geqslant 0 \tag{7.2.28}$$

式(7.2.28)表明，如果离散系统脉冲响应函数 $k(q)$满足方程式(7.2.28)，则均方误差 σ^2 出现极值，但是又因为

$$\begin{aligned}\frac{\partial^2}{\partial\nu^2}\sigma^2(k+\nu\eta) &= 2\sum_{l=0}^{\infty}\sum_{q=0}^{\infty}\eta(l)\eta(q)B_{ZZ}(l-q) \\ &= 2E\Big[\sum_{l=0}^{\infty}\eta(l)Z(l)\Big]^2\geqslant 0\end{aligned} \tag{7.2.29}$$

所以，均方误差 σ^2 为极小. 如果将式(7.2.28)代入式(7.2.22)，则得到最小均方误差为

$$\begin{aligned}\sigma^2(k) &= B_{\mu\mu}(0)-2\sum_{l=0}^{\infty}k(l)\sum_{q=0}^{\infty}K(q)B_{ZZ}(l-q)+\sum_{l=0}^{\infty}\sum_{q=0}^{\infty}k(l)k(q)B_{ZZ}(l-q) \\ &= B_{\mu\mu}(0)-\sum_{l=0}^{\infty}\sum_{q=0}^{\infty}k(l)k(q)B_{ZZ}(l-q)\end{aligned} \tag{7.2.30}$$

总结上面的结果,可得定理 7.2.2.

定理 7.2.2 对于图 7.2.1 所示的离散线性定常系统,使均方误差式(7.2.18)取极小的充要条件是离散系统脉冲响应函数 $k(l), l=0,1,2,\cdots$ 应满足如下离散时间维纳 - 霍甫方程

$$B_{\mu Z}(l)-\sum_{q=0}^{\infty}k(q)B_{ZZ}(l-q)=0, l\geqslant 0 \tag{7.2.31}$$

此时最小均方误差$\sigma_{\min}^2$为

$$\sigma_{\min}^2=B_{\mu\mu}(0)-\sum_{l=0}^{\infty}\sum_{q=0}^{\infty}k(l)k(q)B_{ZZ}(l-q) \tag{7.2.32}$$

7.2.3 有理功率谱密度

对于一般的平稳随机过程来说,按维纳 - 霍甫方程式(7.2.6)和式(7.2.31)求出线性系统传递函数在数学上是比较困难的,但对于具有有理功率谱密度函数的平稳随机过程来说,上述问题却比较简单. 另一方面,如果我们要处理的平稳随机过程具有非有理功率谱密度时,从工程应用观点,可以用有理功率谱密度函数逼近非有理功率谱密度函数. 因此,本章将对具有有理功率谱密度函数的平稳随机过程来解维纳 - 霍甫积分方程. 在本节我们讨论有理功率谱密度函数的若干性质.

定义 7.2.1 设 $S_X(\omega)$ 为连续平稳随机过程的功率谱密度函数,如果 $S_X(\omega)$ 可以表示为

$$S_X(\omega)=A\frac{P(\omega)}{Q(\omega)}=A\frac{\omega^m+b_1\omega^{m-1}+\cdots+b_{m-1}\omega+b_m}{\omega^n+a_1\omega^{n-1}+\cdots+a_{n-1}\omega+a_n} \tag{7.2.33}$$

$$=A\frac{\prod\limits_i(\omega-\lambda_i)}{\prod\limits_i(\omega-\eta_i)}, -\infty<\omega<+\infty \tag{7.2.34}$$

其中,A 为实常数;$P(\omega)$ 和 $Q(\omega)$ 均为 ω 的实系数多项式,且 $n>m$;$\lambda_i(i=1,2,\cdots,m)$ 为 $P(\omega)$ 的零点;$\eta_i(i=1,2,\cdots,n)$ 为 $Q(\omega)$ 的零点. 则称 $S_X(\omega)$ 为有理功率谱密度函数,简称有理谱密度.

如果平稳随机过程具有有理谱密度时,则该有理谱密度具有如下性质,即定理 7.2.3.

定理 7.2.3 设 $S_X(\omega)$ 为平稳随机过程 $\{X(t), -\infty<t<+\infty\}$ 的有理谱密度,则 $S_X(\omega)$ 在 ω 的实轴上无极点且分母多项式最高次数与分子多项式最高次数 m 满足

$$n\geqslant m+2 \tag{7.2.35}$$

证明 因为平稳随机过程的二阶矩有界,所以

$$\frac{1}{2\pi}\int_{-\infty}^{+\infty}S_X(\omega)\mathrm{d}\omega=B_X(0)=E[X^2(t)]<\infty \tag{7.2.36}$$

由此可知 $S_X(\omega)$ 在 ω 实轴上处处解析,即 $Q(\omega)$ 为无实零点. 为了证明式(7.2.35),应当讨论式(7.2.36)等号左边的积分项的收敛性. 为此首先将积分化为和式,取$(-\infty,+\infty)$中的任一组分点

$$-\infty<\omega_{-n}<\omega_{-n+1}<\cdots<\omega_0<\omega_1<\cdots<\omega_n<+\infty$$

$$\Delta n=\max_{-n+1\leqslant i\leqslant n}|\Delta\omega_i|$$

其中,$\Delta\omega_i=\omega_i-\omega_{i-1}$.

由式(7.2.36)可知

$$\frac{1}{2\pi}\int_{-\infty}^{+\infty} S_X(\omega)\mathrm{d}\omega = \lim_{\Delta n\to 0}\sum_{i=-n}^{n}\frac{1}{2\pi}S_X(\omega_i)\Delta\omega_i$$

记

$$B_X^N(0) \triangleq \sum_{i=-N}^{N}\frac{1}{2\pi}S_X(\omega_i)\Delta\omega_i \tag{7.2.37}$$

显然$\{B_X^N(0), N=1,2,\cdots\}$为一实数列,当$M>N\gg 1$且将式(7.2.33)代入式(7.2.37)时,有

$$\begin{aligned}|B_X^M(0)-B_X^N(0)| &= \left|\sum_{N<|i|\leqslant M}\frac{1}{2\pi}S_X(\omega_i)\Delta\omega_i\right| < \frac{1}{2\pi}\frac{A}{\omega_n^{n-m}}\sum_{N<|i|\leqslant M}\Delta\omega_i \\ &= \frac{A[(\omega_M-\omega_n)+(\omega_{-N}-\omega_{-M})]}{2\pi\,\omega_n^{n-m}}\end{aligned} \tag{7.2.38}$$

又因n,m均为正整数,所以当且仅当$n-m\geqslant 2$时,才有

$$|B_X^M(0)-B_X^N(0)| \to 0(\omega_n,\omega_M\to\infty)$$

然而由定理的假设条件可知式(7.2.36)等号左边积分项是收敛的,故得$n-m\geqslant 2$,即$n\geqslant m+2$.

定理证毕.

定理 7.2.4 设$S_X(\omega)$为平稳随机过程$\{X(t),-\infty<t<+\infty\}$的有理谱密度,则$S_X(\omega)$必可分解为

$$\begin{aligned}S_X(\omega) &= \frac{A\cdot P(\omega)}{Q(\omega)} \\ &= A\cdot\frac{\prod_i(\omega-\lambda_i)(\omega+\lambda_i)(\omega-\lambda_i^*)(\omega+\lambda_i^*)}{\prod_i(\omega-\eta_i)(\omega+\eta_i)(\omega-\eta_i^*)(\omega+\eta_i^*)}\cdot\frac{\prod_i(\omega-\alpha_i)(\omega+\alpha_i)}{\prod_i(\omega-\beta_i)(\omega+\beta_i)}\end{aligned} \tag{7.2.39}$$

其中,λ_i为实系数多项式

$$P(\omega)=\omega^m+b_1\omega^{m-1}+\cdots+b_{m-1}\omega+b_m \tag{7.2.40}$$

的复数零点;λ_i^*为λ_i的共轭复数;α_i为$P(\omega)$的纯虚数零点;η_i为实系数多项式

$$Q(\omega)=\omega^n+a_1\omega^{n-1}+\cdots+a_{n-1}\omega+a_n \tag{7.2.41}$$

的复数零点,η_i^*为η_i的共轭复数;β_i为$Q(\omega)$的纯虚数零点.

证明 因为平稳随机过程的功率谱密度函数$S_X(\omega)$是ω的偶函数且具有式(7.2.33)所表示的有理谱形式,所以$S_X(\omega)$必可表示为

$$S_X(\omega)=A\frac{[\omega^2]^l+b_1^*[\omega^2]^{l-1}+\cdots+b_{l-1}^*\omega^2+b_l^*}{(\omega^2)^p+a_1^*(\omega^2)^{p-1}+\cdots+a_{p-1}^*\omega^2+a_p^*}\triangleq A\frac{P^*(\omega^2)}{Q^*(\omega^2)} \tag{7.2.42}$$

比较式(7.2.42)及式(7.2.33)可知,$2l=m,2p=n$且$P^*(\omega^2)$和$Q^*(\omega^2)$均为ω^2的实系数多项式.

由代数理论可知,若实系数多项式$P^*(\omega^2)$和$Q^*(\omega^2)$有复数零点,则必共轭出现.因此式(7.2.42)又可表示为

$$S_X(\omega)=A\frac{\prod_i(\omega^2-\bar{\lambda}_i)(\omega^2-\bar{\lambda}_i^*)\prod_i(\omega^2-\bar{\alpha}_i)}{\prod_i(\omega^2-\bar{\eta}_i)(\omega^2-\bar{\eta}_i)\prod_i(\omega^2-\bar{\beta}_i)} \tag{7.2.43}$$

其中,$\bar{\lambda}_i$为$P^*(\omega^2)$的复数零点;$\bar{\lambda}_l^*$为$\bar{\lambda}_i$的共轭复数;$\bar{\eta}$为$Q^*(\omega^2)$的复数零点;$\bar{\eta}_i$为$\bar{\eta}$的共

轭复数；$\bar{\alpha}_i$ 为 $P^*(\omega^2)$ 的实数零点；$\bar{\beta}$为 $Q^*(\omega^2)$ 的实数零点. 由定理 7.2.3 可知必有

$$\bar{\beta}<0 \tag{7.2.44}$$

再由 $S_X(\omega)$ 的非负性，即 $S(\omega)\geqslant 0$ 可知

$$\bar{\alpha}_i \leqslant 0 \tag{7.2.45}$$

设$\sqrt{\bar{\lambda}_i}=\lambda_i$，$\sqrt{\bar{\alpha}_i}=\alpha_i$，$\sqrt{\bar{\eta}}=\eta_i$，$\sqrt{\bar{\beta}}=\beta_i$，并代入式(7.2.43)，则得

$$S_X(\omega)=A\frac{\prod_i(\omega-\lambda_i)(\omega+\lambda_i)(\omega-\lambda_i^*)(\omega+\lambda_i^*)}{\prod_i(\omega-\eta_i)(\omega+\eta_i)(\omega-\eta_i^*)(\omega+\eta_i^*)}\cdot\frac{\prod_i(\omega-\alpha_i)(\omega+\alpha_i)}{\prod_i(\omega-\beta_i)(\omega+\beta_i)} \tag{7.2.46}$$

定理证毕.

由定理 7.2.3 和定理 7.2.4 的结论还可推出定理 7.2.5.

定理 7.2.5　设 $S_X(\omega)$ 为平稳随机过程$\{X(t),-\infty<t<+\infty\}$的有理谱密度，则 $S_X(\omega)$ 可表示为

$$S_X(\omega)=\Psi(\mathrm{j}\omega)\Psi(-\mathrm{j}\omega)=|\Psi(\mathrm{j}\omega)|^2 \tag{7.2.47}$$

$$\Psi(-\mathrm{j}\omega)=\Psi^*(\mathrm{j}\omega) \tag{7.2.48}$$

其中，$\Psi(\mathrm{j}\omega)$ 的零点均在 ω 的上半平面或实轴上，极点均在 ω 的上半平面内；$\Psi^*(\mathrm{j}\omega)$ 为 $\Psi(\mathrm{j}\omega)$ 的共轭.

证明　在式(7.2.39)中，不妨设 λ_i 在上半平面内，则 $-\lambda_i$ 和 λ_i^* 必在下半平面内，而 $-\lambda_i^*$ 必在上半平面内. 上述结论对于 α_i，η_i，β_i 也均成立. 于是式(7.2.39)必可表示为

$$S_X(\omega)=\sqrt{A}\frac{\prod_i(\omega-\lambda_i)(\omega+\lambda_i^*)\prod_i(\omega-\alpha_i)}{\prod_i(\omega-\eta_i)(\omega+\eta_i^*)\prod_i(\omega-\beta_i)}\sqrt{A}\frac{\prod_i(\omega+\lambda_i)(\omega-\lambda_i^*)\prod_i(\omega+\alpha_i)}{\prod_i(\omega+\eta_i)(\omega-\eta_i^*)\prod_i(\omega+\beta_i)} \tag{7.2.49}$$

若令

$$\Psi(\mathrm{j}\omega)\triangleq\frac{\sqrt{A}\prod_i(\mathrm{j}\omega-\mathrm{j}\lambda_i)(\mathrm{j}\omega+\mathrm{j}\lambda_i^*)\prod_i(\mathrm{j}\omega-\mathrm{j}\alpha_i)}{\prod_i(\mathrm{j}\omega-\mathrm{j}\eta_i)(\mathrm{j}\omega+\mathrm{j}\eta_i^*)\prod_i(\mathrm{j}\omega-\mathrm{j}\beta_i)} \tag{7.2.50}$$

及

$$\Psi(-\mathrm{j}\omega)\triangleq\frac{\sqrt{A}\prod_i(-\mathrm{j}\omega-\mathrm{j}\lambda_i)(-\mathrm{j}\omega+\mathrm{j}\lambda_i^*)\prod_i(-\mathrm{j}\omega-\mathrm{j}\alpha_i)}{\prod_i(-\mathrm{j}\omega-\mathrm{j}\eta_i)(-\mathrm{j}\omega+\mathrm{j}\eta_i^*)\prod_i(-\mathrm{j}\omega-\mathrm{j}\beta_i)}$$

于是

$$S_X(\omega)=\Psi(\mathrm{j}\omega)\Psi(-\mathrm{j}\omega)=|\Psi(\mathrm{j}\omega)|^2$$

而且还有

$$\Psi(-\mathrm{j}\omega)=\Psi^*(\mathrm{j}\omega) \tag{7.2.51}$$

其中 $\Psi^*(\mathrm{j}\omega)$ 为 $\Psi(\mathrm{j}\omega)$ 的共轭.

若记 $\Psi(\mathrm{j}\omega)$ 的傅里叶变换为 $\Psi_1(t)$，$\Psi(-\mathrm{j}\omega)$ 的傅里叶变换为 $\Psi_2(t)$，即

$$\Psi_1(t)=\frac{1}{2\pi}\int_{-\infty}^{+\infty}\Psi(\mathrm{j}\omega)\mathrm{e}^{\mathrm{j}\omega t}\mathrm{d}\omega$$

$$\Psi_2(t)=\frac{1}{2\pi}\int_{-\infty}^{+\infty}\Psi(-\mathrm{j}\omega)\mathrm{e}^{\mathrm{j}\omega t}\mathrm{d}\omega \tag{7.2.52}$$

则利用复变函数的理论可证明有

$$\Psi_1(t)=0, t<0 \tag{7.2.53}$$

$$\Psi_2(t)=0, t>0 \tag{7.2.54}$$

把式(7.2.47)同式(3.2.6)相比较,可得出定理7.2.6.

定理7.2.6 设$S_X(\omega)$为平稳随机过程$\{X(t), -\infty<t<+\infty\}$的有理谱密度,则它必是零均值白噪声过程$\{\xi(t), -\infty<t<+\infty\}$作用于某稳定的线性定常系统的输出功谱密度函数. 其中白噪声过程$\{\xi(t), -\infty<t<+\infty\}$的功率谱密度函数$S_\xi(\omega)$为

$$S_\xi(\omega)=1$$

而稳定的线性定常系统的传递函数$G(\mathrm{j}\omega)$为

$$G(\mathrm{j}\omega)=\Psi(\mathrm{j}\omega)$$

且

$$S_X(\omega)=G(\mathrm{j}\omega)G(-\mathrm{j}\omega)=|G(\mathrm{j}\omega)|^2$$

其中,$\Psi(\mathrm{j}\omega)$由式(7.2.50)表示.

这个定理的证明比较简单,留给读者作为练习.

通常称$G(\mathrm{j}\omega)$为平稳随机过程$\{X(t), -\infty<t<+\infty\}$的成形滤波器的传递函数.

例7.2.1 设平稳随机过程$\{X(t), -\infty<t<+\infty\}$的有理谱密度$S_X(\omega)$为

$$S_X(\omega)=\frac{\omega^2+1}{\omega^4+8\omega^2+4}$$

试作因式分解并求成形滤波器传递函数$G(\mathrm{j}\omega)$.

解 因为$P(\omega)=\omega^2+1$可分解为$P(\omega)=(\omega+\mathrm{j})(\omega-\mathrm{j})$,其中$\mathrm{j}=\sqrt{-1}$,又知

$$Q(\omega)=\omega^4+8\omega^2+4$$

所以经分解可得

$$Q(\omega)=(\omega-\mathrm{j}\sqrt{4+\sqrt{12}})(\omega+\mathrm{j}\sqrt{4+\sqrt{12}})(\omega-\mathrm{j}\sqrt{4-\sqrt{12}})(\omega+\mathrm{j}\sqrt{4-\sqrt{12}})$$

由定理7.2.5可知有理谱密度可表示为

$$\begin{aligned}
S_X(\omega)&=\frac{\omega-\mathrm{j}}{(\omega-\mathrm{j}\sqrt{4+\sqrt{12}})(\omega-\mathrm{j}\sqrt{4-\sqrt{12}})}\cdot\frac{\omega+\mathrm{j}}{(\omega+\mathrm{j}\sqrt{4+\sqrt{12}})(\omega+\mathrm{j}\sqrt{4-\sqrt{12}})}\\
&=\frac{\mathrm{j}(\omega-\mathrm{j})}{\mathrm{j}(\omega-\mathrm{j}\sqrt{4+\sqrt{12}})\mathrm{j}(\omega-\mathrm{j}\sqrt{4-\sqrt{12}})}\cdot\frac{-\mathrm{j}(\omega+\mathrm{j})}{[-\mathrm{j}(\omega+\mathrm{j}\sqrt{4+\sqrt{12}})][-\mathrm{j}(\omega+\mathrm{j}\sqrt{4-\sqrt{12}}]}\\
&=\frac{\mathrm{j}\omega+1}{(\mathrm{j}\omega+\sqrt{4+\sqrt{12}})(\mathrm{j}\omega+\sqrt{4-\sqrt{12}})}\cdot\frac{-\mathrm{j}\omega+1}{(-\mathrm{j}\omega+\sqrt{4+\sqrt{12}})(-\mathrm{j}\omega+\sqrt{4-\sqrt{12}})}\\
&\triangleq\Psi(\mathrm{j}\omega)\Psi(-\mathrm{j}\omega)
\end{aligned}$$

故成形滤波器传递函数$G(\mathrm{j}\omega)$为

$$G(\mathrm{j}\omega)=\frac{\mathrm{j}\omega+1}{(\mathrm{j}\omega+\sqrt{4+\sqrt{12}})(\mathrm{j}\omega+\sqrt{4-\sqrt{12}})}\triangleq\Psi(\mathrm{j}\omega)$$

应当指出,如果$\{X(t), -\infty<t<+\infty\}$和$\{Y(t), -\infty<t<+\infty\}$为平稳且平稳相关的随机过程,并且具有有理互谱密度

$$S_{XY}(\omega)=\frac{C(\omega)}{D(\omega)}=C\frac{\omega^M+C_1\omega^{M-1}+\cdots+C_{M-1}\omega+C_M}{\omega^N+D_1\omega^{N-1}+\cdots+C_{N-1}\omega+C_n}$$

则仍可做因式分解. 因为$S_{XY}(\omega)$在$-\infty<\omega<+\infty$上可积,所以$D(\omega)$在ω实轴上没有零点,且$M\leqslant N-2$,于是$D(\omega)$必可分解为

$$D(\omega) = \prod_{i=1}^{L_1}(\omega - \alpha_i)\prod_{j=1}^{L_2}(\omega - \beta_j)$$

其中,$I_m(\alpha_i)>0$,$I_m(\beta_j)<0$,且 $L_1+L_2=N$.

对于平稳随机序列$\{X(n),n=\cdots,-2,-1,0,1,2,\cdots\}$,仍有类似的结论,即定义7.2.2.

定义 7.2.2 设 $S_X(z)$为平稳随机序列$\{X(n),n=\cdots,-1,0,1,\cdots\}$的功率谱密度函数,如果 $S_X(z)$取为

$$\begin{aligned}S_X(z) &= A\frac{P(z)}{Q(z)} = A\frac{z^m+b_1z^{m-1}+\cdots+b_{m-1}z+b_m}{z^n+a_1z^{n-1}+\cdots+a_{n-1}z+a_n}\\&= A\frac{(z-z_1)(z-z_2)\cdots(z-z_m)}{(z-p_1)(z-p_2)\cdots(z-p_n)}\end{aligned}\tag{7.2.55}$$

其中,$z=\mathrm{e}^{\mathrm{j}\omega T_0}$;$T_0$ 为采样周期;$P(z)=z^m+b_1z^{m-1}+\cdots+b_{m-1}z+b_m$和 $Q(z)=z^n+a_1z^{n-1}+\cdots+a_{n-1}z+a_n$ 均为 z 实系数多项式;$z_i,i=1,2,\cdots,m$ 为 $P(z)$的零点;$p_i,i=1,2,\cdots,n$ 为 $Q(z)$的零点;A 为常数. 则称 $S_X(z)$为有理功率谱密度函数,简称有理谱密度.

平稳随机序列的有理谱密度 $S_X(z)$具有如下性质,即定理 7.2.7.

定理 7.2.7 设 $S_X(z)$为平稳随机序列$\{X(n),n=\cdots,-2,-1,0,1,2,\cdots\}$的有理谱密度,则 $S_X(z)$必可分解为

$$S_X(z) = C\frac{\prod_i(z-\lambda_i)(z-\lambda_i^*)(z^{-1}-\lambda_i)(z^{-1}-\lambda_i^*)}{\prod_i(z-\eta_i)(z-\eta_i^*)(z^{-1}-\eta_i)(z^{-1}-\eta_i^*)}\cdot\frac{\prod_i(z-\alpha_i)(z^{-1}-\alpha_i)}{\prod_i(z-\beta_i)(z^{-1}-\beta_i)}\tag{7.2.56}$$

其中,$\lambda_i,\lambda_i^*,(\lambda_i)^{-1},(\lambda_i^*)^{-1}$为 $P(z)$的复数零点;α_i 和$(\alpha_i)^{-1}$为 $P(z)$的实数零点;$\eta_i,\eta_i^*,(\eta_i)^{-1},(\eta_i^*)^{-1}$为 $Q(z)$的复数零点;β_i 和$(\beta_i)^{-1}$为 $Q(z)$的实数零点;而且$|\eta_i|\neq1$,$|\beta_i|\neq1$,$C>0$ 为常数.

证明 因为 $P(z)$与 $Q(z)$均为 z 的实系数多项式,所以若有复数零点时必共轭出现,即

$$S_X(z) = A\frac{\prod_i(z-\lambda_i)(z-\lambda_i^*)\prod_i(z-\alpha_i)}{\prod_i(z-\eta_i)(z-\eta_i^*)\prod_i(z-\beta_i)}\tag{7.2.57}$$

其中,λ_i 与 λ_i^* 为 $P(z)$的共轭复数零点;α_i 为 $P(z)$的实数零点;η_i 与η_i^* 为 $Q(z)$的共轭复数零点;β_i 为 $Q(z)$的实数零点.

再由 $B_X(0)=\dfrac{1}{2\pi\mathrm{j}}\oint S_X(z)z^{-1}\mathrm{d}z<\infty$ 可知,$Q(z)$的零点的模必不为1,即$|\eta_i|\neq1$,$|\beta_i|\neq1$. 若注意到 $z=\mathrm{e}^{\mathrm{j}\omega T_0}$,并把它代入式(7.2.57),则有

$$S_X(\mathrm{e}^{\mathrm{j}\omega T_0}) = A\frac{\prod_i(\mathrm{e}^{\mathrm{j}\omega T_0}-\lambda_i)(\mathrm{e}^{\mathrm{j}\omega T_0}-\lambda_i^*)\prod_i(\mathrm{e}^{\mathrm{j}\omega T_0}-\alpha_i)}{\prod_i(\mathrm{e}^{\mathrm{j}\omega T_0}-\eta_i)(\mathrm{e}^{\mathrm{j}\omega T_0}-\eta_i^*)\prod_i(\mathrm{e}^{\mathrm{j}\omega T_0}-\beta_i)}\tag{7.2.58}$$

因为 $B_X(nT_0)$是偶函数,所以由定理 3.2.5 可知,$S_X(\mathrm{e}^{\mathrm{j}\omega T_0})$也是 ω 的偶函数,即有

$$S_X(\mathrm{e}^{\mathrm{j}\omega T_0}) = S_X(\mathrm{e}^{-\mathrm{j}\omega T_0})$$

于是 $S_X(\mathrm{e}^{\mathrm{j}\omega T_0})$必可表示为

$$S_X(\mathrm{e}^{\mathrm{j}\omega T_0}) = C\frac{\prod_i(\mathrm{e}^{\mathrm{j}\omega T_0}-\lambda_i)(\mathrm{e}^{-\mathrm{j}\omega T_0}-\lambda_i)(\mathrm{e}^{\mathrm{j}\omega T_0}-\lambda_i^*)(\mathrm{e}^{-\mathrm{j}\omega T_0}-\lambda_i^*)}{\prod_i(\mathrm{e}^{\mathrm{j}\omega T_0}-\eta_i)(\mathrm{e}^{-\mathrm{j}\omega T_0}-\eta_i)(\mathrm{e}^{\mathrm{j}\omega T_0}-\eta_i^*)(\mathrm{e}^{-\mathrm{j}\omega T_0}-\eta_i^*)}\cdot$$

$$\frac{\prod_i (e^{j\omega T_0}-\alpha_i)(e^{-j\omega T_0}-\alpha_i)}{\prod_i (e^{j\omega T_0}-\beta_i)(e^{-j\omega T_0}-\beta_i)}$$

$$= C\frac{\prod_i (z-\lambda_i)(z^{-1}-\lambda_i)(z-\lambda_i^*)(z^{-1}-\lambda_i^*)\ \prod_i (z-\alpha_i)(z^{-1}-\alpha_i)}{\prod_i (z-\eta_i)(z^{-1}-\eta_i)(z-\eta_i^*)(z^{-1}-\eta_i^*)\ \prod_i (z-\beta_i)(z^{-1}-\beta_i)}$$

$$\triangleq S_X(z) \tag{7.2.59}$$

由谱密度物理意义可知 $C>0$ 且为常数,定理得证.

由定理7.2.7进一步还可推出定理7.2.8.

定理7.2.8 设 $S_X(z)$ 为平稳随机序列 $\{X(n), n=\cdots,-2,-1,0,1,2,\cdots\}$ 的有理谱密度,则 $S_X(z)$ 必可表示为

$$S_X(z)=\Psi(z)\Psi(z^{-1})=|\Psi(z)|^2 \tag{7.2.60}$$

其中,$\Psi(z)$ 为 z 的有理分式,其全部极点均在单位圆内,而零点在单位圆内或单位圆上.

证明 由定理7.2.7中的式(7.2.56)可知,若 $|\lambda_i|\leqslant 1$,则 $|(\lambda_i)^{-1}|\geqslant 1$,且 $|\lambda_i^*|\leqslant 1$,$|(\lambda_i^*)^{-1}|\geqslant 1$. 这一结论对于 $S_X(z)$ 的实数零点 α_i、复数极点 η_i 及实数极点 β_i 同样成立,不过应注意 $|\eta_i|\neq 1$,$|\beta_i|\neq 1$.

现规定 $|\lambda_i|\leqslant 1$,$|\alpha_i|\leqslant 1$,$|\eta_i|<1$,$|\beta_i|<1$,于是可将式(7.2.57)表示成

$$S_X(z)=\sqrt{C}\frac{\prod_i (z-\lambda_i)(z-\lambda_i^*)\ \prod_i (z-\alpha_i)}{\prod_i (z-\eta_i)(z-\eta_i^*)\ \prod_i (z-\beta_i)}\cdot$$

$$\sqrt{C}\frac{\prod_i (z^{-1}-\lambda_i)(z^{-1}-\lambda_i^*)\ \prod_i (z^{-1}-\alpha_i)}{\prod_i (z^{-1}-\eta_i)(z^{-1}-\eta_i^*)\ \prod_i (z^{-1}-\beta_i)}$$

$$\triangleq \Psi(z)\Psi(z^{-1})=|\psi(z)|^2$$

其中

$$\Psi(z)=\sqrt{C}\frac{\prod_i (z-\lambda_i)(z-\lambda_i^*)\ \prod_i (z-\alpha_i)}{\prod_i (z-\eta_i)(z-\eta_i^*)\ \prod_i (z-\beta_i)} \tag{7.2.61}$$

定理证毕.

例7.2.2 某平稳随机序列的有理谱密度 $S_X(z)$ 为

$$S_X(z)=\frac{1.04+0.4\cos \omega T_0}{1.25+\cos \omega T_0}$$

其中,T_0 为采样周期. 试求因式分解.

解 注意到 $z=e^{j\omega T_0}$,则可把 $S_X(z)$ 改写成

$$S_X(z)=\frac{10.4+0.4\dfrac{z+z^{-1}}{2}}{1.25+\dfrac{z+z^{-1}}{2}}=0.4\frac{z^2+5.2z+1}{z^2+2.5z+1}$$

$$=0.4\frac{(z+0.2)(z+5)}{(z+0.5)(z+2)}=\frac{(z+0.2)(z^{-1}+0.2)}{(z+0.5)(z^{-1}+0.5)}$$

于是可得

$$\Psi(z)=\frac{z+0.2}{z+0.5}$$

如果记 $\Psi_1(n)$ 为 $\Psi(z)$ 的 z 逆变换，$\Psi_2(n)$ 为 $\Psi(z^{-1})$ 的 z 逆变换，即

$$\Psi_1(n)=\frac{1}{2\pi j}\oint_{|z|=1}\Psi(z)z^{n-1}dz$$

$$\Psi_2(n)=\frac{1}{2\pi j}\oint_{|z|=1}\Psi(z^{-1})z^{n-1}dz$$

则利用复变函数理论不难证明

$$\Psi_1(n)=0,n<0 \tag{7.2.62}$$

$$\Psi_2(n)=0,n>0 \tag{7.2.63}$$

将式(7.2.60)与式(3.3.7)相比较，可得出定理7.2.9.

定理7.2.9 设 $S_X(z)$ 为平稳随机序列 $\{X(n),n=\cdots,-2,-1,0,1,2,\cdots\}$ 的有理谱密度，则它必是零均值白噪声序列 $\{\xi(n),n=\cdots,-2,-1,0,1,2,\cdots\}$ 作用于某稳定的离散线性定常系统的输出谱密度. 其中白噪声序列的功率谱密度 $S_\xi(z)$ 为

$$S_\xi(z)=1$$

该稳定的离散线性定常系统的传递函数 $G(z)$ 为

$$G(z)=\Psi(z)$$

且

$$S_X(z)=G(z)G(z^{-1})=|G(z)|^2$$

通常称 $G(z)$ 为有理谱密度 $S_X(z)$ 的成形滤波器. 该定理的证明留给读者作为练习.

7.2.4 维纳－霍甫方程的解

现在来解在具有有理谱密度情况下的维纳－霍甫方程. 首先求解连续维纳－霍甫积分方程式(7.2.6)，即

$$B_{\mu Z}(\tau)-\int_0^{\infty}k(l)B_{ZZ}(\tau-l)dl=0,\tau>0 \tag{7.2.64}$$

为此，作三个函数 $\Psi_1(t)$，$\Psi_2(t)$ 和 $\beta(t)$，使它们满足

$$\Psi_1(t)=0,t<0 \tag{7.2.65}$$

$$\Psi_2(t)=0,t>0 \tag{7.2.66}$$

$$\beta(t)\neq 0,-\infty<t<+\infty \tag{7.2.67}$$

并且

$$B_{ZZ}(\tau)=\int_{-\infty}^{+\infty}\Psi_2(t)\Psi_1(\tau-t)dt=\int_{-\infty}^{0}\Psi_2(t)\Psi_1(\tau-t)dt \tag{7.2.68}$$

$$B_{\mu Z}(\tau)=\int_{-\infty}^{+\infty}\Psi_2(t)\beta(\tau-t)dt=\int_{-\infty}^{0}\Psi_2(t)\beta(\tau-t)dt \tag{7.2.69}$$

由7.2.3中关于有理谱密度的性质，上述三个函数 $\Psi_1(t)$，$\Psi_2(t)$ 和 $\beta(t)$ 是不难求出的. 事实上，若 $B_{ZZ}(\tau)$ 的傅里叶变换 $S_{ZZ}(\omega)$ 具有有理谱密度时，则由定理7.2.5可知，必存在 $\Psi_1(j\omega)$ 和 $\Psi_2(j\omega)$，使得

$$S_{ZZ}(\omega)=\Psi_1(j\omega)\Psi_2(j\omega)=|\Psi_1(j\omega)|^2 \tag{7.2.70}$$

且

$$\Psi_2(j\omega)=\Psi_1(-j\omega)=\Psi_1^*(j\omega)$$

其中，$\Psi_1(j\omega)$ 的所有零点均在 ω 的上半平面内或实轴上，而所有极点均在 ω 的上半平面内；$\Psi_2(j\omega)$ 的所有零点均在 ω 的下半平面内或实轴上，而所有极点均在 ω 的下半平面内.

由式(7.2.51)至式(7.2.54)可知

$$\Psi_1(t)=0,t<0 \tag{7.2.71}$$

$$\Psi_2(t)=0,t>0 \tag{7.2.72}$$

其中

$$\Psi_1(t)=\frac{1}{2\pi}\int_{-\infty}^{+\infty}\Psi_1(\mathrm{j}\omega)\mathrm{e}^{\mathrm{j}\omega t}\mathrm{d}\omega$$

$$\Psi_2(t)=\frac{1}{2\pi}\int_{-\infty}^{+\infty}\Psi_2(\mathrm{j}\omega)\mathrm{e}^{\mathrm{j}\omega t}\mathrm{d}\omega$$

再由熟悉的傅里叶卷积公式及式(7.2.70),可知必有

$$B_{ZZ}(\tau)=\int_{-\infty}^{+\infty}\Psi_2(t)\Psi_1(\tau-t)\mathrm{d}t=\int_{-\infty}^{0}\Psi_2(t)\Psi_1(\tau-t)\mathrm{d}t \tag{7.2.73}$$

另一方面,若 $S_{\mu Z}(\omega)$ 为有理谱密度且为已知时,则可令

$$S_{\mu Z}(\omega)=\Psi_2(\mathrm{j}\omega)B(\omega) \tag{7.2.74}$$

于是必有

$$B_{\mu Z}(\tau)=\int_{-\infty}^{+\infty}\Psi_2(t)\beta(\tau-t)\mathrm{d}t=\int_{-\infty}^{0}\Psi_2(t)\beta(\tau-t)\mathrm{d}t \tag{7.2.75}$$

以及

$$\beta(t)=\frac{1}{2\pi}\int_{-\infty}^{+\infty}\frac{S_{\mu Z}(\omega)}{\Psi_2(\mathrm{j}\omega)}\mathrm{e}^{\mathrm{j}\omega t}\mathrm{d}\omega \tag{7.2.76}$$

这样一来,式(7.2.65)至式(7.2.69)可用式(7.2.70)至式(7.2.76)求解出来.

现在把式(7.2.68)和式(7.2.69)代入式(7.2.64),有

$$\int_{-\infty}^{0}\Psi_2(t)\beta(\tau-t)\mathrm{d}t-\int_{0}^{\infty}k(l)\int_{-\infty}^{0}\Psi_2(t)\Psi_1(\tau-l-t)\mathrm{d}t\mathrm{d}l=0,t<0,\tau>0$$

或者写成

$$\int_{-\infty}^{0}\Psi_2(t)\left[\beta(\tau-t)-\int_{0}^{\infty}k(l)\Psi_1(\tau-t-l)\mathrm{d}l\right]\mathrm{d}t=0,t<0,\tau>0 \tag{7.2.77}$$

这等价地有

$$\beta(\tau-t)-\int_{0}^{\infty}k(l)\Psi_1(\tau-t-l)\mathrm{d}l=0,\tau>0,t<0 \tag{7.2.78}$$

现在用 t 代替方程式(7.2.78)中的 $\tau-t$,则得

$$\beta(t)-\int_{0}^{\infty}k(l)\Psi_1(t-l)\mathrm{d}l=0,t>0 \tag{7.2.79}$$

这个结果表明,在有理谱密度情况下,维纳-霍甫积分方程式(7.2.64)就取式(7.2.79)的形式,不过要注意,因为 $\Psi_1(t)=0,t<0$,所以由方程式(7.2.79)所得到的解才是物理可实现的解.

对方程式(7.2.79)做单边傅里叶变换,可得

$$\int_{0}^{\infty}\beta(t)\mathrm{e}^{-\mathrm{j}\omega t}\mathrm{d}t-\int_{0}^{\infty}\mathrm{e}^{-\mathrm{j}\omega t}\mathrm{d}t\int_{0}^{\infty}k(l)\Psi_1(t-l)\mathrm{d}l=0$$

由上式不难推出

$$\int_{0}^{\infty}\beta(t)\mathrm{e}^{-\mathrm{j}\omega t}\mathrm{d}t-\Phi(\mathrm{j}\omega)\Psi_1(\mathrm{j}\omega)=0$$

其中

$$\Phi(\mathrm{j}\omega)=\int_{0}^{\infty}k(l)\mathrm{e}^{-\mathrm{j}\omega l}\mathrm{d}l$$

$$\Psi_1(\mathrm{j}\omega)=\int_{0}^{\infty}\Psi_1(t)\mathrm{e}^{-\mathrm{j}\omega t}\mathrm{d}t$$

于是物理可实现的最优传递函数 $\Phi(\mathrm{j}\omega)$ 为

$$\Phi(\mathrm{j}\omega) = \frac{1}{\Psi_1(\mathrm{j}\omega)}\int_0^{\infty}\beta(t)\mathrm{e}^{-\mathrm{j}\omega t}\mathrm{d}t = \frac{1}{\Psi_1(\mathrm{j}\omega)}\int_0^{\infty}\mathrm{e}^{-\mathrm{j}\omega t}\mathrm{d}t\frac{1}{2\pi}\int_{-\infty}^{+\infty}\frac{S_{\mu Z}(v)}{\Psi_2(\mathrm{j}v)}\mathrm{e}^{\mathrm{j}vt}\mathrm{d}v \tag{7.2.80}$$

其中，$\beta(t)$ 由式(7.2.76)给出.

总结以上结果，可得定理 7.2.10.

定理 7.2.10 当输入信号具有有理谱密度时，满足连续维纳－霍甫积分方程式(7.2.6)的物理可实现的最优传递函数 $\Phi(\mathrm{j}\omega)$ 为

$$\Phi(\mathrm{j}\omega) = \frac{1}{\Psi_1(\mathrm{j}\omega)}\int_0^{\infty}\mathrm{e}^{-\mathrm{j}\omega t}\mathrm{d}t\frac{1}{2\pi}\int_{-\infty}^{+\infty}\frac{S_{\mu Z}(v)}{\Psi_2(\mathrm{j}v)}\mathrm{e}^{\mathrm{j}vt}\mathrm{d}v \tag{7.2.81}$$

其中

$$S_{ZZ}(\omega) = \Psi_1(\mathrm{j}\omega)\Psi_2(\mathrm{j}\omega) = |\Psi_1(\mathrm{j}\omega)|^2 \tag{7.2.82}$$

$\Psi_1(\mathrm{j}\omega)$ 的所有零点均在 ω 的上半平面内或实轴上，所有极点均在 ω 的上半平面内；$\Psi_2(\mathrm{j}\omega)$ 的所有零点均在 ω 的下半平面内或实轴上，所有极点均在 ω 的下半平面内.

对于离散维纳－霍甫方程，仍有类似的结果.

定理 7.2.11 当输入信号序列具有有理谱密度时，满足离散维纳－霍甫方程式(7.2.31)的物理可实现的最优传递函数 $\Phi(z)$ 为

$$\Phi(z) = \frac{1}{\Psi_1(z)}\sum_{k=0}^{\infty}z^{-k}\frac{1}{2\pi\mathrm{j}}\oint_{|z|=1}\frac{S_{\mu Z}(u)}{\Psi_2(u)}u^{k-1}\mathrm{d}u \tag{7.2.83}$$

其中，$S_{ZZ}(z) = \Psi_1(z)\Psi_2(z) = |\Psi_1(z)|^2$；$\Psi_1(z)$ 的所有零点均在 z 平面的单位圆内或单位圆上，所有极点均在 z 平面的单位圆内；$\Psi_2(z)$ 的所有零点均在 z 平面的单位圆外或单位圆上，所有极点均在 z 平面的单位圆外.

这个定理的证明类似定理 7.2.10 的证明过程，故留给读者作为练习.

7.3 维纳最优滤波器

在 7.1 和 7.2 中我们已经叙述过，对于平稳随机过程来说，当选 $H(s)=1$ 时，则称满足维纳积分方程的最优传递函数式(7.2.81)为连续最优滤波器. 而对于平稳随机序列来说；当选 $H(z)=1$ 时，则称满足离散维纳方程的最优传递函数式(7.2.83)为离散最优滤波器. 通常，把上述两个问题称为最优滤波问题.

对于最优滤波问题，式(7.2.81)和式(7.2.83)会简化成更为简单的形式，为此先引进引理 7.3.1.

引理 7.3.1 设 $F(\omega)$ 为 ω 的有理真分式，除在 ω 的上半平面内具有有限个极点外处处解析，则 $F(\omega)$ 的傅里叶反变换 $f(t)$ 满足

$$f(t) = \frac{1}{2\pi}\int_{-\infty}^{+\infty}F(\omega)\mathrm{e}^{\mathrm{j}\omega t}\mathrm{d}\omega = 0, t < 0 \tag{7.3.1}$$

如果 $F(\omega)$ 在 ω 的下半平面内，除具有有限个极点外处处解析，则 $F(\omega)$ 的傅里叶反变换 $f(t)$ 满足

$$f(t) = \frac{1}{2\pi}\int_{-\infty}^{+\infty}F(\omega)\mathrm{e}^{\mathrm{j}\omega t}\mathrm{d}\omega = 0, t > 0 \tag{7.3.2}$$

读者可利用复变函数理论中的围道积分及留数定理来证明上述引理,这里从略.

现在利用上述引理求解式(7.2.81)中的积分. 由式(7.2.76)可求出$\beta(t)$的傅里叶变换$\beta(\mathrm{j}\omega)$为

$$\beta(\mathrm{j}\omega) \triangleq \int_0^\infty \beta(t)\mathrm{e}^{-\mathrm{j}\omega t}\mathrm{d}t = \int_0^\infty \left[\frac{1}{2\pi}\int_{-\infty}^{+\infty} \frac{S_{\mu Z}(v)}{\Psi_2(\mathrm{j}v)}\mathrm{e}^{\mathrm{j}vt}\mathrm{d}v\right]\mathrm{e}^{-\mathrm{j}\omega t}\mathrm{d}t \tag{7.3.3}$$

为完成上述积分,可把$\dfrac{S_{\mu Z}(\omega)}{\Psi_2(\mathrm{j}\omega)}$做如下分解:

$$\frac{S_{\mu Z}(\omega)}{\Psi_2(\mathrm{j}\omega)} = \left[\frac{S_{\mu Z}(\omega)}{\Psi_2(\mathrm{j}\omega)}\right]_S + \left[\frac{S_{\mu Z}(\omega)}{\Psi_2(\mathrm{j}\omega)}\right]_X \tag{7.3.4}$$

其中,$\left[\dfrac{S_{\mu Z}(\omega)}{\Psi_2(\mathrm{j}\omega)}\right]_S$的极点均在$\omega$的上半平面内;$\left[\dfrac{S_{\mu Z}(\omega)}{\Psi_2(\mathrm{j}\omega)}\right]_X$的极点均在$\omega$的下半平面内.

将式(7.3.4)代入式(7.3.3),则有

$$\begin{aligned}\beta(\mathrm{j}\omega) &= \int_0^\infty \left[\frac{1}{2\pi}\int_{-\infty}^{+\infty} \left(\frac{S_{\mu Z}(v)}{\Psi_2(\mathrm{j}v)}\right)_S \mathrm{e}^{\mathrm{j}vt}\mathrm{d}v\right]\mathrm{e}^{-\mathrm{j}\omega t}\mathrm{d}t + \\ &\quad \int_0^\infty \left[\frac{1}{2\pi}\int_{-\infty}^{+\infty} \left(\frac{S_{\mu Z}(v)}{\Psi_2(\mathrm{j}v)}\right)_X \mathrm{e}^{\mathrm{j}vt}\mathrm{d}v\right]\mathrm{e}^{-\mathrm{j}\omega t}\mathrm{d}t \\ &\triangleq \int_0^\infty \beta_S(t)\mathrm{e}^{-\mathrm{j}\omega t}\mathrm{d}t + \int_0^\infty \beta_X(t)\mathrm{e}^{-\mathrm{j}\omega t}\mathrm{d}t\end{aligned} \tag{7.3.5}$$

其中

$$\beta_S(t) = \frac{1}{2\pi}\int_{-\infty}^{+\infty} \left[\frac{S_{\mu Z}(\omega)}{\Psi_2(\mathrm{j}\omega)}\right]_S \mathrm{e}^{\mathrm{j}\omega t}\mathrm{d}\omega$$

$$\beta_x(t) = \frac{1}{2\pi}\int_{-\infty}^{+\infty} \left[\frac{S_{\mu Z}(\omega)}{\Psi_2(\mathrm{j}\omega)}\right]_x \mathrm{e}^{\mathrm{j}\omega t}\mathrm{d}\omega$$

由引理7.3.1可知

$$\begin{aligned}&\beta_S(t) = 0, t<0 \\ &\beta_x(t) = 0, t>0\end{aligned} \tag{7.3.6}$$

当把式(7.3.6)代入式(7.3.5)并注意到积分限是$0 \sim +\infty$,可知式(7.3.5)等号右边第二个积分为零,于是

$$\beta(\mathrm{j}\omega) = \int_0^\infty \beta_S(t)\mathrm{e}^{-\mathrm{j}\omega t}\mathrm{d}t = \frac{1}{2\pi}\int_0^\infty\int_{-\infty}^{+\infty} \left[\frac{S_{\mu Z}(\omega)}{\Psi_2(\mathrm{j}\omega)}\right]_S \mathrm{e}^{\mathrm{j}\omega t}\mathrm{d}\omega\mathrm{e}^{-\mathrm{j}\omega t}\mathrm{d}t = \left[\frac{S_{\mu Z}(\omega)}{\Psi_2(\mathrm{j}\omega)}\right]_S \tag{7.3.7}$$

将式(7.3.7)代入式(7.2.82)可得我们所要求的最优滤波器的传递函数为

$$\Phi(\mathrm{j}\omega) = \frac{1}{\Psi_1(\mathrm{j}\omega)}\int_0^\infty \beta(t)\mathrm{e}^{-\mathrm{j}\omega t}\mathrm{d}t = \frac{1}{\Psi_1(\mathrm{j}\omega)}\beta(\mathrm{j}\omega) = \frac{1}{\Psi_1(\mathrm{j}\omega)}\left[\frac{S_{\mu Z}(\omega)}{\Psi_2(\mathrm{j}\omega)}\right]_S \tag{7.3.8}$$

把上述结果归纳为定理7.3.1.

定理7.3.1 如图7.1.1所示的系统,当输入信号具有有理谱密度时,物理可实现的连续最优滤波器传递函数$\Phi(\mathrm{j}\omega)$为

$$\Phi(\mathrm{j}\omega) = \frac{1}{\Psi_1(\mathrm{j}\omega)}\left[\frac{S_{\mu Z}(\omega)}{\Psi_2(\mathrm{j}\omega)}\right]_S \tag{7.3.9}$$

其中

$$S_{ZZ}(\omega) = \Psi_1(\mathrm{j}\omega)\Psi_2(\mathrm{j}\omega) = |\Psi_1(\mathrm{j}\omega)|^2 \tag{7.3.10}$$

$\Psi_1(\mathrm{j}\omega)$的所有零点均在 ω 的上半平面内或实轴上，所有极点均在 ω 的上半平面内；$\Psi_2(\mathrm{j}\omega)$的所有零点均在 ω 的下半面内或实轴上，所有极点均在 ω 的下半平面内. 且有 $\Psi_2(\mathrm{j}\omega)=\Psi_1(-\mathrm{j}\omega)$，而

$$\frac{S_{\mu Z}(\omega)}{\Psi_2(\mathrm{j}\omega)} \triangleq \left[\frac{S_{\mu Z}(\omega)}{\Psi_2(\mathrm{j}\omega)}\right]_S + \left[\frac{S_{\mu Z}(\omega)}{\Psi_2(\mathrm{j}\omega)}\right]_X \tag{7.3.11}$$

其中，$\left[\frac{S_{\mu Z}(\omega)}{\Psi_2(\mathrm{j}\omega)}\right]_S$ 的所有极点均在 ω 的上半平面内；$\left[\frac{S_{\mu Z}(\omega)}{\Psi_2(\mathrm{j}\omega)}\right]_X$ 的所有极点均在 ω 的下半平面内.

此时最优滤波器输出的均方误差$\sigma^2_{\min}$为

$$\sigma^2_{\min} = \frac{1}{2\pi}\int_{-\infty}^{+\infty}[S_{XX}(\omega) - S_{ZZ}(\omega)\,|\Phi(\mathrm{j}\omega)|^2]\,\mathrm{d}\omega \tag{7.3.12}$$

这个定理最先是由维纳提出的，所以人们常把这个最优滤波器称为维纳滤波器.

对于离散形式的最优滤波器，可按类似的方法对方程式(7.2.83)进行简化，结果如下：

定理 7.3.2 如图 7.2.1 所示的离散系统，当输入信号序列具有有理谱密度时，物理可实现的离散最优滤波器传递函数 $\Phi(z)$为

$$\Phi(z) = \frac{1}{\Psi_1(z)}\left[\frac{S_{\mu Z}(z)}{\Psi_2(z)}\right]_S \tag{7.3.13}$$

其中

$$S_{ZZ}(z) = \Psi_1(z)\Psi_2(z) = |\Psi_1(z)|^2 \tag{7.3.14}$$

$\Psi_1(z)$的所有零点均在 z 平面的单位圆内或单位圆上，所有极点均在 z 平面的单位圆内；$\Psi_2(z)$的所有零点均在 z 平面的单位圆外或单位圆上，所有极点均在 z 平面的单位圆外.

$$\frac{S_{\mu Z}(z)}{\Psi_2(z)} \triangleq \left[\frac{S_{\mu Z}(z)}{\Psi_2(z)}\right]_S + \left[\frac{S_{\mu Z}(z)}{\Psi_2(z)}\right]_X \tag{7.3.15}$$

其中，$\left[\frac{S_{\mu Z}(z)}{\Psi_2(z)}\right]_S$ 的所有极点均在 z 平面的单位圆内；$\left[\frac{S_{\mu Z}(z)}{\Psi_2(z)}\right]_X$ 的所有极点均在 z 平面的单位圆外.

此时，最优滤波器输出的均方误差$\sigma^2_{\min}$为

$$\sigma^2_{\min} = \frac{1}{2\pi\mathrm{j}}\oint_{|z|=1}[S_{XX}(z) - |\Phi(z)|^2 S_{ZZ}(z)]\,\frac{\mathrm{d}z}{z} \tag{7.3.16}$$

定理 7.3.2 的证明留给读者作为练习. 下面举例说明最优滤波器的计算.

例 7.3.1 已知平稳随机信号$\{X(t), -\infty < t < +\infty\}$的功率谱密度为

$$S_X(\omega) = \frac{\beta^2 A_0^2}{\omega^2+\beta^2}$$

其中，$\beta>0$，$A_0>0$ 均为常数，干扰信号 $n(t)$为白噪声，其功率谱密度 $S_n(\omega)=\sigma^2$，并假设 $X(t)$与 $n(t)$互不相关，试求最优滤波器传递函数.

解 由题意可知 $S_{ZZ}(\omega)=S_{XX}(\omega)+S_{nX}(\omega)+S_{Xn}(\omega)+S_{nn}(\omega)$，又因为 $X(t)$与 $n(t)$互不相关，所以有 $S_{nX}(\omega)=S_{Xn}(\omega)=0$，于是

$$S_{ZZ}(\omega) = S_{XX}(\omega) + S_{nn}(\omega) = \frac{\beta^2 A_0^2}{\omega^2+\beta^2} + \sigma^2$$

$$= \frac{\sigma^2\left(\omega + \mathrm{j}\sqrt{\dfrac{\beta^2A_0^2+\beta^2\sigma^2}{\sigma^2}}\right)\left(\omega - \mathrm{j}\sqrt{\dfrac{\beta^2A_0^2+\beta^2\sigma^2}{\sigma^2}}\right)}{(\omega+\mathrm{j}\beta)(\omega-\mathrm{j}\beta)}$$

$$\triangleq \Psi_1(\mathrm{j}\omega)\Psi_2(\mathrm{j}\omega)$$

其中

$$\left.\begin{aligned}\Psi_1(\mathrm{j}\omega)&=\sigma\frac{\mathrm{j}\omega+\sqrt{\dfrac{\beta^2A_0^2+\beta^2\sigma^2}{\sigma^2}}}{\mathrm{j}\omega+\beta}\\ \Psi_2(\mathrm{j}\omega)&=\sigma\frac{-\mathrm{j}\omega+\sqrt{\dfrac{\beta^2A_0^2+\beta^2\sigma^2}{\sigma^2}}}{-\mathrm{j}\omega+\beta}\end{aligned}\right\}\tag{7.3.17}$$

由于本题考察最优滤波情况，故取 $H(s)=1,\mu(t)=X(t)$，则

$$B_{\mu Z}(\tau)=B_{\mu X}(\tau)+B_{\mu n}(\tau)=B_{XX}(\tau)+B_{Xn}(\tau)=B_{XX}(\tau)$$

$$S_{\mu Z}(\omega)=S_{XX}(\omega)=\frac{\beta^2A_0^2}{(\mathrm{j}\omega+\beta)(-\mathrm{j}\omega+\beta)}$$

由式(7.3.4)有

$$\begin{aligned}\frac{S_{\mu Z}(\omega)}{\Psi_2(\mathrm{j}\omega)}&=\frac{\beta^2A_0^2}{\sigma}\frac{1}{(\mathrm{j}\omega+\beta)\left(-\mathrm{j}\omega+\sqrt{\dfrac{\beta^2A_0^2+\beta^2\sigma^2}{\sigma^2}}\right)}\\&=\frac{\beta^2A_0^2}{\sigma}\left(\frac{k_1}{\mathrm{j}\omega+\beta}+\frac{k_2}{-\mathrm{j}\omega+\sqrt{\dfrac{\beta^2A_0^2+\beta^2\sigma^2}{\sigma^2}}}\right)\\&\triangleq\left[\frac{S_{\mu Z}(\omega)}{\Psi_2(\mathrm{j}\omega)}\right]_S+\left[\frac{S_{\mu Z}(\omega)}{\Psi_2(\mathrm{j}\omega)}\right]_X\end{aligned}$$

利用待定系数法，不难求出

$$k_1=\frac{1}{\beta+\sqrt{\dfrac{\beta^2A_0^2+\beta^2\sigma^2}{\sigma^2}}}$$

$$k_2=\frac{1}{\beta+\sqrt{\dfrac{\beta^2A_0^2+\beta^2\sigma^2}{\sigma^2}}}$$

所以

$$\left[\frac{S_{\mu Z}(\omega)}{\Psi_2(\mathrm{j}\omega)}\right]_S=\frac{k_1\beta^2A_0^2}{\sigma(\mathrm{j}\omega+\beta)}\tag{7.3.18}$$

现在将式(7.3.17)和式(7.3.18)代入式(7.3.9)，可得最优滤波器传递函数 $\Phi(\mathrm{j}\omega)$ 为

$$\Phi(\mathrm{j}\omega)=\frac{1}{\Psi_1(\mathrm{j}\omega)}\left[\frac{S_{\mu Z}(\omega)}{\Psi_2(\mathrm{j}\omega)}\right]_S=\frac{\beta^2A_0^2}{\sigma^2\left(\beta+\sqrt{\dfrac{\beta^2A_0^2+\beta^2\sigma^2}{\sigma^2}}\right)}\frac{1}{\left(\mathrm{j}\omega+\sqrt{\dfrac{\beta^2A_0^2+\beta^2\sigma^2}{\sigma^2}}\right)}\tag{7.3.19}$$

即

$$\Phi(s)=\frac{K}{Ts+1}$$

其中 $T=\sqrt{\dfrac{\sigma^2}{\beta^2A_0^2+\beta^2\sigma^2}}=\dfrac{1}{\beta}\sqrt{\dfrac{\sigma^2}{A_0^2+\sigma^2}}$；

$$K=\frac{A_0^2}{\sigma^2\left(1+\sqrt{\dfrac{A_0^2+\sigma^2}{\sigma^2}}\right)\sqrt{\dfrac{A_0^2+\sigma^2}{\sigma^2}}}.$$

若定义

$$\frac{A_0}{\sigma} \triangleq (S/N) \tag{7.3.20}$$

为滤波器输入信号噪声比或简称输入信噪比,则

$$T = \frac{1/\beta}{\sqrt{1+(S/N)^2}} \tag{7.3.21}$$

$$K = \frac{(S/N)^2}{[1+\sqrt{1+(S/N)^2}][\sqrt{1+(S/N)^2}]} \tag{7.3.22}$$

由式(7.3.21)及式(7.3.22)可以计算出各种输入信噪比时的最优滤波器时常数 T 及增益 K,并列入表7.3.1中.

表7.3.1　计算结果

S/N	∞	10	2	1	0.5	0.1	0
T	0	0.1	0.45	0.71	0.89	0.995	1
K	1	0.9	0.55	0.29	0.11	0.005	0

由表7.3.1可以看出,随着最优滤波器输入信噪比的减小,滤波器的时常数越来越大,即滤波器带宽越来越窄,与此同时,滤波器增益越来越小,这个结果同直观概念是相一致的.

另一方面,由式(7.3.12)不难计算出最优滤波器输出的均方误差$\sigma_{\min}^2$为

$$\begin{aligned}\sigma_{\min}^2 &= \frac{1}{2\pi}\int_{-\infty}^{+\infty}[S_{XX}(\omega) - S_{ZZ}(\omega)\,|\Phi(\mathrm{j}\omega)|^2]\mathrm{d}\omega \\ &= \frac{A_0^2\beta}{2}\left\{1 - \frac{(S/N)^2}{[1+\sqrt{1+(s/N)^2}]^2}\right\}\end{aligned} \tag{7.3.23}$$

如果注意到随机信号的方差σ_X^2为

$$\sigma_X^2 = \frac{1}{2\pi}\int_{-\infty}^{+\infty} S_{XX}(\omega)\mathrm{d}\omega = \frac{1}{2\pi}\int_{-\infty}^{+\infty}\frac{A_0^2\beta^2}{\omega^2+\beta^2}\mathrm{d}\omega = \frac{A_0^2\beta}{2} \tag{7.3.24}$$

将式(7.3.24)代入式(7.3.23)时,可得

$$\frac{\sigma_{\min}^2}{\sigma_X^2} = 1 - \frac{(S/N)^2}{[1+\sqrt{1+(S/N)^2}]^2} \tag{7.3.25}$$

利用式(7.3.25)可以算出在各种输入信噪比时的最优滤波器输出方差相对于随机信号方差的百分比(表7.3.2).

表7.3.2　计算结果

S/N	∞	10	2	1	0.5	0.1	0
$\sigma_{\min}^2/\sigma_X^2$	0	0.18	0.62	0.83	0.94	0.998	1

例7.3.2　已知平稳随机序列$\{X(k),k=\cdots-2,-1,0,1,2,\cdots\}$的功率谱密度函数为

$$S_X(z) = \frac{b_0^2}{(z-d)(z^{-1}-d)}, 0<|d|<1 \tag{7.3.26}$$

干扰序列$\{n(k), k=\cdots,-2,-1,0,1,2,\cdots\}$为白噪声序列,其功率谱密度为$S_n(z)=\sigma^2$,假定上述两个随机序列互不相关.试求最优滤波器的传递函数及递推滤波方程.

解 由题意可知

$$S_{ZZ}(z)=S_{XX}(z)+S_{nn}(z)=\frac{b_0^2}{(z-d)(z^{-1}-d)}+\sigma^2=\frac{\sigma^2(z-z_1)(z-z_2)}{(z-d)(z-\frac{1}{d})}$$

其中

$$z_1=\frac{b_0^2+\sigma^2+\sigma^2d^2}{2\sigma^2d}-\sqrt{\left(\frac{b_0^2+\sigma^2+\sigma^2d^2}{2\sigma^2d}\right)^2-1}<1$$

$$z_2=\frac{b_0^2+\sigma^2+\sigma^2d^2}{2\sigma^2d}+\sqrt{\left(\frac{b_0^2+\sigma^2+\sigma^2d^2}{2\sigma^2d}\right)^2-1}>1$$

若令

$$S_{ZZ}(z)=\Psi_1(z)\Psi_2(z)$$

则

$$\Psi_1(z)=\frac{\sigma(z-z_1)}{z-d},\Psi_2(z)=\frac{\sigma(z-z_2)}{z-\frac{1}{d}} \tag{7.3.27}$$

又因为

$$S_{\mu Z}(z)=S_{XX}(z)$$

所以由式(7.3.15)可得

$$\frac{S_{\mu Z}(z)}{\Psi_2(z)}=\frac{b_0^2}{(z-d)(z^{-1}-d)}\frac{z-\frac{1}{d}}{\sigma(z-z_2)}=\frac{k_1z}{z-d}+\frac{k_2z}{z-z_2}$$

$$\triangleq\left[\frac{S_{\mu Z}(z)}{\Psi_2(z)}\right]_S+\left[\frac{S_{\mu Z}(z)}{\Psi_2(z)}\right]_X$$

利用待定系数法可求出

$$k_1=\frac{b_0^2}{\sigma d(z_2-d)}$$

于是有

$$\left[\frac{S_{\mu Z}(z)}{\Psi_2(z)}\right]_S=\frac{b_0^2}{\sigma d(z_2-d)}\frac{z}{z-d} \tag{7.3.28}$$

把式(7.3.27)及式(7.3.28)代入式(7.3.13)可得离散最优滤波器的传递函数$\Phi(z)$为

$$\Phi(z)=\frac{1}{\Psi_1(z)}\left[\frac{S_{\mu Z}(z)}{\Psi_2(z)}\right]_S=\frac{b_0^2}{d\sigma^2(z_2-d)}\frac{z}{z-z_1}$$

由上式还可写出最优滤波器的递推方程为

$$\hat{X}(k+1)-z_1\hat{X}(k)=\frac{b_0^2}{d\sigma^2(z_2-d)}Z(k+1) \tag{7.3.29}$$

其中,z_1,z_2由式(7.3.26)给出;b_0^2,d和σ^2均由输入信号的谱密度给出.

最后,由式(7.3.16)可计算出最优滤波器输出的均方误差$\sigma_{\min}^2$为

$$\sigma_{\min}^2=\frac{1}{2\pi \mathrm{j}}\oint_{|z|=1}\left[S_{XX}(z)-|\Phi(z)|^2S_{ZZ}(z)\right]\frac{\mathrm{d}z}{z}=\frac{\sigma^2b_0^2(1-dz_1)(z_2-d)-b_0^4d}{\sigma^2(d^2-1)(dz_1-1)(z_2-d)}$$

7.4 维纳最优预测滤波器

对于连续平稳随机信号来说,如果预期输出信号 $\mu(t)$ 取为 $X(t+T)$,即选 $H(s)$ 为 e^{ST},其中 $T>0$ 表示预测时间,则称满足维纳-霍甫积分方程的物理可实现的最优传递函数式(7.2.81)为连续最优预测滤波器传递函数.

对于离散平稳随机信号来说,如果选 $H(z)$ 为 z^l,即预期输出信号 $\mu(n)=X(n+l)$,其中 $l>0$ 为正整数,则称满足离散维纳-霍甫方程的物理可实现的最优传递函数式(7.2.83)为离散最优预测滤波器传递函数,有时称上述问题为 l 步预报.

就连续平稳随机信号来说,这个问题与最优滤波问题的差别仅在于互谱密度 $S_{\mu Z}(z)$ 发生了变化,因此只要把这一问题研究清楚就可以利用 7.3 的结果了.

由互相关函数的概念可知

$$\begin{aligned}B_{\mu Z}(\tau)&=E[\mu(t+\tau)Z(t)]=E\{X(t+T+\tau)[X(t)+n(t)]\}\\&=B_{XX}(\tau+T)+B_{Xn}(T+\tau)\end{aligned}\tag{7.4.1}$$

于是互谱密度为

$$\begin{aligned}S_{\mu Z}(\omega)&=\int_{-\infty}^{+\infty}B_{\mu Z}(\tau)e^{-j\omega\tau}d\tau\\&=\int_{-\infty}^{+\infty}[B_{XX}(\tau+T)+B_{Xn}(T+\tau)]e^{-j\omega(T+\tau)}e^{j\omega T}d\tau\\&=e^{j\omega T}[S_{XX}(\omega)+S_{Xn}(\omega)]\\&\triangleq e^{j\omega T}{}^{*}S_{\mu Z}(\omega)\end{aligned}\tag{7.4.2}$$

其中

$${}^{*}S_{\mu Z}(\omega)=S_{XX}(\omega)+S_{Xn}(\omega)\tag{7.4.3}$$

此时,由定理 7.2.10 可知,物理可实现的最优传递函数 $\Phi(j\omega)$ 为

$$\begin{aligned}\Phi(j\omega)&=\frac{1}{\Psi_1(j\omega)}\int_0^{\infty}e^{-j\omega t}dt\,\frac{1}{2\pi}\int_{-\infty}^{+\infty}\frac{S_{\mu Z}(v)}{\Psi_2(jv)}e^{jvt}dv\\&=\frac{1}{\Psi_1(j\omega)}\int_0^{\infty}e^{-j\omega t}dt\,\frac{1}{2\pi}\int_{-\infty}^{+\infty}\frac{{}^{*}S_{\mu Z}(v)}{\Psi_2(jv)}e^{jv(t+T)}dv\end{aligned}\tag{7.4.4}$$

其中

$$S_{ZZ}(\omega)\triangleq\Psi_1(j\omega)\Psi_2(j\omega)=|\Psi_1(j\omega)|^2\tag{7.4.5}$$

$\Psi_1(j\omega)$ 的所有零点均在 ω 的上半平面内或实轴上,所有极点均在 ω 的上半平面内;$\Psi_2(j\omega)$ 的所有零点均在 ω 的下半平面内或实轴上,所有极点均在 ω 的下半平面内.

现在把 ${}^{*}S_{\mu Z}(\omega)/\Psi_2(j\omega)$ 做如下分解,即

$$\frac{{}^{*}S_{\mu Z}(\omega)}{\Psi_2(j\omega)}\triangleq\left[\frac{{}^{*}S_{\mu Z}(\omega)}{\Psi_2(j\omega)}\right]_S+\left[\frac{{}^{*}S_{\mu Z}(\omega)}{\Psi_2(j\omega)}\right]_X\tag{7.4.6}$$

其中,$[{}^{*}S_{\mu Z}(\omega)/\Psi_2(j\omega)]_S$ 的所有极点均在 ω 的上半平面内;$[{}^{*}S_{\mu Z}(\omega)/\Psi_2(j\omega)]_X$ 的所有极点均在 ω 的下半平面内.

于是方程式(7.4.4)等号右边第二个积分为

$$\frac{1}{2\pi}\int_{-\infty}^{+\infty}\frac{{}^{*}S_{\mu Z}(v)}{\Psi_2(jv)}e^{jv(t+T)}dv=\frac{1}{2\pi}\int_{-\infty}^{+\infty}\left[\frac{{}^{*}S_{\mu Z}(v)}{\Psi_2(jv)}\right]_S e^{jv(t+T)}dv+$$

$$\frac{1}{2\pi}\int_{-\infty}^{+\infty}\left[\frac{{}^{*}S_{\mu Z}(\upsilon)}{\Psi_2(\mathrm{j}\upsilon)}\right]_X \mathrm{e}^{\mathrm{j}\upsilon(t+T)}\mathrm{d}\upsilon$$

$$=\beta_s(t+T)+\beta_X(t+T) \tag{7.4.7}$$

由式(7.3.6)可知有

$$\beta_S(t)=0,t<0$$
$$\beta_X(t)=0,t>0 \tag{7.4.8}$$

再将式(7.4.7)代入式(7.4.4),则有

$$\begin{aligned}\Phi(\mathrm{j}\omega) &= \frac{1}{\Psi_1(\mathrm{j}\omega)}\int_0^{\infty}\mathrm{e}^{-\mathrm{j}\omega t}[\beta_S(t+T)+\beta_X(t+T)]\mathrm{d}t\\ &= \frac{1}{\Psi_1(\mathrm{j}\omega)}\int_0^{\infty}\beta_S(t+T)\mathrm{e}^{-\mathrm{j}\omega t}\mathrm{d}t\end{aligned} \tag{7.4.9}$$

下面求预测滤波器输出的均方误差. 由定理 7.2.1 可知在预测滤波情况下,仍有

$$\begin{aligned}\sigma_{\min}^2 &= B_{\mu\mu}(0)-\int_0^{\infty}\int_0^{\infty}k(\tau)k(l)B_{ZZ}(l-\tau)\mathrm{d}\tau\mathrm{d}l\\ &= B_{\mu\mu}(0)-\frac{1}{2\pi}\int_{-\infty}^{+\infty}\int_0^{\infty}k(l)\mathrm{e}^{\mathrm{j}l\omega}\mathrm{d}l\int_0^{\infty}k(\tau)\mathrm{e}^{-\mathrm{j}\omega\tau}\mathrm{d}\tau S_Z(\omega)\mathrm{d}\omega\\ &= B_{\mu\mu}(0)-\frac{1}{2\pi}\int_{-\infty}^{+\infty}S_{ZZ}(\omega)\,|\Phi(\mathrm{j}\omega)|^2\mathrm{d}\omega\end{aligned} \tag{7.4.10}$$

又因 $B_{\mu\mu}(\tau)=E[\mu(t+\tau)\mu(t)]=E[X(t+T+\tau)X(t+T)]=B_{XX}(\tau)$

所以有

$$B_{\mu\mu}(0)=B_{XX}(0) \tag{7.4.11}$$

进一步由式(7.4.9)可知

$$\begin{aligned}|\Phi(\mathrm{j}\omega)|^2 &= \frac{1}{|\Psi_1(\mathrm{j}\omega)|^2}\left|\int_0^{\infty}\beta_S(t+T)\mathrm{e}^{-\mathrm{j}\omega t}\mathrm{d}t\right|^2\\ &= \frac{1}{S_{ZZ}(\omega)}\left|\int_0^{\infty}\beta_S(t+T)\,\mathrm{e}^{-\mathrm{j}\omega t}\mathrm{d}t\right|^2\end{aligned} \tag{7.4.12}$$

将式(7.4.11)及式(7.4.12)代入式(7.4.10)可得

$$\sigma_{\min}^2 = B_{XX}(0)-\frac{1}{2\pi}\int_{-\infty}^{+\infty}\left|\int_0^{\infty}\beta_S(t+T)\,\mathrm{e}^{-\mathrm{j}\omega t}\mathrm{d}t\right|^2\mathrm{d}\omega \tag{7.4.13}$$

不妨记

$$B(\mathrm{j}\omega)\triangleq\int_0^{\infty}\beta_S(t+T)\mathrm{e}^{-\mathrm{j}\omega t}\mathrm{d}t$$

则利用帕斯瓦尔公式,即

$$\frac{1}{2\pi}\int_{-\infty}^{+\infty}|B(\mathrm{j}\omega)|^2\mathrm{d}\omega=\int_0^{\infty}\beta_S^2(t+T)\mathrm{d}t \tag{7.4.14}$$

就可以把式(7.4.13)简化为

$$\sigma_{\min}^2 = B_{XX}(0)-\int_0^{\infty}\beta_S^2(t+T)\mathrm{d}t = B_{XX}(0)-\int_0^{\infty}\beta_S^2(t)\mathrm{d}t+\int_0^{T}\beta_S^2(t)\mathrm{d}t \tag{7.4.15}$$

其中

$$\beta_S(t)=\frac{1}{2\pi}\int_{-\infty}^{+\infty}\left[\frac{{}^{*}S_{\mu Z}(\omega)}{\Psi_2(\mathrm{j}\omega)}\right]_S\mathrm{e}^{\mathrm{j}\omega t}\mathrm{d}\omega \tag{7.4.16}$$

总结上面结果可得定理 7.4.1.

定理 7.4.1 如图 7.1.1 所示的系统,当输入信号具有有理谱密度时,物理可实现的连续最优预测滤波器传递函数为

$$\Phi(\mathrm{j}\omega) = \frac{1}{\Psi_1(\mathrm{j}\omega)}\int_0^{\infty}\beta_S(t+T)\mathrm{e}^{-\mathrm{j}\omega t}\mathrm{d}t \tag{7.4.17}$$

其中 $T>0$ 为预测时间

$$S_{ZZ}(\omega) = \Psi_1(\mathrm{j}\omega)\Psi_2(\mathrm{j}\omega) = |\Psi_1(\mathrm{j}\omega)|^2 \tag{7.4.18}$$

$\Psi_1(\mathrm{j}\omega)$的所有零点均在 ω 的上半平面内或实轴上,所有极点均在 ω 的上半平面内;$\Psi_2(\mathrm{j}\omega)$的所有零点均在 ω 的下半平面内或实轴上,所有极点均在 ω 的下半平面内.

$$\beta_S(t) = \frac{1}{2\pi}\int_{-\infty}^{+\infty}\left[\frac{{}^*S_{\mu Z}(\omega)}{\Psi_2(\mathrm{j}\omega)}\right]_S \mathrm{e}^{\mathrm{j}\omega t}\mathrm{d}\omega \tag{7.4.19}$$

其中

$${}^*S_{\mu Z}(\omega) = S_{XX}(\omega) + S_{Xn}(\omega) \tag{7.4.20}$$

$$\left[\frac{{}^*S_{\mu Z}(\omega)}{\Psi_2(\mathrm{j}\omega)}\right] = \left[\frac{{}^*S_{\mu Z}(\omega)}{\Psi_2(\mathrm{j}\omega)}\right]_S + \left[\frac{{}^*S_{\mu Z}(\omega)}{\Psi_2(\mathrm{j}\omega)}\right]_X \tag{7.4.21}$$

其中,$\left[\frac{{}^*S_{\mu Z}(\omega)}{\Psi_2(\mathrm{j}\omega)}\right]_S$ 的所有极点均在 ω 的上半平面内;$\left[\frac{{}^*S_{\mu Z}(\omega)}{\Psi_2(\mathrm{j}\omega)}\right]_X$ 的所有极点均在 ω 的下半平面内.

此时,最优预测滤波器输出的均方误差$\sigma^2_{\min}$为

$$\sigma^2_{\min} = B_{XX}(0) - \int_0^{\infty}\beta_S^2(t)\mathrm{d}t + \int_0^{T}\beta_S^2(t)\mathrm{d}t \tag{7.4.22}$$

当输入信号为平衡随机序列时,仍有类似的结果.

定理 7.4.2 如图 7.2.1 所示的离散系统,当输入信号序列具有有理谱密度时,物理可实现的离散最优预测滤波器传递函数 $\Phi(z)$为

$$\Phi(z) = \frac{1}{\Psi_1(z)}\sum_{i=0}^{\infty}\beta_S(i+l)z^{-i} \tag{7.4.23}$$

其中,正整数 l 为预测步数

$$S_{ZZ}(z) = \Psi_1(z)\Psi_2(z) = |\Psi_1(z)|^2 \tag{7.4.24}$$

$\Psi_1(z)$的所有零点均在 z 平面的单位圆内或单位圆上,所有极点均在 z 平面的单位圆内;$\Psi_2(z)$的所有零点均在 z 平面的单位圆外或单位圆上,所有极点均在 z 平面的单位圆外.

$$\beta_S(i) = \frac{1}{2\pi\mathrm{j}}\oint_{|z|=1}\left[\frac{{}^*S_{\mu Z}(\omega)}{\Psi_2(\mathrm{j}\omega)}\right]_S z^{i-1}\mathrm{d}z \tag{7.4.25}$$

其中

$${}^*S_{\mu Z}(z) = S_{XX}(z) + S_{Xn}(z) \tag{7.4.26}$$

$$\left[\frac{{}^*S_{\mu Z}(z)}{\Psi_2(z)}\right] = \left[\frac{{}^*S_{\mu Z}(z)}{\Psi_2(z)}\right]_S + \left[\frac{{}^*S_{\mu Z}(z)}{\Psi_2(z)}\right]_X \tag{7.4.27}$$

其中,$\left[\frac{{}^*S_{\mu Z}(z)}{\Psi_2(z)}\right]_S$ 的所有极点均在 z 平面的单位圆内;$\left[\frac{{}^*S_{\mu Z}(z)}{\Psi_2(z)}\right]_X$ 的所有极点均在 z 平面的单位圆外.

此时,离散最优预测滤波器输出的均方误差$\sigma^2_{\min}$为

$$\sigma^2_{\min} = B_{XX}(0) - \sum_{i=0}^{\infty}\beta_S^2(i) + \sum_{i=0}^{l-1}\beta_S^2(i) \tag{7.4.28}$$

定理 7.4.2 的证明留给读者作为练习.

例 7.4.1 已知平稳随机信号 $X(t)$的功率谱密度函数为

$$S_{XX}(\omega) = \frac{A_0^2\beta^2}{\omega^2+\beta^2}$$

其中,$\beta>0$,$A_0>0$ 且为常数,干扰信号 $n(t)$ 为白噪声,其功率谱密度函数为 $S_n(\omega)=\sigma^2$,假定 $X(t)$ 与 $n(t)$ 彼此互不相关,现在希望得到 $X(t)$ 的预测信号 $X(t+T)$. 试求最优预测滤波器传递函数 $\Phi(\mathrm{j}\omega)$.

解 由题意可知

$$S_{ZZ}(\omega)=S_{XX}(\omega)+S_{nn}(\omega)=\frac{\beta^2A_0^2}{\omega^2+\beta^2}+\sigma^2\triangleq\Psi_1(\mathrm{j}\omega)\Psi_2(\mathrm{j}\omega)$$

其中

$$\Psi_1(\mathrm{j}\omega)=\sigma\frac{\mathrm{j}\omega+\sqrt{\dfrac{\beta^2(A_0^2+\sigma^2)}{\sigma^2}}}{\mathrm{j}\omega+\beta} \tag{7.4.29}$$

$$\Psi_2(\mathrm{j}\omega)=\sigma\frac{-\mathrm{j}\omega+\sqrt{\dfrac{\beta^2(A_0^2+\sigma^2)}{\sigma^2}}}{-\mathrm{j}\omega+\beta} \tag{7.4.30}$$

而 $^*S_{\mu Z}(\omega)=S_{XX}(\omega)=\dfrac{\beta^2A_0^2}{\omega^2+\beta^2}$,于是有

$$\frac{^*S_{\mu Z}(z)}{\Psi_2(\mathrm{j}\omega)}=\frac{\beta^2A_0^2}{\sigma}\frac{1}{(\mathrm{j}\omega+\beta)\left[-\mathrm{j}\omega+\sqrt{\dfrac{\beta^2(A_0^2+\sigma^2)}{\sigma^2}}\right]}$$

$$\triangleq\left[\frac{^*S_{\mu Z}(\omega)}{\Psi_2(\mathrm{j}\omega)}\right]_S+\left[\frac{^*S_{\mu Z}(\omega)}{\Psi_2(\mathrm{j}\omega)}\right]_X$$

不难求出

$$\left[\frac{^*S_{\mu Z}(\omega)}{\Psi_2(\mathrm{j}\omega)}\right]_S=\frac{\beta^2A_0^2}{\sigma\left[\beta+\sqrt{\dfrac{\beta^2(A_0^2+\sigma^2)}{\sigma^2}}\right]}\frac{1}{\mathrm{j}\omega+\beta} \tag{7.4.31}$$

$$\left[\frac{^*S_{\mu Z}(\omega)}{\Psi_2(\mathrm{j}\omega)}\right]_X=\frac{\beta^2A_0^2}{\sigma\left[\beta+\sqrt{\dfrac{\beta^2(A_0^2+\sigma^2)}{\sigma^2}}\right]}\frac{1}{\left[-\mathrm{j}\omega+\sqrt{\dfrac{\beta^2(A_0^2+\sigma^2)}{\sigma^2}}\right]} \tag{7.4.32}$$

将式(7.4.31)代入式(7.4.19),可得

$$\begin{aligned}\beta_S(t)&=\frac{1}{2\pi}\int_{-\infty}^{\infty}\left[\frac{^*S_{\mu Z}(\omega)}{\Psi_2(\mathrm{j}\omega)}\right]_S\mathrm{e}^{-\mathrm{j}\omega t}\mathrm{d}\omega\\&=\frac{\beta^2A_0^2}{\sigma\left(\beta+\beta\sqrt{\dfrac{A_0^2+\sigma^2}{\sigma^2}}\right)}\mathrm{e}^{-\beta t}\\&=\frac{\beta A_0^2}{\sigma+\sqrt{A_0^2+\sigma^2}}\mathrm{e}^{-\beta t}\end{aligned} \tag{7.4.33}$$

最后,将式(7.4.29)和式(7.4.33)代入式(7.4.17),则得最优预测滤波器传递函数为

$$\begin{aligned}\Phi(\mathrm{j}\omega)&=\frac{1}{\Psi_1(\mathrm{j}\omega)}\int_0^{\infty}\beta_S(t+T)\mathrm{e}^{-\mathrm{j}\omega t}\mathrm{d}t\\&=\frac{\mathrm{j}\omega+\beta}{\sigma\left[\mathrm{j}\omega+\sqrt{\dfrac{\beta^2(A_0^2+\sigma^2)}{\sigma^2}}\right]}\int_0^{\infty}\frac{\beta A_0^2\mathrm{e}^{\beta(t+T)}}{\sigma+\sqrt{A_0^2+\sigma^2}}\mathrm{e}^{-\mathrm{j}\omega t}\mathrm{d}t\end{aligned}$$

$$= \frac{\beta^2 (A_0^2/\sigma^2) \mathrm{e}^{-\beta T}}{1 + \sqrt{A_0^2/\sigma^2 + 1}} \frac{1}{\mathrm{j}\omega + \beta \sqrt{A_0^2/\sigma^2 + 1}} \tag{7.4.34}$$

例 7.4.2 已知平稳随机序列$\{X(k), k = \cdots, -2, -1, 0, 1, 2, \cdots\}$的功率谱密度函数为

$$S_X(z) = \frac{b_0^2}{(z-d)(z^{-1}-d)}, 0 < |d| < 1$$

干扰序列$\{n(k), k = \cdots, -2, -1, 0, 1, 2, \cdots\}$为白噪声序列,其功率谱密度函数为$S_n(z) = \sigma^2$,假定上述两个随机序列互不相关. 试求 l 步的最优预测滤波器.

解 由题意可知

$$S_{ZZ}(z) = S_{XX}(z) + S_{nn}(z) = \frac{b_0^2}{(z-d)(z^{-1}-d)} + \sigma^2$$

$$\triangleq \Psi_1(z)\Psi_2(z) = |\Psi_1(z)|^2 \tag{7.4.35}$$

其中

$$\Psi_1(z) = \frac{\sigma(z - z_1)}{(z-d)} \tag{7.4.36}$$

$$\Psi_2(z) = \frac{\sigma(z - z_2)}{(z - 1/d)}$$

$$z_1 = \frac{b_0^2 + \sigma^2 + \sigma^2 d^2}{2\sigma^2 d} - \sqrt{\left(\frac{b_0^2 + \sigma^2 + \sigma^2 d^2}{2\sigma^2 d}\right) - 1} < 1$$

$$z_2 = \frac{b_0^2 + \sigma^2 + \sigma^2 d^2}{2\sigma^2 d} + \sqrt{\left(\frac{b_0^2 + \sigma^2 + \sigma^2 d^2}{2\sigma^2 d}\right) - 1} > 1$$

因为 $X(k)$ 与 $n(k)$ 互不相关,所以

$$^*S_{\mu Z}(z) = S_{XX}(z)$$

则有

$$\left[\frac{^*S_{\mu Z}(z)}{\Psi_2(z)}\right] = \frac{-\frac{b_0^2}{\mathrm{d}\sigma}z}{(z-d)(z-z_2)} \triangleq \left[\frac{^*S_{\mu Z}(z)}{\Psi_2(z)}\right]_S + \left[\frac{^*S_{\mu Z}(z)}{\Psi_2(z)}\right]_X$$

经过计算可知

$$\left[\frac{^*S_{\mu Z}(z)}{\Psi_2(z)}\right]_S = \frac{b_0^2}{\mathrm{d}\sigma(z_2 - d)} \frac{z}{z-d} \tag{7.4.37}$$

将式(7.4.37)代入式(7.4.25),可得

$$\beta_S(i) = \frac{1}{2\pi \mathrm{j}} \oint_{|z|=1} \left[\frac{^*S_{\mu Z}(z)}{\Psi_2(z)}\right]_S z^{i-1} \mathrm{d}z$$

$$= \frac{1}{2\pi \mathrm{j}} \oint_{|z|=1} \frac{b_0^2}{\mathrm{d}\sigma(z_2 - d)} \frac{z}{z-d} z^{i-1} \mathrm{d}z$$

$$= \frac{b_0^2}{\mathrm{d}\sigma(z_2 - d)} d^i \tag{7.4.38}$$

用 $i + l$ 代替式(7.4.38)中的 i,则有

$$\beta_S(i+l) = \frac{b_0^2}{\mathrm{d}\sigma(z_2 - d)} d^{i+l}$$

于是,最优预测滤波器传递函数 $\Phi(z)$ 为

$$\Phi(z) = \frac{1}{\Psi_1(z)} \sum_{i=0}^{\infty} \beta_S(i+l) z^{-i}$$

$$= \frac{1}{\Psi_1(z)} \sum_{i=0}^{\infty} \frac{b_0^2}{d\sigma(z_2 - d)} d^l d^i z^{-i}$$

$$= \frac{b_0^2 d^l}{d\sigma^2(z_2 - d)} \frac{z}{z - z_1}$$

则最优预测滤波器递推方程为

$$\hat{X}(k+1) - z_1 \hat{X}(k) = \frac{b_0^2 d^l}{d\sigma^2(z_2 - d)} Z(k+1)$$

7.5 广义维纳滤波

维纳(N. Wiener,1894—1964)教授作为学术界公认的控制论及信息论的奠基人,在代表性论文《平稳时间过程的外推、内插和平滑及其工程应用》中,首次从统计学和概率论的观点,阐述并解决了控制论及信息论中的核心问题,从而使控制论及信息论进入一个崭新时代. 维纳理论的核心是如何从受到随机干扰的信息中滤除干扰,尽可能精确地复现有用信息. 为了解决这个问题,维纳首次提出并建立了维纳积分方程,并在平稳随机过程范畴内给出了完美的解答,这些内容在本书 7.1 至 7.4 中已给出了较详细的介绍.

维纳的贡献绝不仅仅是在控制论及信息论中提出的统计学方法,更重要的是给其后的控制论及信息论专家提出了一个崭新的思路和信息处理方法,使得控制理论及统计信息理论不断完善发展.

下面我们将详细介绍维纳理论在处理一类非平稳随机过程中的应用,特别是在无线电电子工程及锁相环技术中的应用.

7.5.1 非平稳过程的广义维纳方程

在 7.1 ~ 7.4 中已经讨论了当有用信号和干扰信号为平稳随机函数时的最优滤波和预测问题,但在实际应用中经常发现,上述假设并非总能得到满足,特别是,有用信号通常是非平稳随机函数,在这种情况下,如何对非平稳随机函数进行滤波和预测,以最优的精度复现出有用信号,就是值得研究的问题.

这里所要考察的系统模型如图 7.5.1 所示.

图中,$X(t)$为确定性有用信号,并假设 $X(t)$ 的拉氏变换 $X(s)$ 存在;$n(t)$ 为随机干扰信号.

假设$\{n(t), -\infty < t < \infty\}$为零均值平稳随机过程,它可以是白噪声也可以是时间相关的平稳随机过程,其自相关函数 $B_n(\tau)$ 或功率谱密度函数 $S_n(\omega)$ 均为已知,通常,$X(t)$ 与 $n(t)$ 是互不相关的.

有用信号 $X(t)$ 和随机干扰 $n(t)$ 通过实际的滤波器 $\Phi(s)$ 如图 7.5.1(a) 所示,有用信号 $X(t)$ 通过预期的滤波器 $H(s)$ 如图 7.5.1(b) 所示. $H(s)$ 为预期滤波器传递函数,$\mu(t)$ 为预期的输出信号. 对于滤波来说,有 $H(s) = 1$,$\mu(t) = X(t)$;对于预测滤波来说,有 $H(s) = e^{ST}$,$\mu(t) = X(t+T)$,其中 $T>0$ 为预测时间,$\Phi(s)$ 就是我们所要求的物理可实现的最优滤波器传递函数.

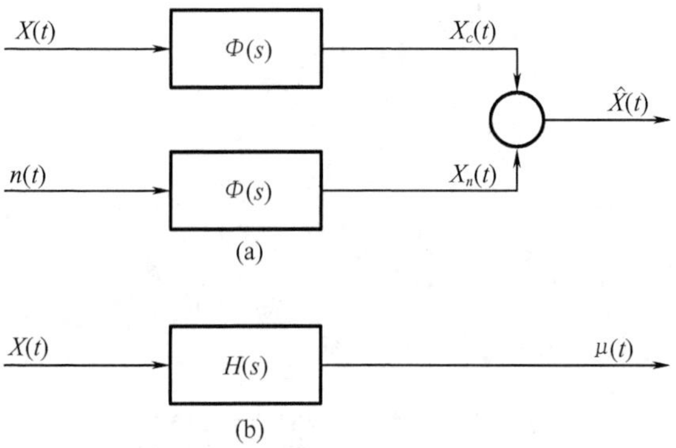

图 7.5.1　有用信号 $X(t)$ 与随机干扰信号 $n(t)$ 通过滤波器 $\Phi(s)$ 的方块图

如图 7.5.1 所示，滤波器输出信号 $\hat{X}(t)$ 与预期输出信号 $\mu(t)$ 的误差由两部分组成，即信号误差 $e_s(t)=X_c(t)-\mu(t)$ 和滤波器输出的随机干扰 $X_n(t)$. 我们所要考察的滤波期间是 $[0,+\infty]$，则从 $t=0$ 开始的在滤波期间信号误差的总能量 P 为

$$P=\int_0^{\infty}[X_c(t)-\mu(t)]^2\mathrm{d}t \tag{7.5.1}$$

滤波器输出干扰 $X_n(t)$ 的均方误差 σ_n^2 为

$$\sigma_n^2=E[X_n^2(t)] \tag{7.5.2}$$

误差总能量 ε^2 定义为

$$\varepsilon^2\triangleq P+\sigma_n^2 \tag{7.5.3}$$

现在，可以把问题的提法归结为如何构造一个物理可实现的滤波器传递函数 $\Phi(s)$，使得

$$\varepsilon^2 P+\sigma_n^2=\min \tag{7.5.4}$$

现在，我们利用维纳方法推导最优滤波器传递函数 $\Phi(s)$ 所应满足的积分方程，首先，利用帕斯瓦尔(Parseval)公式，可以将式(7.5.1)写成

$$\begin{aligned}P&=\int_{-\infty}^{+\infty}[X_c(t)-\mu(t)]^2\mathrm{d}t\\&=\frac{1}{2\pi}\int_{-\infty}^{+\infty}[X_c(\mathrm{j}\omega)-\mu(\mathrm{j}\omega)][X_c(-\mathrm{j}\omega)-\mu(-\mathrm{j}\omega)]\mathrm{d}\omega\\&=\frac{1}{2\pi}\int_{-\infty}^{+\infty}X(\mathrm{j}\omega)[\Phi(\mathrm{j}\omega)-H(\mathrm{j}\omega)]X(-\mathrm{j}\omega)[\Phi(-\mathrm{j}\omega)-H(-\mathrm{j}\omega)]\mathrm{d}\omega\\&=\frac{1}{2\pi}\int_{-\infty}^{+\infty}|X(\mathrm{j}\omega)|^2[\Phi(\mathrm{j}\omega)-H(\mathrm{j}\omega)][\Phi(-\mathrm{j}\omega)-H(-\mathrm{j}\omega)]\mathrm{d}\omega\end{aligned} \tag{7.5.5}$$

其中，$X(\mathrm{j}\omega)$ 为有用信号 $X(t)$ 的傅里叶变换并假设为已知. 由式(7.5.2)，还可把滤波器输出干扰 $X_n(t)$ 的均方误差 σ_n^2 表示为

$$\sigma_n^2=E[X_n^2(t)]=B_{Xn}(0)=\frac{1}{2\pi}\int_{-\infty}^{+\infty}S_n(\omega)|\Phi(\mathrm{j}\omega)|^2\mathrm{d}\omega \tag{7.5.6}$$

其中，$S_n(\omega)$ 为随机干扰信号 $n(t)$ 的功率谱密度函数且假定为已知.

把方程式(7.5.5)和方程式(7.5.6)代入式(7.5.3)，则

$$\varepsilon^2 = P + \sigma_n^2 = \frac{1}{2\pi}\int_{-\infty}^{+\infty} |X(j\omega)|^2[\Phi(j\omega) - H(j\omega)][\Phi(-j\omega) - H(-j\omega)]d\omega + \frac{1}{2\pi}\int_{-\infty}^{+\infty} S_n(\omega)|\Phi(j\omega)|^2 d\omega \tag{7.5.7}$$

方程式(7.5.7)中的 $\Phi(j\omega)$ 是使方程式(7.5.4)成立的最优滤波器的传递函数，现在用 $\Phi(j\omega)+r\eta(j\omega)$ 代替方程式(7.5.7)中的 $\Phi(j\omega)$，其中 r 为与 $j\omega$，$\Phi(j\omega)$ 和 $\eta(j\omega)$ 均无关的参量；$\eta(j\omega)$ 为 $j\omega$ 的任意函数且 $\eta(j\omega)\neq 0$. 这时方程式(7.5.3)中的总误差能量 ε^2 必出现变分 $\delta\varepsilon^2$，于是可将方程式(7.5.7)写成

$$\begin{aligned}
\varepsilon^2 + \delta\varepsilon^2 &= \frac{1}{2\pi}\int_{-\infty}^{+\infty} |X(j\omega)|^2[\Phi(j\omega) + r\eta(j\omega) - H(j\omega)]\cdot \\
&\quad [\Phi(-j\omega) + r\eta(-j\omega) - H(-j\omega)]d\omega + \\
&\quad \frac{1}{2\pi}\int_{-\infty}^{+\infty} S_n(\omega)[\Phi(j\omega) + r\eta(j\omega)][\Phi(-j\omega) + r\eta(-j\omega)]d\omega \\
&= \frac{1}{2\pi}\int_{-\infty}^{+\infty} |X(j\omega)|^2[\Phi(j\omega) - H(j\omega)][\Phi(-j\omega) - H(-j\omega)]d\omega + \\
&\quad \frac{1}{2\pi}\int_{-\infty}^{+\infty} S_n(\omega)\Phi(j\omega)\Phi(-j\omega)d\omega + \\
&\quad r\frac{1}{2\pi}\Big\{\int_{-\infty}^{+\infty} |(j\omega)|^2[\Phi(j\omega) - H(j\omega)]\eta(-j\omega)d\omega + \\
&\quad \int_{-\infty}^{+\infty} |X(j\omega)|^2[\Phi(-j\omega) - H(-j\omega)]\eta(j\omega)d\omega + \\
&\quad \int_{-\infty}^{+\infty} S_n(\omega)\Phi(j\omega)\eta(-j\omega)d\omega + \int_{-\infty}^{+\infty} S_n(\omega)\eta(j\omega)\Phi(-j\omega)d\omega\Big\} + \\
&\quad \frac{r^2}{2\pi}\Big\{\int_{-\infty}^{+\infty} |(j\omega)|^2\eta(j\omega)\eta(-j\omega)d\omega + \int_{-\infty}^{+\infty} S_n(\omega)\eta(j\omega)\eta(-j\omega)d\omega\Big\} \\
&= \varepsilon^2 + \frac{r}{2\pi}\int_{-\infty}^{+\infty}\{|X(j\omega)|^2[\Phi(j\omega) - H(j\omega)] + S_n(\omega)\Phi(j\omega)\} \\
&\quad \eta(-j\omega)d\omega + \frac{r}{2\pi}\int_{-\infty}^{+\infty}\{|X(j\omega)|^2[\Phi(-j\omega) - H(-j\omega)] + \\
&\quad S_n(\omega)\Phi(-j\omega)\}\eta(j\omega)d\omega + \\
&\quad \frac{r^2}{2\pi}\int_{-\infty}^{+\infty}[|X(j\omega)^2|\eta(j\omega)^2 + S_n(\omega)|\eta(j\omega)|^2]d\omega
\end{aligned} \tag{7.5.8}$$

因为 $\Phi(j\omega)$ 是使式(7.5.4)成立的最优滤波器传递函数，所以必有

$$\left|\frac{\partial}{\partial r}(\varepsilon^2 + \delta\varepsilon^2)\right|_{r=0} = 0 \tag{7.5.9}$$

将方程式(7.5.8)代入方程式(7.5.9)可得

$$\frac{1}{2\pi}\int_{-\infty}^{+\infty}\{|X(j\omega)|^2[\Phi(j\omega) - H(j\omega)] + S_n(\omega)\Phi(j\omega)\}\eta(-j\omega)d\omega + \frac{1}{2\pi}\int_{-\infty}^{+\infty}\{|X(j\omega)|^2[\Phi(-j\omega) - H(-j\omega)] + S_n(\omega)\Phi(-j\omega)\}\eta(j\omega)d\omega = 0 \tag{7.5.10}$$

又因式(7.5.10)等号左边两项相同，同时考虑到 $\eta(j\omega)$ 是 ω 的任意函数且 $\eta(j\omega)\neq 0$，所以方程式(7.5.10)成立等价于方程

$$\int_{-\infty}^{+\infty}\{|X(\mathrm{j}\omega)|^2[\Phi(\mathrm{j}\omega)-H(\mathrm{j}\omega)]+S_n(\omega)\Phi(\mathrm{j}\omega)\}\eta(-\mathrm{j}\omega)\mathrm{d}\omega=0 \tag{7.5.11}$$

成立,即

$$\int_{-\infty}^{+\infty}\{\Phi(\mathrm{j}\omega)[|X(\mathrm{j}\omega)|^2+S_n(\omega)]-|X(\mathrm{j}\omega)|^2H(\mathrm{j}\omega)\}\eta(-\mathrm{j}\omega)\mathrm{d}\omega=0 \tag{7.5.12}$$

由方程式(7.5.8)进一步还有

$$\frac{\partial^2}{\partial r^2}(\varepsilon^2+\delta\varepsilon^2)=\frac{1}{\pi}\int_{-\infty}^{+\infty}[|X(\mathrm{j}\omega)|^2+S_n(\omega)]|\eta(\mathrm{j}\omega)|^2\mathrm{d}\omega\geqslant 0 \tag{7.5.13}$$

因此,满足方程式(7.5.12)的 $\Phi(\mathrm{j}\omega)$ 确实是使方程式(7.5.4)成立的最优滤波器传递函数.

应当指出,我们现在是把维纳方法推广到非平稳随机函数的最优预测和滤波,因此可以称方程式(7.5.12)是广义维纳积分方程的谱形式.

当方程式(7.5.12)成立时,可以求出非因果最优滤波器输出的误差能量 $\varepsilon_{\min}^2$,为此,由方程式(7.5.12)可得非因果最优滤波器传递函数为

$$\Phi(\mathrm{j}\omega)=\frac{|X(\mathrm{j}\omega)|^2H(\mathrm{j}\omega)}{|X(\mathrm{j}\omega)|^2+S_n(\omega)} \tag{7.5.14}$$

再把式(7.5.14)代入方程式(7.5.7),有

$$\begin{aligned}\varepsilon_{\min}^2=&\frac{1}{2\pi}\int_{-\infty}^{+\infty}|X(\mathrm{j}\omega)|^2\left[\frac{|X(\mathrm{j}\omega)|^2H(\mathrm{j}\omega)}{|X(\mathrm{j}\omega)|^2+S_n(\omega)}-H(\mathrm{j}\omega)\right]\cdot\\&\left[\frac{|X(\mathrm{j}\omega)|^2H(-\mathrm{j}\omega)}{|X(\mathrm{j}\omega)|^2+S_n(\omega)}-H(-\mathrm{j}\omega)\right]\mathrm{d}\omega+\\&\frac{1}{2\pi}\int_{-\infty}^{+\infty}S_n(\omega)\frac{|X(\mathrm{j}\omega)|^2H(\mathrm{j}\omega)}{|X(\mathrm{j}\omega)|^2+S_n(\omega)}\cdot\frac{|X(\mathrm{j}\omega)|^2H(-\mathrm{j}\omega)}{|X(\mathrm{j}\omega)|^2+S_n(\omega)}\mathrm{d}\omega\\=&\frac{1}{2\pi}\int_{-\infty}^{+\infty}\frac{|X(\mathrm{j}\omega)|^2|H(\mathrm{j}\omega)|^2S_n(\omega)}{|X(\mathrm{j}\omega)|^2+S_n(\omega)}\mathrm{d}\omega\end{aligned} \tag{7.5.15}$$

总结上面的结果可得定理7.5.1.

定理7.5.1 对于如图7.4.1所示的系统模型,使滤波器输出总误差式(7.5.3)取极小的充要条件是,滤波器传递函数 $\Phi(\mathrm{j}\omega)$ 应满足广义维纳积分方程式(7.5.12),即

$$\int_{-\infty}^{+\infty}\{\Phi(\mathrm{j}\omega)[|X(\mathrm{j}\omega)|^2+S_n(\omega)]-|X(\mathrm{j}\omega)|^2H(\mathrm{j}\omega)\}\eta(-\mathrm{j}\omega)\mathrm{d}\omega=0 \tag{7.5.16}$$

其中,$\eta(\mathrm{j}\omega)$ 为 ω 的任意函数且 $\eta(\mathrm{j}\omega)\neq 0$,此时,非因果最优滤波器输出误差总能量 ε^2 取极小,且有

$$\varepsilon_{\min}^2=\frac{1}{2\pi}\int_{-\infty}^{+\infty}\frac{|X(\mathrm{j}\omega)|^2|H(\mathrm{j}\omega)|^2S_n(\omega)}{|X(\mathrm{j}\omega)|^2+S_n(\omega)}\mathrm{d}\omega \tag{7.5.17}$$

其中,$X(\mathrm{j}\omega)$ 为有用信号 $X(t)$ 的傅里叶变换且为已知;$H(\mathrm{j}\omega)$ 为预期传递函数且为已知;$S_n(\omega)$ 为随机干扰信号 $n(t)$ 的功率谱密度函数且为已知.

7.5.2 非平稳序列的广义维纳方程

在这一节,我们讨论非平稳随机序列的最优滤波和预测. 假设有用信号序列$\{X(i),i=0,1,2,\cdots\}$和随机干扰序列$\{n(i),i=\cdots,-2,-1,0,1,2,\cdots\}$通过实际的数字滤波器$\Phi(z)$如图7.5.2(a)所示,有用信号序列$\{X(i),i=0,1,2,\cdots\}$通过预期的数字滤波器$H(z)$如图7.5.2(b)所示. 图中,$H(z)$为预期数字滤波器的传递函数;$\mu(i)$为预期的输出信号,对于滤波,有$H(z)=1,\mu(i)=X(i)$,对于预测滤波,有$H(z)=z^l,\mu(i)=X(i+l),i=1,2,\cdots,l=1,2,\cdots$;$\Phi(z)$就是我们所求的物理可实现的最优滤波器传递函数.

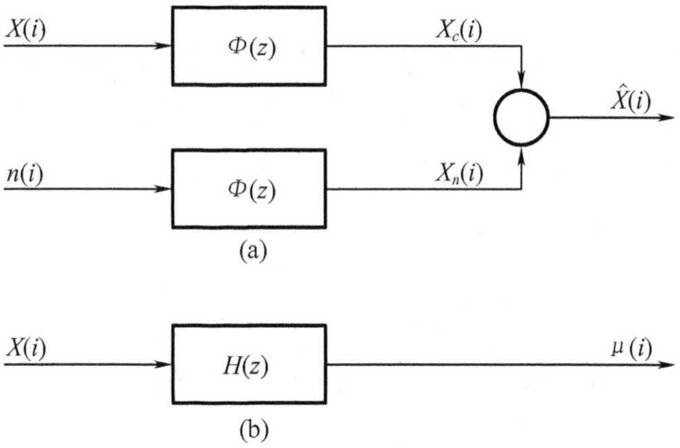

图7.5.2 有用信号序列$X(i)$和随机干扰序列$n(i)$通过数字滤波器$\Phi(z)$的方块图

由图可知,滤波器输出序列$\hat{X}(i)$与预期输出序列$\mu(i)$的误差由两部分组成,即信号误差序列$e_s(i)=X_c(i)-\mu(i)$和滤波器输出的随机干扰序列$X_n(i)$. 我们所考察的滤波期间是$(0,+\infty)$,那么从$t=0$开始的在滤波期间信号误差序列总能量P为

$$P=\sum_{i=0}^{\infty}[X_c(i)-\mu(i)]^2 \tag{7.5.18}$$

滤波器输出干扰序列$X_n(i)$的均方误差σ_n^2为

$$\sigma_n^2=E[X_n^2(i)] \tag{7.5.19}$$

我们所考察的滤波总误差ε^2为

$$\varepsilon^2=P+\sigma_n^2 \tag{7.5.20}$$

我们的任务就是如何构造一个物理可实现的数字滤波器$\Phi(z)$使得ε^2取极小,即

$$\varepsilon^2=\min \tag{7.5.21}$$

为此,利用帕斯瓦尔公式,可将式(7.5.18)写成

$$\begin{aligned}P&=\sum_{i=0}^{\infty}[X_c(i)-\mu(i)]^2\\&=\frac{1}{2\pi \mathrm{j}}\oint_{|z|=1}[X_c(z)-\mu(z)]^2\frac{\mathrm{d}z}{z}\\&=\frac{1}{2\pi \mathrm{j}}\oint_{|z|=1}X(z)[\Phi(z)-H(z)]X(z^{-1})[\Phi(z^{-1})-H(z^{-1})]\frac{\mathrm{d}z}{z}\\&=\frac{1}{2\pi \mathrm{j}}\oint_{|z|=1}[\Phi(z)-H(z)][\Phi(z^{-1})-H(z^{-1})]\frac{\mathrm{d}z}{z}\end{aligned} \tag{7.5.22}$$

其中,$X(z)$为有用信号序列$\{X(i),i=0,1,2,\cdots\}$的 Z 变换且为已知. 由式(7.5.19)还可把滤波器输出干扰序列 $X_n(i)$的均方误差σ_n^2 表示为

$$\sigma_n^2 = E[X_n^2(i)] = B_{Xn}(0) = \frac{1}{2\pi j}\oint_{|z|=1} S_n(z)\,|\Phi(z)|^2 \frac{dz}{z} \tag{7.5.23}$$

其中,$S_n(z)$为随机干扰序列 $n(i)$的功率谱密度函数且假设为已知. 将方程式(7.5.22)和方程式(7.5.23)代入方程式(7.5.20),则有

$$\varepsilon^2 = P + \sigma_n^2 = \frac{1}{2\pi j}\oint_{|z|=1} |X(z)|^2[\Phi(z) - H(z)][\Phi(z^{-1}) - H(z^{-1})]\frac{dz}{z} + \frac{1}{2\pi j}\oint_{|z|=1} S_n(z)\,|\Phi(z)|^2 \frac{dz}{z} \tag{7.5.24}$$

方程式(7.5.24)中的 $\Phi(z)$是使方程式(7.5.21)成立的最优数字滤波器传递函数,现在用 $\Phi(z)+r\eta(z)$代替方程式(7.5.24)中的 $\Phi(z)$,其中 r 为与 z,$\Phi(z)$和 $\eta(z)$均无关的参量;$\eta(z)$为 z 的任意函数且 $\eta(z)\neq 0$. 这时方程式(7.5.24)中的总误差 ε^2 必出现变分 $\delta\varepsilon^2$,于是可将方程式(7.5.24)写成

$$\begin{aligned}\varepsilon^2 + \delta\varepsilon^2 &= \frac{1}{2\pi j}\oint_{|z|=1} |X(z)|^2[\Phi(z) + r\eta(z) - H(z)][\Phi(z^{-1}) + r\eta(z^{-1}) - H(z^{-1})]\frac{dz}{z} + \\ &\quad \frac{1}{2\pi j}\oint_{|z|=1} S_n(z)[\Phi(z) + r\eta(z)][\Phi(z^{-1}) + r\eta(z^{-1})]\frac{dz}{z} \\ &= \varepsilon^2 + \frac{r}{2\pi j}\oint_{|z|=1} \eta(z^{-1})\{|X(z)|2[\Phi(z) - H(z)] + S_n(z)\Phi(z)\}\frac{dz}{z} + \\ &\quad \frac{r}{2\pi j}\oint_{|z|=1} \eta(z)\{|X(z)|^2[\Phi(z^{-1}) - H(z^{-1})] + S_n(z)\Phi(z^{-1})\}\frac{dz}{z} + \\ &\quad \frac{r^2}{2\pi j}\oint_{|z|=1} [|X(z)|^2|\eta(z)|^2 + S_n(z)\,|\eta(z)|^2]\frac{dz}{z}\end{aligned} \tag{7.5.25}$$

因为 $X(z)$是使式(7.5.21)成立的最优滤波器传递函数,所以必有

$$\frac{\partial}{\partial r}(\varepsilon^2 + \delta\varepsilon^2)_{r=0} = 0 \tag{7.5.26}$$

将方程式(7.5.25)代入方程式(7.5.26)可得

$$\frac{1}{2\pi j}\oint_{|z|=1} \eta(z^{-1})\{|X(z)|^2[\Phi(z) - H(z)] + S_n(z)\Phi(z)\}\frac{dz}{z} + \frac{1}{2\pi j}\oint_{|z|=1} \eta(z)\{|X(z)|^2[\Phi(z^{-1}) - H(z^{-1})] + S_n(z)\Phi(z^{-1})\}\frac{dz}{z} = 0 \tag{7.5.27}$$

同时考虑到 $\eta(z)$是 z 的任意函数,所以可把方程式(7.5.27)等价地写成

$$\oint_{|z|=1} \eta(z^{-1})\{|X(z)|^2[\Phi(z) - H(z)] + S_n(z)\Phi(z)\}\frac{dz}{z} = 0 \tag{7.5.28}$$

即有

$$\oint_{|z|=1} \eta(z^{-1})\{\Phi(z)[|X(z)|^2 + S_n(z)] - |X(z)|^2H(z)\}\frac{dz}{z} = 0 \tag{7.5.29}$$

进一步由于

$$\frac{\partial^2}{\partial r^2}(\varepsilon^2 + \delta\varepsilon^2) = \frac{1}{2\pi j}\oint_{|z|=1} [|X(z)|^2|\eta(z)|^2 + S_n(z)\,|\eta(z)|^2]\frac{dz}{z} \geqslant 0 \tag{7.5.30}$$

所以满足方程式(7.5.29)的 $\Phi(z)$确实是使方程式(7.5.21)成立的最优数字滤波器传递函数. 通常称方程式(7.5.29)是离散形式的广义维纳方程谱形式.

现在求最优数字滤波器输出的总误差，为此由方程式(7.5.29)可推得非因果最优滤波器传递函数为

$$\Phi(z)=\frac{|X(z)|^2H(z)}{|X(z)|^2+S_n(z)} \tag{7.5.31}$$

将式(7.5.31)代入方程式(7.5.24)可求得非因果最优滤波器的最小输出总误差$\varepsilon_{\min}^2$为

$$\begin{aligned}\varepsilon_{\min}^2&=\frac{1}{2\pi j}\oint_{|z|=1}|X(z)|^2\left[\frac{|X(z)|^2H(z)}{|X(z)|^2+S_n(z)}-H(z)\right]\cdot\left[\frac{|X(z)|^2H(z^{-1})}{|X(z)|^2+S_n(z)}-H(z^{-1})\right]\frac{dz}{z}+\\&\quad\frac{1}{2\pi j}\oint_{|z|=1}S_n(z)\frac{|X(z)|^4|H(z)|^2}{[|X(z)|^2+S_n(z)]^2}\frac{dz}{z}\\&=\frac{1}{2\pi j}\oint_{|z|=1}\frac{S_n(z)|X(z)|^2|H(z)|^2}{|X(z)|^2+S_n(z)}\frac{dz}{z}\end{aligned} \tag{7.5.32}$$

总结上述结果可得定理7.5.2.

定理7.5.2 对于如图7.5.2所示的离散系统模型，使数字滤波器输出总误差式(7.5.20)取极小的充要条件是，数字滤波器的传递函数$\Phi(z)$应满足离散形式的广义维纳方程式(7.5.29)，即

$$\oint_{|z|=1}\eta(z^{-1})\{\Phi(z)[|X(z)|^2+S_n(z)]-|X(z)|^2H(z)\}\frac{dz}{z}=0 \tag{7.5.33}$$

其中，$\eta(z)$为z的任意函数且$\eta(z)\neq0$，此时非因果滤波器输出的最小总误差$\varepsilon_{\min}^2$为

$$\varepsilon_{\min}^2=\frac{1}{2\pi j}\oint_{|z|=1}\frac{|X(z)|^2|H(z)|^2S_n(z)}{|X(z)|^2+S_n(z)}\frac{dz}{z} \tag{7.5.34}$$

7.5.3 广义维纳方程物理可实现的解

在本节，我们求连续形式的广义维纳方程式(7.5.12)在输入信号具有有理谱密度情况下的解. 如果不考虑物理可实现性，就很容易由方程式(7.5.12)得到非因果最优滤波器的传递函数$\Phi(j\omega)$，事实上，由于$\eta(j\omega)\neq0$，于是有

$$\Phi(j\omega)=\frac{|X(j\omega)|^2H(j\omega)}{|X(j\omega)|^2+S_n(\omega)} \tag{7.5.35}$$

但是，这个解实际上是不可实现的，因为从有理谱的性质可知$|X(j\omega)|^2+S_n(\omega)$的极点和零点必共轭存在. 这样一来，$\Phi(j\omega)$在$\omega$的上半平面和下半平面内均具有极点，但是从物理可实现性的要求来看应当使$\Phi(j\omega)$的全部极点都在ω的上半平面内. 所以上面的解式(7.5.35)虽有理论意义但物理上不可实现.

现在求积分方程式(7.5.12)，即

$$\int_{-\infty}^{+\infty}\eta(-j\omega)\{\Phi(j\omega)[|X(j\omega)|^2+S_n(\omega)]-|X(j\omega)|^2H(j\omega)\}d\omega=0$$

的物理可实现的解$\Phi(j\omega)$，通常称为因果最优滤波器.

首先考察滤波情况，此时$H(j\omega)=1$. 因为我们要求$\Phi(j\omega)$的所有极点均在ω的上半平面内，所以$\eta(j\omega)$的所有极点也应当在ω的上半平面内. 这样一来，$\eta(-j\omega)$的所有极点均在ω的下半平面内. 若记

$$S(\omega)\triangleq|X(j\omega)|^2+S_n(\omega) \tag{7.5.36}$$

则由有理谱密度的性质，必可对$S(\omega)$做如下分解：

$$S(\omega)=\Psi_1(\mathrm{j}\omega)\Psi_2(\mathrm{j}\omega)=|\Psi_1(\mathrm{j}\omega)|^2 \tag{7.5.37}$$

$$\Psi_2(\mathrm{j}\omega)=\Psi_1(-\mathrm{j}\omega)=\Psi_1(\mathrm{j}\omega)^*$$

其中，$\Psi_1(\mathrm{j}\omega)$的所有零点、极点均在 ω 的上半平面内；$\Psi_2(\mathrm{j}\omega)$的所有零点、极点均在 ω 的下半平面内. 于是方程式(7.5.12)可写成

$$\int_{-\infty}^{+\infty}\eta(-\mathrm{j}\omega)\Psi_2(\mathrm{j}\omega)\left[\Phi(\mathrm{j}\omega)\ \Psi_1(\mathrm{j}\omega)-\frac{|X(\mathrm{j}\omega)|^2}{\Psi_2(\mathrm{j}\omega)}\right]\mathrm{d}\omega=0 \tag{7.5.38}$$

又因为$|X(\mathrm{j}\omega)|^2/\Psi_2(\mathrm{j}\omega)$具有有理谱形式，所以必可分解为

$$\frac{|X(\mathrm{j}\omega)|^2}{\Psi_2(\mathrm{j}\omega)}=\left[\frac{|X(\mathrm{j}\omega)|^2}{\Psi_2(\mathrm{j}\omega)}\right]_S+\left[\frac{|X(\mathrm{j}\omega)|^2}{\Psi_2(\mathrm{j}\omega)}\right]_X \tag{7.5.39}$$

其中，$[|X(\mathrm{j}\omega)|^2/\Psi_2(\mathrm{j}\omega)]_S$的所有极点均在 ω 的上半平面内；$[|X(\mathrm{j}\omega)|^2/\Psi_2(\mathrm{j}\omega)]_X$ 的所有极点均在 ω 的下半平面内. 这样一来，把方程式(7.5.39)代入方程式(7.5.38)可得

$$\begin{aligned}&\int_{-\infty}^{+\infty}\eta(-\mathrm{j}\omega)\Psi_2(\mathrm{j}\omega)\left\{\Phi(\mathrm{j}\omega)\ \Psi_1(\mathrm{j}\omega)-\left[\frac{|X(\mathrm{j}\omega)|^2}{\Psi_2(\mathrm{j}\omega)}\right]_S-\left[\frac{|X(\mathrm{j}\omega)|^2}{\Psi_2(\mathrm{j}\omega)}\right]_X\right\}\mathrm{d}\omega\\&=\int_{-\infty}^{+\infty}\eta(-\mathrm{j}\omega)\Psi_2(\mathrm{j}\omega)\left\{\Phi(\mathrm{j}\omega)\ \Psi_1(\mathrm{j}\omega)-\left[\frac{|X(\mathrm{j}\omega)|^2}{\Psi_2(\mathrm{j}\omega)}\right]_S\right\}\mathrm{d}\omega-\\&\quad\int_{-\infty}^{+\infty}\eta(-\mathrm{j}\omega)\Psi_2(\mathrm{j}\omega)\left[\frac{|X(\mathrm{j}\omega)^2}{\Psi_2(\mathrm{j}\omega)}\right]_X\mathrm{d}\omega=0\end{aligned} \tag{7.5.40}$$

又因为我们所考察的是 $t>0$ 的情况，所以由傅里叶变换理论可知，应在 ω 的上半平面内做围道来求解方程式(7.5.40)的积分，然而由前面的分析可知，$\eta(-\mathrm{j}\omega)\Psi_2(\mathrm{j}\omega)[|X(\mathrm{j}\omega)|^2/\Psi_2(\mathrm{j}\omega)]_X$ 在 ω 上半平面内无极点，所以有

$$\int_{-\infty}^{+\infty}\eta(-\mathrm{j}\omega)\Psi_2(\mathrm{j}\omega)\left[\frac{|X(\mathrm{j}\omega)|^2}{\Psi_2(\mathrm{j}\omega)}\right]_X\mathrm{d}\omega=0 \tag{7.5.41}$$

将上式代入式(7.5.40)可得

$$\int_{-\infty}^{+\infty}\eta(-\mathrm{j}\omega)\Psi_2(\mathrm{j}\omega)\left\{\Phi(\mathrm{j}\omega)\ \Psi_1(\mathrm{j}\omega)-\left[\frac{|X(\mathrm{j}\omega)|^2}{\Psi_2(\mathrm{j}\omega)}\right]_S\right\}\mathrm{d}\omega=0 \tag{7.5.42}$$

又因为 $\eta(-\mathrm{j}\omega)\neq0$ 是 ω 的任意函数，所以由式(7.5.42)可等价有

$$\Phi(\mathrm{j}\omega)\Psi_1(\mathrm{j}\omega)-\left[\frac{|X(\mathrm{j}\omega)|^2}{\Psi_2(\mathrm{j}\omega)}\right]_S=0$$

于是，物理可实现的最优滤波器传递函数 $\Phi(\mathrm{j}\omega)$为

$$\Phi(\mathrm{j}\omega)=\frac{1}{\Psi_1(\mathrm{j}\omega)}\left[\frac{|X(\mathrm{j}\omega)|^2}{\Psi_2(\mathrm{j}\omega)}\right]_S \tag{7.5.43}$$

总结上面的结果可得定理 7.5.3.

定理 7.5.3 对于如图 7.4.1 所表示的系统模型，当输入信号具有有理谱密度时，物理可实现的最优滤波器传递函数 $\Phi(\mathrm{j}\omega)$为

$$\Phi(\mathrm{j}\omega)=\frac{1}{\Psi_1(\mathrm{j}\omega)}\left[\frac{|X(\mathrm{j}\omega)|^2}{\Psi_2(\mathrm{j}\omega)}\right]_S$$

其中

$$|X(\mathrm{j}\omega)|^2+S_n(\omega)\triangleq\Psi_1(\mathrm{j}\omega)\Psi_2(\mathrm{j}\omega) \tag{7.5.44}$$

$\Psi_1(\mathrm{j}\omega)$的所有零点、极点均在 ω 的上半平面内；$\Psi_2(\mathrm{j}\omega)$的所有零点、极点均在 ω 的下半平面内. 而

$$\frac{|X(\mathrm{j}\omega)|^2}{\Psi_2(\mathrm{j}\omega)}=\left[\frac{|X(\mathrm{j}\omega)|^2}{\Psi_2(\mathrm{j}\omega)}\right]_S+\left[\frac{|X(\mathrm{j}\omega)|^2}{\Psi_2(\mathrm{j}\omega)}\right]_X$$

其中，$[|X(j\omega)|^2/\Psi_2(j\omega)]_S$的所有极点均在 ω 的上半平面内；$[|X(j\omega)|^2/\Psi_2(j\omega)]_X$ 的所有极点均在 ω 的下半平面内.

利用完全类似的方法，可求得在非平稳随机序列情况下数字最优滤波器传递函数$\Phi(z)$.

定理 7.5.4 对于如图 7.5.2 所表示的系统模型，当输入信号序列具有有理谱密度时，物理可实现的数字最优滤波器传递函数 $\Phi(z)$ 为

$$\Phi(z)=\frac{1}{\Psi_1(z)}\left[\frac{|X(z)|^2}{\Psi_2(z)}\right]_S \tag{7.5.45}$$

其中

$$|X(z)|^2+S_n(z)\triangleq\Psi_1(z)\Psi_2(z) \tag{7.5.46}$$

$$\Psi_2(z)=\Psi_1(z^{-1})=\Psi_1^*(z)$$

$\Psi_1(z)$的所有零点、极点均在 z 平面的单位圆内；$\Psi_2(z)$的所有零点、极点均在 z 平面的单位圆外. 而

$$\frac{|X(z)|^2}{\Psi_2(z)}\triangleq\left[\frac{|X(z)|^2}{\Psi_2(z)}\right]_S+\left[\frac{|X(z)|^2}{\Psi_2(z)}\right]_X \tag{7.5.47}$$

其中，$[|X(z)|^2/\Psi_2(z)]_S$的所有极点均在 z 平面的单位圆内；$[|X(z)|^2/\Psi_2(z)]_X$ 的所有极点均在 z 平面的单位圆外.

定理 7.5.4 的证明同定理 7.5.3 的证明，过程略去.

下面考察积分方程的(7.5.12)在预测滤波情况下物理可实现的解 $\Phi(j\omega)$. 假设输入信号具有有理谱密度，在预测滤波情况下有

$$H(j\omega)=e^{j\omega T} \tag{7.5.48}$$

其中，$T>0$ 为预测时间. 这时仍可利用上面的方法，令

$$|X(j\omega)|^2+S_n(\omega)=\Psi_1(j\omega)\Psi_2(j\omega) \tag{7.5.49}$$

其中，$\Psi_1(j\omega)$的所有零点、极点均在 ω 的上半平面内；$\Psi_2(j\omega)$的所有零点、极点均在 ω 的下半平面内. 这样一来，方程式(7.5.12)可写成

$$\int_{-\infty}^{+\infty}\eta(-j\omega)\Psi_2(j\omega)\left[\Phi(j\omega)\ \Psi_1(j\omega)\ -\frac{|X(j\omega)|^2\ e^{j\omega T}}{\Psi_2(j\omega)}\right]d\omega\ =0 \tag{7.5.50}$$

进一步，令

$$\frac{|X(j\omega)|^2}{\Psi_2(j\omega)}=\left[\frac{|X(j\omega)^2}{\Psi_2(j\omega)}\right]_S+\left[\frac{|X(j\omega)|^2}{\Psi_2(j\omega)}\right]_X \tag{7.5.51}$$

其中，$[|X(j\omega)|^2/\Psi_2(j\omega)]_S$的所有极点均在 ω 的上半平面内；$[|X(j\omega)|^2/\Psi_2(j\omega)]_X$ 的所有极点均在 ω 的下半平面内.

若记

$$\beta_{yS}(t)\ =\frac{1}{2\pi}\int_{-\infty}^{+\infty}\ \left[\frac{|X(j\omega)|^2}{\Psi_2(\omega)}\right]_S e^{j\omega t}d\omega \tag{7.5.52}$$

$$\beta_{yX}(t)\ =\frac{1}{2\pi}\int_{-\infty}^{+\infty}\ \left[\frac{|X(j\omega)|^2}{\Psi_2(\omega)}\right]_X e^{j\omega t}d\omega \tag{7.5.53}$$

则由复变函数理论可知

$$\beta_{yS}(t)=0,t<0 \tag{7.5.54}$$

$$\beta_{yX}(t)=0,t>0 \tag{7.5.55}$$

考虑到式(7.5.52)及式(7.5.53)，并由物理可实现性的要求，则可将式(7.5.50)写成

$$\int_{-\infty}^{+\infty}\eta(-\mathrm{j}\omega)\Psi_2(\mathrm{j}\omega)\left[\Phi(\mathrm{j}\omega)\ \Psi_1(\mathrm{j}\omega)-\int_0^{\infty}\beta_{yS}(t+T)\ \mathrm{e}^{-\mathrm{j}\omega t}\mathrm{d}t-\int_0^{\infty}\beta_{yX}(t+T)\ \mathrm{e}^{-\mathrm{j}\omega t}\mathrm{d}t\right]\mathrm{d}\omega=0 \tag{7.5.56}$$

由式(7.5.55)显然有

$$\int_0^{\infty}\beta_{yX}(t+T)\mathrm{e}^{-\mathrm{j}\omega t}\mathrm{d}t=0 \tag{7.5.57}$$

再把式(7.5.57)代入式(7.5.56),可得

$$\int_{-\infty}^{+\infty}\eta(-\mathrm{j}\omega)\Psi_2(\mathrm{j}\omega)\left[\Phi(\mathrm{j}\omega)\ \Psi_1(\mathrm{j}\omega)-\int_0^{\infty}\beta_{yS}(t+T)\ \mathrm{e}^{-\mathrm{j}\omega t}\mathrm{d}t\right]\mathrm{d}\omega=0 \tag{7.5.58}$$

由于式(7.5.58)对于任意 $\eta(-\mathrm{j}\omega)$ 均成立,所以有

$$\Phi(\mathrm{j}\omega)\Psi_1(\mathrm{j}\omega)-\int_0^{\infty}\beta_{yS}(t+T)\mathrm{e}^{-\mathrm{j}\omega t}\mathrm{d}t=0 \tag{7.5.59}$$

于是物理可实现的最优预测滤波器传递函数 $\Phi(\mathrm{j}\omega)$ 为

$$\Phi(\mathrm{j}\omega)=\frac{1}{\Psi_1(\mathrm{j}\omega)}\int_0^{\infty}\beta_{yS}(t+T)\mathrm{e}^{-\mathrm{j}\omega t}\mathrm{d}t \tag{7.5.60}$$

归纳上面结果可得定理 7.5.5.

定理 7.5.5　对于如图 7.4.1 所示的系统模型,当输入信号具有有理谱密度时,物理可实现的最优预测滤波器传递函数 $\Phi(\mathrm{j}\omega)$ 为

$$\Phi(\mathrm{j}\omega)=\frac{1}{\Psi_1(\mathrm{j}\omega)}\int_0^{\infty}\beta_{yS}(t+T)\mathrm{e}^{-\mathrm{j}\omega t}\mathrm{d}t$$

其中,$T>0$ 为预测时间

$$|X(\mathrm{j}\omega)|^2+S_n(\omega)=\Psi_1(\mathrm{j}\omega)\Psi_2(\mathrm{j}\omega) \tag{7.5.61}$$

$$\Psi_2(\mathrm{j}\omega)=\Psi_1(-\mathrm{j}\omega)=\Psi_1^*(\mathrm{j}\omega)$$

$\Psi_1(\mathrm{j}\omega)$的所有零点、极点均在 ω 的上半平面内;$\Psi_2(\mathrm{j}\omega)$的所有零点、极点均在 ω 的下半平面内. 而 $\beta_{yS}(t)$ 为

$$\beta_{yS}(t)=\frac{1}{2\pi}\int_{-\infty}^{+\infty}\left[\frac{|X(\mathrm{j}\omega)|^2}{\Psi_2(\mathrm{j}\omega)}\right]_S\mathrm{e}^{\mathrm{j}\omega t}\mathrm{d}\omega \tag{7.5.62}$$

其中

$$\frac{|X(\mathrm{j}\omega)|^2}{\Psi_2(\mathrm{j}\omega)}=\left[\frac{|X(\mathrm{j}\omega)|^2}{\Psi_2(\mathrm{j}\omega)}\right]_S+\left[\frac{|X(\mathrm{j}\omega)|^2}{\Psi_2(\mathrm{j}\omega)}\right]_X \tag{7.5.63}$$

$[|X(\mathrm{j}\omega)|^2/\Psi_2(\omega)]_S$的所有极点均在 ω 的上半平面内;$[|X(\mathrm{j}\omega)|^2/\Psi_2(\omega)]_X$ 的所有极点均在 ω 的下半平面内. 对于离散模型,有类似的结论,即定理 7.5.6.

定理 7.5.6　对于如图 7.5.2 所示的系统模型,当输入信号序列具有有理谱密度时,物理可实现的最优预测滤波器传递函数 $\Phi(z)$ 为

$$\Phi(z)=\frac{1}{\Psi_1(z)}\sum_{i=0}^{\infty}\beta_{yS}(i+l)z^{-I} \tag{7.5.64}$$

其中,正整数 l 为预测步数.

$$|X(z)|^2+S_n(z)=\Psi_1(z)\Psi_2(z)=|\Psi_1(z)|^2 \tag{7.5.65}$$

$\Psi_1(z)$的所有零点、极点均在 z 平面的单位圆内内;$\Psi_2(z)$的所有零点、极点均在 z 平面的单位圆外,且

$$\Psi_2(z)=\Psi_1(z^{-1})=\Psi_1^*(z)$$

而 $\beta_{yS}(i)$ 为

$$\beta_{yS}(i) = \frac{1}{2\pi j}\oint_{|z|=1}\left[\frac{|X(z)|^2}{\Psi_2(z)}\right]_S z^{i-1}\mathrm{d}z \tag{7.5.66}$$

其中

$$\frac{|X(z)|^2}{\Psi_2(z)} = \left[\frac{|X(z)|^2}{\Psi_2(z)}\right]_S + \left[\frac{|X(z)|^2}{\Psi_2(z)}\right]_X \tag{7.5.67}$$

$[|X(z)|^2/\Psi_2(z)]_S$的所有极点均在 z 平面的单位圆内；$[|X(z)|^2/\Psi_2(z)]_X$ 的所有极点均在 z 平面的单位圆外.

7.6 最优滤波及预测举例

现在，举例说明如何计算非平稳随机函数的最优滤波器和最优预测滤波器的传递函数.

例 7.6.1 有用信号 $X(t)$ 为阶跃函数时的最优滤波. 设有用信号为 $X(t)=A\cdot 1(t)$，其中 $1(t)$ 代表单位阶跃函数，$A>0$ 为常数，随机干扰信号 $n(t)$ 为白噪声，功谱密度函数为 $S_n(\omega)=\sigma^2$. 试求最优滤波器传递函数 $\Phi(s)$.

解 对于滤波情况，可取 $H(s)=1$. 因为 $X(j\omega)=A/j\omega$，所以由式(7.5.42)可知

$$|X(j\omega)|^2 + S_n(\omega) = \frac{A^2}{\omega^2} + \sigma^2 \triangleq \Psi_1(j\omega)\Psi_2(j\omega)$$

其中

$$\Psi_1(j\omega) = \frac{\sigma\left(j\omega + \frac{A}{\sigma}\right)}{j\omega} \tag{7.6.1}$$

$$\Psi_2(j\omega) = \frac{\sigma\left(-j\omega + \frac{A}{\sigma}\right)}{-j\omega} \tag{7.6.2}$$

另一方面，由式(7.5.37)还有

$$\frac{|X(j\omega)|^2}{\Psi_2(j\omega)} = \frac{A^2}{\sigma j\omega\left(-j\omega + \frac{A}{\sigma}\right)} = \frac{A}{j\omega} + \frac{A}{-j\omega + \frac{A}{\sigma}}$$

$$\triangleq \left[\frac{|X(j\omega)|^2}{\Psi_2(j\omega)}\right]_S + \left[\frac{|X(j\omega)|^2}{\Psi_2(j\omega)}\right]_X \tag{7.6.3}$$

其中

$$\left[\frac{|X(j\omega)|^2}{\Psi_2(j\omega)}\right]_S = \frac{A}{j\omega} \tag{7.6.4}$$

将式(7.6.1)及式(7.6.4)代入方程式(7.5.41)，则得最优滤波器传递函数 $\Phi(j\omega)$ 为

$$\Phi(j\omega) = \frac{1}{\Psi_1(j\omega)}\left[\frac{|X(j\omega)|^2}{\Psi_2(j\omega)}\right]_S = \frac{\frac{A}{\sigma}}{j\omega + \frac{A}{\sigma}} \tag{7.6.5}$$

或者可表示为

$$\Phi(s) = \frac{1}{Ts+1} \tag{7.6.6}$$

其中，s 为拉氏变换算子；$T=\sigma/A$ 为滤波器时常数.

下面分析这个滤波器的特点，由式(7.6.6)可以看出，该滤波器具有如下方块图(图 7.6.1).

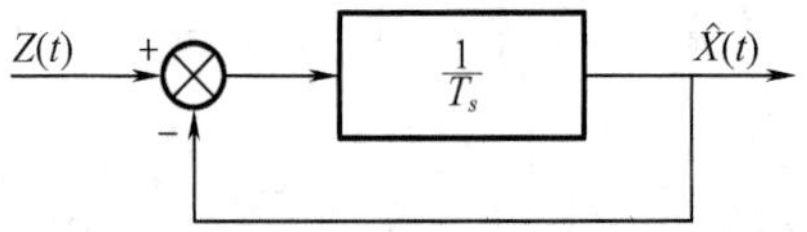

图 7.6.1　例 7.6.1 的最优滤波器方块图

图中，$Z(t)=X(t)+n(t)$，$X(t)$为有用信号，对于这个例子来说它是阶跃形式的信号，$n(t)$为白噪声干扰. 显而易见，这是一阶无差系统. 不难看出，滤波器输出稳态误差的均值为零，事实上有

$$\lim_{t\to\infty}E[e(t)]=\lim_{t\to\infty}E[X(t)-\hat{X}]=\lim_{s\to 0}[X(s)-EZ(s)\Phi(s)]s$$
$$=\lim_{s\to 0}X(s)[1-\Phi(s)]s=\lim_{s\to 0}\frac{ATs}{Ts+1}=0 \tag{7.6.7}$$

这说明滤波误差 $e(t)=X(t)-\hat{X}(t)$的均值随着滤波时间的加长将收敛于零.

另一方面还可以看出，当滤波器传递函数中的参数出现误差时，从滤波来看失去了最优的效果，但从误差的均值来看仍保持收敛于零的性能. 事实上，用 $T+\Delta T$ 代替方程式(7.6.7)中的 T 时，则滤波误差的均值 $Ee(t)$仍满足

$$\lim_{t\to\infty}Ee(t)=\lim_{s\to 0}\frac{A(T+\Delta T)s}{(T+\Delta t)s+1}=0 \tag{7.6.8}$$

最后应当指出，对于阶跃形式的有用信号而言，当经过 3 倍的时间常数以后，即当时间 t 满足

$$t\geqslant 3T=3\,\frac{\sigma}{A}$$

时，可以认为滤波器处于稳定状态，此时滤波器输出的均方误差为

$$\sigma_n^2=\frac{1}{2\pi}\int_{-\infty}^{+\infty}S_n(\omega)\,|\Phi(\mathrm{j}\omega)|^2\mathrm{d}\omega=\frac{1}{2\pi}\int_{-\infty}^{+\infty}\frac{\sigma^2(1/T)^2}{\left(\omega-\dfrac{1}{T\mathrm{j}}\right)\left(\omega+\dfrac{1}{T\mathrm{j}}\right)}\mathrm{d}\omega=\frac{\sigma^2}{2T} \tag{7.6.9}$$

例 7.6.2　有用信号序列 $X(i)$为阶跃函数的最优滤波. 假设有用信号序列 $X(i)=A1(i)\,i=0,1,2,\cdots$，其中 $1(i)$为单位阶跃函数，$A>0$ 为常数，随机干扰序列 $n(i)$为白噪声序列，其功率谱密度函数 $S_n(z)=\sigma^2$. 试求最优滤波器传递函数 $\Phi(z)$及滤波递推方程.

解　对于滤波情况，可取 $H(z)=1$. 利用 Z 变换方法可知

$$X(z)=\frac{Az}{z-1}$$

于是有

$$|X(z)|^2=\frac{A^2}{(z-1)(z^{-1}-1)} \tag{7.6.10}$$

$$|X(z)|^2+S_n(z)=\frac{A^2}{(z-1)(z^{-1}-1)}+\sigma^2\triangleq\Psi_1(z)\Psi_2(z)=|\Psi_1(z)|^2 \tag{7.6.11}$$

其中，$\Psi_1(z)$的所有零点、极点均在 z 平面的单位圆内；$\Psi_2(z)$的所有零点、极点均在 z 平面的单位圆外.

由式(7.6.11)不难解出

$$\Psi_1(z)=\frac{\sigma}{\sqrt{z_1}}\frac{z-z_1}{z-1} \tag{7.6.12}$$

$$\Psi_2(z)=\frac{\sigma}{\sqrt{z_1}}\frac{z^{-1}-z_1}{z^{-1}-1}=\Psi_1(z^{-1}) \tag{7.6.13}$$

其中
$$z_1=(1+A^2/2\sigma^2)-\sqrt{(1+A^2/2\sigma^2)^2-1}<1 \tag{7.6.14}$$

另一方面,由式(7.5.45)还有

$$\begin{aligned}\frac{|X(z)|^2}{\Psi_2(z)}&=\frac{-A^2\sqrt{z_1}z}{z_1\sigma(z-1)(z-z_1^{-1})}=\frac{A^2\sqrt{z_1}}{\sigma(1-z_1)}\frac{z}{z-1}+\frac{-A^2\sqrt{z_1}}{\sigma(1-z_1)}\frac{z}{z-z_1^{-1}}\\&\triangleq\left[\frac{|X(z)|^2}{\Psi_2(z)}\right]_S+\left[\frac{|X(z)|^2}{\Psi_2(z)}\right]_X\end{aligned} \tag{7.6.15}$$

其中
$$\left[\frac{|X(z)|^2}{\Psi_2(z)}\right]_S=\frac{A^2\sqrt{z_1}}{\sigma(1-z_1)}\frac{z}{z-1}$$

最后,由式(7.5.43)可求出最优滤波器传递函数 $\Phi(z)$ 为

$$\Phi(z)=\frac{1}{\Psi_1(z)}\left[\frac{|X(z)|^2}{\Psi_2(z)}\right]_S=\frac{A^2z_1}{\sigma^2(1-z_1)}\frac{z}{z-z_1} \tag{7.6.16}$$

由式(7.6.16)可知最优滤波递推方程为

$$\hat{X}(k)-z_1\hat{X}(k-1)=\frac{A_2z_1}{\sigma^2(1-z_1)}Z(k) \tag{7.6.17}$$

其中,$Z(k)=X(k)+n(k)$为数字滤波器输入序列.

例7.6.3 有用信号 $X(t)$ 为速度信号时的最优滤波. 假设有用信号为 $X(t)=A^2t,t\geqslant0$,其中 $A>0$ 为常数,随机干扰信号 $n(t)$ 为白噪声,功率谱密度函数为 $S_n(\omega)=\sigma^4$. 试求最优滤波器传递函数 $\Phi(s)$.

解 对于滤波情况,取 $H(s)=1$. 由式(7.5.42)可知有

$$|X(\mathrm{j}\omega)|^2+S_n(\omega)=\frac{A^4}{\omega^4}+\sigma^4\triangleq\Psi_1(\mathrm{j}\omega)\Psi_2(\mathrm{j}\omega)=|\Psi_1(\mathrm{j}\omega)|^2 \tag{7.6.18}$$

其中
$$\Psi_1(\mathrm{j}\omega)=\frac{A^2+\sigma^2(\mathrm{j}\omega)^2+\sqrt{2}A\sigma\mathrm{j}\omega}{(\mathrm{j}\omega)^2} \tag{7.6.19}$$

$$\Psi_2(\mathrm{j}\omega)=\frac{A^2+\sigma^2(-\mathrm{j}\omega)^2-\sqrt{2}A\sigma\mathrm{j}\omega}{(-\mathrm{j}\omega)^2} \tag{7.6.20}$$

显见 $\Psi_1(\mathrm{j}\omega)$的所有零点、极点均在 ω 的上半平面内;$\Psi_2(\mathrm{j}\omega)$的所有零点、极点均在 ω 的下半平面内. 再由式(7.5.37)有

$$\begin{aligned}\frac{|X(\mathrm{j}\omega)|^2}{\Psi_2(\mathrm{j}\omega)}&=\frac{A^4}{(\mathrm{j}\omega)^2[A^2-\sqrt{2}A\sigma\mathrm{j}\omega+\sigma^2(\mathrm{j}\omega)^2]}\\&=A^4\left[\frac{a}{\mathrm{j}\omega}+\frac{b}{(\mathrm{j}\omega)^2}+\frac{c}{A^2-\sqrt{2}A\sigma\mathrm{j}\omega+\sigma^2(\mathrm{j}\omega)^2}\right]\end{aligned} \tag{7.6.21}$$

利用待定系数法可解出

$$a=\frac{\sqrt{2}\sigma}{A^3},b=\frac{1}{A^2},c=\frac{\sigma^3}{A^3}(A-\mathrm{j}\sqrt{2}\sigma\omega) \tag{7.6.22}$$

将式(7.6.22)代入式(7.6.21)可得

$$\frac{|X(\mathrm{j}\omega|^2}{\Psi_2(\omega)}=A^4\left\{\frac{\sqrt{2}\sigma A\mathrm{j}\omega}{A^4(\mathrm{j}\omega)^2}+\frac{A^2}{A^4(\mathrm{j}\omega)^2}+\frac{\sigma^2(A-\sqrt{2}\mathrm{j}\omega\sigma)}{A^3[A^2-\sqrt{2}A\mathrm{j}\omega\sigma+\sigma^2(\mathrm{j}\omega)^2]}\right\}$$

$$=\frac{\sqrt{2}\sigma A\mathrm{j}\omega+A^2}{(\mathrm{j}\omega)^2}+\frac{\sigma^2A(A-\sqrt{2}\sigma\mathrm{j}\omega)}{A^2-\sqrt{2}A\sigma\mathrm{j}\omega+\sigma^2(\mathrm{j}\omega)^2}$$

$$\triangleq\left[\frac{|X(\mathrm{j}\omega)|^2}{\Psi_2(\omega)}\right]_S+\left[\frac{|X(\mathrm{j}\omega)|^2}{\Psi_2(\omega)}\right]_X \tag{7.6.23}$$

其中

$$\left[\frac{|X(\mathrm{j}\omega)|^2}{\Psi_2(\omega)}\right]_S=\frac{\sqrt{2}A\sigma\mathrm{j}\omega+A^2}{(\mathrm{j}\omega)^2} \tag{7.6.24}$$

将式(7.6.19)和式(7.6.24)代入式(7.5.41)立得最优滤波器传递函数为

$$\Phi(\mathrm{j}\omega)=\frac{1}{\Psi_1(\omega)}\left[\frac{|X(\mathrm{j}\omega)|^2}{\Psi_2(\mathrm{j}\omega)}\right]_S=\frac{\sqrt{2}\sigma A\mathrm{j}\omega+A^2}{A^2+\sigma^2(\mathrm{j}\omega)^2+\sqrt{2}A\sigma(\mathrm{j}\omega)} \tag{7.6.25}$$

或者表示为

$$\Phi(s)=\frac{\sqrt{2}A\sigma s+A^2}{\sigma^2s^2+\sqrt{2}A\sigma s+A^2}=\frac{(\sqrt{2}A\sigma s+A^2)/(\sigma^2s^2)}{1+(\sqrt{2}A\sigma s+A^2)/(\sigma^2s^2)} \tag{7.6.26}$$

由式(7.6.26)可画出最优滤波器方块图(图7.6.2). 其中 $l=A/\sigma$, $Z(t)=X(t)+n(t)$.

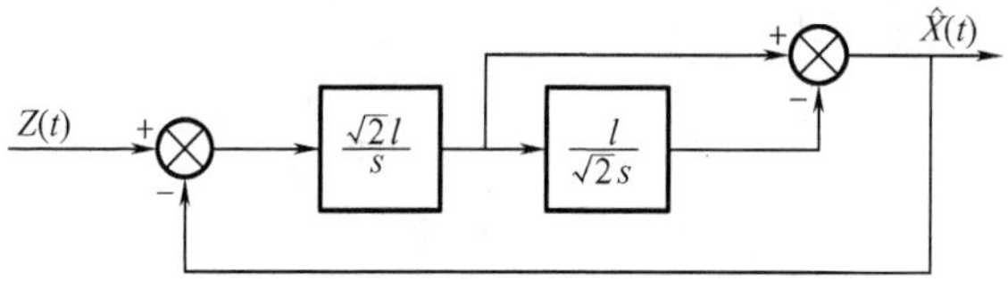

图7.6.2　例7.6.3的最优滤波器方块图

若定义滤波器的输入信噪比(S/N)为

$$S/N\triangleq A^2/\sigma^2 \tag{7.6.27}$$

则最优滤波器的开环传递函数 $G(s)$ 可简化为

$$G(s)=\frac{\sqrt{2}A\sigma s+A^2}{\sigma^2s^2}=\frac{A^2}{\sigma^2}\cdot\frac{\sqrt{2}\frac{\sigma}{A}s+1}{s^2}=(S/N)\cdot\frac{\sqrt{2}(S/N)^{-\frac{1}{2}}s+1}{s^2}\triangleq K\frac{Ts+1}{s^2} \tag{7.6.28}$$

其中,开环放大系数 $K=S/N=A^2/\sigma^2$;时间常数 $T=\sqrt{2}(S/N)^{-\frac{1}{2}}=\sqrt{2}\sigma/A$.

归纳以上的分析计算可知,该最优滤波器有以下特点:它是二阶无差系统,当有用信号为速度信号时,滤波误差的均值将收敛于零,即使滤波器中的参数 K,T 出现误差时,仍保持滤波误差均值收敛于零的性能. 另外,由式(7.6.27)及式(7.6.28)可知,若滤波器输入信噪比越大,则开环放大系 K 就越大,而时常数 T 就越小,这同直观上的分析是一致的.

例 7.6.4　有用信号 $X(t)$ 为阶跃函数时的最优预测滤波. 设有用信号 $X(t)=A\cdot 1(t)$,其中 $1(t)$ 为单位阶跃函数,$A>0$ 为有用信号幅值,随机干扰信号 $n(t)$ 为白噪声,功率谱密度函数为 $S_n(\omega)=\sigma^2$,要求预测时间 $T>0$. 试计算此时的最优预测滤波器的传递函数.

解　由式(7.6.1)及式(7.6.2)可知

$$|X(\mathrm{j}\omega)|^2+S_n(\omega)\triangleq\Psi_1(\mathrm{j}\omega)\Psi_2(\mathrm{j}\omega)$$

其中
$$\Psi_1(\mathrm{j}\omega)=\frac{\sigma\left(\mathrm{j}\omega+\frac{A}{\sigma}\right)}{\mathrm{j}\omega} \tag{7.6.29}$$

$$\Psi_2(\mathrm{j}\omega)=\frac{\sigma\left(-\mathrm{j}\omega+\frac{A}{\sigma}\right)}{-\mathrm{j}\omega} \tag{7.6.30}$$

由式(7.6.4)还有

$$\left[\frac{|X(\mathrm{j}\omega)|^2}{\Psi_2(\mathrm{j}\omega)}\right]_S=\frac{A}{\mathrm{j}\omega} \tag{7.6.31}$$

将式(7.6.31)代入式(7.5.60)即可求出$\beta_{ys}(t)$为

$$\beta_{ys}(t)=\frac{1}{2\pi}\int_{-\infty}^{+\infty}\frac{A}{\mathrm{j}\omega}\mathrm{e}^{\mathrm{j}\omega t}\mathrm{d}\omega=A\cdot 1(t) \tag{7.6.32}$$

最后,将式(7.6.32)及式(7.6.29)代入式(7.5.58)可得最优预测滤波器传递函数$\Phi(\mathrm{j}\omega)$为

$$\Phi(\mathrm{j}\omega)=\frac{1}{\Psi_1(\mathrm{j}\omega)}\int_0^{\infty}\beta_{ys}(t+T)\mathrm{e}^{-\mathrm{j}\omega t}\mathrm{d}\omega=\frac{\mathrm{j}\omega}{\sigma(\mathrm{j}\omega+A/\sigma)}\cdot\frac{A}{\mathrm{j}\omega}=\frac{A/\sigma}{\mathrm{j}\omega+A/\sigma} \tag{7.6.33}$$

比较式(7.6.5)及式(7.6.33)可发现,最优滤波器同最优预测滤波器是完全一样的.

例 7.6.5 有用信号$X(t)$为速度信号时的最优预测滤波.设有用信号为$X(t)=A^2t$,$t>0$,其中$A>0$为常数,随机干扰信号$n(t)$为白噪声,其功率谱密度函数为$S_n(\omega)=\sigma^4$,预测时间为$T>0$,试求最优预测滤波器的传递函数.

解 由式(7.6.19)及式(7.6.20)可知

$$\Psi_1(\mathrm{j}\omega)=\frac{\sigma^2(\mathrm{j}\omega)^2+\sqrt{2}A\sigma\mathrm{j}\omega+A^2}{(\mathrm{j}\omega)^2} \tag{7.6.34}$$

$$\Psi_2(\mathrm{j}\omega)=\frac{\sigma^2(\mathrm{j}\omega)^2-\sqrt{2}A\sigma\mathrm{j}\omega+A^2}{(\mathrm{j}\omega)^2} \tag{7.6.35}$$

又由式(7.6.24)可知

$$\left[\frac{|X(\mathrm{j}\omega)|^2}{\Psi_2(\mathrm{j}\omega)}\right]_S=\frac{\sqrt{2}A\sigma\mathrm{j}\omega+A^2}{(\mathrm{j}\omega)^2} \tag{7.6.36}$$

将式(7.6.36)代入式(7.5.60)可得

$$\beta_{ys}(t)=\frac{1}{2\pi}\int_{-\infty}^{+\infty}\frac{\sqrt{2}A\sigma\mathrm{j}\omega+A^2}{(\mathrm{j}\omega)^2}\mathrm{e}^{\mathrm{j}\omega t}\mathrm{d}\omega=\sqrt{2}A\sigma 1(t)+A^2t \tag{7.6.37}$$

最后,将式(7.6.37)及式(7.6.34)代入式(7.5.58)可得最优预测滤波器传递函数$\Phi(\mathrm{j}\omega)$为

$$\begin{aligned}\Phi(\mathrm{j}\omega)&=\frac{1}{\Psi_1(\mathrm{j}\omega)}\int_0^{\infty}\beta_{ys}(t+T)\mathrm{e}^{-\mathrm{j}\omega t}\mathrm{d}t\\&=\frac{1}{\Psi_1(\mathrm{j}\omega)}\int_0^{\infty}[\sqrt{2}A\sigma\cdot 1(t+T)+A^2(t+T)]\mathrm{e}^{-\mathrm{j}\omega t}\mathrm{d}t\\&=\frac{(\mathrm{j}\omega)^2}{\sigma^2(\mathrm{j}\omega)^2+\sqrt{2}A\sigma\mathrm{j}\omega+A^2}\cdot\frac{\sqrt{2}A\sigma\mathrm{j}\omega+A^2T\mathrm{j}\omega+A^2}{(\mathrm{j}\omega)^2}\\&=\frac{A^2+\sqrt{2}A\sigma\mathrm{j}\omega+A^2T\mathrm{j}\omega}{\sigma^2(\mathrm{j}\omega)^2+\sqrt{2}A\sigma\mathrm{j}\omega+A^2}\end{aligned} \tag{7.6.38}$$

用通常的拉氏算子s来表示时,有

$$\Phi(s)=\frac{A^2+\sqrt{2}A\sigma s+A^2Ts}{\sigma^2s^2+\sqrt{2}A\sigma s+A^2} \tag{7.6.39}$$

上述最优预测滤波器方块图如图 7.6.3 所示，其中 $l=A/\sigma$.

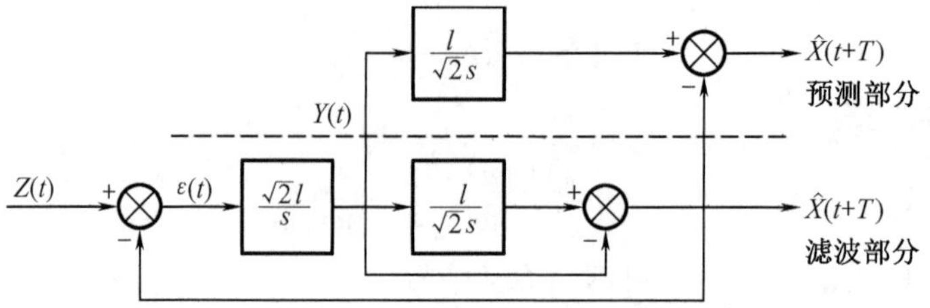

图 7.6.3　例 7.6.5 的最优预测滤波器方块图

下面分析该最优预测滤波器物理结构的含义. 由图 7.6.3 显然可以看出，最优预测滤波器是由滤波器（虚线以下）和预测器（虚线以上）两部分组成的. 如果把预测部分（虚线以上）去掉，那么滤波器的传递函数同例 7.6.3 最优滤波器传递函数是一样的. 进一步观察图 7.6.3 的结构发现，滤波器正向通道内包含两个积分环节，第一个积分环节的放大系数是 $\sqrt{2}l$，其输出量是 $Y(t)$；第二个积分环节的放大系数是 $l/\sqrt{2}$，其输出量是 $\hat{X}(t)$. 为了考察滤波作用和预测作用是怎样实现的，我们来分析一个最理想情况，即输入信号 $Z(t)$ 中无噪声的情况，此时 $Z(t)=X(t)=A^2t$，由图 7.6.3 可知

$$\hat{X}(s)=\frac{\dfrac{\sqrt{2}A\sigma s+A^2}{\sigma^2s^2}}{1+\dfrac{\sqrt{2}A\sigma s+A^2}{\sigma^2s^2}}Z(s)=\frac{\sqrt{2}A\sigma s+A^2}{\sigma^2s^2+\sqrt{2}A\sigma s+A^2}Z(s)$$

偏差 $\varepsilon(t)$ 的拉氏变换为

$$\varepsilon(s)=Z(s)-\hat{X}(s)=\frac{\sigma^2s^2}{\sigma^2s^2+\sqrt{2}A\sigma s+A^2}Z(s)$$

当 $Z(t)=X(t)=A^2t$ 时，有

$$\lim_{t\to\infty}\varepsilon(t)=\lim_{s\to 0}s\varepsilon(s)=\lim_{s\to 0}\frac{\sigma^2s^2}{\sigma^2s^2+\sqrt{2}A\sigma s+A^2}\frac{A^2}{s^2}\cdot s=0.$$

即有

$$\lim_{t\to\infty}\hat{X}(t)=X(t)$$

这说明滤波器输出的稳态值同有用信号瞬时值是一致的.

另一方面，由图 7.6.3 可知

$$Y(s)=\frac{\sigma^2s^2\dfrac{\sqrt{2}A}{\sigma s}}{\sigma^2s^2+A^2+\sqrt{2}\sigma As}Z(s)$$

当 $Z(t)=X(t)=A^2t$ 时，有

$$\lim_{t\to\infty}\hat{X}(t+T)=\lim_{t\to\infty}[Y(t)\cdot lT/\sqrt{2}+\hat{X}(t)]=TA^2+X(t)=A^2(t+T)$$

由此可见，预测滤波器的输出既有滤波又有预测的作用，这正是我们所希望的.

例 7.6.6　有用信号 $X(t)$ 为加速度信号时的最优滤波. 设有用信号为 $X(t)=(1/2)A^3t^2$，$t\geqslant 0$，其中 $A>0$ 为常数，随机干扰信号 $n(t)$ 为白噪声，功率谱密度函数为 $S_n(\omega)=\sigma^6$. 试求

最优滤波器传递函数 $\Phi(s)$.

解 对于滤波情况，取 $H(s)=1$，由式(7.5.42)可知有

$$|X(j\omega)|^2+S_n(\omega)=\frac{A^6}{\omega^6}+\sigma^6\triangleq\Psi_1(j\omega)\Psi_2(j\omega)=|\Psi_1(j\omega)|^2 \tag{7.6.40}$$

其中

$$\Psi_1(j\omega)=\frac{(j\omega\sigma+A)[(j\omega)^2\sigma^2+j\omega\sigma A+A^2]}{(j\omega)^3} \tag{7.6.41}$$

$$\Psi_2(j\omega)=\frac{(-j\omega\sigma+A)[(-j\omega)^2\sigma^2-j\omega\sigma A+A^2]}{(-j\omega)^3} \tag{7.6.42}$$

由式(7.6.4)和式(7.6.42)可知，$\Psi_1(j\omega)$ 的所有零点、极点均在 ω 的上半平面内；$\Psi_2(j\omega)$ 的所有零点、极点均在 ω 的下半平面内. 由式(7.5.37)有

$$\begin{aligned}\frac{|X(j\omega)|^2}{\Psi_2(j\omega)}&=\frac{-A^6/(j\omega)^6}{(-j\omega\sigma+A)[(-j\omega)^2\sigma^2-j\omega\sigma A+A^2]/(-j\omega)^3}\\&=\frac{-A^6}{(j\omega)^3(j\omega\sigma-A)[(j\omega)^2\sigma^2-j\omega\sigma A+A^2]}\\&\triangleq\frac{a(j\omega)^2+b(j\omega)+c}{(j\omega)^3}+\frac{d(j\omega)^2+e(j\omega)+f}{(j\omega\sigma-A)[(j\omega)^2\sigma^2-j\omega\sigma A+A^2]}\end{aligned} \tag{7.6.43}$$

经计算可得

$$a=2A\sigma^2,b=2A^2\sigma,c=A^3 \tag{7.6.44}$$

于是有

$$\left[\frac{|X(j\omega)|^2}{\Psi_2(j\omega)}\right]_s=\frac{a(j\omega)^2+b(j\omega)+c}{(j\omega)^3} \tag{7.6.45}$$

将式(7.6.45)和式(7.6.41)代入式(7.5.41)，可得最优滤波器传递函数 $\Phi(j\omega)$ 为

$$\Phi(j\omega)=\frac{1}{\Psi_1(j\omega)}\left[\frac{|X(j\omega)|^2}{\Psi_2(j\omega)}\right]_s=\frac{a(j\omega)^2+b(j\omega)+c}{(j\omega\sigma+A)[(j\omega)^2\sigma^2+j\omega\sigma A+A^2]} \tag{7.6.46}$$

用 s 代替上式中的 $j\omega$ 可得

$$\Phi(s)=\frac{2A\sigma^2s^2+2A^2\sigma s+A^3}{(A+\sigma s)(s^2\sigma^2+\sigma As+A^2)}=\frac{(2A\sigma^2s^2+2A^2\sigma s+A^3)/(\sigma^3s^3)}{1+(2A\sigma^2s^2+2A^2\sigma s+A^3)/(\sigma^3s^3)} \tag{7.6.47}$$

图7.6.4所示为该最优滤波器方块图，其中 $l=(A/\sigma)$.

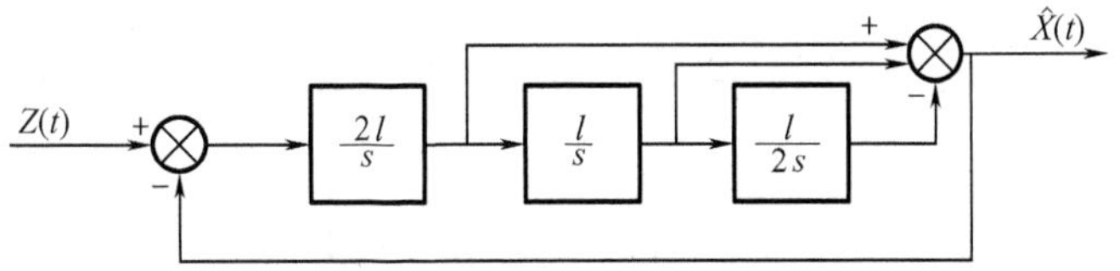

图7.6.4 例7.6.6的最优滤波器方块图

不难证明，图7.6.4中最优滤波器是稳定的.

例7.6.1、例7.6.2及例7.6.4适用于具有位置阶跃信号输入时的最优滤波及最优预测滤波，例7.6.3及例7.6.5适用于具有速度阶跃信号输入时的最优滤波及最优预测滤波，

例 7.6.6 适用于具有加速度阶跃信号输入时的最优滤波.

例 7.6.7 实际应用举例

下面介绍电子工程中经常采用的二阶数字锁相环的物理实现,这是例 7.6.3 的一个实际应用.

二阶数字锁相环的功能是使采样基准以最优精度跟踪接收信号的预期相位零点上. 系统的物理结构如图 7.6.5 所示.

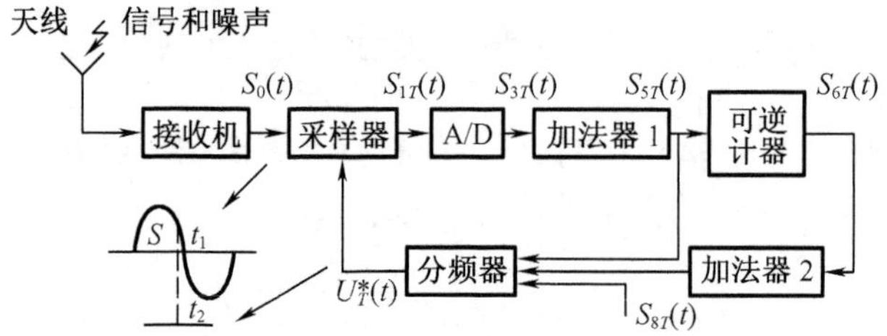

图 7.6.5 二阶数字锁相环物理结构图

图中 7.6.5 中接收信号为

$$S_0(t)=S_A\sin\omega_0 t+\xi(t) \tag{7.6.48}$$

其中,S_A 为射频有用信号的峰值;$\xi(t)$ 为噪声.

信号与采样基准时间关系如图 7.6.6 所示.

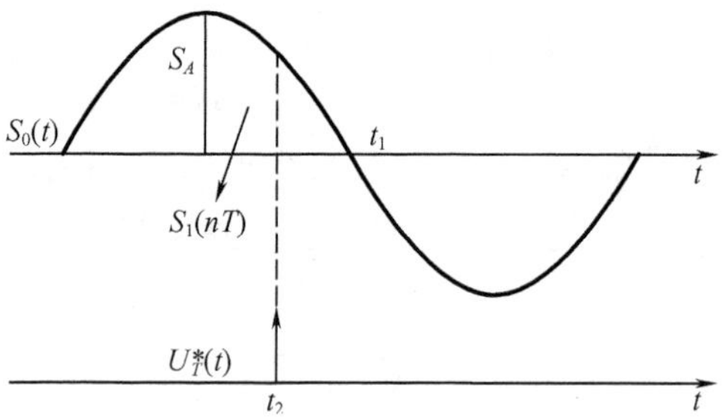

图 7.6.6 信号与采样基准时间关系图

当 $t=nT$ 时,采样器输出为

$$S_1(nT)=S_A\sin\omega_0[t_1(nT)-t_2(nT)]+\xi(nT),n=1,2,\cdots \tag{7.6.49}$$

其中,$t_1(nT)$ 为射频相位的预期锁定点;$t_2(nT)$ 为采样基准出现时刻;T 为采样周期.

A/D 变换输出为

$$S_3(nT)=\frac{1}{b}S_1(nT),n=1,2,\cdots \tag{7.6.50}$$

其中,b 为量化单位,量纲为伏/1 个数.

设 $S_4(nT)$ 为加法器 1 内的数,则有

$$S_4(nT)=S_4[(n-1)T]+S_3(nT)-pS_5(nT)$$

$$S_5(nT)=\begin{cases}1, S_4(nT)\geqslant p\\0, -p<S_4(nT)<p\\-1, S_4(nT)\leqslant -p\end{cases} \tag{7.6.51}$$

其中，$n=1,2,\cdots$；p 为某正整数，且 $p\triangleq 1$.

计数器输出为

$$S_6(nT)=S_6[(n-1)T]+S_5(nT), n=1,2,\cdots \tag{7.6.52}$$

设 $S_7(nT)$ 为加法器 2 内的数，则有

$$S_7(nT)=S_7[(n-1)T]+S_6(nT)-qS_8(nT)$$

$$S_8(nT)=\begin{cases}1, S_7(nT)\geqslant q\\0, -q<S_7(nT)<q\\-1, S_7(nT)\leqslant -q\end{cases} \tag{7.6.53}$$

其中，$n=1,2,\cdots$；q 为正整数，且 $q\triangleq 1$.

采样基准 $U_T^*(t)$ 出现时 $t_2(nT)$ 由分频器产生，则

$$t_2(nT)=t_2[(n-1)T]+aS_5(nT)+aS_8(nT) \tag{7.6.54}$$

其中，$n=1,2,\cdots$；a 为基准跳动步距，量纲为弧/步.

习 题

7.1 系统如题图 7.1 所示. 图中, $Z(t)=X(t)+N(t)$, $X(t)$ 为平稳随机信号, 功率谱密度 $S_X(\omega)$ 及相关函数 $B_X(\tau)$ 均为已知, $N(t)$ 为平稳干扰过程, 其功率谱密度 $S_n(\omega)$ 及相关函数 $B_n(\tau)$ 也均为已知, 假定 $X(t)$ 与 $N(t)$ 互不相关.

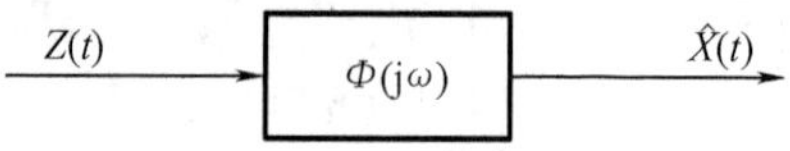

题图 7.1 习题 7.1 图

如果 $\Phi(j\omega)$ 是物理可实现的维纳最优滤波器传递函数. 试证: 最优滤波器输出的均方误差为

$$\sigma^2 = E[X(t)-\hat{X}(t)]^2 = B_X(0)-\int_0^{\infty}\beta_s^2(t)\,dt$$

其中, $\beta_s(t)=\dfrac{1(t)}{2\pi}\displaystyle\int_{-\infty}^{+\infty}\frac{S_X(\omega)}{\Psi_1(j\omega)}e^{j\omega t}d\omega$; $1(t)$ 为单位阶跃函数; $S_Z(\omega)=S_X(\omega)+S_n(\omega)=\Psi_1(j\omega)\Psi_1(-j\omega)$.

7.2 系统如习题 7.1 所述, 如果 $\Phi(j\omega)$ 是非因果型维纳最优滤波器传递函数. 试证:

$$\begin{aligned}\sigma_{\min}^2 &= E[X(t)-\hat{X}(t)]^2\\ &= \frac{1}{2\pi}\int_{-\infty}^{+\infty}\frac{S_X(\omega)S_n(\omega)}{S_X(\omega)+S_n(\omega)}d\omega\\ &= B_X(0)-\frac{1}{2\pi}\int_{-\infty}^{+\infty}\frac{S_X^2(\omega)}{S_X(\omega)+S_n(\omega)}d\omega\end{aligned}$$

7.3 系统如习题 7.1 所述. 试证:

$$\frac{1}{2\pi}\int_{-\infty}^{+\infty}\frac{S_X^2(\omega)}{S_Z(\omega)}d\omega \geqslant \int_0^{\infty}\beta_s^2(t)\,dt$$

因此有

$$\sigma_{\min}^2 B_X(0)-\frac{1}{2\pi}\int_{-\infty}^{+\infty}\frac{S_X^2(\omega)}{S_Z(\omega)}d\omega \leqslant B_X(0)-\int_0^{\infty}\beta_s^2(t)\,dt \triangleq \sigma^2$$

上述结果说明, 非因果型维纳最优滤波器均方误差是物理可实现维纳最优滤波器均方误差的下限. 进一步证明, 当 $t\to\infty$ 时, 两者渐近相等.

7.4 系统如习题 7.1 所述, 其中 $S_X(\omega)=\dfrac{A_0^2\beta^2}{\omega^2+\beta^2}$, $A_0>0$, $\beta>0$ 均为常数, $N(t)$ 为白噪声且 $S_n(\omega)=\sigma^2$. 试计算物理可实现的维纳最优滤波器均方误差.

7.5 设 $\{X(t),-\infty<t<+\infty\}$ 为平稳过程且功率谱密度函数为 $S_X(\omega)$, 令

$$Y(t)=\frac{1}{2T}\int_{t-T}^{t+T}X(\xi)\,d\xi$$

试证: $Y(t)$ 的功率谱密度函数为

$$S_Y(\omega)=S_X(\omega)\left(\frac{\sin\omega T}{\omega T}\right)^2$$

7.6 设 $F_1(\mathrm{j}\omega)$,$F_2(\mathrm{j}\omega)$分别为信号 $f_1(t)$,$f_2(t)$的傅里叶变换. 试证:频域中的许瓦兹不等式

$$\left|\int_{-\infty}^{+\infty} F_1(\mathrm{j}\omega)\,F_2(\mathrm{j}\omega)\,\mathrm{d}\omega\right|^2 \leqslant \int_{-\infty}^{+\infty} |F_1(\mathrm{j}\omega)|^2\mathrm{d}\omega\int_{-\infty}^{+\infty}|F_2(\mathrm{j}\omega)|^2\mathrm{d}\omega$$

当且仅当 $F_1(\mathrm{j}\omega)=C\,F_2^*(\mathrm{j}\omega)$时等号成立,其中 C 为常数.

7.7 维纳纯预测 设系统如习题 7.1 所述,如果测量无误差,即 $Z(t)=X(t)$,其功率谱密度函数为 $S_X(\omega)=\Psi_1(\mathrm{j}\omega)\Psi_1^*(\mathrm{j}\omega)$,而 $\Psi_1(\mathrm{j}\omega)$的全部极点 $S_1,S_2,\cdots,S_n$ 均为负实部且彼此互不相同. 试证:维纳预测滤波器的传递函数,必可表示为

$$\Phi(\mathrm{j}\omega)=\frac{\sum\limits_{i=1}^{n}\dfrac{A_i\,\mathrm{e}^{S_iT}}{\mathrm{j}\omega-S_i}}{\sum\limits_{i=1}^{n}\dfrac{A_i}{\mathrm{j}\omega-S_i}}$$

其中,$T>0$ 为预测时间;$A_i(i=1,2,\cdots,n)$为某实常数.

7.8 系统如题图 7.2 所示. 图中,$Z(t)=X(t)+N(t)$;$X(t)$为信号且假定 $X(t)=A\sin\omega_0 t$;$N(t)$为白噪声且 $EN^2(t)=N_0$. 而且 $A>0,\omega_0>0,T>0,N_0>0$ 均为实常数,试求滤波器时常数 T 为何值时,输出信号噪声功率比最大.

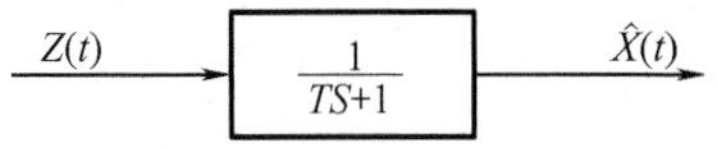

题图 7.2 习题 7.8 图

7.9 设$\{X(t),-\infty<t<+\infty\}$为零均值平稳随机过程且自相关函数 $B_X(\tau)$为

$$B_X(\tau)=\frac{3}{2}\mathrm{e}^{-|\tau|}+\frac{11}{3}\mathrm{e}^{-3|\tau|}$$

假定测量无误差,即 $Z(t)=X(t)$,试利用习题 7.7 题结果求出维纳最优预测滤波器传递函数 $\Phi(\mathrm{j}\omega)$,要求预测时间为 T.

7.10 设信号 $X(t)$为确定型信号,噪声 $N(t)$为平稳随机干扰,$X(t)$与 $N(t)$同时进入线性定常系统,如题图 7.3 所示.

图中,$X(t)$的傅里叶变换为 $X(\mathrm{j}\omega)$;$N(t)$的功率谱密度函数为 $S_n(\omega)$;系统传递函数为 $H(\mathrm{j}\omega)$;$X_0(t)$为 $X(t)$通过系统的输出;$N_0(t)$为 $N(t)$通过系统的输出.

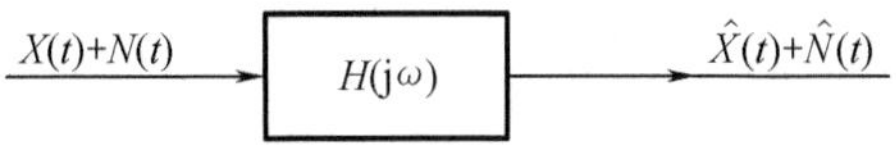

题图 7.3 习题 7.10 图

定义输出信噪比为

$$(S/N)(t)=\frac{X_0^2(t)}{E[N_0^2(t)]}$$

试求该系统输出信噪比.

7.11 系统模型如习题 7.10 所述. 按输出信噪比最大准则设计滤波器. 试证:当 $H(\mathrm{j}\omega)=$

$C\dfrac{X^*(\mathrm{j}\omega)}{S_n(\omega)}\mathrm{e}^{-\mathrm{j}\omega t_1}$时,有$(S/N)(t_1)=\max$,其中$C$为任意常数,$X^*(\mathrm{j}\omega)$为$X(\mathrm{j}\omega)$的共轭.

7.12 匹配滤波器系统模型如习题7.10所述,确定信号$X(t)$与白噪声$N(t)$同时进入滤波器$H(\mathrm{j}\omega)$,假定白噪声功率谱为$S_n(\omega)=\sigma^2$,试求$H(\mathrm{j}\omega)$,使得$t=t_m$时,输出信噪比最大,即

$$\frac{|X_0(t_m)|^2}{E[N_0^2(t_m)]}=\max$$

其中,$X_0(t)$为匹配滤波器输出信号;$N_0(t)$为匹配滤波器输出噪声.

7.13 系统模型如习题7.10所述,其中$N(t)$为白噪声且$S_n(\omega)=\sigma^2$,$X(t)$为

$$X(t)=\begin{cases}1, & 0\leqslant t\leqslant\tau_0\\0, & \text{其他}\end{cases}$$

试求匹配滤波器$H(\mathrm{j}\omega)$.

7.14 试证:在有色噪声中匹配滤波器的脉冲响应函数$h(t)$满足

$$\int_{-\infty}^{+\infty}h(\lambda)B_n(t-\lambda)\mathrm{d}\lambda=X^*(t_m-t)$$

其中,$X^*(t)$为输入信号$X(t)$的共轭;$X^*(\mathrm{j}\omega)$为$X^*(t)$的傅里叶变换;$B_n(\tau)$为有色噪声相关函数;t_m为输出信噪比最大时刻.

第 8 章　离散线性系统的最优估计

第 7 章介绍了维纳最优滤波理论,虽然这个理论在通信与自动控制领域中得到了广泛的应用,但是它只能用于平稳随机函数且具有有理谱密度的情况,因此维纳理论的应用还是受到了一定限制的.

本章主要介绍维纳理论的进一步发展——离散线性系统的最优估计方法,通常称之为卡尔曼滤波方法. 我们把这种方法的原理用图 8.0.1 表示. 图中,时间指标是 k 离散的,$k=1,2,\cdots$;系统状态 $\boldsymbol{X}(k)$ 是 n 维的随机向量序列,它是在 p 维干扰向量 $\boldsymbol{W}(k)$ 的作用下产生的. 为了对系统状态 $\boldsymbol{X}(k)$ 做出估计,必须要有测量系统,其输出为 m 维测量向量 $\boldsymbol{Z}(k)$. 通常,在测量过程中不可避免地引进测量误差 $V(k)$(有时称测量噪声).

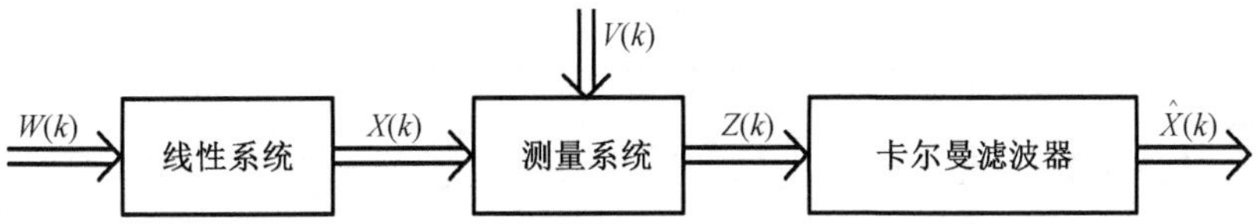

图 8.0.1　卡尔曼滤波方法原理示意图

卡尔曼滤波器的作用就是根据测量序列$\{Z(k),k=1,2,\cdots\}$对系统状态 $X(k)$ 做出最优估计 $\hat{X}(k)$.

为了深入地讨论卡尔曼滤波方法,我们首先在 8.1 中介绍离散线性系统在随机作用下的若干性质,其次在 8.2 中推导卡尔曼滤波器的算法,在 8.3 中介绍在工程中常用的算法,然后在 8.4 和 8.5 中介绍卡尔曼滤波的渐近性能,最后在 8.6 中介绍卡尔漫滤波的应用实例.

8.1　离散线性系统模型

我们所讨论的离散线性系统模型由系统模型及测量模型两部分组成.

8.1.1　系统模型

假设我们所考察的系统模型由式(8.1.1)表示:

$$\boldsymbol{X}(k+1)=\boldsymbol{\Phi}(k+1,k)\boldsymbol{X}(k)+\boldsymbol{\Gamma}(k+1,k)\boldsymbol{W}(k) \tag{8.1.1}$$

其中,$\{\boldsymbol{X}(k),k=0,1,2,\cdots\}$为 n 维随机向量序列,通常称 $\boldsymbol{X}(k)$ 为系统状态向量,特别称 $\boldsymbol{X}(0)$ 为系统初始状态,并假设它是正态分布且均值为零,协方差阵为

$$E[\boldsymbol{X}(0)\boldsymbol{X}^{\mathrm{T}}(0)]=P(0) \tag{8.1.2}$$

称$\{\boldsymbol{W}(k),k=0,1,2,\cdots\}$为系统干扰序列,假设它是 p 维正态白噪声序列并已知其协方差阵为

$$E[\boldsymbol{W}(k)\boldsymbol{W}^{\mathrm{T}}(l)]=\boldsymbol{Q}(k)\boldsymbol{\delta}(k-l) \tag{8.1.3}$$

其中，$\delta(k-l)$为克罗尼克 $-\delta$ 函数；$\boldsymbol{Q}(k)>0$ 且为已知；又假设$\{\boldsymbol{W}(k),k=0,1,2,\cdots\}$与初始状态 $\boldsymbol{X}(0)$ 相互独立，即有

$$E[\boldsymbol{X}(0)\boldsymbol{W}^{\mathrm{T}}(k)]=0,k=0,1,2,\cdots \tag{8.1.4}$$

称 $n\times n$ 矩阵 $\boldsymbol{\Phi}(k+1,k)$ 为系统状态转移矩阵，称 $n\times p$ 矩阵 $\boldsymbol{\Gamma}(k+1,k)$ 为系统干扰转移矩阵.

在通信与控制工程中所遇到的许多系统均可归结为上述系统模型，因此深入地研究该模型的性质是十分必要的，为此有定理 8. 1. 1.

定理 8. 1. 1 对于离散系统模型式(8. 1. 1)并假定式(8. 1. 3)和式(8. 1. 4)成立，则系统状态序列$\{X(k),k\geqslant 0\}$是正态马尔可夫序列.

证明 由式(8. 1. 1)显然可知序列$\{X(k),k\geqslant 0\}$为正态. 现证它是马尔可夫序列，取任意 m 个时间点 $t_1<t_2<\cdots t_{m-1}<t_m$，其中 m 为任意正整数，令 k 和 j 为某正整数且分别对应 t_m和 t_{m-1}，两者的相互关系如图 8. 1. 1 所示.

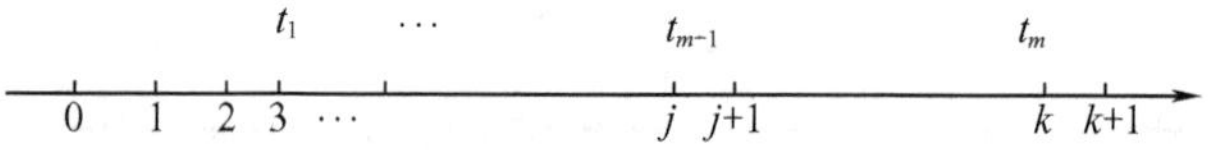

图 8. 1. 1 时间集$\{t_1,\cdots,t_{m-1},t_m\}$与$\{0,1,2,\cdots,j,\cdots,k\}$之间的相互位置

由式(8. 1. 1)有

$$\boldsymbol{X}(j+1)=\boldsymbol{\Phi}(j+1,j)\boldsymbol{X}(j)+\boldsymbol{\Gamma}(j+1,j)\boldsymbol{W}(j)$$

及
$$\boldsymbol{X}(j+2)=\boldsymbol{\Phi}(j+2,j+1)\boldsymbol{X}(j+1)+\boldsymbol{\Gamma}(j+2,j+1)\boldsymbol{W}(j+1)$$

将前式代入后式可得

$$\boldsymbol{X}(j+2)=\boldsymbol{\Phi}(j+2,j)\boldsymbol{X}(j)+\sum_{i=j+1}^{j+2}\boldsymbol{\Phi}(j+2,i)\boldsymbol{\Gamma}(i,i-1)\boldsymbol{W}(i-1)$$

重复上面的做法，就得一般表达式

$$\boldsymbol{X}(j+l)=\boldsymbol{\Phi}(j+l,j)\boldsymbol{X}(j)+\sum_{i=j+1}^{j+l}\boldsymbol{\Phi}(j+l,i)\boldsymbol{\Gamma}(i,i-1)\boldsymbol{W}(i-1) \tag{8.1.5}$$

令 $j+l=k$，则

$$\boldsymbol{X}(k)=\boldsymbol{\Phi}(k,j)\boldsymbol{X}(j)+\sum_{i=j+1}^{k}\boldsymbol{\Phi}(k,i)\boldsymbol{\Gamma}(i,i-1)\boldsymbol{W}(i-1) \tag{8.1.6}$$

进一步对任意 $n,0\leqslant n<j$ 还有

$$\boldsymbol{X}(n)=\boldsymbol{\Phi}(n,0)\boldsymbol{X}(0)+\sum_{i=1}^{n}\boldsymbol{\Phi}(n,i)\boldsymbol{\Gamma}(i,i-1)\boldsymbol{W}(i-1) \tag{8.1.7}$$

因为
$$\begin{aligned}&E[\sum_{i=j+1}^{k}\boldsymbol{\Phi}(k,i)\boldsymbol{\Gamma}(i,i-1)\boldsymbol{W}(i-1)]\boldsymbol{X}^{\mathrm{T}}(n)\\&=\sum_{i=j+1}^{k}\boldsymbol{\Phi}(k,i)\boldsymbol{\Gamma}(i,i-1)[E\boldsymbol{W}(i-1)\boldsymbol{X}^{\mathrm{T}}(0)]\boldsymbol{\Phi}^{\mathrm{T}}(n,0)+\\&\sum_{i=j+1}^{k}\sum_{r=1}^{n}\boldsymbol{\Phi}(k,i)\boldsymbol{\Gamma}(i,i-1)\boldsymbol{Q}(i-1)\delta(i-r)\boldsymbol{\Gamma}^{\mathrm{T}}(r,r-1)\boldsymbol{\Phi}^{\mathrm{T}}(n,r)\end{aligned}$$

再由式(8. 1. 3)及式(8. 1. 4)并注意到 $n<j$，于是

$$E\{[\sum_{i=j+1}^{k}\boldsymbol{\Phi}(k,i)\boldsymbol{\Gamma}(i,i-1)\boldsymbol{W}(i-1)]\boldsymbol{X}^{\mathrm{T}}(n)\}=0 \tag{8.1.8}$$

这说明在 $\boldsymbol{X}(j)$ 为已知条件下，$\boldsymbol{X}(k)$ 与 $\boldsymbol{X}(n)$，$0\leqslant n<j$ 互不相关，又因 k 对应 t_m，j 对应 t_{m-1}，这样一来，给定任意一组 $\boldsymbol{X}(t_1),\boldsymbol{X}(t_2),\cdots,\boldsymbol{X}(t_{m-1})$，随机向量 $\boldsymbol{X}(t_m)$ 只与 $\boldsymbol{X}(t_{m-1})$ 有关，故由定义 2.4.6 可知状态序列 $\{\boldsymbol{X}(k),k=0,1,2,\cdots\}$ 为正态马尔可夫序列.

定理证毕.

为进一步描述系统状态序列 $\{\boldsymbol{X}(k),k\geqslant 0\}$，还有如下结论.

定理 8.1.2　对于系统模型式(8.1.1)，假定式(8.1.3)及式(8.1.4)成立，则对任意正整数 m，随机向量集 $\{\boldsymbol{X}(0),\boldsymbol{X}(1),\boldsymbol{X}(2),\cdots,\boldsymbol{X}(m)\}$ 的联合密度函数 $f(0,1,2,\cdots,m;x_0,x_1,x_2,\cdots,x_m)$ 只由初始向量 $\boldsymbol{X}(0)$ 的概率密度函数 $f(0;x_0)$ 及条件概率密度函数

$$f(i;x_i/i-1;x_{i-1}),i=1,2,\cdots,m$$

所决定，且条件均值为

$$E[\boldsymbol{X}(k+1)/\boldsymbol{X}(k)]=\boldsymbol{\Phi}(k+1,k)\boldsymbol{X}(k) \tag{8.1.9}$$

条件方差阵为

$$\begin{aligned}&E\{(\boldsymbol{X}(k+1)-E(\boldsymbol{X}(k+1)/\boldsymbol{X}(k))\}\{\boldsymbol{X}(k+1)-E(\boldsymbol{X}(k+1)/\boldsymbol{X}(k)]^{\mathrm{T}}\}\\&=\boldsymbol{\Gamma}(k+1,k)\boldsymbol{Q}(k)\boldsymbol{\Gamma}^{\mathrm{T}}(k+1,k)\end{aligned} \tag{8.1.10}$$

证明　由定理 8.1.1 可知，对任意正整数 m，序列 $\{\boldsymbol{X}(k),k=0,1,2,\cdots,m\}$ 是正态马尔可夫序列，故由式(3.2.65)可知联合密度函数 $f(0,1,2,\cdots,m;x_0,x_1,x_2\cdots,x_m)$ 仅由 $f(0;x_0)$ 及 $f(i;x_i/i-1;x_{i-1})$，$i=1,2,\cdots,m$ 所决定.

又因 $EW(k)=0$，故由式(8.1.1)可知当 $\boldsymbol{X}(k)$ 为已知时，$\boldsymbol{X}(k+1)$ 的条件均值为式(8.1.9)，进一步还知条件方差阵为

$$\begin{aligned}&E\{[\boldsymbol{X}(k+1)-E(\boldsymbol{X}(k+1)/\boldsymbol{X}(k))][\boldsymbol{X}(k+1)-E(\boldsymbol{X}(k+1)/\boldsymbol{X}(k))]^{\mathrm{T}}\}\\&=\boldsymbol{\Gamma}(k+1,k)E\boldsymbol{W}(k)\boldsymbol{W}^{\mathrm{T}}(k)\boldsymbol{\Gamma}^{\mathrm{T}}(k+1,k)\\&=\boldsymbol{\Gamma}(k+1,k)\boldsymbol{Q}(k)\boldsymbol{\Gamma}^{\mathrm{T}}(k+1,k)\end{aligned}$$

因此，对任意 k，$\boldsymbol{X}(k+1)$ 的条件密度函数可表示为

$$\begin{aligned}f(k+1;x_{k+1}/k,x_k)=&\frac{1}{(2\pi)^{\frac{n}{2}}\sqrt{|\boldsymbol{\Gamma}(k+1,k)\boldsymbol{Q}(k)\boldsymbol{\Gamma}^{\mathrm{T}}(k+1,k)|}}\cdot\\&\exp\left\{-\frac{1}{2}[x_{k+1}-\boldsymbol{\Phi}(k+1,k)x_k]^{\mathrm{T}}[\boldsymbol{\Gamma}(k+1,k)\boldsymbol{Q}(k)\cdot\boldsymbol{\Gamma}^{\mathrm{T}}(k+1,k)]^{-1}[x_{k+1}-\boldsymbol{\Phi}(k+1,k)x_k]\right\}\\&\triangleq N[\boldsymbol{\Phi}(k+1,k)x_k,\boldsymbol{\Gamma}(k+1,k)\boldsymbol{Q}(k)\boldsymbol{\Gamma}^{\mathrm{T}}(k+1,k)]\end{aligned} \tag{8.1.11}$$

定理证毕.

现在，我们进一步讨论模型式(8.1.1)的序列 $\{\boldsymbol{X}(k),k=0,1,2,\cdots\}$ 的方差阵 $\boldsymbol{P}(k)$ 及协方差阵 $\boldsymbol{P}(k,j)$ 的性质.

因为 $E\boldsymbol{W}(k)=0,k=0,1,2,\cdots$ 且 $E\boldsymbol{X}(k)=0$，所以由式(8.1.1)有 $E\boldsymbol{X}(k+1)=0$，于是

$$\begin{aligned}\boldsymbol{P}(k+1)&=E[\boldsymbol{X}(k+1)\boldsymbol{X}^{\mathrm{T}}(k+1)]\\&=E\{[\boldsymbol{\Phi}(k+1,k)\boldsymbol{X}(k)+\boldsymbol{\Gamma}(k+1,k)\boldsymbol{W}(k)][\boldsymbol{\Phi}(k+1,k)\boldsymbol{X}(k)+\boldsymbol{\Gamma}(k+1,k)\boldsymbol{W}(k)]^{\mathrm{T}}\}\\&=\boldsymbol{\Phi}(k+1,k)\boldsymbol{P}(k)\boldsymbol{\Phi}^{\mathrm{T}}(k+1,k)+\boldsymbol{\Gamma}(k+1,k)[E\boldsymbol{W}(k)\boldsymbol{X}^{\mathrm{T}}(k)]\boldsymbol{\Phi}^{\mathrm{T}}(k+1,k)+\\&\quad\ \boldsymbol{\Phi}(k+1,k)[E\boldsymbol{X}(k)\boldsymbol{W}^{\mathrm{T}}(k)]\boldsymbol{\Gamma}^{\mathrm{T}}(k+1,k)+\boldsymbol{\Gamma}(k+1,k)\boldsymbol{Q}(k)\boldsymbol{\Gamma}^{\mathrm{T}}(k+1,k)\end{aligned} \tag{8.1.12}$$

利用通项公式(8.1.7)并考虑到式(8.1.3)及式(8.1.4),有

$$
\begin{aligned}
E[\boldsymbol{X}(k)\boldsymbol{W}^{\mathrm{T}}(k)] &= \boldsymbol{E}\left\{\left[\boldsymbol{\Phi}(k,0)\boldsymbol{X}(0)+\sum_{i=1}^{k}\boldsymbol{\Phi}(k,i)\boldsymbol{\Gamma}(i,i-1)\boldsymbol{W}(i-1)\right]\boldsymbol{W}^{\mathrm{T}}(k)\right\} \\
&= \boldsymbol{\Phi}(k,0)\left\{E[\boldsymbol{X}(0)\boldsymbol{W}^{\mathrm{T}}(k)]+\sum_{i=1}^{k}\boldsymbol{\Phi}(k,i)\boldsymbol{\Gamma}(i,i-1)E[\boldsymbol{W}(i-1)\boldsymbol{W}^{\mathrm{T}}(k)]\right\} \\
&= 0
\end{aligned}
$$

这样一来,式(8.1.12)等号右边中间两项为零,因此

$$
\boldsymbol{P}(k+1)=\boldsymbol{\Phi}(k+1,k)\boldsymbol{P}(k)\boldsymbol{\Phi}^{\mathrm{T}}(k+1,k)+\boldsymbol{\Gamma}(k+1,k)Q(k)\boldsymbol{\Gamma}^{\mathrm{T}}(k+1,k) \tag{8.1.13}
$$

进一步由式(8.1.7)还可推得

$$
\begin{aligned}
\boldsymbol{P}(k+1) = &\boldsymbol{\Phi}(k+1,0)\boldsymbol{P}(0)\boldsymbol{\Phi}^{\mathrm{T}}(k+1,0)+ \\
&\sum_{i=1}^{k+1}\boldsymbol{\Phi}(k+1,i)\boldsymbol{\Gamma}(i,i-1)\boldsymbol{Q}(i-1)\boldsymbol{\Gamma}^{\mathrm{T}}(i,i-1)\boldsymbol{\Phi}^{\mathrm{T}}(k+1,i)
\end{aligned} \tag{8.1.14}
$$

利用式(8.1.6)及式(8.1.7)并考虑到 $E[\boldsymbol{W}(i-1)\boldsymbol{X}^{\mathrm{T}}(j)]=0,i>j$,于是可计算出协方差阵 $\boldsymbol{P}(k,j),k>j$ 为

$$
\begin{aligned}
\boldsymbol{P}(k,j) &= E[\boldsymbol{X}(k)\boldsymbol{X}^{\mathrm{T}}(j)] \\
&= E\left\{\left[\boldsymbol{\Phi}(k,j)\boldsymbol{X}(j)+\sum_{i=j+1}^{k}\boldsymbol{\Phi}(k,i)\boldsymbol{\Gamma}(i,i-1)\boldsymbol{W}(i-1)\boldsymbol{JB}\right]\boldsymbol{X}^{\mathrm{T}}(j)\right\} \\
&= \boldsymbol{\Phi}(k,j)\boldsymbol{P}(j)+\sum_{i=j+1}^{k}\boldsymbol{\Phi}(k,i)\boldsymbol{\Gamma}(i,i-1)E[\boldsymbol{W}(i-1)\boldsymbol{X}^{\mathrm{T}}(j)] \\
&= \boldsymbol{\Phi}(k,j)\boldsymbol{P}(j),k>j
\end{aligned} \tag{8.1.15}
$$

或者

$$
\boldsymbol{P}(k,j)=\boldsymbol{P}(k)\boldsymbol{\Phi}^{\mathrm{T}}(j,k),k<j \tag{8.1.16}
$$

有了上面的计算,易知下面结论成立.

定理 8.1.3 对于系统模型式(8.1.1)并假定式(8.1.3)及式(8.1.4)成立,则对任意 k,$\boldsymbol{X}(k)$ 服从正态 $N(0,\boldsymbol{P}(k))$ 分布,其中 $\boldsymbol{P}(k)$ 由式(8.1.13)或式(8.1.14)确定. 进一步对于任意 $k_1<k_2<k_3\cdots<k_l$,向量集$(\boldsymbol{X}(k_1),\boldsymbol{X}(k_2),\cdots,\boldsymbol{X}(k_l))$服从正态 $N(0,\boldsymbol{\Sigma})$ 分布,其中 $\boldsymbol{\Sigma}$ 只由 $\boldsymbol{P}(k_1),\boldsymbol{P}(k_2),\cdots,\boldsymbol{P}(k_l)$ 决定,即有

$$
\boldsymbol{\Sigma}=E\begin{pmatrix}\boldsymbol{X}(k_1)\\ \boldsymbol{X}(k_2)\\ \vdots \\ \boldsymbol{X}(k_l)\end{pmatrix}\begin{pmatrix}\boldsymbol{X}^{\mathrm{T}}(k_1) & \boldsymbol{X}^{\mathrm{T}}(k_2) & \cdots & \boldsymbol{X}^{\mathrm{T}}(k_l)\end{pmatrix}\cdot
$$

$$
\begin{pmatrix}
\boldsymbol{P}(k_1) & \boldsymbol{P}(k_1)\boldsymbol{\Phi}^{\mathrm{T}}(k_2,k_1) & \cdots & \boldsymbol{P}(k_1)\boldsymbol{\Phi}^{\mathrm{T}}(k_l,k_1) \\
\boldsymbol{\Phi}(k_2,k_1)\boldsymbol{P}(k_1) & \boldsymbol{P}(k_2) & \cdots & \boldsymbol{P}(k_2)\boldsymbol{\Phi}^{\mathrm{T}}(k_l,k_2) \\
\vdots & \vdots & & \vdots \\
\boldsymbol{\Phi}(k_l,k_1)\boldsymbol{P}(k_1) & \boldsymbol{\Phi}(k_l,k_2)\boldsymbol{P}(k_2) & \cdots & \boldsymbol{P}(k_l)
\end{pmatrix} \tag{8.1.17}
$$

8.1.2 测量模型

测量模型为

$$
\boldsymbol{Z}(k)=\boldsymbol{H}(k)\boldsymbol{X}(k)+\boldsymbol{V}(k) \tag{8.1.18}
$$

其中,$\{\boldsymbol{Z}(k),k=1,2,\cdots\}$ 为 m 维测量向量序列;$\{\boldsymbol{V}(k),k=1,2,\cdots\}$ 为 m 维测量误差向量序列,并假设它是零均值正态白噪声序列,且

$$E[\boldsymbol{V}(k)\boldsymbol{V}^{\mathrm{T}}(j)]=\boldsymbol{R}(k)\delta(k-j) \tag{8.1.19}$$

$\boldsymbol{R}(k)>0$ 为已知 $m\times m$ 的测量误差阵. 进一步假设测量误差序列 $\{\boldsymbol{V}(k),k=1,2,\cdots\}$,系统干扰序列 $\{\boldsymbol{W}(k),k=0,1,2,\cdots\}$ 及系统初始向量 $\boldsymbol{X}(0)$ 三者相互独立,即有式(8.1.4)及

$$E[\boldsymbol{W}(k)\boldsymbol{V}^{\mathrm{T}}(l)]=0,k=0,1,2,\cdots,l=1,2,\cdots \tag{8.1.20}$$

$$E[\boldsymbol{X}(0)\boldsymbol{V}^{\mathrm{T}}(l)]=0,l=1,2,\cdots \tag{8.1.21}$$

$\boldsymbol{H}(k)$ 为 $m\times n$ 测量系统矩阵,它反映出测量向量与状态向量之间的关系.

值得说明的是,为了简单说明问题起见,我们在系统模型式(8.1.1)及测量模型式(8.1.18)中假设了 $\boldsymbol{X}(0),\boldsymbol{W}(k),\boldsymbol{V}(k),k\geqslant 0$ 的均值为零,实际上如果以上各量均值不为零并已知

$$\left.\begin{aligned}E\boldsymbol{X}(0)&=\bar{\boldsymbol{X}}(0)\\E\boldsymbol{W}(k)&=\bar{\boldsymbol{W}}(k)\\E\boldsymbol{V}(k)&=\bar{\boldsymbol{V}}(k)\end{aligned}\right\} \tag{8.1.22}$$

时,由式(8.1.1)及式(8.1.18)可分别求出系统状态向量的均值序列 $\{\bar{\boldsymbol{X}}(k),k=0,1,2,\cdots\}$ 及测量向量的均值序列 $\{\bar{\boldsymbol{Z}}(k),k=1,2,\cdots\}$. 事实上,对任意 k,有

$$\bar{\boldsymbol{X}}(k+1)=E\boldsymbol{X}(k+1)=\boldsymbol{\Phi}(k+1,k)\bar{\boldsymbol{X}}(k)+\boldsymbol{\Gamma}(k+1,k)\bar{\boldsymbol{W}}(k) \tag{8.1.23}$$

$$\bar{\boldsymbol{Z}}(k)=\boldsymbol{H}(k)\bar{\boldsymbol{X}}(k)+\bar{\boldsymbol{V}}(k) \tag{8.1.24}$$

将式(8.1.1)和式(8.1.18)的两边分别减去式(8.1.23)和式(8.1.24)的两边,并令

$$\boldsymbol{X}_*(k+1)\triangleq\boldsymbol{X}(k+1)-\bar{\boldsymbol{X}}(k+1)$$

$$\boldsymbol{W}_*(k)\triangleq\boldsymbol{W}(k)-\bar{\boldsymbol{W}}(k)$$

$$\boldsymbol{Z}_*(k)\triangleq\boldsymbol{Z}(k)-\bar{\boldsymbol{Z}}(k)$$

$$\boldsymbol{V}_*(k)\triangleq\boldsymbol{V}(k)-\bar{\boldsymbol{V}}(k)$$

于是得到具有零均值的系统模型为

$$\boldsymbol{X}_*(k+1)=\boldsymbol{\Phi}(k+1,k)\boldsymbol{X}_*(k)\boldsymbol{\Gamma}(k+1,k)\boldsymbol{W}_*(k) \tag{8.1.25}$$

和具有零均值的测量模型为

$$\boldsymbol{Z}_*(k)=\boldsymbol{H}(k)\boldsymbol{X}_*(k)+\boldsymbol{V}_*(k) \tag{8.1.26}$$

这样一来,又归结到系统模型式(8.1.1)和测量模型式(8.1.18). 因此,我们在以后各节均针对系统模型式(8.1.1)和测量模型式(8.1.18)来讨论.

8.2　离散线性系统的最优估计

在推导离散线性系统递推形式的最优估计算法(卡尔曼滤波算法)之前,先介绍投影引理.

引理 8.2.1　投影引理　设 $\boldsymbol{X},\boldsymbol{Z}_1,\boldsymbol{Z}$ 为三个随机向量(它们的维数可以互不相同),记

$$\boldsymbol{Y}\triangleq\begin{pmatrix}\boldsymbol{Z}_1\\\boldsymbol{Z}\end{pmatrix} \tag{8.2.1}$$

则 $\boldsymbol{X}$ 在 $\boldsymbol{Y}$ 上的正交投影为

$$\hat{E}(\boldsymbol{X}/\boldsymbol{Y})=\hat{E}(\boldsymbol{X}/\boldsymbol{Z}_1)+E(\widetilde{\boldsymbol{X}}\widetilde{\boldsymbol{Z}}^{\mathrm{T}})E(\widetilde{\boldsymbol{Z}}\widetilde{\boldsymbol{Z}}^{\mathrm{T}})^{-1}\widetilde{\boldsymbol{Z}} \tag{8.2.2}$$

其中
$$\widetilde{X}=X-\hat{E}(X/Z_1) \tag{8.2.3}$$
$$\widetilde{Z}=Z-\hat{E}(Z/Z_1) \tag{8.2.4}$$
$\hat{E}(X/Z_1)$与$\hat{E}(Z/Z_1)$分别表示 X 与 Z 在 Z_1 上的正交投影.

证明　只需证明式(8.2.2)满足投影定义 5.2.1 即可.

(1)线性

因为$\hat{E}(X/Z_1)$是 Z_1 的线性函数,$\widetilde{Z}$也是 Z_1 的线性函数,而由式(8.2.1)可知两者都是 Y 的线性函数,所以$\hat{E}(X/Y)$是 Y 的线性函数.

(2)无偏性

因为
$$\begin{aligned} E\hat{E}(X/Y) &= E\{\hat{E}(X/Z_1)+E(\widetilde{X}\widetilde{Z}^{\mathrm{T}})E(\widetilde{Z}\widetilde{Z}^{\mathrm{T}})^{-1}[Z-\hat{E}(Z/Z_1)]\} \\ &= EX+E(\widetilde{X}\widetilde{Z}^{\mathrm{T}})[E(\widetilde{Z}\widetilde{Z}^{\mathrm{T}})]^{-1}[EZ-E\hat{E}(Z/Z_1)] \\ &= EX \end{aligned}$$
故无偏性成立.

(3)正交性

因为$\hat{E}(Z/Z_1)$是 Z_1 的线性函数,故由投影的正交性式(5.2.18)可知有
$$E\widetilde{X}\hat{E}(Z/Z_1)=E\widetilde{Z}\hat{E}(Z/Z_1)=0 \tag{8.2.5}$$
由此推导
$$\begin{aligned} E\widetilde{X}(Z-EZ)^{\mathrm{T}} &= E(\widetilde{X}Z^{\mathrm{T}}) \\ &= E\{\widetilde{X}[Z-\hat{E}(Z/Z_1)+\hat{E}(Z/Z_1)]^{\mathrm{T}}\} \\ &= E(\widetilde{X}\widetilde{Z}^{\mathrm{T}}) \end{aligned} \tag{8.2.6}$$
以及
$$E[\widetilde{Z}(Z-EZ)^{\mathrm{T}}]=E(\widetilde{Z}\widetilde{Z}^{\mathrm{T}}) \tag{8.2.7}$$
这样一来,由式(8.2.2)并考虑到式(8.2.6)和式(8.2.7),有
$$\begin{aligned} & E\{[X-\hat{E}(X/Y)](Y-EY)^{\mathrm{T}}\} \\ &= E\{[X-\hat{E}(X/Z_1)-E(\widetilde{X}\widetilde{Z}^{\mathrm{T}})E(\widetilde{Z}\widetilde{Z}^{\mathrm{T}})^{-1}\widetilde{Z}][(Z-EZ_1)^{\mathrm{T}},(Z-EZ)^{\mathrm{T}}]\} \\ &= E\{[\widetilde{X}-E(\widetilde{X}\widetilde{Z}^{\mathrm{T}})E(\widetilde{Z}\widetilde{Z}^{\mathrm{T}})^{-1}\widetilde{Z}][(Z_1-EZ_1)^{\mathrm{T}},(Z-E\widetilde{Z})^{\mathrm{T}}]\} \\ &= \{E[\widetilde{X}(Z_1-EZ_1)^{\mathrm{T}}],E[\widetilde{X}(Z-EZ)^{\mathrm{T}}]\}-E(\widetilde{X}\widetilde{Z}^{\mathrm{T}})[E(\widetilde{Z}\widetilde{Z}^{\mathrm{T}})]^{-1}\cdot \\ &= \{E[\widetilde{Z}(Z_1-EZ_1)^{\mathrm{T}}],E[\widetilde{Z}(Z-EZ)^{\mathrm{T}}]\} \\ &\quad [0,E(\widetilde{X}\widetilde{Z}^{\mathrm{T}})]-\{E(\widetilde{X}\widetilde{Z}^{\mathrm{T}})[E(\widetilde{Z}\widetilde{Z}^{\mathrm{T}})]^{-1}[0,E(\widetilde{Z}\widetilde{Z}^{\mathrm{T}})]\} \\ &= [0,E(\widetilde{X}\widetilde{Z}^{\mathrm{T}})]-[0,E(\widetilde{X}\widetilde{Z}^{\mathrm{T}})] \\ &= 0 \end{aligned}$$
于是正交性成立. 故 X 在 Y 上的正交投影为式(8.2.2).

引理证毕.

现在首先推导最优预测估计,有时称之为线性最小方差预测估计.

在 5.2 中已经介绍了最优预测估计和最优滤波估计的概念. 称基于测量集合$\{Z(1),$

$\boldsymbol{Z}(2),\cdots,\boldsymbol{Z}(j)\}$ 对系统状态 $\boldsymbol{X}(k),k>j$ 所做的线性最小方差估计为最优预测估计 $\hat{\boldsymbol{X}}(k/j)$，$k>j$，即

$$\hat{\boldsymbol{X}}(k/j)=\hat{E}[\boldsymbol{X}(k)/\boldsymbol{Z}(1),\boldsymbol{Z}(2),\cdots,\boldsymbol{Z}(j)],k<j \tag{8.2.8}$$

最优预测误差 $\tilde{\boldsymbol{X}}(k/j)$ 为

$$\tilde{\boldsymbol{X}}(k/j)=\boldsymbol{X}(k)-\hat{\boldsymbol{X}}(k/j),k>j \tag{8.2.9}$$

最优预测误差阵 $\boldsymbol{P}(k/j)$ 为

$$\boldsymbol{P}(k/j)=E[\tilde{\boldsymbol{X}}(k/j)\tilde{\boldsymbol{X}}(k/j)^{\mathrm{T}}] \tag{8.2.10}$$

特别当 $k=j$ 时，称 $\hat{E}(\boldsymbol{X}(j)/\boldsymbol{Z}(1),\boldsymbol{Z}(2),\cdots,\boldsymbol{Z}(j))$ 为最优滤波估计，并记

$$\hat{\boldsymbol{X}}(j/j)=\hat{E}[\boldsymbol{X}(j)/\boldsymbol{Z}(1),\boldsymbol{Z}(2),\cdots,\boldsymbol{Z}(j)] \tag{8.2.11}$$

最优滤波估计误差及误差阵分别记为

$$\tilde{\boldsymbol{X}}(j/j)=\boldsymbol{X}(j)-\hat{\boldsymbol{X}}(j/j)$$

及

$$\boldsymbol{P}(j/j)=E[\tilde{\boldsymbol{X}}(j/j)\tilde{\boldsymbol{X}}(j/j)^{\mathrm{T}}]$$

有了上面的若干表示后，现推导定理 8.2.1.

定理 8.2.1　设系统模型由式(8.1.1)表示并假定式(8.1.3)及式(8.1.4)成立，测量模型由式(8.1.18)表示并假定式(8.1.20)及式(8.1.21)成立，如果最优滤波估计 $\hat{\boldsymbol{X}}(j/j)$ 及最优滤波估计误差阵 $\boldsymbol{P}(j/j)$，$j=0,1,2,\cdots$ 为已知，则对任意 $k>j$ 有

(1)最优预测估计 $\hat{\boldsymbol{X}}(k/j)$，$k>j$ 为

$$\hat{\boldsymbol{X}}(k/j)=\boldsymbol{\Phi}(k,j)\hat{\boldsymbol{X}}(j/j) \tag{8.2.12}$$

(2)最优预测误差序列 $\{\tilde{\boldsymbol{X}}(k/j),k=j+1,j+2,\cdots\}$ 是零均值正态马尔可夫序列，且最优预测误差阵 $\boldsymbol{P}(k/j)$ 为

$$\begin{aligned}\boldsymbol{P}(k/j)=&\boldsymbol{\Phi}(k,j)\boldsymbol{P}(j/j)\boldsymbol{\Phi}^{\mathrm{T}}(k,j)+\\&\sum_{i=j+1}^{k}\boldsymbol{\Phi}(k,i)\boldsymbol{\Gamma}(i,i-1)\boldsymbol{Q}(i-1)\boldsymbol{\Gamma}^{\mathrm{T}}(i,i-1)\boldsymbol{\Phi}^{\mathrm{T}}(k,i)\end{aligned} \tag{8.2.13}$$

证明　(1)将通项公式(8.1.6)代入式(8.2.8)，并由式(5.2.23)及式(5.2.24)可得

$$\begin{aligned}\hat{\boldsymbol{X}}(k/j)&=\hat{E}[\boldsymbol{X}(k)/\boldsymbol{Z}(1),\boldsymbol{Z}(2),\cdots,\boldsymbol{Z}(j)]\\&=\hat{E}[\boldsymbol{\Phi}(k,j)\boldsymbol{X}(j)+\sum_{i=j+1}^{k}\boldsymbol{\Phi}(k,i)\boldsymbol{\Gamma}(i,i-1)\boldsymbol{W}(i-1)/\boldsymbol{Z}(1),\boldsymbol{Z}(2),\cdots,\boldsymbol{Z}(j)]\\&=(k,j)\,\hat{E}[\boldsymbol{X}(j)/\boldsymbol{Z}(1),\boldsymbol{Z}(2),\cdots,\boldsymbol{Z}(j)]+\sum_{i=j+1}^{k}\boldsymbol{\Phi}(k,i)\boldsymbol{\Gamma}(i,i-1)\\&\quad\hat{E}[\boldsymbol{W}(i-1)/\boldsymbol{Z}(1),\boldsymbol{Z}(2),\cdots,\boldsymbol{Z}(j)]\\&=(k,j)\boldsymbol{X}(j/j)+\sum_{i=j+1}^{k}\boldsymbol{\Phi}(k,i)\boldsymbol{\Gamma}(i,i-1)\,\hat{E}[\boldsymbol{W}(i-1)/\boldsymbol{Z}(1),\boldsymbol{Z}(2),\cdots,\boldsymbol{Z}(j)]\end{aligned} \tag{8.2.14}$$

因为系统干扰序列 $\{\boldsymbol{W}(k),k=0,1,2,\cdots\}$ 是零均值正态白噪声序列，故对任意 $i\geqslant j+1$，$\boldsymbol{W}(i-1)$ 与 $\{\boldsymbol{Z}(1),\boldsymbol{Z}(2),\cdots,\boldsymbol{Z}(j)\}$ 不相关，于是由投影公式(5.2.25)可知有

$$\hat{E}[\boldsymbol{W}(i-1)/\boldsymbol{Z}(1),\boldsymbol{Z}(2),\cdots,\boldsymbol{Z}(j)]=0,i\geqslant j+1 \tag{8.2.15}$$

将式(8.2.15)代入式(8.2.14)可得最优预测估计 $\hat{\boldsymbol{X}}(k/j)$ 为

$$\hat{\boldsymbol{X}}(k/j)=\boldsymbol{\Phi}(k,j)\hat{\boldsymbol{X}}(j/j)$$

(2)正态是显然的,只需证马尔可夫性. 对给定的 j 及任意 $k>j$,由式(8.2.12)及式(8.1.6)可推得最优预测误差 $\tilde{\boldsymbol{X}}(k/j)$ 为

$$\begin{aligned}\tilde{\boldsymbol{X}}(k/j)&=\boldsymbol{X}(k)-\hat{\boldsymbol{X}}(k/j)\\&=\boldsymbol{X}(k)-\boldsymbol{\Phi}(k,j)\hat{\boldsymbol{X}}(j/j)\\&=(k,j)\boldsymbol{X}(j)+\sum_{i=j+1}^{k}\boldsymbol{\Phi}(k,i)\boldsymbol{\Gamma}(i,i-1)\boldsymbol{W}(i-1)-\boldsymbol{\Phi}(k,j)\hat{\boldsymbol{X}}(j/j)\\&=(k,j)\tilde{\boldsymbol{X}}(j/j)+\sum_{i=j+1}^{k}\boldsymbol{\Phi}(k,j)\boldsymbol{\Gamma}(i,i-1)\boldsymbol{W}(i-1)\end{aligned}\tag{8.2.16}$$

考虑到$\{\boldsymbol{W}(k),k=0,1,2,\cdots\}$为零均值白噪声序列,又由投影的无偏性有 $E\,\hat{\boldsymbol{X}}(j/j)=0$,所以预测误差序列$\{\tilde{\boldsymbol{X}}(k/j),k=j+1,j+2,\cdots\}$为零均值序列.

因为 $\boldsymbol{X}(j)$ 和 $\hat{\boldsymbol{X}}(j/j)$ 均与$\{\boldsymbol{W}(j),\boldsymbol{W}(j+1),\boldsymbol{W}(k)\}$不相关,于是有

$$E\tilde{\boldsymbol{X}}(j/j)\boldsymbol{W}^{\mathrm{T}}(i-1)=0,i=j+1,j+2,\cdots,k\tag{8.2.17}$$

由式(8.2.17)可推得最优预测误差阵 $\boldsymbol{P}(k/j)$ 为

$$\begin{aligned}\boldsymbol{P}(k/j)&=E\{\tilde{\boldsymbol{X}}(k/j)\tilde{\boldsymbol{X}}(k/j)^{\mathrm{T}}\}\\&=\boldsymbol{\Phi}(k,j)\boldsymbol{P}(j/j)\boldsymbol{\Phi}^{\mathrm{T}}(k,j)+\sum_{i=j+1}^{k}\boldsymbol{\Phi}(k,i)\boldsymbol{\Gamma}(i,i-1)\boldsymbol{Q}(i-1)\boldsymbol{\Gamma}^{\mathrm{T}}(i,i-1)\boldsymbol{\Phi}^{\mathrm{T}}(k,i)\end{aligned}$$

故式(8.2.13)得证.

最后证明序列$\{\tilde{\boldsymbol{X}}(k/j),k=j+1,j+2,\cdots\}$是正态马尔可夫序列. 因为对任意正整数 $k\geqslant j+1$,由式(8.2.16)有

$$\begin{aligned}\tilde{\boldsymbol{X}}(k/j)&=\boldsymbol{\Phi}(k,j)\tilde{\boldsymbol{X}}(j/j)+\sum_{i=j+1}^{k}\boldsymbol{\Phi}(k,i)\boldsymbol{\Gamma}(i,i-1)\boldsymbol{W}(i-1)\\&=(k,k-1)\boldsymbol{\Phi}(k-1,j)\tilde{\boldsymbol{X}}(j/j)+\boldsymbol{\Phi}(k,k)\boldsymbol{\Gamma}(k,k-1)\boldsymbol{W}(k-1)+\\&\quad\sum_{i=j+1}^{k-1}\boldsymbol{\Phi}(k,i)\boldsymbol{\Gamma}(i,i-1)\boldsymbol{W}(i-1)\\&=(k,k-1)\Big[\boldsymbol{\Phi}(k-1,j)\tilde{\boldsymbol{X}}(j/j)+\sum_{i=j+1}^{k-1}\boldsymbol{\Phi}(k-1,i)\boldsymbol{\Gamma}(i,i-1)\cdot\\&\quad\boldsymbol{W}(i-1)\Big]+\boldsymbol{\Gamma}(k,k-1)\boldsymbol{W}(k-1)\\&=(k,k-1)\tilde{\boldsymbol{X}}[(k-1)/j]+\boldsymbol{\Gamma}(k,k-1)\boldsymbol{W}(k-1)\end{aligned}\tag{8.2.18}$$

又因为干扰序列$\{\boldsymbol{W}(k),k>j\}$是零均值白噪声序列且与初始误差 $\tilde{\boldsymbol{X}}(j/j)$ 独立,所以最优预测误差模型式(8.2.18)与模型式(8.1.1)是相同的,故由定理 8.1.1 可知$\{\tilde{\boldsymbol{X}}(k/j),k=j+1,j+2,\cdots\}$是马尔可夫序列.

定理证毕.

由定理 8.2.1,显然可得推论 8.2.1.

推论 8.2.1　设系统模型由式(8.1.1)表示并假定式(8.1.3)及式(8.1.4)成立,测量

模型由式(8.1.18)表示并假定式(8.1.20)及式(8.1.21)成立.如果最优滤波估计 $\hat{\boldsymbol{X}}(k/k)$ 及最优滤波误差阵 $\boldsymbol{P}(k/k)$, $k=0,1,2,\cdots$ 为已知,则:

(1)一步最优预测估计 $\hat{\boldsymbol{X}}(k+1/k)$ 为

$$\hat{\boldsymbol{X}}(k+1/k)=\boldsymbol{\Phi}(k+1,k)\hat{\boldsymbol{X}}(k/k) \tag{8.2.19}$$

(2)一步最优预测误差序列 $\{\widetilde{\boldsymbol{X}}(k+1/k), k=0,1,2,\cdots\}$ 是零均值正态马尔可夫序列,且误差阵为

$$\boldsymbol{P}(k+1/k)=\boldsymbol{\Phi}(k+1,k)\boldsymbol{P}(k/k)\boldsymbol{\Phi}^{\mathrm{T}}(k+1,k)+\boldsymbol{\Gamma}(k+1,k)\boldsymbol{Q}(k)\boldsymbol{\Gamma}^{\mathrm{T}}(k+1,k) \tag{8.2.20}$$

完成了上述准备工作以后,就可以推导最优滤波估计 $\hat{\boldsymbol{X}}(k/k)$.

定理 8.2.2 设系统模型由式(8.1.1)表示并假定式(8.1.3)及式(8.1.4)成立,测量模型由式(8.1.18)表示并假定式(8.1.20)及式(8.1.21)成立,则最优滤波估计 $\hat{\boldsymbol{X}}(k+1/k+1)$ 由如下递推关系式给出.

(1) $\hat{\boldsymbol{X}}(k+1/k+1)$

$$=\boldsymbol{\Phi}(k+1,k)\hat{\boldsymbol{X}}(k/k)+\boldsymbol{K}(k+1)[\boldsymbol{Z}(k+1)-\boldsymbol{H}(k+1)\boldsymbol{\Phi}(k+1,k)\hat{\boldsymbol{X}}(k/k)] \tag{8.2.21}$$

$$k=0,1,2,\cdots$$

其中,滤波增益矩阵 $\boldsymbol{K}(k+1)$ 为

$$\boldsymbol{K}(k+1)=\boldsymbol{P}(k+1/k)\boldsymbol{H}^{\mathrm{T}}(k+1)[\boldsymbol{H}(k+1)\boldsymbol{P}(k+1/k)\boldsymbol{H}^{\mathrm{T}}(k+1)+\boldsymbol{R}(k+1)]^{-1} \tag{8.2.22}$$

$$\boldsymbol{P}(k+1/k)=\boldsymbol{\Phi}(k+1,k)\boldsymbol{P}(k/k)\boldsymbol{\Phi}^{\mathrm{T}}(k+1,k)+\boldsymbol{\Gamma}(k+1,k)\boldsymbol{Q}(k)\boldsymbol{\Gamma}^{\mathrm{T}}(k+1,k) \tag{8.2.23}$$

$$\begin{aligned}\boldsymbol{P}(k+1/k+1)=&[\boldsymbol{I}-\boldsymbol{K}(k+1)\boldsymbol{H}(k+1)]\boldsymbol{P}(k+1/k)\cdot\\&[\boldsymbol{I}-\boldsymbol{K}(k+1)\boldsymbol{H}(k+1)]^{\mathrm{T}}+\boldsymbol{K}(k+1)\boldsymbol{R}(k+1)\boldsymbol{K}^{\mathrm{T}}(k+1)\end{aligned} \tag{8.2.24}$$

初始估计为 $\hat{\boldsymbol{X}}(0/0)=E\boldsymbol{X}(0)=0$,初始估计误差阵为 $\boldsymbol{P}(0/0)=\boldsymbol{P}(0)=E\boldsymbol{X}(0)\boldsymbol{X}^{\mathrm{T}}(0)$ 并假定为已知.

(2)由滤波误差

$$\widetilde{\boldsymbol{X}}(k+1/k+1)=\boldsymbol{X}(k+1)-\hat{\boldsymbol{X}}(k+1/k+1) \tag{8.2.25}$$

所定义的随机序列 $\{\widetilde{\boldsymbol{X}}(k+1/k+1), k=0,1,2,\cdots\}$ 是零均值正态马尔可夫序列.

证明 (1)取

$$\boldsymbol{Z}_1^{k+1}\triangleq\begin{pmatrix}\boldsymbol{Z}(1)\\\boldsymbol{Z}(2)\\\vdots\\\boldsymbol{Z}(k+1)\end{pmatrix}=\begin{pmatrix}\boldsymbol{Z}_1^{k}\\\\\boldsymbol{Z}(k+1)\end{pmatrix} \tag{8.2.26}$$

于是利用投影引理可得

$$\begin{aligned}\hat{\boldsymbol{X}}(k+1/k+1)&=\hat{E}[\boldsymbol{X}(k+1)/\boldsymbol{Z}_1^{k+1}]\\&=\hat{E}[\boldsymbol{X}(k+1)/\boldsymbol{Z}_1^{k}]+[E\,\widetilde{\boldsymbol{X}}^{\mathrm{T}}(k+1/k)\widetilde{\boldsymbol{Z}}^{\mathrm{T}}(k+1/k)]\cdot\\&\quad[E\,\widetilde{\boldsymbol{Z}}(k+1/k)\widetilde{\boldsymbol{Z}}^{\mathrm{T}}(k+1/k)]^{-1}\{\boldsymbol{Z}(k+1)-\hat{E}[\boldsymbol{Z}(k+1)/\boldsymbol{Z}_1^{k}]\}\end{aligned} \tag{8.2.27}$$

其中，$\hat{E}[\boldsymbol{X}(k+1)/\boldsymbol{Z}_1^k]$为一步预测估计，由推论 8.2.1 可知

$$\hat{E}[\boldsymbol{X}(k+1)/\boldsymbol{Z}_1^k]=\hat{\boldsymbol{X}}(k+1/k)=\boldsymbol{\Phi}(k+1,k)\hat{\boldsymbol{X}}(k/k) \tag{8.2.28}$$

$\tilde{\boldsymbol{X}}(k+1/k)=\boldsymbol{X}(k+1)-\hat{\boldsymbol{X}}(k+1/k)$为一步预测估计误差，由式(8.2.18)可推出

$$\tilde{\boldsymbol{X}}(k+1/k)=\boldsymbol{\Phi}(k+1,k)\hat{\boldsymbol{X}}(k/k)+\boldsymbol{\Gamma}(k+1,k)\boldsymbol{W}(k) \tag{8.2.29}$$

$\tilde{\boldsymbol{Z}}(k+1/k)=\boldsymbol{Z}(k+1)-\hat{E}(\boldsymbol{Z}(k+1)/\boldsymbol{Z}_1^k)$为一步测量预测误差，由投影性质可推出

$$\begin{aligned}\tilde{\boldsymbol{Z}}(k+1/k)&=\boldsymbol{H}(k+1)\boldsymbol{X}(k+1)+\boldsymbol{V}(k+1)-\hat{E}[\boldsymbol{H}(k+1)\boldsymbol{X}(k+1)+\boldsymbol{V}(k+1)/\boldsymbol{Z}_1^k]\\&=\boldsymbol{H}(k+1)\boldsymbol{X}(k+1)+\boldsymbol{V}(k+1)-\boldsymbol{H}(k+1)\hat{E}[\boldsymbol{X}(k+1)/\boldsymbol{Z}_1^k]-\\&\quad\hat{E}(\boldsymbol{V}(k+1)/\boldsymbol{Z}_1^k)\\&=\boldsymbol{H}(k+1)\tilde{\boldsymbol{X}}(k+1/k)+\boldsymbol{V}(k+1)-\hat{E}[\boldsymbol{V}(k+1)/\boldsymbol{Z}_1^k]\end{aligned} \tag{8.2.30}$$

因为 $\boldsymbol{V}(k+1),k\geqslant 0$ 是零均值白噪声序列，故它与 $\boldsymbol{Z}(1),\boldsymbol{Z}(2),\cdots,\boldsymbol{Z}(k)$互不相关，于是有

$$\hat{E}[\boldsymbol{V}(k+1)/\boldsymbol{Z}_1^k]=0 \tag{8.2.31}$$

将此结果代入式(8.2.30)可得

$$\tilde{\boldsymbol{Z}}(k+1/k)=\boldsymbol{H}(k+1)\tilde{\boldsymbol{X}}(k+1/k)+\boldsymbol{V}(k+1) \tag{8.2.32}$$

由式(8.1.20)还可推得

$$\begin{aligned}&E[\tilde{\boldsymbol{X}}(k+1/k)\tilde{\boldsymbol{Z}}^{\mathrm{T}}(k+1/k)]\\&=E[\tilde{\boldsymbol{X}}(k+1/k)\tilde{\boldsymbol{X}}^{\mathrm{T}}(k+1/k)]\boldsymbol{H}^{\mathrm{T}}(k+1)+E[\tilde{\boldsymbol{X}}(k+1/k)\boldsymbol{V}^{\mathrm{T}}(k+1)]\\&=\boldsymbol{P}(k+1/k)\boldsymbol{H}^{\mathrm{T}}(k+1)\end{aligned} \tag{8.2.33}$$

进一步由式(8.2.32)及式(8.1.20)有

$$E[\tilde{\boldsymbol{Z}}(k+1/k)\tilde{\boldsymbol{Z}}^{\mathrm{T}}(k+1/k)]=\boldsymbol{H}(k+1)\boldsymbol{P}(k+1/k)\boldsymbol{H}^{\mathrm{T}}(k+1)+\boldsymbol{R}(k+1)$$

考虑以上两式，可得

$$\begin{aligned}\boldsymbol{K}(k+1)&\triangleq E\tilde{\boldsymbol{X}}(k+1/k)\tilde{\boldsymbol{Z}}^{\mathrm{T}}(k+1/k)[E\,\tilde{\boldsymbol{Z}}(k+1/k)\tilde{\boldsymbol{Z}}^{\mathrm{T}}(k+1/k)]^{-1}\\&=\boldsymbol{P}(k+1/k)\boldsymbol{H}^{\mathrm{T}}(k+1)[\boldsymbol{H}(k+1)\boldsymbol{P}(k+1/k)\boldsymbol{H}^{\mathrm{T}}(k+1)+\boldsymbol{R}(k+1)]^{-1}\end{aligned} \tag{8.2.34}$$

即式(8.2.22)得证. 又因

$$\begin{aligned}\hat{E}[\boldsymbol{Z}(k+1)/\boldsymbol{Z}_1^k]&=\hat{E}[\boldsymbol{H}(k+1)\boldsymbol{X}(k+1)+\boldsymbol{V}(k+1)/\boldsymbol{Z}_1^k]\\&=\boldsymbol{H}(k+1)\hat{E}[\boldsymbol{X}(k+1)/\boldsymbol{Z}_1^k]\\&=\boldsymbol{H}(k+1)\boldsymbol{\Phi}(k+1,k)\hat{\boldsymbol{X}}(k/k)\end{aligned} \tag{8.2.35}$$

将式(8.2.28)、式(8.2.34)及式(8.2.35)代入式(8.2.27)可得

$$\begin{aligned}\hat{\boldsymbol{X}}(k+1/k+1)&=\boldsymbol{\Phi}(k+1,k)\hat{\boldsymbol{X}}(k/k)+\boldsymbol{K}(k+1)\\&\quad[\boldsymbol{Z}(k+1)-\boldsymbol{H}(k+1)\boldsymbol{\Phi}(k+1,k)\hat{\boldsymbol{X}}(k/k)]\end{aligned} \tag{8.2.36}$$

于是定理中的式(8.2.21)得证，由推论 8.2.1 可知式(8.2.23)成立.

现在，考察滤波估计误差 $\tilde{\boldsymbol{X}}(k+1/k+1)$，由式(8.2.21)及式(8.2.28)有

$$
\begin{aligned}
\widetilde{X}(k+1/k+1) &= X(k+1) - \hat{X}(k+1/k+1) \\
&= X(k+1) - \hat{X}(k+1/k) - K(k+1)[Z(k+1) - \\
&\quad H(k+1)\hat{X}(k+1/k)] \\
&= \widetilde{X}(k+1/k) - K(k+1)[H(k+1)X(k+1) - \\
&\quad H(k+1)\hat{X}(k+1/k) + V(k+1)] \\
&= \widetilde{X}(k+1/k) - K(k+1)H(k+1)\widetilde{X}(k+1/k) - \\
&\quad K(k+1)V(k+1) \\
&= [I - K(k+1)H(k+1)]\widetilde{X}(k+1/k) - \\
&\quad K(k+1)V(k+1)
\end{aligned} \tag{8.2.37}
$$

因为测量误差序列$\{V(k+1),k\geqslant 0\}$是零均值白噪声序列且与系统干扰序列$\{W(k),k\geqslant 0\}$独立,于是可推出

$$
E\widetilde{X}(k+1/k)V^{\mathrm{T}}(k+1) = 0 \tag{8.2.38}
$$

这样一来,由式(8.2.37)及式(8.2.38)可推出最优滤波估计误差阵$P(k+1/k+1)$为

$$
\begin{aligned}
P(k+1/k+1) &= E\widetilde{X}(k+1/k+1)\widetilde{X}^{\mathrm{T}}(k+1/k+1) \\
&= [I - K(k+1)H(k+1)]E\widetilde{X}(k+1/k)\cdot \\
&\quad \widetilde{X}^{\mathrm{T}}(k+1/k)[I - K(k+1)H(k+1)]^{\mathrm{T}} + K(k+1) \\
&\quad [EV(k+1)V^{\mathrm{T}}(k+1)]K^{\mathrm{T}}(k+1) \\
&= [I - K(k+1)H(k+1)]P(k+1/k)[I - K(k+1)\cdot \\
&\quad H(k+1)]^{\mathrm{T}} + K(k+1)R(k+1)K^{\mathrm{T}}(k+1)
\end{aligned} \tag{8.2.39}
$$

于是式(8.2.24)得证.

(2)利用式(8.2.18)可推出一步最优预测误差表达式为

$$
\widetilde{X}(k+1/k) = \boldsymbol{\Phi}(k+1,k)\widetilde{X}(k/k) + \boldsymbol{\Gamma}(k+1,k)W(k) \tag{8.2.40}
$$

将该结果代入式(8.2.37),有

$$
\begin{aligned}
\widetilde{X}(k+1/k+1) = &[I - K(k+1)H(k+1)]\boldsymbol{\Phi}(k+1,k)\widetilde{X}(k/k) + \\
&[I - K(k+1)H(k+1)]\boldsymbol{\Gamma}(k+1,k)W(k) - K(k+1)V(k+1)
\end{aligned} \tag{8.2.41}
$$

若令

$$
\begin{aligned}
\boldsymbol{\Phi}^*(k+1,k) &\triangleq [I - K(k+1)H(k+1)]\boldsymbol{\Phi}(k+1,k) \\
\boldsymbol{\Gamma}^*(k+1,k) &\triangleq [I - K(k+1)H(k+1)]\boldsymbol{\Gamma}(k+1,k) - K(k+1) \\
W^*(k) &= \begin{pmatrix} W(k) \\ V(k+1) \end{pmatrix}
\end{aligned} \tag{8.2.42}
$$

其中,$\boldsymbol{\Phi}^*$为$n\times n$阵;$\boldsymbol{\Gamma}^*$为$n\times(p+m)$阵,且两者均为已知;W^*为$p+m$维随机向量,可将式(8.2.41)写成

$$
\widetilde{X}(k+1/k+1) = \boldsymbol{\Phi}^*(k+1,k)\widetilde{X}(k/k) + \boldsymbol{\Gamma}^*(k+1,k)W^*(k) \tag{8.2.43}
$$

比较式(8.2.43)与式(8.1.1)可以看出,这两个模型具有同样的形式,又由式(8.2.42)可知

$$EW^*W^*(l)^{\mathrm{T}}=\begin{pmatrix}\boldsymbol{Q}(k) & 0\\ 0 & \boldsymbol{R}(k+1)\end{pmatrix}\delta(k-l) \tag{8.2.44}$$

这说明模型式(8.2.43)中的干扰序列$\{\boldsymbol{W}^*(k),k\geqslant 0\}$是零均值正态白噪声. 进一步又因

$$\tilde{\boldsymbol{X}}(0/0)=\boldsymbol{X}(0)-\hat{\boldsymbol{X}}(0/0)=\boldsymbol{X}(0)-E\boldsymbol{X}(0)=\boldsymbol{X}(0)$$

但由系统模型式(8.1.1)及测量模型式(8.1.18)中的假设条件可知初始状态$\boldsymbol{X}(0)$与干扰序列$\{\boldsymbol{W}(k),k=0,1,2,\cdots\}$及测量序列$\{\boldsymbol{V}(k),k\geqslant 1\}$独立,于是得出模型式(8.2.43)中的初始状态$\tilde{\boldsymbol{X}}(0/0)$与$\{\boldsymbol{W}^*(k),k\geqslant 0\}$独立,即有

$$E\tilde{\boldsymbol{X}}(0/0)\boldsymbol{W}^*(k)^{\mathrm{T}}=0,k=0,1,2,\cdots \tag{8.2.45}$$

式(8.2.44)及式(8.2.45)说明模型式(8.2.43)服从与模型式(8.1.1)相同的假设条件. 这样一来,由定理8.1.1可知最优滤波误差序列$\{\tilde{\boldsymbol{X}}(k/k),k\geqslant 0\}$是零均值正态马尔可夫序列.

定理证毕.

这个定理最先是卡尔曼(R. E. Kalman)于1960年证明的,所以通常把由式(8.2.21)至式(8.2.24)所描述的递推滤波算法叫作卡尔曼滤波器.

卡尔曼滤波器典型的计算周期如下:

(1)首先,由$\boldsymbol{P}(k/k)$,$\boldsymbol{Q}(k)$,$\boldsymbol{\Phi}(k+1,k)$及$\boldsymbol{\Gamma}(k+1,k)$利用式(8.2.33)计算出$\boldsymbol{P}(k+1/k)$;

(2)其次,把$\boldsymbol{P}(k+1/k)$,$\boldsymbol{H}(k+1)$及$\boldsymbol{R}(k+1)$代入式(8.2.22)可得$\boldsymbol{K}(k+1)$;

(3)最后,把$\boldsymbol{P}(k+1/k)$,$\boldsymbol{K}(k+1)$,$\boldsymbol{H}(k+1)$及$\boldsymbol{R}(k+1)$代入式(8.2.24),可计算出$\boldsymbol{P}(k+1/k+1)$,并用$\boldsymbol{P}(k+1/k+1)$代替$\boldsymbol{P}(k/k)$存储到下一次测量值出现,以便重复下一个计算周期;

(4)若需要对状态$\boldsymbol{X}(k+1)$做出估计时,把$\boldsymbol{K}(k+1)$,$\hat{\boldsymbol{X}}(k/k)$,$\boldsymbol{\Phi}(k+1,k)$,$\boldsymbol{H}(k+1)$及$\boldsymbol{Z}(k+1)$代入式(8.2.21)即可求出$\hat{\boldsymbol{X}}(k+1/k+1)$. 具体计算顺序框图如图8.2.1所示.

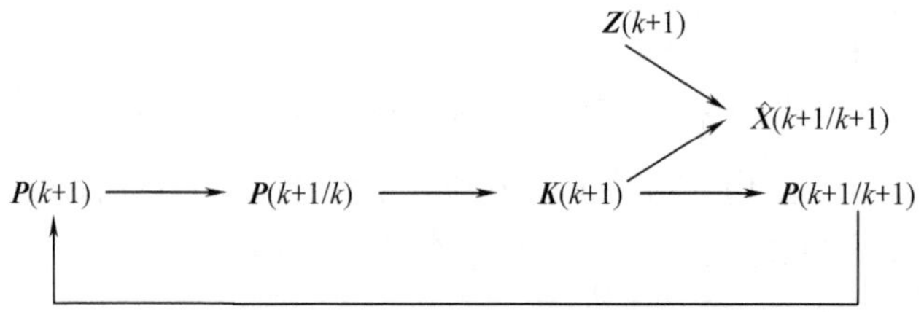

图8.2.1　卡尔曼滤波器计算顺序框图

如图8.2.1所示,如果仅考察滤波器性能而不需要对状态进行估计时,可以不必启动滤波器. 实际上,利用式(8.2.22)至式(8.2.24)即可求出$\boldsymbol{P}(k/k)$,$k=1,2,\cdots$. 特别指出,$n\times n$方阵$\boldsymbol{P}(k/k)$对角线上的元素就表示了系统状态相应分量滤波误差的方差.

由式(8.2.21)至式(8.2.24)所表示的卡尔曼滤波器是在工程计算中经常被采用的算法. 除此以外,利用矩阵和向量的各种运算,还可推出$\boldsymbol{K}(k+1)$及$\boldsymbol{P}(k+1/k+1)$的另一种表达式,即

$$\boldsymbol{P}(k+1/k+1)=[\boldsymbol{I}-\boldsymbol{K}(k+1)\boldsymbol{H}(k+1)]\boldsymbol{P}(k+1/k) \tag{8.2.46}$$

$$\boldsymbol{K}(k+1)=\boldsymbol{P}(k+1/k+1)\boldsymbol{H}^{\mathrm{T}}(k+1)\boldsymbol{R}^{-1}(k+1) \tag{8.2.47}$$

$$\boldsymbol{P}^{-1}(k+1/k+1)=\boldsymbol{P}^{-1}(k+1/k)+\boldsymbol{H}^{\mathrm{T}}(k+1)\boldsymbol{R}^{-1}(k+1)\boldsymbol{H}(k+1) \tag{8.2.48}$$

事实上，由式(8.2.22)有

$$K(k+1)[H(k+1)P(k+1/k)H^{T}(k+1)+R(k+1)]=P(k+1/k)H^{T}(k+1)$$

由上式可得

$$K(k+1)R(k+1)=P(k+1/k)H^{T}(k+1)-K(k+1)H(k+1)P(k+1/k)H^{T}(k+1)$$
$$=[I-K(k+1)H(k+1)]P(k+1/k)H^{T}(k+1) \qquad (8.2.49)$$

将此结果代入式(8.2.24)可得式(8.2.46)，即

$$P(k+1/k+1)=[I-K(k+1)H(k+1)]P(k+1/k)[I-K(k+1)H(k+1)]^{T}+$$
$$[I-K(k+1)H(k+1)]P(k+1/k)H^{T}(k+1)K^{T}(k+1)$$
$$=[I-K(k+1)H(k+1)]P(k+1/k)$$

再将式(8.2.46)代入式(8.2.49)，有

$$K(k+1)R(k+1)=P(k+1/k+1)H^{T}(k+1) \qquad (8.2.50)$$

因为 $R(k+1)>0$，故 $R^{-1}(k+1)$ 存在，于是由式(8.2.50)可得式(8.2.47). 最后，将式(8.2.46)展开并考虑到式(8.2.22)，有

$$P(k+1/k+1)=P(k+1/k)-K(k+1)H(k+1)P(k+1/k)$$
$$=P(k+1/k)-P(k+1/k)H^{T}(k+1)[H(k+1)\cdot$$
$$P(k+1/k)H^{T}(k+1)+R(k+1)]^{-1}H(k+1)P(k+1/k)$$

利用矩阵反演公式(5.6.9)可得

$$P(k+1/k+1)=[P^{-1}(k+1/k)+H^{T}(k+1)R^{-1}(k+1)H(k+1)]^{-1} \qquad (8.2.51)$$

即式(8.2.48)成立.

至此，我们所讨论的内容仅仅是线性离散系统在正态白噪声序列干扰作用下随机状态的最优估计，然而在实际应用中常常会发现，系统不仅受到干扰作用，还受到控制输入的作用，而且系统干扰$\{W(k),k\geqslant 0\}$与测量误差$\{V(k),k\geqslant 1\}$也常常是相关的. 在这种情况下，对系统状态如何做出最优估计，就是值得研究的问题. 下面我们来叙述并证明这一问题的结论.

定理 8.2.3 设系统模型与测量模型分别为

$$X(k+1)=\Phi(k+1,k)X(k)+B(k+1,k)U(k)+\Gamma(k+1,k)W(k) \qquad (8.2.52)$$

和

$$Z(k+1)=H(k+1)X(k+1)+V(k+1) \qquad (8.2.53)$$

其中，$\{U(k),k\geqslant 0\}$为已知的 r 维控制序列，$B(k+1,k)$为已知的 $n\times r$ 矩阵，通常称为系统控制阵，其余各项含义均同定理 8.2.2 中所述，但假定 $W(k)$ 与 $V(k)$ 相关且有

$$E[W(k)V^{T}(l)]=\Psi(k)\delta(k-l) \qquad (8.2.54)$$

则：

(1) 系统状态 $X(k+1)$ 最优估计 $\hat{X}(k+1/k+1)$ 为

$$\hat{X}(k+1/k+1)=\hat{X}(k+1/k)+K(k+1)[Z(k+1)-H(k+1)\hat{X}(k+1/k)] \qquad (8.2.55)$$

其中，一步预测估计 $\hat{X}(k+1/k)$ 为

$$\hat{X}(k+1/k)=\Phi(k+1,k)\hat{X}(k/k)+B(k+1,k)U(k)+$$
$$K_{p}(k)[Z(k)-H(k)\hat{X}(k/k)] \qquad (8.2.56)$$

$$K_p(k)=\boldsymbol{\Gamma}(k+1,k)\boldsymbol{\Psi}(k)\boldsymbol{R}^{-1}(k) \tag{8.2.57}$$

$$\boldsymbol{K}(k+1)=\boldsymbol{P}(k+1/k)\boldsymbol{H}^{\mathrm{T}}(k+1)[\boldsymbol{H}(k+1)\cdot\boldsymbol{P}(k+1/k)\boldsymbol{H}^{\mathrm{T}}(k+1)+\boldsymbol{R}(k+1)]^{-1} \tag{8.2.58}$$

$$\begin{aligned}\boldsymbol{P}(k+1/k)=&[\boldsymbol{\Phi}(k+1,k)-\boldsymbol{K}_p(k)\boldsymbol{H}(k)]\cdot\boldsymbol{P}(k/k)[\boldsymbol{\Phi}(k+1,k)-\boldsymbol{K}_p(k)\boldsymbol{H}(k)]^{\mathrm{T}}+\\&\boldsymbol{\Gamma}(k+1,k)\boldsymbol{Q}(k)\boldsymbol{\Gamma}^{\mathrm{T}}(k+1,k)-\boldsymbol{K}_p(k)\boldsymbol{R}(k)\boldsymbol{K}_p^{\mathrm{T}}(k)\end{aligned} \tag{8.2.59}$$

$$\boldsymbol{P}(k/k)=[\boldsymbol{I}-\boldsymbol{K}(k+1)\boldsymbol{H}(k+1)]\boldsymbol{P}(k+1/k) \tag{8.2.60}$$

初始估计及初始方差阵分别为

$$\hat{\boldsymbol{X}}(0/0)=E\boldsymbol{X}(0)=0 \tag{8.2.61}$$

$$\boldsymbol{P}(0/0)=E[\boldsymbol{X}(0)\boldsymbol{X}^{\mathrm{T}}(0)] \tag{8.2.62}$$

并假定为已知.

(2)由估计误差 $\widetilde{\boldsymbol{X}}(k/k)$ 所定义的随机序列 $\{\widetilde{\boldsymbol{X}}(k/k),k\geqslant 0\}$ 是零均值正态马尔可夫序列.

证明 首先设法构造一个状态相同的新的系统模型,使新的系统模型中的干扰与测量噪声不相关,然后利用投影引理及定理 8.2.2 的结果导出最优估计.

将测量值 $Z(k)=\boldsymbol{H}(k)\boldsymbol{X}(k)+\boldsymbol{V}(k)$ 代入式(8.2.52)得

$$\begin{aligned}\boldsymbol{X}(k+1)=&\boldsymbol{\Phi}(k+1,k)\boldsymbol{X}(k)+\boldsymbol{B}(k+1,k)\boldsymbol{U}(k)+\boldsymbol{\Gamma}(k+1,k)\boldsymbol{W}(k)+\\&\boldsymbol{K}_p(k)[\boldsymbol{Z}(k)-\boldsymbol{H}(k)\boldsymbol{X}(k)-\boldsymbol{V}(k)]\\=&[\boldsymbol{\Phi}(k+1,k)-\boldsymbol{K}_p(k)\boldsymbol{H}(k)]\boldsymbol{X}(k)+\boldsymbol{B}(k+1,k)\boldsymbol{U}(k)+\\&\boldsymbol{K}_p(k)\boldsymbol{Z}(k)+\boldsymbol{\Gamma}(k+1,k)\boldsymbol{W}(k)-\boldsymbol{K}_p(k)\boldsymbol{V}(k)\end{aligned} \tag{8.2.63}$$

若令

$$\boldsymbol{\Phi}^*(k+1,k)=\boldsymbol{\Phi}(k+1,k)-\boldsymbol{K}_p(k)\boldsymbol{H}(k) \tag{8.2.64}$$

$$\boldsymbol{U}^*(k)=\boldsymbol{B}(k+1,k)\boldsymbol{U}(k)+\boldsymbol{K}_p(k)\boldsymbol{Z}(k) \tag{8.2.65}$$

$$\boldsymbol{W}^*(k)=\boldsymbol{\Gamma}(k+1,k)\boldsymbol{W}(k)-\boldsymbol{K}_p(k)\boldsymbol{V}(k) \tag{8.2.66}$$

于是由式(8.2.63)可得状态相同的新的系统模型为

$$\boldsymbol{X}(k+1)=\boldsymbol{\Phi}^*(k+1,k)\boldsymbol{X}(k)+\boldsymbol{U}^*(k)+\boldsymbol{W}^*(k) \tag{8.2.67}$$

这时新系统模型的干扰 $\{\boldsymbol{W}^*(k),k\geqslant 0\}$ 与测量误差 $\{\boldsymbol{V}(k),k\geqslant 1\}$ 的协方差阵为

$$\begin{aligned}\cos[\boldsymbol{W}^*(k),\boldsymbol{V}(l)]&=E[\boldsymbol{\Gamma}(k+1,k)\boldsymbol{W}(k)-\boldsymbol{K}_p(k)\boldsymbol{V}(k)]\boldsymbol{V}^{\mathrm{T}}(l)\\&=[\boldsymbol{\Gamma}(k+1,k)\boldsymbol{\Psi}(k)-\boldsymbol{K}_p(k)\boldsymbol{R}(k)]\delta(k-l)\end{aligned} \tag{8.2.68}$$

因此,只要令

$$\boldsymbol{\Gamma}(k+1,k)\boldsymbol{\psi}(k)-\boldsymbol{K}_p(k)\boldsymbol{R}(k)=0$$

也即

$$\boldsymbol{K}_p(k)=\boldsymbol{\Gamma}(k+1,k)\boldsymbol{\Psi}(k)\boldsymbol{R}^{-1}(k) \tag{8.2.69}$$

就会使 $\{\boldsymbol{W}^*(k),k\geqslant 0\}$ 与 $\{\boldsymbol{V}(k),k\geqslant 1\}$ 互不相关,于是式(8.2.57)得证.

现由系统模型式(8.2.67)及测量模型式(8.2.53)并利用投影引理来推导 $\hat{\boldsymbol{X}}(k+1/k+1)$.首先由式(8.2.8)可推出一步预测出

$$\begin{aligned}\hat{\boldsymbol{X}}(k+1/k)&=\hat{E}[\boldsymbol{X}(k+1)/\boldsymbol{Z}_1^k]\\&=\hat{E}[\boldsymbol{\Phi}^*(k+1,k)\boldsymbol{X}(k)+\boldsymbol{U}^*(k)+\boldsymbol{W}^*(k)/\boldsymbol{Z}_1^k]\\&=\boldsymbol{\Phi}^*(k+1,k)\hat{\boldsymbol{X}}(k/k)+\boldsymbol{U}^*(k)\\&=[\boldsymbol{\Phi}(k+1,k)-\boldsymbol{K}_p(k)\boldsymbol{H}(k)]\hat{\boldsymbol{X}}(k/k)+\end{aligned}$$

$$B(k+1,k)U(k)+K_p(k)Z(k)$$
$$=\Phi(k+1,k)\hat{X}(k/k)+B(k+1,k)U(k)+$$
$$K_p(k)[Z(k)-H(k)\hat{X}(k/k)]$$

式(8.2.5)得证. 利用投影引理有

$$\hat{X}(k+1/k+1)=\hat{E}[X(k+1)/Z_1^{k+1}]$$
$$=\hat{E}[X(k+1)/Z_1^k]+E\tilde{X}(k+1/k)\tilde{Z}^{\mathrm{T}}(k+1/k)\cdot$$
$$[E\tilde{Z}(k+1/k)\tilde{Z}^{\mathrm{T}}(k+1/k)]^{-1}\tilde{Z}(k+1/k) \tag{8.2.70}$$

然而由式(8.2.31)及投影性质有

$$\hat{Z}(k+1/k)=\hat{E}[Z(k+1)/Z_1^k]=H(k+1)\hat{X}(k+1/k)$$

于是可得

$$\tilde{Z}(k+1/k)=Z(k+1)-\hat{Z}(k+1/k)=H(k+1)\tilde{X}(k+1/k)+V(k+1) \tag{8.2.71}$$

及

$$E\,\tilde{Z}(k+1/k)\tilde{Z}^{\mathrm{T}}(k+1/k)=H(k+1)P(k+1/k)H^{\mathrm{T}}(k+1)+R(k+1) \tag{8.2.72}$$

还有

$$E\tilde{X}(k+1/k)\tilde{Z}^{\mathrm{T}}(k+1/k)=P(k+1/k)H^{\mathrm{T}}(k+1) \tag{8.2.73}$$

最后,将式(8.2.5)、式(8.2.72)及式(8.2.73)代入式(8.2.70)得

$$\hat{X}(k+1/k+1)=\hat{X}(k+1/k)+P(k+1/k)H^{\mathrm{T}}(k+1)\cdot$$
$$[H(k+1)P(k+1/k)H^{\mathrm{T}}(k+1)+R(k+1)]^{-1}\cdot$$
$$[Z(k+1)-H(k+1)\hat{X}(k+1/k)]$$
$$=\hat{X}(k+1/k)+K(k+1)[Z(k+1)-H(k+1)$$
$$\hat{X}(k+1/k)] \tag{8.2.74}$$

其中

$$K(k+1)=P(k+1/k)H^{\mathrm{T}}(k+1)[H(k+1)\cdot P(k+1/k)H^{\mathrm{T}}(k+1)+R(k+1)]^{-1} \tag{8.2.75}$$

于是式(7.5.55)及式(8.2.58)得证. 进一步由式(8.2.52)减式(8.2.56)得一步预测误差为

$$\tilde{X}(k+1/k)=X(k+1)-\hat{X}(k+1/k)$$
$$=\Phi(k+1,k)X(k)+\Gamma(k+1,k)W(k)-$$
$$\Phi(k+1,k)\hat{X}(k/k)-K_p(k)[Z(k)-H(k)\hat{X}(k/k)]$$
$$=\Phi(k+1,k)\tilde{X}(k/k)+\Gamma(k+1,k)W(k)-$$
$$K_p(k)[H(k)X(k)+V(k)-H(k)\hat{X}(k/k)]$$
$$=[\Phi(k+1,k)-K_p(k)H(k)]\tilde{X}(k/k)+$$
$$\Gamma(k+1,k)W(k)-K_p(k)V(k) \tag{8.2.76}$$

于是可推出一步预测误差阵为

$$\begin{aligned}\boldsymbol{P}(k+1/k) &= E[\widetilde{\boldsymbol{X}}(k+1/k)\widetilde{\boldsymbol{X}}(k+1/k)^{\mathrm{T}}] \\ &= [\boldsymbol{\Phi}(k+1,k)-\boldsymbol{K}_p(k)\boldsymbol{H}(k)]\boldsymbol{P}(k/k)[\boldsymbol{\Phi}(k+1,k)- \\ &\quad \boldsymbol{K}_p(k)\boldsymbol{H}(k)]^{\mathrm{T}}+\boldsymbol{\Gamma}(k+1,k)\boldsymbol{Q}(k)\boldsymbol{\Gamma}^{\mathrm{T}}(k+1,k)+ \\ &\quad \boldsymbol{K}_p(k)\boldsymbol{R}(k)\boldsymbol{K}_p^{\mathrm{T}}(k)-\boldsymbol{\Gamma}(k+1,k)\boldsymbol{\Psi}(k)\boldsymbol{K}_p^{\mathrm{T}}(k)- \\ &\quad \boldsymbol{K}_p(k)\boldsymbol{\Psi}^{\mathrm{T}}(k)\boldsymbol{\Gamma}^{\mathrm{T}}(k+1,k)\end{aligned} \tag{8.2.77}$$

然而由式(8.2.57)有

$$\begin{aligned}\boldsymbol{\Gamma}(k+1,k)\boldsymbol{\Psi}(k)\boldsymbol{K}_p^{\mathrm{T}}(k) &= \boldsymbol{\Gamma}(k+1,k)\boldsymbol{\Psi}(k)\boldsymbol{R}^{-1}(k)\boldsymbol{R}(k)\boldsymbol{K}_p^{\mathrm{T}}(k) \\ &= \boldsymbol{K}_p(k)\boldsymbol{R}(k)\boldsymbol{K}_p^{\mathrm{T}}(k)\end{aligned} \tag{8.2.78}$$

以及

$$\begin{aligned}\boldsymbol{K}_p(k)\boldsymbol{\Psi}^{\mathrm{T}}(k)\boldsymbol{\Gamma}^{\mathrm{T}}(k+1,k) &= \boldsymbol{K}_p(k)\boldsymbol{R}(k)[\boldsymbol{\Gamma}(k+1,k)\boldsymbol{\Psi}(k)\boldsymbol{R}^{-1}(k)]^{\mathrm{T}} \\ &= \boldsymbol{K}_p(k)\boldsymbol{R}(k)\boldsymbol{K}_p^{\mathrm{T}}(k)\end{aligned} \tag{8.2.79}$$

将式(8.2.78)和式(8.2.79)代入式(8.2.77)可得

$$\begin{aligned}\boldsymbol{P}(k+1/k) &= [\boldsymbol{\Phi}(k+1,k)-\boldsymbol{K}_p(k)\boldsymbol{H}(k)]\boldsymbol{P}(k/k)[\boldsymbol{\Phi}(k+1,k)-\boldsymbol{K}_p(k)\boldsymbol{H}(k)]^{\mathrm{T}}+ \\ &\quad \boldsymbol{\Gamma}(k+1,k)\boldsymbol{Q}(k)\boldsymbol{\Gamma}^{\mathrm{T}}(k+1,k)-\boldsymbol{K}_p(k)\boldsymbol{R}(k)\boldsymbol{K}_p^{\mathrm{T}}(k)\end{aligned}$$

于是式(8.2.59)得证. 由式(8.2.46)可得式(8.2.60),再运用定理8.2.2中类似的方法可证明最优估计误差序列$\{\widetilde{\boldsymbol{X}}(k/k),k\geqslant 0\}$为零均值正态马尔可夫序列.

定理证毕.

8.3 具有相关干扰及相关测量误差时的最优估计

本节讨论系统干扰$\{\boldsymbol{W}(k),k\geqslant 0\}$和测量误差$\{\boldsymbol{V}(k),k\geqslant 1\}$为相关随机序列时的最优估计问题.

8.3.1 广义马尔可夫序列形成滤波器

现引进广义马尔可夫序列及其形成滤波器的定义即定义8.3.1.

定义8.3.1 设$\{\boldsymbol{X}(k),k=0,1,2,\cdots\}$为零均值$n$维随机向量序列,如果$\boldsymbol{X}(k)$满足

$$\boldsymbol{X}(k)=\boldsymbol{A}(k,k-1)\boldsymbol{X}(k-1)+\boldsymbol{\xi}(k-1) \tag{8.3.1}$$

其中初始状态$\boldsymbol{X}(0)$为n维随机向量且$E\boldsymbol{X}(0)=0$,$E[\boldsymbol{X}(0)\boldsymbol{X}^{\mathrm{T}}(0)]=\boldsymbol{P}(0)$为已知,$\{\boldsymbol{\xi}(k),k=0,1,2,\cdots\}$为不相关的零均值$n$维随机向量序列,即

$$E[\boldsymbol{\xi}(k)\boldsymbol{\xi}^{\mathrm{T}}(i)]=\boldsymbol{Q}_{\xi}(k)\delta(k-i) \tag{8.3.2}$$

$\boldsymbol{Q}(k)>0$,$k=0,1,2,\cdots$为已知,$\delta(k-i)$为克罗尼克-δ函数. 进一步假定$\boldsymbol{X}(0)$与$\{\boldsymbol{\xi}(k),k=0,1,2,\cdots\}$不相关,即

$$E[\boldsymbol{X}(0)\boldsymbol{\xi}^{\mathrm{T}}(k)]=0,k=0,1,2,\cdots \tag{8.3.3}$$

$\boldsymbol{A}(k,k-1)$为$n\times n$状态转移阵,则称$\{\boldsymbol{X}(k),k=0,1,2,\cdots\}$为广义$n$维马尔可夫序列,并称由式(8.3.1)所表示的线性系统为广义马尔可夫序列形成滤波器.

把广义马尔可夫序列同8.1中讨论过的系统状态序列相比较,可以看出,对于离散系统模型式(8.1.1),在式(8.1.3)及式(8.1.4)成立的条件下,系统状态序列不仅是马尔可夫序列,也是广义马尔可夫序列. 但是不能说任一马尔可夫序列都是广义马尔可夫序列,这可由一反例说明. 如果序列$\{\boldsymbol{X}(k),k=0,1,2,\cdots\}$是正态的,则它是马尔可夫序列与广义马尔

可夫序列两者等价.

关于广义马尔可夫序列有如下性质,即定理8.3.1.

定理8.3.1 设$\{\boldsymbol{X}(n), n=0,1,2,\cdots\}$为零均值$n$维随机向量序列,则下面三个事实等价.

(1)$\{\boldsymbol{X}(n), n=0,1,2,\cdots\}$为广义$n$维马尔可夫序列;

(2)$\boldsymbol{X}(n)$基于$\boldsymbol{X}(n-1),\cdots,\boldsymbol{X}(2),\boldsymbol{X}(1),\boldsymbol{X}(0)$线性最小方差预测只与$\boldsymbol{X}(n-1)$有关,即

$$\begin{aligned}\hat{E}[\boldsymbol{X}(n)/\boldsymbol{X}(n-1),\boldsymbol{X}(n-2),\cdots,\boldsymbol{X}(0)] &= \hat{E}[\boldsymbol{X}(n)/\boldsymbol{X}(n-1)] \\ &= \boldsymbol{A}(n,n-1)\boldsymbol{X}(n-1)\end{aligned} \tag{8.3.4}$$

或写成

$$E[\boldsymbol{X}(n)-\boldsymbol{A}(n,n-1)\boldsymbol{X}(n-1)]\boldsymbol{X}^{\mathrm{T}}(i)=0, i\leqslant n-1 \tag{8.3.5}$$

(3)对任意正整数$l\leqslant m\leqslant n$有

$$E[\boldsymbol{X}(n)\boldsymbol{X}^{\mathrm{T}}(l)]\triangleq D_{nl}=D_{nm}D_{mm}^{-1}D_{ml} \tag{8.3.6}$$

该定理的证明类似于定理5.3.1的证明,留给读者作为练习.

在实际应用中,我们经常遇到的情况是,系统干扰序列$\{\boldsymbol{W}(k), k=0,1,2,\cdots\}$和测量误差序列$\{\boldsymbol{V}(k), k=0,1,2,\cdots\}$为零均值时间相关的随机向量序列,而且

$$E[\boldsymbol{W}(k)\boldsymbol{W}^{\mathrm{T}}(l)]=\boldsymbol{Q}_W(k,l) \tag{8.3.7a}$$

和

$$E[\boldsymbol{V}(k)\boldsymbol{V}^{\mathrm{T}}(l)]=\boldsymbol{Q}_V(k,l) \tag{8.3.7b}$$

为已知. 这给我们提出一个问题,即能否由式(8.3.7)构造出一个相关干扰形成滤波器,使其输出序列为$\{\boldsymbol{W}(k), k=0,1,2,\cdots\}$(或$\{\boldsymbol{V}(k), k=0,1,2,\cdots\}$),而输入为白噪声序列. 下面的定理给出了回答.

定理8.3.2 设$\{\boldsymbol{W}(k), k=0,1,2,\cdots\}$为时间相关的零均值$n$维随机向量序列,且已知其协方差阵为

$$E[\boldsymbol{W}(k)\boldsymbol{W}^{\mathrm{T}}(l)]=\boldsymbol{Q}_W(k,l)$$

如果对任意$l\leqslant m\leqslant n$,有

$$\boldsymbol{Q}_W(n,m)\boldsymbol{Q}_W^{-1}(m,m)\boldsymbol{Q}_W(m,l)=\boldsymbol{Q}_W(n,l) \tag{8.3.8}$$

则其相应的马尔可夫序列形成滤波器可为

$$\boldsymbol{W}(k)=\boldsymbol{\Phi}_W(k,k-1)\boldsymbol{W}(k-1)+\boldsymbol{\xi}(k-1) \tag{8.3.9}$$

其中

$$\boldsymbol{\Phi}_W(k,k-1)=\boldsymbol{Q}_W(k,k-1)\boldsymbol{Q}_W^{-1}(k-1,k-1) \tag{8.3.10}$$

而$\{\boldsymbol{\xi}(k), k=0,1,2,\cdots\}$为零均值$n$维白噪声序列且

$$E[\boldsymbol{\xi}(k)\boldsymbol{\xi}^{\mathrm{T}}(l)]=\boldsymbol{Q}_\xi(k)\delta(k-l) \tag{8.3.11}$$

$$\boldsymbol{Q}_\xi(k)=\boldsymbol{Q}_W(k+1,k+1)-\boldsymbol{Q}_W(k+1,k)\boldsymbol{Q}_W^{-1}(k,k)\boldsymbol{Q}_W(k,k+1) \tag{8.3.12}$$

初始状态$\boldsymbol{W}(0)$满足$E\boldsymbol{W}(0)=0$及

$$E[\boldsymbol{\xi}(k)\boldsymbol{W}^{\mathrm{T}}(0)]=0, k=0,1,2,\cdots \tag{8.3.13}$$

证明 由已知条件式(8.3.8)及定理8.3.1可知$\{\boldsymbol{W}(k), k=0,1,2,\cdots\}$是广义马尔可夫序列,则必存在其形成滤波器. 现取形成滤波器为式(8.3.9),其中$\{\boldsymbol{\xi}(k), k=0,1,2,\cdots\}$为白噪声序列且满足式(8.3.11)及式(8.3.13),由

$$\begin{aligned}\boldsymbol{Q}_W(k,k-1) &= E[\boldsymbol{W}(k)\boldsymbol{W}^{\mathrm{T}}(k-1)] \\ &= E\{[\boldsymbol{\Phi}_W(k,k-1)\boldsymbol{W}(k-1)+\boldsymbol{\xi}(k-1)]\boldsymbol{W}^{\mathrm{T}}(k-1)\}\end{aligned}$$

$$= \boldsymbol{\Phi}_W(k,k-1)\boldsymbol{Q}_W(k-1,k-1)$$

可得出
$$\boldsymbol{\Phi}_W(k,k-1) = \boldsymbol{Q}_W(k,k-1)\boldsymbol{Q}_W^{-1}(k-1,k-1)$$

故式(8.3.10)得证. 进一步还有

$$\begin{aligned}
\boldsymbol{Q}_\xi(k,k) &= E[\boldsymbol{\xi}(k)\boldsymbol{\xi}^{\mathrm{T}}(k)] \\
&= E\{[\boldsymbol{W}(k+1) - \boldsymbol{\Phi}_W(k+1,k)\boldsymbol{W}(k)][\boldsymbol{W}(k+1) - \boldsymbol{\Phi}_W(k+1,k)\boldsymbol{W}(k)]^{\mathrm{T}}\} \\
&= \boldsymbol{Q}_W(k+1,k+1) - \boldsymbol{\Phi}_W(k+1,k)\boldsymbol{Q}_W(k,k+1) - \\
&\quad \boldsymbol{Q}_W(k+1,k)\boldsymbol{\Phi}_W^{\mathrm{T}}(k+1,k) + \boldsymbol{\Phi}_W(k+1,k)\boldsymbol{Q}_W(k)\boldsymbol{\Phi}_W^{\mathrm{T}}(k+1,k) \\
&= \boldsymbol{Q}_W(k+1,k+1) - \boldsymbol{Q}_W(k+1,k)\boldsymbol{Q}_W^{-1}(k,k)\boldsymbol{Q}_W(k,k+1) - \\
&\quad \boldsymbol{Q}_W(k+1,k)\boldsymbol{Q}_W^{-1}(k,k)\boldsymbol{Q}_W(k,k+1) + \\
&\quad \boldsymbol{Q}_W(k+1,k)\boldsymbol{Q}_W^{-1}(k,k)\boldsymbol{Q}_W(k,k)\boldsymbol{Q}_W^{-1}(k,k)\boldsymbol{Q}_W(k,k+1) \\
&= \boldsymbol{Q}_W(k+1,k+1) - \boldsymbol{Q}_W(k+1,k)\boldsymbol{Q}_W^{-1}(k,k)\boldsymbol{Q}_W(k,k+1)
\end{aligned}$$

于是式(8.3.12)得证.

定理证毕.

8.3.2 具有相关干扰及测量误差的离散线性系统模型

现在,我们把具有时间相关的系统干扰序列$\{\boldsymbol{W}(k),k=0,1,2,\cdots\}$和时间相关的测量误差序列$\{\boldsymbol{V}(k),k=0,1,2,\cdots\}$的离散线性系统模型归纳为如下模型.

系统模型为

$$\boldsymbol{X}(k+1) = \boldsymbol{\Phi}(k+1,k)\boldsymbol{X}(k) + \boldsymbol{\Gamma}(k+1,k)\boldsymbol{W}(k) \tag{8.3.14}$$

其中,系统干扰序列$\{\boldsymbol{W}(k),k=0,1,2,\cdots\}$为时间相关的零均值$p$维随机向量序列,已知其协方差阵为

$$E[\boldsymbol{W}(k)\boldsymbol{W}^{\mathrm{T}}(l)] = \boldsymbol{Q}_W(k,l) \tag{8.3.15}$$

进一步假定对任意正整数$l \leqslant m \leqslant n$,$\boldsymbol{Q}_W(k,l)$满足

$$\boldsymbol{Q}_W(n,l) = \boldsymbol{Q}_W(n,m)\boldsymbol{Q}_W^{-1}(m,m)\boldsymbol{Q}_W(m,l) \tag{8.3.16}$$

其余各项含义均和8.1中系统模型相应项的含义相同.

测量模型为

$$\boldsymbol{Z}(k+1) = \boldsymbol{H}(k+1)\boldsymbol{X}(k+1) + \boldsymbol{V}(k+1) \tag{8.3.17}$$

其中,测量误差序列$\{\boldsymbol{V}(k),k=0,1,2,\cdots\}$为时间相关的零均值$m$维随机向量序列,已知其协方差阵为

$$E[\boldsymbol{V}(k)\boldsymbol{V}^{\mathrm{T}}(l)] = \boldsymbol{Q}_V(k,l) \tag{8.3.18}$$

进一步假定对任意正整数$l \leqslant m \leqslant n$,$\boldsymbol{Q}_V(k,l)$满足

$$\boldsymbol{Q}_V(n,l) = \boldsymbol{Q}_V(n,m)\boldsymbol{Q}_V^{-1}(m,m)\boldsymbol{Q}_V(m,l) \tag{8.3.19}$$

其余各项含义均与8.1中测量模型式(8.1.18)中相应项含义相同.

对于上述系统模型,我们介绍一种最优估计方法.

8.3.3 状态扩充法

由式(8.3.15)、式(8.3.16)及定理8.3.2必可构造p维广义马尔可夫序列形成滤波器为

$$\boldsymbol{W}(k) = \boldsymbol{\Phi}_W(k,k-1)\boldsymbol{W}(k-1) + \boldsymbol{\xi}(k-1) \tag{8.3.20}$$

其中
$$\boldsymbol{\Phi}_W(k,k-1)=\boldsymbol{Q}_W(k,k-1)\boldsymbol{Q}_W^{-1}(k-1,k-1) \tag{8.3.21}$$
$\{\boldsymbol{\xi}(k),k=0,1,2\cdots\}$为零均值 p 维白噪声序列且
$$\begin{aligned}\boldsymbol{Q}_\xi(k,k)&=E[\boldsymbol{\xi}(k)\boldsymbol{\xi}^{\mathrm{T}}(k)]\\&=\boldsymbol{Q}_W(k+1,k+1)-\boldsymbol{Q}_W(k+1,k)\boldsymbol{Q}_W^{-1}(k,k)\boldsymbol{Q}_W(k,k+1)\end{aligned} \tag{8.3.22}$$
初始值 $\boldsymbol{W}(0)$满足
$$E[\boldsymbol{W}(0)\boldsymbol{\xi}^{\mathrm{T}}(k)]=0,k=0,1,2,\cdots \tag{8.3.23}$$
同理由式(8.3.18)、式(8.3.19)及定理8.3.2也可构造出 m 维广义马尔可夫序列形成滤波器为
$$\boldsymbol{V}(k)=\boldsymbol{\Phi}_V(k,k-1)\boldsymbol{V}(k-1)+\boldsymbol{\eta}(k-1) \tag{8.3.24}$$
其中
$$\boldsymbol{\Phi}_V(k,k-1)=\boldsymbol{Q}_V(k,k-1)\boldsymbol{Q}_V^{-1}(k-1,k-1) \tag{8.3.25}$$
$\{\boldsymbol{\eta}(k),k=0,1,2,\cdots\}$为零均值 m 维白噪声序列且
$$\begin{aligned}\boldsymbol{Q}_\eta(k,k)&=E[\boldsymbol{\eta}(k)\boldsymbol{\eta}^{\mathrm{T}}(k)]\\&=\boldsymbol{Q}_V(k+1,k+1)-\boldsymbol{Q}_V(k+1,k)\boldsymbol{Q}_V^{-1}(k,k)\boldsymbol{Q}_V(k,k+1)\end{aligned} \tag{8.3.26}$$
初始条件 $\boldsymbol{V}(0)$满足
$$E[\boldsymbol{V}(0)\boldsymbol{\eta}^{\mathrm{T}}(k)]=0,k\geqslant 0 \tag{8.3.27}$$
进一步假设$\{\boldsymbol{\eta}(k),k\geqslant 0\}$与$\{\boldsymbol{\xi}(k),k\geqslant 0\}$独立,即有
$$E[\boldsymbol{\eta}(k)\boldsymbol{\xi}^{\mathrm{T}}(l)]=0,k,l=0,1,2,\cdots \tag{8.3.28}$$
这样一来,若取 $n+p+m$ 维新状态向量 $\boldsymbol{X}_1(k)$为
$$\boldsymbol{X}_1(k)=\begin{pmatrix}\boldsymbol{X}(k)\\\boldsymbol{W}(k)\\\boldsymbol{V}(k)\end{pmatrix}$$
则由方程式(8.3.14)、方程式(8.3.20)及方程式(8.3.24)可得如下新状态方程:
$$\boldsymbol{X}_1(k+1)=\begin{pmatrix}\boldsymbol{\Phi}(k+1,k) & \boldsymbol{\Gamma}(k+1,k) & 0\\0 & \boldsymbol{\Phi}_W(k+1,k) & 0\\0 & 0 & \boldsymbol{\Phi}_V(k+1,k)\end{pmatrix}\boldsymbol{X}_1(k)+\begin{pmatrix}0\\\boldsymbol{\xi}(k)\\\boldsymbol{\eta}(k)\end{pmatrix} \tag{8.3.29}$$
令
$$\boldsymbol{\Phi}_1(k+1,k)=\begin{pmatrix}\boldsymbol{\Phi}(k+1,k) & \boldsymbol{\Gamma}(k+1,k) & 0\\0 & \boldsymbol{\Phi}_W(k+1,k) & 0\\0 & 0 & \boldsymbol{\Phi}_V(k+1,k)\end{pmatrix}$$
$$\boldsymbol{W}_1(k)=\begin{pmatrix}0\\\boldsymbol{\xi}(k)\\\boldsymbol{\eta}(k)\end{pmatrix}$$
则由式(8.3.29)可写出新的系统模型为
$$\boldsymbol{X}_1(k+1)=\boldsymbol{\Phi}_1(k+1,k)\boldsymbol{X}_1(k)+\boldsymbol{W}_1(k) \tag{8.3.30}$$
其中,$\{\boldsymbol{W}_1(k),k=0,1,2,\cdots\}$为 $n+p+m$ 维白色向量序列且
$$E[\boldsymbol{W}_1(k)\boldsymbol{W}_1^{\mathrm{T}}(l)]=\begin{pmatrix}0 & 0 & 0\\0 & \boldsymbol{Q}_\xi(k,k) & 0\\0 & 0 & \boldsymbol{Q}_\eta(k,k)\end{pmatrix}\delta(k-l)$$

$$\triangleq \boldsymbol{Q}_1(k)\delta(k-l) \tag{8.3.31}$$

另外
$$E[\boldsymbol{X}_1(0)\boldsymbol{W}_1^{\mathrm{T}}(k)]=0, k=0,1,2,\cdots \tag{8.3.32}$$

利用新的状态向量 $\boldsymbol{X}_1(k)$ 也可把测量方程式(8.3.17)写成

$$\boldsymbol{Z}(k)=(\boldsymbol{H}(k) \quad 0 \quad \boldsymbol{I})\begin{pmatrix}\boldsymbol{X}(k)\\ \boldsymbol{W}(k)\\ \boldsymbol{V}(k)\end{pmatrix}\triangleq \boldsymbol{H}_1(k)\boldsymbol{X}_1(k) \tag{8.3.33}$$

其中,$\boldsymbol{H}_1(k)$ 为 $m\times(n+p+m)$ 阵,即

$$\boldsymbol{H}_1(k)=(\boldsymbol{H}(k) \quad 0 \quad \boldsymbol{I}) \tag{8.3.34}$$

把新的系统模型式(8.3.30)及式(8.3.33)同8.1中所介绍的系统模型相比较,可以看出,除维数不同外,两者的统计特性是一样的. 于是可以利用7.2中的卡尔曼滤波对新状态 $X_1(k)$ 做出最优估计,即有

$$\hat{\boldsymbol{X}}_1(k+1/k+1)=\boldsymbol{\Phi}_1(k+1,k)\hat{\boldsymbol{X}}_1(k/k)+\boldsymbol{K}(k+1)[\boldsymbol{Z}(k+1)-\boldsymbol{H}_1(k+1)\boldsymbol{\Phi}_1(k+1,k)\hat{\boldsymbol{X}}_1(k/k)] \tag{8.3.35}$$

$$\boldsymbol{K}(k+1)=\boldsymbol{P}(k+1/k)\boldsymbol{H}_1^{\mathrm{T}}(k+1)[\boldsymbol{H}_1(k+1)\boldsymbol{P}(k+1/k)\boldsymbol{H}_1^{\mathrm{T}}(k+1)]^{-1} \tag{8.3.36}$$

$$\boldsymbol{P}(k+1/k)=\boldsymbol{\Phi}_1(k+1,k)\boldsymbol{P}(k/k)\boldsymbol{\Phi}_1^{\mathrm{T}}(k+1,k)+\boldsymbol{Q}_1(k) \tag{8.3.37}$$

$$\boldsymbol{P}(k+1/k+1)=[\boldsymbol{I}-\boldsymbol{K}(k+1)\boldsymbol{H}_1(k+1)]\boldsymbol{P}(k+1/k) \tag{8.3.38}$$

初始估计为 $\hat{\boldsymbol{X}}_1(\%)=0$,初始方差阵 $\boldsymbol{P}(\%)=E[\boldsymbol{X}(0)\boldsymbol{X}^{\mathrm{T}}(0)]$ 为已知.

这种方法使用起来比较方便,但有两个缺点:①它所需要的计算机内存量比较大,例如方阵 $\boldsymbol{P}(k/k)$ 就需要 $(n+p+m)\times(n+p+m)$ 个单元;②在递推估计过程中,矩阵 $[\boldsymbol{H}_1(k+1)\boldsymbol{P}(k+1/k)\boldsymbol{H}_1^{\mathrm{T}}(k+1)]$ 的逆有可能不存在,这样一来就无法递推下去. 在这种情况下,我们可以利用测量差分方法进行状态最优估计.

8.4 离散线性系统的能控性与能观性

在本节,不加证明地介绍卡尔曼滤波的渐近性能,首先讨论如下确定性线性系统:

$$\boldsymbol{x}(k)=\boldsymbol{\Phi}(k,k-1)\boldsymbol{x}(k-1)+\boldsymbol{\Psi}(k,k-1)\boldsymbol{u}(k-1) \tag{8.4.1}$$

$$z(k)=\boldsymbol{H}(k)\boldsymbol{x}(k), k=1,2,3,\cdots \tag{8.4.2}$$

其中,$\boldsymbol{x}(k)\in\mathbf{R}^n$ 为系统状态;$\boldsymbol{\Phi}(k+1,k)\in\mathbf{R}^{n\times n}$ 为状态转移矩阵;$\boldsymbol{u}(k)\in\mathbf{R}^r$ 为系统控制;$\boldsymbol{\Psi}(k+1,k)\in\mathbf{R}^{n\times r}$ 为控制转移矩阵;$z(k)\in\mathbf{R}^m$ 为测量向量;$\boldsymbol{H}(k)\in\mathbf{R}^{m\times n}$ 为测量系统矩阵.

定义 8.4.1 称系统式(8.4.1)在时刻 k 为状态完全能控或简称完全能控,如果对任意初始状态 $\boldsymbol{x}(k-N)$ 及任意终了状态 $\boldsymbol{x}(k)$,必存在有限的控制序列 $\{\boldsymbol{u}(k-N),\boldsymbol{u}(k-N+1),\cdots,\boldsymbol{u}(k-1)\}$,使得差值 $[\boldsymbol{x}(k)-\boldsymbol{x}(k-N)]$ 达到给定的任意值.

定理 8.4.1 系统(8.4.1)在时刻 k 为完全能控的充要条件是存在正整数 N,使得 $(n\times Nr)$ 阵 $[\boldsymbol{\Phi}(k,k-N+1)\boldsymbol{\Psi}(k-N+1,k-N),\cdots,\boldsymbol{\Phi}(k,k-1)\boldsymbol{\Psi}(k-1,k-2),\boldsymbol{\Psi}(k,k-1)]$ 为行满秩阵,即

$$\mathrm{rank}[\boldsymbol{\Phi}(k,k-N+1)\boldsymbol{\Psi}(k-N+1,k-N),\cdots,\boldsymbol{\Phi}(k,k-1)\boldsymbol{\Psi}(k-1,k-2),\boldsymbol{\Psi}(k,k-1)]=n \tag{8.4.3}$$

定理 8.4.2 系统式(8.4.1)在时刻 k 为完全能控的充要条件是存在正整数 N,使得

$$\sum_{i=k-N+1}^{k} \boldsymbol{\Phi}(k,i)\boldsymbol{\Psi}(i,i-1)\boldsymbol{\Psi T}(i,i-1)\boldsymbol{\Phi T}(k,i) > 0 \tag{8.4.4}$$

定义 8.4.2 如果对任意 $k \geqslant N$,系统式(8.4.1)均完全能控,则称该系统一致完全能控.

定义 8.4.3 称系统式(8.4.1)及式(8.4.2)在时刻 k 为状态完全能观或简称完全能观,如果通过有限观测$\{\boldsymbol{z}(k-N+1),\boldsymbol{z}(k-N+2),\cdots,\boldsymbol{z}(k)\}$可唯一地确定系统状态 $\boldsymbol{x}(k)$.

定理 8.4.3 系统式(8.4.1)及式(8.4.2)在时刻 k 为完全能观的充要条件是存在正整数 N,使得$(Nm\times n)$阵

$$\begin{pmatrix} \boldsymbol{H}(k-N+1)\boldsymbol{\Phi}(k-N+1,k) \\ \vdots \\ \boldsymbol{H}(k-1)\boldsymbol{\Phi}(k-1,k) \\ \boldsymbol{H}(k) \end{pmatrix}$$

为列满秩阵,即

$$\operatorname{rank}\begin{pmatrix} \boldsymbol{H}(k-N+1)\boldsymbol{\Phi}(k-N+1,k) \\ \vdots \\ \boldsymbol{H}(k-1)\boldsymbol{\Phi}(k-1,k) \\ \boldsymbol{H}(k) \end{pmatrix} = n \tag{8.4.5}$$

定理 8.4.4 系统式(8.4.1)及式(8.4.2)在时刻 k 为完全能观的充要条件是存在正整数 N,使得

$$\sum_{j=k-N+1}^{k} \boldsymbol{\Phi}^{\mathrm{T}}(j,k)\boldsymbol{H}^{\mathrm{T}}(j)\boldsymbol{H}(j)\boldsymbol{\Phi}(j,k) > 0 \tag{8.4.6}$$

定义 8.4.4 如果对任意 $k\geqslant N$,系统式(8.4.1)及式(8.4.2)均完全能观,则称该系统一致完全能观.

现在讨论如下随机线性系统:

$$\boldsymbol{x}(k) = \boldsymbol{\Phi}(k,k-1)\boldsymbol{x}(k-1) + \boldsymbol{\Gamma}(k,k-1)\boldsymbol{w}(k-1) \tag{8.4.7}$$

$$\boldsymbol{z}(k) = \boldsymbol{H}(k)\boldsymbol{x}(k) + \boldsymbol{v}(k) \tag{8.4.8}$$

$$k=1,2,\cdots$$

其中

$$E\boldsymbol{w}(k)=0, E[\boldsymbol{w}(k)\boldsymbol{w}^{\mathrm{T}}(l)] = \boldsymbol{Q}(k)\delta(k-l) \text{ 且 } \boldsymbol{Q}(k)>0$$

$$E\boldsymbol{v}(k)=0, E[\boldsymbol{v}(k)\boldsymbol{v}^{\mathrm{T}}(l)] = \boldsymbol{R}(k)\delta(k-l) \text{ 且 } \boldsymbol{R}(k)>0$$

$$E[\boldsymbol{x}(0)\boldsymbol{w}^{\mathrm{T}}(k)]=0, E[\boldsymbol{x}(0)\boldsymbol{v}^{\mathrm{T}}(k)]=0, E[\boldsymbol{w}(k)\boldsymbol{v}^{\mathrm{T}}(l)]=0$$

其他各项含义同方程式(8.1.1)及方程式(8.1.18)中所述.

定义 8.4.5 称随机线性系统式(8.4.7)在时刻 k 为随机完全能控,如果对任意初始状态 $\boldsymbol{x}(k-N)$及任意终了状态 $\boldsymbol{x}(k)$,必存在有限的且能量有界的白噪声序列$\{\boldsymbol{w}(k-N),\boldsymbol{w}(k-N+1),\cdots,\boldsymbol{w}(k-1)\}$,使得差值$[\boldsymbol{x}(k)-\boldsymbol{x}(k-N)]$的能量达任意值.

注意 这里的能量指随机向量$\{\boldsymbol{w}(k-N+i), i=0,1,2,\cdots,N-1\}$及$[\boldsymbol{x}(k)-\boldsymbol{x}(k-N)]$的方差阵.

定义 8.4.6 如果对任意 $k\geqslant N$,系统式(8.4.7)均随机完全能控,则称该系统一致随机完全能控.

定理 8.4.5 随机线性系统式(8.4.7)在时刻 k 为随机完全能控的充要条件是存在正整数 N,使得

$$c(k-N+1,k) \triangleq \sum_{i=k-N+1}^{k} \boldsymbol{\Phi}(k,i)\boldsymbol{\Gamma}(i,i-1)\boldsymbol{Q}(i-1)\boldsymbol{\Gamma}^{\mathrm{T}}(i,i-1)\boldsymbol{\Phi}^{\mathrm{T}}(k,i) > 0 \tag{8.4.9}$$

定义 8.4.7 称随机线性系统式(8.4.7)及式(8.4.8)在时刻 k 为随机完全能观,如果通过有限次且能量有界的观测 $\{\boldsymbol{z}(k-N+1),\boldsymbol{z}(k-N+2),\cdots,\boldsymbol{z}(k)\}$,则可确定系统状态 $\boldsymbol{x}(k)$ 的无偏估计.

注意 这里的能量指观测向量 $\{\boldsymbol{z}(k-N+i),i=1,2,\cdots,N\}$ 的方差阵.

定义 8.4.8 如果对任意 $k \geqslant N$,系统式(8.4.7)及式(8.4.8)均随机完全能观,则称该系统一致随机完全能观.

定理 8.4.6 随机线性系统式(8.4.7)及式(8.4.8)在时刻 k 为随机完全能观的充要条件是存在正整数 N,使得

$$\boldsymbol{o}(k-N+1,k) \triangleq \sum_{j=k-N+1}^{k} \boldsymbol{\Phi}^{\mathrm{T}}(j,k)\boldsymbol{H}^{\mathrm{T}}(j)\boldsymbol{R}^{-1}(j)\boldsymbol{H}(j)\boldsymbol{\Phi}(j,k) > 0 \tag{8.4.10}$$

定理 8.4.7 设随机线性系统式(8.4.7)及式(8.4.8)一致随机完全能观,则

$$\boldsymbol{x}^*(k) = \boldsymbol{o}^{-1}(k-N+1,k) \sum_{j=k-N+1}^{k} \boldsymbol{\Phi}^{\mathrm{T}}(j,k)\boldsymbol{H}^{\mathrm{T}}(j)\boldsymbol{R}^{-1}(j)\boldsymbol{z}(j) \tag{8.4.11}$$

为系统状态 $\boldsymbol{x}(k)$ 的线性无偏估计.

为了形象地说明线性系统能控制与能观性的概念,现在假设有一系统 S,其状态向量为 $\boldsymbol{x} \in \mathbf{R}^n$,控制向量为 $\boldsymbol{u} \in \mathbf{R}^r$,测量向量为 $\boldsymbol{z} \in \mathbf{R}^m$,并假定没有干扰 $w(t)$ 及测量误录 $v(t)$,该系统可以是离散的,也可以是连续的. 图 8.4.1 给出了能控性与能观性的直观表示.

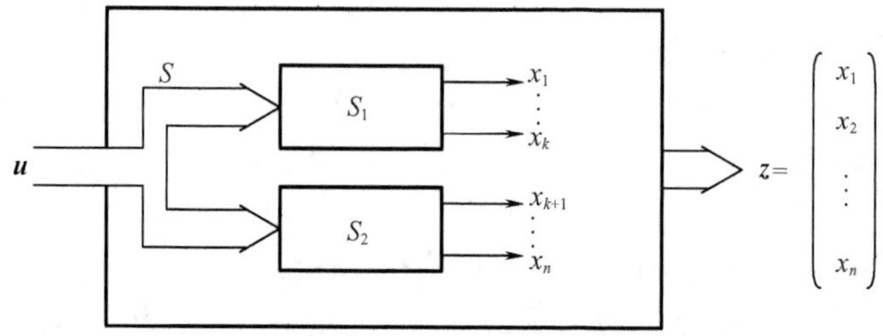

图 8.4.1 系统完全能控且完全能观的示意图

现以图 8.4.2 为例说明如下:图中 $\boldsymbol{y}$ 是由 $x_1,x_2,\cdots,x_k$ 中某些元素或全部元素组成的向量,由于系统内部结构的原因,不可能由测量向量 $\boldsymbol{z}$ 确定出 $x_{k+1},x_{k+2},\cdots,x_n$ 的值,这是因为这些量既不影响 $x_1,x_2,\cdots,x_k$,也不在测量向量中出现,因此该系统的状态是不完全能观的. 另一方面,由于控制向量 $\boldsymbol{u}$ 能影响系统状态的全部元素,则该系统又是完全能控的.

图 8.4.3 为完全能观但不完全能控系统,图 8.4.4 为不完全能控且不完全能观系统.

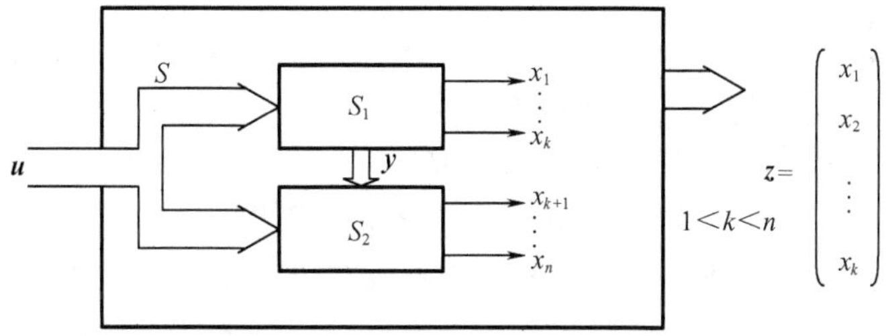

图 8.4.2 系统完全能控但不完全能观示意图

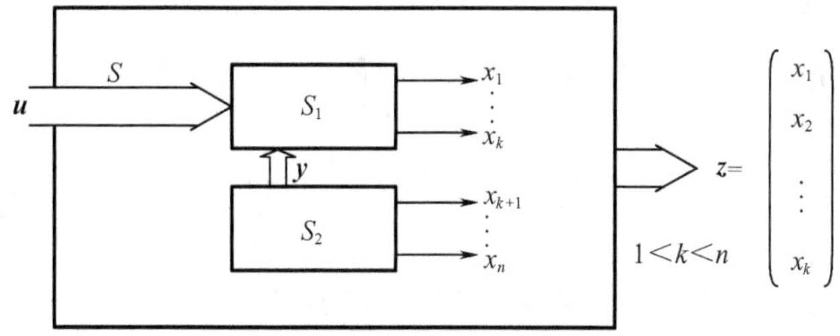

图 8.4.3 系统完全能观但不完全能控示意图

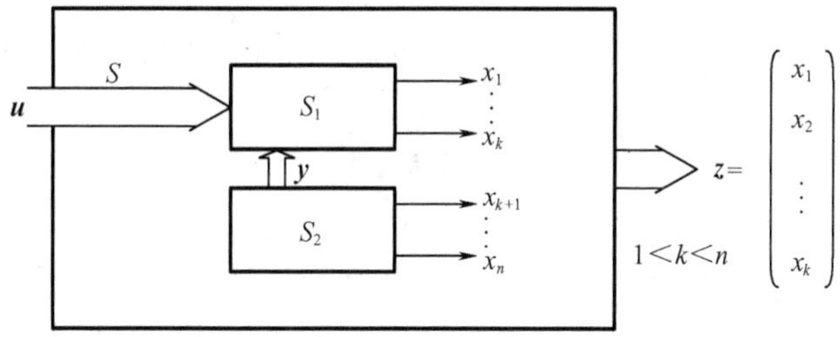

图 8.4.4 系统不完全能控且不完全能观示意图

8.5 卡尔曼滤波的鲁棒性分析

8.5.1 卡尔曼滤波稳定性

在 8.2 中已经介绍了卡尔曼滤波，为了以后论述方便，现将卡尔曼滤波的数学模型及算法简要归纳如下.

标准的卡尔曼滤波是针对如下 n 维随机线性系统及 m 维随机测量系统，即

$$\boldsymbol{x}(k+1)=\boldsymbol{\Phi}(k+1,k)\boldsymbol{x}(k)+\boldsymbol{\Gamma}(k+1,k)\boldsymbol{w}(k) \tag{8.5.1}$$

$$\boldsymbol{z}(k+1)=\boldsymbol{H}(k+1)\boldsymbol{x}(k+1)+\boldsymbol{v}(k+1) \tag{8.5.2}$$

其中，系统干扰 $\{\boldsymbol{w}(k),k=0,1,2,\cdots\}$ 与测量噪声 $\{\boldsymbol{v}(k),k=0,1,2,\cdots\}$ 为互不相关零均值白噪声序列，即对所有 $k\geqslant0,l\geqslant0$，有

$$Ew(k)=0, E[w(k)w^{T}(l)]=Q(k)\delta(k-1), 且 Q(k)>0 为已知 \tag{8.5.3}$$

$$Ev(k)=0, E[v(k)v^{T}(l)]=R(k)\delta(k-l), 且 R(k)>0 为已知 \tag{8.5.4}$$

$$E[w(k)v^{T}(l)]=0$$

$\boldsymbol{x}(0)$为系统初始状态,与系统干扰$\boldsymbol{w}(k)$及测量噪声$\boldsymbol{v}(k)$互不相关,且

$$EX(0)=0, \mathrm{Var}X(0)=P(0) \tag{8.5.5}$$

设系统模型由式(8.5.1)至式(8.5.5)描述,则最优滤波估计由以下递推方程给出,即

$$\hat{X}(k+1/k+1)=\Phi(k+1,k)\hat{X}(k/k)+K(k+1)$$
$$[Z(k+1)-H(k+1)\Phi(k+1,k)\hat{X}(k/k)] \tag{8.5.6}$$
$$k=0,1,2,\cdots$$

其中,滤波增益矩阵$\boldsymbol{K}(k+1)$为

$$K(k+1)=P(k+1/k)H^{T}(k+1)[H(k+1)P(k+1/k)H^{T}(k+1)+R(k+1)]^{-1} \tag{8.5.7}$$

$$P(k+1/k)=\Phi(k+1,k)P(k/k)\Phi^{T}(k+1,k)+\Gamma(k+1,k)Q(k)\Gamma^{T}(k+1,k) \tag{8.5.8}$$

$$P(k+1/k+1)=[I-K(k+1)H(k+1)]P(k+1/k)[I-K(k+1)H(k+1)]^{T}+K(k+1)R(k+1)K^{T}(k+1) \tag{8.5.9}$$

初始估计为$\hat{X}(0/0)=EX(0)=0$;初始估计误差阵为$P(0/0)=P(0)=E[X(0)X^{T}(0)]$,且为已知;$P(k+1/k+1)$表示$k+1$时刻的估计误差阵且定义为

$$P(k+1/k+1)=E[x(k+1)-\hat{X}(k+1/k+1)][x(k+1)-\hat{X}(k+1/k+1)]^{T} \tag{8.5.10}$$

$P(k+1/k)$表示k时刻关于$k+1$时刻预报的误差阵,有

$$P(k+1/k)=E[x(k+1)-\hat{X}(k+1/k)][x(k+1)-\hat{X}(k+1/k)]^{T} \tag{8.5.11}$$

关于上述卡尔曼滤波算法的稳定性有定理8.5.1.

定理8.5.1 对于标准的卡尔曼滤波数学模型式(8.5.1)及式(8.5.2),如果该系统一致随机完全能控且一致随机完全能观,则标准的卡尔曼滤波算法式(8.5.6)至式(8.5.9)为一致渐近稳定,而且对任意初始估计误差阵$P(0)$,必存在实常数$\alpha>0,\beta>0$,使滤波误差阵$P(k/k)$满足以下不等式:

$$\frac{\alpha}{1+(n\beta)^{2}}I_{n\times n}\leqslant P(k/k)\leqslant\frac{1+(n\beta)^{2}}{\alpha}I_{n\times n} \tag{8.5.12}$$

其中,n为系统状态维数.

对定理8.5.1做如下解释:

(1)一致随机完全能控且一致随机完全能观,即对任意k,式(8.4.9)和式(8.4.10)成立,此为卡尔曼滤波一致渐近稳定的充分条件.

(2)当$k\to\infty$时,卡尔曼滤波的估计误差阵$P(k/k)$与初始误差阵$P(0)$选取无关,尽管如此,$P(0)$的选取与滤波收敛速度有关,$P(0)$选取越大,则收敛速度越快,通常取$P(0)=10^{5}I_{n\times n}$.

(3)由式(8.4.9)及式(8.4.10)可见,N越大,该系统完全可控能力及完全可观能力越弱,这说明该系统虽然完全能控及完全能观,但能力较弱.称N为该系统能控性与能观性特征数,能控性及能观性特征数仅由系统内部结构决定.

对于定常系统,有$\Phi(k+1,k)=\Phi,\Gamma\sim(k+1,k)=\Gamma,H(k+1)=H,Q(k)=Q>0$,

$\boldsymbol{R}(k)=\boldsymbol{R}>0$,其他参数的含义与模型式(8.5.1)至式(8.5.5)中所述相同,于是方程式(8.5.1)及方程式(8.5.2)可以简化为

$$\boldsymbol{x}(k+1)=\boldsymbol{\Phi}\boldsymbol{x}(k)+\boldsymbol{\Gamma}\boldsymbol{w}(k) \tag{8.5.13}$$

$$\boldsymbol{z}(k+1)=\boldsymbol{H}\boldsymbol{x}(k+1)+\boldsymbol{v}(k+1) \tag{8.5.14}$$

由于假定 $\boldsymbol{Q}>0$ 和 $\boldsymbol{R}>0$,则利用 Cayley – Hamilton 定理可以推出上述系统为一致随机完全能控和一致随机完全能观的充要条件分别是

$$\sum_{l=0}^{n-1}\boldsymbol{\Phi}^{l}\boldsymbol{\Gamma}\boldsymbol{\Gamma}^{\mathrm{T}}(\boldsymbol{\Phi}^{l})^{\mathrm{T}}>0 \tag{8.5.15}$$

及

$$\sum_{l=0}^{n-1}(\boldsymbol{\Phi}^{l})^{\mathrm{T}}\boldsymbol{H}^{\mathrm{T}}\boldsymbol{H}\boldsymbol{\Phi}^{l}>0 \tag{8.5.16}$$

其中,n 为系统状态维数.

显然,对于定常线性系统,一致随机完全能控及一致随机完全能观与确定性系统的完全能控及完全能观是一致的.

定理 8.5.2 对于定常系统模型式(8.5.13)及式(8.5.14),如果该系统完全能控且完全能观,即式(8.5.15)及式(8.5.16)成立,则标准的卡尔曼滤波算法式(8.5.6)至式(8.5.9)一致渐近稳定,且对任意初始估计误差阵 $\boldsymbol{P}(0)$,必有正定阵 $\boldsymbol{P}$,使得

$$\lim_{k\to\infty}\boldsymbol{P}(k/k)=\boldsymbol{P} \tag{8.5.17}$$

定理 8.5.1 及定理 8.5.2 最初由 Kalman 针对连续滤波系统稳定性给出了严格的证明,随后 Degst,Price 及 Jazwinski 针对离散滤波系统稳定性给出了相应的证明,中国科学院数学研究所概率组在上述基础上给出了一般情况下的证明.

8.5.2 卡尔曼滤波鲁棒性

问题的引出 卡尔曼滤波在信息处理及随机控制中已得到广泛的应用,但在应用中我们发现,由于对系统模型或参数了解不够准确或者由于运算需要而进行一些数学简化,都难免会使系统模型出现误差,这时卡尔曼滤波经常出现发散现象,从而失去滤波的意义.

现举一例说明. 设真实的一维系统模型为

$$x(k+1)=x(k)+A \tag{8.5.18}$$

其中,$k=1,2,\cdots,x(0)=0,A>0$ 且为常数,在滤波时,所取的系统模型参数 A 有误差,即

$$\overline{X}(k+1)=\overline{X}(k)+A-\delta,\delta\ll A \tag{8.5.19}$$

测量模型为

$$z(k)=\overline{X}(k)+\overline{V}(k)=x(k)+v(k) \tag{8.5.20}$$

其中 $v(k)$ 为零均值白噪声且 $Ev^2(k)=\sigma^2$,如果用卡尔曼滤波对上述系统进行滤波时,可以计算估计误差为

$$\widetilde{X}(k)=x(k)-\hat{\overline{X}}(k/k)=\frac{k-1}{2}\delta-\frac{1}{k}\sum_{j=1}^{k}v(j) \tag{8.5.21}$$

其中,$x(k)$ 为系统的真实状态;$\hat{\overline{X}}(k/k)$ 为按我们所取的系统模型式(8.5.19)所得到的最优估计. 而滤波的均方误差为

$$\boldsymbol{P}(k/k)=E[\widetilde{X}(k)]^2=\frac{1}{4}(k-1)^2\delta^2+\frac{1}{k}\sigma^2 \tag{8.5.22}$$

显然，当 $k\to\infty$ 时，有 $\widetilde{E\widetilde{X}}(k)\to\infty$, $E[\widetilde{X}(k)]^2\to\infty$ ，即滤波出现发散现象.

在本节，我们着重讨论的问题是如何判别模型参数具有误差时卡尔曼滤波仍然不发散，即卡尔曼滤波具有鲁棒性，这无疑对于卡尔曼滤波应用具有意义.

设系统模型为

$$\boldsymbol{x}(k+1)=\boldsymbol{\Phi}(k+1,k)\boldsymbol{x}(k)+\boldsymbol{\Gamma}(k+1,k)\boldsymbol{w}(k)+\boldsymbol{\Psi}(k+1,k)\boldsymbol{u}(k) \tag{8.5.23}$$

$$z(k+1)=\boldsymbol{H}(k+1)\boldsymbol{x}(k+1)+\boldsymbol{v}(k+1) \tag{8.5.24}$$

其中，各项含义同模型式(8.5.1)及式(8.5.2)一致，此外，称 $\boldsymbol{u}(k)\in\mathbf{R}^r$ 为系统控制项，$\boldsymbol{\Psi}(k+1,k)\in\mathbf{R}^{n\times r}$ 为系统控制转移矩阵. 记真实系统参数集 $\boldsymbol{B}(k)$ 为

$$\begin{aligned}\boldsymbol{B}(k)\triangleq\{&\boldsymbol{\Phi}(k+1,k),\boldsymbol{\Gamma}(k+1,k),\boldsymbol{Q}(k),\boldsymbol{\Psi}(k+1,k),\\&\boldsymbol{u}(k),\boldsymbol{H}(k),\boldsymbol{R}(k),E\boldsymbol{x}(0),\mathrm{Var}\boldsymbol{X}(0)\}\end{aligned} \tag{8.5.25}$$

在实际应用中所使用的具有摄动误差的参数集 $\overline{\boldsymbol{B}}(k)$ 为

$$\overline{\boldsymbol{B}}(k)\triangleq\{\overline{\boldsymbol{\Phi}}(k+1,k),\overline{\boldsymbol{\Gamma}}(k+1,k)\overline{\boldsymbol{Q}}(k),\overline{\boldsymbol{\Psi}}(k+1,k),\overline{\boldsymbol{u}}(k),\overline{\boldsymbol{H}}(k),\overline{\boldsymbol{R}}(k),E\overline{\boldsymbol{X}}(0),\mathrm{Var}\overline{\boldsymbol{X}}(0)\} \tag{8.5.26}$$

设 $\hat{\boldsymbol{x}}(k/k)$ 为卡尔曼滤波关于真实参数集 $\boldsymbol{B}(k)$ 对状态 $\boldsymbol{x}(k)$ 的估计；$\hat{\overline{\boldsymbol{X}}}(k/k)$ 为卡尔曼滤波关于摄动误差参数集 $\overline{\boldsymbol{B}}(k)$ 对状态 $\boldsymbol{x}(k)$ 的估计.

定义 8.5.1 设系统式(8.5.23)及式(8.5.24)对参数集 $\boldsymbol{B}(\boldsymbol{k})$ 和 $\overline{\boldsymbol{B}}(k)$ 均为一致随机完全能控且一致随机完全能观. 如果对任意 $\overline{\boldsymbol{B}}(k)\neq\boldsymbol{B}(k)$，有

$$\|\boldsymbol{x}(k)-\hat{\overline{\boldsymbol{X}}}(k)\|<\infty,k\to\infty$$

则称该卡尔曼滤波具有鲁棒性.

为了导出卡尔曼滤波具有鲁棒性的条件，首先写出具有摄动误差参数的系统模型为

$$\overline{\boldsymbol{X}}(k+1)=\overline{\boldsymbol{\Phi}}(k+1,k)\overline{\boldsymbol{X}}(k)+\overline{\boldsymbol{\Gamma}}(k+1,k)\overline{\boldsymbol{W}}(k)+\overline{\boldsymbol{\Psi}}(k+1,k)\overline{\boldsymbol{u}}(k) \tag{8.5.27}$$

$$z(k+1)=\overline{\boldsymbol{H}}(k+1)\overline{\boldsymbol{X}}(k+1)+\overline{\boldsymbol{V}}(k+1)=\boldsymbol{H}(k+1)\boldsymbol{x}(k+1)+\boldsymbol{v}(k+1) \tag{8.5.28}$$

其中各项参数的含义与模型式(8.5.23)及式(8.5.24)一致，于是有定理 8.5.3.

定理 8.5.3 设真实系统模型式(8.5.23)、式(8.5.24)及具有误差的系统模型式(8.5.27)、式(8.5.28)均为一致随机完全能控且一致随机完全能观，如果存在常数 $c_1>0$，$c_2>0$ 使得对任意 $k\geqslant l\geqslant 0$ 有

$$\boldsymbol{\Phi}(k,l)\leqslant c_2\mathrm{e}^{-c_1(k-l)} \tag{8.5.29}$$

及

$$\overline{\boldsymbol{\Phi}}(k,l)\leqslant c_2\mathrm{e}^{-c_1(k-l)} \tag{8.5.30}$$

则必存在常数 $c>0$，有

$$\|\boldsymbol{x}(k)-\hat{\overline{\boldsymbol{X}}}(k/k)\|\triangleq\sqrt{E[\boldsymbol{x}(k)-\hat{\overline{\boldsymbol{X}}}(k/k)]^{\mathrm{T}}[\boldsymbol{x}(k)-\hat{\overline{\boldsymbol{X}}}(k/k)]}\leqslant c,k\to\infty \tag{8.5.31}$$

即卡尔曼滤波具有鲁棒性.

证明 因为系统模型为一致随机完全能控且一致随机完全能观，则由定理 8.5.1 可知必存在 $\alpha>0,\beta>0$，使得

$$\|\overline{\boldsymbol{X}}(k)-\hat{\overline{\boldsymbol{X}}}(k/k)\|\leqslant\sqrt{\frac{n[1+(n\beta)^2]}{\alpha}},k\to\infty \tag{8.5.32}$$

再由

$$\|\boldsymbol{x}(k)-\hat{\bar{\boldsymbol{X}}}(k/k)\|\leqslant\|\boldsymbol{x}(k)-\bar{\boldsymbol{X}}(k)\|+\|\bar{\boldsymbol{X}}(k)-\hat{\bar{\boldsymbol{X}}}(k/k)\| \tag{8.5.33}$$

可知，只需证得

$$\|\boldsymbol{x}(k)-\bar{\boldsymbol{X}}(k)\|<\infty,k\to\infty \tag{8.5.34}$$

即可，事实上，由泛数不等式可知

$$\begin{aligned}\|\boldsymbol{x}(k)-\bar{\boldsymbol{X}}(k)\|&\leqslant\|\boldsymbol{x}(k)-E\boldsymbol{x}(k)\|+\|E\boldsymbol{x}(k)-E\bar{\boldsymbol{X}}(k)\|+\|\bar{\boldsymbol{X}}(k)-E\bar{\boldsymbol{X}}(k)\|\\&=\sqrt{\mathrm{tr}[\mathrm{Var}\boldsymbol{x}(k)]}+\|E\boldsymbol{x}(k)-E\bar{\boldsymbol{X}}(k)\|+\sqrt{\mathrm{tr}[\mathrm{Var}\bar{\boldsymbol{X}}(k)]}\end{aligned} \tag{8.5.35}$$

进一步，由真实系统模型式(8.5.23)及式(8.5.29)有

$$\begin{aligned}\mathrm{tr}[\mathrm{Var}\boldsymbol{x}(k)]&=\mathrm{tr}[\boldsymbol{\Phi}(k,0)\mathrm{Var}\boldsymbol{x}(0)\boldsymbol{\Phi}^{\mathrm{T}}(k,0)]+\\&\quad\sum_{i=1}^{k}\mathrm{tr}[\boldsymbol{\Phi}(k,i)\boldsymbol{\Gamma}(i,i-1)\boldsymbol{Q}(i-1)\boldsymbol{\Gamma}^{\mathrm{T}}(i,i-1)\boldsymbol{\Phi}^{\mathrm{T}}(k,i)]\\&\leqslant\|\boldsymbol{\Phi}(k,0)\|^2\mathrm{tr}[\mathrm{Var}\boldsymbol{x}(0)]+\sum_{i=1}^{k}\|\boldsymbol{\Phi}(k,i)\|^2\mathrm{tr}[\boldsymbol{\Gamma}(i,i-1)\\&\quad\boldsymbol{Q}(i-1)\boldsymbol{\Gamma}^{\mathrm{T}}(i,i-1)]\\&\leqslant\frac{\boldsymbol{Q}^{*}c_2^2}{1-\mathrm{e}^{-2c_1}},k\to\infty\end{aligned} \tag{8.5.36}$$

其中，$\boldsymbol{Q}^{*}\triangleq\sup\limits_{i}\mathrm{tr}[\boldsymbol{\Gamma}(i,i-1)\boldsymbol{Q}(i-1)\boldsymbol{\Gamma}^{\mathrm{T}}(i,i-1)]<\infty$. 同理，由误差系统模型式(8.5.27)及式(8.5.30)有

$$\mathrm{tr}[\mathrm{var}\bar{\boldsymbol{X}}(k)]\leqslant\frac{\bar{\boldsymbol{Q}}^{*}c_2^2}{1-\mathrm{e}^{-2c_1}},k\to\infty \tag{8.5.37}$$

其中，$\bar{\boldsymbol{Q}}^{*}\triangleq\sup\limits_{i}\mathrm{tr}[\bar{\boldsymbol{\Gamma}}(i,i-1)\bar{\boldsymbol{Q}}(i-1)\bar{\boldsymbol{\Gamma}}^{\mathrm{T}}(i,i-1)]<\infty$，另外，还知

$$\begin{aligned}\|E\boldsymbol{x}(k)\|&\leqslant\|\boldsymbol{\Phi}(k,0)\|\|E\boldsymbol{x}(0)\|+\sum_{i=1}^{k}\|\boldsymbol{\Phi}(k,i)\|\|\boldsymbol{\Psi}(i,i,-1)\boldsymbol{u}(i-1)\|\\&\leqslant\sum_{i=1}^{k}c_2\mathrm{e}^{-c_1(k-i)}\|\boldsymbol{\Psi}(i,i-1)\boldsymbol{u}(i-1)\|\\&\leqslant\frac{c_2\boldsymbol{u}^{*}}{1-\mathrm{e}^{-c_1}},k\to\infty\end{aligned} \tag{8.5.38}$$

其中，$\boldsymbol{u}^{*}\triangleq\sup\limits_{i}\|\boldsymbol{\Psi}(i,i-1)\boldsymbol{u}(i-1)\|<\infty$，$E\boldsymbol{x}(0)=0$，同理还有

$$\|E\bar{\boldsymbol{X}}\|<\frac{c_2\bar{\boldsymbol{u}}^{*}}{1-\mathrm{e}^{-c_1}},k\to\infty \tag{8.5.39}$$

其中，$\bar{\boldsymbol{u}}^{*}\triangleq\sup\limits_{i}\|\bar{\boldsymbol{\Psi}}(i,i-1)\bar{\boldsymbol{u}}(i-1)\|<\infty$，$E\bar{\boldsymbol{X}}(0)=0$，由式(8.5.38)及式(8.5.39)，可得

$$\|E\boldsymbol{x}(k)-E\bar{\boldsymbol{X}}(k)\|\leqslant\|E\bar{\boldsymbol{X}}(k)\|+\|E\bar{\boldsymbol{X}}(k)\|\leqslant\frac{c_2(\boldsymbol{u}^{*}+\bar{\boldsymbol{u}}^{*})}{1-\mathrm{e}^{-c_1}},k\to\infty \tag{8.5.40}$$

将式(8.5.36)、式(8.5.37)及式(8.5.40)代入式(8.5.35)，再考虑到式(8.5.32)，则有

$$\begin{aligned}&\|\boldsymbol{x}(k)-\hat{\bar{\boldsymbol{X}}}(k/k)\|\leqslant\|\boldsymbol{x}(k)-\bar{\boldsymbol{X}}(k)\|+\|\bar{\boldsymbol{X}}(k)-\hat{\bar{\boldsymbol{X}}}(k/k)\|\\&\leqslant\frac{c_2(\sqrt{\boldsymbol{Q}^{*}}+\sqrt{\bar{\boldsymbol{Q}}^{*}})}{\sqrt{1-\mathrm{e}^{-2c_1}}}+\frac{c_2(\boldsymbol{u}^{*}+\bar{\boldsymbol{u}}^{*})}{1-\mathrm{e}^{-c_1}}+\sqrt{\frac{n[1+(n\beta)^2]}{\alpha}},k\to\infty\end{aligned}$$

定理证毕.

对于定常系统卡尔曼滤波的鲁棒性,有定理 8.5.4.

定理 8.5.4 设真实系统模型式(8.5.23)、式(8.5.24)及具有误差的系统模型式(8.5.27)、式(8.5.28)为定常系统,并假设均为完全能控且完全能观,如果

$$\|\boldsymbol{\Phi}\| < 1 \tag{8.5.41}$$

及

$$\|\overline{\boldsymbol{\Phi}}\| < 1 \tag{8.5.42}$$

则必存在常数 $c>0$,有

$$\|\boldsymbol{x}(k) - \hat{\bar{\bar{\boldsymbol{X}}}}(k/k)\| < c, k\to\infty \tag{8.5.43}$$

其中,$\hat{\bar{\bar{\boldsymbol{X}}}}(k/k)$ 为按误差模型所做的卡尔曼滤波估计,此时称该系统对卡尔曼滤波具有鲁棒性.

证明 对于定常系统,由式(8.5.41)可知有

$$\|\boldsymbol{\Phi}(k,i)\| = \|\boldsymbol{\Phi}^{k-i}\| \leqslant \|\boldsymbol{\Phi}\|^{k-i} \to 0, (k-i)\to\infty$$

及

$$\|\overline{\boldsymbol{\Phi}}(k,i)\| = \|\overline{\boldsymbol{\Phi}}^{k-i}\| \leqslant \|\overline{\boldsymbol{\Phi}}\|^{k-i} \to 0, (k-i)\to\infty$$

故利用定理 8.5.3 类似的方法可推出

$$\|\boldsymbol{x}(k) - \hat{\bar{\bar{\boldsymbol{X}}}}(k/k)\| \leqslant \frac{\sqrt{\mathrm{tr}\boldsymbol{\Gamma Q \Gamma}^{\mathrm{T}}}}{\sqrt{1-\|\boldsymbol{\Phi}\|^2}} + \frac{\sqrt{\mathrm{tr}\,\overline{\boldsymbol{\Gamma}}\overline{\boldsymbol{Q}}\,\overline{\boldsymbol{\Gamma}}^{\mathrm{T}}}}{\sqrt{1-\|\overline{\boldsymbol{\Phi}}\|^2}} + \frac{\|\boldsymbol{\Psi}\|\boldsymbol{u}^*}{1-\|\boldsymbol{\Phi}\|} + \frac{\|\overline{\boldsymbol{\Psi}}\|\overline{\boldsymbol{u}}^*}{1-\|\overline{\boldsymbol{\Phi}}\|} + \sqrt{\frac{n[1+(n\beta)^2]}{\alpha}}, k\to\infty \tag{8.5.44}$$

其中,$\boldsymbol{u}^*$ 及 $\overline{\boldsymbol{u}}^*$ 分别为 $\|\boldsymbol{u}(i)\|$ 及 $\|\overline{\boldsymbol{u}}(i)\|$ 的上确界.

推论 8.5.1 设真实系统模型式(8.5.23)、式(8.5.24)及具有误差的系统模型式(8.5.27)、式(8.5.28)均为一致随机完全能控且一致随机完全能观,如果存在常数 $c_1>0$,$c_2>0$,使得对任意 $k\geqslant l\geqslant 0$ 有

$$\|\boldsymbol{\Phi}(k,l)\| < c_2\,\mathrm{e}^{-c_1(k-l)}$$

及

$$\|\overline{\boldsymbol{\Phi}}(k,l)\| < c_2\,\mathrm{e}^{-c_1(k-l)}$$

则对任意有界的 $E\,\overline{\boldsymbol{x}}(0) \neq E\boldsymbol{x}(0)$ 及 $\mathrm{Var}\,\overline{\boldsymbol{x}}(0) \neq \mathrm{Var}\boldsymbol{x}(0)$,卡尔曼滤波具有鲁棒性,即卡尔曼滤波的鲁棒性与系统初始状态无关.

推论 8.5.2 设系统模型式(8.5.23)、式(8.5.24)、式(8.5.27)及式(8.5.28)为定常模型且为完全能控、完全能观,如果

$$\|\boldsymbol{\Phi}\| < 1$$

及

$$\|\overline{\boldsymbol{\Phi}}\| < 1$$

则对任意有界的 $E\overline{\boldsymbol{X}}(0) \neq E\boldsymbol{x}(0)$ 及 $\mathbf{Var}\overline{\boldsymbol{X}}(0) \neq \mathbf{Var}\boldsymbol{x}(0)$,卡尔曼滤波具有鲁棒性.

8.5.3 卡尔曼滤波鲁棒性与系统稳定性的关系

为了讨论卡尔曼滤波鲁棒性与系统稳定性的关系，首先对系统的稳定性给出定义. 这里我们只对线性定常离散系统进行讨论.

定义 8.5.2 对于定常系统模型

$$\boldsymbol{x}(k+1)=\boldsymbol{\Phi x}(k)+\boldsymbol{\Gamma w}(k)+\boldsymbol{\Psi u}(k) \tag{8.5.45}$$

及有误差的定常系统模型

$$\overline{\boldsymbol{X}}(k+1)=\overline{\boldsymbol{\Phi}}\overline{\boldsymbol{X}}(k)+\overline{\boldsymbol{\Gamma}}\overline{\boldsymbol{W}}(k)+\overline{\boldsymbol{\Psi}}\overline{\boldsymbol{u}}(k) \tag{8.5.46}$$

如果 $\boldsymbol{\Phi}$ 及$\overline{\boldsymbol{\Phi}}$的特征值 λ_i 及$\overline{\lambda}_i$ 满足

$$|\lambda_i|<1,i=1,2,\cdots,n \tag{8.5.47}$$

$$|\overline{\lambda}_i|<1,i=1,2,\cdots,n \tag{8.5.48}$$

则称系统模型式(8.5.44)及有误差的系统模型式(8.5.45)是渐近稳定系统.

定理 8.5.5 给出了卡尔曼滤波鲁棒性及系统稳定性的关系.

定理 8.5.5 设真实系统模型式(8.5.23)、式(8.5.24)及有误差的系统模型式(8.5.27)、式(8.5.28)为定常系统，并假定均为完全能控且完全能观，如果系统模型式(8.5.23)及式(8.5.27)渐近稳定，则卡尔曼滤波具有鲁棒性.

证明 设 λ_i 及$\overline{\lambda}_i$ 分别为 $\boldsymbol{\Phi}$ 及$\overline{\boldsymbol{\Phi}}$的特征值并假定无重根，因为系统渐近稳定，则

$$|\lambda_i|<1,i=1,2,\cdots,n \tag{8.5.49}$$

$$|\overline{\lambda}_i|<1,i=1,2,\cdots,n \tag{8.5.50}$$

再由系统的定常性可知

$$\|\boldsymbol{\Phi}(k,l)\|=\|\boldsymbol{\Phi}^{k-l}\| \tag{8.5.51}$$

利用矩阵理论中的相似变换，必有满秩矩阵 $\boldsymbol{P}$ 使得

$$\boldsymbol{\Phi}=\boldsymbol{P}^{-1}\boldsymbol{\Phi}(\lambda)\boldsymbol{P} \tag{8.5.52}$$

其中，$\boldsymbol{\Phi}(\lambda)=\mathrm{diag}[\lambda_1,\lambda_2,\cdots,\lambda_n]$.

将式(8.5.51)代入式(8.5.50)有

$$\|\boldsymbol{\Phi}(k,l)\|=\|\boldsymbol{P}^{-1}\boldsymbol{\Phi}\overset{k-l}{(\lambda)}\boldsymbol{P}\|\leqslant\|\boldsymbol{P}^{-1}\|\|\boldsymbol{P}\|\|\boldsymbol{\Phi}\overset{k-l}{(\lambda)}\|=\|\boldsymbol{P}^{-1}\|\|\boldsymbol{P}\||\lambda|_{\max}^{k-l} \tag{8.5.53}$$

其中，记$|\lambda|_{\max}\triangleq\max\limits_i\{|\lambda|_i\}$.

若令

$$c_2=\|\boldsymbol{P}^{-1}\|\|\boldsymbol{P}\|$$

及

$$c_1=-l\boldsymbol{u}|\lambda|_{\max}>0$$

则式(8.5.52)可写成

$$\|\boldsymbol{\Phi}(k,l)\|\leqslant\|\boldsymbol{P}^{-1}\|\|\boldsymbol{P}\||\lambda|_{\max}^{k-l}=c_2\,\mathrm{e}^{-c_1(k-l)} \tag{8.5.54}$$

同理可证

$$\|\overline{\boldsymbol{\Phi}}(k,l)\|\leqslant\overline{c}_2\,\mathrm{e}^{-\overline{c}_1(k-l)} \tag{8.5.55}$$

于是，由定理 8.5.3 可知该卡尔曼滤波具有鲁棒性.

定理证毕.

8.6 卡尔曼滤波在船用惯性导航系统中的应用

本节介绍卡尔曼滤波在船用惯导系统中的应用. 其中包括给出简化状态方程的条件,提出测定陀螺常值漂移的统计公式及卡尔曼滤波用于惯导系统的一种工程方案.

1. 连续系统方程的线性分解

由力学原理建立的惯导系统连续方程(简称 $\boldsymbol{\Psi}$ 方程)为

$$\dot{\boldsymbol{x}} = \boldsymbol{A}\boldsymbol{x} + \boldsymbol{B}\boldsymbol{w} \tag{8.6.1}$$

其中

$$\boldsymbol{x} = \begin{pmatrix} \boldsymbol{\Psi} \\ \boldsymbol{\varepsilon}_r \\ \boldsymbol{\varepsilon}_c \end{pmatrix}, \boldsymbol{A} = \begin{pmatrix} \boldsymbol{V} & \boldsymbol{I} & \boldsymbol{I} \\ 0 & \boldsymbol{\beta} & 0 \\ 0 & 0 & 0 \end{pmatrix}, \boldsymbol{B} = \begin{pmatrix} 0 \\ \boldsymbol{I} \\ 0 \end{pmatrix}$$

$\boldsymbol{\Psi}$ 为平台坐标系对于计算机坐标系角向量,对地理坐标系有 $\boldsymbol{\Psi}^{\mathrm{T}} = (\Psi_x \quad \Psi_y \quad \Psi_z)$;$\boldsymbol{\varepsilon}_r$ 为陀螺随机漂移率向量,$\boldsymbol{\varepsilon}_r^{\mathrm{T}} = (\varepsilon_{rx} \quad \varepsilon_{ry} \quad \varepsilon_{rz})$;$\boldsymbol{\varepsilon}_c$ 为陀螺常值漂移率向量,$\boldsymbol{\varepsilon}_c^{\mathrm{T}} = (\varepsilon_{cx} \quad \varepsilon_{cy} \quad \varepsilon_{cz})$;$\boldsymbol{V}$ 为 $\boldsymbol{\Psi}$ 方程系数矩阵

$$\boldsymbol{V} = \begin{pmatrix} 0 & \omega_z & -\omega_y \\ -\omega_z & 0 & \omega_x \\ \omega_y & -\omega_x & 0 \end{pmatrix}$$

$\boldsymbol{\omega}$ 为地理坐标系相对于惯性空间的旋转角速度,$\boldsymbol{\omega}^{\mathrm{T}} = (\omega_x \quad \omega_y \quad \omega_z)$;矩阵 $\boldsymbol{\beta}$ 为

$$\boldsymbol{\beta} = \begin{pmatrix} -\beta_x & 0 & 0 \\ 0 & -\beta_y & 0 \\ 0 & 0 & -\beta_z \end{pmatrix}$$

$\beta_i(i=x,y,z)$ 为陀螺随机漂移率分量反相关时间;$\boldsymbol{w}^{\mathrm{T}} = (w_x \quad w_y \quad w_z)$ 为零均值白噪声;$\boldsymbol{I}$ 为 3×3 单位阵,分解方程式(8.6.1)有

$$\begin{pmatrix} \dot{\boldsymbol{\Psi}}_1 \\ \dot{\boldsymbol{\varepsilon}}_r \end{pmatrix} = \begin{pmatrix} \boldsymbol{V} & \boldsymbol{I} \\ 0 & \boldsymbol{\beta} \end{pmatrix} \begin{pmatrix} \boldsymbol{\Psi}_1 \\ \boldsymbol{\varepsilon}_r \end{pmatrix} + \begin{pmatrix} 0 \\ \boldsymbol{w} \end{pmatrix} \tag{8.6.2}$$

$$\begin{pmatrix} \dot{\boldsymbol{\Psi}}_2 \\ \dot{\boldsymbol{\varepsilon}}_c \end{pmatrix} = \begin{pmatrix} \boldsymbol{V} & \boldsymbol{I} \\ 0 & 0 \end{pmatrix} \begin{pmatrix} \boldsymbol{\Psi}_2 \\ \boldsymbol{\varepsilon}_c \end{pmatrix} \tag{8.6.3}$$

$$\boldsymbol{\Psi} = \boldsymbol{\Psi}_1 + \boldsymbol{\Psi}_2 \tag{8.6.4}$$

其中,$\boldsymbol{\Psi}_1$ 为 $\boldsymbol{\Psi}$ 中仅由随机漂移率 $\boldsymbol{\varepsilon}_r$ 引起的分量,$\boldsymbol{\Psi}_2$ 为 $\boldsymbol{\Psi}$ 中仅由常值漂移率 $\boldsymbol{\varepsilon}_c$ 引起的分量.

2. 离散时间状态方程的建立及简化

在通常情况下,舰船速度 $\boldsymbol{v}\leqslant 10$ m/s,于是 $\boldsymbol{\Psi}$ 方程的系数矩阵 $\boldsymbol{V}$ 可近似为

$$\boldsymbol{V} = \begin{pmatrix} 0 & \Omega\sin\phi & -\Omega\cos\phi \\ -\Omega\sin\phi & 0 & 0 \\ \Omega\cos\phi & 0 & 0 \end{pmatrix} \tag{8.6.5}$$

其中,Ω 为地球自转角速度;ϕ 为舰船所在的纬度.

为了利用离散时间的卡尔曼滤波公式,首先应求出方程式(8.6.2)的状态转移矩阵,为此记

$$\boldsymbol{x}^{\mathrm{T}}=(\boldsymbol{\Psi}_1^{\mathrm{T}} \quad \boldsymbol{\varepsilon}_r^{\mathrm{T}})=(\Psi_{1x} \quad \Psi_{1y} \quad \Psi_{1z} \quad \varepsilon_{rx} \quad \varepsilon_{ry} \quad \varepsilon_{rz})$$

$$\boldsymbol{A}=\begin{pmatrix} \boldsymbol{V} & \boldsymbol{I} \\ 0 & \boldsymbol{\beta} \end{pmatrix}$$

$$\boldsymbol{w}^{*\mathrm{T}}=(0 \quad 0 \quad 0 \quad w_x \quad w_y \quad w_z)$$

其中,ω_x,w_y,w_z为互不相关的具有零均值的正态白噪声. 于是方程式(8.6.2)可写成

$$\dot{\boldsymbol{x}}=\boldsymbol{A}\boldsymbol{x}+\boldsymbol{w}^{*} \tag{8.6.6}$$

由于舰船在航行过程中可以近似认为在分段区间内纬度不变,故可用拉氏变换法求出方程式(8.6.6)的状态转移矩阵

$$\boldsymbol{\Phi}(t,0)=\phi_{ij}(t,0) \tag{8.6.7}$$

其中 $\phi_{11}(t,0)=\cos\Omega t$;

$\phi_{12}(t,0)=\sin\phi\sin\Omega t$;

$\phi_{13}(t,0)=-\cos\phi\sin\Omega t$;

$\phi_{14}(t,0)=[\beta_x/(\beta_x^2+\Omega^2)][\cos\Omega t-\mathrm{e}^{-\beta_x t}+(\beta_x/\Omega)\sin\Omega t]$;

$\phi_{15}(t,0)=[\Omega\sin\phi/(\Omega^2+\beta_y^2)][\mathrm{e}^{-\beta_y t}-\cos\Omega t+(\beta_y/\Omega)\sin\Omega t]$;

$\phi_{16}(t,0)=[-\Omega\cos\phi/(\Omega^2+\beta_z^2)][\mathrm{e}^{-\beta_z t}-\cos\Omega t+(\beta_z/\Omega)\sin\Omega t]$;

$\phi_{21}(t,0)=-\sin\phi\sin\Omega t$;

$\phi_{22}(t,0)=\cos^2\phi+\sin^2\phi\cos\Omega t$;

$\phi_{23}(t,0)=\sin\phi\cos\phi(1-\cos\Omega t)$;

$\phi_{24}(t,0)=[-\Omega\sin\phi/(\Omega^2+\beta_x^2)][\mathrm{e}_x^{-\beta}t-\cos\Omega t+(\beta_x/\Omega)\sin\Omega t]$;

$\phi_{25}(t,0)=\cos^2\phi/\beta_y+[\sin^2\phi/(\Omega^2+\beta_y^2)][\Omega\sin\Omega t+\beta_y\cos\Omega t]-$
$[(\Omega^2\cos^2\phi+\beta_y^2)/\beta_y(\Omega^2+\beta_y^2)]\mathrm{e}^{-\beta_y t}$;

$\phi_{26}(t,0)=[\sin\phi\cos\phi/\beta_z-(\sin\phi\cos\phi)/(\Omega^2+\beta_z^2)]\cdot$
$[(\Omega^2/\beta_z)\mathrm{e}^{-\beta_z t}+\Omega\sin\Omega t+\beta_z\cos\Omega t]$;

$\phi_{31}(t,0)=\cos\phi\ \sin\Omega t$;

$\phi_{32}(t,0)=\sin\phi\cos\phi(1-\cos\Omega t)$;

$\phi_{33}(t,0)=\sin^2\phi+\cos^2\phi\cos\Omega t$;

$\phi_{34}(t,0)=[\Omega\cos\phi/(\Omega^2+\beta_x^2)][\mathrm{e}^{-\beta_x t}-\cos\Omega t+(\beta_x/\Omega)\sin\Omega t]$;

$\phi_{35}(t,0)=\sin\phi\cos\phi/\beta_y-[(\sin\phi\cos\phi)/(\Omega^2+\beta_y^2)]\cdot$
$[(\Omega^2/\beta_y)\mathrm{e}^{-\beta_y t}+\Omega\sin\Omega t+\beta_y\cos\Omega t]$;

$\phi_{36}(t,0)=(\sin^2\phi/\beta_z)+[\cos^2\phi/(\Omega^2+\beta_z^2)][\Omega\sin\Omega t+\beta_z\cos\Omega t]-$
$[(\Omega^2\sin^2\phi+\beta_z^2)/\beta_z(\Omega^2+\beta_z^2)]\mathrm{e}^{-\beta_z t}$;

$\phi_{44}(t,0)=\mathrm{e}^{-\beta_x t}$;

$\phi_{55}(t,0)=\mathrm{e}^{-\beta_y t}$;

$\phi_{66}(t,0)=\mathrm{e}^{-\beta_z t}$;

其他各项均为零.

再利用公式

$$\boldsymbol{x}(t)=\boldsymbol{\Phi}(t,0)\boldsymbol{x}(0)+\int_0^t \boldsymbol{\Phi}(t-\tau,0)\boldsymbol{w}^*(\tau)\mathrm{d}\tau \tag{8.6.8}$$

可求得方程式(8.6.6)的离散时间状态方程

$$\boldsymbol{x}(k)=\boldsymbol{\Phi x}(k-1)+\boldsymbol{\Gamma w}^*(k-1) \tag{8.6.9}$$

令 T_1 为采样周期,并令式(8.6.7)中的 $t=T_1$,可求得 $\boldsymbol{\Phi}$,则有

$$\boldsymbol{\Gamma}=(\Gamma_{ij}) \tag{8.6.10}$$

其中 $\Gamma_{11}=(1/\Omega)\sin\Omega T_1$;

$\Gamma_{12}=(1/\Omega)\sin\phi(1-\cos\Omega T_1)$;

$\Gamma_{13}=(1/\Omega)\cos\phi(\cos\Omega T_1-1)$;

$\Gamma_{14}=[\beta_x/(\beta_x^2+\Omega^2)][(\sin\Omega T_1)/\Omega+(1/\beta_x)(\mathrm{e}^{-\beta_x T_1}-1)-(1/\beta_x)(\cos\Omega T_1-1)]$;

$\Gamma_{15}=[\Omega\sin\phi/(\Omega^2+\beta_y^2)][(1/\beta_y)(1-\mathrm{e}^{-\beta_y T_1})-(1/\Omega)\sin\Omega T_1-(\beta_y/\Omega^2)$
$(\cos\Omega T_1-1)]$;

$\Gamma_{16}=[-\Omega\cos\phi/(\Omega^2+\beta_z^2)][(1/\beta_z)(1-\mathrm{e}^{-\beta_z t})-(1/\Omega)\sin\Omega T_1-(\beta_z/\Omega^2)$
$(\cos\Omega T_1-1)]$;

$\Gamma_{21}=(\sin\phi/\Omega)(\cos\Omega T_1-1)$;

$\Gamma_{22}=[T_1\cos^2\phi+(1/\Omega)\sin^2\phi\sin\Omega T_1]$;

$\Gamma_{23}=\sin\phi\cos\phi[T_1-(1/\Omega)\sin\Omega T_1]$;

$\Gamma_{24}=[-\Omega\sin\phi/(\Omega^2+\beta_x^2)][(1/\beta_x)(1-\mathrm{e}^{-\beta_x T_1})-(1/\Omega)\sin\Omega T_1-(\beta_x/\Omega^2)$
$(\cos\Omega T_1-1)]$;

$\Gamma_{25}=(T_1/\beta_y)\cos^2\phi+[\sin^2\phi/(\Omega^2+\beta_y^2)][1-\cos\Omega T_1+(\beta_y/\Omega)\sin\Omega T_1]+$
$[(\Omega^2\cos^2\phi+\beta_y^2)/\beta_y^2(\Omega^2+\beta_y^2)](\mathrm{e}^{-\beta_y T_1}-1)$;

$\Gamma_{26}=(T_1\sin\phi\cos\phi/\beta_z)-[\sin\phi\cos\phi/(\Omega^2+\beta_z^2)]\cdot[(\Omega^2/\beta_z^2)(1-\mathrm{e}^{-\beta_z T_1})+$
$1-\cos\Omega T_1+(\beta_z/\Omega)\sin\Omega T_1]$;

$\Gamma_{31}=(\cos\phi/\Omega)(1-\cos\Omega T_1)$;

$\Gamma_{32}=\sin\phi\cos\phi(T_1-\sin\Omega T_1/\Omega)$;

$\Gamma_{33}=T_1\sin^2\phi+(\cos^2\phi\sin\Omega T_1/\Omega)$;

$\Gamma_{34}=[\Omega\sin\phi/(\beta_x^2+\Omega^2)][(1/\beta_x)(1-\mathrm{e}^{-\beta_x T_1})-(\sin\Omega T_1/\Omega)+(\beta_x/\Omega^2)$
$(1-\cos\Omega T_1)]$;

$\Gamma_{35}=(T_1\sin\phi\cos\phi/\beta_y)-[\sin\phi\cos\phi/(\Omega^2+\beta_y^2)][(\Omega^2/\beta_y^2)\cdot(1-\mathrm{e}^{-\beta_y T_1})+$
$1-\cos\Omega T_1+(\beta_y/\Omega)\sin\Omega T_1]$;

$\Gamma_{36}=(T_1\sin^2\phi/\beta_z)+[\cos^2\phi/(\Omega^2+\beta_z^2)][1-\cos\Omega T_1+(\beta_z/\Omega)\sin\Omega T_1]+$
$[(\Omega^2\sin^2\phi+\beta_z^2)/\beta_z^2(\Omega^2+\beta_z^2)]\cdot(\mathrm{e}^{-\beta_z T_1}-1)$;

$\Gamma_{44}=(1/\beta_x)(1-\mathrm{e}^{-\beta_x T_1})$;

$$\Gamma_{55}=(1/\beta_y)(1-e^{-\beta_y T_1});$$

$$\Gamma_{66}=(1/\beta_z)(1-e^{-\beta_z T_1});$$

其他各项均为零.

下面讨论对状态方程式(8.6.9)进行简化,为此有如下结论.

结论1 如果采样周期 T_1 满足

$$T_1\beta_x \gg 1, T_1\beta_y \gg 1, T_1\beta_z \gg 1 \tag{8.6.11}$$

则系统状态方程式(8.6.9)可简化为

$$\boldsymbol{x}_1(k)=\boldsymbol{\Phi}_{3\times3}\boldsymbol{x}_1(k-1)+\boldsymbol{\Gamma}_{3\times3}\boldsymbol{\varepsilon}_r(k-1) \tag{8.6.12}$$

其中

$$\boldsymbol{\Phi}_{3\times3}=\begin{pmatrix}\phi_{11} & \phi_{12} & \phi_{13}\\ \phi_{21} & \phi_{22} & \phi_{23}\\ \phi_{31} & \phi_{32} & \phi_{33}\end{pmatrix}$$

$$\boldsymbol{\Gamma}_{3\times3}=\begin{pmatrix}\Gamma_{11} & \Gamma_{12} & \Gamma_{13}\\ \Gamma_{21} & \Gamma_{22} & \Gamma_{23}\\ \Gamma_{31} & \Gamma_{32} & \Gamma_{33}\end{pmatrix}$$

$$\boldsymbol{x}_1^{\mathrm{T}}(k)=(\boldsymbol{\Psi}_{1x}(k)\quad \boldsymbol{\Psi}_{1y}(k)\quad \boldsymbol{\Psi}_{1z}(k))$$

$$\boldsymbol{\varepsilon}_r^{\mathrm{T}}(k-1)=(\varepsilon_{rx}(k-1)\quad \varepsilon_{ry}(k-1)\quad \varepsilon_{rz}(k-1))$$

证明 当条件式(8.6.11)成立时,由式(8.6.9)有

$$\begin{aligned}\varepsilon_{rx}(k)&=\phi_{44}\varepsilon_{rx}(k-1)+\Gamma_{44}w_x(k-1)\\&=e^{-\beta_x T_1}\varepsilon_{rx}(k-1)+\frac{1}{\beta_x}(1-e^{-\beta_x T_1})w_x(k-1)\\&\approx\frac{1}{\beta_x}w_x(k-1)\end{aligned}$$

且有

$$\varepsilon_{rx}(k)\approx\varepsilon_{rx}(k-1+0)$$

又由陀螺随机漂移率 $\varepsilon_{rx}(k)$ 的物理特性可知

$$\varepsilon_{rx}(k-1+0)\approx\varepsilon_{rx}(k-1)$$

由以上三式可得

同理

$$\varepsilon_{rx}(k-1)\approx(1/\beta_x)w_x(k-1) \tag{8.6.13a}$$

$$\varepsilon_{ry}(k-1)\approx(1/\beta_y)w_y(k-1) \tag{8.6.13b}$$

$$\varepsilon_{rz}(k-1)\approx(1/\beta_z)w_z(k-1) \tag{8.6.13c}$$

再由方程式(8.6.7),式(8.6.10)中第4式及式(8.6.13a)可导出

$$\phi_{14}\varepsilon_{rx}(k-1)+\Gamma_{14}w_x(k-1)=\Gamma_{11}\varepsilon_{rx}(k-1) \tag{8.6.14a}$$

同理有

$$\phi_{15}\varepsilon_{ry}(k-1)+\Gamma_{15}w_y(k-1)=\Gamma_{12}\varepsilon_{ry}(k-1) \tag{8.6.14b}$$

$$\phi_{16}\varepsilon_{rz}(k-1)+\Gamma_{16}w_z(k-1)=\Gamma_{13}\varepsilon_{rz}(k-1) \tag{8.6.14c}$$

$$\phi_{24}\varepsilon_{rx}(k-1)+\Gamma_{24}w_x(k-1)=\Gamma_{21}\varepsilon_{rx}(k-1) \tag{8.6.14d}$$

$$\phi_{25}\varepsilon_{ry}(k-1)+\Gamma_{25}w_y(k-1)=\Gamma_{22}\varepsilon_{ry}(k-1) \tag{8.6.14e}$$

$$\phi_{26}\varepsilon_{rz}(k-1)+\Gamma_{26}w_z(k-1)=\Gamma_{23}\varepsilon_{rz}(k-1) \tag{8.6.14f}$$

$$\phi_{34}\varepsilon_{rx}(k-1)+\Gamma_{34}w_x(k-1)=\Gamma_{31}\varepsilon_{rx}(k-1) \tag{8.6.14g}$$

$$\phi_{35}\varepsilon_{ry}(k-1)+\Gamma_{35}w_y(k-1)=\Gamma_{32}\varepsilon_{ry}(k-1) \tag{8.6.14h}$$

$$\phi_{36}\varepsilon_{rz}(k-1)+\Gamma_{36}w_z(k-1)=\Gamma_{33}\varepsilon_{rz}(k-1) \tag{8.6.14i}$$

把方程式(8.6.14a)至式(8.6.14i)代入式(8.6.9)得式(8.6.12),结论1得证.

由结论1可知,只要适当选择采样间隔 T_1 就能把方程式(8.6.9)所描述的六阶系统简化为三阶系统式(8.6.12).

现在讨论方程式(8.6.3),为此把方程式(8.6.3)展开有 $\dot{\boldsymbol{\Psi}}_2=\boldsymbol{V}\boldsymbol{\Psi}_2+\boldsymbol{\varepsilon}_c,\dot{\boldsymbol{\varepsilon}}_c=0$. 如果记 $\boldsymbol{x}_2=\boldsymbol{\Psi}_2$,则可写成

$$\dot{\boldsymbol{x}}_2=\boldsymbol{V}\boldsymbol{x}_2+\boldsymbol{\varepsilon}_c \tag{8.6.15}$$

按同样方法可求出方程式(8.6.15)的离散时间状态方程为

$$\boldsymbol{x}_2(k)=\boldsymbol{\Phi}_{3\times3}\boldsymbol{x}_2(k-1)+\boldsymbol{B}_{3\times3}\boldsymbol{\varepsilon}_c \tag{8.6.16}$$

其中,$\boldsymbol{\Phi}_{3\times3}$和 $\boldsymbol{B}_{3\times3}$分别与式(8.6.12)中的 $\boldsymbol{\Phi}_{3\times3}$和 $\boldsymbol{\Gamma}_{3\times3}$相同.

由方程式(8.6.4)、式(8.6.12)及式(8.6.16)可得一般情况下的离散状态方程为

$$\begin{aligned}\boldsymbol{x}(k)\triangleq\boldsymbol{\Psi}(k)&=\boldsymbol{\Psi}_1(k)+\boldsymbol{\Psi}_2(k)\\&=\boldsymbol{x}_1(k)+\boldsymbol{x}_2(k)\\&=\boldsymbol{\Phi}_{3\times3}\boldsymbol{x}_1(k-1)+\boldsymbol{\Gamma}_{3\times3}\boldsymbol{\varepsilon}_r(k-1)+\boldsymbol{\Phi}_{3\times3}\boldsymbol{x}_2(k-1)+\boldsymbol{B}_{3\times3}\boldsymbol{\varepsilon}_c &(8.6.17)\\&\triangleq\boldsymbol{\Phi}\boldsymbol{x}(k-1)+\boldsymbol{\Gamma}\boldsymbol{\varepsilon}_r(k-1)+\boldsymbol{B}\boldsymbol{\varepsilon}_c &(8.6.18)\end{aligned}$$

其中,$E[\boldsymbol{\varepsilon}_r(k)]=0,E[\boldsymbol{\varepsilon}_r(k)\boldsymbol{\varepsilon}_r^{\mathrm{T}}(j)]=\boldsymbol{Q}(k)\boldsymbol{\delta}(k-j),k,j=0,1,\cdots$.

至此,由九阶微分方程式(8.6.1)所描述的系统在一定条件下可简化为三阶离散时间状态方程式(8.6.18).

3. 测量方程及滤波方程

惯导系统在水平阻尼工作状态下的测量方程为

$$\boldsymbol{z}(k)=\boldsymbol{H}(k)\boldsymbol{x}(k)+\boldsymbol{v}(k) \tag{8.6.19}$$

二维测量时,$\boldsymbol{z}^{\mathrm{T}}(k)=(\delta_\phi(k)\quad\delta_\lambda(k))$为纬度、经度测量值与计算值之差;$\boldsymbol{H}(k)=\begin{pmatrix}1&0&0\\0&-\sec\phi(k)&0\end{pmatrix}$为系数矩阵;$\boldsymbol{v}^{\mathrm{T}}=(\nu_\phi(k)\quad\nu_\lambda(k))$为纬度与经度的测量误差. 三维测量时,$\boldsymbol{z}^{\mathrm{T}}(k)=(\delta_\phi(k)\quad\delta_\lambda(k)\quad\delta_F(k))$,其中 $\delta_F(k)$为方位测量值与计算值之差,而且

$$\boldsymbol{H}(k)=\begin{pmatrix}1&0&0\\0&-\sec\phi(k)&0\\0&-\tan\phi(k)&1\end{pmatrix}$$

$$\boldsymbol{v}^{\mathrm{T}}(k)=(\nu_\phi(k)\quad\nu_\lambda(k)\quad\nu_F(k))$$

其中,$\boldsymbol{v}_F(k)$为方位测量误差. 假设 $E[\boldsymbol{v}(k)]=0,E[\boldsymbol{v}(k)\boldsymbol{v}^{\mathrm{T}}(j)]=R(k)\delta(kj),E[\varepsilon_r(k)\boldsymbol{v}^{\mathrm{T}}(j)]=0(k,j=0,1,2,\cdots)$. 不难证明,如果 $\phi(k)\neq90°,0<T_1<12-h$(这个条件通常能得到满足),则上述系统完全能观.

利用以上结果可写出最优滤波方程:

状态方程 $$\boldsymbol{x}(k)=\boldsymbol{\Phi}\boldsymbol{x}(k-1)+\boldsymbol{B}\boldsymbol{\varepsilon}_c+\boldsymbol{\Gamma}\boldsymbol{\varepsilon}_r(k-1)$$

测量方程 $$\boldsymbol{z}(k)=\boldsymbol{H}\boldsymbol{x}(k)+\boldsymbol{v}(k)$$

滤波方程 $$\hat{\boldsymbol{x}}(k/k)=\hat{\boldsymbol{x}}(k/k-1)+\boldsymbol{K}(k)[\boldsymbol{z}(k)-\boldsymbol{H}\hat{\boldsymbol{x}}(k/k-1)] \tag{8.6.20a}$$

$$\hat{\boldsymbol{x}}(k/k-1)=\boldsymbol{\Phi}\hat{\boldsymbol{x}}(k-1/k-1)+\boldsymbol{B}\hat{\boldsymbol{\varepsilon}}_c \tag{8.6.20b}$$

$$\boldsymbol{K}(k)=\boldsymbol{P}(k/k-1)\boldsymbol{H}^{\mathrm{T}}[\boldsymbol{H}\boldsymbol{P}(k/k-1)\boldsymbol{H}^{\mathrm{T}}+\boldsymbol{R}(k)]^{-1} \tag{8.6.20c}$$

$$\boldsymbol{P}(k/k-1)=\boldsymbol{\Phi}\boldsymbol{P}(k-1/k-1)\boldsymbol{\Phi}^{\mathrm{T}}+\boldsymbol{\Gamma}\boldsymbol{Q}(k-1)\boldsymbol{\Gamma}^{\mathrm{T}} \tag{8.6.20d}$$

$$\boldsymbol{P}(k/k)=[\boldsymbol{I}-\boldsymbol{K}(k)\boldsymbol{H}]\boldsymbol{P}(k/k-1)[\boldsymbol{I}-\boldsymbol{K}(k)\boldsymbol{H}]^{\mathrm{T}}+\boldsymbol{K}(k)\boldsymbol{R}(k)\boldsymbol{K}^{\mathrm{T}}(k) \tag{8.6.20e}$$

其中，$\hat{\boldsymbol{x}}(0)=\boldsymbol{E}\boldsymbol{x}(0)$，$\boldsymbol{P}(0)=\boldsymbol{E}\{[\boldsymbol{x}(0)-\hat{\boldsymbol{x}}(0)][\boldsymbol{x}(0)-\hat{\boldsymbol{x}}(0)]^{\mathrm{T}}\}$；$\boldsymbol{Q}(k)=\boldsymbol{E}[\boldsymbol{\varepsilon}_r(k)\boldsymbol{\varepsilon}_r^{\mathrm{T}}(k)]$；$\boldsymbol{R}(k)=\boldsymbol{E}[\boldsymbol{v}(k)\boldsymbol{v}^{\mathrm{T}}(k)]$容易证明，如果 $\boldsymbol{R}(k)=0$，则

$$\hat{\boldsymbol{x}}(k)=\boldsymbol{x}(k),\boldsymbol{P}(k)=0 \tag{8.6.21}$$

4. 统计测漂法

利用方程式(8.6.20)对系统状态进行最优估计时，首先应求出 $\boldsymbol{\varepsilon}_c$ 的估计值$\hat{\boldsymbol{\varepsilon}}_c$，为此提出统计测漂法.

结论 2 如果系统处于定常且 $V(k)=0$，则

$$\hat{\boldsymbol{\varepsilon}}_c=\boldsymbol{B}^{-1}[E\hat{\boldsymbol{x}}(k/k)-\boldsymbol{\Phi}E\hat{\boldsymbol{x}}(k-1/k-1)] \tag{8.6.22}$$

证明 对状态方程两边取均值有 $\boldsymbol{E}\boldsymbol{x}(k)=\boldsymbol{\Phi}\boldsymbol{E}\boldsymbol{x}(k-1)+\hat{\boldsymbol{\varepsilon}}_c+\boldsymbol{\Gamma}E\boldsymbol{\varepsilon}_r(k-1)$，由 $E\boldsymbol{\varepsilon}_r(k-1)=0$及卡尔曼滤波无偏性可得式(8.6.22). 上述公式适合于船舶在码头测漂.

结论 3 如果系统处于定常，则

$$\hat{\boldsymbol{\varepsilon}}_c=(\boldsymbol{B}-\boldsymbol{K}_c\boldsymbol{H}\boldsymbol{B})^{-1}(\boldsymbol{I}-\boldsymbol{K}_c\boldsymbol{H})E\hat{\boldsymbol{x}}(k/k)-(\boldsymbol{B}-\boldsymbol{K}_c\boldsymbol{H}\boldsymbol{B})^{-1}(\boldsymbol{\Phi}-\boldsymbol{K}_c\boldsymbol{H}\boldsymbol{\Phi})E\hat{\boldsymbol{x}}(k-1/k-1) \tag{8.6.23}$$

证明 卡尔曼滤波过渡过程结束后，令 $K_c=K(k)=$常阵，于是有

$$\hat{\boldsymbol{x}}(k)=\hat{\boldsymbol{x}}(k/k-1)+\boldsymbol{K}_c[\boldsymbol{z}(k)-\boldsymbol{H}\hat{\boldsymbol{x}}(k/k-1)] \tag{8.6.24}$$

将方程式(8.6.19)及方程式(8.6.20b)代入上式，然后对方程式(8.6.24)两边取均值，考虑到卡尔曼滤波的无偏性，可得式(8.6.23).

公式(8.6.23)适合于船舶在等纬度航行时测漂，但这时应是三维测量. 如果在船舶处于任意航行时测漂，可采用近似计算方法. 由于系统可近似看成分段定常的，故在每个区段内按式(8.6.23)计算$\hat{\varepsilon}_{ci}(i=1,2,\cdots,n)$，则

$$\hat{\varepsilon}_c=\frac{1}{m}\sum_{i=1}^{m}\hat{\varepsilon}_{ci},m=1,2,\cdots,n$$

随着测定时间的增长，$\hat{\varepsilon}_c$的精度越来越高. 综上所述，卡尔曼滤波用于船用惯导系统方框图如图 8.6.1 所示.

5. 仿真计算及结果

为了进行系统的仿真实验，需要用数学方法根据一定的统计要求模拟以下三个量：陀螺常值漂移率向量 $\boldsymbol{\varepsilon}_c$，假定每个分量均小于 0.01°/h；陀螺随机漂移率向量 $\boldsymbol{\varepsilon}_r$，假定每个分量都是指数相关的正态马尔可夫序列；测量误差向量 $\boldsymbol{v}_k$，假定每个分量都是白色正态序列. 在通常情况下，还假定上述三个向量的各个分量之间彼此互不相关. 根据某些二自由度液浮陀螺的实验结果，选采样间隔 $T_1=1$ h.

为简单起见，把三维测量方程、六维状态方程的卡尔曼滤波简称为六维滤波；把三维测量方程、三维状态方程的卡尔曼滤波简称为三维滤波；把二维测量方程、二维状态方程的卡

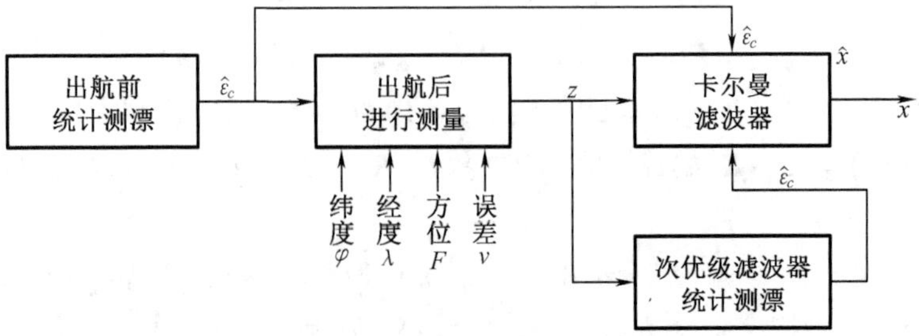

图 8.6.1　卡尔曼滤波用于船用惯导系统方块图

尔曼滤波简称为二维滤波. 把随机漂移率 $\boldsymbol{\varepsilon}_r$ 各分量的相关时间记为 T_x, T_y, T_z. 把 $\boldsymbol{\varepsilon}_r$ 各分量的方差记为 P_x, P_y, P_z. 测量误差向量 $\boldsymbol{\nu}_k$ 中的三个分量是纬度误差 ν_ϕ、经度误差 ν_λ 和方位误差 ν_F，其相应的均方误差为 $\sigma^2_{\nu\phi}, \sigma^2_{\nu\lambda}, \sigma^2_{\nu F}$；常值漂移率 $\boldsymbol{\varepsilon}_c$ 各分量记为 $\varepsilon_{cx}, \varepsilon_{cy}, \varepsilon_{cz}$，在仿真实验中可假定为任意常值. 测漂输出为 $\hat{\boldsymbol{\varepsilon}}_c$，状态最优估计值 $\hat{\boldsymbol{x}}(k)$ 各分量的理论推算方差为 $P_{\Psi x}$，$P_{\Psi y}, P_{\Psi z}$，其滤波过程的统计方差记为 $\sigma^2_{\Psi x}, \sigma^2_{\Psi y}, \sigma^2_{\Psi z}$，仿真实验在数字计算机上进行.

(1) 测漂仿真实验及结果

设 $T_x = T_y = T_z = 0.1$ h，$P_x = P_y = P_z = (36'')^2/\text{h}$，$\upsilon_\phi = \upsilon_\lambda = \upsilon_F = 0$，$\phi = 30°$，$T_1 = 1$ h，ε_c 的装定量是 $\varepsilon_{cx} = 36''/\text{h}$，$\varepsilon_{cy} = 12''/\text{h}$，$\varepsilon_{cz} = -36''/\text{h}$，采用三维滤波的测漂结果见表 8.6.1. 结果表明，利用式(8.6.22)可以实现测漂. 进一步假设 $T_x = T_y = T_z = 4$ h，$P_x = P_y = P_z = (36'')^2/\text{h}$，$\sigma_{\nu\phi} = \sigma_{\nu\lambda} = 40''$，$\sigma_{\nu F} = 320''$，$\varepsilon_{cx} = 36''/\text{h}$，$\varepsilon_{cy} = 12''/\text{h}$，$\varepsilon_{cz} = -36''/\text{h}$，$T_1 = 1$ h，$\phi = 30°$，用同样滤波器测漂的结果见表 8.6.2. 实验结果表明，利用式(8.6.23)可以实现测漂.

表 8.6.1　测量误差为零时的测漂结果　　单位：(″)/h

次数 n	100	150	200	250	300	350	400
$\hat{\varepsilon}_{cx}$	32.50	32.13	32.27	33.67	34.93	35.50	36.08
$\hat{\varepsilon}_{cy}$	19.90	16.50	15.36	13.46	14.87	14.03	12.99
$\hat{\varepsilon}_{cz}$	−33.20	−34.40	−34.17	−35.30	−35.27	−35.13	−35.77

表 8.6.2　测量误差不为零时的测漂结果　　单位：(″)/h

次数 n	100	150	200	250	300	350	400
$\hat{\varepsilon}_{cx}$	31	32	33	38	40	40	38
$\hat{\varepsilon}_{cy}$	32	22	19	15.4	14.7	14	11.8
$\hat{\varepsilon}_{cz}$	−21	−28	−29	−31.3	−29	−32	−33

(2) 相关漂移时的滤波实验

为了考察结论 1，现以六维滤波器的理论推算值作为标准，并把六维、三维和二维滤波器经 1 000 次实验进行统计. 实验条件是 $P_x = P_y = P_z = (36'')^2/\text{h}$，$T_1 = 1$ h，$\sigma_{\nu\phi} = \sigma_{\nu\lambda} = 40''$，

$\sigma_{\nu F}=320''$，$\varepsilon_{cx}=\varepsilon_{cy}=\varepsilon_{cz}=0$. 结果见表 8.6.3. 实验结果表明，当 $T_1 \geqslant T_{\varepsilon r}$ 时，从工程简化观点可以不必考虑 ε_r 的相关性，而用三维或二维滤波器同样可以达到最佳的滤波效果. 于是结论 1 得证.

表 8.6.3 相关漂移时的滤波效果比较

$T_x=T_y=T_z=T_{\varepsilon r}$	0.1	1	4	16
$P_{\psi y}$	732	746	745	655
六维 $P_{\psi x}$ $P_{\psi z}$	980 5 559	1 003 8 616	996 13 370	883 12 700
$\sigma_{\psi y}^2$	851	872	869	780
六维 $\sigma_{\psi x}^2$ $\sigma_{\psi z}^2$	969 5 451	989 8 493	963 13 065	835 11 884
$\sigma_{\psi y}^2$	869	961	1 074	1 072
三维 $\sigma_{\psi x}^2$ $\sigma_{\psi z}^2$	996 5 584	1 067 9 003	1 107 17 505	1 106 24 057
$\sigma_{\psi y}^2$	867	959	1 070	1 067
二维 $\sigma_{\psi x}^2$ $\sigma_{\psi z}^2$	1 013 6 012	1 099 10 635	1 164 22 641	1 175 32 363

(3)滤波效果实验

假定 $T_x=T_y=T_z=T_{\varepsilon r}=0.1$ h，$P_x=P_y=P_z=(36'')^2/\text{h}$，$T_1=1$ h，$\phi=30°$，$\sigma_{\nu\phi}=\sigma_{\nu\lambda}=40''$，$\sigma_{\nu F}=320''$，$\varepsilon_c=0$，经滤波器以后，提高了精度，见表 8.6.4.

表 8.6.4 典型滤波效果 单位：(″)

	纬度精度 σ_ϕ	经度精度 σ_λ	方位精度 σ_F
不用滤波器	40.00	40.00	320.00
六维滤波器	31.30	31.13	75.55
三维滤波器	31.72	31.65	76.43
二维滤波器	32.03	31.69	—

把卡尔曼滤波用于船用惯导系统，可提高定位精度. 当采样周期 T_1 不小于陀螺随机漂移率相关时间时，可以简化状态方程. 利用式(8.6.22)及式(8.6.23)可以测定陀螺常值漂移率. 仿真结果表明，图 8.6.1 表示的是一种可行的工程方案.

习　题

8.1 设 n 维连续线性系统为

$$\begin{cases}\dfrac{\mathrm{d}\boldsymbol{X}(t)}{\mathrm{d}x}=\boldsymbol{A}(t)\boldsymbol{X}(t)+\boldsymbol{B}(t)\boldsymbol{W}(t)\\ \boldsymbol{X}(t_0)=\boldsymbol{X}_0\end{cases}$$

其中,$\boldsymbol{X}(t)\in\mathbf{R}^n$,$\boldsymbol{A}(t)\in\mathbf{R}^{n\times n}$,$\boldsymbol{W}(t)\in\mathbf{R}^r$,$\boldsymbol{B}(t)\in\mathbf{R}^{n\times r}$,$\boldsymbol{X}_0$ 为初始向量. 试证:上述方程的解为

$$\boldsymbol{X}(t)=\boldsymbol{\Phi}(t,t_0)\boldsymbol{X}_0\int_{t_0}^{t}\boldsymbol{\Phi}(t,\tau)\boldsymbol{B}(\tau)\boldsymbol{W}(\tau)\mathrm{d}\tau$$

其中,$\boldsymbol{\Phi}(t,t_0)$称为状态转移阵,且有

$$\boldsymbol{\Phi}(t,t_0)=\boldsymbol{\psi}^{-1}(t)\boldsymbol{\psi}(t_0)$$

而 $\boldsymbol{\psi}(t)$为线性系统的伴随系统

$$\frac{\mathrm{d}y(t)}{\mathrm{d}t}=-\boldsymbol{A}^{\mathrm{T}}(t)\boldsymbol{y}(t)$$

的解矩阵.

8.2 系统方程如习题 8.1 所述,$\boldsymbol{\Phi}(t,t_0)$为其状态转移矩阵. 试证:$\boldsymbol{\Phi}(t,t_0)$必满足

$$\begin{cases}\dfrac{\mathrm{d}\boldsymbol{\Phi}(t,t_0)}{\mathrm{d}t}=\boldsymbol{A}(t)\boldsymbol{\Phi}(t,t_0)\\ \boldsymbol{\Phi}(t_0,t_0)=\boldsymbol{I}_n\end{cases}$$

8.3 系统方程如习题 8.1 所述,其中

$$\boldsymbol{A}(t)=\begin{pmatrix}0 & \dfrac{1}{(t+1)^2}\\ 0 & 0\end{pmatrix}$$

试求状态转移阵 $\boldsymbol{\Phi}(t,\tau)$.

8.4 设线性系统为定常线性系统,即

$$\frac{\mathrm{d}\boldsymbol{X}(t)}{\mathrm{d}t}=\boldsymbol{A}\boldsymbol{X}(t)+\boldsymbol{B}\boldsymbol{W}(t)$$

其中,$\boldsymbol{A}\in\mathbf{R}^{n\times n}$,$\boldsymbol{B}\in\mathbf{R}^{n\times r}$均为常系数矩阵. 试证:状态转移阵 $\boldsymbol{\Phi}(t,\tau)$必为

$$\boldsymbol{\Phi}(t,\tau)=\mathrm{e}^{\boldsymbol{A}(t-\tau)}$$

8.5 有如下标量系统:

$$x(k+1)=\Phi x(k)+w(k)$$
$$z(k+1)=x(k+1)+v(k+1)$$

其中,$\{w(k),k=0,1,2,\cdots\}$为零均值正态白噪声且方差为 Q;$\{v(k),k=0,1,2,\cdots\}$也为零均值正态白噪声且方差为 R;$X(0)$为初始状态且为零均值正态分布,方差为 $P(0)$;Φ 为常数,并假设 $w(k)$,$v(k)$,$x(0)$三者相互独立. 试写出卡尔曼滤波方程,并求出 $P(k+1/k)$,K

$(k+1), P(k+1/k+1)$.

8.6 一步最优平滑　设系统模型如式(8.1.1)至式(8.1.4)所述,测量模型如式(8.1.18)至式(8.1.22)所述. 试证:一步最优平滑算法为

$$\hat{\boldsymbol{X}}(k/k+1)=\hat{\boldsymbol{X}}(k/k)+\boldsymbol{M}(k/k+1)[\boldsymbol{Z}(k+1)-\boldsymbol{H}(k+1)\boldsymbol{\Phi}(k+1,k)\hat{\boldsymbol{X}}(k/k)]$$

其中

$$\boldsymbol{M}(k/k+1)=\boldsymbol{P}(k/k)\boldsymbol{\Phi}^{\mathrm{T}}(k+1,k)\boldsymbol{H}^{\mathrm{T}}(k+1)[\boldsymbol{H}(k+1)\boldsymbol{P}(k+1/k)\boldsymbol{H}^{\mathrm{T}}(k+1)+\boldsymbol{R}(k+1)]^{-1}$$

8.7 设$\{\boldsymbol{X}(k), k=0,1,2,\cdots\}$为随机序列且$E\boldsymbol{X}(k)=0$,如果

$$\boldsymbol{E}[\boldsymbol{X}(k)\boldsymbol{X}^{\mathrm{T}}(j)]=\mathrm{e}^{-\boldsymbol{A}(k-j)}$$

其中,$\boldsymbol{A}$为$n\times n$常数阵. 试证:该随机序列为广义马尔可夫序列.

8.8 设真实系统模型为一维模型,即

$$X(k)=X(k-1)+\alpha$$

其中,α为常数. 在计算机中采用的系统模型为

$$\bar{X}(k)=\bar{X}(k-1)+\alpha+\delta\alpha$$

测量模型为$Z(k)=\bar{X}(k)+V_k$,$\delta\alpha$为参数误差且$0<\delta\alpha\triangleq 1$,$\{V_k\}$为零均值正态白噪声,初始估计$\bar{EX}(0)=0, \bar{P}(0)=\infty$,$E(V_k^2)=\sigma^2$. 试通过计算说明该卡尔曼滤波器是发散的.

8.9 设系统的真实模型如式(8.1.1)至式(8.1.4)所述,测量模型如式(8.1.18)至式(8.1.22)所述. 但在实际应用中,误差的存在使得模型有误差. 有误差的系统模型为

$$\bar{\boldsymbol{X}}(k)=\bar{\boldsymbol{\Phi}}(k,k-1)\bar{\boldsymbol{X}}(k-1)+\bar{\boldsymbol{\Gamma}}(k,k-1)\bar{\boldsymbol{W}}(k)$$

$$\boldsymbol{Z}(k)=\bar{H}(k)\bar{\boldsymbol{X}}(k)+\boldsymbol{V}(k)=\boldsymbol{H}(k)\boldsymbol{X}(k)+\boldsymbol{V}(k)$$

并假设系统完全可控、完全可观. 试证:如果存在常数$c_1>0, c_2>0$,使得

$$\|\boldsymbol{\Phi}(k,l)\|<c_2\mathrm{e}^{-c_1(k-l)}, V-k\geqslant l\geqslant 0$$

$$\|\bar{\boldsymbol{\Phi}}(k,l)\|<c_2\mathrm{e}^{-c_1(k-l)}, V-k\geqslant l\geqslant 0$$

则卡尔曼滤波器输出误差有界,即存在常数c,使得

$$\|\boldsymbol{X}(k)-\hat{\bar{\boldsymbol{X}}}(k)\|<c, k\to\infty$$

8.10 如果习题8.9中的系统模型及有误差的系统模型均为时不变系统,并假定完全可控、完全可观. 试证:如果$\|\boldsymbol{\Phi}\|<1$及$\|\bar{\boldsymbol{\Phi}}\|<1$,则卡尔曼滤波器输出误差有界,即存在常数$c$,使得

$$\|\boldsymbol{X}(k)-\hat{\bar{\boldsymbol{X}}}(k)\|<c, k\to\infty$$

参考文献

[1] 赵希人,赵正毅.应用概率论教程:上册[M].哈尔滨:哈尔滨工程大学出版社,2015.

[2] 赵希人,赵正毅.应用概率论教程:下册[M].哈尔滨:哈尔滨工程大学出版社,2019.

[3] 车荣强.概率论与数理统计[M].2版.上海:复旦大学出版社,2012.

[4] 复旦大学.概率论(第一册):概率论基础[M].北京:高等教育出版社,1979.

[5] 复旦大学.概率论(第三册):随机过程[M].北京:高等教育出版社,1982.

[6] 柳金甫,孙洪祥,王军.应用随机过程[M].北京:北京交通大学出版社,2006.

[7] PAPOULIS A. Probability, Random Variables, and Stochastic Processes[M]. 3rd ed. New York:McGraw-Hill,INC. ,1991.

[8] KARLIN S,TAYLOR H M. A First Course in Stochastic Processes[M]. 2nd ed. Salt Lake City:Academic Press,1975.

[9] 麦迪成 J S. 随机最优线性估计与控制[M].赵希人.译.哈尔滨:黑龙江人民出版社,1984.

[10] LANING J H,BATTIN R H. Random Processes in Automatic Control[M]. New York :Wiley,1956.

[11] WU S M,PANDIT S M. Time Series and System Analysis, Modeling and Applications. [M]. New York:McGraw-Hill,INC. ,1979.

[12] GOODWIN G C,PAYUE R L. Dynamic System Identiffication,Experiment Design and Date Analysis[M]. Salt Lake City:Academic Press,1977.

[13] 赵希人,彭秀艳.随机过程基础及应用[M].哈尔滨:哈尔滨工程大学出版社,2007.

[14] 奚宏生.随机过程引论[M].合肥:中国科学技术大学出版社,2009.

[15] 胡迪鹤.应用随机过程引论[M].哈尔滨:哈尔滨工业大学出版社,1984.

[16] 伊曼纽尔·帕尔逊.随机过程[M].邓永录,杨振明,译.北京:高等教育出版社,1987.

[17] 陈良均,朱庆堂.随机过程及应用[M].北京:高等教育出版社,2003.

[18] 汪荣鑫.随机过程[M].西安:西安交通大学出版社,1987.

[19] 陆大铨.随机过程及其应用[M].北京:清华大学出版社,1986.

[20] 奥特内斯 P K,伊诺克森 L.数字时间序列分析[M].王子仁,译.北京:国防工业出版社,1982.

[21] 里普切尔 P Ш,史里亚耶夫 A H.随机过程统计[M].张纬国,译.北京:宇航出版社,1987.

[22] 高钟毓.工程系统中的随机过程:随机系统分析与最优滤波[M].北京:清华大学出版社,1989.

[23] 须田信英,等.自动控制中的矩阵理论[M].曹三修,译.北京:科学出版社,1979.

[24] 帕普里斯 A,佩莱 S U.概率、随机变量与随机过程[M].4版.保铮,冯大政,水鹏朗,

译. 西安:西安交通大学出版社,2012.
[25] 奥奇 M K. 不规则海浪随机分析及概率预报[M]. 刘德辅,王超,译. 北京:海洋出版社,1985.
[26] 中国科学院数学研究所. 离散时间系统滤波数学方法[M]. 北京:国防工业出版社,1975.
[27] 杨福生. 随机信号分析[M]. 北京:清华大学出版社,1990.
[28] 杨位钦,顾岚. 时间序列分析与动态数据建模[M]. 修订本. 北京:北京理工大学出版社,1988.
[29] DINIZ P S R. 自适应滤波算法与实现[M]. 2 版. 刘郁林,景晓军,谭刚兵,等译. 北京:电子工业出版社,2004.
[30] 陆传赉. 随机过程习题与解析[M]. 2 版. 北京:北京邮电大学出版社,2012.
[31] 邢家省. 概率统计与随机过程习题解集[M]. 北京:机械工业出版社,2010.
[32] 李漳南,吴荣. 随机过程教程[M]. 北京:高等教育出版社,1987.
[33] 王道益,刘智慧,刘禄勤. 分析概率论与随机过程习题解析[M]. 哈尔滨:哈尔滨工业大学出版社,1987.
[34] 付梦印,邓志红,闫丽萍. Kalman 滤波理论及其在导航系统中的应用[M]. 2 版. 北京:科学出版社,2010.
[35] 邓自立. 最优滤波理论及其应用[M]. 哈尔滨:哈尔滨工业大学出版社. 2000.
[36] 秦永元,张洪钺,汪叔华. 卡尔曼滤波与组合导航原理[M]. 西安:西北工业大学出版社,2012.
[37] 史忠科. 最优估计的计算方法[M]. 北京:科学出版社. 2001.
[38] 赵希人. 卡尔曼滤波器在船用惯性导航系统中的应用[J]. 自动化学报,1985,11(3):316 – 324.
[39] 赵希人. 二阶数字锁相环的研究及参数自校正[J]. 自动化学报,1986(2):180 – 184.
[40] 赵希人. 参数自校正调节器在二阶数字锁相环中的应用[J]. 哈尔滨工程大学学报,1984(1):59 – 67.
[41] 赵希人,彭秀艳,尹中凤. 船舶横向运动姿态及受扰卡尔曼估计的鲁棒性能概率建模[J]. 仪器仪表学报,2005,S1:885 – 886,889.
[42] 赵希人,彭秀艳,尹中凤,等. 基于水动力系数摄动的船舶横向运动姿态与受扰 Kalman 滤波的统计建模[J]. 船舶力学,2007,11(5):702 – 707.
[43] 彭秀艳,赵希人,高奇峰. 船舶姿态运动实时预报算法研究[J]. 系统仿真学报,2007,19(2):267 – 271.
[44] 彭秀艳,门志国,刘长德,等. 基于 Kalman 滤波算法的 Volterra 级数核估计及其应用[J]. 系统工程与电子技术,2010,32(11):2431 – 2435,2475.
[45] 雷渊超. 惯性导航系统[M]. 哈尔滨:哈尔滨船舶工程学院出版社,1978.
[46] 饶曹基,张卫邦. 陀螺随机漂移率统计特性的分析[J]. 广州:华南工学院学报(自然科学版),1981,9(1):32 – 48.